에듀윌과 함께 시작하면,
당신도 합격할 수 있습니다!

대학 졸업 후 취업을 준비하며
인간공학기사 자격시험을 공부하는 취준생

안전보건분야로 진로를 정하고 쌍기사 취득을 위해
인간공학기사에 도전하는 수험생

낮에는 현장에서 일하면서도 더 나은 미래를 꿈꾸며
인간공학기사 교재를 펼치는 주경야독 직장인

누구나 합격할 수 있습니다.
시작하겠다는 '다짐' 하나면 충분합니다.

마지막 페이지를 덮으면,

**에듀윌과 함께
인간공학기사 합격이 시작됩니다.**

에듀윌 인간공학기사 필기
30시간의 기적 15일 완성 플랜

DAY	TIME	학습내용	완료
DAY 01	2	SUBJECT 01 인간공학개론 ~ 02 작업생리학	☐
DAY 02	2	SUBJECT 03 산업심리학 및 관련법규 ~ 04 근골격계질환 예방을 위한 작업관리	☐
DAY 03	2	25년 CBT 복원문제 풀이+이론 간단 복습	☐
DAY 04	2	24년 CBT 복원문제 풀이+25년 기출 오답 복습	☐
DAY 05	2	23년 CBT 복원문제 풀이+24년 기출 오답 복습	☐
DAY 06	2	22년~21년 기출문제 풀이+23년 기출 오답 복습	☐
DAY 07	2	20년~19년 기출문제 풀이+22년~21년 기출 오답 복습	☐
DAY 08	2	18년 기출문제 풀이+20~18년 기출 오답 복습 [1회독]	☐
DAY 09	2	SUBJECT 01~04 (이론 총정리)	☐
DAY 10	2	25년~24년 CBT 복원문제 풀이	☐
DAY 11	2	23년~22년 CBT 복원문제 풀이+25년~24년 기출 오답 복습	☐
DAY 12	2	21년~20년 기출문제 풀이+23년~22년 기출 오답 복습	☐
DAY 13	2	19년~18년 기출문제 풀이+21년~20년 기출 오답 복습	☐
DAY 14	2	25년 3회 CBT 모의고사 풀이+19~18년 기출 오답 복습 [2회독]	☐
DAY 15	2	마무리 정리+최종 복습	☐

학습 전략

- 15일 완성 플랜은 단기간 학습을 통해 합격을 목표로 하며, 기출문제를 빠르게 여러 번 회독하는 것이 핵심입니다. 특히, 최신 기출문제 중심으로 학습하여 선택과 집중 전략을 요구합니다.

- 1회독(이론+기출 집중)
  - 핵심이론: 무료특강 등을 활용하여 빠르고 정확하게 이해하는 것을 목표로 합니다.
  - 기출문제: 최신 기출문제를 중심으로 풀이하고, 이해가 안 가거나 잘 외워지지 않는 부분은 따로 표기해 둡니다.

- 2회독(오답 및 취약 이론 집중)
  - 핵심이론: 1회독 시 기출문제 풀이에서 자주 틀렸거나 이해가 안 갔던 이론 위주로 학습을 진행합니다.
  - 기출문제: 이미 완벽하게 이해한 문제는 제외하고, 여전히 이해가 안 가거나 잘 외워지지 않는 문제만 따로 집중 학습합니다.

- 마무리 정리: 최종적으로 정리해 둔 오답과 취약 이론을 복습하며 마무리합니다.

30시간의 기적 30일 완성 플랜

DAY	TIME	학습내용	완료
DAY 01	1	SUBJECT 01 인간공학개론	☐
DAY 02	1	SUBJECT 02 작업생리학	☐
DAY 03	1	SUBJECT 03 산업심리학 및 관련법규	☐
DAY 04	1	SUBJECT 04 근골격계질환 예방을 위한 작업관리	☐
DAY 05	1	25년 1회 CBT 복원문제 풀이+이론 간단 복습	☐
DAY 06	1	25년 2회 CBT 복원문제 풀이+25년 1회 기출 오답 복습	☐
DAY 07	1	25년 3회 CBT 복원문제 풀이+25년 2회 기출 오답 복습	☐
DAY 08	1	24년 1회 CBT 복원문제 풀이+25년 3회 기출 오답 복습	☐
DAY 09	1	24년 2회 CBT 복원문제 풀이+24년 1회 기출 오답 복습	☐
DAY 10	1	24년 3회 CBT 복원문제 풀이+24년 2회 기출 오답 복습	☐
DAY 11	1	23년 1회 CBT 복원문제 풀이+24년 3회 기출 오답 복습	☐
DAY 12	1	23년 2회 CBT 복원문제 풀이+23년 1회 기출 오답 복습	☐
DAY 13	1	23년 3회 CBT 복원문제 풀이+23년 2회 기출 오답 복습	☐
DAY 14	1	22년 1회 기출문제 풀이+23년 3회 기출 오답 복습	☐
DAY 15	1	22년 3회 CBT 복원문제 풀이+22년 1회 기출 오답 복습	☐
DAY 16	1	21년 기출문제 풀이+22년 3회 기출 오답 복습	☐
DAY 17	1	20년 기출문제 풀이+21년 기출 오답 복습	☐
DAY 18	1	19년 기출문제 풀이+20년 기출 오답 복습	☐
DAY 19	1	18년 기출문제 풀이+19년 기출 오답 복습	☐
DAY 20	1	전체 기출 오답 복습 **1회독**	☐
DAY 21	1	SUBJECT 01 인간공학개론 ~ 02 작업생리학	☐
DAY 22	1	SUBJECT 03 산업심리학 및 관련법규 ~ 04 근골격계질환 예방을 위한 작업관리	☐
DAY 23	1	25년 CBT 복원문제 풀이+이론 간단 복습	☐
DAY 24	1	24년 CBT 복원문제 풀이+25년 기출 오답 복습	☐
DAY 25	1	23년 CBT 복원문제 풀이+24년 기출 오답 복습	☐
DAY 26	1	22년~21년 기출문제 풀이+23년 기출 오답 복습	☐
DAY 27	1	20년~19년 기출문제 풀이+22년~21년 기출 오답 복습	☐
DAY 28	1	18년 기출문제 풀이+20~19년 기출 오답 복습	☐
DAY 29	1	25년 3회 CBT 모의고사 풀이+18년 기출 오답 복습 **2회독**	☐
DAY 30	1	마무리 정리+최종 복습	☐

학습 전략

- 30일 완성 플랜은 매일 꾸준히 1시간씩 학습하여 학습의 흐름을 끊지 않는 것이 중요합니다.
  컨디션이 좋지 않은 날에는 시간을 줄이거나 가벼운 복습 위주로 진행하시는 것을 권장합니다.

- 1회독(이론+기출 풀이)
  - 핵심이론: 각 과목별 핵심이론을 빠르게 학습합니다.
  - 기출문제: 2025년부터 2018년까지의 기출문제를 순서대로 풀이하며, 틀린 문제나 이해가 안 되는 부분은 반드시 표시해 둡니다.

- 2회독(오답 및 취약 이론 집중)
  - 핵심이론: 1회독 시 기출문제 풀이에서 자주 틀렸거나 이해가 안 갔던 이론 위주로 학습을 진행합니다.
  - 기출문제: 2회독 때는 1회독에서 완벽하게 이해한 문제는 과감히 넘어가고, 여전히 헷갈리거나 자주 틀리는 문제 위주로 다시 풀어봅니다.

- 마무리 정리: 오답 노트와 핵심 요약 정리본을 활용하여 최종적으로 취약한 부분을 보완합니다. 실제 시험과 동일한 환경에서
  25년 3회 CBT 복원문제를 모의고사처럼 치러 실전 감각을 끌어올리고, 오답 분석을 통해 마지막까지 약점을 제거합니다.
  ※ 25년 3회 CBT 모의고사는 25년 10월 제공 예정

기술자격증 1위

선임 자격증 **단기 합격**엔, 에듀윌 **안전·보건** 시리즈!

안전×보건 쌍기사 취득으로 경쟁력을 강화시켜 보세요!

Safety **Health**

산업안전기사(필기/실기)

산업위생관리기사(필기/실기)

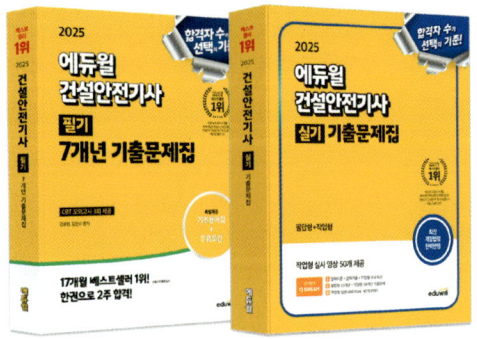

건설안전기사(필기/실기)

인간공학기사(필기/실기)

*2023 대한민국 브랜드만족도 기술자격증 교육 1위 (한경비즈니스)

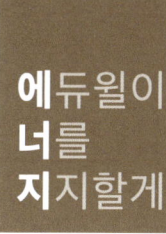

세상을 움직이려면
먼저 나 자신을 움직여야 한다.

– 소크라테스(Socrates)

에듀윌
인간공학기사

필기 한권끝장

시험 공략 학습법을 소개합니다.

궁극의 경쟁력, 인간공학기사

급증하는 응시 인원으로 증명되는 미래 유망 자격증의 가치!

최근 인간공학기사 시험 응시 인원이 가파르게 증가하고 있습니다. 「중대재해처벌법」 이후 산업안전보건에 대한 사회적 관심과 기업의 책임이 커지면서, 인간 중심의 안전하고 효율적인 작업 환경 구축의 중요성이 그 어느 때보다 부각되고 있기 때문입니다.

산업 현장의 안전 및 효율 증대
인간공학은 작업자와 시스템 간의 상호작용을 최적화하여 산업재해를 예방하고 근로자 건강을 보호합니다. 동시에 인체공학적 설계를 통해 작업자의 피로도를 줄이고 생산성을 극대화하여 기업의 경쟁력 강화에 기여합니다.

전문성 강화 및 4차 산업혁명 시대 핵심역량
인간공학은 인간의 특성과 한계를 이해하고 시스템 설계에 적용하는 융합적 전문성과 관련됩니다. 그에 따라 제조업부터 IT/SW, 의료기기 등 다양한 분야로 확장 가능한 문제해결 능력을 제공합니다.

취업 경쟁력 확보 및 미래 유망성
산업 전반에서 안전, 효율, 사용자 경험의 중요성이 커지면서 인간공학기사에 대한 수요가 꾸준히 증가하고 있습니다. 대기업 및 주요 기업의 안전, 생산, 개발 부서에서 선호하며, 다양한 산업 분야로 진출 가능성이 높습니다. 고령화 사회 등 미래 사회 변화에 따라 그 역할이 더욱 확대될 전망입니다.

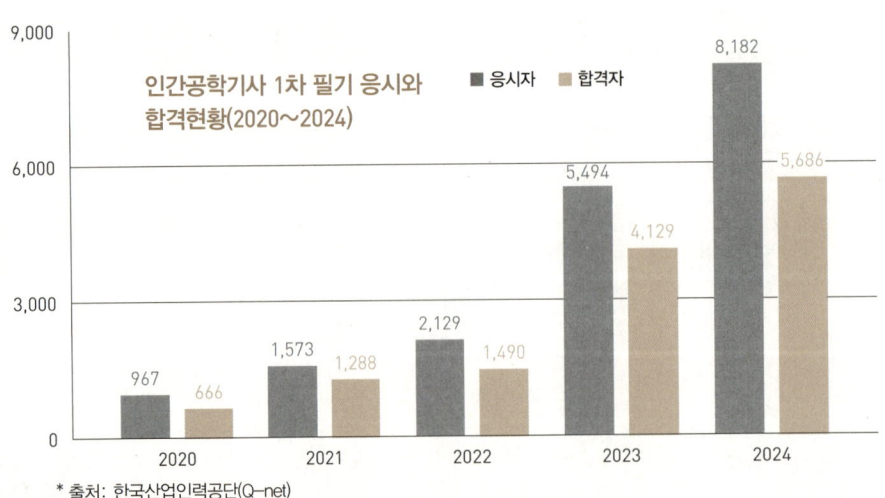

* 출처: 한국산업인력공단(Q-net)

인간공학기사 필기 합격 전략

1. 압축 핵심이론 + 최신 기출문제 풀이

시험에 자주 출제되었거나 출제될 가능성이 높은 핵심 개념에 집중하세요. 이론 학습 후 바로 핵심예제를 풀며 개념을 확고히 다지는 것이 중요합니다.

- 시험 출제 경향을 완벽 분석하여 엄선된 핵심이론만을 수록했습니다.
- 핵심예제를 수록하여 이론 학습 후 즉시 문제 풀이를 할 수 있도록 구성하였습니다.
- 15일/30일 단기 합격 플랜을 제공하여 30시간 학습 목표 달성을 위한 최적의 가이드라인을 제시합니다.

2. 합격을 부르는 상세 해설 + 보충 학습

단순히 정답을 맞히는 것을 넘어, 오답의 이유와 관련 개념을 명확히 이해하는 것이 중요합니다. 부족한 부분은 보충 자료를 활용해 빠르게 채워나가세요.

- 문제 바로 아래 상세한 정답 및 해설을 수록하여 효율적인 다회독 학습을 돕습니다.
- '관련개념' 코너를 통해 문제와 연결된 핵심 이론을 추가 학습하여 이해를 심화시킵니다.
- '지식 PLUS' 코너에서 본문 학습의 이해를 돕는 보충 지식과 풍부한 참고 자료를 제공하여 개념 이해의 폭을 넓힙니다.

3. 실전 완벽 대비 & 최종점검

실제 시험과 같은 환경에서 최신 기출 복원문제를 풀어보며 시간관리와 실전 감각을 키워보세요. 마지막으로 놓치기 쉬운 법규나 수치 등을 집중적으로 정리해보세요.

무료특강을 통해 혼자 이해하기 어려운 부분은 전문 강사의 도움을 받아 효율적으로 마무리 학습을 할 수 있습니다.

> " 에듀윌 인간공학기사 필기 교재와 함께라면,
> 단 30시간의 학습이 시험 합격으로 이어지는 기적을
> 경험하실 수 있습니다. "

시험에 관해 꼭 알아야 할 전반적인 사항을 소개합니다. | **인간공학기사 시험 소개**

개요

인간공학기사 시험은 근로자의 안전하고 효율적인 작업환경을 설계하는 데 필요한 지식과 기술을 평가하는 자격시험이다.

인간공학기사 자격증을 취득한 후, 다양한 분야에서 작업 환경을 개선하고, 근로자의 건강과 안전을 보장하는 실무를 수행할 수 있다.

시험일정

구분	필기시험	필기 합격 (예정자)발표	실기시험	최종 합격자 발표
1회	25.02.07~ 25.03.04	25.03.12	25.04.19~ 25.05.09	25.06.13
2회	25.05.10~ 25.05.30	25.06.11	25.07.19~ 25.08.06	25.09.12
3회	25.08.09~ 25.09.01	25.09.10	25.11.01~ 25.11.21	25.12.24

※ 26년 시험일정은 25년 시험일정과 유사할 것으로 예상되며, 정확한 시험일정은 한국산업인력공단(Q-net) 참고

응시정보

시행처	한국산업인력공단
필기 응시료	19,400원(VAT 포함)
응시자격	① 기능사 등급 이상의 자격을 취득한 후 응시하려는 종목이 속하는 동일 및 유사 직무분야에 3년 이상 실무에 종사한 사람 ② 관련학과의 대학졸업자 등 또는 그 졸업예정자 ③ 응시하려는 종목이 속하는 동일 및 유사 직무분야에서 4년 이상 실무에 종사한 사람 ※ 정확한 경력 인정범위, 전공 등은 한국산업인력공단(Q-net)에 별도 문의

시험과목

과목명	주요항목	문항 수
인간공학개론	• 인간공학적 접근 • 인간의 감각기능 • 인간의 정보처리 • 인간기계 시스템 • 인체측정 및 응용	20문항
작업생리학	• 인체구성 요소 • 작업생리 • 생체역학 • 생체반응 측정 • 작업환경 평가 및 관리	20문항
산업심리학 및 관련법규	• 인간의 심리특성 • 휴먼 에러 • 집단, 조직 및 리더십 • 직무 스트레스 • 관계 법규 • 안전보건관리	20문항
근골격계질환 예방을 위한 작업관리	• 근골격계 질환 개요 • 작업관리 개요 • 작업분석 • 작업측정 • 유해요인 평가 • 작업설계 및 개선 • 예방관리 프로그램	20문항

시험시간 합격기준

시험시간	2시간
합격기준	100점을 만점으로 하여 과목당 40점 이상, 전과목 평균 60점 이상

본서의 구성과
특장점을 소개합니다.

이 책의 구성

단숨에 끝내는 핵심이론 + 핵심예제

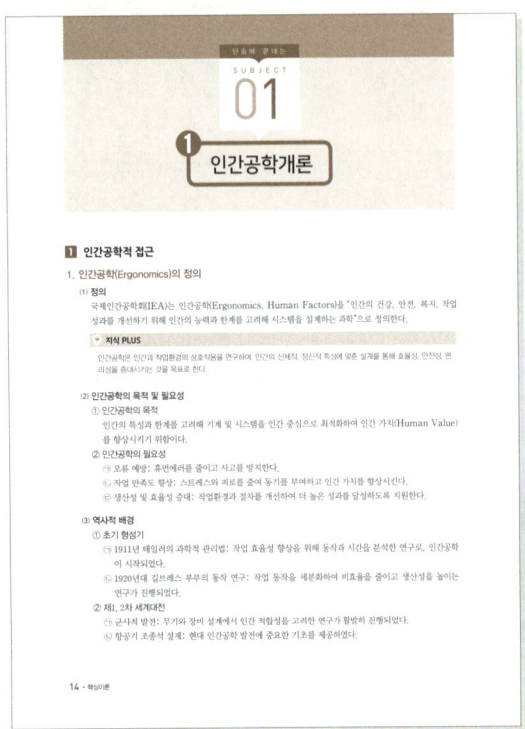
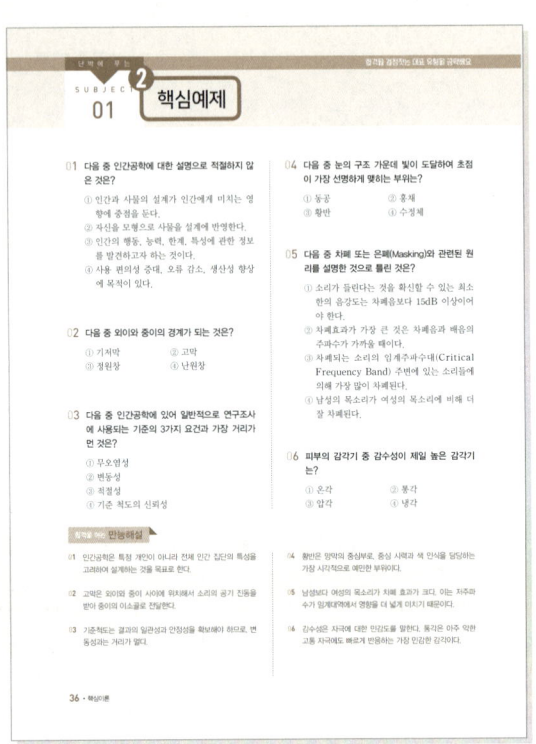

❶ 핵심이론 전과목 무료특강

각 과목별 핵심이론 무료특강을 통해, 합격에 필요한 압축 이론을 더욱 꼼꼼하게 학습하세요.

'핵심이론' 전과목 무료특강 바로가기
※ 에듀윌 도서몰(book.eduwill.net) → 동영상 강의실 → '인간공학기사' 검색
※ 25년 10월 제공 예정

❷ 핵심예제

- 각 과목별 핵심이론을 학습한 후, 엄선된 핵심예제를 풀어보며 과목별 학습내용을 완벽하게 정리하고 복습할 수 있습니다.

- 최신 8개년 기출문제를 완벽 분석하여 선별된 핵심예제를 통해, 실전 문제 유형을 파악하세요.

단박에 푸는 8개년 기출

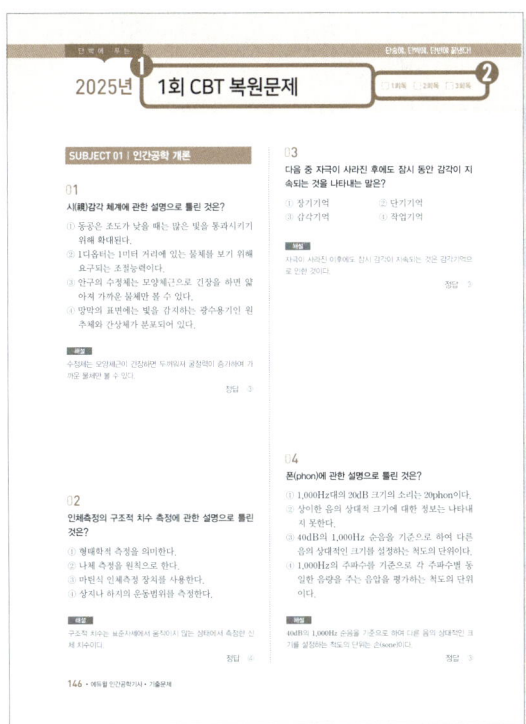
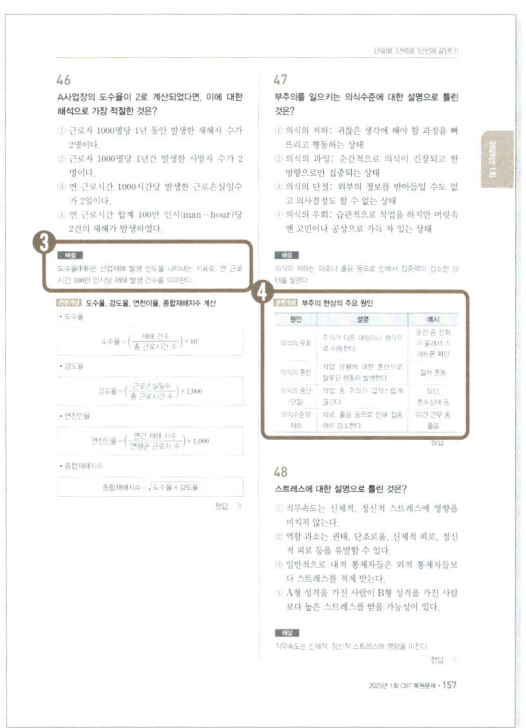

❶ 최신 8개년 기출문제
최신 기출 복원문제를 풀며 실전에 철저히 대비하세요.

❷ 회독 확인란
3회독 확인란을 활용하여 기출문제를 반복 학습하며, 핵심 개념을 자연스럽게 익히고 실전 감각을 높일 수 있습니다.

❸ 정답과 해설
문제 바로 아래에서 정답과 상세 해설을 빠르게 확인하여, 효율적인 다회독 학습을 돕습니다.

❹ 관련개념
문제와 관련된 핵심 개념을 추가로 학습하여, 개념에 대한 이해를 더욱 깊게 다질 수 있습니다.

본서의 목차와 해당 페이지를 안내합니다. | **이 책의 차례**

PART 01 핵심이론

SUBJECT 01 인간공학개론

	page
01 인간공학적 접근	14
02 인간의 감각기능	16
03 인간의 정보처리	22
04 인간-기계 시스템	27
05 인체측정 및 응용	33
핵심예제	36

SUBJECT 02 작업생리학

01 인체구성 요소	40
02 작업생리	44
03 생체역학	48
04 생체반응 측정	54
05 작업환경 평가 및 관리	61
핵심예제	70

SUBJECT 03 산업심리학 및 관련법규

01 인간의 심리특성	74
02 휴먼에러	82
03 집단, 조직 및 리더십	87
04 직무스트레스	93
05 관련법규	95
06 안전보건관리	96
핵심예제	102

SUBJECT 04 근골격계질환 예방을 위한 작업관리

01 근골격계질환	106
02 작업관리	108
03 작업분석	112
04 작업측정	118
05 유해요인 평가	125
06 작업설계 및 개선	132
07 근골격계질환 예방관리 프로그램	134
핵심예제	137

PART 02
8개년 기출

		page
2025년	1회 CBT 복원문제	146
	2회 CBT 복원문제	166
2024년	1회 CBT 복원문제	186
	2회 CBT 복원문제	206
	3회 CBT 복원문제	226
2023년	1회 CBT 복원문제	246
	2회 CBT 복원문제	266
	3회 CBT 복원문제	286
2022년	1회 기출문제	306
	3회 CBT 복원문제	326
2021년	1회 기출문제	346
	3회 기출문제	368
2020년	1회 기출문제	390
	3회 기출문제	410
2019년	1회 기출문제	430
	3회 기출문제	450
2018년	1회 기출문제	470
	3회 기출문제	490

※ 인간공학기사는 2022년까지 연 2회(1·3회차) 지필시험으로 시행되었으며, 2023년부터는 CBT 방식으로 전환되고, 연 3회로 확대되었습니다.

2025년 3회 CBT 모의고사 바로가기
※ 2025년 10월 제공 예정

PART 01

핵심이론

학습전략

출제 빈도가 높은 핵심이론만을 압축하여 효율적인 개념 이해를 돕습니다. 각 과목별 핵심예제를 통해 이론을 실제 문제에 적용하는 훈련을 할 수 있으며, 엄선된 이론이므로 반복 학습을 통해 완벽하게 숙지하는 것이 중요합니다.
특히, '지식 PLUS' 코너를 통해 핵심 이론에 대한 보충 설명과 중요한 참고 정보를 얻고, '개념 공략' 코너에서는 심화 학습을 통해 깊이 있는 이해를 완성할 수 있습니다.

SUBJECT 01 인간공학개론

SUBJECT 02 작업생리학

SUBJECT 03 산업심리학 및 관계법규

SUBJECT 04 근골격계질환 예방을 위한 작업관리

인간공학개론

1 인간공학적 접근

1. 인간공학(Ergonomics)의 정의

(1) 정의

국제인간공학회(IEA)는 인간공학(Ergonomics, Human Factors)을 "인간의 건강, 안전, 복지, 작업 성과를 개선하기 위해 인간의 능력과 한계를 고려해 시스템을 설계하는 과학"으로 정의한다.

> **지식 PLUS**
> 인간공학은 인간과 작업환경의 상호작용을 연구하며, 인간의 신체적, 정신적 특성에 맞춘 설계를 통해 효율성, 안전성, 편리성을 증대시키는 것을 목표로 한다.

(2) 인간공학의 목적 및 필요성

① 인간공학의 목적

  인간의 특성과 한계를 고려해 기계 및 시스템을 인간 중심으로 최적화하여 인간 가치(Human Value)를 향상시키기 위함이다.

② 인간공학의 필요성

  ㉠ 오류 예방: 휴먼에러를 줄이고 사고를 방지한다.
  ㉡ 작업 만족도 향상: 스트레스와 피로를 줄여 동기를 부여하고 인간 가치를 향상시킨다.
  ㉢ 생산성 및 효율성 증대: 작업환경과 절차를 개선하여 더 높은 성과를 달성하도록 지원한다.

(3) 역사적 배경

① 초기 형성기

  ㉠ 1911년 테일러의 과학적 관리법: 작업 효율성 향상을 위해 동작과 시간을 분석한 연구로, 인간공학이 시작되었다.
  ㉡ 1920년대 길브레스 부부의 동작 연구: 작업 동작을 세분화하여 비효율을 줄이고 생산성을 높이는 연구가 진행되었다.

② 제1, 2차 세계대전

  ㉠ 군사적 발전: 무기와 장비 설계에서 인간 적합성을 고려한 연구가 활발히 진행되었다.
  ㉡ 항공기 조종석 설계: 현대 인간공학 발전에 중요한 기초를 제공하였다.

③ 현대 인간공학의 발전
  ㉠ 1950년대 이후 확장: 작업환경, 안전, 효율성을 개선하며 산업 전반으로 확장되었다.
  ㉡ 컴퓨터와 인터페이스 연구: 인간-시스템 상호작용을 강조하며 현대적 영역으로 발전하였다.

(4) **인간공학의 적용 사례**
  ① 제품 설계: 신체적 특성을 고려해 사용자에게 적합한 도구와 기계를 설계한다.
  ② 작업환경 개선: 피로를 줄이고 만족도를 높이는 작업 공간을 설계한다.
  ③ 정보 시스템: 사용하기 쉬운 인터페이스를 설계해 작업 효율을 높인다.

2. 연구절차 및 방법론

(1) **연구변수 유형**
  ① 독립변수: 연구자가 조작하거나 변형하여 실험의 원인이 되는 변수이다.
    예 작업 환경의 조명 강도를 조작하여 생산성에 미치는 영향을 연구할 때, 조명 강도가 독립변수이다.
  ② 종속변수: 독립변수의 영향을 받아 나타나는 결과 변수로, 연구에서 측정되는 대상이다.
    예 조명 강도 변화에 따른 생산성이 종속변수이다.
  ③ 통제변수: 연구에서 독립변수와 종속변수 간의 관계를 명확히 하기 위해 일정하게 유지하거나 통제되는 변수이다.
    예 실험 중 온도, 소음 등 외부 요인(통제 변수)을 일정하게 통제하여 조명 강도의 영향을 분석한다.
  ④ 매개변수: 독립변수와 종속변수 간의 관계를 중재하거나 그 영향을 매개하는 변수이다.
    예 업무의 피로도가 작업 시간(독립변수)과 생산성(종속변수) 사이에서 매개 역할을 할 수 있다.

(2) **연구변수 선정 시 기준**
인간공학 연구에서는 종속변수를 정확하고 일관되게 측정하기 위해 다음과 같은 기준척도를 설정하고, 그 요건을 충족해야 한다.
  ① 신뢰성: 반복 측정 시 결과가 일정하게 재현되어야 한다.
  ② 민감성: 변수의 작은 변화에도 척도가 민감하게 반응하여야 한다.
  ③ 무오염성: 외적 요인의 영향을 받지 않고 측정하고자 하는 요소만을 반응하여야 한다.
  ④ 타당성: 의도한 대상을 정확하게 측정하여야 한다.
  ⑤ 적절성: 평가 척도가 연구 목표를 정확하게 반응하여야 한다.

(3) **연구 기준 척도의 종류**
  ① 인적기준
    ㉠ 인간의 성능척도: 인간의 작업을 수행하는 능력이나 결과를 평가한다.
    ㉡ 주관적 반응: 인간이 스스로 느끼는 피로도, 스트레스 등을 평가한다.
    ㉢ 생리학적 지표: 인간의 신체적 반응을 객관적인 수치로 측정한다.
    ㉣ 사고 및 과오빈도: 작업 중 발생한 사고나 실수를 측정한다.
  ② 물적기준
    ㉠ 시스템 신뢰성: 시스템이 주어진 시간 동안 고장 없이 정상적으로 작동할 확률을 의미한다.
    ㉡ 보전도(정비성): 시스템의 수리 편의성 및 수리 시간을 평가한다.
    ㉢ 가용성: 시스템이 실제로 사용 가능한 시간의 비율을 의미한다.

(4) 연구 환경에 따른 특징
① 실험실 연구: 변수 통제가 쉬워 반복 실험이 가능하지만, 인위적인 환경이므로 현실 반영에는 한계가 있다.
② 현장 연구: 변수 통제가 어렵고 데이터가 오염될 가능성이 있지만, 실제 환경 그대로이기 때문에 결과를 현실에 적용하는 데에 유리하다.

(5) 연구 개요 및 연구절차
인간공학적 연구는 문제를 명확히 정의하고 체계적인 접근 방식을 통해 문제를 해결하는 것을 목표로 한다.
① 문제 정의: 연구의 목적과 범위를 명확히 하고, 해결해야 할 문제를 구체적으로 정의한다.
② 연구 계획 및 설계: 독립변수와 종속변수를 설정하고, 외생변수를 통제하기 위한 계획을 수립한다.
③ 자료 수집: 설계된 절차에 따라 데이터를 수집하며, 신뢰성과 정확성을 확보한다.
④ 자료 분석: 수집한 데이터를 통계적 방법으로 분석하여 가설을 검증한다.
⑤ 결과 해석 및 보고: 분석 결과를 바탕으로 연구 결론을 도출하고, 결과를 문서화하며 향후 연구 방향을 제안한다.

2 인간의 감각기능

1. 시각기능

(1) 시각과정
① 눈의 구조와 시각 과정
  ㉠ 각막: 빛을 굴절시켜 눈 안으로 통과시킨다.
  ㉡ 홍채와 동공: 들어오는 빛의 양을 조절한다.
  ㉢ 모양체근과 수정체: 초점을 조절하는 곳으로, 수정체의 유연성이 감소할 때 노안이 발생한다.

> **지식 PLUS**
> 빛의 세기에 따라 동공의 크기는 달라진다.
> • 밝을 때: 동공 축소
> • 어두울 때: 동공 확장

물체 위치	모양체근	수정체	시력 이상 증상
멀리 있음	이완	얇아짐	근시: 안구 길이 증가 또는 수정체 두꺼워짐 → 초점이 망막 앞에 맺혀 먼 곳이 흐릿하게 보임
가까이 있음	수축	두꺼워짐	원시: 안구 길이 감소 또는 수정체 얇아짐 → 초점이 망막 뒤에 맺혀 가까운 곳이 흐릿하게 보임

> **개념/공략** 수정체의 굴절 작용
> 각막과 수정체는 빛을 굴절시켜 망막에 초점을 정확히 맞춘다.
> • 먼 물체를 볼 때, 모양체근이 수정체를 느슨하게 잡으면(이완) 수정체가 얇아진다.
>   ※ 돋보기의 빛을 굴절시키는 원리와 유사하다.
> • 가까운 물체를 볼 때, 모양체근이 수정체를 잡아당기면(수축) 수정체가 두꺼워진다.

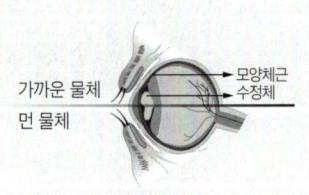

ⓔ 망막: 간상세포와 원추세포가 존재하여 상이 맺히는 조직으로, 망막 중앙에 있는 황반에 가장 선명한 상이 맺힌다.

세포	순응	순응 소요시간	위치	특징
간상세포	암순응 (밝은 곳 → 어두운 곳)	약 30~40분	황반 주변, 망막 주변	흑백 시야 담당
원추세포	명순응 (어두운 곳 → 밝은 곳)	1분 이내	황반 부위	색상 식별 담당

ⓜ 시신경: 시각정보를 뇌로 전달한다.

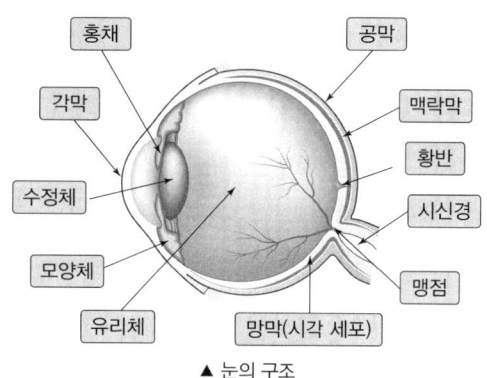

▲ 눈의 구조

② 시각과 시력

구분	특징	계산식
시각	• 물체가 눈에 맺히는 크기 • 물체 크기에 비례하고, 물체와 눈 사이 거리에 반비례 | 물체 크기 | 물체와 눈 사이 거리 | 시각 | | 크다 | 가깝다 | 커짐 | | 작다 | 멀리 있다 | 작아짐 |	시각 $=\dfrac{H}{D}\times\dfrac{180°}{\pi}\times\dfrac{60'}{1°}$ • H: 물체 높이 • D: 물체 거리
시력	• 세부적인 내용을 시각적으로 식별할 수 있는 능력 • 시력의 종류 | 종류 | 설명 | | Vernier 시력 | 두 선의 미세한 어긋남을 감지하는 능력 | | 최소 가분 시력 | 두 점 사이 간격을 구분하는 능력 | | 최소 인식 시력 | 점이나 문자를 인식하는 능력 | | 입체 시력 | 양안 시차로 깊이를 감지하는 능력 |	시력 $=\dfrac{1}{\text{시각}}$

(2) **빛과 조명**
　① 빛
　　㉠ 파장: 빛의 색은 파장에 따라 결정되며, 인간의 눈에 감지될 수 있는 가시광선은 약 380~780nm 범위에 해당한다.
　　㉡ 강도: 밝기의 정도를 결정하며 휘도(cd/m^2) 또는 조도(lx)를 통해 측정된다.
　　㉢ 역할: 인간의 시각적 정보를 제공하며 환경을 인지하도록 도움을 주고, 작업환경에서 효율성과 안전성에 중요한 영향을 미친다.
　② 조명
　　㉠ 정의: 조명은 빛을 인공적(또는 자연적)으로 생성하거나 조정하여 특정 공간에 비추는 것이다.
　　㉡ 조명 용어 및 단위

용어	정의	단위
조도	어떤 물체나 표면에 도달하는 빛의 밀도	lux(lx), $lumen/m^2(lm/m^2)$, fc
광도(광량)	특정 방향으로 방출되는 빛의 강도	candela(cd), lumen/steradian(lm/sr)
반사율	입사된 빛 대비 반사된 빛의 비율(휘도/조도)	%
휘도	물체 표면에서 반사 또는 방출되어 나온 빛의 양	$candela/m^2$(nit)
광속	광원이 방출하는 총 빛의 양	lumen(lm)

※ foot-candle(fc): 1lumen이 $1ft^2$에 도달할 때의 조도를 나타냄(1fc=10lux)

(3) **시식별 요소**
　① 개인차
　　㉠ 연령: 나이가 많을수록 대비 감도가 감소한다.
　　㉡ 운동시력: 움직이는 물체를 명확히 인식할 수 있는 능력으로, 빠르게 이동하는 물체일수록 시식별이 어렵다.
　　㉢ 성별: 남성은 운동시력에서 우수하고, 여성은 정적 시각 과제에서 우수한 경향이 있다.
　　㉣ 훈련: 훈련을 통해 시각적 민첩성을 기를 수 있다.

> **지식 PLUS**
> 시식별은 인간이 시각으로 물체의 형태, 크기 등을 구별하는 능력으로, 시식별 요소는 작업 효율성과 안전성에 영향을 준다.

　② 외적 변수
　　㉠ 광도: 같은 광속이라도 광도가 높으면 특정 방향에서 더 밝아 시식별이 용이해진다.
　　㉡ 광속: 광속이 크면 밝기가 증가하여 시식별이 용이해진다.
　　㉢ 조도: 물체가 밝을수록 시식별이 용이해진다.
　　㉣ 반사율: 물체와 배경 간 대비를 조절하여 시식별에 영향을 준다.
　　㉤ 대비: 물체와 배경 간의 명암 차이가 클수록 쉽게 인식된다.
　　㉥ 휘도비: 주시 영역과 주변 영역 간의 밝기 차이가 적절할수록 시식별이 원활해진다.
　　㉦ 물체 크기: 물체가 클수록 더 쉽게 인식된다.
　　㉧ 휘광: 강한 빛(눈부심)이 시각적 방해 요소가 되어 시식별을 어렵게 한다.
　　㉨ 노출시간: 관찰 시간이 길어질수록 시식별이 정확해진다.
　　㉩ 과녁의 이동: 물체가 이동하면 망막에 머무르는 시간이 짧아져 시식별이 어려워진다.

2. 청각기능

(1) 청각과정

① 귀의 구조

㉠ 외이: 귓바퀴, 외이도를 포함한 귀 바깥 부분으로, 소리를 모아 외이도를 통해 고막까지 전달한다.

㉡ 중이: 고막이 소리 진동을 받아 진동을 이소골(추골, 침골, 등골)을 통해 내이로 전달한다.

㉢ 내이: 달팽이관 안에 섬모가 소리 진동을 전기 신호로 바꿔 청신경을 통해 뇌로 전달한다.

> **지식 PLUS**
> 청각은 직접적으로 뇌의 청각 피질로 연결되어 신호 경로가 짧아 인간의 감각기능 중 가장 반응 시간이 빠르다.
> • [빠름]청각＞촉각＞시각＞미각＞후각[느림]

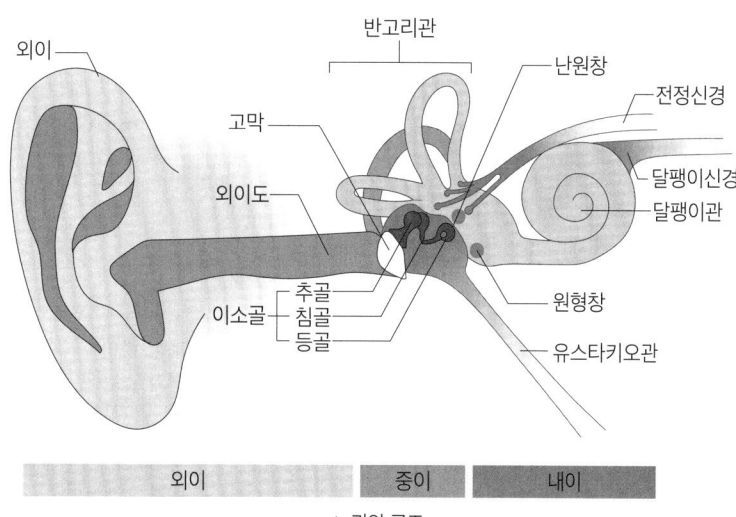

▲ 귀의 구조

② 청각과정

단계	설명	매질	위치
공기전도	공기가 고막을 진동시킴	공기	외이도(외이) → 고막
액체전도	고막진동이 달팽이관 액체를 진동시킴	달팽이관 액체 (림프액)	고막 → 이소골 → 내이(달팽이관)
신경전도	전기신호가 청신경을 통해 뇌로 전달	전기신호	내이(달팽이관) → 뇌

(2) 음량의 측정

① 음량의 척도

음량의 척도	정의	계산식
dB(데시벨)	음압의 상대적인 크기를 로그스케일로 나타내는 물리적 단위로, 기준 소리의 강도(I_o) 대비 측정하고자 하는 소리(I)의 상대적 강도를 간단하게 표현하기 위해 사용한다.	$dB = 10\log_{10}\left(\dfrac{I}{I_o}\right)$
SPL (Sound Pressure Level)	기준음압(P_o) 대비 측정음압(P)의 상대적 크기를 dB로 나타낸 값이다.	$SPL = 20\log_{10}\left(\dfrac{P}{P_o}\right)$

음량의 척도	정의	계산식
phon(폰)	• 주관적 소리 크기를 나타내는 단위로, 인간의 청각 특성 (주파수별 감도 차이)을 반영하여 설계되었다. • '1,000Hz, 40dB 순음=40phon'을 기준으로 등감곡선이 구성된다. ※ 등감곡선: 높낮이 다른 소리를 동일한 크기로 들리게 하려면 얼마나 크게 틀어야 하는지 알려주는 곡선이다.	$phon = 10\log_2(sone) + 40$
sone(손)	• 사람이 실제로 느끼는 소리의 크기를 나타내는 심리음향 단위이다. • '40phon=1sone'을 기준으로 한 배수로 주관적 음량을 표현한다.	$sone = 2^{\frac{(phon-40)}{10}}$

② 음 세기(Sound Intensity)
  ㉠ 단위 시간에 단위 면적을 통과하는 소리의 에너지로, 단위는 W/m^2이다.
  ㉡ 물리적 개념으로 주파수(고저)나 청각적 인식과는 무관하며, SPL처럼 기준과의 비율을 나타내는 값이 아닌 절대적인 물리량으로 측정된다.

③ 통화 이해도 평가 지표

평가 지표	정의	측정방법
명료도 지수 (AI)	소음 환경에서 음소(말소리 단위)가 얼마나 잘 들리는지를 0~1 사이 수치로 나타낸 것이다.	음성 주파수 대역(250~7,000Hz)에서 말소리가 소음에 덮이지 않고 들릴 수 있는 비율을 계산한다.
이해도 점수	들은 말을 얼마나 정확하게 이해했는지를 %로 나타낸 것이다.	문장이나 단어를 들려준 뒤, 정확히 이해한 비율을 계산한다.
통화 간섭 수준 (SIL)	말소리를 방해하는 소음이 얼마나 큰지를 나타내는 수치이다.	500Hz, 1,000Hz, 2,000Hz에서 소음 수준 (dB)을 측정한 후 세 값의 평균값을 계산한다.

④ 소리 차이와 청각 지각
  ㉠ 은폐효과(Masking Effect): 하나의 소리가 다른 소리의 감지를 방해하여 들리지 않게 만드는 현상으로, 낮은 주파수 소리가 높은 주파수 소리를 상대적으로 잘 차폐시킨다.
  ㉡ 위상차(Phase Difference): 소리가 도달하는 시간(위상) 차이에 의해 발생하는 현상으로, 두 귀에 들어오는 소리의 위상 차이를 이용해 방향을 감지한다. 저주파일수록 위상차에 의한 방향 감지가 더 잘된다.
  ㉢ 울림(Beat): 소리의 주파수 차이에 의해 발생하는 현상으로, 주파수 차이가 33Hz 이하이면 두 개의 음 사이에 울림이 느껴지고, 33Hz 이상 차이가 나면 별개의 두 음으로 인식되기 시작한다.

3. 촉각 및 후각기능

(1) **피부 감각**

인간의 피부는 다양한 감각 수용체를 통해 외부 자극을 감지한다.

감각 종류	설명	대표 수용체
통각	고통, 손상 자극을 감지한다.	자유 신경 종말
압각	누르는 힘을 감지한다.	루피니 소체
촉각	표면, 진동 등 촉감을 감지한다.	메르켈 원반, 마이스너 소체, 파치니 소체
냉각	차가움을 감지한다.	자유 신경 종말, 크라우제 소체
온각	따듯함을 감지한다.	자유 신경 종말, 루피니 소체

> **지식 PLUS**
>
> 인간 피부 감각은 다음 순서로 감수성이 높다.
> 통각 → 압각 → 촉각 → 냉각 → 온각

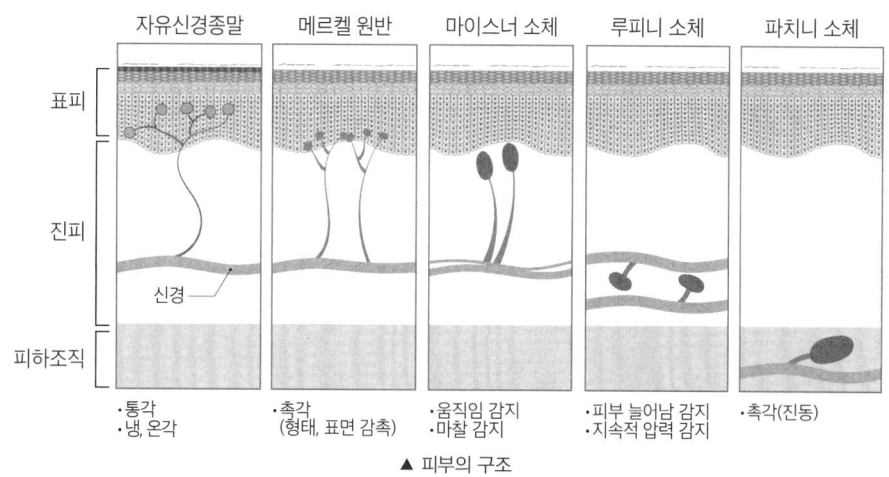

▲ 피부의 구조

(2) **후각**

① **후각과정:** 인간의 후각은 휘발성 화학물질을 감지하여 대뇌에 전달하는 감각 체계이다.

> 공기 중 휘발성 화학물질 → 비강 상부(후각 상피) → 후각 수용체 → 후각 신경 → 후각구 → 대뇌 후각 피질

② **후각의 특징**

㉠ 절대적 식별 능력: 인간은 후각 자극에 대해 절대적으로 식별하거나 정확히 명명하는 능력은 낮으나, 서로 다른 냄새 자극 간의 미세한 차이를 구분하는 상대 비교 능력은 뛰어나다.

㉡ 후각의 순응: 동일 자극에 지속적으로 노출될 경우 수용체의 반응이 급속히 감소하는 순응 현상이 빠르게 나타난다.

㉢ 민감도의 개인차: 후각 민감도는 유전적 요인, 성별, 연령, 흡연 여부, 환경 노출 이력 등에 따라 큰 차이를 보인다.

㉣ 후각의 훈련: 후각은 반복적인 노출과 감별 훈련을 통해 식별 능력을 향상시킬 수 있다.

3 인간의 정보처리

1. 정보처리과정

(1) **정보처리과정**

① Wickens(위켄스)의 인간 정보처리 모델

ㄱ. 감각 수용체: 시각, 청각, 촉각 등 감각 수용체를 통해 외부 자극을 받아들인다.

ㄴ. 단기 감각기억: 감각 자극을 매우 짧은 시간(수백 밀리초) 동안 보존하는 단계이다.

ㄷ. 지각: 감각 자극을 선택(선택), 패턴을 형성하며(조직화), 의미를 부여하는(해석) 과정으로, 지각 과정은 주의의 영향을 강하게 받는다.
- 선택: 다양한 자극 중 특정 자극을 선택한다.
- 조직화: 선택된 정보를 구조화하여 하나의 인지적 형태로 만드는 단계이다.
- 해석: 구조화된 자극에 의미를 부여하는 단계로, 이 과정에서 착시나 오해가 발생할 수 있다.

ㄹ. 주의: 제한된 자원(Resource)으로 어떤 자극이나 과업에 자원을 집중할지를 결정하고, 동시에 여러 자극에 주의를 분산하는 시배분(Time Sharing)도 이 단계에서 결정한다.

개념/공략 인간 정보처리모델 각 단계별 주의 관여

정보처리 순서	단기 감각기억	→	지각(인식)	→	작업기억(단기기억)	→	장기기억
주의	관여하지 않음		관여		관여		관여

ㅁ. 작업기억: 정보를 단기간 저장하고 조작하는 장소이다. 저장 용량은 제한적(7 ± 2)이며, 청킹(Chunking)을 통해 효율을 높일 수 있다.

ㅂ. 장기기억: 반복과 연습을 통해 정보가 저장되며 작업기억과 상호작용한다. 기존의 지식은 새로운 자극의 해석과 반응선택에 영향을 준다.

ㅅ. 의사결정 및 반응선택: 주어진 상황에 적절한 반응을 선택하는 단계로 장기기억에서 인출된 정보가 기준으로 작용할 수 있다.

ㅇ. 반응실행: 선택된 반응을 운동기관을 통해 실제로 수행하는 단계이다. **예** 손으로 버튼 조작

ㅈ. 피드백: 반응 결과가 다시 입력으로 돌아가 다음 정보처리 사이클에 영향을 미친다.

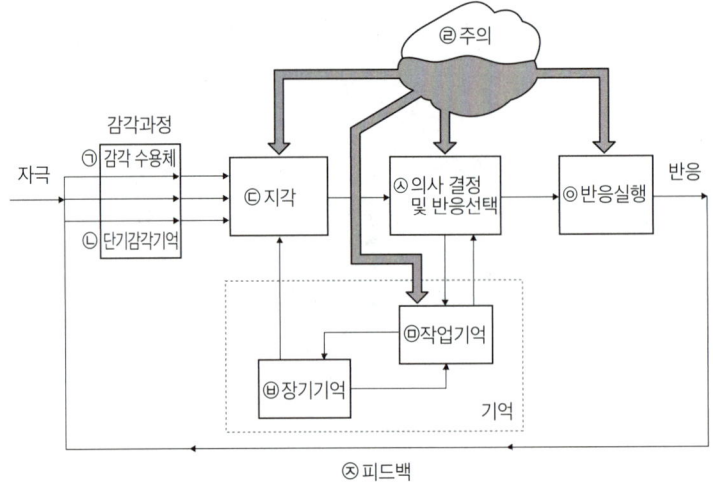

▲ Wickens(위켄스)의 인간 정보처리 모델

② 주의의 유형
  ㉠ 선택적 주의: 하나의 자극에 집중하는 방식이다.
  ㉡ 분할 주의: 둘 이상의 자극이나 작업에 주의를 분산한다.
  ㉢ 초점 주의: 단일 자극에 강하게 집중하는 방식이다.
③ 시배분(Time Sharing)
  ㉠ 시배분은 복수의 작업을 번갈아 수행하는 능력으로, 제한된 주의 자원을 어떻게 분할할 것인지와 관련이 있다.
  ㉡ 과업 간 간섭에 따라 효율성이 변화하며, 일반적으로 청각과 시각이 시배분되는 경우 시각보다 청각이 우월하다.

(2) **기억체계**
  ① 감각기억(Sensory Memory): 수동적이며 자동적인 저장이 가능하고, 새로운 자극이 들어오면 기존 정보가 소멸된다.
    ㉠ 아이코닉(Iconic) 기억: 시각 정보 저장(0.5초 내외)
    ㉡ 에코익(Echoic) 기억: 청각 정보 저장(3~4초)
    ㉢ 감각기억의 코드화: 없음
  ② 단기기억(Short-Term Memory, STM): 감각기억에서 주의가 주어진 정보가 잠시 저장된다.
    ㉠ 작업기억은 활성화된 단기기억으로서 사고, 계산 등 정보처리에 직접 사용된다.
    ㉡ Miler의 Magic Number: 인간의 단기 저장 용량은 7±2개로 제한적이다. 이때 7±2를 Magic Number라 한다.
    ㉢ 청킹(Chunking): 여러 항목을 의미 단위로 묶어 단기기억 용량을 효율화시키는 전략이다.
      예 전화번호(000-0000)
    ㉣ 단기기억의 코드화: 시각적, 음성적 코드
  ③ 장기기억(Long-Term Memory, LTM): 반복(Rehearsal)이나 청킹(Chunking)을 통해 저장된 정보는 장기기억으로 이전된다.
    ㉠ 용량은 무한에 가깝고, 지속시간도 거의 영구적이다.
    ㉡ 장기기억의 코드화: 의미적 코드

(3) **지각능력**
  ① 변화감지역(JND, Just Noticeable Difference)
    ㉠ 변화감지역은 인간이 두 자극 차이를 인지할 수 있는 최소한의 자극 변화(ΔI)이다.
    ㉡ 표준 자극의 크기에 비례하여 변화감지역이 결정된다.
    ㉢ 감지 능력은 자극 종류에 따라 다르며, JND가 작을수록 감지 민감도가 높다.
  ② 웨버의 법칙(Weber's Law)
    감각의 민감도를 수치화한 것으로, 웨버비(k)가 작을수록 감지 능력(분별력)이 높다.

$$\frac{\Delta I}{I} = k$$

- I: 기준 자극의 강도
- ΔI: 최소한의 자극 변화

③ 절대식별과 상대식별
  ㉠ 절대식별: 기준자극 없이 제시된 자극을 절대적으로 식별하는 것이다.
    • 인간의 절대식별 능력에는 한계가 있으며, 일반적으로 7±2개의 항목까지 구별 가능하다.
    • 절대식별 항목 수가 많을수록 오류율이 증가하므로 항목 수를 5개 미만으로 제한한다.
  ㉡ 상대식별: 기준 또는 비교 대상이 주어진 상태에서 자극을 식별하는 것으로, 정확도와 반응시간에서 절대 식별보다 유리하다.

(4) **정보처리능력**
  ① 정보처리능력
    ㉠ 인간이 정보를 받아들이고 처리하고 저장하며 반응하는 능력에는 한계가 있다.
    ㉡ 정보처리능력에 영향을 주는 인자: 주의, 기억, 코딩(부호화), 판단·결정, 오류경향
  ② 반응
    ㉠ 총 반응시간 = 반응시간 + 이동시간
    ㉡ 반응시간의 종류
      • 단순반응시간: 하나의 자극에 대해 하나의 반응   예 달리기
      • 변별반응시간: 여러 자극 중 특정 자극에만 반응   예 불량품 검사
      • 선택반응시간: 여러 자극에 각각 다른 반응을 선택   예 신호등을 보고 반응
    ㉢ 이동시간의 종류
      • 신체 부위(손, 발)가 목표 지점까지 이동하는 데 걸리는 시간이다.
      • 신체를 이용해 조작 도구(마우스 등)를 움직여 원하는 위치나 상태로 이동시키는 시간이다.
  ③ Hick-Hyman의 법칙
    ㉠ 선택반응시간은 선택 가능한 대안의 수가 많아질수록 반응시간이 증가한다.

$$\text{선택반응시간}(RT) = a + b\log_2 N$$

  • N: 자극(대안)의 개수
  • a: 단순반응시간
  • b: 정보처리 비례상수

    ㉡ 정보량이 많을수록 결정하는 시간이 오래 걸리므로, 시스템 설계 시 선택지를 너무 많이 제시하지 않는 것이 중요하다.
      예 자판기 메뉴가 2개일 때보다 5개일 때 선택반응시간이 더 길다.
  ④ Fitts의 법칙
    ㉠ 인간이 목표를 향해 움직일 때 걸리는 시간은 이동거리와 목표 크기에 따라 달라진다.

$$\text{동작시간}(MT) = a + b\log_2 \frac{2A}{W}$$

  • A: 움직인 거리
  • W: 목표물의 너비
  • a: 단순반응시간
  • b: 정보처리 비례상수

    ㉡ 이동시간은 목표가 작고 멀수록 증가한다.
      예 UI/UX 디자인: 버튼이 크고 손 위치에 가까울수록 이동시간이 줄어들어 사용 효율이 향상된다.

2. 정보이론

(1) 정보전달경로
외부 자극(X)이 감각기관을 통해 감지된 후, 인지적 처리 과정을 거쳐 반응(Y)으로 이어지는 경로이다.

① 자극
- ㉠ 원자극: 외부 환경에 존재하는 실제 사물이나 사건이다.
  - 간접적 원자극: 어떤 매개체를 통해 원자극을 인지하는 경우를 말한다.
    - 암호화된 자극: 원자극이 특정 규칙이나 시스템에 의해 변환되어 전달된다. 예 점자(기각정보를 촉각 패턴으로 변환)
    - 재생된 자극: 원자극이 저장되었다가 다시 재현되어 전달된다. 예 녹음된 음악
- ㉡ 근자극: 원자극이 감각기관에 도달하여 생성된 자극이다. 예 고막에 전달된 소리

② 정보
- ㉠ 불확실성이 감소한다. 예 발생 가능성이 낮은 사건일수록 사건이 발생했을 때 주는 정보량이 크다.
- ㉡ 정량적인 측정이 가능하다.

③ 정보의 전달량
- ㉠ 정보전달량: X와 Y가 가진 정보량의 합에서 겹치는 부분을 제외한 전체 정보량

$$\text{정보전달량} = H(X) + H(Y) - H(X, Y)$$

- ㉡ 정보손실량: Y가 설명하지 못한 X만의 고유 정보량

$$\text{정보손실량} = H(X) - T(X, Y) = H(X, Y) - H(Y)$$

- ㉢ 정보소음량: X를 알고도 여전히 남아 있는 Y의 불확실성

$$\text{정보소음량} = H(Y) - T(X, Y) = H(X, Y) - H(X)$$

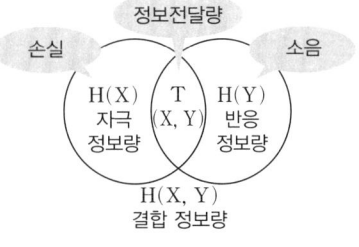

▲ 자극과 반응 정보량

(2) 정보량

① 정보량의 정의
- ㉠ 단위: bit(1bit: 두 가지 가능성 중 하나가 일어날 확률 정보)
- ㉡ 정보량 기본 계산식: $H = \log_2 N$ (N: 자극(대안)의 수), $H = -\log_2 P$ (P: 확률)
- ㉢ 평균 정보량 계산식: $H = -\sum_{i=1}^{n} P_i \log_2 P_i$ (P_i: 발생 확률)

② 정보량의 변화와 중복률
    ㉠ 두 사건의 확률이 불균형할수록 정보량은 감소한다.
    ㉡ 모든 사건이 동등한 확률일 때, 정보량은 최대가 된다.
    ㉢ 중복률 $= 1 - \dfrac{\text{실제 정보량}}{\text{최대 정보량}}$

3. 신호검출이론

(1) 신호검출모형
  ① 신호검출이론(SDT, Signal Detection Theory)
    ㉠ 정의: 신호와 잡음을 구별할 수 있는 능력을 측정하기 위한 이론이다.
    ㉡ 적용분야: 시각, 청각, 촉각 등 다양한 감각 자극에 적용된다.
    ㉢ 활용분야: 의료진단, 품질검사, 음파탐지 등
  ② 신호검출이론의 4가지 판정결과

실제상황	신호(Signal) 판정	잡음(Noise) 판정
신호(Signal)	긍정(Hit)	누락(Miss)
잡음(Noise)	허위(False Alarm)	부정(Correct Rejection)

(2) 판단기준
  ① 우도비(응답편견척도, β): 판정기준을 나타내는 값으로, 신호와 잡음 간의 경계점을 결정한다.
    ㉠ 우도비 기준값(β)이 커질수록(판정기준이 오른쪽으로 갈수록) 신호라고 판단하기 위한 조건이 까다로워져 보수적인 판단을 하게 된다.
    ㉡ 우도비 기준값(β)이 낮을수록(판정기준이 왼쪽으로 갈수록) 신호 검출 기준이 낮아져서 허위경보가 많이 발생한다.
    ㉢ 계산식: $\beta = \dfrac{\text{신호분포의 높이}}{\text{소음분포의 높이}}$

구분	β값이 크다($\beta > 1$)	β값이 작다($\beta < 1$)
판단	보수적인 판단	진보적인 판단
신호 탐지율	신호 누락 확률 증가	신호 탐지율 증가
허위경보	발생 감소	발생 증가

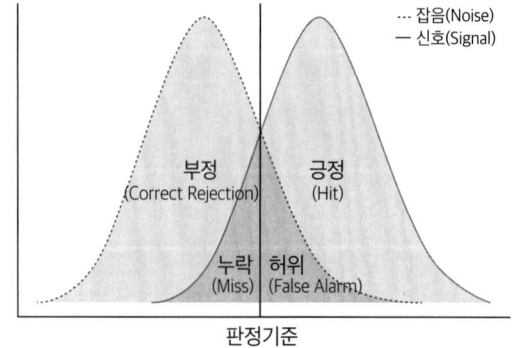

▲ 신호검출모형

② **민감도(감도척도, d)**: 신호와 잡음 두 정규분포의 평균 차이를 표준편차로 나눈 값으로, 평균 간 거리가 클수록 감지 성능이 높아진다.
  ㉠ 신호에 의한 반응이 선형인 경우 판별력이 좋다.
  ㉡ 신호와 잡음 간의 두 분포가 멀수록 신호와 잡음을 정확하게 판별한다.
  ㉢ 민감도 향상 방법: 교육훈련, 결과 피드백, 신호와 잡음의 구별성을 높인다.

	d값이 크다	d값이 작다
민감도	민감해진다.	둔감해진다.
신호-소음 변별력	신호와 소음을 더 잘 구분할 수 있다.	신호와 소음을 구분하기 어렵다.

4 인간-기계 시스템

1. 인간-기계 시스템의 개요

(1) 시스템 정의와 분류

① **시스템 정의**: 특정 목적을 달성하기 위해 상호작용하는 구성 요소들의 집합이다.
② **시스템의 분류**
  ㉠ 개회로(Open-Loop) 시스템: 인간이 조작 후 결과를 감시하지 않고 작동한다.
    예 소총, 전자레인지
  ㉡ 폐회로(Closed-Loop) 시스템: 인간 또는 기계가 감지하여 기계를 조정한다.
    예 자동차

> **개념 공략** 인간의 제어 정도 기준에 따른 분류

분류	정의	예시
수동 시스템	인간: 동력 제공 및 제어	망치질, 톱질
기계화 시스템	• 기계: 동력 제공 • 인간: 조종장치를 통한 방향 및 속도 제어	자동차 운전, 프레스 기계
자동 시스템	• 기계: 센서, 제어 장치로 전자동 수행 • 인간: 시스템 설치와 보수, 유지 및 감시	무인공장

(2) 인간-기계 시스템

① 인간-기계 시스템에서의 기본적인 기능(Sanders와 McCormick의 인간-기계 통합 체계)

정보의 수용(감지)	• 인간: 눈, 귀, 촉각 등을 이용하여 정보 수집 • 기계: 카메라, 마이크, 센서 등을 통해 입력 데이터 수집
정보보관	• 인간: 단기기억, 장기기억을 통해 정보 저장 • 기계: 데이터베이스, 메모리(RAM, HDD 등)를 이용하여 정보 저장
정보처리 및 의사결정	• 인간: 뇌에서 정보를 분석하고 판단 • 기계: 알고리즘, AI, 소프트웨어 등을 통해 연산 및 분석
정보 전달 및 실행 (행동기능)	• 인간: 근육과 신체를 활용하여 행동 수행 • 기계: 모터, 로봇팔 등을 통해 물리적 움직임 수행

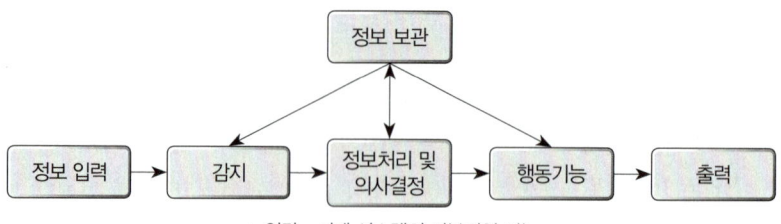

▲ 인간-기계 시스템의 기본적인 기능

② 시스템 신뢰도
  ㉠ 신뢰도(Reliability, $R(t)$): 일정 시간(t) 동안 시스템이 고장 없이 작동할 확률이다.
  ㉡ 고장률(Failure rate, λ): 단위 시간당 고장이 발생할 확률이다.
  ㉢ 시스템의 고장률(λ)이 지시함수를 따를 때 시스템 신뢰도: $R(t) = e^{-\lambda t}$

③ 직렬 시스템 및 병렬 시스템의 신뢰도
  ㉠ 직렬 시스템의 신뢰도

$$R_S = R_H \times R_E$$

  - R_S: 인간-기계 체계 신뢰도
  - R_H: 인간의 신뢰도
  - R_E: 기계의 신뢰도

  ㉡ 병렬 시스템의 신뢰도

$$R = 1 - (1 - R_1) \times (1 - R_2)$$

  - R: 전체 시스템의 신뢰도
  - R_1, R_2: 각 구성요소(또는 작업자)의 신뢰도

개념 공략 직렬 시스템 및 병렬 시스템 비교

구분		직렬 시스템	병렬 시스템
신뢰도	일부요소 고장 시	전체가 고장나므로 신뢰도 감소	작동 가능하므로 신뢰도가 증가
	구성요소 추가 시	신뢰도 감소	신뢰도 증가
비용		단순하므로 비용 낮음	복잡하므로 비용 높음
예시		컨베이어 벨트	전원 공급장치

④ 시스템 평가 척도
  ㉠ 인간기준: 사용자의 신체·인지·심리적 특성과 시스템의 적합성을 평가한다.
    예 피로도, 인지부하, 스트레스 수준 등
  ㉡ 작업 성능 기준: 사용자가 시스템을 사용하여 작업을 수행하는 정확성과 효율성을 평가한다.
    예 오류율, 생산성 등
  ㉢ 시스템 기준: 시스템 자체의 성능과 속성을 평가한다. 예 처리속도, 신뢰성, 유지 보수성 등

⑤ 인간-기계 비교
  ㉠ 인간이 우수한 영역: 창의적 사고, 예외 상황 감지
  ㉡ 기계가 우수한 영역: 반복적 작업의 신뢰성, 장시간 작업, 연역적 추론, 정보처리 속도

(3) 인간-기계 인터페이스(Human-Machine Interface, HMI) 개요
① 정의: 인간과 기계가 상호작용하는 접점이며, 시스템의 기능을 이해하고 수행하는 데 필요한 모든 구성요소가 포함된다.
② 적용분야: 버튼, 디스플레이, 터치스크린 등
① 종류: 지적 인터페이스, 신체적 인터페이스, 역학적 인터페이스

(4) 인터페이스 설계 및 개선 원리
① 인간-기계 인터페이스 시스템 설계 과정
  ㉠ 목표 및 성능명세 결정: 시스템으로 달성할 목표와 기능 및 성능을 정의한다.
  ㉡ 체계의 정의: 시스템 전체 구조와 구성 요소를 설정한다.
  ㉢ 기본설계: 하드웨어, 소프트웨어, 조직구조 등 시스템 기본 형태를 설계한다.
  ㉣ 계면설계: 사용자 편의성과 시스템 성능을 최적화하기 위한 인터페이스를 설계한다.
  ㉤ 촉진물 설계: 사용자가 시스템을 효과적으로 활용할 수 있도록 매뉴얼, 훈련 프로그램 등을 설계한다.
  ㉥ 시험 및 평가: 설계 결과가 초기 목표와 성능을 만족하는지 시험하고 평가한다.
② 인지 특성을 고려한 Norman의 인터페이스 설계 원칙
  ㉠ 행동유도성의 원칙: 행동에 제약을 가하도록 설계하여 특정 행동만 가능하도록 유도한다.
  ㉡ 가시성 원칙: 제품의 핵심 요소가 눈에 잘 띄어야 하고, 그 의미가 명확하게 전달되어야 한다.
  ㉢ 피드백 원칙: 사용자의 조작 결과를 명확히 전달하여 상태 변화를 인식하게 한다.
  ㉣ 대응(맵핑)의 원칙: 조작 장치와 그 결과 사이의 연결 관계가 직관적으로 이해될 수 있도록 설계한다.
③ 사용자 인터페이스와 사용성(닐슨의 5가지 사용성 평가 기준)
  ㉠ 학습 용이성(Learnability): 얼마나 쉽게 사용할 수 있는가?
  ㉡ 효율성(Efficiency): 얼마나 빠르게 수행하였는가?
  ㉢ 기억용이성(Memorability): 재사용 시 사용방법을 기억하기 쉬운가?
  ㉣ 에러(Errors): 얼마나 에러가 자주 발생하는가?
  ㉤ 만족도(Satisfaction): 얼마나 만족스럽게 사용하는가?
④ 작업대 공간 구성요소의 배치
  ㉠ 중요도의 원칙: 각 부품 및 작업 요소의 기여도를 고려하여 우선순위를 결정한다.
  ㉡ 사용빈도의 원칙: 자주 사용하는 부품이나 도구를 작업자 손 가까이에 배치해 이동을 최소화한다.
  ㉢ 사용순서의 원칙: 작업 순서를 반영해 부품이나 도구를 순차적으로 배치하여 효율적 흐름을 유지한다.
  ㉣ 기능별 배치의 원칙: 기능적으로 연관된 부품이나 도구를 한 곳에 모아 배치해 연속성과 효율성을 높인다.

2. 표시장치(Display)

(1) 표시장치 유형
① 감각 수단에 따른 분류
  ㉠ 시각적 표시장치: 눈을 통해 정보를 전달한다. 예 계기판, 경고등
  ㉡ 청각적 표시장치: 소리로 정보를 전달한다. 예 경보음
  ㉢ 촉각적 표시장치: 진동이나 압력 등의 촉감을 통해 정보를 전달한다. 예 스마트워치 진동 알림

② 정보 내용에 따른 분류
  ㉠ 정량적 표시장치: 수치 값을 정밀하게 표현할 수 있다.
    • 동침(Moving Point)형: 눈금이 고정되고, 지침이 움직인다.　예 온도계, 속도계
    • 동목(Moving Scale)형: 눈금이 움직이고, 지침이 고정된다.　예 스프링 저울
    • 계수(Digital)형: 전자식 숫자로 정보가 표시된다.　예 택시 미터기
  ㉡ 정성적 표시장치: 경향이나 추세를 대략적으로 표현할 수 있으며, 연속적으로 변하는 변수의 대략적인 값을 표시한다. 온도, 압력 등 연속변수의 추세파악에 용이하다.
  ㉢ 묘사적 표시장치: 현실 세계의 공간적 구조나 환경을 시각적으로 재현한다. 배경 위에 현재 상태나 상황을 중첩하여 표현함으로써, 직관적으로 상황 파악이 가능하다.　예 항공기 레이더
  ㉣ 상태 표시장치: 이상적 상태를 나타내어 현재 상태를 단순하고 명확하게 전달한다.　예 ON/OFF
    • 연속값이 아닌, 구분 가능한 상태 변화를 나타낸다.
    • 사용자에게 즉각적인 판단과 조치를 유도한다.

(2) **시각적 표시장치**
  ① 정량적 시각 표시장치의 설계 원칙
    ㉠ 눈금의 수열: 사람이 쉽게 인지 가능한 간격을 사용한다.　예 0, 10, 20..
    ㉡ 눈금 지침 설계 원칙
      • 뾰족한 지침을 사용한다.
      • 지침 끝은 작은 눈금과 맞닿고 겹치지 않게 한다.
      • 원형 눈금의 경우 지침의 색은 지침 끝에서 중심까지 칠한다.
      • 지침과 눈금면은 밀착시킨다.
    ㉢ 눈금 간 최소 간격(판독거리 0.71m 기준)
      • 정상 조명: 1.3mm　　　　　　　　　　• 낮은 조명: 1.8mm
  ② 문자 및 숫자의 설계 기준
    ㉠ 광삼현상(Irradiation): 검은 바탕에 흰 글자가 주변 어두운 배경 쪽으로 퍼져 보이는 현상이다.
    ㉡ 광삼현상으로 인해 검은 바탕의 흰 글자는 더 얇게 설계하여야 하며, 권장 획폭비(글자높이 : 획굵기)는 1:8~1:10이다.
    ㉢ 숫자의 표준 종횡비(높이 : 폭)는 3:5이다.

(3) **청각적 표시장치**
  ① 청각적 표시장치 기본 차원
    ㉠ 세기: 소음에 가리지 않으면서도 지나치게 크지 않도록, 은폐역치와 110dB 사이의 중간값이 적절하다.
    ㉡ 주파수(빈도)
      • 배경 소음과 다른 주파수를 사용한다.
      • 과도한 저주파(200Hz)는 인지력을 저하시키며, 일반적으로 500~3,000Hz 사이가 감지율이 높다.
      • 주의를 유도하기 위해 초당 1~3회 오르내리는 변조 신호를 사용하면 효과적이다.
    ㉢ 지속시간: 0.5~1초 이상 신호길이가 지속되어야 한다.
  ② 청각 신호 설계 원칙
    ㉠ 검출성: 소음 대비 충분한 강도와 주파수를 확보하여 소리 신호를 감지하도록 한다.
    ㉡ 식별성: 여러 신호를 다르게 인식하도록 차이를 명확히 부여한다.
    ㉢ 친숙성: 익숙한 소리일수록 인식 속도가 빠르다.　예 사이렌 소리
    ㉣ 일관성: 같은 소리는 같은 의미를 전달해야 혼란을 방지한다.

3. 조종장치(Control)

(1) 조종장치 요소 및 유형

① 조종장치 요소: 입력장치, 연결(전달)장치, 출력장치, 표시 및 피드백 장치

② 조종장치 유형

㉠ 연속조작형: 위치, 속도, 세기 등 미세 조정에 적용하며, 제어 계수별 처리시간이 다르다.

제어 계수	출력반응	조작 변수	예시	인간의 처리시간
0계	위치	위치 그대로 제어	전등스위치, 버튼	짧음
1계	속도	속도 조절	가속 페달	중간
2계	가속도	가속도 제어	자동차 핸들	가장 김

㉡ 자료입력형: 문자, 숫자, 부호 등 데이터 입력으로 조정한다.
㉢ 이산형: ON/OFF 스위치, 선택, 계폐 등 상태를 명확히 구분할 수 있다.

③ 추적 작업(Tracking Task): 인간이 움직이는 목표를 지속적으로 따라가며 조작을 수행한다.

구분	보상표시장치	추정표시장치
개념	오차만 표시	목표와 추종 요소 모두 표시
특징	• 오차 원인 진단 불가 • 공간절약	• 오차 원인 진단 가능 • 직관적
오류율	낮음	상대적으로 높음

④ 조종장치 설계 시 고려사항

㉠ 양립성(Compatibility)
- 개념양립성: 코드나 심벌의 의미가 인간이 갖고 있는 개념과 일치하는 것
- 운동양립성: 조종기를 조작하거나 표시장치(display) 상의 정보가 움직일 때 반응 결과가 인간의 기대와 일치하는 것
- 공간양립성: 표시장치나 조종장치의 물리적 위치나 배열이 사용자의 기대와 일치하는 것
- 기능적 양식양립성: 자극과 반응이 감각 경로상 자연스럽게 연결되는 것
  예 소리를 듣고 말로 반응
- 문화적 양식양립성: 자극과 반응이 일종의 문화와 관습에 의해 정해진 것
  예 신호등 빨간불을 '정지'로 인식

㉡ 암호화(Coding)
- 색상 코딩: 조종장치에 특정 색상을 부여하여 기능이나 상태 구분   예 적색 - 정지
- 형상 코딩: 조종장치의 외형을 다르게 설계하여 시각 및 촉각으로 식별
- 크기 코딩
  - 조종장치 크기를 다르게 하여 기능 구분
  - 지름 차이: 최소 1.3cm, 두께 차이: 최소 0.95cm
- 촉각 코딩: 조종장치의 표면 질감을 매끄러운 면, 세로홈, 길쭉면 3가지로 다르게 하여 촉각으로 식별

- 위치 코딩
  - 조종장치의 위치를 다르게 하여 기능 구분
  - 수직 배열: 최소 13cm, 수평 배열: 최소 20cm
- 작동방법 코딩: 조종장치의 작동 방법을 다르게 하여 기능 구분 **예** 밀기, 당기기, 누르기

ⓒ 사공간(Dead space)
- 조종장치를 움직여도 변화가 없는 영역을 말한다.
- 시스템의 비선형성, 백래시, 마찰 등이 원인이다.

ⓓ 조종장치의 피드백(Feedback) 유형

유형	설명	예시
촉각 피드백	피부를 통해 조작 여부 감지	스냅돔, 엠보싱 처리, 진동
청각 피드백	소리로 피드백 제공	청각음(클릭음, 경고음 등)
시각 피드백	조작 결과를 눈으로 확인	LED 점등, 화면 변화

(2) 조종–반응비율(C/R 비)

① 정의: 조종장치의 움직임과 표시장치 반응 간의 비율을 나타낸다.

$$C/R비 = \frac{조종장치의\ 움직임(b)}{표시장치의\ 반응(a)}$$

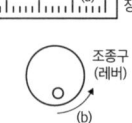

② 회전운동일 경우의 C/R비 계산

$$C/R비 = \frac{\frac{조종장치의\ 움직인\ 각도}{360°} \times 2\pi L}{표시장치의\ 이동거리}$$

- L: 조종장치 레버의 길이

③ C/R비와 이동·조종시간 상관관계

C/R비 크기	이동시간(반응속도)	조종시간	조종장치 특징
작다	감소	증가	민감함
크다	증가	감소	정밀함

④ C/R비 설계 고려사항
  ㉠ 시야거리: 시야거리가 멀수록 조작 정확도가 낮아진다.
  ㉡ 조종 방향 일치: 표시장치와 조작 방향이 일치하여야 혼란이 감소한다.
  ㉢ 허용 오차: 허용 오차가 클수록 낮은 C/R비가 가능하다.
  ㉣ 조작 지연: 조작 지연 발생 시 C/R비를 높이는 것이 좋다.

5 인체측정 및 응용

1. 인체측정개요

(1) 인체 치수 분류

인체치수	설명	예시
구조적 인체치수	정적인 상태에서 측정된 신체의 치수	앉은 키, 팔길이, 다리 길이
기능적 인체치수	움직이는 신체의 동작 범위를 측정한 치수	팔을 뻗을 때 도달거리, 걸음 보폭

(2) 인체 치수 측정 원리

구분	구조적 인체치수(정적 인체치수)	기능적 인체치수(동적 인체치수)
정의	움직임 없이 고정된 자세에서 측정한 인체치수	상지나 하지의 운동, 체위 움직임 상태에서 측정한 인체치수
측정 장비	마틴식 인체 측정기, 실루엣 사진기, 캘리퍼스, 줄자, 3D 스캐너	동작 분석 시스템(적외선 카메라, 마커 이용), 사진 및 비디오 분석 장비, 특수 측정기구, 3D 스캐너
측정 방법	표준화된 측정점과 측정 방법	실제 작업과 실제 조건에 맞는 현실적인 인체치수 측정
측정 조건	나체 측정을 원칙으로 함	각 신체 부위는 조화를 이루어 움직임

(3) 인체 치수 변환

정적 인체치수는 크로머 법칙(Kroemer의 경험법칙)에 따라 실제 작업 동작에 맞는 동적 인체치수로 보정된다.

항목	동적 인체치수 변화
키, 눈, 어깨, 엉덩이 높이	약 3% 감소
앉은키	편안하게 앉으면 측정치보다 10% 가감
팔꿈치 높이	변화 없음, 경우에 따라 최대 5% 증가
팔의 최대 도달 범위	몸통 신전 시 10% 증가
무릎 높이(앉은 자세)	굽 높은 신발 외에는 변화 없음
전방·측방 팔길이	편안한 자세에서 30% 감소, 몸통 회전 시 20% 증가
몸통 둘레와 폭	편안한 자세에서 5~10% 증가

(4) 인체 측정치수의 특성

① 개인 차이 요인: 나이, 성별, 인종 및 민족, 체형 및 비만도, 생활환경 및 식습관, 생애주기 및 생리적 변화, 유전적 요인
② 모든 개인을 수용하기 위해 작업 설계 시 표준 백분위(Percentile) 값을 사용한다.
③ 작업 환경은 인체치수의 고유 특성에 영향을 미치지 않는다.

(5) 작업공간 포락면 설계

작업자가 한 장소에 앉아서 작업 활동을 수행할 때 손이나 팔 등을 사용하여 실제로 도달하고 활용하는 공간을 의미한다.

> **지식 PLUS**
>
> 작업공간 포락면은 수작업의 성질, 작업복장, 팔을 뻗는 방향에 따라 그 경계가 달라진다.

① **정상작업역**: 상완(위팔)을 몸에 붙이고 전완(아래팔)만으로 편하게 뻗어 도달할 수 있는 영역
② **최대작업역**: 어깨와 팔을 모두 곧게 펴서 도달할 수 있는 최대 범위 영역
③ **파악한계**: 앉은 작업자가 특정 수작업 기능을 편하게 수행할 수 있는 공간의 외곽 한계
④ 작업공간 설계 기준 및 원칙

항목	기준	설계 원칙
의자 높이	오금 높이	조절식 설계
의자 깊이	엉덩이~무릎 뒤 길이	최소 극단치 설계(5%tile)
책상 높이	앉은 자세의 팔꿈치 높이	조절식 설계
의자 너비	엉덩이 너비	최대 극단치 설계(95%tile)
입식 작업대	팔꿈치보다 약간 높은 5~10cm	조절식 설계, 최대치 설계
좌식 작업대	팔꿈치 높이	조절식 설계, 최대치 설계

(6) **인체 측정치 적용 절차**

단계	설명
① 작업 요구 분석	• 무엇을, 누구를 위해 설계할 것인지 정의한다. • 설계의 기능적 목적을 파악한다.
② 사용자 집단 특성 정의	• 설계대상이 되는 사용자 집단 특성을 설정한다. • 연령, 성별, 국적, 직무, 장애 유무 등을 파악한다.
③ 측정자료 선택	• 신뢰성 있는 데이터를 확보한다. • 신체치수 통계자료를 활용한다.
④ 관련 치수 결정	작업유형별로 관련된 치수 항목을 선택한다.
⑤ 적절한 설계원칙 적용	조절식 설계, 극단치 설계, 평균치 설계 중 선택한다.
⑥ 설계값 산정	• 실제 설계에 적용될 수치를 계산한다. • 평균값, 5%tile, 95%tile 등에서 Z값 계산을 활용한다.
⑦ 검토 및 수정	• 초기 설계안에 대해 평가 및 개선점을 파악한다. • 불편사항, 과잉설계 여부를 확인한다.

2. 인체측정 자료의 응용원칙

(1) **조절식 설계**

① 조절식 설계 특징
㉠ 사용자의 신체적 차이를 고려하여 설비, 공간 등을 조절하게 하는 설계 원칙이다.
㉡ 범용성, 다수 사용자, 남녀 공용 사용에 적합하다.
㉢ 기술적으로 최소, 최대치 설계가 어려운 경우 적용한다.
㉣ 적용예시: 의자 높이 조절, 자동차 시트 조절, 모니터 높낮이 조절

② 조절 범위 기준
  ㉠ 일반적으로 5~95%tile 신체치를 포함하도록 하며, 이는 대부분의 사용자(약 90%)를 수용할 수 있도록 보장한다.
  ㉡ 남녀 공용설계 조절 범위: 여성 5%tile~남성 95%tile을 적용한다.
  ㉢ 5%tile 계산식

  $$5\%\text{tile} = \mu + (Z \times \sigma)$$
  - μ: 평균
  - Z: 정규분포상 z점수(-1.645)
  - σ: 표준편차

  ㉣ 95%tile 계산식

  $$95\%\text{tile} = \mu + (Z \times \sigma)$$
  - μ: 평균
  - Z: 정규분포상 z점수(1.645)
  - σ: 표준편차

(2) 극단치 설계
  ① 사용자의 집단 중 가장 작거나(최소치) 혹은 가장 큰 값(최대치)에 해당하는 사람을 기준으로 하는 설계 원칙이다.
  ② 대다수 사용자들이 안전하고 편리하게 사용할 수 있도록 특정 극단값 기준으로 설계한다.
  ③ 최소치 설계: 가장 작은 치수(1%, 5%, 10% 등 하위 백분위)에 해당하는 사용자가 사용할 수 있도록 설계한다.
  ④ 최대치 설계: 가장 큰 치수(90%, 95%, 99% 등 상위 백분위)에 해당하는 사용자가 사용할 수 있도록 설계한다.

  개념 / 공략 상황별 극단치 설계 원칙

설계 상황	설계 목적	적용원칙/적용치수
조작거리·힘(버튼, 조종장치, 손잡이 높이 등)	짧은 팔, 낮은 키, 약한 힘의 사용자도 접근·조작이 가능하여야 한다.	최소치 설계/ 5%tile
통로·출입구·선반 작업대 높이·좌석 폭, 간격	큰 체격 사용자도 수용·통과가 가능하여야 한다.	최대치 설계/ 95%tile

(3) 평균치 설계
  ① 평균치 설계 특징
    ㉠ 대상 집단의 평균값을 기준으로 설계하여 보통사람을 기준으로 하는 설계 원칙이다.
    ㉡ 사용자의 치수 편차가 크지 않고, 조정 기능 제공이 어렵거나 불필요한 일반 대중을 위한 설비 및 공간에 적합하다.
    ㉢ 적용예시: 은행 창구 높이, 교실 책상 높이, 관공서 접수대, ATM 키패드 등
  ② 평균치 설계의 한계
    ㉠ 인체는 여러 변수로 구성되어 있어, 모든 변수에 평균인 사람은 존재하지 않는다.
    ㉡ 여러 신체치수 평균값을 따르는 사람은 인간공학적으로 거의 존재하지 않는다.

핵심예제

01 다음 중 인간공학에 대한 설명으로 적절하지 않은 것은?

① 인간과 사물의 설계가 인간에게 미치는 영향에 중점을 둔다.
② 자신을 모형으로 사물을 설계에 반영한다.
③ 인간의 행동, 능력, 한계, 특성에 관한 정보를 발견하고자 하는 것이다.
④ 사용 편의성 증대, 오류 감소, 생산성 향상에 목적이 있다.

02 다음 중 외이와 중이의 경계가 되는 것은?

① 기저막   ② 고막
③ 정원창   ④ 난원창

03 다음 중 인간공학에 있어 일반적으로 연구조사에 사용되는 기준의 3가지 요건과 가장 거리가 먼 것은?

① 무오염성
② 변동성
③ 적절성
④ 기준 척도의 신뢰성

04 다음 중 눈의 구조 가운데 빛이 도달하여 초점이 가장 선명하게 맺히는 부위는?

① 동공   ② 홍채
③ 황반   ④ 수정체

05 다음 중 차폐 또는 은폐(Masking)와 관련된 원리를 설명한 것으로 틀린 것은?

① 소리가 들린다는 것을 확신할 수 있는 최소한의 음강도는 차폐음보다 15dB 이상이어야 한다.
② 차폐효과가 가장 큰 것은 차폐음과 배음의 주파수가 가까울 때이다.
③ 차폐되는 소리의 임계주파수대(Critical Frequency Band) 주변에 있는 소리들에 의해 가장 많이 차폐된다.
④ 남성의 목소리가 여성의 목소리에 비해 더 잘 차폐된다.

06 피부의 감각기 중 감수성이 제일 높은 감각기는?

① 온각   ② 통각
③ 압각   ④ 냉각

합격을 여는 만능해설

01 인간공학은 특정 개인이 아니라 전체 인간 집단의 특성을 고려하여 설계하는 것을 목표로 한다.

02 고막은 외이와 중이 사이에 위치해서 소리의 공기 진동을 받아 중이의 이소골로 전달한다.

03 기준척도는 결과의 일관성과 안정성을 확보해야 하므로, 변동성과는 거리가 멀다.

04 황반은 망막의 중심부로, 중심 시력과 색 인식을 담당하는 가장 시각적으로 예민한 부위이다.

05 남성보다 여성의 목소리가 차폐 효과가 크다. 이는 저주파수가 임계대역에서 영향을 더 넓게 미치기 때문이다.

06 감수성은 자극에 대한 민감도를 말한다. 통각은 아주 약한 고통 자극에도 빠르게 반응하는 가장 민감한 감각이다.

07 인체의 감각기능 중 후각에 대한 설명으로 옳은 것은?

① 후각에 대한 순응은 느린 편이다.
② 후각은 훈련을 통해 식별능력을 기르지 못한다.
③ 후각은 냄새 존재 여부보다 특정 자극을 식별하는 데 효과적이다.
④ 특정 냄새의 절대 식별 능력은 떨어지나 상대적 비교능력은 우수한 편이다.

09 사람이 주의를 번갈아가며 두 가지 이상을 돌보아야 하는 상황을 무엇이라 하는가?

① 비교식별(Comparative Judgement)
② 절대식별(Absolute Judgement)
③ 시배분(Time Sharing)
④ 변화감지(Variety Sense)

08 다음과 같은 인간의 정보처리모델에서 구성 요소의 위치(A~D)와 해당 용어가 잘못 연결된 것은?

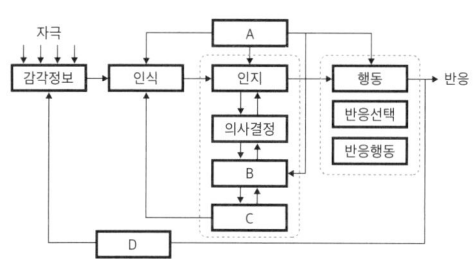

① A - 주의
② B - 작업기억
③ C - 단기기억
④ D - 피드백

10 다음 중 인간 기억의 여러 가지 형태에 대한 설명으로 틀린 것은?

① 단기기억의 용량은 보통 7청크(chunk)이며 학습에 의해 무한히 커질 수 있다.
② 자극을 받은 후 단기기억에 저장되기 전에 시각적인 정보는 아이코닉 기억(Iconic memory)에 잠시 저장된다.
③ 계속해서 갱신해야 하는 단기기억의 용량은 보통의 단기기억 용량보다 작다.
④ 단기기억에 있는 내용을 반복하여 학습(research)하면 장기기억으로 저장된다.

07 후각은 두 냄새 간의 상대적 차이를 정확히 감지할 수 있다.

08 C에 해당하는 것은 장기기억이다.

09 시배분은 하나의 주의 자원을 시간적으로 분할하여 여러 작업을 수행하는 것을 뜻한다.

10 단기기억 용량은 7±2개의 청크로 제한되며, 학습으로 무한히 확장되지 않는다.

정답 01 ② 02 ② 03 ② 04 ③ 05 ④ 06 ② 07 ④ 08 ③ 09 ③ 10 ①

11 한 사람이 손바닥에 100g의 추를 놓고 이 추와 구별할 수 있는 최소한의 무게 증가를 알아보았더니 10g으로 판정되었다. Weber의 법칙을 따를 경우 동일한 사람이 1,000g 자리의 추와 구분할 수 있는 최소한의 무게 증가는 얼마인가?

① 10g ② 50g
③ 100g ④ 150g

12 다음 중 정보이론에 관한 설명으로 틀린 것은?

① 인간에게 입력되는 것은 감각기관을 통해서 받은 정보이다.
② 간접적인 원자극의 경우 암호화된 자극과 재생된 자극의 2가지 유형이 있다.
③ 자극은 크게 원자극(distal stimuli)과 근자극(proximal stimuli)으로 나눌 수 있다.
④ 암호화(coded)된 자극이란 현미경, 보청기 같은 것에 의하여 감지되는 자극을 말한다.

13 정보의 전달량에 관한 공식으로 맞는 것은?

① Noise=H(X)−T(X, Y)
② Noise=H(X)+T(X, Y)
③ Equivocation=H(X)+T(X, Y)
④ Equivocation=H(X)−T(X, Y)

14 다음과 같은 확률로 발생하는 4가지 대안에 대한 중복률(%)은 약 얼마인가?

결과	확률(P)	$-\log_2 P$
A	0.1	3.32
B	0.3	1.74
C	0.4	1.32
D	0.2	2.32

① 1.8 ② 2.0
③ 7.7 ④ 8.7

15 신호검출이론(Signal Detection Theory)에서 판정기준을 나타내는 가능성비(Likelihood Ratio) β와 민감도(Sensitivity) d에 대한 설명으로 옳은 것은?

① β가 클수록 보수적이고, d가 클수록 민감함을 나타낸다.
② β가 작을수록 보수적이고, d가 클수록 민감함을 나타낸다.
③ β가 클수록 보수적이고, d가 클수록 둔감함을 나타낸다.
④ β가 작을수록 보수적이고, d가 클수록 둔감함을 나타낸다.

합격을 여는 만능해설

11 $\dfrac{10g}{100g} = \dfrac{\Delta I}{1,000g} \rightarrow \Delta I = 100g$

12 현미경, 보청기 같은 것에 의해 감지되는 자극은 재생된 원자극이다.

13 • 정보손실량=H(X)−T(X,Y)
• 정보소음량=H(Y)−T(X,Y)

14 중복률=$1 - \left(\dfrac{1.846}{2}\right) = 0.077 = 7.7\%$
• 실제정보량: $(0.1 \times 3.32) + (0.3 \times 1.74) + (0.4 \times 1.32) + (0.2 \times 2.32) = 1.846$ bit
• 최대정보량: $\log_2 4 = 2$ bit

15 β가 클수록 보수적이고, d가 클수록 민감도가 높아 신호 구분이 쉬워진다.

16 그림은 인간-기계 통합 체계의 인간 또는 기계에 의해서 수행되는 기본 기능의 유형이다. 다음 중 그림의 A 부분에 가장 적합한 내용은?

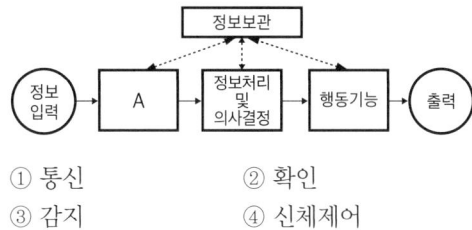

① 통신 ② 확인
③ 감지 ④ 신체제어

17 인간이 기계를 조정하여 임무를 수행하여야 하는 인간-기계 체계(Man-Machine System)가 있다. 만일 이 인간-기계 통합 체계의 신뢰도(R_S)가 0.85 이상이어야 하고, 인간의 신뢰도(R_H)가 0.9라고 한다면 기계의 신뢰도(R_E)는 얼마 이상이어야 하는가? (단, 인간-기계 체계는 직렬체계이다.)

① $R_E \geq 0.877$ ② $R_E \geq 0.831$
③ $R_E \geq 0.944$ ④ $R_E \geq 0.915$

18 다음 중 인간의 정보처리 과정에서 중요한 역할을 하는 양립성(compatibility)에 관한 설명으로 옳은 것은?

① 인간이 사용할 코드와 기호가 얼마나 의미를 가진 것인가를 다루는 것을 공간적 양립성이다.
② 표시장치와 제어장치의 움직임, 사용 시스템의 반응 등과 관련된 것을 개념적 양립성이라 한다.
③ 제어장치와 표시장치의 공간적 배열에 관한 것을 운동 양립성이라 한다.
④ 직무에 알맞은 자극과 응답 양식의 존재에 대한 것을 양식 양립성이라 한다.

19 회전운동을 하는 조종장치의 레버를 20° 움직였을 때 표시장치의 커서는 2cm 이동하였다. 레버의 길이가 15cm일 때 이 조종장치의 C/R비는 약 얼마인가?

① 2.62 ② 5.24
③ 8.33 ④ 10.48

20 기능적 인체치수(functional body dimension) 측정에 대한 설명으로 옳은 것은?

① 앉은 상태에서만 측정하여야 한다.
② 움직이지 않은 표준자세에서 측정하여야 한다.
③ 5~95%tile에 대해서만 정의된다.
④ 신체 부위의 동작범위를 측정하여야 한다.

---

16 감지는 정보가 시스템에 처음 입력될 때 수행되는 기본 기능이다.

17 $0.85 = 0.9 \times R_E \longrightarrow R_E \geq 0.944$

18 자극과 반응의 관계가 문화, 관습, 직무 등에 따라 익숙하게 정해진 경우를 문화적 양식 양립성이라고 한다.
① 개념적 양립성, ② 운동 양립성 또는 공간적 양립성,
③ 공간적 양립성에 해당한다.

19 C/R비 = $\dfrac{\dfrac{20°}{360°} \times 2 \times \pi \times 15\text{cm}}{2\text{cm}} = 2.62$

20 기능적 인체치수는 신체가 실제 작업 중에 취하는 동작 범위를 측정하는 것으로 다양한 퍼센타일(%tile)로 사용 가능하다.

SUBJECT 02
단숨에 끝내는

작업생리학

1 인체구성 요소

1. 인체 구성요소의 특징

구성요소	설명
세포	인체 구성의 최소 단위로, 구조적·기능적 기본단위이다. 예 신경세포
조직	유사한 형태 및 기능을 가진 세포들의 결합체이다. 예 근육조직
기관	여러 조직이 모여 특정 기능을 수행하는 단위이다. 예 심장, 간
계통	여러 기관이 함께 작용하여 생명 유지 기능을 수행한다. 예 소화계통, 순환계통
체액	세포 사이에 존재하며 영양을 공급하고 노폐물 제거 기능을 수행한다. 예 혈액, 림프, 조직액
혈액	골수 등에서 생성된 적혈구, 백혈구, 혈소판 등의 유형 성분과 혈장으로 구성된다.

성분	기능	특징	수명	개수
적혈구	산소 운반	핵 없음	약 100~120일	약 450만~550만/mm^3
백혈구	면역 기능	핵 있음	수 일~수 주	약 5천~1만/mm^3
혈소판	혈액 응고	핵 없음	약 7일	약 15만~40만/mm^3

뼈/골격계	신체의 구조적 지지, 보호 기능을 담당하며, 성인 기준 약 206개의 뼈가 있다.
근육계	신체 움직임과 자세 유지, 열 생성에 기여한다. 예 골격근, 평활근, 심장근
신경계	자극 수용, 정보처리, 반응 조절을 수행한다. 예 중추신경계, 말초신경계

2. 근골격계 구조와 기능

(1) **골격**

① 골격의 기능
  ㉠ 지지: 신체의 형태를 유지하고 지지한다.
  ㉡ 보호: 주요 장기를 보호한다. 예 두개골 - 뇌, 흉곽 - 심장과 폐
  ㉢ 지렛대 기능: 근육이 수축하면서 지렛대 역할을 하며 뼈를 움직이게 한다.

ⓔ 조혈: 골수에서 적혈구와 백혈구를 생성하는 과정이다.
ⓜ 무기질 저장: 칼슘, 인 등을 저장한다.
② 근골격계 연결 조직
ⓐ 건: 근육과 뼈를 연결하고, 힘을 뼈에 전달한다.
ⓑ 인대: 뼈와 뼈를 연결하고, 관절을 안정화시킨다.
ⓒ 연골: 관절 표면을 보호하고, 마찰을 방지한다.
ⓓ 근육: 수축을 통해 움직임을 생성한다.
ⓜ 근주막: 근속을 감싸고 있는 결합조직이다.

(2) 근육

① 근육의 분류와 특징

종류	정의	형태	지배신경	수의/불수의	예시
골격근	• 뼈에 부착되어 신체 운동 담당 • 약 400개 이상, 몸 양쪽에 존재 • 체중의 약 40% 차지	줄무늬 (가로무늬)	중추신경계	수의근	이두근, 대퇴사두근
심장근	심장벽 구성	줄무늬	자율신경계	불수의근	심장
평활근	내장기관 벽 구성	민무늬	자율신경계	불수의근	위장, 혈관

> **지식 PLUS**
> 수의근은 의지로 조절이 가능하지만, 불수의근은 의지로 조절이 불가능하고 자율신경계에 의해 자동 조절된다.

② 수의근의 근작용에 따른 분류와 특징

종류	정의	역할	예시
주동근	특정 운동에서 주된 힘을 발생시키는 근육	움직임을 생성	팔굽힘 시 이두근
보조 주동근	주동근을 보조하거나 강화하는 근육	움직임 보완	어깨를 올릴 때 소흉근
길항근	주동근과 반대 방향으로 작용하는 근육	움직임 제어 및 균형 유지	팔 굽힘 시 삼두근
고정근	움직임 중 특정 관절을 고정 및 안정화	움직임 억제 및 지지	팔 동작 시 견갑골 고정근
중화근	주동근의 불필요한 작용 억제	원치 않는 움직임 제거	팔 돌리기 시 회전 억제근

(3) 관절

① 기능에 따른 분류
ⓐ 가동성 관절(윤활관절): 신체 대부분의 관절이 이에 해당하며, 자유로운 운동이 가능하다.
예 견관절(어깨), 슬관절(무릎)
ⓑ 연골관절: 두 뼈 사이에 연골이 위치하여 연결된 형태로, 운동성은 제한적이나 약간의 움직임이 가능하다. 예 추간판
ⓒ 섬유관절: 연골 없이 섬유성 결합조직으로, 뼈와 뼈가 직접 연결되어 있어 거의 움직이지 않는다.
예 두개골 봉합선

② 가동성 관절(윤활관절)의 종류

관절 종류	운동방향	예시	특징
경첩관절	굴곡－신전	팔꿈치, 무릎, 손가락	한 방향으로만 움직임
구상관절 (절구관절)	전후, 내외, 회전	어깨, 엉덩이	운동 자유도 가장 큼
차축관절 (중쇠관절)	회전	요골－척골, 경추 1－2번 관절	수직축 중심으로 회전
안장관절	굴곡－신전, 외전－내전	엄지손가락 기저관절	말안장 형태, 제한적 회전
타원관절	굴곡－신전, 외전－내전	손목관절	타원형 관절면
평면관절	미끄러짐	손목뼈, 발목뼈	수평 방향의 미끄럼 운동

(4) 신경 등
① 신경계의 구조적, 기능적 분류
㉠ 구조적 분류

구분	설명	포함 기관
중추신경계(CNS)	신체의 정보처리 및 통합 기능을 담당한다. • 반사: 무의식적이고 빠르게 반응한다(척수). • 통합: 뇌에서 여러 정보를 통합하여 수행한다.	뇌, 척수
말초신경계(PNS)	중추신경계와 몸의 각 기관을 연결하는 역할을 수행한다.	뇌 신경, 척수신경, 신경절 등

㉡ 기능적 분류

구분		설명	지배 부위
체신경계 (Somatic NS)		자발적(의식적) 조절이 가능한 신경계이다.	피부, 골격근, 뼈 지배
자율신경계 (Autonomic NS)		무의식적으로 자동 조절하는 신경계이다.	내장, 심장, 평활근, 분비샘 지배
	교감신경계	• 심박수 증가, 혈압 상승 • 동공 확대, 기관지 확장 • 소화 억제	
	부교감신경계	• 심박수 감소, 안정 유도 • 동공 축소 • 소화 촉진	

② 뇌의 구성 및 역할

명칭	위치 및 역할	뇌간 포함 여부
간뇌	체온 조절, 자율 반응 중추	포함되지 않음
중뇌	안구 운동, 시각·청각 반사	포함됨
뇌교	호흡 조절, 신호 중계	포함됨
연수	호흡, 심박수 등 생명 중추	포함됨
척수	감각·운동 신호 전달	포함되지 않음

> **지식 PLUS**
>
> 뇌간은 척수와 대뇌를 연결하는 통로 역할을 하며, 생명 유지에 필수적인 기능을 담당한다.

③ 신경-근육 전달에서의 활동전위 및 전도속도
  ㉠ 활동전위: 신경 세포막의 전기적 변화로, 신경 신호 전달의 기본 단위이다.
  ㉡ 탈분극: 자극을 받아 Na^+ 이온이 세포 안으로 유입되면서 세포막 전위가 상승한다.
  ㉢ 재분극: K^+ 이온이 세포 밖으로 유출되며, 세포막 전위가 다시 안정 상태로 돌아간다.
  ㉣ 전도속도에 영향을 주는 요소
    • 축색 지름 증가: 세포질 내 저항이 감소하여 이온 전류 이동이 쉬워지면서 전도 속도가 증가한다.
    • 수초: 수초로 절연된 축삭에서 활동전위가 점프하면서 전달되어 에너지 효율성이 증가하여 전도 속도가 증가한다.

3. 순환계 및 호흡계의 구조와 기능

(1) 순환계

① 순환계의 구성
  ㉠ 심장: 혈액을 순환시키는 펌프 역할을 한다.
  ㉡ 혈관: 산소·영양분 운반, 노폐물 제거, 체온조절, 호르몬 운반, 면역 기능을 수행한다.
    • 동맥: 심장에서 나가는 혈액을 운반한다(산소가 풍부, 폐동맥 제외).
    • 정맥: 심장으로 돌아오는 혈액을 운반한다(산소 부족, 폐정맥 제외).
    • 모세혈관: 세포와의 물질교환이 일어나며, 인체에서 단면적이 가장 큰 혈관이다.

② 순환계에서의 산소·이산화탄소 운반 형태
  ㉠ 산소 운반형태
    • 대부분의 산소(약 98.5%)는 혈액 내에서 헤모글로빈과 결합하여 산화헤모글로빈(HbO_2) 형태로 운반된다.
    • 나머지 약 1.5%는 혈장에 용해된 상태로 운반된다.
  ㉡ 이산화탄소 운반형태
    • 약 70%는 중탄산이온(HCO_3^-) 형태로 전환되어 혈장에서 운반된다.
    • 약 20~25%는 혈장 단백질과 결합한 형태로 운반된다.
    • 나머지 5~7%는 혈장에 직접 용해된 상태로 운반된다.

(2) 호흡계

① 호흡계의 구성
  ㉠ 비강: 공기를 여과하고 가온하며 습기를 제공한다. ㉡ 기관: 공기 통로이다.
  ㉢ 기관지: 폐로 공기를 전달한다. ㉣ 폐포: 실제 가스 교환이 일어나는 부위이다.
  ㉤ 횡격막: 주요 호흡 근육으로, 수축 시 흡기를 유도한다.

② 호흡계의 주요 기능

기능	설명	특징
가스교환	폐포에서 O_2와 CO_2를 교환한다.	생명 유지 필수 기능
산-염기 조절	호흡 속도를 조절해 혈중 pH를 조절한다. (과호흡 시 알칼리증, 저호흡 시 산증)	체액의 항상성 유지
음성 생성	후두를 통한 음성을 생성한다.	보조적 기능
체온 조절	호흡을 통해 열과 수분을 손실한다.	일부 작용
방어기능	섬모, 점액을 통해 이물질을 제거한다.	감염 예방 역할

2 작업생리

1. 작업 생리학 개요

(1) 작업생리학의 정의
작업 중 신체의 생리적 반응을 연구하여 인체에 적절한 작업 조건을 설계하는 학문이다.

(2) 작업생리학에서 다루는 주요 요소
① 에너지 소비: 작업 수행 시 인체가 소비하는 에너지양을 통해 작업 강도와 효율성 평가에 활용한다.
② 산소 섭취: 작업 중 산소 소비량과 최대 산소 섭취량(MAP)을 통해 작업능력과 피로 누적 정도 평가에 활용한다.
③ 심혈관 반응: 작업 중 심박수, 심박출량, 혈압 등의 변화를 통해 신체 작업 부하 평가에 활용한다.
④ 근육 반응: 근전도(EMG) 등으로 측정하며, 근육의 피로 누적과 회복, 근육 활동의 효율성 평가에 활용한다.

2. 대사 작용

(1) 근육의 구조 및 활동
① 근육의 구조와 기능
  ㉠ 근육세포(근섬유): 긴 원통형의 구조로 수축 능력을 지닌다.
  ㉡ 근원섬유(Myofibril): 근섬유 내부의 수축 단위이다.
  ㉢ 근절(Sarcomere): 근육 수축의 최소 단위이다.
    • Z선(Z-line): 근절의 양 끝을 구성한다.
    • I대(I-band): 액틴 필라멘트만 존재한다.
    • A대(A-band): 미오신 필라멘트로 구성되어 있다.
    • H대(H-zone): A대 중앙에 위치하며, 미오신(마이오신)만 존재한다.

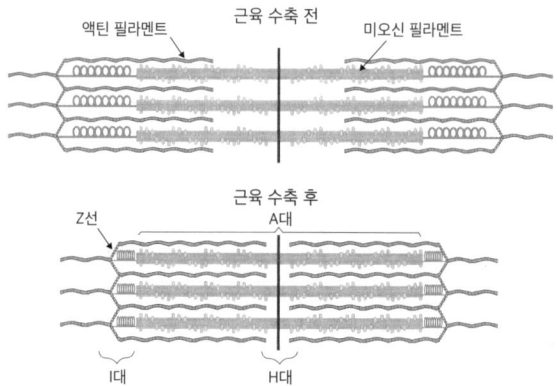

② 근육의 수축 활동
  ㉠ 자극-수축 반응 시간에 따른 분류

수축 형태	정의	예시
연축(Twitch)	• 단일 자극에 의한 1회의 근육 수축과 이완을 의미한다. • 연축과정: 근섬유 자극 → 활동전위 → 흥분수축연결 → 근원섬유 수축	무릎반사

강축(Tetanus)	• 고빈도 자극이 빠르게 반복되며 지속적으로 수축 상태를 유지한다. • 연축들이 완전히 분리되지 않고 융합한다. • 근육이 이완할 틈 없이 계속 수축되어 최대 장력 상태가 된다. • 생리적 또는 실험적 자극에서 관찰되는 근육 수축 형태이다.	플랭크 자세를 유지할 때

ⓒ 수축 발생 방식에 따른 분류

수축 형태		정의	근육길이	예시
등척성 수축		근육의 길이는 변하지 않지만, 장력이 발생한다.	변하지 않는다.	벽 밀기, 정지 자세 유지
등장성 수축		근육의 장력은 일정하지만 길이는 변한다.	변한다.	덤벨 운동
등장성 수축	동심성 수축	장력이 발생하는 동안 근육이 단축된다.	짧아진다.	덤벨 들어올리기, 계단 오르기
	편심성 수축	장력을 유지한 채 근육이 연장된다.	길어진다.	덤벨 내리기, 계단 내려가기

③ 근육 수축 시 근절(Sarcomere)의 변화

구조	변화
I대	수축 시 짧아진다.
H대	수축 시 짧아진다.
A대	수축 시 길이에 변화가 없다.
Z선	수축 시 A대 쪽으로 접근한다.

(2) 대사의 종류

① **에너지대사**: 체내 유기물의 합성 또는 분해에 따르는 에너지 전환을 의미한다. 예 음식물 → ATP
② **신진대사**: 음식물을 섭취하여 기계적인 일과 열로 전환하는 화학 과정이다. 예 식사 → 열·일
③ **기초대사**: 생명 유지에 필요한 최소 에너지 소모를 의미한다. 예 호흡, 심박
④ **중간대사**: 대사산물이 한 과정에서 다음 과정으로 전환되는 과정이다. 예 피루브산 → 젖산

> **개념 공략** 에너지대사
>
> [ATP−CP 시스템(인산계)] → [해당과정(글리콜리시스)] → [유산소 시스템(산화계)]

- **ATP−CP 시스템(인산계)**: 운동을 시작하면 먼저 근육에 저장된 ATP를 모두 사용한 후, CP(크레아틴 인산)가 ATP를 다시 만들어 사용한다.
- **해당과정(글리콜리시스)**: ATP와 CP가 고갈되면, 포도당을 분해해서 에너지를 만드는 해당 과정이 작동하며, 산소 부족 시 피루브산 → 젖산이 생성된다.
  ※ 젖산: 무산소 대사에서 글루코오스가 분해되어 생성되며, 근육피로의 1차적 원인이 된다.
- **유산소 시스템(산화계)**: 산소 공급이 충분하면 피루브산 → 미토콘드리아 → 유산소대사가 이루어지고, 많은 양의 에너지를 오랫동안 만들 수 있다.

(3) 에너지 소비량

① 에너지소비량: 작업 중 인체가 소비하는 총 에너지량이다.
  ㉠ 단위: kcal/min
  ㉡ 산소소비량과의 관계: 일반적으로 산소 1L 소비할 때 약 5kcal의 에너지가 생성된다.
  ㉢ 에너지 소비량에 영향을 미치는 요인: 작업자세, 작업방법, 작업 속도 등
  ㉣ 에너지 소비량의 구성 요소

구성 요소	정의	비율(%)
기초대사량(BMR)	생명 유지에 필요한 최소 에너지 소비량이다.	60~70%
신체활동대사량	운동이나 일상적인 움직임 등 신체활동에 소모되는 에너지이다.	15~30%
식이성 발열효과	음식물을 소화·저장하는 과정에서 발생한다.	10%
적응대사량	환경 변화나 특정 생리적 상태에 대응하기 위해 추가로 소비되는 에너지이다.	소량(가변적)

② 에너지대사율(에너지소비율, RMR)
  ㉠ 정의: 작업 시 에너지 소비량이 안정 시 대비 얼마나 증가했는지를 비율로 표현한 값이다.

$$RMR = \frac{\text{작업 시 에너지대사량} - \text{안정 시 에너지대사량}}{\text{기초대사량}} = \frac{\text{작업대사량}}{\text{기초대사량}}$$

  ㉡ RMR 범위별 작업 강도의 기준

RMR 범위	작업 강도
0~1	아주 가볍다(Very light)
1~2	가볍다(Light)
2~4	보통이다(Moderate)
4~7	무겁다(Heavy)
7 이상	아주 무겁다(Very heavy)

3. 작업부하 및 휴식시간

(1) 작업부하 측정

작업부하란 인간이 작업 수행 중 소모하는 생리적, 심리적 에너지의 총합을 의미한다. 작업부하가 과도하면 작업 효율이 떨어지고 부상 및 질환 위험이 증가하므로 적절한 휴식시간이 필요하다.

① 작업부하의 원인
  ㉠ 물리적 요인: 힘, 무게, 반복 동작 등
  ㉡ 환경적 요인: 조명, 소음, 온도, 진동 등
  ㉢ 심리적 요인: 정신 집중, 단조로움(정신적 권태감), 스트레스 등

② 작업부하 측정 방법

측정 방법	주요 측정법	측정 대상
생리학적 측정	산소소비량 측정, 심박수 측정, 에너지 소비량 측정	신체의 에너지 소모량, 심혈관계 반응
관찰법 (정성적 평가법)	Borg의 RPE 척도, 직무분석, 자세 평가 (OWAS, REBA, RULA)	주관적 힘듦 정도, 작업 자세와 반복성
심리적 지표 측정 (주관적 평가법)	설문조사, 체크리스트, 면담법	정신적 피로, 스트레스, 단조로움에 대한 자각 상태
정신활동의 생리학적 측정	ECG, EEG, EOG, GSR, CFF	집중도, 각성 수준

(2) 휴식시간의 산정
  ① 휴식시간의 산정 목적
    ㉠ 전신 피로 해소: 장기적인 전신 피로는 직무 만족감을 낮추고 건강상의 위험을 증가시킨다.
    ㉡ 주의력 회복: 주의력 저하는 사고율 상승과 직접 연관된다.
    ㉢ 심리적 권태감 해소: 반복적이거나 단조로운 작업환경에서는 동기 저하, 주의력 저하를 일으킨다.
    ㉣ 작업효율 유지: 피로 누적으로 인해 작업 효율이 저하되고 사고 발생률이 증가한다.
  ② Murrell의 휴식시간 산정법: 과도한 작업부하에 대한 적절한 휴식시간을 수치적으로 산정한다.

$$R = T \times \frac{E-S}{E-M}$$

- R: 휴식시간(분)
- T: 총 작업시간(분)
- E: 작업 중 평균 에너지소비량(kcal/min)
- S: 권장 평균 에너지 소비량(kcal/min), 일반적으로 5kcal/min
- M: 휴식 중 에너지 소비량(kcal/min), 일반적으로 1.5kcal/min

개념 / 공략 휴식시간 산정 시 고려사항

고려사항	설명
작업부하(에너지 소비량)	에너지소비량, 산소소비량이 많을수록 휴식이 더 필요하다.
작업시간	장시간 작업이 지속될수록 회복시간이 더 필요하다.
작업자 특성	연령, 성별, 체력, 작업 자세, 숙련도 등 개인차를 고려해야 한다.
작업환경	고온, 소음, 진동, 스트레스 환경일수록 휴식을 보장하는 것이 필요하다.
생리적지표	심박수, 산소소모량, 대사율 등 객관적 수치를 활용한다.

3 생체역학

1. 인체동작의 유형과 범위

(1) 척추의 구조
인간의 척추는 5개의 부위로 구성되며, 성인 기준 총 26개로 되어 있다.

부위	개수
경추(목뼈)	7개
흉추(등뼈)	12개
요추(허리뼈)	5개
천추(엉치뼈)	1개
미추	1개

(2) 관절의 운동
관절 운동은 두 뼈가 만나는 관절 부위에서 발생하는 움직임을 말하며, 관절 각의 변화 또는 분절의 위치 변화를 수반한다.

① 운동면과 축

운동면	설명	예시 동작	해당 관절운동
시상면(Sagittal plane)	몸을 좌우로 나누는 면	팔꿈치 굽힘·폄	굴곡, 신전
관상면(Coronal plane)	몸을 앞뒤로 나누는 면	팔 들어 옆으로 벌리기	외전, 내전
수평면/횡단면(Horizontal plane)	몸을 위아래로 나누는 면	팔의 회전	회전, 회내, 회외

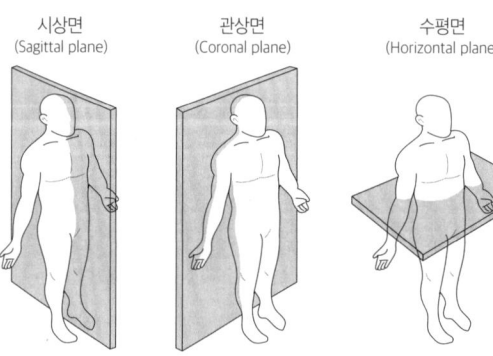

② 관절운동의 유형

그림	유형	설명	예시
	굴곡(Flexion)	• 관절에서 두 뼈 사이의 각도를 줄이는 운동이다. • 몸의 일부가 접히는 방향으로 움직인다.	• 팔꿈치 굽힘 • 무릎 굽힘 • 고개 숙이기

	신전 (Extension)	• 관절에서 두 뼈 사이의 각도를 늘리는 운동이다. • 굴곡의 반대이며, 몸을 펴는 방향으로 움직인다.	• 팔을 곧게 펴기 • 무릎 펴기 • 고개 들기
	외전 (Abduction)	• 신체 부위를 몸의 중심선에서 멀어지게 움직이는 동작이다.	• 팔을 옆으로 들어올리기 • 다리를 옆으로 벌리기
	내전 (Adduction)	• 신체 부위를 몸의 중심선으로 가까워지게 움직이는 동작으로 외전의 반대이다.	• 옆으로 든 팔을 몸통에 붙이기 • 다리를 오므리기
	회전 (Rotation)	• 뼈나 관절이 축을 중심으로 회전하는 동작이다. • 척추, 어깨, 고관절 등에서 발생한다.	• 머리를 좌우로 돌리기 • 팔 돌리기
	회외 (Supination)	팔뚝이나 손이 손바닥을 위로 향하게 돌리는 회전운동이다.	손바닥이 위를 보게 하기
	회내 (Pronation)	팔뚝이나 손이 손바닥을 아래로 향하게 돌리는 운동이다.	손바닥을 아래로 돌리기(드라이버 반시계방향 회전)
	내번/외번 (Inversion/Eversion)	• 내번: 발바닥이 몸의 안쪽(내측)을 향하도록 발을 돌리는 동작이다. • 외번: 발바닥이 몸의 바깥쪽(외측)을 향하도록 발을 돌리는 동작이다.	발목의 회전운동
	내선 (Medial Rotation)	신체의 중심선을 향해 뼈나 신체 부위가 안쪽으로 회전하는 동작이다.	• 팔을 몸 안쪽으로 돌리기 • 무릎을 굽힌 채 다리를 안쪽으로 돌리기

③ 떨림(Tremor) 감소 대책

떨림이란 정적 자세를 유지할 때 나타나는 비의도적인 미세 떨림으로, 손·팔을 사용하는 정밀작업 중 자주 발생한다.

㉠ 작업 부위 지지: 팔, 손, 몸통 등을 받쳐 안정성을 확보한다. 예 팔걸이, 작업대
㉡ 손 위치 낮춤: 손을 심장보다 낮은 위치로 유지하면 혈류가 안정되고, 긴장도가 감소한다.
㉢ 시각적 기준 제공: 기준선이나 참조점이 있으면 시각적으로 자세 유지가 쉽다.
㉣ 적절한 마찰 유지: 대상물에 적당한 마찰이 있으면 손 떨림 제어에 도움이 된다.

(3) 신체부위의 주요 동작유형

신체부위	주요 동작유형	관련 관절
머리/목	굴곡, 신전, 회전(고객 숙임, 젖힘 등)	경추(고개 운동)
어깨	굴곡, 신전, 외전, 내전, 내선, 외선(팔 올림·내림 등)	견관절
팔꿈치	굴곡, 신전(팔 굽힘·폄 등)	주관절
전완(팔 아래쪽)	회내, 회외(손바닥 뒤집기)	요골-척골
손목	굴곡, 신전(손등 굽힘, 젖힘)	완관절
손가락	굴곡, 신전(손가락 구부림, 폄)	수지관절
척추/허리	굴곡, 신전, 회전	요추
고관절(엉덩이)	굴곡, 신전, 외전, 내전, 내선, 외선(다리, 허벅지 운동)	고관절
무릎	굴곡, 신전(무릎 굽힘·폄)	슬관절
발	내번, 외번(발목 회전운동)	거골하관절

2. 힘과 모멘트

(1) 힘

① 힘의 정의와 단위
　㉠ 힘의 정의: 물체에 작용하여 운동 상태를 바꾸는 물리적인 양으로, 벡터량이 존재한다.
　㉡ 힘의 단위

물리량	단위	설명
힘	N(뉴턴)	1kg의 질량에 $1m/s^2$의 가속도가 생기게 하는 힘
일/에너지	J(줄)	1N의 힘으로 1m 이동 시 필요한 에너지
열량	kcal(킬로칼로리)	물 1kg을 1℃ 올리는 데 필요한 열량
동력	W(와트)	1초 동안 1J 수행할 수 있는 동력

　㉢ 벡터와 스칼라
　　• 벡터량: 크기+방향　예 힘, 속도
　　• 스칼라: 크기만 존재　예 질량, 에너지
　　• 힘의 3요소: 크기, 방향, 작용점(작용선)

② 뉴턴의 운동법칙
　㉠ 제1법칙: 외부 힘이 없으면 정지 또는 등속운동을 유지한다(관성의 법칙).
　㉡ 제2법칙: 물체에 힘이 작용하면 가속도가 생기고, 가속도는 힘에 비례하고 질량에 반비례한다(가속도의 법칙 [F=m·a]).
　㉢ 제3법칙: 모든 작용에는 크기가 같고 방향이 반대인 반작용이 존재한다(작용과 반작용의 법칙).

(2) 모멘트

① 모멘트의 정의
　㉠ 회전을 일으키는 경향을 나타내는 물리량이다.

ⓒ 벡터량이며, 시계 방향/반시계 방향의 방향성이 있다.
ⓒ 실험적으로 회전 각도가 약 100°일 때, 최대 염력(토크)이 발생한다는 연구결과가 있다.

$$M = F \times d$$
- M: 모멘트(N·m)
- F: 힘(N)
- d: 회전축(지렛점)으로부터 힘의 작용선까지의 수직거리(m)

② 한 팔로 물체를 들고 있을 때의 모멘트
  팔꿈치를 회전축으로 보며, 손에 든 물체의 무게를 W_L, 팔 자체의 무게를 W_A라 한다.
  ㉠ 각각의 모멘트: [손] $M_L = W_L \times d_L$, [팔] $M_A = W_A \times d_A$
  ㉡ 총 모멘트(팔꿈치에 작용): $M_{total} = M_L + M_A$
  ㉢ 각도가 있는 경우: $M = F \times d \times \cos(\theta)$

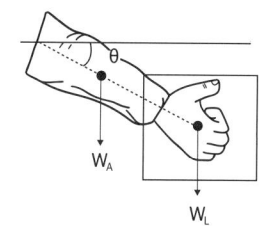

▲ 한 팔로 물체를 들고 있을 때의 모멘트

③ 이두박근에 작용하는 힘
- 물체와 팔의 하중이 팔꿈치에서 돌림힘을 만들고, 이를 이두박근이 버티며 평형을 유지한다.
- 평형조건: $M_{biceps} = M_L + M_A$
- 이두박근의 모멘트: $M_{biceps} = F \times d$
- 이두박근이 내는 힘: $F = \dfrac{M_L + M_A}{d}$

(3) **힘과 모멘트의 평형**
① 정의: 힘과 모멘트가 모두 평형을 이루는 상태를 정적 평형이라 하며, 이는 물체가 움직이지 않는 정지 상태를 의미한다.
② 정적 평형 상태의 두가지 조건

조건	수식	의미
힘의 평형	$\sum F = 0$	물체가 정지 상태를 유지하려면 물체가 직선 운동을 하지 않아야 한다.
모멘트 평형	$\sum M = 0$	물체가 정지 상태를 유지하려면 물체가 회전하지 않아야 한다.

③ 힘과 모멘트 평형의 응용
  ㉠ 지렛대 구조(시소, 저울 등): 지렛대의 양쪽에서 다른 무게의 물체가 서로 다른 거리에 있을 때, 정적 평형 상태를 유지하려면, 양쪽에서 발생하는 모멘트의 크기가 서로 같아야 한다.

$$F_1 \times d_1 = F_2 \times d_2$$
- F_1, F_2: 각 물체의 무게
- d_1, d_2: 중심에서 물체까지 거리

(4) 생체역학적 모형

생체역학적 모형은 사람의 신체를 역학적(물리적) 시스템으로 단순화하여 분석하는 모델이다. 주로 힘(F), 모멘트(M), 지지점, 무게중심, 반력 등을 이용해 인체 움직임이나 자세 유지 상황을 분석하고, 관절, 근육, 뼈 등을 물리 시스템의 지점, 축, 지지대, 힘 작용점 등으로 간주한다.

① 자유물체도(FBD, Free Body Diagram)
  ㉠ 모든 해석 대상물체에 대하여 작용하는 힘과 물체의 일부를 분리된 선도로 나타낸 그림이다.
  ㉡ 구조물이 외적 하중을 받을 때 그 지점의 내적 하중을 결정한다.
  ㉢ 해당 대상물체를 이상화시켜 물체에 작용하고 있는 기지의 힘과 미지의 힘 모두를 상세히 기술한다.
  ㉣ 전체 시스템 분석이 아닌 부분요소에 작용하는 힘을 구분하여 파악이 가능하다.

② 생체역학적 작업자세 분석 지표
  ㉠ 신체부위 길이 : 모멘트 계산 시 레버암(팔길이)으로 작용하며, 신체 부위가 길수록 동일 하중이라도 더 큰 모멘트가 발생한다.
  ㉡ 신체부위 무게 : 각 부위의 질량은 해당 부위에 작용하는 중력 하중으로 결정한다.
  ㉢ 신체부위 무게중심 위치 : 모멘트 계산 시 작용점 위치를 결정하며 모멘트 방향과 크기에 직접적 영향을 미친다.

3. 근력과 지구력

(1) 근력

① 근력의 정의 및 특징
  ㉠ 근력은 근육이 외부 물체나 저항에 대해 힘을 가할 수 있는 능력이다.
  ㉡ 근력은 25~35세에 최고치에 도달하며, 이후 40세부터 서서히 감소한다.
  ㉢ 근력은 훈련을 통해 30~40%까지 증가할 수 있다.

② 근력의 분류
  ㉠ 등장성 근력 : 근육의 길이가 짧아지거나 길어지면서 힘을 발휘한다.　예 덤벨 운동
  ㉡ 등척성 근력 : 근육의 길이를 변화시키지 않은 채 힘을 발휘한다.　예 플랭크 자세
  ㉢ 등속성 근력 : 운동 속도가 일정한 상태에서 근육 길이가 변화하며 힘을 발휘한다.　예 재활 운동 기구
  ㉣ 등관성 근력 : 저항(관성)에 따라 근육이 길이 변화를 일으키며 힘을 발휘한다.　예 프리웨이트 운동

③ 근육의 최대자율수축력(MVC, Maximum Voluntary Contraction)
  ㉠ 정의 : 개인이 자발적으로 낼 수 있는 최대의 정적 수축력이다.
  ㉡ 단위 : 근육이 발휘할 수 있는 힘은 최대자율수축(MVC)에 대한 백분율로 나타낸다.
  ㉢ 작업 부하 기준 : 장시간 정적 작업 시 피로 방지를 위해 작업 부하는 MVC의 15% 이하로 유지한다.
  ㉣ 지속 가능 한계 : 정적 수축 상태에서 무한히 유지 가능한 부하의 한계는 MVC의 10% 미만이다.
  ㉤ 예측 불가성 : 정적인 MVC 측정만으로는 동적 작업에서 발휘할 수 있는 최대 힘을 정확히 예측할 수 없다.
  ㉥ 변동 요인 : MVC 측정치는 작업조건, 지시내용, 측정방법, 관절각도 등에 따라 달라질 수 있다.

④ 능동적 힘과 수동적 힘
  ㉠ 능동적 힘과 수동적 힘의 정의

구분	설명	발생원인
능동적 힘	근육이 수축하면서 발생하는 힘	액틴-미오신교차 결합에 의한 힘(의지적 운동)
수동적 힘	근육이 신장될 때 발생하는 저항성 힘	근막, 인대 등 결합조직의 탄성저항에 의한 힘

  ㉡ 총장력=능동적 힘+수동적 힘
  ㉢ 능동적 힘은 근절이 안정길이 부근일 때 최대가 된다.
  ㉣ 수동적 힘은 근육이 신장될수록 증가한다.
  ㉤ 총장력은 근절 안정길이보다 더 늘어난 구간에서 최대가 된다.

⑤ 근력의 측정
  ㉠ 정적 근력 측정: 등척성 측정기기를 사용해 고정된 대상에 힘을 가한다.(움직임 없음)
    예 핸드그립 측정기
  ㉡ 동적 근력 측정: 실제 움직임을 동반함, 가속도, 관절각도, 시간 등의 영향을 받는다.
    예 등속성 운동기기
  ㉢ 근력 측정 시 유의사항
    • 근력 측정치는 측정방법, 신체 조건, 지시내용에 따라 달라질 수 있다.
    • 보통 순간 최대 힘 또는 일정 시간 평균값으로 기록한다.
    • 근육 피로 방지를 위해 지속 시간이 10초 미만 지속일 것을 권장한다.

(2) **지구력**
  ① 지구력의 정의 및 특징
    ㉠ 지구력이란 근육이 지속적으로 일정한 힘을 유지할 수 있는 능력이다.
    ㉡ 정적 근수축 상태에서 얼마나 오랫동안 일정한 힘을 발휘할 수 있는지를 기준으로 측정한다.
    ㉢ 지구력은 특정 근육에 반복적으로 하중이 가해질 때 발생하는 국소 피로 누적과 밀접한 관련이 있다.
      • 국소 피로 누적은 정적 작업에서 더 잘 발생한다.
      • MVC의 10% 미만의 부하에서도 장시간 지속 시 피로가 발생한다.
  ② 지구력의 측정
    ㉠ 최대근력(MVC)의 15% 사용: 장시간 유지 가능 예 걷기
    ㉡ 최대근력(MVC)의 50% 사용: 약 1분 예 중간 강도의 근력운동
    ㉢ 최대근력(MVC)의 100% 사용: 약 10~30초 예 스프린트

개념 공략 근력과 지구력 비교

항목	근력	지구력
정의	근육이 발휘할 수 있는 최대 힘	일정한 힘을 오래 유지하는 능력
단위	Kgf, N 등	시간 기준
측정 방식	등척력, 등속력, 동적 방식 등	일정한 하중을 두고 지속시간 측정
측정 결과	MVC	MVC 대비 몇 %로 얼마나 오랫동안 유지 가능한지 측정

4 생체반응 측정

1. 측정의 원리

(1) 인체활동의 측정 원리

인체활동	측정 방법	측정 원리
동적 근력 작업 (반복적 움직임, 물건운반)	• 산소섭취량(VO_2) • 호흡량 • 심박수 • 근전도(EMG) • 에너지대사율(RMR)	• VO_2 : 들이쉰 공기와 내쉰 공기의 산소 농도 차이를 분석 • 호흡량 : 1회 호흡량×분당 호흡수 측정 • 심박수 : 심전도(ECG) 또는 심박계로 박동 간격(R−R) 측정 • EMG : 근육 수축 시 발생하는 전기 신호 측정 • RMR : 산소 소비량 기반으로 에너지 소비량 환산
정적 근력 작업 (물건들고 정지, 선 자세 유지)	• 근전도(EMG) • 심박수 • 에너지대사율(RMR)	• EMG : 특정 근육의 지속적 전기 활동 측정 • 심박수 : 부하가 적어도 교감신경 자극으로 증가 • RMR과 심박수의 상관 : 대사량은 낮은데 심박수는 증가 → 부담 지표
정신적 작업	• 점멸융합주파수(CFF) • 반응시간 • 뇌파(EEG)	• CFF : 빛이 깜빡이다가 연속광으로 보이는 임계 주파수 측정 • 반응시간 : 자극에 대한 반응속도 기록 • EEG : 뇌의 전기 활동(알파·베타파 등) 측정
작업부하/피로측정	• 호흡량 • 근전도(EMG) • 점멸융합주파수(CFF)	• 호흡량 : 1회 호흡량×분당 호흡수 측정 • EMG : 특정 근육의 지속적 전기 활동 측정 • CFF : 빛이 깜빡이다가 연속광으로 보이는 임계 주파수 측정
긴장감 측정	• 심박수 • 전기피부반응(GSR)	• 심박수 : 교감신경계 자극에 따라 증가 • GSR : 손바닥·발바닥 등에서 땀이 나며 피부 전도도 변화 측정

(2) 생체신호와 측정장비

① 생체신호의 정의와 종류
  ㉠ 정의 : 생체 내에서 발생하는 물리적·전기적 신호로, 신체기관의 기능 및 생리적 반응을 반영한다.
  ㉡ 종류
    • 전기신호 : 근전도(EMG), 뇌전도(EEG), 심전도(ECG), 안구전도(EOG) 등
    • 화학신호 : 혈액 성분, 호르몬 농도 등
    • 기계신호 : 호흡량, 혈압, 땀, 피부온도 등

② 주요 생체신호 측정장비

장비	측정신호	사용 목적
EMG(근전도계)	근육 수축 시 전기 신호	• 작업 강도의 물리적 부하 평가 • 근피로도 분석
EEG(뇌전도계)	뇌파(전두엽, 두정엽 등)	• 각성 상태 분석 • 집중도 분석 • 수면 단계 분석
ECG(심전도계)	심장 근육의 전기활동	• 심장 리듬 분석, 부정맥 검사 • 스트레스 반응 측정

EOG(안구전도계)	눈 주위 수직·수평 방향으로 부착하여 전위차 측정	• 피로 측정 • 작업 집중도 분석
GSR(피부전기반응계)	피부 전도도 변화	스트레스 및 정서적 긴장 분석

2. 생리적 부담 척도

(1) 심장활동 측정

① 심장활동의 기본 개념

㉠ 심박수
- 1분 동안 심장이 박동하는 횟수를 말한다.
- 성인의 경우 보통 분당 60~100회/분 정도로 박동한다.

㉡ 심박출량
- 1분 동안 심장이 몸 전체로 내보내는 혈액의 양을 뜻한다.
- 심박출량 = 1회 박출량 × 심박수
  - 예) 1회 박출량 70mL, 심박수 70회/분 → 심박출량 = 70 × 70 = 4,900mL/min

② 작업량 증가 시 생리적 반응

생리적 반응	휴식 시 수치	작업 시 수치	변화내용
산소소비량	0.5L/min	5L/min	10배 증가
심박출량(혈압)	5L	25L/min	5배 증가
심박수	70회/분당	200회/분당	약 3배 증가
혈류 재분배	근육 20%	근육 70%	근육으로 혈액 집중 공급

③ 혈액 분배 비율

신체 부위	안정 시 혈액 분배 비율	작업활동 중 혈액 분배 비율	특징
심장	5%	4~5%	심장은 혈류 변화가 거의 없다.
뇌	15%	3~4%	작업 중 혈류 공급이 다소 감소한다.
근육(골격근)	15~20%	80~85%	작업 시 산소와 영양소 요구가 증가하여 골격근에 혈류가 가장 많이 공급된다.
소화기관	25~30%	3~5%	안정 시 소화기관에 혈류가 가장 많이 분포한다.
신장	20~25%	3~4%	작업 중 혈류 공급이 크게 감소한다.

④ 심전도(ECG) 파형 해석

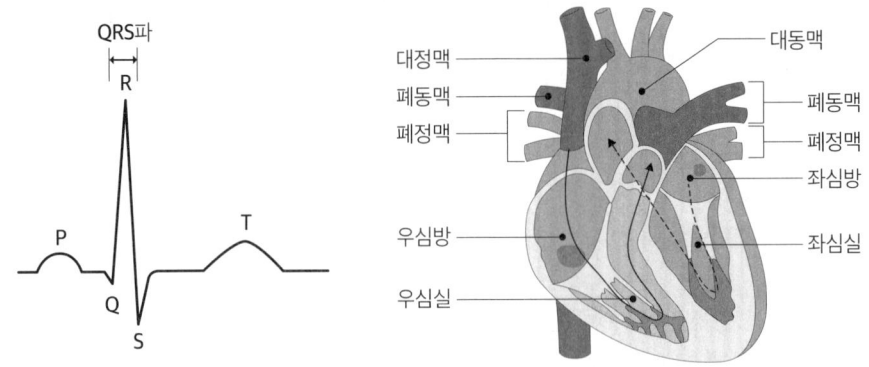

파형	의미	활동
P파	심방의 탈분극 (심방 수축 직전 → P파 → 심방 수축)	심실 수축준비
QRS파	심실의 탈분극 (심실 수축 직전 → QRS파 → 심실 수축)	심실 수축준비
T파	심실의 재분극 (심실 이완 과정 중 발생)	심실 휴식(이완)

　㉠ 탈분극: 수축을 위한 전기 자극을 의미한다.
　㉡ 재분극: 전기 회복 상태를 의미하며, 다음 수축을 준비하는 상태이다.

⑤ Borg RPE 척도
　㉠ 작업자들이 주관적으로 느끼는 육체적 작업부하를 평가하는 척도이다.
　㉡ 작업 중 느끼는 피로감과 심박수 간의 관계를 기반으로 개발되었다.
　㉢ 척도의 양 끝(6~20)은 최소 및 최대 심박수를 반영한다.　예 6=전혀 힘들지 않음, 20=최대 노력

(2) 산소소비량
　① 정의
　　㉠ 단위 시간 동안 신체가 소비하는 산소의 양(L/min)이다.
　　㉡ 작업 강도(부하)를 정량적으로 평가하기 위해 사용된다.
　　㉢ 심박수와 산소 소비량은 선형 관계에 있다(산소 소비량↑ → 에너지 소비량↑).
　　㉣ 에너지소비량=산소소비량×5kcal
　② 최대산소소비능력(MAP, VO_{2max})
　　㉠ 인체가 최대로 소비할 수 있는 산소량으로, MAP 도달 이후에는 산소소비량이 더 이상 증가하지 않는다.
　　㉡ 개인의 심폐기능 및 운동능력 지표로 활용된다.
　　㉢ 측정은 트레드밀(런닝머신), 자전거 에르고미터를 이용하여 실시한다.
　　㉣ 여성 MAP는 남성의 약 65~75% 수준에 해당한다.

③ 산소부채(Oxygen Debt)
  ㉠ 운동 직후 축적된 젖산 제거와 ATP 및 CP를 회복하기 위해 평소보다 더 많은 산소를 섭취하게 되는 현상이다.
  ㉡ 운동 중에 젖산 생성 속도가 제거 속도보다 빠르면, 운동 후 산소부채가 발생한다.
  ㉢ 작업이 끝난 후에도 맥박수와 호흡수는 한동안 높은 상태를 유지하다가 천천히 휴식상태의 수준으로 회복된다.

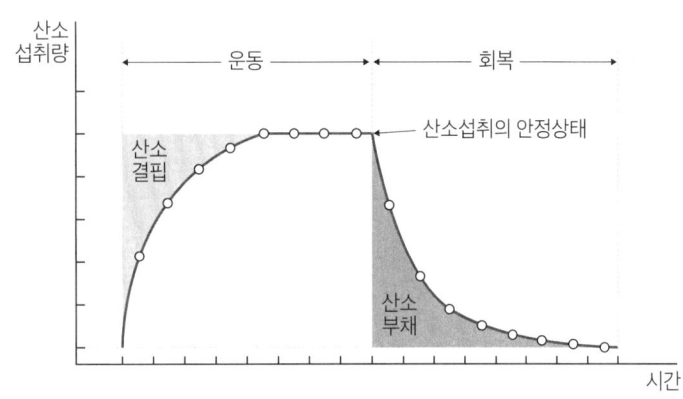

④ 산소소비량 측정방법
  ㉠ 직접 측정법: 더글라스 백(Douglas bag)으로 배기가스를 수집하여, 가스 분석기로 산소 함량을 측정한다.
    • 흡기 시 산소: 약 21%
    • 배기 시 산소: 실측량
    • 배기 산소소비량 계산식: 산소소비량=분당 흡기량×(흡입 O_2 비율－배출 O_2 비율)
      ※ 산소소비량은 흡기량과 배기량이 같다고 가정하는 경우 위 계산식 활용이 가능하지만, 흡기량과 배기량이 다를 경우, [(분당 흡기량×흡입 O_2 비율)－(분당 배기량×배기 O_2 비율)] 공식을 활용해야 한다.
  ㉡ 간접 측정법: 심박수, 근전도, RPE, RMR 등
⑤ 사무실 공기질 관리(「사무실 공기관리 지침」 기준)
  ㉠ 사무실 내 CO_2: CO_2가 많아지면 뇌는 이를 산소 부족처럼 인식해 호흡이 불편해진다.
  ㉡ 증상: 두통·졸림·불쾌감이 발현된다.
  ㉢ 권장 CO_2 농도 기준: 1,000ppm 이하
  ㉣ 최소 외기량: 인당 $0.57m^3/min$
  ㉤ 환기횟수: 시간당 4회 이상

(3) **근육활동**

근육활동의 측정은 근전도(EMG, Electromyography)로 할 수 있다.
① 근육이 수축하거나 활동할 때 발생하는 미세한 전기 신호를 이용하여 측정한다.
② 신체의 특정 근육이 얼마나 많이, 얼마나 강하게 사용되고 있는지를 객관적으로 측정한다.
③ 표면 전극을 피부에 부착해 비침습적으로 측정이 가능하다.
④ 근전도는 정확한 근육 활동량과 피로도를 파악할 수 있는 생리적 지표이다.

개념 공략	EMG 신호 변화와 피로			
구분	피로 전	피로 후 (지속 작업 후)	EMG 변화 양상	피로 판단 기준
주파수 중심	고주파 중심	저주파 중심 증가	감소	피로로 인해 빠른 근섬유 동원이 어렵고, 느린 근섬유만 활성된다.
신호 진폭	진폭 낮음 (근섬유 동원이 적음)	높음	증가	피로로 인해 더 많은 근섬유 동원이 필요하고, 더 강한 전기 활동이 필요하다.
신호 패턴	규칙적, 안정적	불규칙, 간헐적	불규칙하게 변화	운동 단위를 비동기화하며, 신경 지배 감소를 반영한다.

3. 심리적 부담 척도

(1) **스트레스(Stress)와 스트레인(Strain)**

작업 중 발생하는 스트레스(Stress)는 인체에 다양한 생리적 반응(스트레인, Strain)을 유발하며, 이를 통해 작업부하와 피로도를 평가할 수 있다.

① 스트레스: 개인에게 바람직하지 않은 내·외부 자극이나 요구를 의미한다. **예** 과도한 작업, 소음, 고온, 정신적 압박 등

② 스트레인: 스트레스에 대한 신체적·정신적 반응이며, 스트레인의 생리적 지표를 측정하는 것이 인체활동 측정의 핵심이다. **예** 심박수 증가, 산소 소비량 증가, 뇌파 변화, 근육 전기 활동 증가 등

(2) **정신활동 측정 방법**

구분	측정 지표	측정기기	정신작업 수행 시 생리반응
생리적 지표	뇌파	EEG	• 각성 시 β파 증가 • 졸음 시 θ파·δ파 증가
	부정맥	ECG	정신부하 증가 시 부정맥지수 감소
	심박수	ECG/심박계	심박수 증가(교감신경 활성화)
	동공크기	EOG/Eye Tracker	인지부하 증가 시 동공 확대
	점멸융합주파수	Flicker Fusion Analyzer	피로 증가 시 임계 주파수 감소
	뇌유발전위	EEG 유도장치	자극에 대한 반응전위 변화 감지
	눈꺼풀 깜빡임 빈도	Eye Blink Sensor	졸림 증가 시 깜빡임 빈도 증가
심리적 지표 (주관적 평가)	NASA-TLX	설문지/소프트웨어	정신적·육체적 부담, 시간 압박 등 6개 항목의 주관적 평가 증가

(3) **정신작업부하 측정 척도의 기준**

① 감도: 작은 차이도 잘 탐지해야 한다.

② 신뢰성: 반복 측정 시 유사 결과가 도출되어야 한다.

③ 수용성: 작업자가 거부감 없이 사용할 수 있어야 한다.

(4) 정신작업부하 측정 지표

① 뇌파

머리의 표층에서 발생하는 리듬을 가진 미세한 전기적 활동으로 신경세포들의 집단적 활동에 의해 생성된다.

㉠ EEG: 뇌 신호를 전극을 통해 기록하는 장치이다.
㉡ 주파수 대역에 따라 다양한 뇌파(α, β, θ, δ 등)로 구분되며, 이는 정신 상태나 작업 부하를 반영한다.

뇌파 유형	특징
α(알파)파	눈을 감고 편안한 휴식상태
β(베타)파	각성, 집중 상태
θ(세타)파	졸음, 얕은 수면 상태
δ(델타)파	깊은 수면, 의식 없음

② NASA-TLX

㉠ 미국 NASA에서 개발한 정신적 작업부하를 측정하는 주관적 평가 척도이다.
㉡ 사람이 어떤 작업을 수행할 때 느끼는 작업부담을 6개 차원으로 나눠 평가하여, 전반적 정신적 부담 수준을 정량화한다.

측정항목	설명
정신적 요구도(Mental Demand)	기억, 계산 등 인지적 노력 정도
육체적 요구도(Physical Demand)	몸을 얼마나 사용했는가
시간 압박(Temporal Demand)	시간적 여유 또는 압박감
성과 만족도(Performance)	얼마나 잘했다고 느끼는가
노력 정도(Effort)	목표 달성을 위해 투입한 전반적 노력
좌절감·불만(Frustration)	스트레스, 짜증, 불안 등의 감정

개념 공략 NASA-TLX와 Borg RPE의 비교

항목	NASA-TLX	Borg RPE
유형	주관적 평가	주관적 평가
사용 목적	정신적 작업 부하 측정	육체적 작업부하 측정
평가 척도	0~100, 6가지 차원	6~20
항복 예시	정신요구도, 시간 압박 등	체감 노력 정도

③ 부정맥지수

㉠ 정신적 긴장이나 스트레스로 인해 심박동의 규칙성이 흐트러지는 현상을 정량화한 지표이다.
㉡ 심전도(ECG)를 통해 측정되며, 심장 리듬의 불규칙성이 증가하면 부정맥지수가 상승한다.

- 규칙적인 정상 심장박동의 심전도

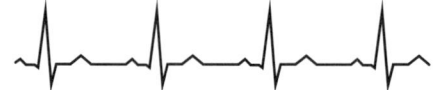

- 불규칙적인 심장박동이 관찰되는 심전도

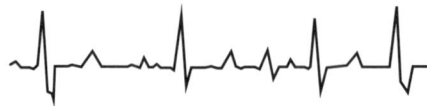

  ⓒ 고부하 작업 또는 정신적 스트레스가 심한 작업 환경에서 사용한다.
 ④ 점멸 융합 주파수(CFF/VFF)
  ㉠ 시각 자극이 일정한 속도로 깜빡일 때, 그것이 더 이상 깜빡이는 것으로 인지되지 않고 연속된 빛으로 인식되는 임계 주파수를 의미한다.
   - 중추신경계의 피로(정신피로)를 측정하는 데 사용되는 대표적 생리적 척도이다.
   - 작업시간이 길어지면, 피로가 누적되어 CFF는 감소하는 경향이 있다.
   - 긴장하거나 각성상태가 높을수록 중추신경계가 민감하게 반응하여 CFF는 증가하는 경향이 있다.
   - 일반적인 휴식 시 CFF는 20~60Hz 범위에서 측정된다.
  ㉡ 점멸 융합 주파수에 영향을 주는 요인

영향 요인	CFF의 변화	설명
조명 강도	비례하여 증가한다.	조명 강도(log 조도)에 선형적으로 비례하여 증가한다.
자극의 휘도	비례하여 증가한다.	휘도(밝기)가 높을수록 CFF가 증가한다.
색(color)	영향 없다.	휘도가 같다면 색상은 CFF에 큰 영향을 주지 않는다.
암조응	감소한다.	시각 반응 속도가 느려져 깜빡임 인식 임계치가 낮아진다.
명조응	증가한다.	시각 반응 속도가 향상되어 깜빡임 감지가 더 민감해진다.
연습효과	미미하다.	연습의 영향은 매우 적거나 미미하다.
개인차이	일정하다.	CFF는 사람마다 차이가 크지만, 한 개인의 경우 반복 측정 시 비교적 일정하다.

5 작업환경 평가 및 관리

1. 조명

(1) 빛과 조명

① 조도

㉠ 정의: 어떤 표면에 도달하는 빛의 양(밀도)을 나타내는 물리량으로, 조명이 얼마나 밝게 비추고 있는지를 수치로 표현한 것이다(단위: $lumen/m^2$).

㉡ 조도 계산식
- 조도(E)와 광속(ϕ)과의 관계식: 조도는 좁은 곳에 모이면 밝고, 넓게 퍼지면 어두워지며, 표면적에 반비례한다.

$$조도(E) = \frac{광속(\phi)}{면적(A)}$$

- 조도(E)와 광도(I)와의 관계식: 조도는 거리가 멀수록 급격히 낮아지고, 광원과의 거리 제곱에 반비례한다.

$$조도(E) = \frac{광도(I)}{거리(d)^2}$$

② 휘도

㉠ 정의: 표면에서 반사되거나 방출된 빛의 밝기를 의미하며, 사람이 눈으로 인식하는 밝기 수준을 나타낸 것이다(단위: cd/m^2 또는 nit).

㉡ 휘도 계산식
- 휘도 계산식

$$휘도 = \frac{조도 \times 반사율}{\pi}$$

- 휘도비 계산식

$$휘도비 = \frac{밝은\ 표면의\ 휘도}{어두운\ 표면의\ 휘도}$$

- 대비(Contrast) 계산식

$$대비(\%) = \frac{배경\ 휘도 - 표적\ 휘도}{배경\ 휘도} \times 100$$

$$대비(\%) = \frac{배경\ 반사율 - 표적\ 반사율}{배경\ 반사율} \times 100$$

> **지식 PLUS**
>
> 휘도비는 값이 클수록 눈의 조절 부담이 커지고, 시각 피로 및 작업 오류 증가 가능성이 있다.

③ 조도와 휘도의 비교

항목	조도	휘도
정의	표면에 도달하는 빛의 양	표면에서 보여지는 빛의 밝기
단위	lux(lx)	cd/m^2, nit
관찰기준	빛의 입력	시각적 출력(눈에 보이는 밝기)
영향	작업면의 밝기, 조명 설계 기준	눈부심, 시각적 피로, 가시성, 대비
예시	책상 조명이 500lux로 도달함	흰 종이가 $300cd/m^2$로 밝게 보임

(2) 작업장 조명 관리

① 조명의 방식

조명 방식	정의	조도 균일성	눈부심	효율	설치비용
직접조명	광원 90% 이상을 작업면에 직접 비추는 방식이다.	낮음	큼	높음	낮음
반직접조명·반간접조명	광원 60% 이상을 직접조명, 나머지를 간접조명으로 한다.	중간	중간	보통	보통
간접조명	광원 80~100%를 천장, 벽에 반사 시킨다.	높음	거의 없음	낮음	높음
국소조명	특정 작업면만 집중적으로 비추는 방식이다.	낮음	중간	높음	낮음

② 추천 반사율
  ㉠ 정의: 실내 조명 설계 시 천장, 벽, 바닥, 책상 등 표면이 빛을 얼마나 반사해야 적당한 시각환경이 되는지에 대한 권장기준이다.
  ㉡ 실내 표면 추천 반사율: 눈이 가장 오래 머무는 곳은 너무 밝거나 어둡지 않게, 천장은 반사율을 높여 전체 조명 효율을 높인다.

구분	IES 기준 추천반사율(%)
천장	80~90
벽	40~60
창문발(Blind)	40~60
책상면	25~40
바닥	20~40

> **지식 PLUS**
> 실내 표면의 추천 반사율은 바닥에서 천장으로 갈수록 높아진다.
> 바닥<가구<벽<천장

③ 눈부심(Glare) 관리
  작업환경에서 조명 조건이 부적절한 경우, 눈의 시각적 불편함을 유발하는 현상을 눈부심(glare)이라고 한다.

구분	정의	주요 원인	예방 방법
직사 눈부심	광원의 빛이 직접 눈에 들어온다.	• 노출된 램프 • 햇빛 직사	• 조절판 사용 • 조명기구에 갓 씌우기 • 블라인드, 커튼 설치 • 광원이 시야 밖 배치
반사 눈부심	광원의 빛이 표면에 반사되어 눈에 들어온다.	• 광택 책상 • 유리화면 • 광택도료	• 간접조명 사용 • 무광택 도료 사용 • 조절판, 차양 사용 • 휘도 낮추기

④ VDT 작업장 조명 관리

VDT(Visual Display Terminal) 작업장은 화면(모니터), 키보드 등을 동시에 주시하는 복합 시각 작업 환경으로, 조도가 과도하거나 부족하면 눈의 피로, 두통, 시력 저하 등을 유발된다.

㉠ VDT 작업장 전반 권장 조도: 300~500lux

㉡ 작업 유형에 따른 조도 수준
- 화면 바탕색이 검정색 계통인 경우: 300~500lux
- 화면 바탕색이 흰색 계통인 경우: 500~700lux

㉢ VDT 작업이나 일반 사무작업 추천 광도비(luminance Ratio)는 3 : 1 이하로 유지한다.

개념 공략 작업 유형별 조도 기준 [KSA 3011에 따른 조도 기준]

작업유형	권장 조도(lux)
일반 사무	300~600
정밀 작업	600~1,500
수술실 등 미세·특수 작업 (수술대 위의 지름 30cm 범위 내 무영등 포함)	10,000~20,000

2. 소음

(1) 소음

소음은 작업자의 생리적·심리적 부담을 증가시키고, 집중력, 작업능률 등을 저해하는 불필요하거나 원치 않는 음향 자극이다.

① 소음의 유형

유형	설명
연속소음	방직 공정 등 일정하게 발생되는 소음이다.
간헐소음	일시적으로 발생하는 소음이다.
충격소음	사격장, 망치질 등의 소음을 말한다.
초저주파 소음	주파수 20Hz 미만 가청 범위 이하의 소음이 해당된다.

② 청력손실 유형

구분	설명
전음성 난청	고막·이소골 손상
감각신경성 난청	달팽이관·청신경 손상
소음성 난청*	고주파(4,000Hz)에서 청력 손실, 회복 어려움
일시적 청력역치 상승(TTS)	일시적 손실 후 회복 가능

*소음성 난청: 청력검사를 하면 4,096Hz(C_5) 부근이 움푹 들어간(dip) 그래프로 나타나며 이를 C_5-dip 현상이라 한다.

③ 저주파 소음

저주파 소음은 청각뿐 아니라 전신 생리 기능 및 심리상태 등에 영향을 미치며, 주파수에 따라 인체에 미치는 영향이 다르다.

주파수	영향
1~3Hz	호흡 곤란, 산소 소비 증가(내장 진동 유발)
4~8Hz	눈의 떨림, 시야 불안정
8~12Hz	발성 기능에 영향(성대 진동 유발)
16~20Hz	위장 운동 억제
30~80Hz	흉부 압박감, 심장 리듬 변화

(2) **소음측정 및 노출기준**

① 소음계(Sound Level Meter)

소음계는 소리를 음압 수준(dB)으로 측정할 때, 사람의 청각 특성을 반영하기 위해 특정 주파수 보정 곡선을 적용한다.

> **지식 PLUS**
> 소음 노출기준은 소음의 크기, 주파수, 지속 시간을 기준으로 정해진다.

특성치	등음량곡선	특징
A 특성치	40phon	사람이 듣는 방식과 비슷하게 소리를 측정하기 위해 저주파를 줄여주는 보정값으로, 일반 환경 소음 평가에 사용한다.
B 특성치	70phon	저주파는 A보다 덜 감쇠하며, 중간 크기의 소리 측정용으로 개발되었으나 실무에서는 거의 사용되지 않는다.
C 특성치	100phon	강한 소음을 거의 원래대로 측정하기 위한 보정 방식으로, 저주파 감쇠가 거의 없는 것이 특징이며, 산업현장, 군사시설 등 고강도 소음 측정에 사용한다.

② 소음의 측정 횟수(「작업환경측정 및 정도 관리 등에 관한 고시」 기준)

소음 작업시간	측정방법	최소 측정 횟수
6시간 이상	6시간 이상 연속 측정 또는 1시간 간격 6회 이상 측정한다.	6회 이상
6시간 미만 또는 간헐적 발생	발생시간 동안 연속 측정 또는 등간격으로 4회 이상 측정한다.	4회 이상

※ 연속음이며, 측정치 변동이 없는 경우 1시간 동안 3회 이상 등간격으로 측정한다.

③ 소음 작업 기준(「안전보건규칙」 제512조에 따른 소음노출기준)
  ㉠ 소음작업: 1일 8시간 작업을 기준으로 85dB 이상의 소음이 발생하는 작업이다.
  ㉡ 강렬한 소음작업: 다음의 어느 하나에 해당하는 작업이다.

소음수준	노출시간
90dB(A)	8시간
95dB(A)	4시간
100dB(A)	2시간
105dB(A)	1시간
110dB(A)	30분
115dB(A)	15분

④ 소음 노출 지수(D)
  작업자가 여러 구간에서 다양한 소음에 노출되었을 때 총 노출량을 계산한 지표이다.

$$\text{소음노출지수}(D) = \left(\frac{C_1}{T_1} + \frac{C_2}{T_2} + \cdots + \frac{C_n}{T_n}\right) \times 100$$

- C_n: n번째 소음 구간에 실제 노출된 시간
- T_n: n번째 소음 구간에 허용되는 최대 노출 시간 (기준시간)
- n: 소음 구간의 수

⑤ 소음의 시간 가중 평균(TWA, Time Weighted Average)
  작업자가 하루 동안 다양한 소음에 노출된 정도를 OSHA 기준인 90dB(A)를 기준으로 1일 8시간에 환산한 평균 소음 수준으로, 소음 노출이 허용 기준을 초과했는지를 판단하는 지표

$$\text{소음의 시간 가중 평균}(TWA) = 16.61 \times \log_{10}\left(\frac{D}{100}\right) + 90$$

- D: 소음노출지수

(3) 소음관리

① 소음관리의 4단계 대책

단계	설명	예시
1단계	소음원의 제거	설비 교체, 공정 변경, 저소음 기계 도입
2단계	소음 수준의 저감	저소음 설비로 교체, 방진·방음 기술 활용
3단계	전달경로의 차단	차음벽, 흡음재, 방음실 등 설치
4단계	수음자 보호	개인 보호구 착용(귀마개, 귀덮개등), 작업시간 단축, 교대 작업

② 소음제어 기법
  ㉠ 수동제어: 차음재, 흡음재, 방음벽 등 구조적 방법이다.
  ㉡ 능동제어: 역위상 음파를 생성하여 간섭시키는 기술로, 저주파 소음에 효과적이다.

3. 진동

(1) 진동
진동은 고체 내에서 물체가 주기적으로 움직이는 현상이다.

① 진동의 종류
  ㉠ 전신진동
   - 진동이 신체 전체에 전달된다.
   - 주요 진동원: 탑승형 장비 예 크레인, 지게차, 대형 운송차량 등
  ㉡ 국소진동
   - 진동이 신체 일부(손, 팔 등)에 국한된다.
   - 주요 진동원: 휴대용 도구 예 연삭기, 드릴 등

② 진동의 측정 단위

물리량	단위	설명
변위	mm 또는 μm	진동의 크기(거리)
속도	cm/s 또는 mm/s	진동의 속도
가속도	cm/s^2 또는 m/s^2	진동의 가속도
주파수	Hz	진동의 횟수(1초당 진동수)

③ 진동이 인체에 미치는 영향
  ㉠ 생리적 영향: 산소소비량 증가, 심박수 증가, 근장력 증가, 말초혈관 수축(레이노 증후군), 과호흡, 정확한 근육 조절 저하 등
  ㉡ 심리·인지적 영향: 추적 능력 감소, 반응 시간 증가, 감시 및 의사표시 능력 저하, 시력 손상 등

④ 진동 주파수별 인체 영향 부위

주파수	인체 부위	영향
5Hz 이하	전신	균형감각 저하, 운동성능 저하
4~8Hz	허리(요추), 등	허리통증, 디스크 손상 위험
10~25Hz	안구	시력 저하
20~30Hz	머리, 어깨	공명현상 발생, 불쾌감 유발
60~90Hz	손, 손목, 안구	손 저림, 혈류감소, 안구공명

(2) 전신진동 감소 대책
① **기계적 격리**: 진동원과 작업장 구조물을 분리한다.
② **충격 흡수 장치 부착**: 스프링, 댐퍼 등을 설치한다.
③ **방진 장갑 착용**: 작업자의 손을 보호한다.
④ **원격 조작**: 사람과 진동원 거리를 확보한다.

> **개념 공략** 손–팔 진동(국소진동) 감소대책
> - 작업 방식 개선: 진동이 적은 대체 작업 방식 고려, 자동화·기계화 도입
> - 적절한 장비 선택: 저진동 공구 사용 및 고진동 공구 제한, 작업에 적합한 공구 선정
> - 장비 교체 및 구매: 진동 감소 장비 구매 및 유지보수 강화, 공구 테스트 후 적절한 제품 선택
> - 작업대 설계 및 보조 장치 활용: 지그·서스펜션 시스템 활용, 카운터 밸런스로 진동 노출 최소화
> - 정기적인 장비 유지보수: 마모된 공구 교체 및 제조업체 유지보수 절차 준수
> - 작업 스케줄 조정: 진동 노출 시간 제한, 교대 근무 및 단시간 반복 노출 시행
> - 작업자 보호 및 건강 관리: 보호복·방진 장갑 지급, 보온 및 혈액순환 유지

4. 온도 및 기후 환경

(1) 열스트레스 및 평가

열스트레스란 인체가 주변 환경으로부터 받는 열 부담이 체온 조절 능력을 초과하는 상태를 말한다. 즉, 몸이 더워지는 속도가 식는 속도보다 빨라서 체온이 과도하게 상승하는 상황이다.

① 열교환 경로

열교환 경로	설명	보호장치·보호구
전도	고체를 통해 열이 전달된다.	단열장갑
대류	공기나 액체가 열을 전달한다.	냉방설비
복사	열이 매질 없이 복사에너지로 이동한다.	방열복
증발	액체가 기화하며 열을 빼앗는다.	흡습성 작업복

> **지식 PLUS**
> 작업환경에서 열스트레스는 기온, 습도, 복사열, 공기유속 등에 의해 결정된다.

② 열균형 방정식

대사 과정에서 생성된 열(M)은 땀의 증발(E)을 통해 일부 손실($-$)되며, 열복사(R)와 공기의 대류(C)에 따라 몸으로 유입되거나 방출($\pm$)된다. 이때, 일한 에너지(W)는 외부로 소모($-$)되며, 최종적으로 남은 열(S)이 체온 변화를 결정한다.

$$S = M - E \pm R \pm C - W$$

- S(Storage): 체내에 축적된 열(양수이면 체온 증가, 음수이면 감소)
- M(Metabolism): 대사에 의해 생성되는 에너지
- E(Evaporation): 증발열 손실
- R(Radiation): 복사열 교환
- C(Convection): 대류열 교환
- W(Work): 인체가 외부로 수행하는 물리적 작업량

③ 열스트레스 평가 지수

㉠ 습구흑구온도지수(WBGT): 가장 널리 사용되는 고열환경의 종합평가지수이다.
- 습구온도: 젖은 천을 씌운 온도계로 측정한 온도로, 증발에 의한 열 손실을 반영한다.
- 흑구온도: 검은 공 모양의 온도계로 측정한 온도로, 열원에서 나오는 복사열을 반영한다.
- 건구온도: 일반적인 온도계로 측정한 실제 공기 온도로, 대기 온도를 반영한다.

ⓒ 옥스퍼드 지수(Oxford Index): 기온과 습도의 영향을 반영한다.

$$WD = (0.85 \times WB) + (0.15 \times DB)$$
- WB: 습구온도(Wet-Bulb Temperature)
- DB: 건구온도(Dry-Bulb Temperature)

ⓒ 실효온도(ET, Effective Temperature): 온도, 습도, 공기 유속의 체감 온도화 지수이다.
- 저온일 때 습도의 영향을 과대 평가하는 경향이 있다.
- 고온일 때 습도의 영향을 과소 평가하는 경향이 있다.

(2) 고열 및 한랭작업

① 고열작업 시 발생할 수 있는 열장해

열장해 유형	원인	증상	의식상태
열사병 (Heat Stroke)	• 체온조절 기능 상실(땀 멈춤) • 장시간 고온 노출	• 혼수상태 • 무의식	의식이 없는 상태
열탈진 (Heat Exhaustion)	과도한 땀 분비로 인한 탈수 및 염분 손실	• 피로, 두통, 구토 • 무기력	어지러움
열경련 (Heat Cramp)	• 염분 부족 • 땀으로 염분만 빠지고 물만 보충	• 근육 경련(복부, 팔다리) • 통증	정상
열발진 (Heat Rash)	고온다습 환경에서 땀구멍이 막힘	• 가려운 붉은 발진 • 피부 자극	정상
열소모 · 열실신 (Heat Syncope)	• 장시간 서 있기 • 갑작스러운 자세 변화로 인한 뇌 혈류 감소	• 일시적 실신 • 어지럼증	실신 또는 의식 흐림

② 고온 환경 적응과 개인차
ⓐ 성별: 남성이 여성보다 고온 적응력이 높다(일반적으로 체열 방출 효율이 높다).
ⓑ 연령: 나이가 많을수록 적응력이 낮다.
ⓒ 체지방: 체지방이 많을수록 적응력이 낮다.
ⓓ 체력: 체력이 좋을수록 적응력이 높다.

③ 고열작업 및 한랭작업 비교

구분	고열작업	한랭작업
체온 조절 반응	• 혈관 확장 • 발한 증가 • 심박수 증가	• 혈관 수축 • 떨기 반사 • 근육긴장 증가
대사반응	• 에너지 소모 • 수분 손실 증가	대사율 증가 → 체온 유지
신경계 영향	비교적 둔감	신경전도 속도 감소 → 반응지연
근육 기능	과도한 열로 탈진 유발	근육강도 감소, 운동 능력 저하
피부 반응	발한, 발진	피부가 파랗게 변함(청색증)

대책	• 열원차단: 차열막, 복사열 차단판 • 환기시스템: 전체환기, 국소배기 • 개인보호구: 방열복, 냉각 조끼	• 과음 피하기: 음주는 혈관을 확장시켜 체온 손실 위험 증가 • 따뜻한 음식 및 음료 섭취 • 저온 공간에서 장시간 작업 금지

5. 교대작업

(1) 교대작업(Shift Work)

교대작업은 24시간 연속적으로 작업을 수행하기 위해 시간대를 나누어 근로자가 교대로 근무하는 제도를 말한다.

① 교대작업의 필요성
  ㉠ 산업 설비의 가동률을 극대화한다.
  ㉡ 공정상 연속성을 확보한다.
  ㉢ 생활 필수 시설 운영 시 필요하다. 예 병원, 경찰서, 소방서 등
  ㉣ 일부 생활 안전 및 경제적 이유로 불가피한 경우가 존재한다.

② 교대작업의 생리적 영향
  ㉠ 생체리듬(일주기 리듬, Circadian Rhythm) 교란으로 인해 신체적·정신적 부담이 커진다.
  ㉡ 수면의 질이 저하되며, 피로가 누적되고, 사고 위험이 증가한다.
  ㉢ 가족·사회적 삶과 불일치하고, 삶의 질이 저하된다.

> **지식 PLUS**
>
> 야간 근무 시 체온은 오전 5시 전후에 가장 낮아지며, 이때 졸음이 가장 심해지고 작업능력도 가장 크게 저하된다.

(2) 작업주기 및 작업순환

① 바람직한 교대작업 운영 원칙

항목	권장기준
교대주기	짧은 순환 주기(2~3일 간격 권장)
교대방향	정방향 순환: 주간 → 저녁 → 야간
교대 일정	정기적이고 예측 가능하게 구성
야간근무 후 휴식	최소 48시간 이상 휴식
야간근무 연속	2~3일 이내로 제한
야간작업 시작 시간	자정 이전(22시~23시) 시작이 바람직 → 자정 이후 교대 시 피로 누적 심화

② 교대제 유형 및 권장 방식
  ㉠ 2조 2교대: 하루 12시간씩 2조가 번갈아 교대(부적절, 최소화 권장)
  ㉡ 3조 3교대: 하루 8시간씩 3조가 교대
  ㉢ 4조 3교대: 3교대에 1개 조가 휴식 중(가장 권장, 피로 분산 효과)

단박에 푸는 SUBJECT 02 핵심예제

01 우리 몸의 구조에서 서로 유사한 형태 및 기능을 가진 세포들의 모임을 무엇이라 하는가?

① 기관계   ② 조직
③ 핵   ④ 기관

02 인체의 척추 구조에서 요추는 몇 개로 구성되어 있는가?

① 5개   ② 7개
③ 9개   ④ 12개

03 다음 중 작업강도의 증가에 따른 순환기반응의 변화에 대한 설명으로 옳지 않은 것은?

① 심박출량의 증가
② 혈액의 수송량 증가
③ 혈압의 상승
④ 적혈구의 감소

04 윤활관절(synovial joint)인 팔굽관절(elbow joint)은 연결 형태를 기준으로 어느 관절에 해당되는가?

① 관절구(condyloid)
② 경첩관절(hinge joint)
③ 안장관절(saddle joint)
④ 구상관절(ball and socket joint)

05 움직임을 직접적으로 주도하는 주동근(prime mover)과 반대되는 작용을 하는 근육은?

① 보조 주동근(assistant mover)
② 중화근(neutralizer)
③ 길항근(antagonist)
④ 고정근(stabilizer)

합격을 여는 만능해설

01 조직(tissue)은 유사한 구조와 기능을 가진 세포들이 모여 구성된 생물학적 단위이다.

02 척추는 해부학적으로 총 5개의 부위로 나뉘며, 각각 다음과 같은 개수로 구성된다.
- 경추(Cervical): 7개
- 흉추(Thoracic): 12개
- 요추(Lumbar): 5개
- 천추(Sacrum): 1개(5개의 뼈 융합)
- 미추(Coccyx): 1개(4개 융합)

03 작업강도 증가 시 심박출량, 혈압, 혈류량은 증가하며, 혈류는 근육으로 재분배된다. 적혈구 수는 감소하지 않으므로 적혈구의 감소는 틀린 설명이다.

04 팔꿈치관절은 굴곡과 신전만 가능한 1축성 관절로, 경첩관절(hinge joint)에 해당한다.

05 주동근(Agonist)은 움직임을 일으키는 중심 근육이며, 길항근(Antagonist)은 주동근과 반대 방향으로 작용해 움직임을 조절한다.

06 호흡계 기본 기능 중 가장 관련이 먼 것은?

① 가스교환
② 산-염기조절
③ 영양물질 운반
④ 흡입된 이물질 제거

07 다음 중 '소음작업'이란 1일 8시간 작업을 기준으로 몇 dB(A) 이상의 소음이 발생하는 작업을 말하는가?

① 80　　② 85
③ 90　　④ 95

08 다음 중 에너지소비량에 영향을 미치는 인자와 가장 거리가 먼 것은?

① 작업 자세　　② 작업 순서
③ 작업 방법　　④ 작업 속도

09 다음 중 젖산의 축적 및 근육의 피로에 관한 설명으로 틀린 것은?

① 젖산이 누적되면 결국 근육은 반응을 하지 않게 된다.
② 무기성 환원과정은 산소가 충분히 공급될 때 일어난다.
③ 축적된 젖산은 산소와 결합하여 물과 이산화탄소로 분해되어 배출된다.
④ 지속적인 활동 시 혈액으로부터 양분과 산소를 공급받아야 하며, 이때 충분한 산소 공급이 되지 않을 경우 젖산은 축적된다.

10 다음 중 단일 자극에 대한 근육수축의 가장 간단한 형태는?

① 강축(tetanus)
② 연축(twitch)
③ 위축(atrophy)
④ 비대(hypertrophy)

06 영양물질 운반은 혈액을 통해 이루어지는 순환계의 기능으로, 호흡계와는 직접적 관련이 없다.

07 「산업안전보건기준에 관한 규칙」에 따르면, 소음작업은 1일 8시간 기준 85dB(A) 이상의 소음에 노출되는 작업을 의미한다.

08 작업 순서는 작업 방식의 효율성에는 영향을 줄 수 있어도 에너지 소비량 자체에는 큰 영향을 주지 않는다.

09 무기성 환원과정(혐기성 대사)은 산소가 부족할 때 발생한다.

10 연축은 단일 자극에 의한 수축-이완 반응이며, 가장 기본적인 수축 형태다.

정답　01 ②　02 ①　03 ④　04 ②　05 ③　06 ③　07 ②　08 ②　09 ②　10 ②

11 휴식 중의 에너지 소비량이 1.5kcal/min인 작업자가 분당 평균 8kcal의 에너지를 소비한 작업을 60분 동안 했을 경우 총 작업시간 60분에 포함되어야 하는 휴식 시간은 몇 분인가? (단, Murrell의 식을 적용하며, 작업시 권장 평균에너지 소비량은 5kcal/min으로 가정한다.)

① 22분 ② 28분
③ 34분 ④ 40분

12 효율적인 교대작업 운영을 위한 방법이 아닌 것은?

① 2교대 근무는 최소화하며, 1일 2교대 근무가 불가피한 경우에는 연속 근무일이 2~3일이 넘지 않도록 한다.
② 고정적이거나 연속적인 야간근무 작업은 줄인다.
③ 교대일정은 정기적이고 근로자가 예측 가능하도록 해주어야 한다.
④ 교대작업은 주간근무 → 야간근무 → 저녁근무 → 주간근무 식으로 진행해야 피로를 빨리 회복할 수 있다.

13 신체 부위의 동작 유형 중 관절에서의 각도가 감소하는 동작을 무엇이라고 하는가?

① 굴곡(flexion) ② 신전(extension)
③ 내전(adduction) ④ 외전(abduction)

14 다음 중 신체를 전·후로 나누는 면을 무엇이라 하는가?

① 관상면 ② 시상면
③ 정중면 ④ 횡단면

15 시소 위에 올려놓은 물체 A는 시소 중심에서 1.2m 떨어져 있고 무게는 35kg이며, 물체 B는 물체 A와 반대방향으로 중심에서 1.5m 떨어져 있다고 가정하였을 때 물체 B의 무게는 몇 kg인가?

① 19 ② 28
③ 35 ④ 42

합격을 여는 만능해설

11 $R = 60 \times \dfrac{8-5}{8-1.5} \approx 28$분

12 주간 → 저녁 → 야간으로 정방향 순서가 적합하다.

13 굴곡(Flexion)은 관절 각도가 줄어드는 동작이다.
예 팔 굽히기, 허리를 앞으로 숙이기

14 관상면은 몸의 앞부분과 뒷부분을 구분하는 해부학적 기준선이다.

15 물체 A의 모멘트 = 물체 B의 모멘트
$35 \times 1.2 = B \times 1.5$
$B = \dfrac{42}{1.5} = 28$kg

16
$$M = W_1 \cdot d_1 \cdot \cos(\theta) + W_2 \cdot d_2 \cdot \cos(\theta)$$
$M = (98N \times 0.35m \times \cos(30°)) + (16N \times 0.17m \times \cos(30°))$
$= 32.06 \approx 32N \cdot m$

16 작업자가 한 손을 사용하여 무게(W_L)가 98N인 작업물을 수평선을 기준으로 30도 팔꿈치 각도로 들고 있다. 물체를 쥔 손에서 팔꿈치까지의 거리는 0.35m이고, 손과 아래팔의 무게(W_A)는 16N이며, 손과 아래팔의 무게중심은 팔꿈치로부터 0.17m에 위치해 있다. 팔꿈치에 작용하는 모멘트는 얼마인가?

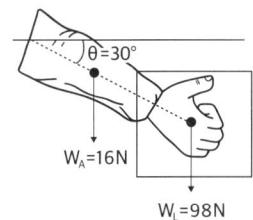

① 32Nm ② 37Nm
③ 42Nm ④ 47Nm

17 육체적 작업과 신체에 대한 스트레스의 수준을 측정하는 방법 중 근육이 수축할 때 발생하는 전기적 활성을 기록하는 방법을 무엇이라 하는가?

① ECG(심전도) ② EEG(뇌전도)
③ EMG(근전도) ④ EOG(안전도)

18 작업자 A가 작업할 때 측정한 평균 흡기량과 배기량이 각각 50L/min과 40L/min이며, 평균 배기량 중 산소의 함량이 17%였다면 이때 분당 산소소비량은 약 얼마인가? (단, 공기 중 산소의 함량은 21%이다.)

① 2.5L/min ② 3.7L/min
③ 4.0L/min ④ 4.5L/min

19 다음 중 육체적 작업부하의 주관적 평가방법으로 작업자들이 주관적으로 지각한 신체적 노력의 정도를 일정한 값 사이의 척도로 평정하는 것은?

① Borg의 RPE Scale
② Flicker 지수
③ Body Map
④ Lifting Index

20 조도가 균일하고, 눈이 부시지 않지만 설치비용이 많이 소요되는 조명방식은?

① 직접조명 ② 간접조명
③ 복사조명 ④ 국소조명

---

17 EMG(근전도)는 근육이 수축할 때 발생하는 전기적 신호(활성 전위)를 감지하여 기록하는 장비이며, 근피로도, 작업강도, 국소 근육 부담 분석 등에 활용된다.

18 산소소비량
= (평균 공기흡기량 × 흡입 O_2 비율) − (공기배기량 × 배기 O_2 비율)
= (50L/min × 0.21) − (40L/min × 0.17)
= 3.7L/min

19 Borg RPE 척도는 작업자가 자각한 육체적 노력 강도를 6~20점 사이로 평가하는 대표적인 주관적 척도이다.

20 간접조명은 눈부심이 적고 조도가 균일하지만, 효율이 낮고 설치비용이 높다.

정답 11 ② 12 ④ 13 ① 14 ① 15 ② 16 ① 17 ③ 18 ② 19 ① 20 ②

단숨에 끝내는
SUBJECT
03

산업심리학 및 관련법규

1 인간의 심리특성

1. 행동이론

(1) 인간관계와 집단

산업심리학은 작업 현장에서 인간의 행동과 심리를 연구하여 작업능률 향상과 근로자의 심리·신체적 복지, 조직 생산성 및 안전 증진을 목적으로 하는 응용심리학의 한 분야이다.

① 호손 실험(Hawthorne Experiments) 개요

산업심리학과 조직행동론에서 대표적인 연구로, 작업 환경과 생산성의 관계를 탐구한 실험이다.

㉠ 장소: 미국 시카고 웨스턴 일렉트릭사의 호손 공장
㉡ 실험자: 하버드 대학교의 심리학자 메이요(George Elton Mayo)와 경영학자 뢰슬리스버거(Fritz Jules Roethlisberger)
㉢ 기간: 1924년~1932년(4단계, 약 8년)
㉣ 목적: 작업 조건(조명, 휴식, 근무 시간 등)이 작업자의 생산성에 미치는 영향을 분석하였다.
㉤ 실험 결과: 작업자의 사회적 상호작용과 인간관계가 물리적 조건보다 작업 능률에 더 큰 영향을 미쳤다.

개념 공략 실험의 단계별 실험결과

실험단계	실험결과
조명 실험 (1924.11.~1927.04.)	조명이 밝아질수록 생산성이 높아진다는 가설을 가지고 실험을 실행하였으나, 결과적으로 조명의 밝음과 생산성은 차이가 없었다.
계전기 조립 실험 (1927.04.~1929.06.)	계전기 조립에 종사하는 여공들을 6명의 소집단으로 나눈 후, 6명 중 2명을 따로 뽑아서, 그 2명이 같이 일할 4명을 뽑게 하였다. 비공식 집단을 이루게 한 후 동일한 작업실에서 일하게 하고 실험을 진행했다. 노동시간, 급료, 휴식 기간, 급식보다는 작업에 대한 자부심, 자기표현의 기회, 자기가 좋아하는 사람이랑 일을 하는 것 등이 작업 능률에 영향을 미쳤다.
면접 실험 (1928.09.~1930.05.)	21,126 대상으로 1:1면접을 통해 직원의 불평 및 불만을 기록한 실험. 처음에는 불만을 많이 토로했던 노동자가 불만을 토로하면서 만족도가 올라가는 것을 발견한 실험이다. 물리적 환경보다는 불만이나 감정 등의 요인이 생산량과 어느 정도 관계가 있다는 결론을 얻었다.
배전기권선 관찰 실험 (1931.11.~1932.05.)	배선작업을 하는 14명의 남성 노동자를 관찰한 실험으로, 실험 중 자연스럽게 2개의 비공식 조직이 형성됨을 발견했다. 개인 능력이나 관리자의 지시보다 각자의 근로 의욕, 비공식적 규범 및 집단 관계가 작업 능률에 더 큰 상관관계가 있음을 밝혔다.

(2) 성격유형

Friedman 성격유형은 심리학자 Meyer Friedman과 Ray Rosenman이 제안한 A형과 B형 성격유형을 기준으로 한 분류이다. 이들은 심리적 스트레스와 심혈관 질환의 관계를 연구하면서 성격유형이 건강에 미치는 영향을 밝혔다.

분류	특징	스트레스	사회성	질병
A형 행동양식	경쟁심, 성취욕, 조급함, 적개심, 완벽주의 성향	스트레스가 많음, 자존감 약하고 늘 긴장	유능함, CEO형	고혈압, 심혈관계 질환
B형 행동양식	느긋하고 화내지 않는 호인형, 꼼꼼하지 못함, 책임감과 성취욕이 약함	스트레스 적음, 매사에 느긋함	업무능력 부족	비만, 당뇨
C형 행동양식	솔선수범, 협조적이지만 결단력 부족	스트레스는 많음, 화, 감정을 억누름	좋은 부하직원, 예스맨	암, 심장질환
D형 행동양식	비관적, 시니컬, 불신 많음	불안, 부정감정이 큼	친구가 없고 조직생활이 어려움	관상동맥질환, 심장병, 당뇨병, 우울증

(3) 집단행동

① 통제적 집단행동
  ㉠ 관습(Custom): 오랜 시간에 걸쳐서 사회적으로 정착된 행동 방식이다.   예 경조사 문화, 명절의 가족과 친척모임 등
  ㉡ 유행(Fashion): 어떤 시기에 사람이 많이 따르는 행동이나 스타일이다.   예 패션, SNS 챌린지
  ㉢ 제도적 행동(Institutional Behavior): 사회적으로 제도화된 행동 양식이며 일정한 규칙과 절차를 의미한다.   예 선거 참여 등

② 비통제적 집단행동
  ㉠ Mob(폭도): 폭력적이고 무질서한 비통제적 집단행동을 의미하며 일반적으로 통제되지 않은 감정이나 군중 심리에 의해 발생한다.

  > **지식 PLUS**
  > Mob(폭도)는 비통제적 집단행동으로 이성적 판단보다는 감정에 의해 좌우되며 공격적인 특징을 가진다.

  ㉡ Panic(공황): 갑작스럽고 극단적인 공포나 불안으로 인해 사람들이 비이성적이고 충동적인 행동을 하는 상태이다.
  ㉢ Crowd(군중): 많은 사람이 한 장소에 모여 있는 집합체를 뜻한다.

(4) 인간의 행동특성

① 레빈(Lewin. K)의 인간행동 법칙
  - 심리학자 레빈(Lewin. K)은 인간의 행동(B)은 인적요인(P)과 외적요인(E)의 상호관계 결과라고 보았다.
  - 인간의 불안전 행동을 줄이기 위해서는 인적(P)뿐만 아니라 외적요인(E)도 함께 바로 잡아야 한다는 이론이다.

> $$B = f(P \cdot E)$$
> - B(Behavior, 인간의 행동)
> - f(Function, 함수관계): P와 E에 영향을 미칠 조건
> - P(Person, 인적요인): 지능, 시각기능, 성격, 연령, 경험, 심신 상태인 피로도, 경험 등
> - E(Environment, 외적요인): 인간관계(가정 내 불화나 대인 관계 등)와 작업환경요인(소음, 온도, 습도, 먼지, 청소 등)

② 지각과정에서의 오류

종류	내용
후광효과 (Halo Effect)	조직을 유지하고 성장시키기 위한 평가를 실행함에 있어서 평가자가 저지르기 쉬운 과오 중 어떤 사람에 관한 평가자의 개인적 인상이 피평가자 개개인의 특징에 관한 평가에 영향을 미친다.
대비오차 (Contrast Effect)	평가자가 최근에 평가한 대상과 비교하여 다음 평가 대상에 대해 과장되거나 축소된 평가를 내리는 오류이다. 예 처음 면접을 본 사람이 우수했을 시, 그 뒤에 면접자에게 상대적으로 낮은 점수를 주는 경우
근접오차 (Proximity Effect)	평가 시 인접한 항목 간의 유사성이 높게 평가되는 오류이다. 예 수학을 잘하면 과학도 잘한다고 평가하는 경우
관대화 경향 (Centralization Tendency)	평가자가 극단적인 점수를 피하고 중간 점수를 선호하는 경향을 보인다. 예 직원 평가에서 실력이나 스펙 차이가 있음에도 불구하고 모두에게 평균적인 점수를 부여하는 경우

2. 주의 /부주의

(1) **인간의 특성과 안전심리**
① 주의: 어떤 한 곳이나 일에 관심을 집중하여 기울이는 것을 말한다.
② 주의의 특성 4가지

종류	정의	예시
선택성	사람은 한 번에 많은 종류의 자극을 지각하거나 수용하기 어렵고 소수의 특정한 것에 한정하여 선택한다.	시야각은 120도이며 모든 것을 한 번에 인지할 수가 없다.
방향성	시선과 초점에 맞춘 곳은 잘 인지가 되지만, 시선에서 벗어난 부분은 무시되는 경향이 있다.	앞을 바라보고 운전을 하다가 전화가 울리면 옆에 있는 전화로 시선이 집중되어, 차 사고가 날 수 있다.
변동성	주의는 리듬이 있어서 항상 일정한 수준을 유지하지 못하므로 본인이 주의하려고 노력해도 실제로는 의식하지 못하는 순간이 존재한다.	수면이 부족하여 졸리면 집중력(의식수준)이 저하되어 사고가 일어날 수 있다.
1점 집중성	긴급한 비상사태에 부딪히면 다른 곳에 집중하지 못하고 그곳에만 집중한다.	폭발이나 화재 등 긴급한 상황에서 비상벨을 눌러야 모든 사람이 빠져나갈 수 있는데, 비상벨을 누르지 못하고 혼자만 빠져나간다.

(2) 부주의 발생원인과 대책

외적 원인 및 대책	• 작업 순서의 부적당: 작업 순서 정비 • 작업, 환경 조건 불량: 환경 정비	
내적 조건 및 대책	• 미경험: 교육 • 의식의 우회(걱정, 고민 등): 상담(Counseling)	• 소질적 조건: 적성 배치
설비·환경 측면에서의 대책	• 표준 작업 제도 도입 • 설비 및 작업 환경의 안전화 • 긴급 시 안전 대책 마련	
기능·작업적 측면에 대한 대책	• 적성 배치 • 표준 동작 활용 • 적응력 향상과 작업 조건 개선	• 안전한 작업 방법 습득·적용 • 적응력 향상
정신적 측면의 대책	• 안전의식의 제고 • 주의력 집중 훈련	• 피로 및 스트레스의 해소 대책

3. 의식단계

(1) 의식의 특성

① 인간의 의식 Level의 단계별 의식수준

Phase(단계)	의식의 수준	생리적 상태
Phase 0	무의식, 실신	수면, 뇌가 발작
Phase I	의식의 둔화	피로, 단조, 술에 취함
Phase II	이완 상태	안정기, 휴식할 때, 정상 작업할 때
Phase III	명료한 상태	적극적인 활동, 에러 가능성 낮음
Phase IV	과긴장 상태	긴급방어반응, 패닉

※ 의식의 둔화(저하): 피로나 졸음 등으로 인해서 집중력이 감소한 상태이다.

② 부주의 현상의 주요 원인

원인	설명	예시
의식의 우회	주의가 다른 대상이나 생각으로 이동한다.	운전 중 전화가 울려서 스마트폰 확인하는 경우
의식의 혼란	작업 상황에 대한 혼란으로 잘못된 행동이 발생한다.	작업 절차를 혼동하는 경우
의식의 중단(단절)	작업 중 주의가 갑작스럽게 끊긴다.	실신, 발작, 혼수상태 등의 경우
의식수준의 저하	피로, 졸음 등으로 인해 집중력이 감소한다.	야간 근무 중 졸음이 오는 경우

(2) 피로

① 피로의 개요

지속적이거나 반복적인 작업으로 인해 근로자의 생리적·심리적 기능이 저하되어 작업 능력이 일시적으로 감소한 상태이다.

⊙ 신체적 피로: 근육과 신체 기관의 과도한 사용으로 발생한다. **예** 장시간 무거운 물건 들기, 반복작업

ⓒ 정신적 피로: 긴장, 스트레스, 집중력 저하 등으로 인한 정신적 부담의 피로이다. **예** 복잡한 계산, 감시업무 등

② 피로의 생리학적(physiological) 측정방법

⊙ 뇌파 측정(EEG, Electroencephalogram): 전극을 통해 뇌의 전기적 활동을 측정하여 피로 및 각성상태를 평가하고 기록하는 전기생리학적 측정방법이다.

ⓒ 심전도 측정(ECG, Electrocardiograph): 심장의 전기적 신호를 측정하여 피로 및 스트레스를 측정하는 방법이다.

ⓒ 근전도 측정(EMG, Electromyography): 근육의 전기적 활동을 기록하여 근육 피로도, 근육질환과 말초신경 질환을 측정하는 방법이다.

③ 작업수행에 의해 발생하는 피로 방지와 경감 및 효율적인 에너지 회복 방법

⊙ 동일한 작업은 될 수 있는 한 적은 에너지로 수행할 수 있도록 한다.

ⓒ 동적 근작업을 하도록 하여 작업자의 에너지소비를 될 수 있는 한 줄인다.

ⓒ 작업속도나 작업의 정확도가 작업자에게 너무 과중하게 되지 않도록 한다.

② 작업방법을 개선하여 무리한 자세로 작업이 진행되지 않도록 하고 특히 정적 근작업을 배제한다.

④ 작업에 수반되는 피로를 줄이기 위한 대책

⊙ 작업부하의 경감   ⓒ 작업속도의 조절
ⓒ 정적 동작의 제거   ② 작업·휴식시간의 조절

4. 반응시간

(1) 반응시간

① 반응시간 개요 및 특징

⊙ 많은 동작이 바뀌는 신호등이나 청각적 경계적 신호와 같은 외부자극을 계기로 시작된다.

ⓒ 자극이 요구하는 반응을 시작하는 데 걸리는 시간을 의미한다.

ⓒ 반응해야 할 신호가 발생한 때부터 그에 대해 반응을 시작하는 데 걸리는 시간을 의미한다.

(2) 반응시간의 종류

① 단순 반응시간(Simple Reaction Time): 하나의 특정자극에 대해 반응을 시작하는 시간으로 한가지 반응만 요구되는 반응시간이다.

예 신호등이 초록불로 바뀌면 걷는다(자극: 신호등의 색 변화, 반응: 걷기 시작).

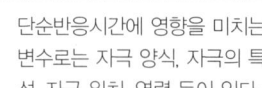

지식 PLUS

단순반응시간에 영향을 미치는 변수로는 자극 양식, 자극의 특성, 자극 위치, 연령 등이 있다.

② 선택 반응시간(Choice Reaction Time): 여러 개의 자극을 제시하고 각각의 자극에 대하여 반응을 하는 과제를 준 후, 자극이 제시되어 반응할 때까지의 시간이다.

예 운전 중 교차로에서 신호등이 초록불, 빨간불, 노란불 중 하나로 바뀐다(반응: 초록불-출발, 빨간불-정지, 노란불-감속).

③ 동작시간: 신호에 따라 손을 움직여 동작을 실제로 실행하는 데 걸리는 시간이다.

(3) 인간의 감각기관 중 신체 반응시간 순서

| 빠름 | 청각(0.17초) ▶ 촉각(0.18초) ▶ 시각(0.2초) ▶ 미각(0.29초) ▶ 통각(0.7초) | 느림 |

(4) 반응시간(RT: Reaction Time) 법칙과 공식

① Hick-Hyman의 법칙(선택 반응시간)
  ㉠ 선택의 수가 많아질수록 반응시간이 로그 함수 형태로 증가한다. 즉, 사람이 선택해야 할 항목이 많아질수록 결정 시간이 늘어나지만, 선형적으로 늘어나는 것이 아니라 완만하게($\log_2$ 함수) 증가한다.
    예 기계 조작 패널에 스위치가 너무 많으면, 작업자가 어떤 버튼을 눌러야 할지 인지하는 데 시간이 오래 걸린다.

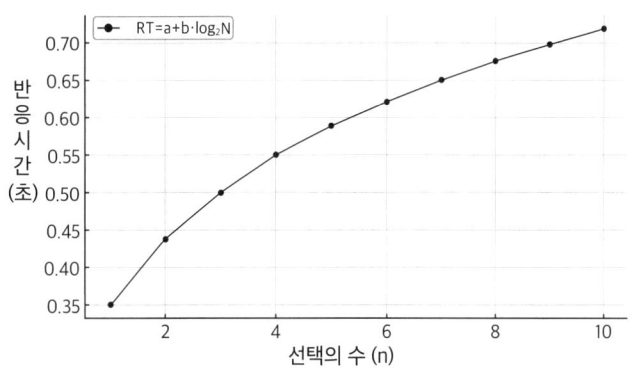

  ㉡ 공식
    선택반응 시간은 자극과 반응의 수(N)에 따라 증가한다.

$$\text{선택반응시간}(RT) = a + b\log_2 N$$

  - N: 자극(대안)의 개수
  - a: 단순반응시간
  - b: 정보처리 비례상수

② 피츠의 법칙(Fitts's Law)

사람의 손이나 커서가 목표를 향해 움직일 때 걸리는 시간(Movement Time, MT)을 예측한다.

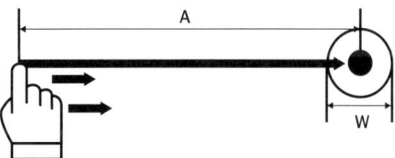

  ㉠ 피츠의 법칙(동작시간) 공식
    동작시간은 움직인 거리(A)와 목표물의 너비(W)의 관계로 결정된다.

$$\text{동작시간}(MT) = a + b\log_2 \frac{2A}{W}$$

  - A: 움직인 거리
  - W: 목표물의 너비
  - a: 단순반응시간
  - b: 정보처리 비례상수

ⓒ 상황 및 결과

상황	결과
목표가 작을수록	더 오래 걸린다.
거리가 멀수록	더 오래 걸린다.
목표가 크고 가까울수록	더 빠르게 도달이 가능하다.

5. 작업동기

(1) 동기부여 이론

① 동기부여 이론 개요

개인이 목표를 달성하도록 유도하는 심리적 과정이며 적절한 경쟁은 동기를 부여하는 중요한 요소이다. 일을 할 때 동기가 잘 갖추어지게 되면 구성원들에게 열심히 일하도록 동기를 자극하게 된다.

② 동기 이론 및 욕구단계이론

㉠ 데이비스(K.Davis)의 동기부여 이론

데이비스는 "인간의 성과는 능력과 동기에 의해 결정된다."는 이론을 제시하였다. 지식과 기술을 갖춘 인재에게 적절한 동기부여가 이루어질 때, 조직의 성과는 극대화될 수 있다고 보았다.

> **지식 PLUS**
>
> 데이비스의 동기부여 이론은 인간은 능력과 동기, 두 요소가 모두 갖추어져야 비로소 높은 성과를 기대할 수 있다고 보았다. 두 요인은 곱셈 관계로 한 요인이라도 0이면 성과도 0이 된다.

- 지식(Knowledge)×기술(Skill)=능력(Ability)
- 상황(Situation)×태도(Attitude)=동기유발(Motivation)
- 능력(Ability)×동기유발(Motivation)=인간의 성과(Human Performance)
- 인간의 성과×물질의성과=경영의 성과

㉡ 매슬로의 욕구단계이론(Maslow's Hierarchy of Needs)

인간은 가장 기본적 욕구에서 시작해 상위 욕구로 올라가면서 자신의 욕구를 체계적으로 충족시키며, 생리적 욕구 → 안전 욕구 → 사회적 욕구 → 존경 욕구 → 자아실현의 욕구 순서로 발생한다.

▲ 매슬로우의 욕구위계이론

㉢ 알더퍼(P.Alderfer) ERG 이론

존재(Existence), 관계(Relatedness), 성장(Growth) 이 세 가지 범주로 나누어 욕구에 대한 동기부여를 설명한다.

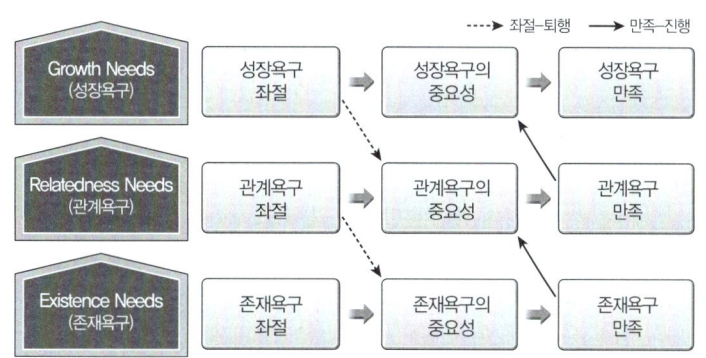

▲ 알더퍼의 ERG 이론

단계	욕구	내용
1단계	존재욕구(Existence needs)	생존과 관련된 생리적욕구, 안전욕구 등
2단계	관계욕구(Relatedness needs)	인간관계 등 사회적인 욕구, 존경과 사랑의 욕구
3단계	성장욕구(Growth needs)	자아실현의 욕구

ⓔ 허즈버그(Herzberg)의 동기-위생 이론

구분	설명	예시
동기요인	직무에 대한 만족을 유발하는 내적 요인으로, 개인의 성장과 발전에 직접적인 영향을 미친다(내적 만족).	성장, 성취감, 책임감, 도전감, 인정
위생요인	직무에 대한 불만족을 유발하는 외적 요인으로, 이러한 요인이 충족되더라도 만족을 느끼지는 않지만, 미흡할 경우 불만족을 초래한다(외적 조건).	작업조건, 급여, 근무환경, 회사정책, 인간관계, 고용 안정성

ⓜ McGregor(맥그리거)의 동기부여(X, Y) 이론

	기본 가정	관리처방	
X이론	• 인간은 본질적으로 게으르고 책임감을 싫어한다고 가정(성악설) • 저차원적 욕구(물질)	• 면밀한 감독과 통제 • 권위주의적 리더십	• 경제적 보상체계 강화
Y이론	• 인간은 본질적으로 책임감과 자기계발 욕구를 지닌 존재(성선설) • 고차원적 욕구(정신)	• 분권화 및 권한 위임 • 비공식 조직의 활용 • 자기통제 및 자기평가 강조	• 자율성과 책임 부여 • 참여적 의사결정

개념 공략 동기부여이론 비교표

구분	허즈버그의 동기-위생요인 이론	Maslow의 욕구단계이론	알더퍼 ERG이론
상위욕구	동기요인	자아실현 욕구	성장욕구
		존경의 욕구	관계욕구
		사회적 욕구	
하위욕구	위생요인	안전의 욕구	존재욕구
		생리적 욕구	

2 휴먼에러

1. 휴먼에러 유형

(1) 인간의 착오와 실수

① 휴먼에러 정의
- ㉠ 인간의 실수를 의미하며, 실수뿐만 아니라 착오 그리고 건망증도 포함하고 있다.
- ㉡ 인간은 본질적으로 실수를 할 수밖에 없는 존재이며, 이러한 오류는 인간의 기본적인 성향으로 간주된다.
- ㉢ 인간의 실수를 이해하고, 이를 줄일 수 있는 방법을 고안한다면 작업의 효율성과 정확성을 높일 수 있으며, 이는 곧 생산성과 안전성 향상에 크게 기여할 수 있다.

② 인간의 행동과정(정보처리 과정 측면)에 따른 휴먼에러의 분류

구분	설명	예시
입력에러 (Input Error)	사용자가 장치에 정보를 입력하는 과정에서 발생하는 오류이다.	계산기에서 잘못된 숫자 키를 누르는 경우
정보처리에러 (Information Processing Error)	입력된 정보를 잘못 해석하거나 판단하는 과정에서 발생하는 오류이다.	경고 표지판이나 신호를 잘못 해석하는 경우
출력에러 (Output Error)	올바른 정보를 처리했음에도 불구하고 잘못된 행동이나 조작을 하는 경우이다.	마우스를 클릭해야 할 때 잘못된 버튼을 누르는 행위
피드백에러 (Feedback Error)	행동의 결과에 대한 피드백을 제대로 받지 못해 발생하는 오류이다.	엘리베이터 버튼을 눌렀는데 조명이 켜지지 않아 눌린 줄 모르고 반복해서 누르거나, 세게 누르는 행위

③ 착오와 착시
- ㉠ 게슈탈트 법칙(Gestalt Laws)
  - 인간이 시각 정보를 어떻게 지각하고 조직하는지를 설명하는 심리학 이론이다.
  - 인간은 개별적인 자극들을 단순히 나열된 정보로 인식하지 않고, 이를 하나의 전체적인 형태나 패턴으로 통합해 인식한다.
  - '게슈탈트(Gestalt)'는 독일어로 '형태', '구성', '전체적인 구조'를 의미하며, 이 법칙은 착시나 시각적 오해 현상을 이해하는 데 중요한 이론적 기반을 제공한다.

법칙	내용	예시
근접성의 법칙 (Law of Proximity)	가까운 위치에 있는 자극들은 함께 묶여서 하나의 그룹으로 인식된다. 예를 들어, 가까이 배열된 점들이 한 덩어리로 보인다.	
유사성의 법칙 (Law of Similarity)	비슷한 요소를 가진 자극들(모양, 색상, 크기 등)은 서로 묶여서 하나의 그룹으로 인식된다. 예를 들어, 색깔이 같은 도형, 모양이 같은 형태는 함께 묶여있는 것처럼 보인다.	
폐쇄성의 법칙 (Law of Closure)	불완전한 도형이나 패턴을 볼 때, 우리는 그 형태가 완전한 것으로 자동으로 인식하려는 경향이 있다. 예를 들어, 오른쪽 그림은 일부만 그려졌으며 실제로 원이 아니지만, 원으로 인식한다.	

연속성의 법칙 (Law of Continuity)	사람은 보통 자극을 부드럽고 연속적인 패턴으로 이루어져 있다고 인식하려는 경향이 있다. 예를 들어, 꺾인 선보다는 일직선으로 이어지는 선을 더 자연스럽게 인식한다.	
공통 운명의 법칙 (Law of Common Fate)	같은 방향으로 움직이는 자극들이 하나의 그룹으로 인식된다. 예를 들어, 여러 개의 점이 동일한 방향으로 움직이면, 이 점들을 하나의 집단으로 인식한다.	
대칭성의 법칙 (Law of Symmetry)	두 개가 연결되어 있지 않아도 대칭을 이루면 하나로 인지하는 것을 말한다.	
간결성의 법칙 (Law of Prägnanz)	주어진 조건에서 대상을 최대한 단순하고 간결하게 인식하는 것을 의미한다.	

④ 휴먼에러(Human Error)의 분류

심리적 분류
(Swain의 분류)
	• 정상수행

	• Omission Error(생략/부작위에러): 필요한 작업, 절차를 수행하지 않는 오류
	  예 화장품을 만들 때 안에 내용물을 넣지 않는 경우

	• Time Error(시간에러): 필요한 작업과 절차의 수행지연으로 인한 오류
	  예 천천히 움직여서 회의시간에 지각하는 경우

	• Commission Error(수행/작위에러): 필요한 작업과 절차를 잘못 수행하는 오류
	  예 자동차 전조등을 끄지 않아서 배터리가 방전되는 경우
	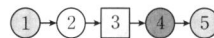
	• Sequential Error(순서에러): 필요한 작업 또는 절차의 순서착오로 인한 오류
	  예 후라이팬에 기름을 두르지 않고 계란을 먼저 넣는 경우

	• Quantitative Error(양적에러): 너무 적거나 많은 작업을 수행하는 오류
	  예 한 명의 작업자가 다쳐서 2명이 해야 할 일을 대체인력 없이 1명이 처리하는 경우
	• Extraneous Error(불필요 수행 에러): 작업과 관계없는 행동을 하는 오류
	  예 작업 중 핸드폰을 보다가 사고가 나는 경우
	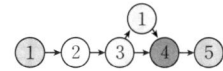

원인별 (레벨별) 분류	• Primary Error(1차에러): 작업자 자신에 의해 발생 • Secondary Error(2차에러): 작업형태나 조건에 의해 발생 • Command Error(지시에러): 근로자가 움직일 수 없는 상태에 발생 • Third Error(3차에러): 근본적 시스템, 문화, 또는 정책적 결함으로 발생한다.

원인에 따른 분류 (James Reason)	• 숙련기반 에러: 자동화된 작업 중 실수나 건망증으로 발생하는 오류 　예 반복 작업 중 잘못된 버튼 누름 • 규칙기반 에러: 규칙을 잘못 기억하거나 부적절하게 적용하여 발생 　예 익숙한 규칙을 다른 상황에 잘못 사용 • 지식기반 에러: 지식 부족으로 상황을 잘못 판단해 생기는 오류 　예 고장 상황에서 잘못된 대처 • 고의사고: 규칙을 알고도 의도적으로 무시　예 과속, 안전장비 미착용

④ 부주의 행위
　㉠ 억측판단: 사실이나 상황에 대한 명확한 정보 없이, 주관적인 판단이나 추측을 바탕으로 행동하는 상태를 말한다.　예 보행자가 신호등이 바뀌었음에도 불구하고 "아직 시간이 있다"고 생각하며, 정확한 정보가 아닌 주관적인 판단으로 무단횡단을 하는 경우
　㉡ 근도반응: 자극에 대한 반사적 신체 반응을 의미한다.　예 뜨거운 물체에 손을 대고 즉시 떼는 행동
　㉢ 초조반응: 불안이나 걱정으로 인해 신속한 판단 대신 급하게 반응하는 상태를 말한다.　예 가까이 접근하는 차량에 반사적으로 속도를 높이는 경우
　㉣ 의식의 과잉: 상황이나 행동에 대해 지나치게 생각하거나 신경 쓰는 상태로, 불필요한 걱정과 과도한 집중을 동반한다.

⑤ 휴먼에러(인간실수) 특징
　㉠ 생활변화 단위 이론: 사고를 촉진시킬 수 있는 상황인자를 측정하기 위하여 개발되었다.
　㉡ 반복사고자 이론: 개인의 고유한 특성에 따라 같은 사람이 반복적으로 사고를 계속 일으킨다는 이론이다.
　㉢ 최적 각성수준 이론: 인간성능은 각성수준(Arousal Level)이 높을수록 향상되므로 실수를 줄이기 위해서는 각성수준을 가능한 높이도록 한다.
　㉣ 피터슨의 동기부여 – 보상 – 만족모델: 작업자의 능력과 작업분위기, 그리고 작업 수행에 따른 보상에 대한 만족이 동기부여에 큰 영향을 미친다.

⑥ 지능과 작업 간의 관계
　㉠ 작업수행자의 지능이 높아서 과잉되면 지루함이나 부주의를 유발한다.
　㉡ 작업수행자의 지능이 너무 낮으면 사고율에 영향을 줄 수 있다.
　㉢ 각 작업에는 그에 적정한 지능 수준이 존재한다.
　㉣ 작업특성과 작업자의 지능 간에는 특별한 관계가 있다.

(2) **오류모형**
① Rasmussen(라스무센)의 인간 행동의 3단계 오류모델

행동 유형	설명	오류 유형	오류 설명
숙련기반행동 (Skill – based Behavior)	익숙하고 반복적인 작업을 무의식적·자동으로 수행한다.	숙련기반행동 오류 (Skill – based Behavior Error)	주의력 저하나 부주의로 인한 실수이다.
규칙기반행동 (Rule – based Behavior)	특정 상황에 맞는 규칙이나 절차를 적용하여 수행한다.	규칙기반행동 오류 (Rule – based Behavior Error)	상황 오판, 잘못된 규칙 적용으로 인한 착오(Mistake)이다.
지식기반행동 (Knowledge – based Behavior)	새로운 상황에서 기존 지식·경험으로 문제를 해결한다.	지식기반행동 오류 (Knowledge – based Behavior Error)	지식 부족 또는 잘못된 판단으로 인한 착오(Mistake)이다.

2. 휴먼에러 분석기법

(1) 인간신뢰도

인간신뢰도는 인간의 성능이 특정한 기간 동안 실수를 범하지 않을 확률이다.

① **이산적 직무에서 인간신뢰도(HEP)**: 단일 작업이나 한 변성의 수행에서 오류 발생 확률 평가 시 활용한다.

㉠ HEP(Human Error Probability): 주어진 조건에서 인간이 특정 작업을 수행하는 동안 오류를 범할 확률을 의미한다.

$$HEP = \frac{\text{오류의 수}}{\text{전체 오류 발생 기회의 수}}$$

㉡ 인간신뢰도: 특정 작업자가 주어진 조건에서 성공적으로 직무를 수행할 확률을 뜻한다.

$$\text{신뢰도} = 1 - HEP$$

② **반복적인(연속적) 직무에서 인간신뢰도**

$$R(t) = e^{-\lambda t}$$

- λ: 에러발생률/시간당
- t: 경과시간

③ **직렬시스템 및 병렬시스템의 신뢰도**

㉠ 직렬 시스템의 신뢰도

$$R_s = R_H \times R_E$$

- R_s: 인간-기계 체계 신뢰도
- R_H: 인간의 신뢰도
- R_E: 기계의 신뢰도

㉡ 병렬 시스템의 신뢰도

$$R = 1 - (1 - R_1) \times (1 - R_2)$$

- R: 전체 시스템의 신뢰도
- R_1과 R_2: 각 구성요소(또는 작업자)의 신뢰도

④ **인간의 신뢰도의 특징**

㉠ 반복되는 이산적 직무에서 인간실수확률은 단위작업당 실패 수로 표현된다.

㉡ 정량화된 인간 신뢰도는 인간과 기계시스템의 신뢰도를 예측하는 데 도움을 주고 작업자가 하고 있는 업무의 적절한 배분과 할당과 효율성에 중요한 역할을 할 수 있다.

㉢ THERP는 완전 독립에서 완전 정(正)종속까지의 비연속을 종속정도에 따라 5수준으로 분류하여 직무의 종속성을 고려한다.

(2) 시스템 안전 분석 기법

① **시스템 안전 정량적 분석 방법**

㉠ 결함나무 분석(FTA, Fault Tree Analysis): 시스템 내 특정 사건(예 사고)이 발생할 확률을 계산한다.

논리게이트	설명
And gate	모든 입력이 동시에 발생해야 출력사상이 발생한다.
OR gate	입력 중 하나라도 발생하면, 출력사상(Top Event)이 발생한다.

    ⓒ 사상나무 분석(ETA, Event Tree Analysis) : 초기 사건이 여러 시나리오로 발전하는 경로와 결과를 분석한다.
    ⓒ 휴먼 에러율 예측 기법(THERP, Technique for Human Error Rate Prediction) : 인간 오류가 시스템 신뢰도에 미치는 영향을 정량적으로 평가한다.
  ② 시스템 안전 정성적 분석 방법
    ㉠ 고장모드 및 영향 분석(FMEA, Failure Mode and Effects Analysis) : 시스템의 각 구성 요소에서 발생 가능한 고장 모드와 그 영향을 식별하고 평가한다.
    ⓒ 체크리스트 분석(Checklist Analysis) : 사전에 정의된 체크리스트를 사용해 시스템 내 위험 요소를 점검한다.
    ⓒ 작업 위험 분석(JHA, Job Hazard Analysis) : 특정 작업 또는 작업 과정에서 발생할 수 있는 위험 요소를 식별하고 예방책을 마련한다.
    ㉣ 예비위험분석(PHA, Preliminary Hazard Analysis) : 시스템 설계 초기 단계에서 잠재적인 위험 요소를 식별한다.

개념 공략 시스템 안전 정량적/정성적 분석 방법

시스템 안전 정량적 분석 방법	시스템 안전 정성적 분석 방법
• 결함나무 분석(FTA, Fault Tree Analysis) • 사상나무 분석(ETA, Event Tree Analysis) • 휴먼 에러율 예측 기법(THERP, Technique for Human Error Rate Prediction)	• 고장모드 및 영향 분석(FMEA, Failure Mode and Effects Analysis) • 체크리스트 분석(Checklist Analysis) • 작업 위험 분석(JHA, Job Hazard Analysis) • 예비위험분석(PHA, Preliminary Hazard Analysis)

3. 휴먼에러 예방대책

(1) **휴먼에러 원인 및 예방 대책**
 ① 휴먼 에러의 배후요인 4가지(4M) : 인간이 기계설비와 안전을 공존하면서 근로할 수 있는 시스템의 기본조건이다.
  ㉠ Man(인적요인) : 망각, 착오, 수면부족, 인간관계, 심리적 요인, 생리적 요인
  ⓒ Machine(기계, 설비적 요인) : 방호설비불량, 설계결함, 비인간공학적 설계
  ⓒ Media(매체) : 작업방법 부적절, 작업환경불량 등 작업공간 부족 등
  ㉣ Management(관리) : 안전관리조직결함, 안전관리규정 미비, 적성배치 부적절, 감독 부적절, 교육 미비 등
 ② 휴먼에러 방지의 3가지 설계기법
  ㉠ 배타설계(exclusion design) : 잘못된 조작 자체를 물리적으로 불가능하게 만드는 설계기법이다.
   예 전원 플러그가 반대로는 꽂히지 않게 설계됨
  ⓒ 보호설계(prevention design) : 사람이 실수하더라도 문제가 발생하지 않도록 보호하는 설계방식이다. 예 집 비밀번호 3회 이상 틀리면 자동으로 잠금

ⓒ 안전설계(fail-safe design): 오작동이 발생해도 안전을 유지할 수 있게 하는 설계방식이다.

　예 지진 감지 시 자동으로 가스 밸브를 차단해 화재나 폭발 방지

③ 휴먼에러 세부적인 예방대책

설비 및 작업환경 요인에 대한 대책	• 작업환경 개선 • 가시성을 고려한 설계 • 위험요인의 제거 • 정보의 피드백	• 양립성을 고려한 설계 • 인체측정치를 고려한 설계(적합화) • 안전설계(Fool Proof, Fail Safe 등) • 경보 시스템의 정비
인적요인에 대한 대책	• 소집단 활동 • 작업 모의훈련	• 작업에 대한 교육훈련과 작업 전 회의
관리요인(관리적) 대책	• 안전에 대한 분위기를 조성하는 조직 문화 • 안전관리 시스템 개선	

개념 공략 Fail Safe와 Fool Proof

• Fail Safe: 시스템이 실패하거나 고장 날 경우, 안전한 상태로 전환되는 설계를 의미한다.
• Fool Proof: 사용자가 실수나 오류를 범하더라도 시스템이 문제없이 작동하도록 설계된 시스템이다.

3 집단, 조직 및 리더십

1. 조직이론

(1) **집단 및 조직의 특성**

① 집단과 팀의 개요

인간공학에서 집단과 조직 그리고 팀에 대해 언급이 되는 이유는 개인의 에러가 다양한 것처럼 팀들도 에러가 다양하게 존재하기 때문이다. 산업체, 조직에서 발생되는 많은 사고가 주로 팀 수행의 와해 때문이라는 연구결과가 지속적으로 보고되고 있다. 따라서 성공적인 팀워크와 협업 기술을 이해하고, 이를 실제 환경에서 훈련할 수 있는 방법을 개발하는 것이 매우 중요하다.

② 집단의 특성

집단은 공동의 목표를 달성하고, 구성원 간의 상호작용과 사회적 관계를 위해 형성된다.

③ Max Weber의 관료주의

막스 베버(Max Weber)의 관료제 이론은 명확한 규칙과 절차를 통해 개인의 자의적인 판단을 배제하고, 조직의 합리성과 효율성을 추구하는 것을 목표로 한다.

• 법규에 기반한 조직 운영: 공식적 법규나 내부 규칙에 따라 운영
• 위계적 구조(계층제): 수직적 명령계통
• 업무의 전문화와 분업: 효율성 증진을 위한 중복 업무 제거
• 문서주의: 공식적인 문서 중심의 업무 처리
• 공사의 구별: 개인과 조직의 명확한 분리
• 자격 중심의 임용과 승진: 전문적 자격과 기술, 지식을 요구
• 신분 보장: 직업적 안전성 보장
• 몰인격성(비정의성): 승진과 충원에 있어서 사적 감정이나 사적 관계 요인 배제

2. 집단역학 및 갈등

(1) 집단 응집력

① 집단 응집성 개요
집단 응집성(cohesiveness)은 집단을 이루는 구성원들이 서로에게 심리적 매력을 느끼며, 그 집단 목표를 달성하기 위해 얼마나 결속되어 있는지를 나타내는 정도를 의미한다. 소시오메트리(sociometry) 연구에서는 실제 상호선호 관계의 수를 가능한 모든 상호선호 관계의 수로 나누어 응집성지수(Index)로 표현한다.

② 응집성지수 공식

$$응집성지수(C) = \frac{실제\ 긍정적\ 상호작용\ 수(A)}{가능한\ 모든\ 관계\ 수(P)} = \frac{A}{\frac{N(N-1)}{2}}$$

- N: 집단 구성원 수

③ 집단 응집력을 결정하는 주요 요소
- ㉠ 집단크기: 소규모 집단일수록 응집력이 높다.
- ㉡ 외부의 위협: 외부의 위협을 극복하기 위해 협력하게 된다.
- ㉢ 가입 난이도: 가입하기 어려울수록, 더 큰 소속감을 느낀다.
- ㉣ 공유시간: 함께 보내는 시간이 많아질수록 친밀도가 증가한다.

(2) 집단갈등

① 집단갈등 개요
집단들은 조직의 한 부분으로서 전체 조직의 달성에 공헌하고 있으면서도 그 과정에서 목적이 일치하지 않으면 갈등의 원인이 된다. 갈등의 원천은 상호의존성, 목표의 차이, 지각의 차이, 행동의 차이가 있다.

② 목표 차이의 갈등 원인
- ㉠ 한정된(제한된) 자원
- ㉡ 보상구조
- ㉢ 개인적 목표의 차이(견해와 행동 경향 차이)
- ㉣ 집단 간 목표 차이(조직목표의 주관적인 해석)

③ 집단갈등의 예방전략
- ㉠ 상위목표의 도입(설정)
- ㉡ 자원의 확충
- ㉢ 규정과 절차에 의한 제도화
- ㉣ 조직구조의 변경(개선)
- ㉤ 공동경쟁상대의 설정
- ㉥ 의사소통의 활성화

④ 집단 간 갈등 해결 기법
- ㉠ 자원의 지원을 확충한다.
- ㉡ 집단들의 구성원들 간의 직무를 순환한다.
- ㉢ 갈등 집단의 통합이나 조직구조를 개편한다.
- ㉣ 갈등관계에 있는 당사자들이 함께 추구하여야 할 새로운 상위의 목표를 제시한다.

⑤ 갈등 해결 방안
- ㉠ 경쟁: 자신의 이익을 우선시하고, 상대방의 이익은 고려하지 않는 방식이다.
- ㉡ 순응: 상대방의 이익을 우선시하고, 자신의 이익을 양보하는 방식이다.
- ㉢ 타협: 양쪽 모두 약간씩 양보하는 방식으로, 갈등의 해결을 위한 상호 협력적인 방식이다.
- ㉣ 회피: 갈등 해결방안 중 자신의 이익이나 상대방의 이익에 모두 무관심한 방식을 의미한다.

(3) **집단역학**

집단역학에 있어 구성원 상호 간의 선호도를 기초로 집단 내부에서 발생하는 상호관계를 분석하는 기법인 소시오메트리이다.

3. 리더십 관련 이론

(1) **리더십과 팔로워십**
① 리더십: 조직이나 집단의 구성원에게 영향력을 행사하여 목표를 설정하고, 동기를 부여하며, 방향을 제시하고 조정하는 능력을 말한다.
② 팔로워십(Followership): 리더의 지시나 비전에 따라 자율적이고 적극적으로 행동하며 목표 달성에 기여하는 능력 또는 자세를 뜻한다.

(2) **리더십 이론**
① 리더십 그리드(Leadership Grid)
  ㉠ 리더십 그리드 이론은 로버트 블레이크(Robert R. Blake), 제인 모우튼(Jane S. Mouton), 1964년, 『The Managerial Grid』라는 책에서 이론 처음 소개되었으며, 이후 1978년, 1985년 등 개정판을 통해 이론이 확장되었으며, 명칭도 "Leadership Grid"로 전환되었다.
  ㉡ 이 이론은 오하이오 주립대학과 미시간 대학의 리더십 행동 연구를 이론적 기반으로 하며, 리더의 행동을 '생산(과업) 중심'과 '인간(사람) 중심', 두 축으로 구분하여 분석한다.

• 관리격자이론의 리더십 스타일

유형	구분	생산에 대한 관심	인간관계에 대한 관심	특징
타협형 (중간형)	(5, 5)	중간수준	중간수준	균형 잡힌 접근, 평균적인 성과
인기형 (컨트리클럽형)	(1, 9)	낮음	높음	인간관계 중심, 업무 성과 저하 가능
이상형	(9, 9)	높음	높음	최적의 리더십, 높은 성과와 인간관계 유지
과업형	(9, 1)	높음	낮음	목표 달성을 최우선, 권위적 스타일
무관심형	(1, 1)	낮음	낮음	책임 회피, 소극적 태도

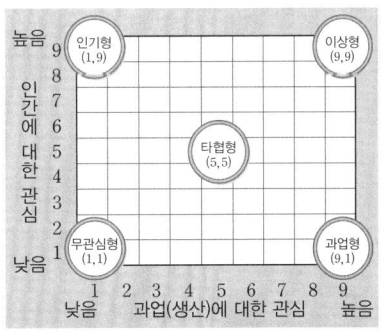

② 오하이오 주립대학교 리더십 연구

구분	구조주도적 리더 (Structure-Initiating Leader)	배려적 리더 (Consideration-Oriented Leader)
초점	과업과 성과 중심	사람과 관계 중심
리더 행동	지시, 통제, 역할 명확화	경청, 공감, 지지, 존경, 신뢰 구축
목적	업무 목표의 효율적 달성	구성원 만족도 및 팀 응집력 향상
성격	권위적 성향 강함	민주적 성향 강함
효과	생산성 향상	구성원 만족 및 충성도 향상
주도권	리더가 주도하여 과업 중심으로 추진	구성원 협의를 통해 개방적 의사소통
지향점	과업지향(Task-oriented)	관계지향(Relationship-oriented)
예시	"이번 프로젝트는 5단계로 나눠서 진행합니다. 각 단계 책임자는 제가 정해서 공지할게요. 매주 금요일에 중간 보고 있습니다."	"이번 프로젝트는 다들 부담되시죠? 역할 분담은 회의하면서 여러분 의견 들어보고 조정하겠습니다. 무리하지 않도록 도와드릴게요."

③ 특성이론에 기초한 성공적인 리더의 특성
  ㉠ 강한 출세 욕구
  ㉡ 미래보다는 현실지향적
  ㉢ 부모로부터 정서적 독립 원함
  ㉣ 부하직원에 대해 최소한의 관심과 배려만 제공하고 주로 업무 지시와 관리 감독에 집중

개념 공략 리더십 이론의 역사적 흐름

시대	이론명	핵심 내용	주요 특징
1900~ 1940년대 초	특성접근법 (Trait Approach)	• 리더는 타고난 기질과 성격적 특성으로 결정됨 • "리더는 태어나는 것이다"라는 관점	• 선천적 자질 강조 • 한계: 후천적 발달 가능성 무시
1940~ 1950년대	행동접근법 (Behavioral Approach)	• 리더십은 학습 가능한 행동 패턴으로 구성 • 누구나 교육과 훈련을 통해 리더십 개발 가능	• 대표적 연구: 오하이오 주립대(배려·구조주도), 미시간 대학(생산 중심·인간 중심) • "리더는 만들어질 수 있다"는 관점
1950~ 1970년대	상황접근법 (Situational/ Contingency Approach)	• 리더십 효과는 상황과 환경에 따라 달라짐 • 적합한 리더십 스타일이 필요	• 대표이론: 피들러의 상황이론, 허시와 블랜차드의 상황적 리더십 • 환경 맥락을 고려한 유연한 리더십 강조 독재체제 — 권위주의 / 민주사회 — 참여형
1970~ 1980년대	제한적 특질접근법 (Limited Trait Approach)	타고난 특성 + 환경적 요인, 학습, 경험이 리더십에 영향	선천성과 후천성 모두 고려한 균형적 관점
1980년대 이후	현대적 리더십 이론 (변혁적 리더십/ 거래적 리더십/ 서번트 리더십/ 감성 리더십 등)	• 구성원의 내적 동기와 비전을 강조 • 감정, 신뢰, 공동체적 가치 중시	• 관계 중심, 팔로워의 성장 도모 • 대표 학자: 번스(Burns), 바스(Bass), 그린리프(Greenleaf) 등

4. 리더십의 유형 및 기능

(1) 리더십 유형

① 헤드십(Headship)과 리더십(Leadership)의 차이

구분	헤드십	리더십
집단 목표	조직의 장이 집단목표설정	구성원들이 집단목표 설정
권한 행사	임명된 헤드	선출된 리더
권한 부여	위에서 위임	밑으로부터의 동의
권한 근거	법적 또는 공식적	개인 능력
권한 귀속	공식화된 규정에 의함	집단 목표에 기여한 공로 인정
책임 귀속	상사	상사와 부하
지위 형태	권위주의적	민주주의적
의사 결정	지시	토론
부하와의 사회적 간격	넓음(사회적 거리 넓음)	좁음(친밀함)
상관과 부하와의 관계	지배적	개인적인 영향
부작용	반감, 창의성 억제, 소외	결정 지연, 책임 분산 우려

② 르윈(Lewin)의 리더십 실험(1939)

미국 심리학자 쿠르트 르윈(Kurt Lewin)이 아동 집단을 대상으로 권위형, 민주형, 방임형 리더십을 비교한 고전적 실험이다.

유형	특징	결과	적용예시
권위형	일방적 지시, 규율 강조	생산성 초기엔 높지만, 창의성↓, 공격성↑	• 통제와 지시가 필요한 곳 • 군조직, 교도소
민주형	토론, 참여, 자율 강조	만족도↑, 창의성↑, 자율성과 협동성↑	• 기술을 발달로 개인의 전문화를 야기할 때 적용 • 집단 구성원의 교육수준이 높을 때
방임형	리더 역할 거의 없음	무질서, 생산성↓	팀장이 "각자 알아서 해주세요"만 말하고 일정 관리, 방향 제시, 회의 소집 등 하지 않는 경우

③ R. House의 경로-목표이론(path-goal theory)

리더의 특성보다 상황에 따른 행동에 중점을 두는 이론이다. 부하들의 성과에 ...을 높이고, 이...하는 것이 리더로를 달성하는 데 필요한 조건 등을 제공하여 목표를 달성할 수 있다는 기대... 서 중요한 역할이라고 본다.

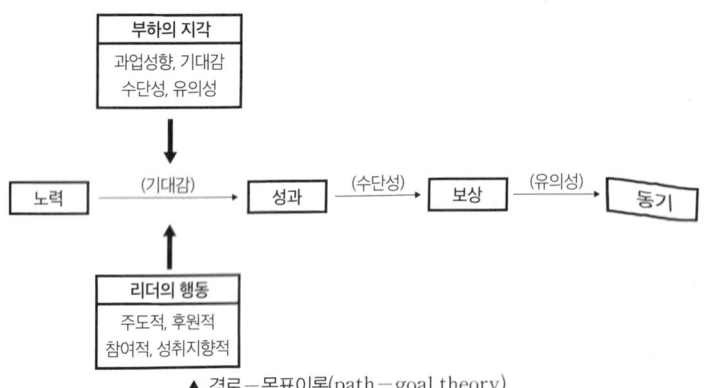

▲ 경로-목표이론(path-goal theory)

㉠ 리더 행동에 따른 4가지 범주

유형	상황	내용
지시적 리더십	직무가 모호한 상태	구체적 작업 지시, 통제, 조직화, 감독 등의 리더 행위를 보인다.
후원적(지원적) 리더십	부하들의 자신감 결여	부하들의 욕구와 복지에 관심을 보이고 이를 중시하여 우호적, 친밀감을 형성하는 리더의 행위를 보인다.
성취지향적 리더십	직무가 도전적이지 않음	도전적 목표를 수립, 최고의 성과를 달성할 수 있도록 하는 리더십(성과에 대한 보상)이다.
참여적 리더십	부적절한 보상	의사결정을 할 때 정보를 공유하고 직원의 의견(제안 활동)을 적극적으로 고려하는 리더의 행위를 보인다.

(2) 권한과 기능

① 조직의 리더(leader)에게 부여하는 권한(권력)의 유형

리더는 아래의 권한(권력)을 가지고 있기 때문에 영향력을 행사할 수 있다.

분류	권한 유형	설명	예시
공식적 권한 (권력)	보상적 권한 (Reward Power)	리더가 보상을 제공할 수 있는 능력이다.	승진, 상여금, 휴가, 표창
	강압적 권한 (Coercive Power)	리더가 징계나 처벌을 할 수 있는 능력이다.	해고, 감봉, 인사 불이익
	합법적 권한 (Legitimate Power)	공식 직위나 역할에서 나오는 지위 기반의 권한을 의미한다.	상사의 직책에 따른 지시 권한
비공식적 권한 (권력)	전문성 권한 (Expert Power)	전문적 지식, 능력, 경험에서 비롯되는 영향력이다.	전문지식을 가진 의사, 기술, 교수 등
	준거적 권한 (Referent Power)	리더의 매력, 인격, 존경감에 의한 영향력이다.	존경받는 상사, 멘토, 카리스마 있는 인물
	정보 권력 (Informational Power)	정보를 독점하거나 통제함으로써 발생하는 권한을 뜻한다.	중요한 인사정보나 전략 정보를 독점하는 관리자
	(Power)	인맥, 연줄, 정치적 관계를 통한 권한이다.	외부 고위직 인사와의 친분, 정치적 네트워크 활용

4 직무스트레스

1. 직무스트레스 개요

(1) 스트레스 이론

① 스트레스 정의

스트레스(Stress)란 개인이 외부의 자극이나 요구(스트레스 요인)에 대해 심리적, 생리적, 행동적으로 반응하는 과정에서 경험하는 긴장 상태를 말한다. 즉, 스트레스는 내·외부 환경에 대한 도전이나 위협에 직면했을 때, 그것에 적응하려는 신체적·정신적 반응이다.

② 스트레스 상황에서 일어나는 현상

㉠ 스트레스를 받으면 몸에서 코티졸이 생성된다.

> **지식 PLUS**
>
> 코티졸은 몸에서 분비되는 스트레스 호르몬이다. 스트레스 상황이 발생하면 부신에서 분비되며, 몸이 위협에 대처할 수 있도록 돕는다.

㉡ 동공이 확장된다.
㉢ 스트레스는 정보처리의 효율성에 영향을 미친다.
㉣ 스트레스로 인한 신체 내부의 생리적 변화가 나타난다.
㉤ 스트레스 상황에서 심장박동수와 혈압은 올라간다.

③ Yerkes-Dodson 법칙

- 스트레스 수준과 수행(성능) 사이의 일반적 관계를 나타낸 법칙이다.
- 적당한 수준의 스트레스가 성과를 향상시킬 수 있지만, 지나치게 높은 스트레스는 성과를 저하시킬 수 있다는 이론이며 스트레스가 적당할 때는 성과가 높지만, 스트레스가 너무 많거나 적을 때는 성과가 낮아지는 형태이다.

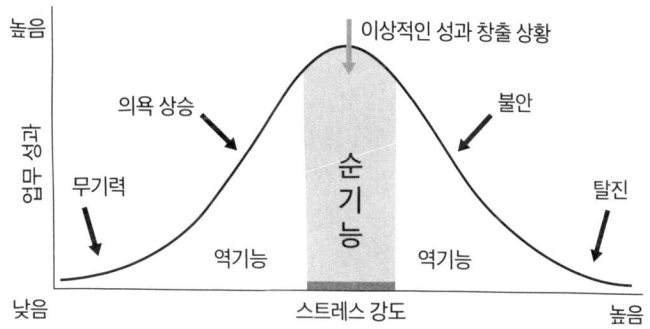

- 낮은 스트레스: 스트레스가 부족하면 무기력해지고 집중력 저하로 업무수행도 저하된다.
- 적절한 스트레스: 적당한 스트레스는 각성과 집중력을 높여 업무수행이 향상된다.
- 높은 스트레스: 과도한 스트레스는 불안감, 초조함, 인지능력저하 등을 유발하여 업무수행을 저하시킨다.

(2) 직무스트레스 정의 및 작업능률

① 직무스트레스 정의

업무 수행 중 직무의 요구가 개인의 능력이나 자원보다 크다고 인식될 때 발생하는 부정적인 신체적, 심리적 반응을 의미한다.

구분	주요 내용
Lazarus & Folkman(1984) 정의	직무스트레스는 개인이 외부의 직무 요구를 위협으로 인식하고, 그 요구를 자신의 대처 능력으로 감당하기 어려울 때 나타나는 반응으로 정의한다.
Karasek의 직무요구-통제 모형 (Job Demand-Control Model)	직무요구가 높고, 자율성(통제감)이 낮을 때 스트레스가 가장 크다고 보았다.
NIOSH 정의 (미국 국립산업안전보건연구소)	직무스트레스는 직장에서의 다양한 유해한 신체적, 사회적 조건으로 인해 발생하는 유해 반응으로 정의한다.

② 스트레스가 정보처리 수행에 미치는 영향
  ㉠ 스트레스 하에서 의사결정의 질은 저하된다.
  ㉡ 스트레스는 효율적인 학습을 어렵게 할 수 있다.
  ㉢ 스트레스는 정확한 수행보다는 빠른 수행으로 편파시키는 경향이 있다.
  ㉣ 스트레스에 의해 인지적 터널링이 발생하여 다양한 가설을 고려하지 못한다.

2. 직무스트레스 요인 및 관리

(1) 직무스트레스 요인 및 관리
  ① 미국국립산업안전보건연구원 NIOSH(National Institute for Occupational Safety and Health) 직무스트레스 모형
    ㉠ 직무스트레스 요인: 스트레스의 원인이 되는 직무 관련 환경적, 작업적, 조직적 요소들을 말한다.
      • 환경요인: 소음, 온도, 조명, 환기불량 등을 포함한다.
      • 작업요인: 작업부하, 교대근무, 작업속도 등을 포함한다.
      • 조직요인: 역할갈등, 고용의 불확실성, 의사결정 참여 여부 등을 포함한다.
    ㉡ 직무스트레스 중재요인: 스트레스 요인의 영향을 조절하거나 완화시키는 요소들을 의미한다.
      • 개인적요인: 성격(대처능력), 건강, 통제신념, 자아존중감, 강인함, 낙관주의 등을 포함한다.
      • 조직 외 요인: 재정 상태, 가족 상황, 교육 수준 등을 포함한다.
      • 완충작용 요인: 사회적 지위, 대처 능력 등을 포함한다.
    ㉢ 스트레스 직무반응: 스트레스 요인에 대한 개인의 반응으로, 생리적, 심리적, 행동적 변화가 포함된다.
      • 생리적(신체적) 반응: 두통, 심근경색, 혈압상승 등을 포함한다.
      • 심리적 반응: 우울, 직무 불만족, 정서불안, 불안, 탈진 등을 포함한다.
      • 행동적 반응: 결근, 음주, 흡연, 약물 중독, 무력감, 생산성 감소 등을 포함한다.
    ㉣ 결과: 스트레스가 개인과 조직에 미치는 결과를 의미한다.

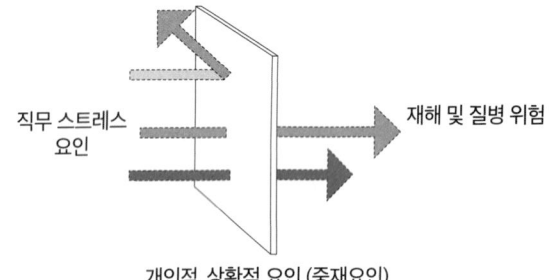

② 스트레스 요인
  ㉠ 성격유형에서 A형 성격은 B형 성격보다 스트레스를 많이 받는다.
  ㉡ 일반적으로 외적 통제자들은 내적 통제자들보다 스트레스를 많이 받는다.
  ㉢ 역할 과부하는 직무기술서가 분명치 않은 관리직이나 전문직에서 더욱 많이 나타난다.
  ㉣ 집단의 압력이나 행동적 규범은 조직구성원에게 스트레스와 긴장의 원인으로 작용할 수 있다

③ 직무스트레스 관리 대책
  ㉠ 개인적 대책: 긴장 이완법, 시간 관리, 취미 생활, 사회적 지원 활용, 건강관리가 해당한다.
  ㉡ 조직적 대책: 직무 재설계, 경력 계획 및 개발, 유연 근무제 도입, 스트레스 관리 교육, 협력 관계 증진, 작업 환경 개선이 해당한다.

5 관련법규

1. 산업안전보건법의 이해

(1) **법에 관한 사항**
  ① 「산업안전보건법령」에서 정의한 중대재해의 범위 기준
    ㉠ 사망자가 1명 이상 발생한 재해
    ㉡ 부상자 또는 직업성 질병자가 동시에 10명 이상 발생한 재해
    ㉢ 3개월 이상 요양이 필요한 부상자가 동시에 2명 이상 발생한 재해

2. 제조물 책임법의 이해

(1) **제조물 책임법**
  ① 제조물 책임법
    ㉠ 「제조물 책임법」에서 '결함'이란 제조상·설계상 또는 표시상의 결함이 있거나 그 밖에 통상적으로 기대할 수 있는 안전성이 결여되어 있는 것을 말한다.
    ㉡ 「제조물 책임법」에서 정의된 결함의 종류는 제조상의 결함, 설계상의 결함, 표시상의 결함이다. 재료상의 결함은 제조상의 결함 또는 설계상의 결함에 포함된다.
      • 제조상의 결함: 제조업자가 제조물에 대하여 제조상·가공 상의 주의의무를 이행하였는지에 관계없이 제조물이 원래 의도한 설계와 다르게 제조·가공됨으로써 안전하지 못하게 된 경우를 말한다.
      • 설계상의 결함: 제조업자가 합리적인 대체설계(代替設計)를 채용하였더라면 피해나 위험을 줄이거나 피할 수 있었음에도 대체설계를 채용하지 아니하여 해당 제조물이 안전하지 못하게 된 경우를 말한다.
      • 표시상의 결함: 제조업자가 합리적인 설명·지시·경고 또는 그 밖의 표시를 하였더라면 해당 제조물에 의하여 발생할 수 있는 피해나 위험을 줄이거나 피할 수 있었음에도 이를 하지 아니한 경우를 말한다.
  ② 리콜(recall)제도
    소비자의 생명이나 신체, 재산상의 피해를 끼치거나 끼칠 우려가 있는 제품에 대하여 제조업자 또는 유통업자가 자발적 또는 의무적으로 대상 제품의 위험성을 소비자에게 알리고 제품은 회수하여 수리, 교환, 환불 등의 적절한 시정조치를 해주는 제도이다.

6 안전보건관리

1. 안전보건관리의 원리

(1) 안전보건관리 개요

① 안전관리조직

	Line형(직계식)	Staff형(참모식)	Line-Staff형(직계-참모식)
장점	• 명령 계통이 단순하고 지시 전달이 빠르다. • 안전 활동이 생산과 밀접하게 연결된다.	• 안전에 대한 전문 지식과 기술 축적이 가능하다. • 신속한 안전정보의 입수가 가능하고 안전에 대한 신기술 개발이 가능하다. • 경영자에게 지도와 조언, 자문을 할 수 있다. • 사업장 실정에 맞게 안전의 표준화를 달성할 수 있다.	• 안전에 대한 전문 지식과 기술의 축적이 가능하고 안전지시 및 전달이 신속/정확하다. • 안전에 대한 신기술의 개발 및 보급이 용이하고 안전 활동이 생산과 분리되지 않아 운용이 쉽다.
단점	• 안전에 대한 전문성이 부족할 수 있다. • 신기술 개발이나 정보 수집에 한계가 있다.	• 생산부서와 유기적인 협조가 없으면 안전에 대한 지시나 전달이 어렵다. • 생산부서와 마찰이 일어나기 쉽다. • 생산부서에는 안전에 대한 책임과 권한이 없다.	• 명령 계통과 지도/조언 및 권고적 참여가 혼동되기 쉽다. • 스태프(Staff)의 권한이 과도하면 라인(Line)이 무력해진다. • 명령계통과 조언, 권고적 참여가 혼동될 가능성이 있다.
특징	• 안전보건관리업무(PDCA 사이클 등)를 생산라인을 통하여 이루어지도록 편성된 조직이다. • 100인 미만의 소규모 사업장에 적합하다.	• 안전에 관한 계획 수립 및 조사, 점검결과에 의한 보고의 역할만 수행한다. • 기능형 조직에서 발전, 직능별 책임과 권한이 분담되어 있다. • 100~1,000명 정도의 중규모 사업장에 적합하다.	• 라인형과 스탭형의 장점을 절충한 이상적인 조직이다. • 스태프(Staff)가 안전 계획과 자문의 역할을 하고 라인(Line)이 실행하는 역할을 담당한다. • 근로자 1,000명 이상의 대규모 사업장 적합하다. • 우리나라 산업안전보건법상의 조직 형태이다. • 안전, 생산 유리될 우려가 없어 운용이 적절하면 이상적 조직이다.
형태	경영자 ↓↑ 관리감독자 ↓↑ 작업자 ── 작업 지시 ----- 안전 지시	경영자 ←--→ 안전 Staff 관리감독자 작업자 ── 작업 지시 ----- 안전 지시	경영자 ←--→ 안전 Staff ↓↑ 관리감독자 ↓↑ 작업자 ── 작업 지시 ----- 안전 지시

(2) **재해발생 및 예방원리**
① 하인리히(H.W. Heinrich) 도미노 이론

단계	이론	예시
1단계	유전 및 사회 환경적 요인	선천적 요인, 가정과 사회 결함
2단계	개인적 결함	건강상태, 지식부족, 훈련 부족 등
3단계	불안전한 행동 및 상태	불안전한 행동(인적요인: 안전장치 미사용), 불안전한 상태 (물적요인: 안전장치의 고장)
4단계	사고	추락, 전도, 충돌, 낙하, 비래, 붕괴, 도괴, 협착, 감전, 폭발, 파열 등
5단계	상해(재해)	골절, 화상, 중상, 절단, 중독, 창상, 청각장애, 시각장애, 사망 등

재해는 연쇄적으로 발생하지만 직접원인인 '불안전한 행동'이나 '불안전한 상태'를 제거하면, 그 이후의 도미노(사고 → 상해)는 넘어가지 않게 막을 수 있다고 주장하였다.

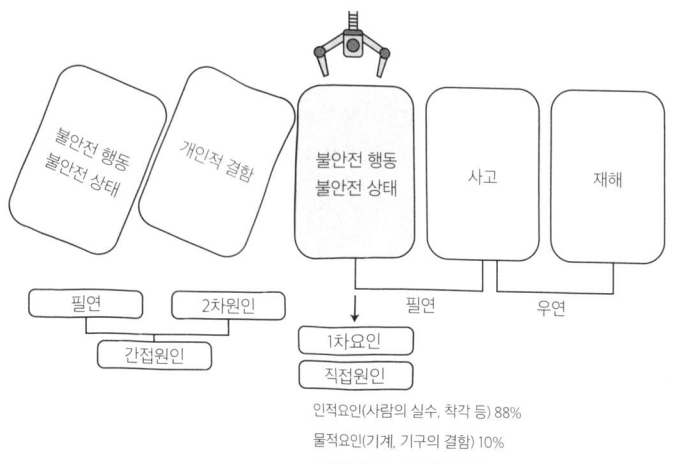

직접원인	• 불안전한 행동: 인적요인 • 불안전한 상태: 물적요인
간접원인	• 기술적 원인: 방호기계 부적당 등 기술적 결함 • 신체적 원인: 질병, 피로, 스트레스, 수면 부족 • 교육적 원인: 훈련미숙, 이해 부족 등으로 인한 무지 • 관리적 원인: 작업기준 불명확성, 부적절한 지시 • 정신적 원인: 초조, 공포, 긴장, 불만, 태만 등

② 사고의 특성
  ㉠ 사고의 시간성: 사고는 공간적인 것이 아니라 시간적이다.
  ㉡ 우연성 중의 법칙성: 우연히 발생하는 것 처럼 보이는 사고도 분명한 직접원인 등의 법칙에 의해 발생한다.
  ㉢ 필연성 중의 우연성: 인간 시스템은 복잡하여 필연적인 규칙과 법칙이 있더라도 불안전한 행동 및 상태, 부주의, 착오 및 착각 등 우연성이 사고 발생 원인을 제공하기도 한다.
  ㉣ 사고 재현 불가능성: 사고는 인간의 안전에 관한 의지와는 무관하게 돌발적으로 발생하며, 시간 경과와 함께 상황 재현 불가능하다.

③ 하인리히의 사고예방 대책의 5가지 기본원리
　㉠ 안전 조직 : 안전목표설정, 안전관리자의 선임, 안전조직의 구성
　㉡ 사실의 발견 : 작업분석, 점검, 사고조사, 안전진단
　㉢ 분석평가 : 사고원인 및 경향성 분석
　㉣ 시정방법의 선정 : 기술적 개선, 교육훈련, 안전운동 전개, 안전행정의 개선
　㉤ 시정책의 적용 : 3E, 3S
④ 재해예방의 4원칙
　㉠ 예방 가능의 원칙 : 천재지변을 제외한 모든 인재는 예방이 가능하다.
　㉡ 손실 우연의 원칙 : 사고 원인으로 발생한 사고의 결과 유무 또는 크기는 우연에 의해 결정된다.
　㉢ 원인 연계의 원칙 : 사고에는 반드시 원인이 있고 원인은 대부분 복합적 연계 원인이 있다.
　㉣ 대책 선정의 원칙 : 사고의 원인이나 불안전요소가 발견되면 반드시 대책을 선정하여 실시하여야 한다.
⑤ 안전의 3요소(3E)
　Harvey W.Henrich는 인간의 불안전 행동을 예방하기 위해 안전대책의 3요소(3E)를 제안하였다. 이는 안전을 확보하기 위한 세 가지 핵심 접근 방식이다.
　㉠ Education(교육) : 안전에 대한 지식과 인식을 높이는 교육 및 훈련을 제공한다.
　㉡ Enforcement(규제, 관리) : 규칙과 규정을 준수하도록 관리하고 감독한다.
　㉢ Engineering(기술적 조치) : 설계 및 기술적 개선을 통해 불안전 요소를 제거하거나 최소화한다.
⑥ 재해 발생형태
　㉠ 단순자극형(집중형) : 특정 시점과 장소에서 상호 자극에 의해 일시적으로 위험 요소가 집중되어 발생하는 재해 유형이다. 예 주유소에 주유 중에 담뱃불을 붙여 발생한 화재
　㉡ 연쇄형 : 하나의 사고요인이 또 다른 사고요인을 유발하여 연속적으로 재해로 이어지는 유형이다. 단순연쇄와 복합연쇄가 있다.
　　　예 석유공장에 흡연실이 마련되어 있지 않아서 작업장 인근에서 흡연을 하던 중, 작업자가 바닥에 담배꽁초를 버리는 습관으로 인해서 발생한 화재
　㉢ 복합형 : 단순 자극형과 연쇄형이 결합하여 복합적인 양상으로 발생한 유형이다.
　　　예 외부인 출입이나 제3자의 흡연에 의해 발생한 화재

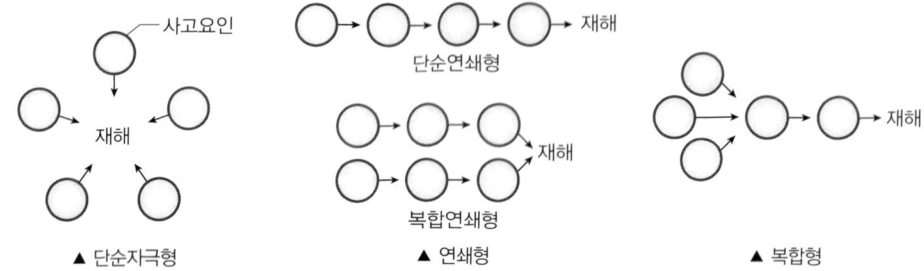

▲ 단순자극형　　　▲ 연쇄형　　　▲ 복합형

⑦ 기타 사고 요인
　㉠ 습관화 : 반복적으로 제시되는 자극에 점점 덜 반응하게 되는 현상이다.
　㉡ 적응화 : 환경변화에 점진적으로 적응하는 개념이다.

개념/공략 인간의 제어 정도 기준에 따른 분류

구분	하인리히 도미노 이론	버드의 신도미노이론	아담스의 연쇄 이론	웨버의 도미노 이론
1단계	사회적환경 및 유전적인 요인	통제부족(관리)	관리구조	유전과 환경
2단계	개인의 결함	기본원인(기원)	작전적 에러	인간의 실수
3단계	불안전한 행동 및 불안전한 상태	직접원인(징후)	전술적 에러	불안전한 행동 및 불안전한 상태
4단계	사고	사고	사고(물적사고)	사고
5단계	상해(재해)	상해(손해, 손실)	상해 또는 손해	상해

2. 재해조사 및 원인분석

(1) 재해조사

① **목적**: 재해조사의 목적은 인적, 물적 피해 상황을 알아내고, 재해 원인을 규명하여 동종 및 유사재해 예방에 있다.

② **재해 발생보고**: 사업주는 산업재해로 사망자가 발생하거나 3일 이상의 휴업이 필요한 부상을 입거나 질병에 걸린 사람이 발생한 경우 재해가 발생한 날로부터 1개월 이내에 산업재해 조사표를 작성하여 관할 지방노동관서의 장에게 제출해야 한다.

③ **중대재해의 범위**
  ㉠ 사망자가 1명 이상 발생한 재해
  ㉡ 부상자 또는 직업성 질병자가 동시에 10명 이상 발생한 재해
  ㉢ 3개월 이상 요양이 필요한 부상자가 동시에 2명 이상 발생한 재해

> **지식 PLUS**
> 3개월 이상의 요양이 필요한 부상자가 2인 이상 발생했을 때 중대재해로 분류한 후 피해자의 상병의 정도를 중상해로 기록한다.

④ **상해와 재해 분류**
  ㉠ 상해의 종류: 골절, 동상, 부종, 찔림(자상), 절단, 중독, 질식, 화상, 찰과상, 창상, 좌상, 청각장애, 시각장애
  ㉡ 재해(사고) 형태: 추락, 전도, 충돌, 낙하, 비래, 붕괴, 도괴, 협착, 감전, 폭발, 파열, 유해물접촉, 무리한 동작, 이상 온도 접촉
   • 낙하(落下): 중력의 영향으로 떨어지는 것을 말한다.
   • 비래(飛來): 물체가 자체적으로 날거나 바람을 타고 움직여서 날아오는 것을 말한다.
  ㉢ 업무상 질병: 업무수행 과정에서 물리적 인자(因子), 화학물질, 분진, 병원체, 신체에 부담을 주는 업무 등 근로자의 건강에 장해를 일으킬 수 있는 요인을 취급하거나 그에 노출되어 발생한 것을 말한다(진폐 등).

⑤ 재해 발생 시 처리 과정 및 순서

긴급조치 ▼	• 피해기계의 정지(피해 확산 방지) • 피해자 구급조치 • 관계자 통보 및 연락 • 2차 재해 예방 • 현장보존
재해조사 ▼	• 사람·기계 등 재해요인 도출 • 보호구 착용 등 2차 재해 예방 조치 • 객관적인 입장에서 2인 이상이 조사 • 재해조사 순서: 1단계 사실 확인 → 2단계 직접 원인 및 문제점 발견 → 3단계 근본 원인 파악 → 4단계 대책 수립
원인분석 ▼	• 직접원인: 불안전한 행동(사람), 불안전한 상태(기계·물체) • 간접원인: 관리상의 문제
대책수립 ▼	유사 및 동종 재해의 재발 방지 대책 마련
대책실시계획 ▼	• 5W1H 활용: 언제, 누가, 어디서, 어떠한 작업을 하고 있을 때, 어떠한 불안전상태와 불안전한 행동이 있었기에, 어떻게 해서 사고가 발생하였나?
평가	긴급조치의 신속성과 적절성, 조사 및 원인분석의 객관성과 정확성, 대책 수립과 실행계획의 실효성을 중심으로 재해 예방 효과를 종합적으로 판단

(2) **재해통계**

재해통계는 산업재해 예방을 위한 기초 자료이다. 일정 기간에 발생한 산업재해에 대하여 발생 요인을 계산하고 통계 자료를 바탕으로 과학적이고 합리적인 예방 정책 및 대책 마련이 재해통계의 목적이다.

① 재해율

지표명	정의	공식	단위	목적 / 특징
도수율 (FR)	재해 발생 빈도	$\dfrac{\text{재해 발생건수}}{\text{연간 총 근로시간}} \times 1{,}000{,}000$	건/백만 시간	재해가 얼마나 자주 발생하는지(빈도)를 나타내는 지표로, 연간 100만 근로시간당 발생한 재해 건수를 의미한다.
강도율 (SR)	재해의 심각성 또는 손실의 정도	$\dfrac{\text{근로손실일수}}{\text{연간 총 근로시간}} \times 1{,}000$	일/천 시간	재해로 인한 손실의 규모를 나타내며, 연간 1,000 근로시간당 손실된 일수를 기준으로 한다.
연천인율	근로자 1,000명당 재해자 수	$\dfrac{\text{재해자 수}}{\text{연간 근로자 수}} \times 1{,}000$	명/1,000명	사업장 규모를 반영한 재해 발생률로, 근로자 1,000명당 1년간 발생한 재해자 수를 의미한다.
종합재해지수 (FSI)	도수율과 강도율을 반영한 종합지수	$\sqrt{\text{도수율} \times \text{강도율}}$	지수(무단위)	재해 발생의 빈도와 손실 정도를 모두 고려한 종합적인 안전 수준 평가 지표이다.
재해율	전체 근로자 중 재해자의 비율	$\dfrac{\text{재해자 수}}{\text{상시 근로자 수}} \times 100$	%	연간 100명당 발생한 재해자 수로, 사업장 전체의 재해 발생 비율을 평가한다.

산업 재해율	산업 전체 근로자 중 재해자의 비율	$\dfrac{\text{재해자 수}}{\text{연평균 근로자 수}} \times 100$	%	업종별 또는 산업 전체의 재해수준을 비교하기 위한 지표로, 정부 통계나 산업별 분석에 활용된다. ※ 재해자 수는 1년간 4일 이상 요양한 재해자 수 기준이다.

② 근로손실일수의 산정기준

장해등급	1급	2급	3급	4급	5급	6급	7급	8급	9급	10급	11급	12급	13급	14급
근로 손실일수 (일)	7,500	7,500	7,500	5,500	4,000	3,000	2,200	1,500	1,000	600	400	200	100	50

(3) 재해손실비용

① 하인리히(Heinrich) 재해코스트 평가방식 "1 : 4"의 원칙

산업재해 발생 시 재해코스트를 직접비와 간접비로 구분하였으며, 직접비 1 : 간접비 4가 된다고 정의하였다.

직접비	휴업보상비(평균임금의 70/100), 장해보상비, 유족보상비, 요양급여(전액), 장례비(평균 임금의 120일분), 치료비 등 포함
간접비	직접비를 제외한 모든 비용. 기계, 기구, 재료 등의 손실, 작업의 중단에 의한 시간 손실, 제품 납기 지연에 의한 손실, 사기 저하 등 심리적 손실 등 포함

핵심예제

01 재해예방 원칙에 대한 설명 중 틀린 것은?

① 예방 가능의 원칙: 천재지변을 제외한 모든 인재는 예방이 가능하다.
② 손실 우연의 원칙: 재해손실은 우연한 사고 원인에 따라 발생한다.
③ 원인 연계의 원칙: 사고에는 반드시 원인이 있고 원인은 대부분 복합적 연계 원인이 있다.
④ 대책 선정의 원칙: 사고의 원인이나 불안전 요소가 발견되면 반드시 대책을 선정하여 실시하여야 한다.

02 A사업장의 도수율이 2로 계산되었다면, 이에 대한 해석으로 가장 적절한 것은?

① 근로자 1000명당 1년 동안 발생한 재해자 수가 2명이다.
② 근로자 1000명당 1년간 발생한 사망자 수가 2명이다.
③ 근로시간 1000시간당 발생한 근로손실 일수가 2일이다.
④ 연 근로시간 100만 인시(man·hour)당 2건의 재해가 발생하였다.

03 인간이 과도로 긴장하거나 감정 흥분 시의 의식 수준 단계로서 대외의 활동력은 높지만 냉정함이 결여되어 판단이 둔화되는 의식수준 단계는?

① Ⅰ단계   ② Ⅱ단계
③ Ⅲ단계   ④ Ⅳ단계

04 Hick-Hyman의 법칙에 의하면 인간의 반응시간(RT)은 자극 정보의 양에 비례한다고 한다. 자극정보의 개수가 2개에서 8개로 증가한다면 반응시간은 몇 배 증가하겠는가?

① 3배   ② 4배
③ 16배   ④ 32배

05 다음 중 산업안전보건법령에서 정의한 중대재해에 해당하지 않는 것은?

① 사망자가 1인 이상 발생한 재해
② 부상자가 동시에 10인 이상 발생한 재해
③ 직업성 질병자가 동시에 5인 이상 발생한 재해
④ 3개월 이상 요양을 요하는 부상자가 동시에 2인 이상 발생한 재해

합격을 여는 만능해설

01 손실 우연의 원칙은 사고 원인⋯⋯ 크기가 우연에 의해 결정된다고⋯⋯ 결과의 유무나 체가 우연하다는 의미는 아니다.⋯⋯의 원인 자

02 도수율(FR)은 산업재해 발생 빈도를⋯⋯ 근로시간 100만 인시당 재해 발생 건수를⋯⋯

03 과도한 긴장과 감정적 흥분 상태는 의식수준 Ⅲ단계에 해당한다. Ⅲ단계에서는 긴급방어반응, 패닉과 같은 반응이 나타난다.

04 $RT = a + b\log_2 N$에서 반응시간(RT)가 자극정보의 양에 비례한다고 하였으므로, $a=0$으로 가정한다.
$$\frac{RT_2}{RT_1} = \frac{b\log_2 8}{b\log_2 2} = \frac{3}{1} = 3$$

05 부상자 또는 직업성 질병자가 동시에 10인 이상 발생한 경우 중대재해에 해당한다.

06 관리 그리드 모형(management grid model)에서 제시한 리더십의 유형에 대한 설명으로 틀린 것은?

① (9, 1)형은 인간에 대한 관심은 높으나 과업에 대한 관심은 낮은 인기형이다.
② (1, 1)형은 과업과 인간관계 유지 모두에 관심을 갖지 않는 무관심형이다.
③ (9, 9)형은 과업과 인간관계 유지의 모두에 관심이 높은 이상형으로서 팀형이다.
④ (5, 5)형은 과업과 인간관계 유지에 모두 적당한 정보의 관심을 갖는 중도형이다.

07 다음 중 휴먼에러로 이어지는 배후의 4요인(4M)에 해당하지 않는 것은?

① Media
② Machine
③ Material
④ Management

08 다음 중 상해의 종류에 해당하지 않는 것은?

① 협착
② 골절
③ 부종
④ 중독·질식

09 오토바이 판매광고 방송에서 모델이 안전모를 착용하지 않은 채 머플러를 휘날리면서 오토바이를 타는 모습을 보고 따라하다가 머플러가 바퀴에 감겨 사고를 당하였다. 이는 제조물책임법상 어떠한 결함에 해당하는가?

① 표시상의 결함
② 책임상의 결함
③ 제조상의 결함
④ 설계상의 결함

10 Maslow의 욕구단계 이론을 하위단계부터 상위단계로 올바르게 나열한 것은?

- A: 사회적 욕구
- B: 안전에 대한 욕구
- C: 생리적 욕구
- D: 존경에 대한 욕구
- E: 자아실현의 욕구

① C → A → B → E → D
② C → A → B → D → E
③ C → B → A → E → D
④ C → B → A → D → E

---

06 (9, 1)형은 과업에 대한 관심은 높으나 인간에 대한 관심은 낮은 과업형이다.
07 휴먼에러의 배후 4가지(4M)는 Man(인간), Machine(기계), Media(환경), Management(관리)이며, Material(재료)는 생산시스템 투입요소에 해당된다.
08 협착은 재해 형태(사고의 형태)에 속한다. 상해(傷害)는 몸에 상처가 나는 것, 몸의 기능에 이상이 생기는 것을 말한다.
09 「제조물책임법」에서 정의된 결함의 종류는 제조상의 결함, 설계상의 결함, 표시상의 결함이다. 제조업자가 오토바이를 탈 때 안전모 착용에 대한 지시와 머플러같이 긴 종류의 제품을 하고 오토바이를 탔을 때 바퀴에 감길 수 있다는 경고를 하지 않았기 때문에 표시상의 결함에 해당된다.
10 매슬로우의 욕구단계 이론은 생리적 욕구 → 안전의 욕구 → 사회적 욕구 → 존경의 욕구 → 자아실현의 욕구 순서로 구성된다.

정답 01 ② 02 ④ 03 ③ 04 ① 05 ③ 06 ① 07 ③ 08 ① 09 ① 10 ④

11 다음은 인적 오류가 발생한 사례이다. Swain과 Guttman이 사용한 개별적 독립행동에 의한 오류 중 어느 것에 해당하는가?

> 컨베이어 벨트 수리공이 작업을 시작하면서 동료에게 컨베이어 벨트의 작동버튼을 살짝 눌러서 벨트를 조금만 움직이라고 이른 뒤 수리작업을 시작하였다. 그러나 작동버튼 옆에서 서성이던 동료가 순간적으로 중심을 잃으면서 작동버튼을 힘껏 눌러 컨베이어 벨트가 전속력으로 움직이며 수리공의 신체 일부가 끼이는 사고가 발생하였다.

① 시간 오류(timing error)
② 순서 오류(sequence error)
③ 부작위 오류(omission error)
④ 작위 오류(commission error)

12 인간의 본질에 대한 기본 가정을 부정적인 시각과 긍정적인 시각으로 구분하여 주장한 동기이론은?

① X−Y이론 ② 역할이론
③ 기대이론 ④ ERG이론

13 NIOSH 직무스트레스 모형에서 직무스트레스 요인과 성격이 다른 한 가지는?

① 작업 요인 ② 조직 요인
③ 환경 요인 ④ 상황 요인

14 10명으로 구성된 집단에서 소시오메트리(sociometry) 연구를 사용하여 조사한 결과 실제 긍정적인 상호작용을 맺고 있는 관계의 수가 16일 때 이 집단의 응집성지수는 약 얼마인가?

① 0.222 ② 0.356
③ 0.401 ④ 0.504

15 사고발생에 있어 부주의 현상의 원인에 해당되지 않는 것은?

① 의식의 우회 ② 의식의 혼란
③ 의식의 중단 ④ 의식수준의 향상

합격을 여는 만능해설

11 작위오류(Commission Error)는 필요한 작업과 절차를 잘못 수행하는 오류이다. 예 자동차 전조등을 끄지 않아서 배터리가 방전되는 것

12 X−Y이론은 인간의 본질에 대한 두 가지 시각(X이론: 부정적/Y이론: 긍정적)으로 동기를 설명한 이론이다.

13 NIOSH 직무스트레스 모형 중 환경요인, 작업요인, 조직요인은 직무스트레스 요인에 해당된다.

14 응집성 지수(C) = $\dfrac{\text{실제 긍정적 상호작용 수}(A)}{\text{가능한 모든 관계 수}(P)}$ = $\dfrac{A}{\dfrac{N(N-1)}{2}}$
= $\dfrac{16}{\dfrac{10(10-1)}{2}}$ = $\dfrac{16}{45}$ = 0.356

15 의식의 우회, 의식의 혼란, 의식의 중단(단절), 의식수준의 저하는 부주의 현상의 주요 원인이다.

16 리더십(leadership)과 비교한 헤드십(headship)의 특징으로 옳은 것은?

① 민주주의적 지휘형태
② 개인능력에 따른 권한 근거
③ 구성원과의 사회적 간격이 넓음
④ 집단의 구성원들에 의해 선출된 지도자

17 허즈버그(Herzberg)의 동기요인에 해당되지 않는 것은?

① 성장
② 성취감
③ 책임감
④ 작업조건

18 시스템 안전 분석기법 중 정량적 분석 방법이 아닌 것은?

① 결함나무 분석(FTA)
② 사상나무 분석(ETA)
③ 고장모드 및 영향분석(FMEA)
④ 휴먼 에러율 예측기법(THERP)

19 하인리히의 사고예방 대책의 5가지 기본원리를 순서대로 올바르게 나열한 것은?

① 사실의 발견 → 안전조직 → 분석평가 → 시정책 선정 → 시정책 적용
② 안전조직 → 사실의 발견 → 분석평가 → 시정책 선정 → 시정책 적용
③ 안전조직 → 분석평가 → 사실의 발견 → 시정책 선정 → 시정책 적용
④ 사실의 발견 → 분석평가 → 안전조직 → 시정책 선정 → 시정책 적용

20 중복형태를 갖는 2인 1조 작업조의 신뢰도가 0.99 이상이어야 한다면 기계를 조종하는 임무를 수행하기 위해 한 사람이 갖는 신뢰도의 최솟값은 얼마인가?

① 0.99
② 0.95
③ 0.90
④ 0.85

16 헤드십은 공식적 지위에 기반하므로, 조직 내 구성원들과의 사회적 간격이 크고 심리적 거리감이 존재한다.

17 작업조건, 급여, 근무환경, 인간관계 등은 허즈버그(Herzberg)의 위생요인에 해당된다.

18 결함나무 분석(FTA), 사상나무 분석(ETA), 휴먼 에러율 예측기법(THERP)는 정량적 분석법이며, 고장모드 및 영향분석(FMEA)는 정성적 분석법에 해당한다.

19 하인리히의 사고예방 5단계는 안전조직 → 사실의 발견 → 분석평가 → 시정책 선정 → 시정책 적용 순서로 이루어진다. 이는 사고 예방을 위한 체계적인 접근 방법을 제시한다.

20 $1-(1-R)^2 \geq 0.99 \rightarrow (1-R)^2 \leq 0.01$
$1-R \leq 0.1 \rightarrow \therefore R \geq 0.9$

단숨에 끝내는
SUBJECT 04

근골격계질환 예방을 위한 작업관리

1 근골격계질환

1. 근골격계질환의 종류

(1) 근골격계질환 정의 및 유형

근골격계 질환은 근육, 뼈, 힘줄, 관절, 인대, 신경 등에 반복적인 동작, 과도한 하중, 진동, 온도 변화 등 외부 자극으로 인해 발생하는 신체적 이상을 말한다. 흔한 증상으로는 요통, 건염, 흉곽출구증후군, 경추자세증후군, 수근관증후군 등이 있다.

(2) 증상 및 징후

① 증상: 환자가 직접 느끼는 불편함으로, 통증과 아픔, 저림, 경련, 뻣뻣함 등이 해당한다.
② 징후: 의료진이 객관적으로 측정할 수 있는 이상 사항으로, 운동 제한, 근위축, 발적, 통증 반응, 보행 이상 등이 있다.

(3) 근골격계질환의 부위별 유형

① 외상과염(Lateral Epicondylitis): 팔꿈치 바깥쪽의 힘줄에 염증이 생기는 질환으로, 일반적으로 테니스 엘보우(Tennis Elbow)라고도 불린다.
② 수근관 증후군(Carpal tunnel syndrome): 손목이 과도하게 꺾이거나 과한 힘을 준 상태에서 반복적 손을 움직이면서 신경이 눌려 발생한다.
③ 회내근 증후군: 반복적 어깨 동작으로 인해 회전근 부근의 신경이 압박되어 손가락이 저리고 손가락 굴곡이 약화되는 질환이다.
④ 결절종(Ganglion): 관절이나 건(힘줄) 주위에 발생하며 손목이나 손에 액체가 차오르며 발생하는 양성 종양을 의미한다.
⑤ 드퀘르뱅건초염(Dequervain's Syndrome): 반복적인 엄지손가락 사용과 손목의 과사용으로 엄지손가락의 두 개의 힘줄과 힘들을 감싸는 건초(힘줄을 감싸고 있는 얇은 막)에 염증이 생기는 질환이다.
⑥ 방아쇠 손가락(Trigger finger): 손가락의 건초염(tendinitis)으로, 손가락 움직임이 제한된다.
⑦ 가이언 증후군(Canal of guyon): 손목의 가이언 관(Canal of Guyon)이라고 불리는 부분에서 정중신경이나 척골신경이 눌려서 발생하는 질환으로, 새끼손가락 및 약지 감각에 이상이 발생한다.

2. 근골격계질환의 원인

(1) 근골격계질환의 발생 원인

① 근골격계질환 발생원인

㉠ 부적절한 작업 자세(허리를 비틀거나 무릎을 굽히는 작업 등)
㉡ 과도함 힘 사용(중량물 또는 공구 취급 등)
㉢ 접촉스트레스(손이나 무릎이나 발 등 신체 일부분이 단단한 표면과 반복 접촉되는 작업)
㉣ 진동 노출(진동 공구 사용 작업)
㉤ 반복적입 작업(목, 팔, 어깨, 팔꿈치, 손가락 등을 반복해서 작업하는 경우)

② 근골격계질환 발생요인

개인적요인	작업관련요인	사회심리적 요인
• 체력 및 근력 • 성별 • 연령 • 운동부족 • 과거병력(관절염, 디스크 등) • 작업경력(위험 노출 작업) • 작업습관(작업시간, 자세) • 유전적요인	• 반복작업 • 진동, 온도, 조명 등 환경적 요인 • 접촉스트레스 • 과도한 힘 • 부적절한 자세 • 저온과 고온 • 정적 자세 • 비휴식	• 직무스트레스(과중한 업무, 시간 압박 등) • 직무 불안정성(해고, 계약직) • 상사 및 동료들과의 인간관계 • 역할갈등/모호성(업무가 명확하지 않을 때) • 직무 만족도(일에 대한 흥미) • 심리상태

③ 근골격계질환 발생 3단계

1단계	• 작업을 하는 중에는 피로와 통증을 느끼지만, 하루 후에는 증상이 사라진다. • 작업능력에는 영향이 없지만, 며칠 동안 증상이 지속되다가 악화와 회복이 반복되는 양상을 보인다.
2단계	• 작업을 시작하는 초기부터 통증이 발생하며 하루가 지나도 통증이 지속된다. • 통증으로 잠을 설칠 정도의 불편함을 겪고 작업능력이 감소한다. • 이러한 증상은 몇 주에서 몇 달 동안 지속되며 악화와 회복이 반복되는 양상을 보인다.
3단계	• 하루종일 지속되는 통증으로 어려움을 겪으며, 통증으로 인한 불면을 경험한다. • 작업을 수행하기 어려울 정도의 고통이 지속된다.

(2) 근골격계 부담작업의 범위

「근골격계부담작업의 범위 및 유해요인조사 방법에 관한 고시」제3조에 따르면 근골격계 부담작업은 다음의 어느 하나에 해당하는 작업을 말한다. 다만, 단기작업 또는 간헐적 작업은 제외한다.

단순반복 작업	• 4시간 이상 컴퓨터 입력 작업: 하루 4시간 이상 키보드나 마우스를 집중적으로 사용하는 자료 입력 등의 작업이 해당한다. • 2시간 이상 반복 동작 수행: 하루 총 2시간 이상, 다음과 같은 신체 부위를 반복적으로 사용하는 작업이 해당한다. — 목, 어깨, 팔꿈치, 손목, 손 등을 동일한 방식으로 반복 사용한다. — 손이 머리 위로 올라가거나, 팔꿈치가 어깨보다 높거나 몸통에서 멀리 떨어진 위치에 있는 자세에서 작업을 수행한다. — 목이나 허리를 굽히거나 비트는 자세로, 지지 없이 또는 자세를 자유롭게 바꿀 수 없는 조건에서 작업을 수행한다. — 쪼그리거나 무릎을 굽힌 자세를 유지하며 작업을 수행한다.

쥐기(grip) 작업	지지되지 않은 상태에서 하루 총 2시간 이상 다음과 같은 작업을 수행하는 경우 해당한다. • 한 손의 손가락으로 1kg 이상의 물체를 집어 이동한다. • 손가락 하나로 2kg 이상의 힘을 가해 물체를 쥐는 작업을 수행한다. • 한 손 전체로 4.5kg 이상의 물체를 들거나 같은 수준의 힘을 가해서 쥐는 작업을 수행한다.
들기 작업	다음 중 하나 이상의 조건이 해당한다. • 하루 10회 이상 25kg 초과 물체를 들어올리는 작업을 수행한다. • 하루 25회 이상, 무릎 아래에서 또는 어깨 위에서 10kg 이상의 물체를 들거나 팔을 뻗은 상태에서 들어올리는 작업을 수행한다. • 하루 총 2시간 이상, 분당 2회 이상의 빈도로 4.5kg 이상의 물체를 드는 작업을 수행한다.
충격작업	손 또는 무릎을 사용해 충격을 주는 작업으로, 하루 총 2시간 이상 동안 시간당 10회 이상 반복적으로 충격을 가하는 경우 해당한다.

3. 근골격계 질환의 관리방안

(1) 근골격계질환의 예방원리

① 근골격계질환의 예방대책
 ㉠ 작업방법과 작업공간을 재설계한다.
 ㉡ 작업 순환(Job Rotation)을 실시한다.
 ㉢ 단순 반복적인 작업은 기계를 사용한다.
 ㉣ 충분한 휴식시간의 제공과 스트레칭 프로그램을 도입한다.
 ㉤ 적절한 공구의 사용 및 올바른 작업방법에 대해 작업자에게 교육시킨다.
 ㉥ 작업자의 신체적 특성과 작업내용을 고려한 작업장 구조와 설비의 인간공학적 개선을 진행한다.

② 근골격계질환 예방을 위한 관리적 개선과 공학적 개선

	관리적 개선	공학적 개선책
주요 개선 항목	• 작업의 다양성을 확대한다. • 체조 및 스트레칭을 도입한다. • 작업 속도와 일정을 조절한다. • 적절한 인력을 배치한다. • 규칙적인 휴식시간을 제공한다. • 근골격계질환 관련 교육을 실시한다. • 잘못된 작업 습관을 개선한다. • 장비를 정기적으로 유지·관리한다.	• 작업환경을 재구성한다. 예 공구, 장비, 작업장, 부품, 제품, 포장 등을 재배치하거나 재설계 또는 교체한다. • 작업 조건과 설비를 인체공학적으로 설계한다.

2 작업관리

1. 작업관리의 정의

작업관리(design and measurement of work)란 사람이 수행하는 생산 활동을 보다 효율적이고 안전하게 수행할 수 있도록 작업 방법을 개선하고 낭비를 줄이며, 표준을 설정하고 유지하는 관리 활동이다.

(1) 작업관리의 방향
① 작업자가 안전하게 작업하도록 한다.
② 표준화된 작업을 수행하는 과정에서 작업의 표준이 유지되도록 통제한다.
③ 각 생산작업을 합리적이고 효율적으로 개선한 뒤 작업을 표준화한다.

(2) 작업관리의 구성 요소

구성 요소	설명
작업방법연구 (Method Study of Work)	기존 작업의 절차와 동작을 분석하여, 보다 효과적인 작업 방법을 도출하는 연구이다. 예 동작연구(Motion Study)
작업측정 (Work Measurement)	표준 작업 조건에서 필요한 시간과 자원을 계량적으로 측정하는 방법이다. 예 시간연구(Time Study)

2. 작업관리절차

(1) 작업관리의 목적
① 작업관리의 목적 및 목표

작업관리의 목적	작업관리의 목표
• 최적의 작업 방법을 발견하고 개선한다. • 설비, 공구, 작업방법, 재료 등을 표준화한다. • 제품 품질의 균일화를 달성한다. • 새로운 작업 방법을 지도한다. • 생산비를 절감한다. • 작업자의 안전을 확보한다.	• 작업 시간을 단축한다. • 작업의 능률을 향상시킨다. • 품질을 개선하고 균일한 품질을 유지한다. • 생산량을 증대한다. • 원가를 절감한다.

(2) 문제해결절차
① 기본 5단계 문제해결절차
문제점이 있는 공정이나 현재 수행하고 있는 작업 방법에 대한 현황을 기록하고 분석한 자료를 근거로 개선안을 수립하고 도입하는 절차이다.

단계	기본 문제해결 절차
1단계	연구대상 선정: 경제성, 인간공학, 기술적 측면을 고려하여 연구 대상을 선정하고 연구 범위를 설정한다.
	↓ 연구범위 설정
2단계	분석과 기록: 차트와 도표(유통공정도, 다중활동분석표 등)를 활용하여 현황을 분석하고 기록한다.
	↓
3단계	자료의 검토: ECRS 원칙과 5W1H 설문 등을 이용하여 문제의 원인을 분석하고 대안을 창출한다.
	↓ 대안의 창출

단계	
4단계	개선안의 수립: 도출된 대안을 설계하고 최적의 방법을 결정하며, 절감 비용을 산출하여 세부사항을 확정한다.
	↓ 세부사항 확정
5단계	개선안의 도입: 현장에 개선안을 적용하고 작업자 교육을 실시하며, 표준화를 통해 인간적인 문제를 극복한다.
	↓
유지	개선안 유지

(3) 디자인 프로세스

① 디자인 개념의 문제 해결 방식 절차

AI 시대에 과학기술의 발전과 새로운 작업방법의 도입으로 일반적인 문제 해결 절차로 다루기 힘든 부분들이 상당히 많기 때문에 기본문제해결 절차로 한계가 있을 시 디자인 개념의 문제해결방식을 활용한다.

단계	디자인 개념 문제해결 절차
1단계	문제의 형성(정의)
	↓
2단계	문제의 분석
	↓
3단계	대안의 탐색(도출): 브레인스토밍, 체크리스트 등 활용
	↓
4단계	대안의 평가
	↓
5단계	선정안의 명시(제시)
	↓
유지	개선안 유지

② 디자인 개념의 문제해결을 위한 제약을 극복하는 방법(3단계 대안의 탐색)

지식의 한계 극복	허구적 제약 극복
• 탐문(구체적인 정보나 사실 알아내기) • 유사한 문제 활용 • 브레인 스토밍	• 체크리스트 사용 • 질보다는 양에 우선 • 보수적인 태도 지양 • 판단 억제 • 창조적 분위기 • 체계적 접근 방식

3. 작업개선원리

(1) 개선안의 도출방법 및 개선원리

① 기본 5단계 문제해결절차 3단계 자료의 검토(대안의 도출) 방법 종류
- ㉠ ECRS 원칙
- ㉡ 5W1H 설문(질문)
- ㉢ 브레인스토밍(Brainstorming)
- ㉣ SEARCH
- ㉤ 마인드 멜딩(Mind Melding)

개념 공략 ECRS 원칙, 5W1H 설문, 브레인스토밍, SEARCH, 마인드 멜딩 비교

분류	핵심 구성요소/원칙	활용목적
ECRS 원칙	• 제거(Eliminate): 불필요한 작업, 공정, 동작 등을 제거한다. • 결합(Combine): 유사하거나 연관된 작업을 하나로 결합한다. • 재배치(Rearrange): 작업 순서, 위치, 공정 등을 보다 효율적으로 재배치한다. • 단순화(Simplify): 복잡한 작업을 단순하게 하여 작업을 쉽게 수행하도록 한다.	작업 효율화 및 낭비요소 제거
5W1H 설문 (질문)	• Who: 관련된 사람은 누구인가? • What: 무엇이 문제인가? • Where: 어디서 발생하는가? • When: 언제 발생하는가? • Why: 왜 발생하는가? • How: 어떻게 발생하는가? • How often: 얼마나 자주 발생하는가?	문제의 전반적인 원인 및 발생 조건 체계적 파악
브레인스토밍 (Brainstorming)	• 자유분방 • 대량발언 • 수정발언 • 비판금지	창의적 아이디어 다량 발산 및 집단 창의 촉진
SEARCH	• 작업 단순화(Simply Operations): 작업 절차나 방법을 간단하고 쉽게 수행할 수 있도록 단순화한다. • 불필요한 작업과 자재 제거(Eliminate Unnecessary Work and material): 낭비 요소를 찾아 제거한다. • 순서변경(Alter Sequence): 작업의 수행 순서를 바꾸어 효율성을 높인다. • 요구조건(Requirements): 작업 수행에 반드시 필요한 조건을 분석하고 확인한다. • 작업결합(Combine Operations): 유사하거나 반복되는 작업을 통합하여 효율화한다. • 얼마나 자주(How often): 작업이나 문제가 얼마나 자주 발생하는지를 분석하여 우선순위를 판단한다.	문제해결 방향성 확보, 객관적 기반 형성
마인드멜딩 (Mind Melding)	• 각자가 검토할 문제를 메모한다. • 작성한 메모지를 오른쪽 사람에게 전달한다. • 메모지를 받은 사람이 해법을 생각하여 서술 후 다시 오른쪽 사람에게 전달한다. • 자신의 메모지가 돌아올 때까지 계속 반복한다.	순환 협업을 통한 아이디어 축적 및 새로운 관점 유도

3 작업분석

1. 문제분석도구

(1) 문제의 분석도구(파레토 차트, 특성요인도 등)

① 파레토 분석(Pareto analysis)
　㉠ 파레토 분석은 문제해결이나 의사결정 과정에서 가장 큰 영향을 미치는 핵심 원인을 파악하는 데 효과적인 기법이다.
　㉡ 전체 결과의 약 80%가 20%의 주요 원인에서 비롯된다는 '80 : 20 법칙'에 기반한다.
　㉢ 기계 고장, 작업 지연 등 주요 불량 원인은 소수의 항목에 집중되는 경향이 있으므로, 발생 빈도가 높은 원인부터 순서대로 정렬하여 개선의 우선순위를 설정한다.

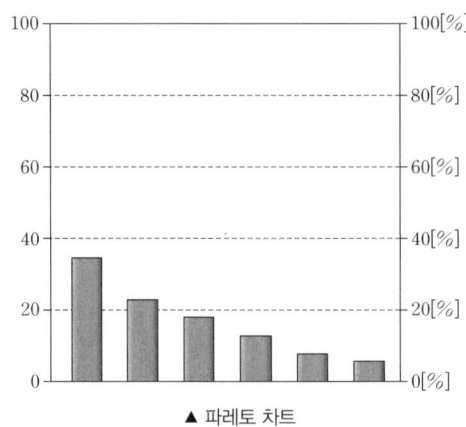

▲ 파레토 차트

② 간트 차트(Gantt Chart)
　㉠ 간트 차트는 프로젝트 관리에서 작업 일정과 진행 상황을 시각적으로 표현하는 도구이다.
　㉡ 작업의 시작일, 종료일, 소요 기간, 작업 간 관계 등을 한눈에 확인할 수 있다.

작업(Task)	4월 1주	4월 2주	4월 3주	4월 4주	5월 1주
현장 안전점검	■■				
위험요소파악 및 평가		■■			
개인 보호장비 지급			■■		
안전 교육 및 훈련				■■	
비상 대피 훈련계획 및 실행					■■
개선조치 및 최종보고서 작성					

▲ 간트 차트

③ 특성요인도(어골도, Fish bone)
　㉠ 문제(결과)를 '물고기의 머리'로 표현하고, 이를 유발한 원인을 '뼈' 형태로 분류·시각화한 도구이다.
　㉡ 인간, 기계, 방법, 자재, 환경 등 주요 요인으로 분류해 분석하며, 사고나 품질 문제의 원인을 구조적으로 파악할 수 있다.

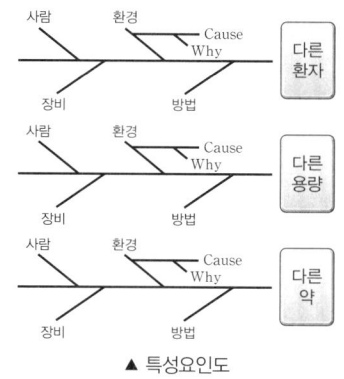

▲ 특성요인도

④ PERT(Program Evaluation Review Technique) 차트
　㉠ 프로젝트의 작업 순서, 기간, 종속 관계를 시각적으로 표현한 도구이다.
　㉡ 일정 계획과 불확실한 작업 시간을 고려한 프로젝트 분석에 효과적이다.

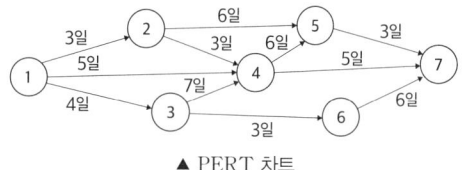

▲ PERT 차트

⑤ 관리도
　㉠ 공정의 변동성을 시간에 따라 모니터링하여 품질을 관리하는 도구이다.
　㉡ 중심선 및 상·하한선을 기준으로 공정이 정상 범위 내에 있는지를 판단한다.

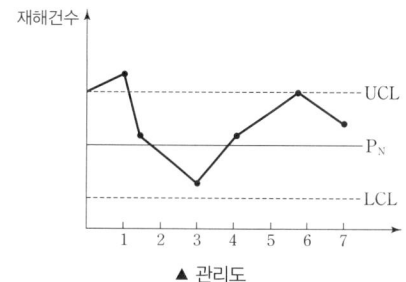

▲ 관리도

⑥ 크로스도
　㉠ 두 개 이상의 항목 간 관계를 분석할 때 사용하는 도구로, 원인과 결과의 교차 관계를 시각적으로 표현한다.
　㉡ 다양한 요인의 상호작용을 분석하는 데 유용하다.

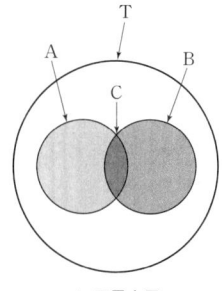

▲ 크로스도

⑦ 마인드 맵핑(Mind Mapping)
　㉠ 중심 개념에서 가지를 뻗어나가듯 생각이나 정보를 시각화하는 기법이다.
　㉡ 아이디어, 개념, 정보 등을 트리 구조로 구성하여 전체적인 흐름과 연관성을 쉽게 파악할 수 있다.

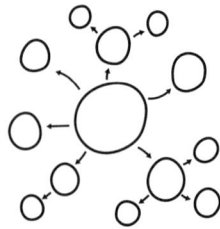

▲ 마인드 맵핑

2. 공정분석

(1) 공정효율

공정효율이란 특정 공정이 얼마나 효율적으로 운영되고 있는지 나타내는 지표이다. 생산공정에서 사용되는 작업시간, 작업공정 개수, 공정의 주기 등으로 계산한다.

$$공정효율(E) = \frac{\sum T}{N \times C} \times 100$$

- $\sum T$: 모든 작업의 총 작업 시간
- N: 작업 공정의 개수
- C: 공정의 주기 시간(Cycle Time)

(2) 공정도

① 한국산업표준 공정도시 기호와 명칭

기호	명칭	의미
○	작업 혹은 가공	재료의 변화나 조립 등의 과정을 의미한다.
⇨	운반	제품을 이동시킨다.
⊃	정체	다음 작업을 즉시 수행하는 것이 불가능한 대기 상태를 의미한다.
▽	저장	제품을 일정 기간 저장한다.
□	검사(수량)	제품의 수량을 검사한다.
◇	검사(품질)	제품의 품질을 검사한다.

(3) 다중활동분석표(Multiple Activity Chart)

① 정의

다중활동분석표는 사람과 기계, 또는 여러 작업자의 활동 상태를 시간 순서에 따라 기록하여 유휴시간을 최소화하고 작업 배치를 최적화하는 데 사용하는 분석 도구이다. 특히 사람과 기계 같이 복수 주체가 동시에 수행하는 활동을 분석할 때 사용한다.

② 사용 목적
- 작업의 효율성을 높이고 경제성 확보
- 기계 혹은 작업자의 유휴시간 단축
- 조 작업을 재편성 또는 개선하여 조 작업의 효율성 향상
- 한 명의 작업자가 담당할 수 있는 기계 대수의 산정

③ 이론적 기계대수

$$이론적\ 기계\ 대수(n) = \frac{a+t}{a+b}$$

- a : 작업자와 기계의 동시 작업시간
- b : 작업자의 총 작업시간
- t : 기계의 총 가동시간

3. 동작분석

동작분석은 작업자의 작업 동작을 세분화하고 기록하여 비효율적인 동작을 제거하고 작업 효율을 높이기 위한 분석기법이다. 특히 반복 작업이 많은 대량생산 공정에서 효과적이며, 서블릭 분석, PTS법, 비디오 분석, 동작경제 원칙 등을 활용하여 수행된다.

(1) 서블릭 분석(Therblig Analysis)

서블릭 분석은 길브레스(Gilbreth) 부부가 개발한 기법으로, 작업자의 동작을 17가지의 기본 요소 동작(서블릭)으로 분류하여 SIMO차트에 기록하고 분석한다. 이를 통해 작업 동작의 흐름과 효율성을 분석하고, 동작경제 원칙을 적용하여 불필요한 동작을 제거한다. 소량 생산 또는 수작업, 작업 사이클이 긴 공정에 적합하다.

① 서블릭의 종류

기호	명칭	약호	기호설명	내용
∪	빈손이동	TE (Transport Empty)	손에 아무것도 들고 있지 않는 상태의 손 모양	손에 아무것도 들고 있지 않은 상태에서 물체를 향해 손을 움직이는 동작이다.
∩	쥐기	G (Grasp)	손이 물체를 움켜쥐는 동작	손으로 물체를 잡아 쥐는 행위를 의미한다.
⌒	내려놓기	RL (Release Load)	손에 든 물체를 내려놓는 동작	손에 들고 있던 물체를 놓는 동작이다.
☝	미리놓기 (위치고정)	PP (Preposition)	물건을 사전에 정의된 위치에 정확히 놓는 동작	물체를 정해진 위치에 정확히 배치하는 동작이다.
⌒•	운반	TL (Transport Loaded)	손에 물체를 든 채 이동하는 모습	손에 물체를 든 상태로 목적지까지 옮기는 동작이다.

기호	명칭	약호	그림 설명	내용
ꏍ	계획	Pn (Plan)	작업자가 머리에 손을 대고 다음 일을 미리 생각하는 모양	작업자가 다음 동작이나 작업 순서를 계획하는 사고 과정이다.
⌒	찾기	Sh (Search)	눈으로 물건을 찾아보는 모양	눈으로 주변을 살피며 원하는 물체나 부품을 찾는 동작이다.
→	고르기	St (Select)	물건을 고르는 모양	여러 개의 대상 중에서 하나를 선택하는 동작이다.
9	바로놓기	P (Position)	물건의 위치를 찾는 모양	물체를 특정 위치에 맞추어 정확하게 놓는 행위이다
0	검사	I (Inspect)	물체를 들여다보는 렌즈의 모양	물체나 부품을 자세히 관찰하거나 확인하는 과정이다.
#	조립 또는 조정	A (Assemble)	두 개 이상의 부품을 조립하는 모습	두 개 이상의 부품을 맞추거나 결합하는 작업이다.
U	사용	U (Use)	조립된 것으로부터 하나가 분리된 모양	도구나 물체를 실제로 기능에 맞게 사용하는 행위이다.
ǂ	분해	DA (Disassemble)	조립된 물건 중 부분이 분해된 모양	결합된 물체를 다시 분리하거나 해체하는 작업이다.
⌐o	피할 수 있는 지연	AD (Avoidable Delay)	넘어진 사람의 모양	작업자가 의도적으로 피할 수 있었던 지연 시간이다.
⌒o	불가피한 지연	UD (Unavoidable Delay)	작업자가 외부 요인으로 인해 불가피하게 대기하는 모습	외부 요인으로 인해 불가피하게 발생한 대기 시간이다.
ᵒ⌐	휴식	R (Rest for over coming)	작업자의 신체가 쉬고 있는 모습	작업자가 피로를 회복하기 위해 작업을 멈추고 쉬는 상태이다.
⊓	잡고 있기	H (Hold)	물건을 손에 들고 유지하는 모양	물체를 손에 계속 쥐고 있는 상태이다.

② 효율적/비효율적 서블릭

	효율적 서블릭		비효율적 서블릭	
기본동작	• 빈손이동(TE) • 쥐기(G) • 운반(TL) • 내려놓기(RL) • 미리놓기(PP)	정신적 및 반정신적 동작	• 계획(Pn) • 찾기(Sh) • 고르기(St) • 바로놓기(P) • 검사(I)	
동작목적	• 조정/조립(A) • 사용(U) • 분해(DA)	정체적인 동작	• 피할 수 있는 지연(AD) • 불가피한 지연(UD) • 휴식(R) • 잡고 있기(H)	

(2) 비디오분석
  ① 비디오 분석 정의
     비디오 분석은 필름분석이라고도 하며 분석 대상을 직접 촬영하여 각 프레임을 분석하는 분석방법이다. 동작시간과 순서를 파악할 수 있고, 작업하는 동작의 위험요소와 비효율적인 동작을 검토하여 작업을 개선하는 기법이다.
  ② 비디오 분석 작업대상
     ㉠ 장기간 같은 방법으로 수행될 동작
     ㉡ 반복동작
  ③ 비디오 분석 종류
     ㉠ 미세동작분석(Micromotion Study)
        • 고속카메라를 활용하여 작업자의 주기가 짧고 반복적인 동작의 최소 단위까지 촬영하여 정밀 분석하는 방법이다.
        • 생산량이 많고 제품 수명이 길며, 생산 주기가 짧은 제품분석에 적합하다.
     ㉡ 메모모션 분석(Memo Motion Analysis)
        • 초당 프레임 수를 일반적인 캠코더로 촬영 후 장기간 실제 작업을 빠르게 검토하는 방법이다.
        • 사이클이 긴 작업, 불규칙한 작업의 동작, 작업자와 제품 혹은 설비의 가동 상태 및 운반되는 유통 경로 등을 분석할 수 있다.

(3) 동작경제원칙
  동작경제원칙은 길브레스 부부가 제시한 원칙으로, 작업자의 피로를 줄이고 효율성을 극대화하기 위한 기준이다.
  ① 동작경제원칙 3가지

신체 사용에 관한 원칙	• 두 손은 동시에 동작을 시작하고 동시에 종료해야 한다. • 휴식 시간 외에 두 손이 동시에 쉬는 시간이 없어야 한다. • 양팔은 각기 반대 방향에서 대칭적으로 동시에 움직여야 한다. • 작업동작은 율동이 따라야 한다. • 직선동작보다는 연속적인 곡선동작이 바람직하다. • 탄도동작(물체가 공중에서 포물선을 그리며 움직이는 운동)은 제한되거나 통제된 동작보다 더 신속하고 정확하고 용이하다. • 손의 동작은 작업을 효율적으로 처리할 수 있는 범위 내에서 최소한의 동작으로 이루어져야 한다. • 동작의 관성을 이용하여 작업하는 것이 효과적이다. • 유연한 동작이 바람직하다.
작업역의 배치에 관한 원칙	• 공구와 재료는 작업이 용이하도록 작업자의 주변에 배치되어야 한다. • 공구와 재료는 일정한 위치에 정리되어 있어야 한다. • 중력을 이용하여 부품상자나 용기를 취급한다. • 가능하면 낙하 방식으로 취급하는 것이 바람직하다. • 공구 및 재료는 동작에 가장 적합한 순서대로 배치되어야 한다. • 적절한 채광과 조명 장치를 설치해야 한다. • 의자와 작업대는 작업자에게 맞게 설계되어야 한다. • 작업자가 올바른 자세를 유지할 수 있도록 등받이가 있는 조절식 의자를 제공한다.

공구 및 설비의 설계에 관한 원칙	• 고정장치나 발을 활용하여 양손이 각각 다른 동작을 할 수 있도록 한다. • 공구는 가능한 두 가지 이상의 기능을 결합한 제품을 사용하는 것이 바람직하다. • 손가락으로 작업할 때 각 손가락의 힘이 동일하지 않음을 고려해야 한다. • 각종 손잡이는 손에 가장 적합하게 설계하여 손의 피로를 줄여준다. • 각종 레버나 핸들은 작업자가 큰 움직임 없이도 쉽게 조작할 수 있도록 배열하고, 몸이 최소한으로 움직이는 위치에 배치해야 한다.

② 신체 사용에 관한 동작등급

동작등급	신체에 관한 축	동작신체부위
1	손가락 관절	손가락
2	손목	손가락, 손
3	팔꿈치	손가락, 손, 전완
4	어깨	손가락, 손, 전완, 상완
5	허리	손가락, 손, 전완, 상완, 몸통

4 작업측정

1. 작업측정의 개요

(1) **작업측정의 정의**

작업측정이란 어떤 작업이 표준화된 작업 조건하에서 수행될 때, 정상적인 작업자가 표준작업방법에 따라 작업을 수행하는 데 필요한 시간을 측정하고 분석하는 기법을 의미한다.

개념 공략 작업측정의 분류

구분	기법	특징 및 적용 작업 유형
직접측정법	시간연구법(Time Study Method)	작업주기 매우 짧은 고도의 반복작업에 적합
	워크샘플링법(Work Sampling)	작업주기 길거나 비반복적인 작업에 적합
간접측정법	표준자료법(Standard Data System)	고정적인 처리시간 요하는 설비작업에 적합
	PTS법(Predetermine Time Standard System)	작업주기 짧고 반복작업에 적합

2. 표준시간(Standard Time)

(1) **표준시간의 정의**

표준시간이란 표준화된 작업조건에서 표준작업방법에 따라서 작업자가 정상적인 속도로 작업을 수행하는 데 필요한 시간이다. 즉, 보통의 속도로 보통의 작업자가 제품 1개를 만드는 데 얼마나 시간이 걸리는지 평균개념으로 환산한 추정치이다. 8시간이 기준이며 정미시간과 여유시간을 합친 것이 표준시간이다.

(2) 표준시간 구성

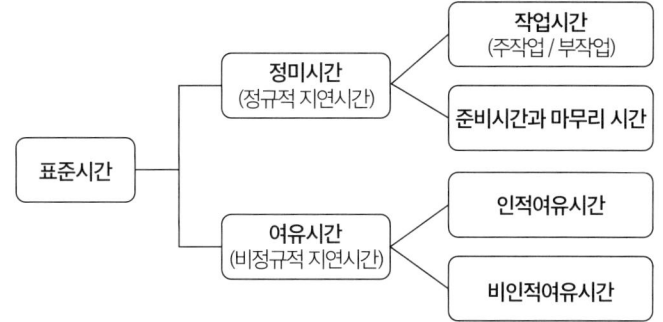

① 정미시간: 실제 작업에 소요되는 시간이다.
② 여유시간: 작업자가 정상적으로 일할 수 있도록 부여하는 추가시간이다.
③ 주작업: 가공, 조립, 분해 등 생산에 직접적으로 기여 하는 작업이다.
④ 부작업: 제품 청소 등 간접적으로 생산에 기여하는 작업이다.
⑥ 인적여유시간: 피로에 의한 지연, 생리적 심리적 현상 등으로 인한 여유시간을 의미한다.
⑦ 비인적여유시간: 기계고장, 가공재료 부족 등으로 인한 여유시간을 의미한다.

(3) 표준시간 계산 공식
① 표준시간 공식

$$\text{표준시간(ST, Standard Time)} = \text{정미시간(NT, Normal Time)} + \text{여유시간(AT, Allowance Time)}$$

② 표준시간 계산(내경법)

$$\text{표준시간(ST)} = \frac{\text{정미시간(NT)}}{1 - \text{여유율(A)}}$$

③ 표준시간 계산(외경법)

$$\text{표준시간(ST)} = \text{정미시간(NT)} \times (1 + \text{여유율(A)})$$

④ 정미시간 공식

$$\text{정미시간(NT)} = \text{관측평균시간(OT)} \times \left(\frac{\text{레이팅계수(R)}}{100}\right)$$

> **지식 PLUS**
>
> 작업 여유율이 명확히 주어졌을 때는, 표준시간은 외경법을 사용하여 계산하는 것이 일반적이다. 하지만, 여유율이 포함된 시간이 명시되었을 때는 내경법을 사용하여 계산해야 한다.

개념 공략 외경법과 내경법의 비교표

항목	내경법	외경법
기준 시간	실동(근무)시간	정미시간(NT)
여유율 공식	여유율(A) = $\dfrac{\text{여유시간(AT)}}{\text{정미시간(NT)} + \text{여유시간(AT)}}$	여유율(A) = $\dfrac{\text{여유시간(AT)}}{\text{정미시간(NT)}}$
표준시간	표준시간(ST) = $\dfrac{\text{정미시간(NT)}}{1 - \text{여유율(A)}}$	표준시간(ST) = 정미시간(NT) × (1 + 여유율(A))
적용 용도	현장관리 중심	작업분석 중심
표준시간 크기	상대적으로 큼	상대적으로 작음

3. 시간연구

(1) 시간연구법

시간연구법이란 측정 대상 작업의 시간적 경과를 타이머, 스톱워치 혹은 VTR 카메라 등 기록되는 장치를 활용하여 직접 관측하여 표준시간을 산정하는 방법이다. 작업주기가 매우 짧은 반복작업(TV 조립공정 등)에 적합하다.

① 시간연구법(Time Study Method) 종류
  ㉠ 스톱워치법(Stop Watch Method) : 가장 기본적인 시간연구법이며, 반복작업 측정에 사용한다.
  ㉡ 영상 촬영법(Film Study) : 고속 촬영 후 반복재생하여 분석한다.
  ㉢ VTR 분석법 : 실제 작업을 비디오로 촬영한 후 분석한다.
  ㉣ 컴퓨터 분석법 : 컴퓨터를 이용하여 시간 데이터를 자동 분석한다.

(2) 수행도평가

① 속도평가법(Speed Rating) : 오직 작업의 속도를 기준으로 수행도를 평가하는 기법이며 속도라는 한 가지 요소만 평가하기 때문에 간단하다.

$$R = \dfrac{\text{표준 속도(관측자의 주관적 판단)}}{\text{작업자 속도}}$$

② 객관적 평가법(Objective Rating) : 동작의 속도만을 고려하여 표준시간을 정한 다음, 작업의 난이도나 특성은 고려하지 않고 실제 동작의 속도와 표준속도를 비교하여 평가하는 방법이다. 이 작업이 1차 평가이며, 추정된 비율을 속도평가계수 또는 1차 조정계수라고 한다.

$$R = \text{속도평가계수(1차 조정계수)} \times (1 + \text{2차 조정계수})$$

- 1차 조정계수 = $\dfrac{\text{표준 속도}}{\text{실제 작업 속도}}$
- 2차 조정계수 = 작업의 난이도와 특성 고려
  (신체부위, 발 페달 사용여부, 양손 사용 정도, 눈과 손의 필요한 조화, 취급상 주의 정도, 중량 또는 저항을 고려)

③ 웨스팅하우스(Westinghouse) 시스템: 작업자의 수행도를 숙련도, 노력, 작업환경, 일관성 등 4가지 측면으로 평가하여, 각 평가에 해당하는 레벨 점수를 합산하여 레이팅 계수를 구한다. 개개의 요소작업보다는 전체 작업을 평가할 때 주로 사용한다.

$$R = 1 + (노력 + 숙련도 + 작업환경 + 일관성)$$

④ 합성평가법(Synthetic Rating): 레이팅 시 관측자의 주관적 판단의 결함을 보정하고 일관성을 높이기 위해 제안된다.
  ㉠ 작업을 요소 작업으로 구분한 후, 시간 연구를 통해 개별시간을 구한다.
  ㉡ 요소작업 중 임의로 작업자 조절이 가능한 요소를 정한다.
  ㉢ 선정된 작업에서 PTS 시스템 중 한 개를 적용하여 대응되는 시간치를 구한다.
  ㉣ PTS법에 의한 시간치와 관측시간 간의 비율을 구하여 레이팅 계수를 구한다.

$$R = \frac{\text{PTS를 적용해 산정한 시간치}}{\text{실제 관측 평균치}}$$

(3) **여유시간**
  ① 여유시간
    ㉠ 작업자가 피로를 회복하거나 생리적 욕구를 해결하는 데 필요한 시간을 말한다.
    ㉡ 생리적 여유, 작업적 여유, 피로적 여유가 포함된다.
  ② 레이팅(Rating): 작업자의 작업 속도를 평가하여 관찰된 시간을 정상시간으로 보정하는 계수로, 작업자가 작업을 수행하는 실제 능력이나 작업 조건에 따라 기본적으로 측정된 정미시간을 보정하는 데 사용된다.

$$\text{레이팅계수}(R) = \frac{\text{정상 작업 속도}}{\text{실제 작업 속도}} \times 100$$

4. Work Sampling

(1) **Work Sampling 개요**
  ① 정의
    워크샘플링은 표본의 크기가 충분히 크다면 모집단의 분포와 일치한다는 통계적 이론에 근거하여 인간 활동이나 기계의 가동상황 등을 무작위로 관측하여 측정하는 표준시간 측정방법이다.
    예 지게차로 제품을 운반을 하고 있는데 지연이 발생했다. 그때 '지게차 한 대가 더 필요한가?'라는 의문이 생기며 이런 의사결정을 위한 정보를 얻기 위해 워크샘플링을 활용한다.

> **지식 PLUS**
> 워크샘플링은 작업 전체를 관찰하지 않고 표본 관찰을 통해 작업시간을 추정한다. 이는 작업시간이 길거나 불규칙한 작업에 적합하며, 작업자가 의식적으로 행동하는 일이 적어 결과의 신뢰수준이 높다.

  ② 종류
    ㉠ 랜덤 샘플링(Random Sampling): 무작위로 관측하여 작업상태를 기록하는 방법이다. 예를 들어, 하루 8시간 근무 중 10시 30분, 2시 40분 등 랜덤으로 작업자의 상태를 관찰하여 분석하는 방법이다.

ⓒ 계층별 비례 샘플링(Stratified Proportional Sampling): 각 작업의 활동이 현저히 다른 경우 각 층에서 비례적으로 샘플을 추출하는 방식이다. 예 작업 현장에서 기계 작업이 70%, 수작업이 30% 비율이라면, 관측도 동일한 비율(70% vs. 30%)로 수행

ⓒ 등간격 샘플링(Equal Interval Sampling): 관찰자가 정해진 일정한 시간 간격(예 매 10분, 매 30초 등)으로 작업 현장을 관찰하여, 작업자가 어떤 활동을 하고 있는지를 기록하는 방식이다.

(2) **장단점**

장점	단점
• 적은 시간으로 연구 수행이 가능하다. • 자료 기록과 같은 사무 작업이 줄어든다. • 자료 수집 및 분석 시간이 적다. • 장기간 연속적 관찰을 하지 않아도 정확한 결과를 얻을 수 있다. • 조사기간을 길게 하여 평상시의 작업 상황을 그대로 반영이 가능하다. • 한 명의 연구자가 여러 대의 기계나 작업자 관측이 가능하다. • 연구 결과의 정확도를 통계적으로 평가할 수 있다. • 특별한 시간 및 측정 장비가 필요 없다. • 관측이 순간적으로 이루어져 작업에 방해가 적다. • 평상시 작업 상황이 그대로 반영될 가능성이 크다.	• 작업자 혹은 관측자에 의해 연구 결과에 편의가 게재될 여지가 있다. (주관 개입 가능) • 한 명의 작업자나 한 대의 기계만을 대상으로 연구를 수행하기에는 연구 비용이 다른 연구 방법에 비하여 크다. • 관측 항목을 분류 하는 데 한계가 있기 때문에 작업 상황을 세밀히 관찰할 수 없다.(시간 연구법에 비해 덜 자세함) • 짧은 주기나 반복 작업인 경우 적당하지 않다. • 작업방법이 변경되는 경우에는 전체연구를 다시 해야 한다.

(3) **연구 절차**

① 연구목적 수립 ② 신뢰수준과 허용오차 결정
③ 연구관련자와 협의 ④ 관측 계획
⑤ 관측 실시 ⑥ 비율 추정
⑦ 이상치 제거

(4) **응용**

시간 측정이 어려운 비정형적/간헐적 작업에 적합하다.
예 관리자, 간호사, 사무직 등 지속적 관찰이 어려운 직군

5. 표준자료

(1) **표준자료**

① 표준자료법(Standard Data System)의 개요

ⓐ 표준자료법(Standard Data Method)은 PTS법의 일종으로, 간접측정법에 해당되며 작업 동작에 대한 기본적인 시간 자료를 활용하여 작업의 표준 시간을 계산하는 방식이다.

ⓑ 작업시간을 새로 측정하는 것이 아닌 과거에 측정한 기록들을 기준으로 동작에 미치는 요인들을 검토하여 만든 표, 그래프 등으로 동작시간을 예측한다.

② 표준자료법 작업유형: 고정적인 처리시간을 요하는 설비작업에 적합하다.

③ 표준자료법(Standard Data System)의 특징

장점	단점
• 제조원가 사전견적이 가능하다. • 직접 측정하지 않더라도 표준시간 산정이 가능하다. • 레이팅이 불필요하다. • 표준자료를 정확하게 사용한다면 누구나 일관성있게 표준시간을 산정할 수 있다(일관성). • 작업의 표준화를 유지하고 촉진할 수 있다.	• 표준시간이 자동으로 산정되기 때문에, 작업개선의 기회나 의욕이 떨어질 수 있다. • 표준시간의 정도가 떨어진다. • 직접적인 표준자료 작성 구축 비용이 크기 때문에 생산량이 적거나 큰 제품의 경우에는 부적합하다. • 작업조건이 불안정한 경우 표준자료 설정이 어렵다. • 작업의 표준화가 곤란한 경우 표준자료를 설정할 수 없다.

(2) PTS법(Predetermine Time Standard System)
  ① 개요
   ㉠ PTS법은 사람의 작업을 기본 동작 단위로 분류하고, 각 동작에 대해 사전에 설정된 기준 시간을 적용하여 전체 작업의 정미시간을 산출하는 기법이다.
   ㉡ MTM과 Work Factor 모두 대표적인 PTS법의 한 종류이다.
   ㉢ 기준시간단위: MTM(10^{-5}hr=0.0006분=0.036초), Work Factor(PWF=1/10,000분, RWF=1/1,000분)
  ② 장단점

장점	단점
• 표준시간의 설정시 논란이 되는 주관적인 평가(Rating)가 불필요하여 표준시간의 일관성이 높다. • 작업자를 대상으로 직접 측정하지 않아도 된다. • 실제 생산현장을 보지 않아도 설계도와 작업방법만으로 분석이 가능하다. • 동작 세분화를 통해 자동적으로 개선안 도출이 가능하다. • 교육자료 및 작업 개선자료로 활용이 가능하다.	• 시스템 활용을 위한 교육 및 초기 도입비용이 크다. • PTS 전문가의 자문이 도입 초기에 필요하다. • 회사에 맞는 시스템 선정 및 적용에 시간이 소요된다. • 시스템 내 표준 페이스 기준의 적절성 확인이 필요하다.

(3) MTM(Methods Time Measurement)
  ① 개요
   사람이 하는 작업을 기본 동작 요소로 나누고, 각 기본 동작 요소의 특성에 따라 미리 정해진 동작 요소의 시간 데이터를 사용하여 표준 시간(정미시간)을 산출하는 방법이다.
  ② 종류

MTM·1	가장 정확하고 세밀한 작업 분석이 가능하다.
MTM·2	작업 주기가 큰 작업을 대상으로 한다.
MTM·3	작업 주기가 큰 작업을 대상으로 하며, 가장 단순한 분석이 가능하다.
MTM·B	주로 건축작업을 위한 분석에 적합하다.
MTM·C	주로 사무작업을 위한 분석에 적합하다.
MTM·M	주로 정밀 현미경 작업을 위한 분석에 적합하다.
MTM·V	주로 기계작업에 적용된다.

③ MTM·1의 기본동작

손을 뻗침(R, Reach)	운반(M, Move)	회전(T, Turn)
누름(AP, Apply Pressure)	잡음(G, Grasp)	정치(두 개의 물체 결합)(P, Position)
방치(RL, Release Load)	떼어놓음(D, Disassemble)	크랭크(C, Crank)
눈의 운동(ET, Eye Track)	눈의 초점 맞추기(EF, Eye Focus)	몸의 움직임(BM, Body Motion)

④ MTM법의 용도
  ㉠ 능률적인 설비, 기계류의 선택한다.
  ㉡ 표준시간에 대한 불만을 처리한다.
  ㉢ 작업개선의 의미를 향상시키기 위한 교육의 용도를 가진다.
⑤ MTM·1의 시간단위치 TMU(Time Measurement Unit) 개요
  ㉠ 작업분석에 사용되는 시간 측정 단위이다.
  ㉡ 작업 분석 및 작업 표준화에 사용되는 방법인 MTM·1(Method Time Measurement)에서 사용되며, 작업을 이루는 각 동작에 대한 시간을 미리 정해진 시간 단위(TMU, Time Measurement Unit)를 기준으로 계산하여, 전체 작업 시간을 산출한다.

$$1\text{TMU} = 10^{-5}\text{시간} = 0.036\text{초}$$

(4) Work Factor
① 개요
  ㉠ Work Factor는 퀵(Quick)과 쉐어(Shair)에 의해 개발된 동작 기준 시간 분석 기법이다.
  ㉡ 인간의 동작을 구성하는 요소를 세분화하고 각 요소에 미리 결정된 기준시간을 적용하여 작업 시간을 산정한다.
    • 사용하는 신체부위: 손가락(F), 손(H), 팔(A), 앞팔회전(F8), 몸통(T), 발(FT), 다리(L), 머리회전(HT)
  ㉢ 기준 시간 단위 1WFU=1/10,000(분)=0.006(초)이다.
  ㉣ 일반적으로 소형 정밀 제품 작업에 주로 적용된다.   예 시계, 카메라, 액세서리 등
  ㉤ 작업 표준요소(KOSHA GUIDE Z-35-2022 기준)

구분	표준요소		기호	동작내용
1	이동	뻗치다	R	손이나 팔 등 신체 부위의 위치를 바꾼다.
		옮긴다	M	물건을 이동시키다. (또는 이동 중에 유용한 일을 한다.)
2	잡는다		Gr	물체를 작업자의 컨트롤 하에 두는 동작이다.
3	놓는다		Rl	물체에서 신체 부위를 분리하는 동작이다.
4	앞에 놓다		PP	다음 목적에 알맞게 물체의 방향을 바꾸는 동작이다.
5	조립		Asy	2가지 물체를 조합 또는 정리하는 동작이다.
6	사용		Use	공구 및 기계 등을 사용하는 요소이다.
7	분해		Dsy	조립된 물체를 풀어내는 동작이다.
8	정신작용		Mp	눈, 귀, 뇌 및 신경계통을 사용하는 요소이다.
9	대기		W	대기, 놓고 있는 상태이다.
10	유지		H	물건을 들고 있거나 누르고 있는 상태이다.

② Work Factor에서 동작시간 결정 시 고려하는 4가지 요인
  ㉠ 동작거리: 동작을 수행하는 동안 움직이는 거리를 말한다.
  ㉡ 중량이나 저항: 작업 중 다뤄야 할 물체의 무게나 저항을 뜻한다.
  ㉢ 인위적 조절 정도: 동작을 수행하는 동안 세밀함과 정밀함이 요구되는 정도를 나타낸다.
  ㉣ 작업조건: 작업환경 및 물리적 조건이 동작에 미치는 영향을 의미한다.

5 유해요인 평가

1. 유해요인 평가 원리

(1) 유해요인 평가

① 유해요인의 정의

유해요인이란 사람의 건강이나 안전에 해를 끼칠 수 있는 모든 요소를 말한다.

> **지식 PLUS**
>
> 유해요인 조사 결과는 근골격계질환의 발병을 부정하는 근거나 반증자료로 사용할 수 없다.

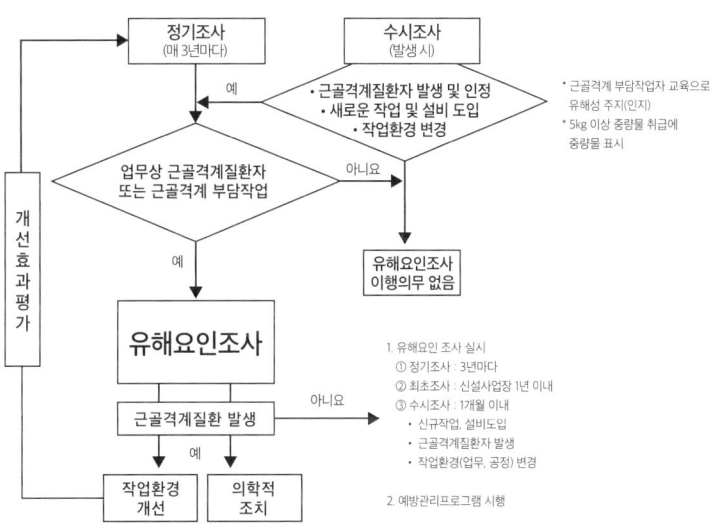

(2) 유해요인 조사 및 사업주의 책임

「산업안전보건기준에 관한 규칙」 제657조에 따른 유해요인 조사 및 사업주 책임은 다음과 같다.

① 유해요인 조사
  ㉠ 정기 유해요인 조사: 매 3년마다 주기적으로 실시한다.
  ㉡ 최초 유해요인 조사: 신설사업장 1년 이내 유해요인 조사를 완료해야 한다.
  ㉢ 수시 유해요인 조사: 다음 중 어느 하나에 해당하는 사유가 발생한 경우 1개월 이내 실시해야 한다.
    • 설비·작업공정·작업량·작업속도 등 작업장 상황이 변경된 경우
    • 작업시간·작업자세·작업방법 등 작업조건에 변화가 있는 경우
    • 작업과 관련된 근골격계질환 징후 또는 증상이 확인된 경우

② **사업주의 책임**

사업주는 아래와 같은 경우에도 유해요인 조사 여부 및 방법을 검토한 후, 1개월 이내에 조사를 수행해야 한다.

㉠ 법정 건강진단 등에서 근골격계질환자가 확인되었거나, 해당 질환이 업무상 질병으로 인정된 경우
㉡ 근골격계 부담작업에 해당하는 새로운 설비나 작업이 도입된 경우
㉢ 기존 작업의 양, 공정 등 작업환경에 변경이 생긴 경우

※ 단, 만약 해당 질환에 대해 최근 1년 이내에 유해요인 조사를 실시하고, 그 결과에 따라 필요한 작업환경 개선 조치를 완료한 경우에는 재조사 의무가 면제된다.
※ 유해요인 조사를 수행할 때에는 반드시 근로자 대표 또는 해당 작업에 종사하는 근로자의 참여가 포함되어야 한다.

(3) **유해요인 조사 내용**

구분	주요 항목
작업장 상황조사 항목	① 작업공정 ② 작업설비 ③ 작업량 ④ 작업속도 및 최근 업무의 변화 등
작업조건조사 항목	① 반복동작 ② 부적절한 자세 ③ 과도한 힘 ④ 접촉스트레스 ⑤ 진동 ⑥ 기타 요인(예 극저온, 직무스트레스)
증상 설문조사 항목	① 증상과 징후 ② 직업력(근무력) ③ 근무형태(교대제 여부 등) ④ 취미활동 ⑤ 과거질병력 등

2. 중량물취급 작업

(1) **중량물 취급 방법**

① **중량물 표시**

사업주는 근로자가 5kg 이상의 중량물을 인력으로 들어올리는 작업을 하는 경우에 아래의 조치를 이행해야 한다.

㉠ 주로 취급하는 물품에 대하여 근로자가 쉽게 알 수 있도록 물품의 중량과 무게중심에 대하여 작업장 주변에 명확하게 안내표시를 해야 한다.
㉡ 취급하기 곤란한 물품은 손잡이를 붙이거나 갈고리, 진공 빨판 등 적절한 보조도구를 활용한다.

② 중량물 취급 시 작업자세
　　㉠ 중량물은 신체에 가깝게 유지한다.
　　㉡ 무릎을 굽힌 상태에서 작업한다.
　　㉢ 목과 등을 일직선으로 유지하고, 허리를 굽히지 않은 채 무릎을 이용하여 들어올린다.
　　㉣ 발을 어깨 너비 정도로 벌려 안정된 자세를 유지한다.

(2) NIOSH Lifting Equation
① 개요
　　미국 국립산업안전보건연구소(NIOSH)에서 개발한 이 방정식은 작업자가 물건을 들어 올릴 때 허용 가능한 무게(RWL)를 산출하고, 이를 기반으로 들기 지수(LI)를 계산하여 작업의 근골격계 부담 위험을 평가하는 도구이다.

② 개발 목적
　　작업의 위험성을 예측하여 인간공학적인 작업방법의 개선을 통해 작업자의 직업성 요통을 사전에 예방하는 것을 목표로 한다.

③ 권장무게한계(RWL, Recommended Weight Limit)
　　㉠ NIOSH(미국 산업안전보건연구소)의 수정된 리프팅 방정식은 작업자가 들 수 있는 안전 무게를 계산하는 도구이다.
　　㉡ 작업자가 작업을 최대 8시간 동안 계속해도 요통의 발생 위험이 증가되지 않는 취급 중량물의 한계값이다.
　　㉢ RWL값은 모든 남성의 99%, 모든 여성의 75%가 안전하게 들 수 있는 값이다.

$$RWL = LC \times HM \times VM \times DM \times AM \times FM \times CM$$
- 부하상수(LC, Load Constant) = 23kg
- 수평계수(HM, Horizontal Multiplier) = 25/H
- 수직계수(VM, Vertical Multiplier) = $1 - (0.003 \times |V - 75|)$
- 거리계수(DM, Distance Multiplier) = $0.82 + (4.5/D)$
- 비대칭계수(AM, Asymmetric Multiplier) = $1 - (0.0032 \times A)$
- 빈도계수(FM, Frequency Multiplier) : 분당 0.2회~16회
- 결합계수(CM, Coupling Multiplier) : 양호, 보통, 불량

④ 들기지수(LI)
　　NLE(NIOSH Lifting Equation)는 40대 여성의 들기 능력 50%tile(퍼센타일) 기준으로 산정한다.
　　㉠ 들기(LI) 지수 계산

$$들기지수(LI) = \frac{중량물 무게(L)}{권장 무게한계(RWL)} = \frac{L}{LC(23) \times HM \times VM \times DM \times AM \times FM \times CM}$$

　　㉡ 들기(LI) 지수 평가
　　　　LI ≥ 1인 경우, 요통 발생 위험이 높기 때문에, 들기지수가 1 이하가 되도록 작업을 재설계해야 한다.

3. 유해요인 평가방법

(1) OWAS(Ovako Working Posture Analysis System)

① 개요

OWAS는 Karhu 등(1977)이 철강업에서 작업자들의 부적절한 작업자세를 정의하고 평가하기 위해 개발한 대표적인 작업자세 평가기법이다. 육체작업에 있어 부적절한 작업자세를 구별해 낼 목적으로 개발되었으며 주로 조선업이나 중공업에서 많이 활용한다.

② 특징

㉠ OWAS의 작업자세 수준은 4단계로 분류된다.
㉡ OWAS는 작업자세로 인한 부하를 평가하는 데 초점이 맞추어져 있다.
㉢ OWAS는 신체 부위의 자세뿐만 아니라 중량물의 사용도 고려하여 평가한다.
㉣ OWAS는 작업자세를 허리, 상지, 하지, 중량물(또는 부하)로 구분하여 각 부위의 자세를 코드로 표현한다.

③ 평가 수준

평가수준	평가내용	평가내용
수준1	Acceptable	개선이 불필요하다(정상 작업자세).
수준2	Slightly harmful	가까운 시일 내에 작업자세 교정이 필요하다.
수준3	Distinctly harmful	빠른 시일 내에 작업자세 교정이 필요하다.
수준4	Extremely harmful	즉각적인 작업자세 교정이 필요하다.

(2) RULA(Rapid Upper Limb Assessment)

① 개요

㉠ RULA는 상지부위인 팔, 어깨, 손목 등 상반신의 작업 자세를 평가할 목적으로 개발된 유해요인 조사방법이다.
㉡ 전완자세, 몸통자세, 손목각도(어깨, 팔목, 손목, 목 등 상지)에 초점을 맞추어 작업자세로 인한 작업부하를 빠르고 상세하게 분석할 수 있는 근골격계질환의 위험평가기법이다.

② 특징

㉠ 각 작업 자세는 신체 부위별로 A와 B그룹으로 나누어진다.
㉡ 상완, 전완, 손목을 그룹 A로 목, 상체, 다리를 그룹 B로 나누어 측정, 평가한다.
㉢ RULA가 평가하는 작업부하인자는 동작의 횟수, 정적인 근육작업, 힘, 작업 자세 등이다.
㉣ 작업에 대한 평가는 1점에서 7점 사이의 총점으로 나타나며, 점수에 따라 4개의 조치단계로 분류된다.

③ 평가점수

범주	총점수	개선 필요 여부
1	1~2	(작업이 오랫동안 지속, 반복이 안된다면) 안전한 공정이다.
2	3~4	(추가적인 관찰 필요) 부분적 개선과 추후조사가 필요한 공정이다.
3	5~6	(계속적 관찰 필요) 빠른 작업개선과 작업위험요인의 분석이 요구된다.
4	7	(정밀조사 필요) 즉각적인 작업환경과 자세 개선이 필요하다.

(3) REBA 등
① REBA(Rapid Entire Body Assessment)
　㉠ 개요
　　• 다양한 작업 자세의 신체전반에 대한 근골격계 부담이 있는 정도와 자세를 분석하는 데 적합한 기법이다.
　　• 위험도가 높은 작업 자세를 식별한다.
　　• 개선 필요 여부를 판단한다.
　㉡ REBA 평가점수

점수(Score)	MSD 위험 수준(Level of MSD Risk)	권장 조치(조치 내용)
1	무시할 수 있는 위험	조치가 불필요하다.
2~3	낮은 위험	변화가 필요할 수 있다.
4~7	중간 위험	추가 조사 및 조속한 변화가 필요하다.
8~10	높은 위험	조사 및 변화 시행이 필요하다.
11 이상	매우 높은 위험	즉시 변화 시행이 필요하다.

② JSI(Job Strain Index)
　㉠ JSI평가에서 사용되는 6항목
　　• 힘을 발휘하는 강도
　　• 힘을 발휘하는 지속 시간
　　• 분당 힘 발휘
　　• 손/손목의 자세
　　• 작업속도
　　• 1일 작업의 지속시간

③ REBA/RULA/JSI/NIE 비교

항목	REBA	RULA	JSI	NIE(NIOSH 들기평가식)
정식 명칭	Rapid Entire Body Assessment	Rapid Upper Limb Assessment	Job Strain Index	Revised NIOSH Lifting Equation
평가 부위	전신 (손목, 팔, 어깨, 목, 몸통, 다리 등)	상지 중심 (손목, 팔, 어깨, 목, 몸통)	손가락, 손목	허리 중심
대상 작업	불안전한 자세, 반복적·동적인 작업	팔·손을 많이 사용하는 작업	손·손목의 반복 정밀 작업	반복적 중량물 들기
특징	전신 분석 가능 다양한 작업 적용 가능	상지 부하 정밀 분석	손/손목 부담 정량분석	중량물 취급에 특화 정량 기준 명확
개발기관	영국 노팅엄 대학	영국 리즈 대학	미국 Univ. of Texas 등	미국 NIOSH(국립산업안전보건연구소)

개념 공략 RULA/REBA/OWAS/NIOSH 들기작업지침 특징

평가방법	특징
RULA (Rapid Upper Limb Assessment)	어깨, 팔꿈치, 손목, 목 등 상지 부위의 작업 자세를 신속하게 평가하기 위한 기법이다. 작업으로 인한 상지의 부담을 간단하고 빠르게 판별하는 데 중점을 둔다.
REBA (Rapid Entire Body Assessment)	신체를 상체(A그룹)와 하체(B그룹)로 나누어 각각 평가하는 방식이다. 특히 예측하기 어려운 다양한 자세를 수반하는 서비스 직군(간호사, 요양보호사 등)의 작업 자세를 분석하고, 전신에 걸친 신체 부담 수준을 파악하는 데 유용하다.
OWAS (Ovako Working Posture Analysis System)	1977년 Karhu 등이 철강산업 종사자의 작업 자세를 평가하기 위해 개발한 분석 기법이다. 대표 작업을 비디오로 촬영한 후, 신체 부위별로 정의된 자세 기준에 따라 코드를 부여하고 이를 토대로 분석을 수행한다.
NIOSH 들기작업지침 (Revised NIOSH Lifting Equation)	작업자가 반복적으로 물체를 드는 상황에서 권장무게한계(RWL)를 계산하여 들기 작업의 위험 수준을 예측하는 방법이다. 이 기법은 작업의 안전성을 정량적으로 평가하는 데 활용된다.

4. 사무/VDT 작업

(1) VDT 증후군 개요

VDT 증후군이란 영상표시단말기를 지속적으로 사용하는 작업으로 인해 발생하는 경견완증후군과 같은 근골격계 질환(목, 어깨, 팔, 손목 등), 눈의 피로, 피부 이상, 정신적 피로 등의 건강장해를 통칭하는 용어이다.

(2) VDT작업의 작업관리

① 화면, 키보드, 마우스 관련 조건
  ㉠ 화면: 회전 및 경사 조절이 가능하고, 깜박임이 없으며, 화질은 선명해야 한다.
  ㉡ 문자/배경 대비: 휘도비(contrast) 조절이 가능하고 문자 크기 및 간격이 적절해야 한다.
  ㉢ 색상: 어두운 배경에 밝은 문자(황색, 녹색, 백색)를 권장하며, 적색·청색 문자는 지양한다.
  ㉣ 키보드: 이동이 가능하고, 키 감각 및 배열이 자연스럽고 경사는 5~15°, 두께 3cm 이하로 한다.
  ㉤ 마우스: 작업자의 손이 자연스러운 형태를 유지할 수 있도록 한다.

② 작업대 및 의자 조건
  ㉠ 작업대
   • 넓고 다리 공간이 확보되며, 높이 조절형 또는 60~70cm 범위의 것으로 선택한다.
   • 높이 조정이 가능한 작업대의 경우 바닥에서 작업대 표면까지 65cm 높이 전후로 작업자에게 맞게 고정할 수 있어야 한다.
   • 작업대의 앞쪽 부분이 둥글게 처리되어 작업자 신체를 보호할 수 있어야 한다.
  ㉡ 의자
   • 이동·회전이 가능해야 한다.
   • 등받이 및 팔걸이가 포함되어 있다.
   • 높이는 35~45cm 범위 내에서 조절이 가능해야 한다.
   • 등받이 깊이는 38~42cm 범위 내여야 한다.
   • 좌판 폭은 40~45cm 범위 내여야 한다.

(3) VDT작업의 작업자세

① 작업 자세 및 보조기구 사용 지침

㉠ 작업자의 시선 방향: 수평선에서 아래로 10~15도, 시거리 40cm 이상을 유지한다.

㉡ 팔꿈치 내각 및 키보드 높이
- 팔(Upper Arm)은 자연스럽게 늘어뜨리고, 작업자의 어깨가 들리지 않아야 하며, 팔꿈치의 내각은 90도 이상이 되어야 한다.
- 아래팔(Fore Arm)은 손등과 수평을 유지하여 키보드를 조작한다.
- 아래팔은 손등과 일직선을 유지하여 손목이 꺾이지 않도록 한다.

㉢ 연속적인 자료의 입력: 서류받침대(Document Holder)를 사용하도록 하고, 서류받침대는 높이·거리·각도 등을 조절하여 화면과 동일한 높이 및 거리에 두어 작업해야 한다.

㉣ 의자 앉는 자세: 등받이에 등을 기댈 수 있도록 깊숙이 앉는다.

㉤ 발 지지: 발바닥이 닿지 않으면 발 받침대를 조건에 맞는 높이와 각도로 설치한다.

㉥ 무릎 내각(Knee Angle): 90도 전후를 유지하되, 좌판 앞쪽과 종아리 사이 여유 확보하여 무리한 압력이 대퇴부와 종아리에 가해지지 않도록 한다.

㉦ 손목 사용: 손목이 바깥으로 꺾인 자세 장시간 유지하지 않도록 주의한다.

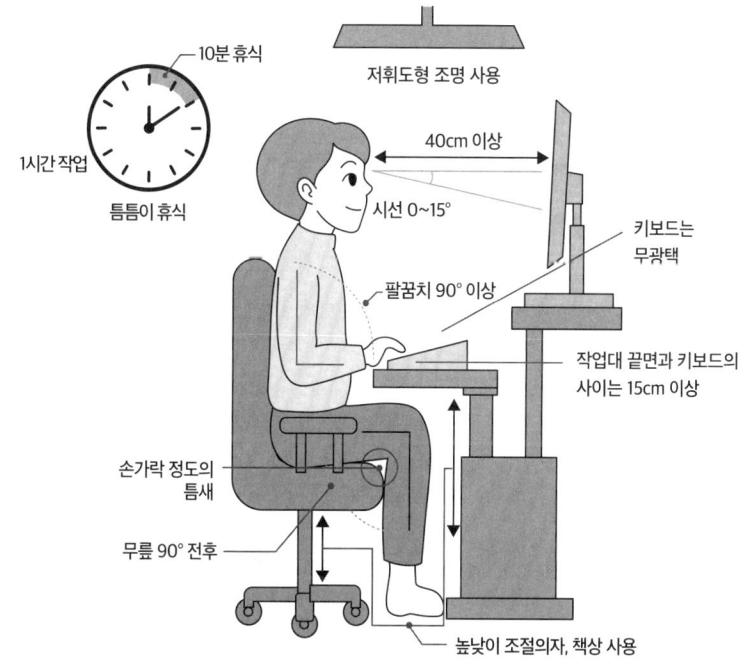

(4) VDT작업의 작업환경관리

① 눈부심 방지

㉠ 화면 경사를 조정한다.

㉡ 저휘도 조명기구 사용한다.

㉢ 문자와 배경 간 휘도비(Contrast)를 낮춘다.

㉣ 화면에 후드나 조명기구에 간이 차양막을 설치한다.

㉤ 빛 입사각은 화면 기준 45° 이내로 제한한다.

6 작업설계 및 개선

1. 작업방법

(1) 작업방법 및 효율성

① 작업관리의 주목적
  ㉠ 최선의 작업 방법을 개발한다.
  ㉡ 방법, 재료, 설비, 공구 등을 표준화한다.
  ㉢ 생산성을 향상시킨다.
  ㉣ 품질을 균일화한다.
  ㉤ 생산비를 절감한다.
  ㉥ 작업 방법에 대한 교육을 실시한다.

2. 작업대 및 작업공간

(1) 작업대 및 작업공간의 개선원리

① 입식작업대 높이
  ㉠ 일반적으로 허리~가슴 높이를 기준으로 한다.
  ㉡ 작업자의 체격에 따라 작업대의 높이가 조정 가능하도록 하는 것이 좋다.
  ㉢ 미세부품 조립과 같은 섬세한 작업일수록 작업대의 높이는 높아야 한다.
  ㉣ 일반적인 조립라인이나 기계 작업 시에는 팔꿈치 높이보다 5~10cm 낮아야 한다.

② 작업별 작업 높이
  ㉠ 정밀작업(세밀한 작업) : 팔꿈치 높이보다 5~10cm 높게 작업한다(최적 시야 15도 확보를 위해 작업대에 경사를 둔다).
  ㉡ 경작업(가벼운 조립 작업 등) : 팔꿈치 높이보다 5~10cm 낮게 작업한다.
  ㉢ 중작업(무거운 물건 취급) : 팔꿈치 높이보다 10~20cm 낮게 작업한다.

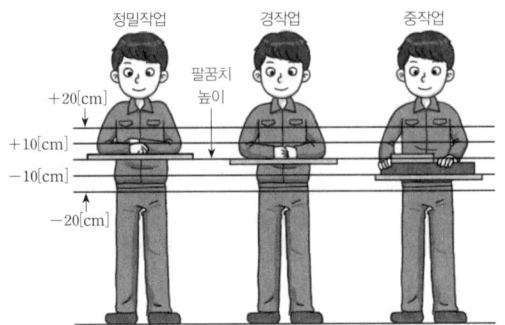

▲ 팔꿈치 높이와 작업대 높이의 관계

3. 작업설비/ 도구

(1) 수공구 및 설비의 개선원리

① 손바닥 전체에 골고루 스트레스를 분포시키는 손잡이를 가진 수공구를 선택한다.
② 가능하면 손가락으로 잡는 집어잡기(pinch grip)보다는 감싸쥐기(power grip)를 이용한다.
③ 공구 손잡이의 홈은 손바닥의 일부분에 많은 스트레스를 야기하므로 손잡이 표면에 홈이 파진 수공구를 피한다.

④ 동력 공구는 그 무게를 지탱할 수 있도록 매달거나 지지한다.
⑤ 진동 패드, 진동 장갑 등으로 손에 전달되는 진동 효과를 줄인다.
⑥ 적합한 모양의 손잡이를 사용하되, 가능하면 손바닥과 접촉면을 넓게 한다
⑦ 손잡이 길이는 최소 10cm 이상으로 하고 무게는 2.3kg 이하로 한다.

4. 관리적 개선

(1) 관리적 개선 원리 및 방법

① 근골격계질환 관리적 해결 방안
  ㉠ 작업자를 교대한다.
  ㉡ 작업자 휴식을 반복적으로 제공
  ㉢ 작업을 확대한다.
  ㉣ 작업자를 교육한다.
  ㉤ 스트레칭을 실시한다.

② 근골격계질환 예방을 위한 관리적 개선방안
  ㉠ 규칙적이고 적절한 휴식을 통하여 피로의 누적을 예방한다.
  ㉡ 작업 확대를 통하여 한 작업자가 할 수 있는 일의 다양성을 넓힌다.
  ㉢ 전문적인 스트레칭과 체조 등을 교육하고 작업 중 수시로 실시하도록 유도한다.
  ㉣ 중량물 운반 등 특정 작업은 작업환경과 작업방법은 개선하여 전자동화나 기계 기구를 활용해서 옮기는 방법을 변경하여 위험도를 경감시킨다.

5. 작업공간 설계

(1) 작업공간

① 정상작업영역과 최대작업영역

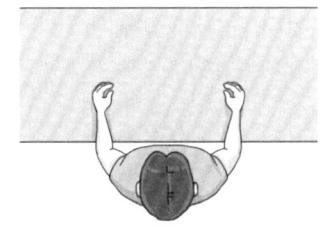 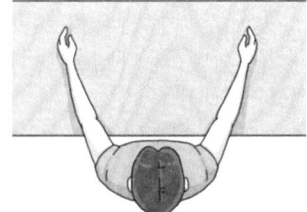

▲ 정상 작업영역과 최대 작업영역

  ㉠ 정상작업영역 : 작업자가 가장 편안하게 작업할 수 있는 영역(34~45cm)이다.
  ㉡ 최대작업영역 : 작업자가 최대로 손을 뻗었을 때의 작업 영역(55~65cm)이다.
  ㉢ 작업공간 포락면(Workspace envelope) : 작업자의 머리, 어깨, 팔, 손, 다리의 윤곽을 따라 그린 면이며 작업자의 실제 작업 공간이다.

(2) 공간 이용 및 배치
① 부품배치의 원칙(공간배치의 원칙)
- ㉠ 중요도의 원칙: 작업장에서 가장 중요한 구성요소(작업 물품)를 작업자의 손이 닿기 쉬운 곳에 배치하여, 작업자의 안전과 효율성을 높이는 원칙이다.
- ㉡ 사용빈도의 원칙: 작업자가 자주 사용하여 빈도 높은 구성요소를 작업자의 손이 닿기 쉬운 곳에 배치하여, 작업자의 작업시간을 단축하는 원칙이다.
  - 예 자주 사용하는 드라이버를 손에 닿기 쉬운 곳에 배치를 한다.
- ㉢ 기능별 배치(기능성)의 원칙: 구성요소(작업 물품)를 기능별로 분류하여 배치하는 원칙이다.
  - 예 기능이 비슷한 가위와 칼을 묶고, 펜과 연필을 묶어서 기능별로 분류하여 사용하는 원칙
- ㉣ 사용순서의 원칙: 사용순서에 맞게 순차적으로 부품을 배치하여, 시간의 효율성과 착오를 최소화하는 원칙이다.

7 근골격계질환 예방관리 프로그램

1. 근골격계질환 예방관리 프로그램 구성요소

(1) 예방관리 프로그램의 목표
① 프로그램의 개요 및 목표
- ㉠ 예방관리 프로그램은 경영진의 참여를 기반으로, 작업장 내 유해요인을 파악하고 인간공학적 분석을 통해 근골격계 질환을 예방하고 관리하기 위한 종합적인 계획을 의미한다.
- ㉡ 유해 요인 개선, 의학적 관리, 교육 및 훈련, 효과 평가 등을 포함하며, 일회성이 아닌 지속적이고 일상적인 관리 체계를 목표로 한다.
- ㉢ 조기 발견→ 조기 치료→조기 복귀를 핵심 방향으로 하며, 예방 중심의 접근을 최우선으로 한다.

② 프로그램 도입의 필요성
- ㉠ 미국 OSHA에 따르면 프로그램을 도입한 기업은 병가 및 의료비가 50% 이상 감소했으며, 영국 HSE 보고서에서는 의료 및 재활 비용이 약 30% 절감된 사례가 있다.
- ㉡ 이는 예방 관리가 단순한 비용이 아닌 효과적인 투자 차원이다.

③ 법적 적용대상
다음과 같은 경우 사업장은 예방·관리 프로그램을 의무적으로 수립·시행해야 한다.
- ㉠ 연간 근골격계질환자가 10명 이상 발생 사업장
- ㉡ 연간 5명 이상 발생하면서 전체 근로자의 10% 이상이 근골격계질환자인 경우
- ㉢ 고용노동부 장관이 필요성을 인정하여 예방관리 프로그램을 수립하여 시행할 것을 명령한 경우
  (자율 시행도 가능하며, 예방적 차원에서 전사적 참여를 통해 예방관리 프로그램 도입 가능)

④ 산업안전보건법령상 사업주가 근골격계 부담작업 종사자에게 주지시켜야 하는 내용
- ㉠ 근골격계 부담작업의 유해요인
- ㉡ 근골격계질환의 주요 증상 및 징후
- ㉢ 근골격계질환 발생 시의 대처 방법
- ㉣ 올바른 작업자세, 도구 및 작업시설의 올바른 사용법
- ㉤ 기타 질환 예방에 필요한 사항

개념 공략 근골격계질환 예방관리 프로그램의 기본원칙

원칙	설명
인식의 원칙	근골격계질환의 위험성을 경영진과 근로자 모두가 명확히 인식해야 하며, 예방을 위한 지속적인 관심과 노력이 필요하다.
노·사 공동 참여의 원칙	효과적인 예방관리를 위해 노사 간 신뢰를 바탕으로 한 공동 참여와 협력이 필수적이다.
전사적 지원 원칙	안전보건 부서에 국한하지 않고, 전 부서가 유기적으로 참여하고 협력해야 하며, 이는 기업의 품질과 성과 향상을 위한 전사적 품질관리의 관점에서 접근해야 한다.
사업장 내 자율적 해결원칙	사업장 내에서 자율적으로 예방 시스템을 운영하고, 필요 시 외부 전문가의 도움을 받을 수 있어야 한다.
시스템 접근의 원칙	근골격계질환은 다양한 원인이 복합적으로 작용하므로, 개인·작업·환경 등 전반에 대한 체계적인 접근이 요구된다.
지속성 및 사후 평가의 원칙	예방 효과는 장기적인 관리를 통해 나타나며, 정기적인 평가를 통해 개선이 이루어져야 한다.
문서화의 원칙	모든 예방활동과 결과는 체계적으로 기록되고 관리되어야 하며, 이를 통해 효과적인 평가와 개선이 가능하다.

(6) 예방관리 프로그램 구성요소 및 절차

① 근골격계질환 예방프로그램 순환순서

근골격계질환 문제 진단
작업장 내 유해요인을 식별하고, 근로자의 건강상태를 진단하며, 조직 내 작업 방식과 구조를 분석한다.
- 유해요인 평가
- 의학적 진단
- 조직 체계 분석관리

▶

관리전략 수립
근골격계질환 관리대상과 우선순위를 설정하고, 사업장 특성을 반영한 맞춤형 개선 방안 및 관리 체계를 설계한다.
- 관리대상 선정
- 우선순위 결정
- 사업장 관리모델 제시

▲ ▼

관리프로그램 평가
프로그램 시행 후 근골격계질환의 변화 양상을 평가하고, 실행 결과를 분석하여 향후 보완 및 지속적 개선 방향을 도출한다.
- 증상 조사
- 개선효과 평가

◀

관리 프로그램 실행
근골격계질환 증상에 대한 조사를 실시하고, 근로자 대상 교육 및 훈련을 제공하며, 개선 효과를 체계적으로 평가한다.
- 공학적 개선
- 의학적 개선
- 교육 훈련

② 근골격계 질환 예방·관리 프로그램에서 추진팀의 구성원

근골격계질환 예방 및 관리를 위한 프로그램은 사업장의 규모와 운영 체계에 따라 추진 조직의 구성 방식이 달라지며, 각 사업장의 상황에 맞게 인력을 배치하여 효율적인 프로그램 운영이 이루어져야 한다.

㉠ 소규모 사업장

작업 현장을 익숙한 근로자 대표, 명예산업안전감독관, 예산 관리 및 결정이 가능한 관리자, 설비 정비 담당자, 보건·안전 책임자, 구매나 자재 관리를 담당하는 실무자 등으로 팀을 구성한다.

ⓒ 대규모 사업장
- 중·소규모 사업장의 근골격계질환 예방관리 추진팀 이외에 생산, 설계, 유지보수 등 기술 담당자와 인사·총무 등의 노무 인력 추가가 가능하다.
- 사업장 내 각 부서별로 별도의 근골격계질환 예방관리 추진팀을 구성할 수 있으며, 부서장의 예산 권한과 실행력 확보가 중요하다.

ⓒ 산업안전보건위원회가 있는 사업장
산업안전보건위원회가 근골격계질환 예방·관리 프로그램의 주요 정책 및 실행 계획을 심의·의결하는 역할 수행이 가능하다.

③ 예방·관리 프로그램 실행을 위한 노·사의 역할

구분	내용
사업주의 역할	• 근골격계질환 예방 및 관리에 대한 기본 정책을 수립한 후 근로자에게 공유한다. • 근골격계질환의 질환 증상과 유해요인의 보고 및 대응체계를 구축한다. • 예방·관리 프로그램이 지속적으로 운영될 수 있도록 지원한다. • 예방·관리추진팀에게 해당 프로그램의 운영의 명확한 역할과 책임을 부여한다. • 예방·관리프로그램 운영에 필요한 사내 자원과 환경을 제공한다. • 근로자가 예방·관리프로그램의 개발, 실행, 평가 과정에 참여할 수 있는 기회를 보장한다.
근로자의 역할	• 작업과 관련하여 발생하는 근골격계질환 발생 유해요인, 질환 증상 등을 즉시 관리감독자에게 보고한다. • 예방·관리 프로그램의 개발과 평가에 적극적으로 참여하고 관련 지침을 준수한다. • 예방·관리 프로그램의 시행 전반에 적극적으로 참여하고 지원한다.
예방·관리추진팀의 역할	• 예방·관리 프로그램의 수립과 개정에 관한 사항을 결정한다. • 해당 프로그램의 실행과 운영 방안에 대해 결정하고 교육과 훈련 계획을 수립하고 실행한다. • 유해요인 평가와 개선계획을 수립 및 시행한다. • 근골격계질환자에 대한 사후 조치 및 건강 보호 방안을 마련하고 실행한다.
보건관리자의 역할	• 정기적으로 작업장을 점검하여 근골격계질환을 유발할 수 있는 작업공정 및 작업 유해요인을 파악한다. • 근로자와의 면담 등을 통해 질환 증상을 조기에 파악하고, 필요한 경우 전문의 진단을 받을 수 있도록 연계한다. • 7일 이상 지속되는 증상을 호소하는 근로자에 대해서는 지속 관찰과 전문의 진단 의뢰 등 추가 조치를 실시한다. • 질환자에 대한 정기 면담을 통해 작업장 조기 복귀를 도모할 수 있도록 지원한다. • 예방·관리 프로그램의 정책 결정 과정에 적극 참여한다.

SUBJECT 04 핵심예제

01 작업관리의 문제분석 도구로서, 가로축에 항목, 세로축에 항목별 점유비율과 누적비율로 막대·꺾은선 혼합 그래프를 사용하는 것은?

① 파레토차트
② 간트차트
③ 특성요인도
④ PERT 차트

02 워크샘플링에 대한 장·단점으로 적합하지 않은 것은?

① 시간연구법보다 더 자세하다.
② 특별한 측정 장치가 필요 없다.
③ 관측이 순간적으로 이루어져 작업에 방해가 적다.
④ 자료수집이나 분석에 필요한 순수시간이 다른 시간연구방법에 비하여 짧다.

03 손가락을 구부릴 때 힘줄의 굴곡운동에 장애를 주는 근골격계질환의 명칭으로 옳은 것은?

① 회전근개 건염
② 외상과염
③ 방아쇠 수지
④ 내상과염

04 근골격계 질환을 예방하기 위한 대책으로 적절하지 않은 것은?

① 작업방법과 작업공간을 재설계한다.
② 작업 순환(Job Rotation)을 실시한다.
③ 단순 반복적인 작업은 기계를 사용한다.
④ 작업속도와 작업강도를 점진적으로 강화한다.

합격을 여는 만능해설

01 파레토 차트는 가로축에 항목을, 세로축에는 각 항목의 점유비율을 나타내는 막대그래프를 그리고, 누적비율을 나타내는 꺾은선을 추가하는 그래프이다. 이 차트는 문제의 주요 원인을 파악하거나, 가장 중요한 항목을 찾는 데 유용하게 사용된다.

02 시간연구법이 더 세부적이고 정확한 분석을 제공한다.

03 ① 회전근개 건염: 어깨의 회전근개 힘줄에 염증이 생기는 질환이다.
② 외상과염: 외상 후 염증이 발생하는 것으로, 손목, 팔꿈치, 무릎 등에서 발생한다.
④ 내상과염: 관절 내의 염증성 질환을 의미한다.

04 작업속도와 작업강도를 점진적으로 강화하는 것은 오히려 근골격계질환의 위험을 증가시킬 수 있다.

정답 01 ① 02 ① 03 ③ 04 ④

05 3시간 동안 작업 수행과정을 촬영하여 워크샘플링 방법으로 200회를 샘플링한 결과 30번의 손목꺾임이 확인되었다. 이 작업의 시간당 손목꺾임 시간은?

① 6분 ② 9분
③ 18분 ④ 30분

06 동작경제원칙에 해당되지 않는 것은?

① 신체 사용에 관한 원칙
② 작업장의 배치에 관한 원칙
③ 제품과 공정별 배치에 관한 원칙
④ 공구 및 설비 디자인에 관한 원칙

07 어느 작업시간의 관측평균시간이 1.2분, 레이팅계수가 110%, 여유율이 25%일 때 외경법에 의한 개당 표준시간은 얼마인가?

① 1.32분 ② 1.50분
③ 1.53분 ④ 1.65분

08 유해요인 조사 방법 중 OWAS(Ovako Working Posture Analysis System)에 관한 설명으로 옳지 않은 것은?

① OWAS의 작업자세 수준은 4단계로 분류된다.
② OWAS는 작업자세로 인한 부하를 평가하는 데 초점이 맞추어져 있다.
③ OWAS는 신체 부위의 자세뿐만 아니라 중량물의 사용도 고려하여 평가한다.
④ OWAS는 작업자세를 허리, 팔, 손목으로 구분하여 각 부위의 자세를 코드로 표현한다.

09 근골격계 부담작업에 해당하지 않는 작업은?

① 하루에 10회 이상 25kg 이상의 물체를 드는 작업
② 하루에 총 2시간 이상, 분당 2회 이상 4.5kg 이상의 물체를 드는 작업
③ 하루에 2시간 이상 집중적으로 자료입력 등을 위해 키보드 또는 마우스를 조작하는 작업
④ 하루에 총 2시간 이상 목, 어깨, 팔꿈치, 손목 또는 손을 사용하여 같은 동작을 반복하는 작업

합격을 여는 만능해설

05 손목꺾임 비율 $= \dfrac{관찰횟수}{총 샘플링 횟수} = \dfrac{30}{200} = 0.15$

1시간당 손목꺾임 시간 $=$ 활동비율 $\times$ 60분
$= 0.15 \times 60분 = 9분$

06 동작경제원칙 3가지
  • 신체의 사용에 관한 원칙
  • 작업장의 배치에 관한 원칙
  • 공구 및 설비의 디자인에 관한 원칙

07 정미시간 $=$ 관측평균시간 $\times$ (레이팅계수/100)
$= 1.2분 \times 1.10 = 1.32분$
표준시간(외경법) $=$ 정미시간 $\times$ (1 $+$ 여유율)
$= 1.32분 \times (1 + 0.25) = 1.65분$

08 OWAS는 작업자세를 허리, 상지, 하지, 중량물(또는 부하)로 구분하여 각 부위의 자세를 코드로 표현한다.

09 하루에 4시간 이상 집중적으로 자료입력 등을 위해 키보드 또는 마우스를 조작하는 작업의 경우 근골격계 부담작업에 해당한다.

10 공정도(Process chart)에 사용되는 기호와 명칭이 잘못 연결된 것은?

① ⇨ : 운반
② ☐ : 검사
③ ◯ : 가공
④ ⌐ : 저장

12 작업자·기계 작업 분석 시 작업자와 기계의 동시작업 시간이 1.8분, 기계와 독립적인 작업자의 활동시간이 2.5분, 기계만의 가동시간이 4.0분일 때, 동시성을 달성하기 위한 이론적 기계 대수는 약 얼마인가?

① 0.28
② 0.74
③ 1.35
④ 3.61

11 NIOSH의 들기 작업 지침에서 들기 지수(LI)를 산정하는 식에서 반영되는 변수가 아닌 것은?

① 표면계수
② 수평계수
③ 빈도계수
④ 비대칭계수

13 손과 손목 부위에 발생하는 작업관련성 근골격계질환이 아닌 것은?

① 방아쇠 손가락(Trigger finger)
② 외상과염(Lateral epicondylitis)
③ 가이언 증후군(Canal of guyon)
④ 수근관 증후군(Carpal tunnel syndrome)

---

10 공정도(Process Chart)에서 '저장'을 나타내는 기호는 ▽이다. ⌐는 '지체'를 의미한다.

11 NIOSH 들기지수(LI) 산정에는 작업물 무게(A), 부하상수(LC : 23kg), 수평계수(HM), 수직계수(VM), 거리계수(DM), 비대칭계수(AM), 빈도계수(FM), 결합계수(CM)가 반영된다.

12 이론적 기계 대수$(n) = \dfrac{a+t}{a+b} = \dfrac{1.8+4.0}{1.8+2.5} = 1.35$

여기서 a는 작업자와 기계의 동시작업 시간이며, t는 기계만 수행하는 가동 시간, b는 작업자만 수행하는 독립 작업 시간을 의미한다.

13 외상과염(테니스엘보)은 팔꿈치에서 손목으로 이어진 뼈를 둘러싼 인대가 부분적으로 파열되거나 염증이 생기면서 발생한다.

정답 05 ② 06 ③ 07 ④ 08 ④ 09 ③ 10 ④ 11 ① 12 ③ 13 ②

14 관측평균시간이 0.8분, 레이팅계수 120%, 정미시간에 대한 작업 여유율이 15%일때 표준시간은 약 얼마인가?

① 0.78분 ② 0.88분
③ 1.104분 ④ 1.264분

15 다음 서블릭(therblig)기호 중 효율적 서블릭에 해당하는 것은?

① Sh ② G
③ P ④ H

16 어느 회사의 컨베이어 라인에서 작업순서가 다음 표의 번호와 같이 구성되어 있을 때, 다음 설명 중 옳은 것은?

작업	1. 조립	2. 납땜	3. 검사	4. 포장
시간(초)	10초	9초	8초	7초

① 공정 손실은 15%이다.
② 애로작업은 검사작업이다.
③ 라인의 주기시간은 7초이다.
④ 라인의 시간당 생산량은 6개이다.

17 근골격계질환 예방관리 프로그램상 예방·관리 추진팀의 구성원이 아닌 것은?

① 관리자
② 근로자대표
③ 사용자대표
④ 보건담당자

합격을 여는 만능해설

14 정미시간 = $0.8 \times \frac{120}{100} = 0.8 \times 1.2 = 0.96$분
표준시간(외경법) = 정미시간 × (1+여유율)
= $0.96 \times (1+0.15)$
= $0.96 \times 1.15 = 1.104$(분)

15 빈손이동(TE), 운반(TL), 쥐기(G), 내려놓기(RL), 미리놓기(PP), 사용(U), 조립(A), 분해(DA)는 효율적인 서블릭(Therblig)에 해당한다.

16 ① 공정손실율 = $1 - \left(\frac{\text{총 작업시간}}{\text{작업개수} \times \text{주기시간}}\right)$
= $1 - \left(\frac{34}{4 \times 10}\right) = 0.15(15\%)$
② 애로작업(가장 오래 걸리는 작업)은 조립작업이다.
③ 라인의 주기시간은 10초이다.
④ 시간당 생산량 = $\frac{3,600}{\text{주기시간}} = \frac{3,600}{10} = 360$개

17 사용자 대표는 사업주나 고용자를 의미하며, 직접적으로 프로그램의 추진팀의 구성원은 아니다.

18 일반적인 시간연구방법과 비교한 워크샘플링 방법의 장점이 아닌 것은?

① 분석자에 의해 소비되는 총 작업시간이 훨씬 적은 편이다.
② 특별한 시간 측정 장비가 별도로 필요하지 않는 간단한 방법이다.
③ 관측항목의 분류가 자유로워 작업현황을 세밀히 관찰할 수 있다.
④ 한 사람의 평가자가 동시에 여러 작업을 측정할 수 있다.

19 다음 중 근골격계질환의 원인과 거리가 먼 것은?

① 반복적인 동작
② 과도한 힘의 사용
③ 고온의 작업환경
④ 부적절한 작업자세

20 근골격계질환·관리추진팀 내 보건관리자의 역할로 옳지 않은 것은?

① 근골격계질환 예방·관리프로그램의 기본정책을 수립하여 근로자에게 알린다.
② 주기적으로 작업장을 순회하여 근골격계질환을 유발하는 작업공정 및 작업 유해요인을 파악한다.
③ 7일 이상 지속되는 증상을 가진 근로자가 있을 경우 지속적인 관찰, 전문의 진단의뢰 등의 필요한 조치를 한다.
④ 주기적인 근로자 면담 등을 통하여 근골격계질환 증상 호소자를 조기에 발견하는 일을 한다.

---

18 관측항목의 분류가 자유로워 작업현황의 세밀한 관찰이 어렵다.

19 근골격계질환의 주요 원인은 반복적인 동작, 과도한 힘의 사용, 부적절한 작업 자세 등 신체 부담 요인이다. 고온의 작업환경은 열 스트레스나 탈수와 관련 있지만, 근골격계질환의 직접적인 원인과는 거리가 멀다.

20 근골격계질환 예방·관리프로그램의 기본정책을 수립하여 근로자에게 알리는 것은 사업주의 역할이다.

정답 14 ③ 15 ② 16 ① 17 ③ 18 ③ 19 ③ 20 ①

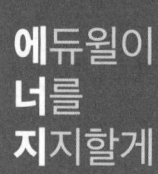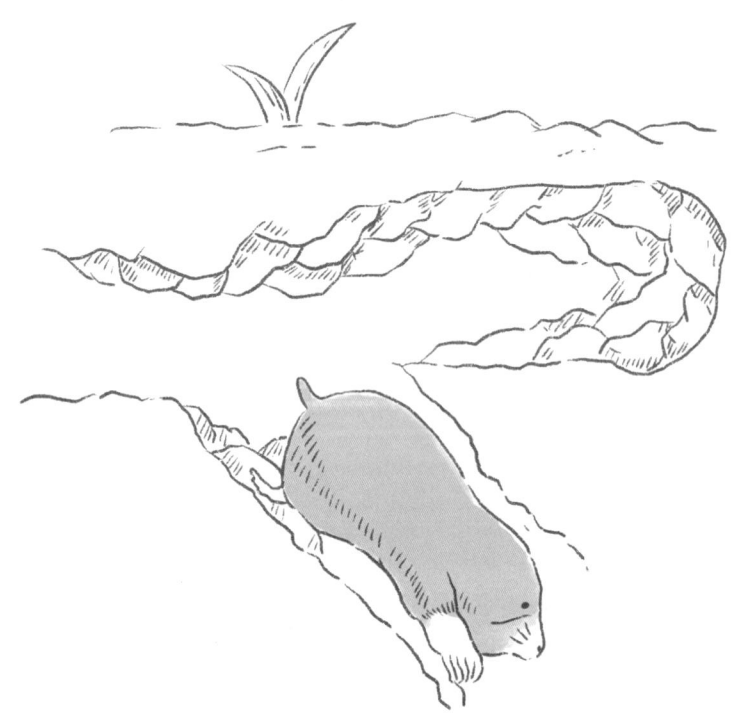

장애물을 만나면 이렇게 생각하라.
"내가 너무 일찍 포기하는 것이 아닌가?"
실패한 사람들이 '현명하게' 포기할 때,
성공한 사람들은 '미련하게' 나아간다.

— 마크 피셔(Mark Fisher)

PART 02

8개년 기출

학습전략

인간공학기사 합격을 위해서는 기출문제 학습이 핵심입니다. 본 교재의 8개년 기출문제를 실제 시험처럼 풀어 자신의 실력을 점검하고, 단순히 정답 확인을 넘어 상세 해설을 통해 틀린 문제와 모호했던 부분의 관련 개념까지 완벽히 이해하는 것이 중요합니다.

특히 CBT 시험의 특성상 반복 출제되는 경향이 높으므로, '회독 체크표'를 활용하여 최소 3회독 이상 꾸준히 학습하며 약점을 보완하고 문제 풀이 속도를 높여야 합니다. 최신 기출문제부터 역순으로 학습하며 출제 경향을 파악하는 것 또한 효율적인 학습에 큰 도움이 됩니다.

2025년 CBT 복원문제

2024년 CBT 복원문제

2023년 CBT 복원문제

2022년 기출문제

2021년 기출문제

2020년 기출문제

2019년 기출문제

2018년 기출문제

2025년 1회 CBT 복원문제

SUBJECT 01 | 인간공학개론

01
시(視)감각 체계에 관한 설명으로 틀린 것은?

① 동공은 조도가 낮을 때는 많은 빛을 통과시키기 위해 확대된다.
② 1디옵터는 1미터 거리에 있는 물체를 보기 위해 요구되는 조절능력이다.
③ 안구의 수정체는 모양체근으로 긴장을 하면 얇아져 가까운 물체만 볼 수 있다.
④ 망막의 표면에는 빛을 감지하는 광수용기인 원추체와 간상체가 분포되어 있다.

해설
수정체는 모양체근이 긴장하면 두꺼워져 굴절력이 증가하여 가까운 물체만 볼 수 있다.

정답 | ③

02
인체측정의 구조적 치수 측정에 관한 설명으로 틀린 것은?

① 형태학적 측정을 의미한다.
② 나체 측정을 원칙으로 한다.
③ 마틴식 인체측정 장치를 사용한다.
④ 상지나 하지의 운동범위를 측정한다.

해설
구조적 치수는 표준자세에서 움직이지 않는 상태에서 측정한 신체 치수이다.

정답 | ④

03
다음 중 자극이 사라진 후에도 잠시 동안 감각이 지속되는 것을 나타내는 말은?

① 장기기억
② 단기기억
③ 감각기억
④ 작업기억

해설
자극이 사라진 이후에도 잠시 감각이 지속되는 것은 감각기억으로 인한 것이다.

정답 | ③

04
폰(phon)에 관한 설명으로 틀린 것은?

① 1,000Hz대의 20dB 크기의 소리는 20phon이다.
② 상이한 음의 상대적 크기에 대한 정보는 나타내지 못한다.
③ 40dB의 1,000Hz 순음을 기준으로 하여 다른 음의 상대적인 크기를 설정하는 척도의 단위이다.
④ 1,000Hz의 주파수를 기준으로 각 주파수별 동일한 음량을 주는 음압을 평가하는 척도의 단위이다.

해설
40dB의 1,000Hz 순음을 기준으로 하여 다른 음의 상대적인 크기를 설정하는 척도의 단위는 손(sone)이다.

정답 | ③

05

다음과 같이 4가지 자극에 대하여 4가지 반응이 나타날 확률이 주어질 때 전달된 정보량은 얼마인가?

구분		반응(Y)			
		1	2	3	4
자극(X)	1	0.25	0.0	0.0	0.0
	2	0.25	0.0	0.0	0.0
	3	0.0	0.0	0.25	0.0
	4	0.0	0.0	0.0	0.25

① 0.5bit ② 1.0bit ③ 1.5bit ④ 2.0bit

해설 정보전달량

전달된 정보량 = H(Y) − H(Y|X)

반응(Y)	발생확률(p_i)
1	0.25+0.25=0.5
2	0
3	0.25
4	0.25

반응 정보량 H(Y)
$= -\{(0.5 \times \log_2(0.5) + 0.25 \times \log_2(0.25) + 0.25 \times \log_2(0.25))\}$
$= 1.5\text{bit}$

조건부 반응 정보량 H(Y|X)는 자극 하나에 대해 반응 하나만 출력되므로 0bit이다.
따라서 정보전달량=H(Y)−H(Y|X)=1.5−0=1.5bit이다.

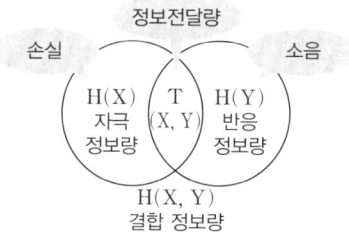

정답 | ③

06

시각장치를 사용하는 경우보다 청각장치가 더 유리한 경우는?

① 전언이 복잡할 때
② 전언이 후에 재참조 될 때
③ 전언이 즉각적인 행동을 요구할 때
④ 직무상 수신자가 한 곳에 머무를 때

해설
청각 정보는 공간의 제약 없이 널리 퍼지고, 수신자가 즉시 인식할 수 있어 빠르게 전달된다. 따라서 신속한 대응이 필요한 상황에서는 경보음이나 긴급 방송과 같은 청각장치가 더 효과적이다.

정답 | ③

07

표시장치를 사용할 때 자극 전체를 직접 나타내거나 재생시키는 대신, 정보나 자극을 암호화하는 경우가 흔하다. 이와 같이 정보를 암호화하는 데 있어서 지켜야 할 일반적 지침으로 볼 수 없는 것은?

① 다차원의 성능 ② 암호의 양립성
③ 암호의 변별성 ④ 암호의 검출성

해설 암호체계의 일반적 지침

변별성	암호 표시가 다른 암호와 혼동되지 않고 명확히 구분될 수 있어야 한다.
검출성	암호화된 자극이 사용자에게 충분히 감지될 수 있어야 한다.
양립성	자극과 반응 간의 관계가 사용자의 기대와 모순되지 않아야 한다.
다차원의 암호사용	여러 암호 차원을 조합하여 정보 전달의 신뢰성과 효율성을 높인다. 예 경고 소리와 빛을 동시제공

정답 | ①

08

선형 제어장치를 20cm 이동시켰을 때 선형표시장치에서 지침이 5cm 이동되었다면, 제어반응(C/R)비는 얼마인가?

① 0.2 ② 0.25
③ 4.0 ④ 5.0

해설

$$C/R비 = \frac{조종장치의\ 움직임}{표시장치의\ 반응}$$

$C/R비 = \dfrac{20}{5} = 4.0$

정답 | ③

09

소리의 차폐효과(masking)에 관한 설명으로 맞는 것은?

① 주파수별로 같은 소리의 크기를 표시한 개념
② 하나의 소리가 다른 소리의 판별에 방해를 주는 현상
③ 내이(inner ear)의 달팽이관(Cochlea) 안에 있는 섬모(fiber)가 소리의 주파수에 따라 민감하게 반응하는 현상
④ 하나의 소리의 크기가 다른 소리에 비해 몇 배나 크게(또는 작게) 느껴지는 지를 기준으로 소리의 크기를 표시하는 개념

해설 차폐효과(Masking Effect)

한 소리가 다른 소리(signal)를 들을 수 없게 하거나 인지하기 어렵게 만드는 현상을 말한다.
예 공장의 기계 소음으로 인해 작업자들 간의 대화가 어려운 경우

정답 | ②

10

다음 중 인간공학에 관한 설명으로 가장 적절하지 않은 것은?

① 인간의 특성 및 한계를 고려한다.
② 인간을 기계와 작업에 맞추는 학문이다.
③ 인간 활동의 최적화를 연구하는 학문이다.
④ 편리성, 안전성, 효율성을 제고하는 학문이다.

해설

인간공학의 목표는 시스템, 환경, 기계 등을 인간 중심으로 설계하여 인간의 효율성과 안전성을 높이는 것이다.

정답 | ②

11

키를 측정할 때 체중계가 아닌 줄자를 이용하는 것처럼 연구조사 시 측정하고자 하는 바를 얼마나 정확하게 측정하였는가를 평가하는 척도는?

① 타당성(Validity) ② 신뢰성(Reliability)
③ 상관성(Correlation) ④ 민감성(Sensitivity)

해설

타당성은 측정하고자 하는 바를 얼마나 정확하게 측정하였는가를 평가하는 척도이다.

정답 | ①

12

동전 던지기에서 앞면이 나올 확률은 0.4이고, 뒷면이 나올 확률은 0.6일 경우 이로부터 기대할 수 있는 평균정보량은 약 얼마인가?

① 0.65bit ② 0.88bit
③ 0.97bit ④ 1.99bit

해설 평균 정보량 계산

$$H = -\sum_{i=1}^{n} p_i \log_2 p_i$$

- H: 평균 정보량
- p_i: 발생 확률

확률이 0.4와 0.6인 이벤트 평균 정보량(H)
$H = -(0.4 \times \log_2(0.4)) - (0.6 \times \log_2(0.6)) = 0.97\text{bit}$

정답 | ③

13

정상조명 하에서 5m 거리에서 볼 수 있는 원형 바늘 시계를 설계하고자 한다. 시계의 눈금단위를 1분 간격으로 표시하고자 할 때, 권장되는 눈금 간의 간격은 최소 몇 mm 정도인가?

① 9.15　　② 18.31
③ 45.75　　④ 91.55

해설 표시장치의 눈금 표시 설계

- 표시장치의 눈금 중심 간 최소 간격(판독 거리 0.71m 기준)
  - 정상 조명: 1.3mm
  - 낮은 조명: 1.8mm
- 정상 조명 시 시계 원형문자판의 눈금 간격

$$\frac{71cm}{1.3mm} = \frac{500cm}{x\,mm}$$

$$x = \frac{500 \times 1.3}{71} \approx 9.15mm$$

정답 ①

14

다음 중 경계 및 경보신호에 사용되는 청각적 표시장치가 가져야 할 특징으로 옳은 것은?

① 1,000m 이상의 장거리용 신호에서는 1,000Hz 이상의 주파수를 사용한다.
② 경계신호는 가급적 통일해서 사용자에게 혼란을 야기하지 말아야 한다.
③ 장애물이나 칸막이를 넘어가야 하는 신호는 1,000Hz 이상의 주파수를 사용한다.
④ 주의를 끄는 목적으로 신호를 사용할 때에는 변조신호를 사용한다.

해설

1,000m 이상의 장거리용 신호 또는 장애물이나 칸막이를 넘어가야 하는 신호는 1,000Hz 이하의 낮은 주파수를 사용해야 하며, 경계신호는 경보의 성격에 따라 구별될 수 있도록 구성해야 한다.

정답 ④

15

다음 중 직렬시스템과 병렬시스템의 특성에 대한 설명으로 옳은 것은?

① 직렬시스템에서 요소의 개수가 증가하면 시스템의 신뢰도도 증가한다.
② 병렬시스템에서 요소의 개수가 증가하면 시스템의 신뢰도도 감소한다.
③ 시스템의 높은 신뢰도를 안정적으로 유지하기 위해서는 병렬시스템으로 설계하여야 한다.
④ 일반적으로 병렬시스템으로 구성된 시스템은 직렬시스템으로 구성된 시스템보다 비용이 감소한다.

해설

병렬설계는 신뢰도를 높이고 시스템이 안정적으로 유지되도록 한다.

정답 ③

16

다음 중 시력에 관한 설명으로 틀린 것은?

① 눈의 조절능력이 불충분한 경우, 근시 또는 원시가 된다.
② 시력은 세부적인 내용을 시각적으로 식별할 수 있는 능력을 말한다.
③ 눈이 초점을 맞출 수 없는 가장 먼 거리를 원점이라 하는데 정상 시각에서 원점은 거의 무한하다.
④ 여러 유형의 시력은 주로 망막 위에 초점이 맞추어지도록 홍채의 근육에 의한 눈의 조절능력에 달려있다.

해설

초점 조절은 수정체와 모양체 근육이 담당하고, 홍채는 동공 크기를 조절한다.

정답 ④

17
조작자와 조종장치 사이의 거리를 정할 때 사용하는 인체측정 자료의 응용원칙으로 옳은 것은?

① 조절식 설계
② 최소치 설계
③ 최대치 설계
④ 평균치 설계

해설
제어 버튼은 팔이 짧은 사람도 닿을 수 있도록, 조작 힘은 체력이 약한 사람도 사용할 수 있도록 최소치를 기준으로 설계해야 한다.

정답 | ②

18
시스템의 평가척도 유형으로 볼 수 없는 것은?

① 인간 기준(Human Criteria)
② 관리 기준(Management Criteria)
③ 시스템 기준(System-Descriptive Criteria)
④ 작업 성능 기준(Task Performance Criteria)

해설
관리 기준은 시스템 평가척도가 아니다.

관련개념 시스템 평가척도 유형

척도유형	설명	예시
인간 기준	사용자의 신체·인지·심리적 특성과 시스템의 적합성을 평가한다.	피로도, 인지부하, 스트레스 수준 등
작업 성능 기준	사용자가 시스템을 사용하여 작업을 수행하는 정확성과 효율성을 평가한다.	오류율, 생산성, 반응시간 등
시스템 기준	시스템 자체의 성능과 속성을 평가한다.	처리속도, 신뢰성, 유지보수성 등

정답 | ②

19
인체 측정치의 적용 절차가 다음과 같을 때 순서를 가장 올바르게 나열한 것은?

① 인체측정자료의 선택
② 설계치수 결정
③ 설계에 필요한 인체 치수의 결정
④ 적절한 여유치 고려
⑤ 모형에 의한 모의실험
⑥ 인체자료 적용원리 결정
⑦ 설비를 사용할 집단 정의

① ③ → ⑦ → ⑥ → ① → ④ → ② → ⑤
② ③ → ⑥ → ⑦ → ① → ④ → ⑤ → ②
③ ① → ⑦ → ③ → ⑥ → ④ → ② → ⑤
④ ① → ⑥ → ⑦ → ④ → ③ → ⑤ → ②

해설 인체 측정치의 적용 절차

순서	절차	내용
1	필요 치수 결정	무엇을 설계할지에 따라 필요 치수를 결정한다.
2	사용 집단 정의	제품을 사용할 집단(성별, 나이)을 설정한다.
3	적용 원리 결정	최대값, 최소값 등 적용 기준을 선택한다.
4	자료 선택	신뢰할 수 있는 인체측정자료를 선정한다.
5	여유치 고려	실제 환경을 고려하여 여유치를 추가한다.
6	설계 치수 결정	최종 설계 치수를 확정한다.
7	모형 실험	시제품으로 검증한다.

정답 | ①

20

다음과 같이 직렬로 나열된 모터 중 ⑧의 모터에서 고장이 발생하여 수리할 때 숫자를 확인하지 않고 맨 끝의 모터를 수리하였다고 한다. 이때 발생한 인간의 오류모형은?

―①―②―③―④―⑧―⑤―⑥―⑦―

① 착오(Mistake)
② 건망증(Lapse)
③ 실수(Slip)
④ 위반(Violation)

해설
숫자를 확인하지 않고 수리한 것은 잘못된 의도와 판단에 따라 행동하였기에 착오에 해당한다.

정답 | ①

SUBJECT 02 | 작업생리학

21

다음 중 유산소 대사의 하나인 크렙스 사이클(Kreb's Cycle)에서 일어나는 반응이 아닌 것은?

① 산화가 발생하다
② 젖산이 생성된다.
③ 이산화탄소가 생성된다.
④ 구아노신 3인산(GTP)의 전환을 통하여 ATP가 생성된다.

해설
젖산은 무산소 대사에서 피루브산이 변환되어 생성되며, 유산소 대사인 크렙스 사이클에서는 생성되지 않는다.

정답 | ②

22

산업안전보건법령상 강렬한 소음작업이란 1일 8시간 작업을 기준으로 몇 데시벨 이상의 소음이 발생하는 작업을 말하는가?

① 80
② 85
③ 90
④ 95

해설 강렬한 소음작업

소음강도 dB(A)	1일 발생시간
90	8시간 이상
95	4시간 이상
100	2시간 이상
105	1시간 이상
110	30분 이상
115	15분 이상

정답 | ③

23

인체의 해부학적 자세에서 팔꿈치 관절의 굴곡과 신전 동작이 일어나는 면은?

① 시상면(sagittal plane)
② 정중면(median plane)
③ 관상면(coronal plane)
④ 횡단면(transverse plane)

해설
시상면은 신체를 좌우로 나누는 면이다.

정답 | ①

24

다음 중 추천반사율(IES)이 가장 높은 것은?

① 벽
② 천장
③ 바닥
④ 책상

해설
실내 표면의 추천 반사율은 바닥에서 천장으로 갈수록 높아진다.

정답 | ②

25

일반적으로 소음계는 3가지 특성에서 음압을 특정할 수 있도록 보정되어 있는데 A 특성치란 40phon의 등음량 곡선과 비슷하게 보정하여 특정한 음압수준을 말한다. B 특성치와 C 특성치는 각각 몇 phon의 등음량곡선과 비슷하게 보정하여 특정한 값을 말하는가?

	B 특성치	C 특성치
①	50phon	80phon
②	60phon	100phon
③	70phon	100phon
④	80phon	150phon

해설 A, B, C 특성치와 등음량곡선

특성치	등음량곡선	특징
A 특성치	40phon	일반 환경 소음 평가에 사용한다.
B 특성치	70phon	중간 크기 소음 평가에 사용한다.
C 특성치	100phon	고음량 측정 시 사용한다.

정답 | ③

26

전신 진동에 있어 안구에 공명이 발생하는 진동수의 범위로 가장 적합한 것은?

① 8~12Hz
② 10~20Hz
③ 20~30Hz
④ 60~90Hz

해설
안구의 공명주파수는 60~90Hz이다.

관련개념 전신진동 주파수별 인체 영향 부위

주파(Hz)	인체 부위	영향
5Hz 이하	전신	균형감각 저하, 운동성능 저하
4~8Hz	허리(요추), 등	허리통증, 디스크 손상 위험
10~25Hz	안구	시력 저하
20~30Hz	머리, 어깨	공명현상 발생, 불쾌감 유발
60~90Hz	손, 손목, 안구	손 저림, 혈류감소, 안구공명

정답 | ④

27

어떤 작업의 평균 에너지값이 6kcal/min이라고 할 때 60분간 총 작업시간 내에 포함되어야 하는 휴식시간은 약 몇 분인가? (단, Murrell의 방법을 적용하여, 기초대사를 포함한 작업에 대한 권장 평균 에너지값의 상한은 4kcal/min이다.)

① 6.7
② 13.3
③ 26.7
④ 53.3

해설 Murrell의 식을 이용한 휴식시간 계산

$$R = T \times \left(\frac{E-S}{E-M}\right)$$

- R: 휴식시간(분)
- T: 총 작업 시간(분)
- E: 작업 중 평균 에너지 소비량(kcal/min)
- S: 권장 평균 에너지 소비량(kcal/min), 일반적으로 5kcal/min
- M: 휴식 중 평균 에너지 소비량(kcal/min), 일반적으로 1.5kcal/min

휴식시간$(R) = 60 \times \left(\frac{6-4}{6-1.5}\right) = 26.7$분

정답 | ③

28

다음 중 근육피로의 1차적 원인으로 옳은 것은?

① 젖산 축적
② 글리코겐 축적
③ 미오신 축적
④ 피루브산 축적

해설
무산소 운동 시, 젖산이 생성되어 축적되면 근육 내 PH가 낮아지고, 이로 인해 수축 효율이 감소하며 피로가 발생한다.

정답 | ①

29

인체활동이나 작업종료 후에도 체내에 쌓인 젖산을 제거하기 위해 산소가 더 필요하게 되는 것을 무엇이라 하는가?

① 산소 빚(Oxygen Debt)
② 산소 값(Oxygen Value)
③ 산소 피로(Oxygen Fatigue)
④ 산소 대사(Oxygen Metabolism)

해설

신체가 무산소성 대사로 에너지를 생성할 때 축적된 젖산을 제거하고 정상 상태로 회복하기 위해 활동 종료 후에도 추가적인 산소를 필요로 하는 현상을 산소 빚(산소 부채)이라고 한다.

정답 | ①

30

기초대사량(BMR)에 관한 설명으로 틀린 것은?

① 기초대사량은 개인차가 심하여 나이에 따라 달라진다.
② 일상생활을 하는 데 필요한 단위 시간당 에너지양이다.
③ 일반적으로 체격이 크고 젊은 남성의 기초대사량이 크다.
④ 공복 상태로 쾌적한 온도에서 신체적 휴식을 취하는 엄격한 조건에서 측정한다.

해설

기초대사량은 일상생활에서 사용하는 에너지가 아니라, 생명 유지를 위해 최소한으로 필요한 최소 에너지량을 의미한다.

정답 | ②

31

다음 그림과 같이 작업자가 한 손을 사용하여 무게(W_L)가 98N인 작업물을 수평선을 기준으로 30도 팔꿈치 각도로 들고 있다. 물체를 쥔 손에서 팔꿈치까지의 거리는 0.35m이고, 손과 아래팔의 무게(W_A)는 16N이며, 손과 아래팔의 무게중심은 팔꿈치로부터 0.17m에 위치해 있다. 팔꿈치에 작용하는 모멘트는 얼마인가?

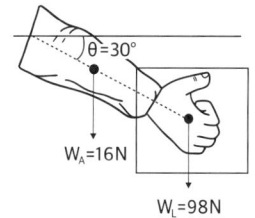

① 32Nm   ② 37Nm
③ 42Nm   ④ 47Nm

해설 모멘트(M) 계산

모멘트는 힘(F)과 거리(d)의 곱($M=F \cdot d$)으로 계산할 수 있는데, 팔꿈치에서 발생하는 모멘트는 하박과 물체의 하중이 각각 팔꿈치에서 떨어진 거리를 곱하여 모멘트 암을 계산한다.

$$M = W_1 \cdot d_1 \cdot \cos(\theta) + W_2 \cdot d_2 \cdot \cos(\theta)$$

$M = (98N \times 0.35m \times \cos(30°)) + (16N \times 0.17m \times \cos(30°))$
$= 32.06 \approx 32Nm$

정답 | ①

32

정적 근육수축이 무한하게 유지될 수 있는 최대자율수축(MVC)의 범위는?

① 10% 미만   ② 25% 미만
③ 40% 미만   ④ 50% 미만

해설

최대자율수축(MVC)가 높을수록 정적 근육수축 지속시간이 짧아지고 낮을수록 오래 지속 가능하다. MVC가 10% 미만이면 정적 근육수축이 무한으로 유지된다.

정답 | ①

33
다음 중 소음에 의한 C_5-dip 현상이 발생하는 주파수는?

① 500Hz ② 1,000Hz
③ 4,000Hz ④ 10,000Hz

해설
소음에 의한 C_5-dip 현상은 주로 4,000Hz 부근에서 발생한다.

관련개념 C_5-dip 현상
- 청력검사(Audiogram) 결과, 4,096Hz(C_5) 부근에서 그래프가 움푹 들어가는(dip) 형태로 나타나는 현상을 말한다.
- 초기 소음성 난청은 3,000~6,000Hz, 특히 4,000Hz에서 주로 나타난다.
- 손상이 심해질 경우, 청력 손실은 고음역(6,000Hz 이상)과 저음역(3,000Hz 이하)으로 확산된다.

정답 | ③

34
A 작업자가 한 손을 사용하여 무게가 49N인 물체를 90°의 팔꿈치 각도로 들고 있다. 물체를 쥔 손에서 팔꿈치 관절까지의 거리는 0.35m이고, 손과 아래팔의 무게는 16N이며, 손과 아래팔의 무게중심은 팔꿈치 관절로부터 0.17m 거리에 위치해 있다. 이두박근(biceps)이 팔꿈치 관절로부터 0.05m 거리에서 아래팔과 90°의 각도를 이루고 있을 때, 이두박근이 내는 힘은 약 얼마인가?

① 298.5N ② 348.4N
③ 397.4N ④ 448.5N

해설 모멘트(M) 계산
모멘트는 힘(F)와 거리(d)의 곱으로(M=F·d) 계산할 수 있는데, 팔꿈치에서 발생하는 모멘트는 하박과 물체의 하중이 각각 팔꿈치에서 떨어진 거리만큼 모멘트를 생성한 합과 같아야 한다.

$$M = W_1 \times d_1 + W_2 \times d_2$$

$x\text{N} \times 0.05\text{m} = 49\text{N} \times 0.35\text{m} + 16\text{N} \times 0.17\text{m}$

$x\text{N} = \dfrac{19.87\text{N} \cdot \text{m}}{0.05\text{m}} = 397.4\text{N}$

정답 | ③

35
다음 중 산소 최대섭취능력(MAP, Maximum Aerobic Power)에 대한 설명으로 틀린 것은?

① 개인의 MAP가 클수록 순환기 계통의 효능이 크다.
② MAP수준에서는 에너지대사가 주로 호기적(aerobic)으로 일어난다.
③ MAP를 직접 측정하는 방법은 트레드밀(treadmill)이나 자전거 에르고미터(ergometer)에서 가능하다.
④ MAP란 일의 속도가 증가하더라도 산소 섭취량이 더 이상 증가하지 않는 일정하게 되는 수준이다.

해설
MAP 수준에서는 호기성 대사만으로 에너지가 충분하지 않기 때문에 무산소성 대사도 함께 일어난다.

정답 | ②

36
작업강도의 증가에 따른 순환기 반응의 변화에 대한 설명으로 틀린 것은?

① 혈압의 상승 ② 적혈구의 감소
③ 심박출량의 증가 ④ 혈액의 수송량 증가

해설
작업강도가 증가해도 적혈구는 감소하지 않는다.

정답 | ②

37
작업장 설계 시 위팔과 아래팔 간의 관절 각도가 어느 정도일 때 최대 염력(torque)을 발휘하여 작업자 부하를 최소화할 수 있는가?

① 40° ② 60°
③ 100° ④ 180°

해설
위팔과 아래팔 간의 관절각도가 약 100°일 때 최대 염력을 발휘하여 작업자 부하를 최소화할 수 있다.

정답 | ③

38

건강한 근로자가 부품 조립작업을 8시간 동안 수행하고 대사량을 측정한 결과 산소소비량이 분당 1.5L이었다. 이 작업에 대하여 8시간의 총 작업시간 내에 포함되어야 하는 휴식시간은 몇 분인가? (단, 이 작업의 권장 평균 에너지소모량은 5kcal/min, 휴식 시의 에너지소비량은 1.5kcal/min이며, Murrell의 방법을 적용한다.)

① 60분 ② 72분
③ 144분 ④ 200분

해설 Murrell의 식을 이용한 휴식시간 계산

$$휴식시간(R) = T \times \left(\frac{E-S}{E-M}\right)$$

- T: 총 작업 시간(분)
- E: 작업 중 평균 에너지 소비량(kcal/min)
- S: 권장 평균 에너지 소비량(kcal/min), 일반적으로 5kcal/min
- M: 휴식 중 평균 에너지 소비량(kcal/min), 일반적으로 1.5kcal/min

작업에너지 소비량(E) = 1.5L/min × 5kcal/L = 7.5kcal/min

휴식시간(R) = $480 \times \left(\frac{7.5-5}{7.5-1.5}\right)$ = 200분

정답 | ④

39

어떤 작업자에 대해서 미국 직업안전위생관리국(OSHA)에서 정한 허용소음노출의 소음수준이 130%로 계산되었다면 이때 8시간 시간가중평균(TWA) 값은 약 얼마인가?

① 89.3dB(A) ② 90.7dB(A)
③ 91.9dB(A) ④ 92.5dB(A)

해설 TWA 계산

$$TWA = 16.61 \times \log\left(\frac{D}{100}\right) + 90$$

- D: 소음노출지수(%)

$TWA = 16.61 \times \log\left(\frac{130}{100}\right) + 90 = 91.89dB(A)$

정답 | ③

40

다음 중 순환계의 기능 및 특성에 관한 설명으로 옳은 것은?

① 혈압은 좌심실에서 멀어질수록 높아진다.
② 동맥, 정맥, 모세혈관 중 혈관의 단면적은 모세혈관이 가장 작다.
③ 모세혈관 내외의 물질(산소, 이산화탄소 등) 이동은 혈압과 혈장 삼투압의 차이에 의해 이루어진다.
④ 체순환(systemic circulation)은 우심실, 폐동맥, 폐포모세혈관, 우심방 순의 경로로 혈액이 흐르는 것을 말한다.

해설

혈압은 좌심실에서 멀어질수록 감소하고, 모세혈관은 단면적은 작지만, 총합 단면적은 가장 크다. 혈액은 좌심실에서 시작해 우심방을 마지막 경로로 흐르며, 모세혈관의 물질 이동은 혈압과 혈장 삼투압의 차이에 의해 이루어진다.

정답 | ③

SUBJECT 03 | 산업심리학 및 관련법규

41

보행 신호등이 바뀌었지만 자동차가 움직이기까지는 아직 시간이 있다고 판단하여 신호 등을 건너는 경우는 어떤 상태인가?

① 근도반응 ② 억측판단
③ 초조반응 ④ 의식의 과잉

해설

① 근도반응: 자극에 대한 자동적인 신체 반응으로 예를 들어, 뜨거운 물체를 만졌을 때 손을 반사적으로 떼는 경우를 말한다.
② 억측판단: 사실이나 상황에 대한 명확한 정보 없이, 주관적 추측에 따라 행동하는 것으로, 예를 들어 신호가 바뀌었음에도 "아직 괜찮다."라고 판단하고 무단횡단하는 경우를 말한다.
③ 초조반응: 불안이나 걱정으로 인해 냉정한 판단 없이 급하게 행동하는 것으로, 예를 들어 다른 차량이 가까이 오면 서둘러 추월하려는 행동이 이에 해당한다.
④ 의식의 과잉: 상황에 대해 과도하게 신경 쓰거나 불필요한 걱정을 하며 집중하는 상태를 말한다.

정답 | ②

42

Rasmussen의 인간행동 분류에 기초한 인간 오류가 아닌 것은?

① 규칙에 기초한 행동(rule-based behavior) 오류
② 실행에 기초한 행동(commission-based behavior) 오류
③ 기능에 기초한 행동(skill-based behavior) 오류
④ 지식에 기초한 행동(knowledge-based behavior) 오류

해설 Rasmussen(라스무센)의 인간 행동의 3단계 오류모델

행동 유형	설명	오류 유형	오류 설명
숙련기반행동 (Skill-based Behavior)	익숙하고 반복적인 작업을 무의식적·자동으로 수행한다.	숙련기반행동 오류 (Skill-based Behavior Error)	주의력 저하나 부주의로 인한 실수이다.
규칙기반행동 (Rule-based Behavior)	특정 상황에 맞는 규칙이나 절차를 적용하여 수행한다.	규칙기반행동 오류 (Rule-based Behavior Error)	상황 오판, 잘못된 규칙 적용으로 인한 착오(Mistake)이다.
지식기반행동 (Knowledge-based Behavior)	새로운 상황에서 기존 지식·경험으로 문제를 해결한다.	지식기반행동 오류 (Knowledge-based Behavior Error)	지식 부족 또는 잘못된 판단으로 인한 착오(Mistake)이다.

정답 | ②

43

재해예방의 4원칙에 해당되지 않는 것은?

① 예방 가능의 원칙
② 손실 우연의 원칙
③ 보상 분배의 원칙
④ 대책 선정의 원칙

해설 재해예방의 4원칙

- 예방 가능의 원칙: 천재지변을 제외한 모든 인재는 예방이 가능하다.
- 손실 우연의 원칙: 사고 원인으로 발생한 결과의 유무나 크기가 우연에 의해 결정된다.
- 원인 연계의 원칙: 사고에는 반드시 원인이 있고 원인은 대부분 복합적 연계 원인이 있다.
- 대책 선정의 원칙: 사고의 원인이나 불안전요소가 발견되면 반드시 대책을 선정하여 실시하여야 한다.

정답 | ③

44

원자력발전소 주제어실의 직무는 4명의 운전원으로 구성된 근무조에 의해 수행되고, 이들의 직무 간에는 서로 영향을 끼치게 된다. 근무조원 중 1차 계통의 운전원 A와 2차 계통의 운전원 B 간의 직무는 중간 정도의 의존성(15%)이 있다. 그리고 운전원 A의 기초 인간실수확률 HEP Prob{A}=0.001일 때, 운전원 B의 직무실패를 조건으로 한 운전원 A의 직무실패 확률은? (단, THERP분석법을 사용한다.)

① 0.151
② 0.161
③ 0.171
④ 0.181

해설 THERP 분석법을 통한 직무실패 확률

$$\text{Prob}(A|B) = \text{Prob}(A) + DF \times (1 - \text{Prob}(A))$$

- Prob(A): 운전원 A의 기초 인간실수확률
- DF: 운전원 A와 B 간의 직무 의존도

$\text{Prob}(A|B) = 0.001 + 0.15 \times (1 - 0.001) = 0.15085 \approx 0.151$

정답 | ①

45

게슈탈트 지각원리에 해당하지 않은 것은?

① 근접성의 원리
② 유사성의 원리
③ 부분우세의 원리
④ 대칭성의 원리

해설 게슈탈트 법칙(Gestalt Laws)

법칙	설명
근접성의 법칙	가까운 자극은 함께 묶여 하나의 그룹으로 인식된다.
유사성의 법칙	모양이나 색 등 비슷한 자극은 함께 묶여 하나의 그룹으로 인식된다.
폐쇄성의 법칙	불완전한 형태도 완전한 것으로 보려는 경향이 있다.
연속성의 법칙	자극은 가능한 부드럽고 연속적인 패턴을 이루고 있다고 인식하는 경향이 있다.
공통 운명의 법칙	같은 방향으로 움직이는 자극은 하나의 집단으로 인식된다.
대칭성의 법칙	대칭을 이루면 연결되지 않아도 하나로 인식된다.
간결성의 법칙	복잡한 대상도 최대한 단순하고 명료하게 인식된다.

정답 | ③

46

A사업장의 도수율이 2로 계산되었다면, 이에 대한 해석으로 가장 적절한 것은?

① 근로자 1000명당 1년 동안 발생한 재해자 수가 2명이다.
② 근로자 1000명당 1년간 발생한 사망자 수가 2명이다.
③ 연 근로시간 1000시간당 발생한 근로손실일수가 2일이다.
④ 연 근로시간 합계 100만 인시(man-hour)당 2건의 재해가 발생하였다.

해설

도수율(FR)은 산업재해 발생 빈도를 나타내는 지표로, 연 근로시간 100만 인시당 재해 발생 건수를 의미한다.

관련개념 도수율, 강도율, 연천인율, 종합재해지수 계산

- 도수율

$$도수율 = \left(\frac{재해 \ 건수}{총 \ 근로시간 \ 수}\right) \times 10^6$$

- 강도율

$$강도율 = \left(\frac{근로손실일수}{총 \ 근로시간 \ 수}\right) \times 1,000$$

- 연천인율

$$연천인율 = \left(\frac{연간 \ 재해자 \ 수}{연평균 \ 근로자 \ 수}\right) \times 1,000$$

- 종합재해지수

$$종합재해지수 = \sqrt{도수율 \times 강도율}$$

정답 | ④

47

부주의를 일으키는 의식수준에 대한 설명으로 틀린 것은?

① 의식의 저하: 귀찮은 생각에 해야 할 과정을 빠뜨리고 행동하는 상태
② 의식의 과잉: 순간적으로 의식이 긴장되고 한 방향으로만 집중되는 상태
③ 의식의 단절: 외부의 정보를 받아들일 수도 없고 의사결정도 할 수 없는 상태
④ 의식의 우회: 습관적으로 작업을 하지만 머릿속엔 고민이나 공상으로 가득 차 있는 상태

해설

의식의 저하는 피로나 졸음 등으로 인해서 집중력이 감소한 상태를 말한다.

관련개념 부주의 현상의 주요 원인

원인	설명	예시
의식의 우회	주의가 다른 대상이나 생각으로 이동한다.	운전 중 전화가 울려서 스마트폰 확인
의식의 혼란	작업 상황에 대한 혼란으로 잘못된 행동이 발생한다.	절차 혼동
의식의 중단 (단절)	작업 중 주의가 갑작스럽게 끊긴다.	실신, 혼수상태 등
의식수준의 저하	피로, 졸음 등으로 인해 집중력이 감소한다.	야간 근무 중 졸음

정답 | ①

48

스트레스에 대한 설명으로 틀린 것은?

① 직무속도는 신체적, 정신적 스트레스에 영향을 미치지 않는다.
② 역할 과소는 권태, 단조로움, 신체적 피로, 정신적 피로 등을 유발할 수 있다.
③ 일반적으로 내적 통제자들은 외적 통제자들보다 스트레스를 적게 받는다.
④ A형 성격을 가진 사람이 B형 성격을 가진 사람보다 높은 스트레스를 받을 가능성이 있다.

해설

직무속도는 신체적, 정신적 스트레스에 영향을 미친다.

정답 | ①

49
반응시간(reaction time)에 관한 설명으로 옳은 것은?

① 자극이 요구하는 반응을 행하는 데 걸리는 시간을 의미한다.
② 반응해야 할 신호가 발생한 때부터 반응이 종료될 때까지의 시간을 의미한다.
③ 단순반응시간에 영향을 미치는 변수로는 자극양식, 자극의 특성, 자극 위치, 연령 등이 있다.
④ 여러 개의 자극을 제시하고, 각각에 대한 서로 다른 반응을 할 과제를 준 후에 자극이 제시되어 반응할 때까지의 시간을 단순반응시간이라 한다.

해설 반응시간(reaction time)
- 자극이 요구하는 반응을 시작하는 데 걸리는 시간을 의미한다.
- 반응해야 할 신호가 발생한 때부터 그에 대해 반응을 시작하는 데 걸리는 시간을 의미한다.
- 여러 개의 자극을 제시하고, 각각에 대한 서로 다른 반응을 할 과제를 준 후에 자극이 제시되어 반응할 때까지의 시간을 선택반응시간이라 한다.

정답 | ③

50
맥그리거(McGregor)의 X-Y 이론 중 Y이론에 대한 관리처방으로 볼 수 없는 것은?

① 분권화와 권한의 위임
② 비공식적 조직의 활용
③ 경제적 보상체계의 강화
④ 자체 평가제도의 활성화

해설 McGregor(맥그리거)의 동기부여(XY) 이론

	기본 가정	관리처방
X이론	인간은 본질적으로 게으르고 책임감을 싫어한다고 가정한다(성악설).	• 면밀한 감독과 통제 • 경제적 보상체계 강화 • 권위주의적 리더십
Y이론	인간은 본질적으로 책임감과 자기 계발 욕구를 지닌 존재로 가정한다(성선설).	• 분권화 및 권한 위임 • 자율성과 책임 부여 • 비공식 조직의 활용 • 참여적 의사결정 • 자기통제 및 자기평가 강조

정답 | ③

51
다음에서 설명하는 것은?

> 집단을 이루는 구성원들이 서로에게 매력적으로 끌리어 그 집단 목표를 달성하는 정도를 나타내며, 소시오메트리 연구에서는 실제 상호선호관계의 수를 가능한 상호선호관계의 총 수로 나누어 지수(Index)로 표현한다.

① 집단 협력성
② 집단 단결성
③ 집단 응집성
④ 집단 목표성

해설
① 집단 협력성: 집단 구성원들이 서로 협력하여 공동의 목표를 달성하려는 정도이다.
② 집단 단결성: 집단 구성원들이 서로 간에 결속되어 있는 정도이다.
④ 집단 목표성: 집단이 설정한 공동의 목표를 향해 집중하고 그 목표를 달성하기 위해 조직적으로 노력하는 특성이다.

관련개념 집단 응집력을 결정하는 주요 요소
- 집단크기: 소규모 집단일수록 응집력이 높다.
- 외부의 위협: 외부의 위협을 극복하기 위해 협력하게 된다.
- 가입 난이도: 가입하기 어려울수록, 더 큰 소속감을 느낀다.
- 공유시간: 함께 보내는 시간이 많아질수록 친밀도가 증가한다.

정답 | ③

52
인간의 실수를 심리학적으로 분류한 스웨인(Swain)의 분류 중에서 필요한 작업이나 절차를 수행하였으나 잘못 수행한 오류에 해당하는 것은?

① Omission error
② Commission error
③ Timing error
④ Sequential error

해설
① Omission error(부작위에러, 생략에러): 필요한 작업, 절차를 수행하지 않는 오류이다.
② Commission error(수행에러, 작위에러): 필요한 작업과 절차를 잘못 수행하는 오류이다.
③ Timing error(시간에러): 필요한 작업과 절차의 수행지연으로 인한 오류이다.
④ Sequential error(순서에러): 필요한 작업 또는 절차의 순서 착오로 인한 오류이다.

정답 | ②

53
작업자 한 사람의 성능 신뢰도가 0.95일 때, 요원을 중복하여 2인 1조로 작업을 할 경우 이 조의 인간 신뢰도는 얼마인가?(단, 작업 중에는 항상 요원지원이 되며, 두 작업자의 신뢰도는 동일하다고 가정한다.)

① 0.9025　　　② 0.9500
③ 0.9975　　　④ 1.0000

해설 병렬 작업의 신뢰도

'요원을 중복하여 작업', '항상 요원 지원'이라는 조건이 주어졌으므로 병렬 작업으로 본다.

$$R = 1 - (1 - R_1)(1 - R_2)$$
- R_n: 개별 작업자의 신뢰도

$R = 1 - (1 - R_1)(1 - R_2) = 1 - (1 - 0.95)(1 - 0.95) = 0.9975$

관련개념 직렬 작업의 신뢰도

$$R = R_1 \times R_2$$
- R_n: 개별 작업자의 신뢰도

정답 ③

54
다음 중 작업에 수반되는 피로를 줄이기 위한 대책으로 적절하지 않은 것은?

① 작업부하의 경감
② 작업속도이 조절
③ 동적 동작의 제거
④ 작업 및 휴식시간의 조절

해설

작업에 수반되는 피로를 줄이기 위해서는 정적 동작을 제거해야 한다. 동적 동작을 제거하여 정적인 자세로 작업을 하면 근육긴장, 혈액 순환 저하 등이 증가할 수 있으며 적절히 동적 동작이 포함되어 있을 때 피로 누적이 덜 된다.

정답 ③

55
다음 중 산업안전보건법령에서 정의한 중대재해에 해당하지 않는 것은?

① 사망자가 1인 이상 발생한 재해
② 부상자가 동시에 10인 이상 발생한 재해
③ 직업성 질병자가 동시에 5인 이상 발생한 재해
④ 3개월 이상 요양을 요하는 부상자가 동시에 2인 이상 발생한 재해

해설

법령에서 정한 기준인 "10인 이상"에 미달하므로 중대재해에 해당하지 않는다.

관련개념 산업안전보건법령상 중대재해의 정의
- 사망자가 1인 이상 발생한 재해
- 3개월 이상 요양을 요하는 부상자가 동시에 2인 이상 발생한 재해
- 부상자 또는 직업성 질병자가 동시에 10인 이상 발생한 경우

정답 ③

56
관리구조 결함, 작전적 에러, 전술적 에러, 사고, 재해의 순서인 사고연쇄반응에 대한 이론을 제안한 사람은?

① 버드(Bird)　　　② 아담스(Adams)
③ 웨버(Weaver)　　④ 하인리히(Heinrich)

해설 아담스(Adams)의 사고연쇄이론

사고가 발생하는 과정을 체계적으로 설명하기 위해 5단계의 연쇄 반응 모델을 제시하였다. 조직의 관리 시스템상의 문제가 연쇄적으로 이어져 실제 사고 및 재해로 이어진다는 것을 강조한 이론이다.
- 관리 구조 결함(Management structure defect)
- 작전적 에러(Operational error)
- 전술적 에러(Tactical error)
- 사고(Accident)
- 재해(Loss or Injury)

정답 ②

57

레빈(Lewin)이 "인간의 행동(B)은 개인적 특성(P)과 주어진 환경(E)과의 함수 관계에 있다."라고 주장한 것을 토대로 다음 중 개인적 특성(P)에 해당하지 않는 것은?

① 연령
② 경험
③ 기질
④ 인간관계

해설

인간관계는 E(Environment)에 속한다.

관련개념 레빈의 인간행동 법칙

독일에서 출생하여 미국에서 활동한 심리학자 레빈(Lewin, K)은 인간의 행동(B)은 그 자신이 가진 자질, 즉, 개체(P)와 환경(E)과의 상호관계에 있다고 말하였으며 인간의 행동은 주변 환경의 자극에 의해서 일어나며, 항상 환경과의 상호작용의 관계에서 전개된다는 이론이다.

$$B = f(P \cdot E)$$

- B(Behavior, 인간의 행동)
- f(function, 함수관계): P와 E에 영향을 미칠 조건
- P(Person, 인적요인): 지능, 시각기능, 성격, 연령, 심신 상태인 피로도, 경험 등
- E(Environment, 외적요인): 가정 내 불화나 대인 관계 등 인간관계와 작업환경요인인 소음, 온도, 습도, 먼지, 청소 등

정답 | ④

58

군중보다 한층 합의성이 없고, 감정에 의해 행동하는 집단행동은?

① 모브(Mob)
② 유행(Fashion)
③ 패닉(Panic)
④ 풍습(Folkway)

해설 집단행동

① Mob(폭도): 폭력적이고 무질서한 비통제적 집단행동을 의미하며 일반적으로 통제되지 않은 감정이나 군중 심리에 의해 발생한다.
② Fashion(유행): 어떤 시기에 사람이 많이 따르는 행동이나 스타일을 의미한다. ⓓ SNS 챌린지, 패션 스타일 등
③ Panic(공황): 갑작스럽고 극단적인 공포나 불안으로 인해 사람들이 비이성적이고 충동적인 행동을 하는 상태이다.
④ 풍습(Folkway): 한 사회나 집단 내에서 일상적으로 지켜지는 관습적 행동 양식을 말한다.

정답 | ①

59

리더십(leadership)과 비교하여 헤드십(headship)의 특징으로 옳은 것은?

① 민주주의적인 지휘형태이다.
② 구성원과의 사회적 간격이 넓다.
③ 권한의 근거는 개인의 능력에 따른다.
④ 집단의 구성원들에 의해 선출된다.

해설 헤드십과 리더십의 차이

구분	헤드십 (Headship)	리더십 (Leadership)
집단 목표 설정	조직의 장이 설정	구성원들이 함께 설정
권한 행사 방식	임명된 헤드(직책)	선출된 리더 (신뢰 기반)
권한 부여 출처	위에서 위임	아래로부터의 동의
권한의 근거	법적·공식적 권위	개인 능력·신뢰
권한 귀속 방식	공식화된 규정에 의함	집단 기여에 대한 인정
책임 귀속 대상	상사에게 집중	상사와 부하 모두 공유
지위 형태	권위주의적	민주주의적
의사결정 방식	지시 중심(일방향)	토론 중심(쌍방향)
부하와의 사회적 간격	넓음(거리감 존재)	좁음(친밀감 존재)
상관과 부하의 관계	지배적 관계	개인적 영향 기반 관계
부작용	반감, 소외, 창의성 억제	책임 분산 우려

정답 | ②

60

집단 내에서 역할갈등이 나타나는 원인과 가장 거리가 먼 것은?

① 역할모호성
② 상호의존성
③ 역할무능력
④ 역할부적합

해설 상호의존성

사람들이 서로 의지하고 영향을 주고받는 관계를 말하며, 역할갈등의 원인과는 거리가 멀다.

정답 | ②

SUBJECT 04 | 근골격계질환 예방을 위한 작업관리

61
서블릭(Therblig)에 관한 설명으로 틀린 것은?

① 조립(A)은 효율적 서블릭이다.
② 검사(I)는 비효율적 서블릭이다.
③ 빈손이동(TE)은 효율적 서블릭이다.
④ 미리놓기(PP)는 비효율적 서블릭이다.

해설 효율적 서블릭

기본동작	동작목적
• TE: 빈손이동 • TL: 운반 • G: 쥐기 • RL: 내려놓기 • PP: 미리놓기	• U: 사용 • A: 조립 • DA: 분해

관련개념 비효율적 서블릭

정신적/반정신적 동작	정체적 동작
• Sh: 찾기 • St: 고르기 • P: 바로놓기 • I: 검사 • Pn: 계획	• UD: 피할 수 없는 지연 • AD: 피할 수 있는 지연 • R: 휴식 • H: 잡고있기

정답 | ④

62
개선의 ECRS에 대한 내용으로 맞는 것은?

① Economic   ② Combine
③ Reduce   ④ Specification

해설 ECRS의 4원칙
- 제거(Eliminate): 불필요한 작업, 공정을 제거한다.
- 결합(Combine): 유사하거나 연관된 작업을 하나로 결합한다.
- 재배치(Rearrange): 작업 순서, 공정 등을 효율적으로 재배치한다.
- 단순화(Simplify): 복잡한 작업을 단순하게 수행하도록 한다.

정답 | ②

63
다음 중 근골격계질환의 원인과 거리가 먼 것은?

① 반복적인 동작   ② 과도한 힘의 사용
③ 고온의 작업환경 ④ 부적절한 작업자세

해설 근골격계질환을 유발할 수 있는 작업
- 부적절한 작업자세: 무릎 쪼그리기, 허리나 몸통을 굽히거나 비틀기, 반복적으로 팔꿈치를 머리나 어깨 위로 올리는 작업 등
- 과도한 힘 사용: 중량물 취급, 수공구 취급 등
- 접촉스트레스 발생작업: 손이나 무릎이나 발을 망치처럼 때리거나 치는 작업
- 진동공구 취급작업: 연삭기, 드릴 등 진동이 발생하는 공구를 취급하는 작업
- 반복적인 작업: 목, 팔, 어깨, 팔꿈치, 손가락 등을 반복해서 작업하는 경우

정답 | ③

64
동작경제의 원칙이 아닌 것은?

① 공정 개선의 원칙
② 신체의 사용에 관한 원칙
③ 작업장의 배치에 관한 원칙
④ 공구 및 설비의 설계에 관한 원칙

해설 동작경제의 원칙 3가지
- 신체의 사용에 관한 원칙
- 작업장의 배치에 관한 원칙
- 공구 및 설비의 디자인에 관한 원칙

정답 | ①

65
근골격계질환의 예방 대책으로 적절한 내용이 아닌 것은?

① 질환자에 대한 재활프로그램 및 산업재해 보험의 가입
② 충분한 휴식시간의 제공과 스트레칭 프로그램의 도입
③ 적절한 공구의 사용 및 올바른 작업방법에 대한 작업자 교육
④ 작업자의 신체적 특성과 작업내용을 고려한 작업장 구조의 인간공학적 개선

해설
산업재해보상 보험의 가입은 근골격계질환의 사후보상 중심이며, ②, ③, ④는 예방중심이다.

정답 | ①

66
작업관리에서 사용되는 기본형 5단계 문제해결 절차로 가장 적절한 것은?

① 자료의 검토 → 연구대상선정 → 개선안의 수립 → 분석과 기록 → 개선안의 도입
② 자료의 검토 → 연구대상선정 → 분석과 기록 → 개선안의 수립 → 개선안의 도입
③ 연구대상선정 → 자료의 검토 → 분석과 기록 → 개선안의 수립 → 개선안의 도입
④ 연구대상선정 → 분석과 기록 → 자료의 검토 → 개선안의 수립 → 개선안의 도입

해설 기본형 5단계 문제해결 절차

단계	내용
1단계 (연구대상의 선정)	문제를 해결할 대상을 경제성 기술, 인간적 요소를 고려하여 선정한다.
2단계 (분석과 기록)	선정된 대상을 도표와 차트를 사용해 분석하고 기록한다.
3단계 (자료의 검토)	다양한 자료를 검토하고 SEARCH, 브레인스토밍, ECRS, 5W1H설문, 마인드멜딩 등을 사용하여 문제를 파악한다.
4단계 (개선안의 수립)	문제를 해결할 개선안을 수립하고 그에 따른 절감 비용 등을 산출한다.
5단계 (개선안의 도입)	개선안을 실제 작업에 적용해 문제를 해결하고 개선안을 유지한다.

정답 | ④

67
파레토 차트에 관한 설명으로 틀린 것은?

① 재고관리에서는 ABC곡선으로 부르기도 한다.
② 20%정도에 해당하는 중요한 항목을 찾아 내는 것이 목적이다.
③ 불량이나 사고의 원인이 되는 중요한 항목을 찾아 관리하기 위함이다.
④ 작성 방법은 빈도수가 낮은 항목부터 큰 항목 순으로 차례대로 나열하고, 항목별 점유비율과 누적비율을 구한다.

해설
파레토 차트는 큰 항목부터 낮은 항목 순으로 차례대로 나열하고, 각 항목의 점유비율과 누적비율을 구한다.

정답 | ④

68
근골격계질환을 예방하기 위한 대책으로 적절하지 않은 것은?

① 작업방법과 작업공간을 재설계한다.
② 작업 순환(Job Rotation)을 실시한다.
③ 단순 반복적인 작업은 기계를 사용한다.
④ 작업속도와 작업강도를 점진적으로 강화한다.

해설
작업속도와 작업강도를 점진적으로 강화하는 것은 오히려 근골격계질환의 위험을 증가시킬 수 있다. 과도한 작업 강도나 속도는 근육과 관절에 과중한 부담을 주고, 장기적으로 근골격계질환을 유발할 수 있다.

정답 | ④

69

NIOSH Lifting Equation의 변수와 결과에 대한 설명으로 옳지 않은 것은?

① 수평거리 요인이 변수로 작용한다.
② 권장무게한계(RWL)의 최대치는 23kg이다.
③ LI(들기지수) 값이 1 이상이 나오면 안전하다.
④ 빈도 계수의 들기 빈도는 평균적으로 분당 들어 올리는 횟수(회/분)를 나타낸다.

해설

LI(들기지수) 값이 1 이상이 나오면 위험하다.

관련개념 들기지수(LI, Lifting Index)

$$LI(들기지수) = \frac{실제 들어올리는 무게}{권장무게한계(RWL)}$$

LI ≤ 1이면 안전한 수준, LI > 1이면 부상의 위험이 있으며, LI가 클수록 위험성이 증가한다.

정답 ③

70

일반적인 시간연구방법과 비교한 워크샘플링 방법의 장점이 아닌 것은?

① 분석자에 의해 소비되는 총 작업시간이 훨씬 적은 편이다.
② 특별한 시간 측정 장비가 별도로 필요하지 않는 간단한 방법이다.
③ 관측항목의 분류가 자유로워 작업현황을 세밀히 관찰할 수 있다.
④ 한 사람의 평가자가 동시에 여러 작업을 측정할 수 있다.

해설

워크샘플링은 관측항목의 분류가 자유로워 작업현황의 세밀한 관찰이 어렵다.

정답 ③

71

다음 중 표준 공정도 기호와 그 내용의 연결이 틀린 것은?

① ☐ : 지연
② ○ : 가공(작업)
③ ▽ : 저장
④ ⇨ : 운반

해설

☐는 '지연'이 아니라 '검사(수량)'를 의미한다.

정답 ①

72

평균관측시간이 1분, 레이팅 계수가 110%, 여유시간이 하루 8시간 근무 중에서 24분일 때 외경법을 적용하면 표준시간은 약 얼마인가?

① 1.235분
② 1.135분
③ 1.255분
④ 1.155분

해설 표준시간 계산(외경법)

• 정미시간 계산

$$정미시간 = 평균 관측시간 \times \left(\frac{레이팅계수}{100}\right)$$

$$정미시간 = 1 \times \left(\frac{110}{100}\right) = 1.1분$$

• 여유율 계산

$$여유율 = \frac{여유시간}{총 근무시간}$$

$$여유율 = \frac{24(분)}{8(시간) \times 60(분)} = \frac{24}{480} = 0.05$$

• 표준시간 계산

$$표준시간 = 정미시간 \times (1 + 여유율)$$

표준시간 = 1.1 × (1 + 0.05) = 1.1 × 1.05 = 1.155분

정답 ④

73

각각 한 명의 작업자가 배치되어 있는 세 개의 라인으로 구성된 공정에서 각 공정시간이 2분, 3분, 4분일 때, 공정 효율은 얼마인가?

① 85%
② 70%
③ 75%
④ 80%

해설 공정효율

$$E = \left(\frac{\Sigma T}{N \times C}\right) \times 100$$

- ΣT : 모든 작업의 총 작업 시간
- N : 작업 공정의 개수
- C : 공정의 주기시간(Cycle Time) = 가장 긴 공정시간

공정효율$(E) = \left(\frac{2+3+4}{3 \times 4}\right) \times 100 = \left(\frac{9}{12}\right) \times 100 = 75\%$

정답 ③

74

다음 중 근골격계질환의 예방에서 단기적 관리방안으로 볼 수 없는 것은?

① 안전한 작업방법의 교육
② 작업자에 대한 휴식시간의 배려
③ 근골격계질환 예방관리 프로그램의 도입
④ 휴게실, 운동시설 등 기타 관리시설의 확충

해설

근골격계질환 예방·관리 프로그램의 도입은 장기적 관리방안이다.

정답 ③

75

다음 중 어깨, 팔목, 손목, 목 등 상지에 초점을 맞추어 작업자세로 인한 작업 부하를 빠르고 상세하게 분석할 수 있는 근골격계질환의 위험평가기법으로 가장 적절한 것은?

① OWAS
② WAC
③ RULA
④ NLE

해설

RULA(Rapid Upper Limb Assessment)는 어깨, 팔, 손목, 목 등 상지(Upper Limb) 중심의 근골격계 부담 평가기법으로, 작업자세에 따른 상지의 작업부하를 쉽고 빠르게 평가하는 데 가장 적합하다.

정답 ③

76

사업장의 근골격계질환 예방·관리 프로그램에 있어 예방·관리 추진팀의 역할이 아닌 것은?

① 예방·관리 프로그램의 수립에 관한 사항 결정
② 유해요인 평가 및 개선계획의 수립과 시행에 관한 사항을 결정하고 실행
③ 근골격계질환의 증상·유해요인 보고 및 대응체계 구축
④ 교육과 훈련에 관한 사항을 결정하고 실행

해설

근골격계질환의 증상·유해요인 보고 및 대응체계 구축은 사업주의 역할에 해당한다.

정답 ③

77

VDT(영상표시 단말기) 취급근로자 작업관리지침상 작업기계의 조건으로 틀린 것은?

① 키보드의 경사는 3도 이상 20도 이하, 두께는 4cm 이하로 할 것
② 키보드의 표면은 무광택으로 할 것
③ 영상표시 단말기 화면은 회전 및 경사조절이 가능할 것
④ 단색화면일 경우 색상은 어두운 배경에 밝은 황색, 녹색 또는 백색 문자를 사용하고 적색과 청색의 문자는 가급적 피할 것

해설

VDT(영상표시 단말기) 취급근로자 작업관리지침상에 따르면 키보드의 경사는 5도 이상이면서 15도 이하이고, 두께는 3cm 이하여야 한다.

정답 | ①

78

산업안전보건법령상 근골격계 부담작업에 해당하는 작업은?

① 하루에 2시간씩 집중적으로 키보드를 이용하여 자료를 입력하는 작업
② 하루 2시간씩 무릎을 굽힌 자세에서 하는 작업
③ 하루에 25kg의 물건을 5회 들어 올리는 작업
④ 하루에 4시간씩 기계의 상태를 모니터링하는 작업

해설

① 하루에 4시간 이상 집중적으로 자료입력 등을 위해 키보드 또는 마우스를 조작하는 작업의 경우 근골격계 부담작업에 해당한다.
③ 하루에 10회 이상 25kg 이상의 물체를 드는 작업의 경우 근골격계 부담작업에 해당한다.
④ 기계의 상태를 모니터링하는 업무는 근골격계 부담수준이 낮다.

정답 | ②

79

중량물 취급 시 작업자세로 틀린 것은?

① 중량물은 몸에 가깝게 할 것
② 무릎을 곧게 펼 것
③ 목과 등이 거의 일직선이 되게 하고 허리를 굽히지 않고 무릎을 굽힐 것
④ 발을 어깨너비 정도로 벌릴 것

해설

중량물을 들어 올릴 때는 허리 부상의 위험을 줄이기 위해 무릎을 굽히고 다리의 힘으로 들어야 한다. 무릎을 곧게 펄 경우 허리에 큰 부담이 가해져 부상으로 이어질 수 있다.

정답 | ②

80

근골격계질환의 유형에 대한 설명으로 옳지 않은 것은?

① 외상과염은 팔꿈치 부위의 인대에 염증이 생김으로써 발생하는 증상이다.
② 수근관 증후군은 손목이 꺾인 상태나 과도한 힘을 준 상태에서 반복적 손 운동을 할 때 발생한다.
③ 회내근 증후군은 과도한 망치질, 노 젓기 동작 등으로 손가락이 저리고 손가락 굴곡이 약화되는 증상이다.
④ 결절종은 반복, 구부림, 진동 등에 의하여 건의 섬유질이 손상되거나 찢어지는 등의 건에 염증이 생기는 질환이다.

해설

결절종(Ganglion)은 관절이나 건(힘줄) 주위에 발생하며 손목이나 손에 액체가 고여 주머니처럼 부풀어 오른 양성 종양이다.

정답 | ④

2025년 2회 CBT 복원문제

SUBJECT 01 | 인간공학개론

01
시(視)감각 체계에 관한 설명으로 틀린 것은?
① 동공은 조도가 낮을 때는 많은 빛을 통과시키기 위해 확대된다.
② 1디옵터는 1미터 거리에 있는 물체를 보기 위해 요구되는 조절능력이다.
③ 안구의 수정체는 모양체근으로 긴장을 하면 얇아져 가까운 물체만 볼 수 있다.
④ 망막의 표면에는 빛을 감지하는 광수용기인 원추체와 간상체가 분포되어 있다.

해설
수정체는 모양체근이 수축하면 두꺼워지고 이때 가까운 물체를 선명하게 볼 수 있다.

정답 | ③

02
시각의 기능에 대한 설명으로 틀린 것은?
① 밤에는 빨강색보다는 초록색이나 파란색이 잘 보인다.
② 눈이 초점을 맞출 수 있는 가장 가까운 거리를 근점이라 한다.
③ 근시인 사람은 수정체가 얇아져 가까운 물체를 제대로 볼 수 없다.
④ 간상체나 원추체가 빛을 흡수하면 화학반응이 일어나 뇌로 전달된다.

해설
근시는 수정체가 두꺼워지거나 안구의 길이가 정상보다 길어져, 각막이나 수정체의 굴절력이 비정상적으로 높아지면서 빛의 초점이 망막 앞쪽에 맺히는 상태를 말한다. 이로 인해 먼 곳의 사물이 흐리게 보이며, 가까운 물체는 잘 보이는 특징이 있다.

정답 | ③

03
인간이 3차원 공간에서 깊이(depth)를 지각하기 위해 사용하는 단서로써 적절하지 않은 것은?
① 상대적 크기(relative size)
② 시각적 탐색(visual search)
③ 직선조망(linear perspective)
④ 빛과 그림자(light and shadowing)

해설
시각적 탐색은 특정자극(목표물)을 찾는 시각적 인지와 관련된 개념으로 깊이 지각과는 관련이 없다.

정답 | ②

04
인간공학에 관한 설명으로 틀린 것은?
① 인간의 특성 및 한계를 고려한다.
② 인간을 기계와 작업에 맞추는 학문이다.
③ 인간 활동의 최적화를 연구하는 학문이다.
④ 편리성, 안전성, 효율성을 제고하는 학문이다.

해설
인간공학의 목표는 시스템, 환경, 기계 등을 인간 중심으로 설계하여 인간의 효율성과 안전성을 높이는 것이다.

정답 | ②

05
사용성 평가에 주로 사용되는 평가척도로 적합하지 않은 것은?

① 과제물 내용
② 에러의 빈도
③ 과제의 수행시간
④ 사용자의 주관적 만족도

해설
과제물 내용은 사용성 평가에서 다루지 않는다.

관련개념 닐슨의 5가지 사용성 평가 기준
- 학습 용이성(Learnability): 얼마나 쉽게 사용할 수 있는가?
- 효율성(Efficiency): 얼마나 빠르게 수행하였는가?
- 기억용이성(Memorability): 재사용 시 사용방법을 기억하기 쉬운가?
- 에러(Errors): 얼마나 에러가 자주 발생하는가?
- 만족도(Satisfaction): 얼마나 만족스럽게 사용하는가?

정답 | ①

06
인체치수 데이터가 개인에 따라 차이가 발생하는 요인과 가장 거리가 먼 것은?

① 나이
② 성별
③ 인종
④ 작업환경

해설
인체치수는 나이, 성별, 인종, 직업, 연도 등에 따라 차이가 발생한다.

정답 | ④

07
어떤 물체나 표면에 도달하는 빛의 밀도를 무엇이라 하는가?

① 시력
② 순응
③ 조도
④ 간상체

해설
조도는 어떤 물체나 표면에 도달하는 빛의 밀도를 의미한다.

정답 | ③

08
출입문, 탈출구, 통로의 공간, 줄사다리의 강도 등은 어떤 설계기준을 적용하는 것이 바람직한가?

① 조절식 원칙
② 최소치수의 원칙
③ 평균치수의 원칙
④ 최대치수의 원칙

해설
출입문, 탈출구, 통로의 공간, 줄사다리의 강도는 최대 신체 치수를 가진 사용자나 극한 조건을 고려하여 설계하여야 한다. 따라서 최대치수의 원칙을 적용한다.

정답 | ④

09
정신 작업 부하를 측정하는 척도로 적합하지 않은 것은?

① 심박수
② Cooper-Harper 척도(scale)
③ 주임무(primary task) 수행에 소요된 시간
④ 부임무(secondary task) 수행에 소요된 시간

해설
심박수는 신체적 작업 부하를 평가하는 생리적 척도이다.

정답 | ①

10
인체측정에 관한 설명으로 틀린 것은?

① 활동 중인 신체의 자세를 측정한 것을 기능적 치수라 한다.
② 일반적으로 구조적 치수는 나이, 성별, 인종에 따라 다르게 나타난다.
③ 인간-기계 시스템의 설계에서는 구조적 치수만을 활용하여야 한다.
④ 표준자세에서 움직이지 않는 상태를 인체측정기로 측정한 측정치를 구조적 치수라 한다.

해설
인간-기계 시스템 설계에서는 구조적 치수와 기능적 치수를 모두 고려해야 한다.

정답 | ③

11
신호 및 정보 등의 경우 빛의 검출성에 따라서 신호, 경보 효과가 달라지는데, 빛의 검출성에 영향을 주는 인자에 해당되지 않는 것은?

① 색광   ② 배경광
③ 점멸속도   ④ 신호등 유리의 재질

해설
신호등의 유리 재질은 빛의 검출성을 결정하는 주요 요인이 아니다.

정답 | ④

12
인간과 기계의 역할분담에 이어 인간은 시스템 설치와 보수, 유지 및 감시 등의 역할만 담당하게 되는 시스템은?

① 수동시스템   ② 기계시스템
③ 자동시스템   ④ 반자동시스템

해설
자동시스템에서는 기계가 대부분의 작업을 자동으로 수행하고 인간은 설치, 유지보수, 감시 등의 역할만 수행한다.
예 무인공장, 자율주행차

정답 | ③

13

다음 중 인간의 후각 특성에 대한 설명으로 틀린 것은?

① 훈련을 통하면 식별 능력을 향상시킬 수 있다.
② 특정한 냄새에 대한 절대적 식별 능력은 떨어진다.
③ 후각은 특정 물질이나 개인에 따라 민감도의 차이가 있다.
④ 후각은 냄새 존재 여부보다는 특정 자극을 식별하는데 사용되는 것이 효과적이다.

해설
후각은 자극의 존재를 감지하는 데에는 민감하지만, 그 자극이 무엇인지 정확히 식별하거나 명명하는 능력은 상대적으로 제한적이다.

정답 ④

14

인체 측정자료의 응용 시 평균치 설계에 관한 내용으로 옳지 않은 것은?

① 최소, 최대 집단값이 사용 불가능한 경우에 사용된다.
② 인체측정학적인 면에서 보면 모든 부분에서 평균인 인간은 없다.
③ 은행 창구의 접수대는 평균값을 기준으로 한 설계의 좋은 예이다.
④ 일반적으로 평균치를 이용한 설계에는 보통 집단 특성치의 5%에서 95%까지의 범위가 사용된다.

해설
평균치를 이용한 설계는 집단의 평균값을 기준으로 한다.

정답 ④

15

다음 중 기능적 인체치수(Functional Body Dimension) 측정에 대한 설명으로 가장 적합한 것은?

① 앉은 상태에서만 측정하여야 한다.
② 5~95%tile에 대해서만 정의된다.
③ 신체 부위의 동작범위를 측정하여야 한다.
④ 움직이지 않는 표준자세에서 측정하여야 한다.

해설
기능적 인체치수는 작업 중 신체가 움직이는 범위를 측정하며, 팔을 뻗거나 발을 움직이는 동작을 포함한다. 따라서, 앉은 자세나 표준 자세만 고려하는 것은 부적절하며, 특정 퍼센타일(5~95%tile)에 국한되지 않고 다양한 범위가 적용될 수 있다.

정답 ③

16

다음 중 최적의 C/R비 설계시 고려사항으로 틀린 것은?

① 계기의 조절시간이 가장 짧게 소요되는 크기를 선택한다.
② 짧은 주행시간 내에서 공차의 안전범위를 초과하지 않는 계기를 마련한다.
③ 작업자의 눈과 표시장치의 거리는 주행과 조절에 크게 관계된다.
④ 조종장치의 조작시간 지연은 직접적으로 C/R비와 관계없다.

해설
C/R비가 높으면 정밀하지만 조작시간이 길어지고, 낮으면 반응이 빠르나 정밀도가 떨어지므로, 조작시간 지연은 직접적으로 C/R비와 관련이 있다.

정답 ④

17

다음 중 일반적으로 부품의 위치를 정하고자 할 때 활용되는 부품배치의 원칙을 올바르게 나열한 것은?

① 중요성의 원칙과 사용빈도의 원칙
② 중요성의 원칙과 기능별 배치의 원칙
③ 사용 빈도의 원칙과 사용 순서의 원칙
④ 기능별 배치의 원칙과 사용 빈도의 원칙

해설 부품 배치의 원칙

- 중요도의 원칙: 각 부품 및 작업 요소의 기여도를 고려하여 우선순위를 결정한다.
- 사용빈도의 원칙: 자주 사용하는 부품이나 도구를 작업자 손 가까이에 배치해 이동을 최소화한다.
- 사용순서의 원칙: 작업 순서를 반영해 부품이나 도구를 순차적으로 배치하여 효율적 흐름을 유지한다.
- 기능별 배치의 원칙: 기능적으로 연관된 부품이나 도구를 한 곳에 모아 배치해 연속성과 효율을 높인다.

정답 | ①

18

실체적인 체계나 장치의 설계 시 인간을 고려할 때 '보통사람'이라는 말을 흔히 쓰는데, 이와 관련된 '평균치의 모순(average person fallacy)'에 대한 설명으로 가장 적절한 것은?

① 모든 치수가 평균 범위에 드는 평균치 인간은 존재하지 않는다.
② 평균은 모집단 분포의 치우침을 나타낸다.
③ 평균치를 기준으로 한 설계는 제품설계에서 제일 먼저 적용하는 원칙이다.
④ 신체치수는 평균 주위에 많이 분포한다.

해설

평균치의 모순은 인간공학 설계에서 모든 신체 치수가 평균인 개인은 존재하지 않으며, 평균값 중심의 설계가 실제 사용자의 다양성을 반영하지 못한다는 점을 의미한다.

정답 | ①

19

다음 중 정량적인 동적 표시 장치에 대한 설명으로 옳은 것은?

① 표시장치 설계시 끝이 둥근 지침이 권장된다.
② 계수형 표시장치는 자동차 속도계에 적합하다.
③ 동침(動針)형 표시장치는 인식적 암시 신호를 나타내는 데 적합하다.
④ 눈금이 고정되고 지침이 움직이는 표시장치를 동목형 표시장치라 한다.

해설

동침형 표시장치는 고정된 눈금 위를 지침이 움직이며 정보를 나타내므로, 지침의 위치와 방향 변화를 통해 사용자가 직관적으로 의미를 해석할 수 있어 인지적 암시 제공에 효과적이다.

정답 | ③

20

10m 떨어진 곳에서 높이 2cm의 물체(Snellen letter)를 겨우 볼 수 있을 때, 이 사람의 시력은 얼마 정도인가?

① 0.15 ② 0.3
③ 0.5 ④ 0.75

해설 시력의 계산

- 시각의 계산

$$시각 = \frac{H}{D} \times \frac{180°}{\pi} \times \frac{60'}{1°}$$

- H: 물체 높이
- D: 물체 거리

$$시각 = \frac{0.02}{10} \times \frac{180°}{\pi} \times \frac{60'}{1°} = 6.875$$

- 시력의 계산

$$시력 = \frac{1}{시각}$$

$$시력 = \frac{1}{6.875} = 0.145 \approx 0.15$$

정답 | ①

SUBJECT 02 | 작업생리학

21
소음에 대한 청력손실이 가장 크게 나타나는 진동수는?

① 1,000Hz
② 2,000Hz
③ 4,000Hz
④ 2,0000Hz

해설
소음에 의한 청력 손실은 주로 3,000Hz에서 6,000Hz 범위에서 발생하며, 그 중 4,000Hz가 가장 큰 영향을 미친다.

정답 | ③

22
저온 스트레스의 생리적 영향에 대한 설명 중 틀린 것은?

① 저온 환경에 노출되면 혈관수축이 발생한다.
② 저온 환경에 노출되면 발한(發汗)이 시작된다.
③ 저온 스트레스를 받으면 피부가 파랗게 보인다.
④ 저온 환경에 노출되면 떨기반사(shivering reflex)가 나타난다.

해설
발한은 체온을 낮추는 반응이다.

정답 | ②

23
생체반응 측정에 관한 설명으로 틀린 것은?

① 혈압은 대동맥에서의 압력을 의미한다.
② 심전도는 P, Q, R, S, T 파로 구성된다.
③ 1리터의 산소 소비는 4kcal의 에너지 소비와 같다.
④ 중간 정도의 작업에서 나타나는 심장박동률은 산소소비량과 선형적인 관계가 있다.

해설
에너지 대사에서 1리터의 산소 소비는 약 5kcal의 에너지를 생성한다.

정답 | ③

24
실내표면에서 추천 반사율이 낮은 것부터 높은 순서대로 나열한 것은?

① 벽＜가구＜천장＜바닥
② 천장＜벽＜가구＜바닥
③ 가구＜바닥＜벽＜천장
④ 바닥＜가구＜벽＜천장

해설
실내 표면의 추천 반사율은 바닥에서 천장으로 갈수록 높아진다.

정답 | ④

25

육체적인 작업을 수행할 때 생리적 변화에 대한 설명으로 틀린 것은?

① 작업부하가 지속적으로 커지면 산소 흡입량이 증가할 수 있다.
② 정적인 작업의 부하가 커지면 심박출량과 심박수가 감소한다.
③ 교대작업을 하는 작업자는 수면 부족, 식욕 부진 등을 일으킬 수 있다.
④ 서서 하는 작업이 앉아서 하는 작업보다 심혈관계의 순환이 활발해질 수 있다.

해설

정적인 작업이 길어지면 근육이 계속 긴장하면서 혈관이 압박되어 혈류 저항이 증가한다. 이에 따라 심박수와 심박출량이 증가하게 된다.
예 정자세로 오래 서 있는 작업

정답 | ②

26

진동에 의한 영향으로 틀린 것은?

① 심박수가 감소한다.
② 약간의 과도(過度) 호흡이 일어난다.
③ 장시간 노출 시 근육 긴장을 증가시킨다.
④ 혈액이나 내분비의 화학적 성질이 변하지 않는다.

해설

진동은 신체에 스트레스로 작용하여 교감신경계를 자극하게 되고, 심박수를 증가시킨다.

정답 | ①

27

동일한 관절운동을 일으키는 주동근(Agonists)과 반대되는 작용을 하는 근육으로 옳은 것은?

① 박근(Gracilis)
② 장요근(Ilipsoas)
③ 길항근(Antagonists)
④ 대퇴직근(Rectus Femoris)

해설

길항근(antagonists)은 주동근(agonists)과 반대되는 작용을 하는 근육을 말한다.

정답 | ③

28

다음 중 중추신경계의 피로, 즉 정신피로의 측정척도로 사용할 때 가장 적합한 것은?

① 혈압(blood pressure)
② 근전도(electromyogram)
③ 산소소비량(oxygen consumption)
④ 점멸융합주파수(flicker fusion frequency)

해설

점멸융합주파수를 통해 중추신경계 피로를 평가할 수 있다.

정답 | ④

29
근력과 지구력에 관한 설명으로 옳지 않은 것은?

① 동적근력(Dynamic Strength)을 등속력(Isokinetic Strength)이라 한다.
② 지구력(Endurance)이란 등척적으로 근육이 낼 수 있는 최대 힘을 말한다.
③ 정적근력(Static Strength)을 등척력(Isometric Strength)이라 한다.
④ 근육이 발휘하는 힘은 근육의 최대자율수축(MVC; Maximum Voluntary Contraction)에 대한 백분율로 나타낸다.

해설
근지구력은 장시간 동안 근육이 힘을 지속적으로 발휘할 수 있는 능력을 의미한다. 등척적으로 근육이 낼 수 있는 최대 힘은 등척력이라 한다.

정답 ②

30
다음 중 신체 부위가 몸의 중심선으로부터 바깥쪽으로 움직이는 동작을 일컫는 용어가 무엇인가?

① 신전(Extension)
② 외전(Abduction)
③ 내선(Internal Rotation)
④ 외선(External Rotation)

해설
외전은 신체의 관상면을 따라 팔이나 다리를 몸의 중심선에서 멀어지게 하는 동작을 말한다.

정답 ②

31
다음 중 생체역학에 활용되는 자유물체도(FBD)의 정의로 가장 적절하지 않은 것은?

① 구조물이 외적 하중을 받을 때 그 지점의 내적 하중을 결정하는 기법이다.
② 시스템의 전체 구성요소에 작용하는 힘만을 파악하기 위하여 그리는 것이다.
③ 모든 해석 대상물체에 대하여 작용하는 힘과 물체의 일부를 분리된 선도로 나타낸 그림이다.
④ 해당 대상물체를 이상화시켜 물체에 작용하고 있는 기지의 힘과 미지의 힘 모두를 상세히 기술하는 최상의 방법이다.

해설
자유물체도는 전체가 아닌 개별 요소를 분리해, 해당 요소에 작용하는 힘의 평형을 분석하는 도구이다.

정답 ②

32
다음 중 근육 운동에 있어 장력이 활발하게 생기는 동안 근육이 가시적으로 단축되는 수축을 무엇이라 하는가?

① 연축(twitch)
② 강축(tetanus)
③ 편심성 수축(eccentric contraction)
④ 동심성 수축(concentric contraction)

해설
동심성 수축은 장력 발생과 함께 근육 길이가 짧아지는 수축이다.

정답 ④

33
어떤 작업자의 8시간 작업 시 평균 흡기량은 40L/min 와 배기량은 30L/min로 측정되었다. 만일 배기량에 대한 산소함량이 15%로 측정되었다고 가정하면 이 때의 분당 산소소비량은?

① 3.3L/min ② 3.5L/min
③ 3.7L/min ④ 3.9L/min

해설 산소소비량 계산

> 산소소비량 = (평균공기흡기량 × 흡입산소량)
> − (공기배기량 × 배기산소량)

산소소비량 = (40L/min × 0.21) − (30L/min × 0.15) = 3.9L/min

정답 | ④

34
인체의 척추 구조에서 경추는 몇 개로 구성되어 있는가?

① 5개 ② 7개
③ 9개 ④ 12개

해설
경추는 7개로 구성되어 있다.

관련개념 성인 척추의 구성과 개수

부위	개수
경추(목뼈)	7개
흉추(등뼈)	12개
요추(허리뼈)	5개
천추(엉치뼈)	1개
미추	1개

정답 | ②

35
작업장의 소음 노출정도를 측정한 결과 다음 표와 같은 결과를 얻었다. 이 작업장에서 근무하는 근로자의 소음노출지수는 약 얼마인가?

소음수준[dB(a)]	노출시간(h)	허용기준(h)
80	3	64
90	4	8
100	1	2

① 1.0 ② 1.05
③ 1.10 ④ 1.15

해설 소음노출지수(D) 계산

$$소음노출지수(D) = \left(\frac{C_1}{T_1} + \frac{C_2}{T_2} + \cdots + \frac{C_n}{T_n}\right) \times 100$$

- C_n: n번째 소음구간에 실제 노출된 시간
- T_n: n번째 소음 구간에서 허용되는 최대 노출시간
- n: 소음 구간의 수

※ 소음노출지수는 보통 비율로 나타낸다. 백분율(%)로 표현할 때만 100을 곱하며, 해당 문제에서는 곱하지 않아야 한다.

$D = \frac{3}{64} + \frac{4}{8} + \frac{1}{2} = 0.046 + 0.5 + 0.5 = 1.046 \approx 1.05$

정답 | ②

36
다음 중 반사 눈부심의 처리로 가장 적절하지 않은 것은?

① 창문을 높이 설치한다.
② 간접조명 수준을 좋게 한다.
③ 휘도 수준을 낮게 유지한다.
④ 조절판, 차양 등을 사용한다.

해설
창문을 높이 설치하면 상부광이 작업면에 반사되어 반사 눈부심을 유발할 수 있어 적절하지 않다.

정답 | ①

37

다음 그림과 같이 작업자가 한 손을 사용하여 무게(W_L)가 98N인 작업물을 수평선을 기준으로 30도 팔꿈치 각도로 들고 있다. 물체를 쥔 손에서 팔꿈치까지의 거리는 0.35m이고, 손과 아래팔의 무게(W_A)는 16N이며, 손과 아래팔의 무게중심은 팔꿈치로부터 0.17m에 위치해 있다. 팔꿈치에 작용하는 모멘트는 얼마인가?

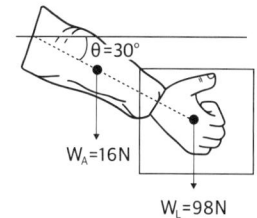

① 32Nm　　② 37Nm
③ 42Nm　　④ 47Nm

해설 모멘트(M) 계산

모멘트는 힘(F)와 거리(d)의 곱으로 (M=F·d) 계산할 수 있는데, 팔꿈치에서 발생하는 모멘트는 하박과 물체의 하중이 각각 팔꿈치에서 떨어진 거리를 곱하여 모멘트 암을 계산한다.

$$M = W_1 \cdot d_1 \cdot \cos(\theta) + W_2 \cdot d_2 \cdot \cos(\theta)$$

M = (98N × 0.35m × cos(30°)) + (16N × 0.17m × cos(30°))
　= 32.06N·m

정답 | ①

38

다음 중 인체의 해부학적 자세에 있어 인체를 좌우로 수직 이등분한 면을 무엇이라 하는가?

① 시상면(sagittal plane)
② 관상면(frontal plane)
③ 횡단면(transverse plane)
④ 수직면(vertical plane)

해설

인체를 좌우로 나누는 수직면이며, 중심을 지나는 경우는 정중시상면 또는 시상면이라 한다.

정답 | ①

39

다음 중 소음관리 대책의 단계로 가장 적절한 것은?

① 소음원의 제거 → 개인보호구 착용 → 소음수준의 저감 → 소음의 차단
② 개인보호구 착용 → 소음원이 제거 → 소음수준의 저감 → 소음의 차단
③ 소음원의 제거 → 소음의 차단 → 소음수준의 저감 → 개인보호구 착용
④ 소음의 차단 → 소음원의 제거 → 조음수준의 저감 → 개인보호구 착용

해설 소음관리의 4단계 대책

가장 적극적이고 효과적인 소음 대책은 소음원의 제거이며, 수음자 보호 방법은 최후의 수단이다.

단계	설명	예시
1단계	소음원의 제거	설비 교체, 공정 변경, 저소음 기계 도입
2단계	소음 수준의 저감	저소음 설비로 교체, 방진·방음 기술 활용
3단계	전달경로의 차단	차음벽, 흡음재, 방음실 등 설치
4단계	수음자 보호	개인 보호구 착용 (귀마개, 귀덮개등), 작업시간 단축, 교대 작업

정답 | ③

40

다음 중 젖산의 축적 및 근육의 피로에 관한 설명으로 틀린 것은?

① 젖산이 누적되면 결국 근육은 반응을 하지 않게 된다.
② 무기성 환원과정은 산소가 충분히 공급될 때 일어난다.
③ 축적된 젖산은 산소와 결합하여 물과 이산화탄소로 분해되어 배출된다.
④ 계속적인 활동시 혈액으로부터 양분과 산소를 공급받아야 하며 이때 충분한 산소 공급이 되지 않을 경우 젖산은 축적된다.

해설

무기성(혐기성) 대사는 산소가 부족할 때 포도당을 분해해 에너지를 생성하며, 산소가 충분할 경우에는 유기성(호기성) 대사가 우세하다.

정답 | ②

SUBJECT 03 | 산업심리학 및 관련법규

41
하인리히의 사고예방 대책의 5가지 기본원리를 순서대로 올바르게 나열한 것은?

① 사실의 발견 → 안전조직 → 분석평가 → 시정책 선정 → 시정책 적용
② 안전조직 → 사실의 발견 → 분석평가 → 시정책 선정 → 시정책 적용
③ 안전조직 → 분석평가 → 사실의 발견 → 시정책 선정 → 시정책 적용
④ 사실의 발견 → 분석평가 → 안전조직 → 시정책 선정 → 시정책 적용

해설 하인리히의 사고예방 대책의 5가지 기본원리
- 안전 조직: 안전목표설정, 안전관리자의 선임, 안전조직의 구성
- 사실의 발견: 작업분석, 점검, 사고조사, 안전진단
- 분석평가: 사고원인 및 경향성 분석
- 시정방법의 선정: 기술적 개선, 교육훈련, 안전운동 전개, 안전행정의 개선
- 시정책의 적용: 3E

정답 | ②

42
스트레스 상황하에서 일어나는 현상으로 틀린 것은?

① 동공이 수축된다.
② 스트레스는 정보처리의 효율성에 영향을 미친다.
③ 스트레스로 인한 신체 내부의 생리적 변화가 나타난다.
④ 스트레스 상황에서 심장박동수는 증가하나, 혈압은 내려간다.

해설
스트레스 상황에서 심장 박동수와 혈압은 증가한다.

정답 | ④

43
제조물책임법상 결함의 종류에 해당하지 않는 것은?

① 사용상의 결함
② 제조상의 결함
③ 설계상의 결함
④ 표시상의 결함

해설
「제조물 책임법」에 결함의 종류는 제조상의 결함, 설계상의 결함, 표시상의 결함이다.

정답 | ①

44
다음 표는 동기부여와 관련된 이론의 상호 관련성을 서로 비교해 놓은 것이다. A~E에 해당하는 용어가 맞는 것은?

위생요인과 동기요인 (Herzberg)	ERG 이론 (Alderfer)	X이론과 Y이론 (McGregor)
위생요인	A	D
	B	
동기요인	C	E

① A: 존재욕구, B: 관계욕구, D: X이론
② A: 관계욕구, C: 성장욕구, D: Y이론
③ A: 존재욕구, C: 관계욕구, E: Y이론
④ B: 성장욕구, C: 존재욕구, E: X이론

해설 동기부여이론 비교표

구분	허즈버그의 동기-위생요인 이론	맥그리거의 X이론과 Y이론	알더퍼 ERG 이론
상위욕구	동기요인	Y이론	성장욕구
			관계욕구
하위욕구	위생요인	X이론	존재욕구

정답 | ①

45

어떤 사업장의 생산라인에서 완제품을 검사하는데, 어느 날 5,000개의 제품을 검사하여 200개를 부적합품으로 처리하였으나 이 로트에 실제로 1,000개의 부적합품이 있었을 때, 로트당 휴먼에러를 범하지 않을 확률은 약 얼마인가?

① 0.16
② 0.20
③ 0.80
④ 0.84

해설 신뢰도(휴먼에러를 범하지 않을 확률)

$$휴먼에러율(HEP) = \frac{실제\ 부적합품\ 수 - 검출된\ 부적합품\ 수}{총\ 검사\ 수}$$

신뢰도(휴먼에러를 범하지 않을 확률) = 1 - HEP

$HEP = \frac{1,000 - 200}{5,000} = \frac{800}{5,000} = 0.16$

신뢰도 = 1 - 0.16 = 0.84

정답 ④

46

인간과오를 방지하기 위하여 기계설비를 설계하는 원칙에 해당되지 않는 것은?

① 안전설계(Fail-safe Design)
② 배타설계(Exclusion Design)
③ 조절설계(Adjustable Design)
④ 보호설계(Prevention Design)

해설
조절설계는 인간과오(오류)를 방지하기 위한 설계가 아닌 사용자의 편의성과 인체공학적 디자인을 고려한 설계이다.

정답 ③

47

새로운 작업을 수행할 때 근로자의 실수를 예방하고 정확한 동작을 위해 다양한 조건에서 연습한 결과로 나타나는 것은?

① 상기 스키마(Recall Schema)
② 동작 스키마(Motion Schema)
③ 도구 스키마(Instrument Schema)
④ 정보 스키마(Information Schema)

해설 스키마 이론

스키마(schema) 이론은 운동학습이론 중 하나로, 인간이 운동 동작을 기억하고 수행하는 방식이다.

- 상기 스키마(Recall Schema): 이미 가진 지식이나 경험을 바탕으로 새로운 정보를 이해하고 해석하는 인지 구조이다.
- 동작 스키마(Motion Schema): 특정 상황이나 사건이 발생했을 때 일련의 예상되는 행동이나 절차에 대한 지식 구조이다.
- 도구 스키마(Instrument Schema): 어떤 목표를 달성하기 위해 사용되는 도구나 수단에 대한 지식 구조이다.
- 정보 스키마(Information Schema): 데이터베이스 시스템에서 데이터의 구조, 제약 조건, 관계 등 데이터 자체에 대한 메타 정보를 정의한 체계이다.

정답 ①

48

뇌파의 유형에 따라 인간의 의식수준을 단계별로 분류할 때, 의식이 명료하여 가장 적극적인 활동이 이루어지고 실수의 확률이 가장 낮은 단계는?

① Ⅰ단계
② Ⅱ단계
③ Ⅲ단계
④ Ⅳ단계

해설 인간의 의식 Level의 단계별 의식수준

단계	의식의 수준	생리적 상태
Phase 0	무의식, 실신	수면, 뇌가 발작
Phase Ⅰ	의식의 둔화	피로, 단조로움, 술에 취함
Phase Ⅱ	이완상태	안정기, 휴식할 때, 정상 작업할 때
Phase Ⅲ	명료한 상태	적극적인 활동, 에러 가능성 낮음
Phase Ⅳ	과긴장 상태	긴급 방어반응, 패닉

정답 ③

49
리더십 이론 중 경로-목표 이론에서 리더들이 보여주어야 하는 4가지 행동유형에 속하지 않는 것은?

① 권위적
② 지시적
③ 참여적
④ 성취지향적

해설 경로 목표 이론 리더 행동에 따른 4가지 범주
- 지시적 리더십
- 후원적(지원적) 리더십
- 성취지향적 리더십
- 참여적 리더십

정답 | ①

50
헤드십(Headship)과 리더십에 대한 설명으로 옳지 않은 것은?

① 헤드십은 부하와의 사회적 간격이 넓다.
② 리더십에서 책임은 리더와 구성원 모두에게 있다.
③ 리더십에서 구성원과의 관계는 개인적인 영향에 따른다.
④ 헤드십은 권한부여가 구성원으로부터 동의에 의한 것이다.

해설
헤드십은 위(대표 등)에서부터 임명된 것이다.

정답 | ④

51
인간의 정보처리 과정 측면에서 분류한 휴먼 에러(Human error)에 해당하는 것은?

① 생략 오류(Omission error)
② 순서 오류(Sequential error)
③ 작위 오류(Commission error)
④ 의사결정 오류(Decision Making error)

해설
의사결정 오류(Decision Making error)는 인간의 정보처리 과정 측면에서 분류한 휴먼 에러에 해당된다. 인간이 정보를 처리하고 의사결정을 내리는 과정에서 발생하는 오류를 말한다.

정답 | ④

52
Rasmussen의 인간행동 분류에 기초한 인간 오류에 해당하지 않는 것은?

① 규칙에 기초한 행동(rule-based behavior) 오류
② 실행에 기초한 행동(commission-based behavior) 오류
③ 기능에 기초한 행동(skill-based behavior) 오류
④ 지식에 기초한 행동(knowledge-based behavior) 오류

해설 Rasmussen(라스무센)의 인간 행동의 3단계 오류모델

행동 유형	설명	오류 유형	오류 설명
숙련기반행동 (Skill-based Behavior)	익숙하고 반복적인 작업을 무의식적·자동으로 수행한다.	숙련기반행동 오류 (Skill-based Behavior Error)	주의력 저하나 부주의로 인한 실수이다.
규칙기반행동 (Rule-based Behavior)	특정 상황에 맞는 규칙이나 절차를 적용하여 수행한다.	규칙기반행동 오류 (Rule-based Behavior Error)	상황 오판, 잘못된 규칙 적용으로 인한 착오(Mistake)이다.
지식기반행동 (Knowledge-based Behavior)	새로운 상황에서 기존 지식·경험으로 문제를 해결한다.	지식기반행동 오류 (Knowledge-based Behavior Error)	지식 부족 또는 잘못된 판단으로 인한 착오(Mistake)이다.

정답 | ②

53

NIOSH 직무 스트레스 모형에서 직무스트레스 요인과 성격이 다른 한 가지는?

① 작업요인 ② 조직요인
③ 환경요인 ④ 상황요인

해설

①, ②, ③은 직무스트레스 요인이며, ④ 상황요인은 스트레스 직무반응에 속한다.

정답 | ④

54

인간공학연구에 사용되는 기준(Criterion, 종속변수) 중 인적 기준(Human Criterion)에 해당하지 않은 것은?

① 보전도 ② 사고빈도
③ 주관적 반응 ④ 인간 성능

해설

보전도는 시스템이나 기계 유지보수에 관한 것을 의미하며 인적 기준이 아닌 기계와 시스템의 기준에 해당된다.

관련개념 인적 기준 (Human Criteria)

인간의 특성과 관련된 기준이다.
- 주관적 반응(예 피로감, 스트레스 등)
- 사고 빈도(예 작업 중 실수나 사고 발생률)
- 인간 성능(예 작업 정확도, 반응시간, 생산성 등)

정답 | ①

55

다음 중 수행도 평가기법이 아닌 것은?

① 속도 평가법
② 합성 평가법
③ 평준화 평가법
④ 사이클 그래프 평가법

해설

사이클 그래프 평가법은 주로 시간 분석이나 주기적인 변화를 시각적으로 나타내는 기법이며, 주로 시간 관리나 작업 흐름을 나타내는 데 사용된다.

정답 | ④

56

알더퍼(P.Alderfer)의 ERG 이론에서 3단계로 나눈 욕구 유형에 속하지 않은 것은?

① 성취욕구 ② 성장욕구
③ 존재욕구 ④ 관계욕구

해설 알더퍼(P.Alderfer)의 ERG 이론

구분	허즈버그의 동기-위생요인 이론	맥그리거의 X이론과 Y이론	알더퍼 ERG 이론
상위욕구	동기요인	Y이론	성장욕구
			관계욕구
하위욕구	위생요인	X이론	존재욕구

정답 | ①

57
다음 중 막스 웨버(Max Weber)에 의해 제시된 관료주의의 특징과 가장 거리가 먼 것은?

① 수직적으로 하부조직에 적절한 권한 위임을 가정한다.
② 조직 구조에 있어 노동의 통합화를 가정한다.
③ 법과 규정에 의한 운영으로 예측 가능한 조직운영을 가정한다.
④ 하부조직과 인원을 적절한 크기가 되도록 가정한다.

해설
조직 구조에 있어 노동의 분업화를 가정한다.

관련개념 Max Weber의 관료주의
- 법규에 기반한 조직 운영: 공식적 법규나 내부 규칙에 따라 운영
- 위계적 구조(계층제): 수직적 명령계통
- 업무의 전문화와 분업: 효율성 증진을 위한 중복 업무 제거
- 문서주의: 공식적인 문서 중심의 업무 처리
- 공사의 구별: 개인과 조직의 명확한 분리
- 자격 중심의 임용과 승진: 전문적 자격과 기술, 지식을 요구
- 신분 보장: 직업적 안전성 보장
- 몰인격성(비정의성): 승진과 충원에 있어서 사적 감정이나 사적 관계 요인 배제

정답 ②

58
다음 중 안전대책의 중심적인 내용이라 할 수 있는 "3E"에 포함되지 않는 것은?

① Engineering
② Environment
③ Education
④ Enforcement

해설
안전 대책의 3요소는 Engineering, Education, Enforcement이다.

정답 ②

59
다음 중 부주의에 대한 사고방지 대책으로 적절하지 않은 것은?

① 적성배치
② 작업의 표준화
③ 주의력 분산훈련
④ 스트레스 해소대책

해설
사고방지 대책을 위해서는 주의력 집중 훈련을 실시해야 한다.

정답 ③

60
다음 중 리더십의 권한에서 부하직원들이 상사를 존경하여 스스로 따른다고 할 때의 상사의 권한을 무엇이라 하는가?

① 합법적 권한
② 강압적 권한
③ 보상적 권한
④ 준거적 권한

해설 권력의 원천 유형 분류(French&Raven, 1962)

조직중심 권력 (권한)	• 보상적 권력: 급여, 승진, 혜택 등 보상을 제공할 수 있는 능력이다. • 강압적 권력: 징계, 불이익 등 처벌을 내릴 수 있는 능력이다. • 합법적 권력: 직위나 직책 등 조직구조에 따라 공식적으로 부여된 권한이다.
개인중심 권력 (권한)	• 준거적 권력: 개인적 호감이나 존경심으로 따르고 싶어지는 권력이다. • 전문적 권력: 전문적 지식, 교육, 경험 등에서 나오는 권력이다.

정답 ④

SUBJECT 04 | 근골격계질환 예방을 위한 작업관리

61
근골격계질환의 유형에 대한 설명으로 틀린 것은?

① 외상과염은 팔꿈치 부위의 인대에 염증이 생김으로써 발생하는 증상이다.
② 백색수지증은 손가락에 혈액의 원활한 공급이 이루어지지 않을 경우에 발생하는 증상이다.
③ 수근관 증후군은 손목이 꺾인 상태나 과도한 힘을 준 상태에서 반복적 손 운동을 할 때 발생한다.
④ 결절종은 반복, 구부림, 진동 등에 의하여 건의 섬유질이 손상되거나 찢어지는 등의 건에 염증이 생기는 질환이다.

해설
결절종(Ganglion)은 관절이나 건(힘줄) 주위에 발생하며 손목이나 손에 액체가 고여 주머니처럼 부풀어 오른 양성 종양이다.

정답 | ④

62
3시간 동안 작업 수행과정을 촬영하여 워크샘플링 방법으로 200회를 샘플링한 결과 이 중에서 30번의 손목꺾임이 확인되었다. 이 작업의 시간당 손목꺾임 시간을 얼마인가?

① 6분
② 9분
③ 18분
④ 30분

해설 워크샘플링 시간 계산
- 손목꺾임의 비율

$$\text{손목꺾임의 비율} = \frac{\text{관찰 횟수}}{\text{총 샘플링 횟수}}$$

손목꺾임 비율 = $\frac{30}{200}$ = 0.15

- 총 작업시간 중 손목꺾임 시간

$$\text{1시간당 손목꺾임 시간} = \text{활동비율} \times 60\text{분}$$

1시간당 손목꺾임 시간 = 0.15 × 60분 = 9분

정답 | ②

63
근골격계질환의 주요 사회심리적 요인인 것은?

① 작업습관
② 접촉 스트레스
③ 직무스트레스
④ 부적절한 자세

해설 근골격계질환 원인(근골격계질환 원인)

개인적 요인	• 체력 및 근력 • 성별 • 연령 • 운동부족 • 과거병력(관절염, 디스크 등) • 작업경력(위험 노출 작업) • 작업습관(작업시간, 자세) • 유전적요인
작업관련 요인	• 반복작업 • 진동 • 접촉스트레스 • 과도한 힘 • 부적절한 자세 • 저온과 고온 • 정적 자세 • 비휴식
사회심리적 요인	• 직무 스트레스(과중한 업무, 시간 압박 등) • 직무 불안정성(해고, 계약직) • 상사 및 동료들과의 인간관계 • 역할갈등/모호성(업무가 명확하지 않을 때) • 직무 만족도(일에 대한 흥미) • 심리상태

정답 | ③

64
산업안전보건법령에 따라 사업주가 근골격계 부담작업 종사자에게 반드시 주지시켜야 하는 내용과 거리가 먼 것은?

① 근골격계부담작업의 유해요인
② 근골격계질환의 요양 및 부상
③ 근골격계질환의 징후 및 증상
④ 근골격계질환의 발생 시 대처요령

해설 근골격계부담작업 종사자 대상 기본교육 내용
- 근골격계부담작업에서의 유해요인
- 작업도구와 장비 등 작업시설의 올바른 사용방법
- 근골격계질환의 증상과 징후 식별방법 및 보고방법
- 근골격계질환 발생 시 대처요령
- 기타 근골격계질환 예방에 필요한 사항

정답 | ②

65
수공구의 설계 원리로 적절하지 않은 것은?

① 손목을 곧게 펼 수 있도록 한다.
② 지속적인 정적 근육부하를 피하도록 한다.
③ 특정 손가락의 반복적인 동작을 피하도록 한다.
④ 가능하면 손바닥으로 잡는 power grip보다는 손가락으로 잡는 pinch grip을 이용하도록 한다.

해설 수공구를 이용한 작업 개선 원리
- 손바닥 전체에 골고루 스트레스를 분포시키는 손잡이를 가진 수공구를 선택한다.
- 가능하면 손가락으로 잡는 집어잡기(Pinch grip)보다는 감싸 쥐기(power grip)를 이용한다.
- 공구 손잡이의 홈은 손바닥의 일부분에 많은 스트레스를 야기하므로 손잡이 표면에 홈이 파진 수공구를 피한다.
- 동력 공구는 그 무게를 지탱할 수 있도록 매달거나 지지한다.
- 진동 패드, 진동 장갑 등으로 손에 전달되는 진동 효과를 줄인다.

정답 | ④

66
근골격계 부담작업 유해요인 조사와 관련하여 틀린 것은?

① 사업주는 유해요인조사에 근로자 대표 또는 해당 작업 근로자를 참여시켜야 한다.
② 유해요인조사의 내용은 작업장 상황, 작업조건, 근골격계 질환 증상 및 징후를 포함한다.
③ 신설되는 사업장의 경우에는 신설일로부터 2년 이내에 최초 유해요인 조사를 실시하여야 한다.
④ 유해요인조사는 매3년마다 실시되는 정기적 조사와 특정한 사유가 발생 시 실시하는 수시조사가 있다.

해설
산업안전보건법령에 따르면, 근골격계 부담작업에 대해 유해요인 조사는 신설되는 사업장의 경우에는 신설일부터 1년 이내에 최초의 유해요인 조사를 하여야 한다.

정답 | ③

67
유해도가 높은 근골격계 부담 작업의 공학적 개선에 속하는 것은?

① 적절한 작업자의 선발
② 작업자의 교육 및 훈련
③ 작업자의 작업속도 조절
④ 작업자의 신체에 맞는 작업장 개선

해설
작업자의 신체에 맞는 작업장을 개선하는 것은 공학적 개선에 속한다. ①, ②, ③은 관리적 개선방법에 해당한다.

관련개념 관리적 개선방법과 공학적 개선방법 비교

구분	관리적 개선방법	공학적 개선방법
초점	사람과 조직 운영	장비, 도구, 작업장, 포장, 부품, 제품
접근방식	교육, 시간조정, 감독, 직장체조, 회복시간 제공, 적정배치, 작업일정 및 작업속도 조절, 작업의 다양성 제공	설비 개선, 재설계
비용	상대적으로 낮음	상대적으로 높음
예시	인력 배치 최적화(적절한 작업자의 선발), 작업자 교육 및 훈련, 작업자의 속도 조절	자동화 장비 도입, 작업자 신체에 맞는 작업장 개선

정답 | ④

68
근골격계질환의 예방 대책으로 적절한 내용이 아닌 것은?

① 질환자에 대한 재활프로그램 및 산업재해 보험의 가입
② 충분한 휴식시간의 제공과 스트레칭 프로그램의 도입
③ 적절한 공구의 사용 및 올바른 작업방법에 대한 작업자 교육
④ 작업자의 신체적 특성과 작업내용을 고려한 작업장 구조의 인간공학적 개선

해설
산업재해보상 보험의 가입은 근골격계질환의 사후보상 중심이며, 나머지 예시는 예방중심이다.

정답 | ①

69

사업장 근골격계질환 예방관리 프로그램에 있어 예방·관리추진팀의 역할이 아닌 것은?

① 교육 및 훈련에 관한 사항을 결정하고 실행한다.
② 예방·관리 프로그램의 수립 및 수정에 관한 사항을 결정한다.
③ 근골격계질환의 증상·유해요인 보고 및 대응체계를 구축한다.
④ 유해요인 평가 및 개선계획의 수립과 시행에 관한 사항을 결정하고 실행한다.

해설
근골격계질환의 증상·유해요인 보고 및 대응체계를 구축하는 것은 사업주의 역할이다.

관련개념 예방·관리추진팀의 역할
- 예방관리 프로그램의 수립 및 수정에 관한 사항을 결정한다.
- 예방관리 프로그램의 실행 및 운영에 관한 사항을 결정한다.
- 교육 및 훈련에 관한 사항을 결정하고 실행한다.
- 유해요인 평가, 개선계획의 수립 및 시행에 관한 사항을 결정하고 실행한다.
- 근골격계질환자에 대한 사후조치 및 근로자 건강보호에 관한 사항 등을 결정하고 실행한다.

정답 | ③

70

문제분석 도구 중 빈도수가 큰 항목부터 차례대로 나열하는 방법으로 불량이나 사고의 원인이 되는 항목을 찾아내는 기법은?

① 간트 차트
② 특성요인도
③ PERT 차트
④ 파레토 차트

해설
① 간트 차트: 작업 일정과 상태를 관리하는 도구이다.
② 특성요인도: 문제의 원인을 어골도 형태로 분석하는 도구이다.
③ PERT 차트: 프로젝트 일정 및 작업 흐름을 다이어그램으로 시각화하는 도구이다.

정답 | ④

71

작업방법 설계 시 고려해야 할 사항으로 옳지 않은 것은?

① 눈동자의 움직임을 최소화한다.
② 동작을 천천히 하여 최대 근력을 얻도록 한다.
③ 최대한 발휘할 수 있는 힘의 30% 이하로 유지한다.
④ 가능하다면 중력 방향으로 작업을 수행하도록 한다.

해설
최대한 발휘할 수 있는 힘의 15% 이하로 유지한다.

정답 | ③

72

다음 중 시간연구에서 다루는 내용과 관련성이 가장 적은 것은?

① 정미시간
② 표준시간
③ 여유율
④ 오차율

해설
오차율은 보통 품질관리나 통계적 공정관리(SPC)에서 사용하는 개념이다.

관련개념 시간연구(Time Study)
작업자가 표준 시간(Standard Time) 내에 작업을 완료할 수 있도록, 실제 작업에 소요되는 시간을 측정하고 분석하는 기법이다.

정답 | ④

73
작업개선을 위한 개선의 ECRS에 해당하지 않는 것은?

① Eliminate ② Combine
③ Redesign ④ Simplify

해설 ECRS의 4원칙
- 제거(Eliminate): 불필요한 작업, 공정을 제거한다.
- 결합(Combine): 유사하거나 연관된 작업을 하나로 결합한다.
- 재배치(Rearrange): 작업 순서, 공정 등을 효율적으로 재배치한다.
- 단순화(Simplify): 복잡한 작업을 단순하게 수행하도록 한다.

정답 | ③

74
동작경제원칙 중 신체 사용에 관한 원칙으로 옳지 않은 것은?

① 두 손의 동작은 같이 시작하고 같이 끝나도록 한다.
② 휴식시간을 제외하고는 양손이 같이 쉬지 않도록 한다.
③ 손의 동작은 완만하게 연속적인 동작이 되도록 한다.
④ 두 팔의 동작은 같은 방향으로 비대칭적으로 움직이도록 한다.

해설 신체 사용에 관한 원칙
- 두 손은 동시에 동작을 시작하고 동시에 종료해야 한다.
- 휴식시간 외에 두 손이 동시에 쉬는 시간이 없어야 한다.
- 양팔은 각기 반대방향에서 대칭적으로 동시에 움직여야 한다.
- 작업동작은 율동이 따라야 한다.
- 직선동작보다는 연속적인 곡선동작이 바람직하다.
- 탄도동작(물체가 공중에서 포물선을 그리며 움직이는 운동)은 제한되거나 통제된 동작보다 더 신속하고 정확하고 용이하다.
- 손의 동작은 작업을 효율적으로 처리할 수 있는 범위 내에서 최소한의 동작으로 이루어져야 한다.
- 동작의 관성을 이용하여 작업하는 것이 효과적이다.
- 유연한 동작이 바람직하다.

정답 | ④

75
제조업의 단순반복조립작업에 대하여 RULA(Rapid Upper Limb Assessment) 평가기법을 적용하여 작업을 평가한 결과 최종 점수가 5점으로 평가되었다. 다음 중 이 결과에 대한 가장 올바른 해석은?

① 빠른 작업개선과 작업위험요인의 분석이 요구된다.
② 수용가능한 안전한 작업으로 평가된다.
③ 계속적 추적관찰을 요하는 작업으로 평가된다.
④ 즉각적인 개선과 작업위험요인의 정밀조사가 요구된다.

해설 RULA 평가점수

범주	총점수	개선 필요 여부
1	1~2	(작업이 오랫동안 지속, 반복이 안 된다면) 안전한 공정
2	3~4	(추가적인 관찰 필요) 부분적 개선과 추후 조사가 필요한 공정
3	5~6	(계속적 관찰 필요) 빠른 작업개선과 작업 위험요인의 분석이 요구
4	7	(정밀조사 필요) 즉각적인 작업환경과 자세 개선 필요

정답 | ①

76
다음 중 근골격계 유해요인의 개선 방법에 있어 관리적 개선으로 볼 수 없는 것은?

① 작업 습관 변화 ② 작업장 재배열
③ 직장 체조 강화 ④ 작업자 적정 배치

해설
작업장 재배열은 작업 환경, 장비, 작업대 등의 물리적 배치 변경이므로, 공학적 개선으로 분류된다.

관련개념 근골격계질환 관리적 개선 방안
- 작업의 다양성 제공(작업확대)
- 근골격계질환 예방 체조 및 스트레칭
- 작업 일정 및 작업속도 조절
- 작업자 교대
- 작업자에 대한 휴식시간(회복시간) 제공
- 근골격계질환 관련 교육 실시
- 작업공간, 공구와 장비의 정기적인 청소 및 유지보수
- 올바르지 않은 작업 습관 변화 및 개선

정답 | ②

77

조립작업 등과 같이 엄지와 검지로 집는 작업자세가 많은 경우 손목의 정중신경압박으로 증상이 유발하는 질환은?

① 근막통 증후군
② 외상과염
③ 수완진동 증후군
④ 수근관 증후군

해설

① 근막통 증후군: 지속적 근육 과사용 또는 외상으로 생기는 근육과 근막에 발생하는 만성적인 통증 질환이다.
② 외상과염(테니스 엘보): 팔꿈치 외측 힘줄에 염증이 생기는 질환이다.
③ 수완진동 증후군: 손이나 손목이 지속적인 진동에 노출되어 발생하는 질환이다.

정답 | ④

78

어느 회사의 컨베이어 라인에서 작업순서가 다음 표의 번호와 같이 구성되어 있다. 다음 설명 중 옳은 것은?

작업	1. 조립	2. 납땜	3. 검사	4. 포장
시간(초)	10초	9초	8초	7초

① 공정 손실은 15%이다.
② 애로작업은 검사작업이다.
③ 라인의 주기시간은 7초이다.
④ 라인의 시간당 생산량은 6개이다.

해설

① 공정손실은 15%이다.

$$공정손실율 = 1 - \left(\frac{총\ 작업시간}{주기시간 \times 작업\ 개수}\right)$$

$1 - \left(\frac{10+9+8+7}{10 \times 4}\right) = 1 - 0.85 = 0.15(15\%)$

② 전체 생산 공정에서 가장 시간이 긴 것을 애로작업이라 보는데, 여기서 애로 작업은 조립작업이다.
③ 라인의 주기 시간은 10초이다. 주기는 한 개의 제품이 완성되기까지 걸리는 시간이며, 가장 긴 작업 기준으로 결정된다.
④ 라인의 시간당 생산량은 360개이다. 시간당 생산량은 60분(3,600초)을 주기 시간으로 나누어 계산한다.
  • 주기 시간 = 10초(가장 긴 작업 시간)
  • 시간당 생산량 = 3,600초 ÷ 10초 = 360개

정답 | ①

79

다음 중 근골격계질환의 직접적인 유해 요인과 가장 거리가 먼 것은?

① 야간 교대 작업
② 무리한 힘의 사용
③ 높은 빈도의 반복성
④ 부자연스러운 자세

해설 근골격계질환의 직접적인 유해요인

• 반복성
• 부자연스럽거나 취하기 어려운 자세
• 과도한 힘
• 접촉 스트레스
• 진동 등

정답 | ①

80

다음 중 JSI(Job Strain Index)가 작업을 평가하는 기준 6가지에 해당하지 않는 것은?

① 손/손목의 자세
② 1일 작업의 생산량
③ 힘을 발휘하는 강도
④ 힘을 발휘하는 지속시간

해설 JSI평가에서 사용되는 6항목

• 힘을 발휘하는 강도
• 힘을 발휘하는 지속 시간
• 분당 힘의 발휘
• 손/손목의 자세
• 작업속도
• 1일 작업의 지속시간

정답 | ②

2024년 1회 CBT 복원문제

SUBJECT 01 | 인간공학개론

01
10m 떨어진 곳에서 높이 2cm의 물체(Snellen letter)를 겨우 볼 수 있을 때, 이 사람의 시력은 얼마 정도인가?

① 0.15
② 0.3
③ 0.5
④ 0.75

해설 시각과 시력

• 시각의 계산

$$시각 = \frac{물체\ 높이(H)}{물체거리(D)} \times \frac{180°}{\pi} \times \frac{60'}{1°}$$

$$시각 = \frac{0.02}{10} \times \frac{180°}{\pi} \times \frac{60'}{1°} = 6.88$$

• 시력의 계산

$$시력 = \frac{1}{시각}$$

$$시력 = \frac{1}{6.88} = 0.145 ≈ 0.15$$

정답 | ①

02
인체측정의 구조적 치수 측정에 관한 설명으로 틀린 것은?

① 형태학적 측정을 의미한다.
② 나체 측정을 원칙으로 한다.
③ 마틴식 인체측정 장치를 사용한다.
④ 상지나 하지의 운동범위를 측정한다.

해설
구조적 치수는 표준자세에서 움직이지 않는 상태에서 측정한 신체 치수이다.

정답 | ④

03
병렬 시스템의 특성에 관한 설명으로 틀린 것은?

① 요소의 중복도가 늘수록 시스템의 수명은 짧아진다.
② 요소의 개수가 증가될수록 시스템 고장의 기회는 감소된다.
③ 요소 중 어느 하나가 정상이면 시스템은 정상으로 작동된다.
④ 시스템의 수명은 요소 중 수명이 가장 긴 것에 의하여 결정된다.

해설
병렬 시스템에서는 요소의 중복도가 높을수록 전체 시스템의 수명이 더 길어진다.

정답 | ①

04
인간의 정보처리과정, 기억의 능력과 한계 등에 관한 정보를 고려한 설계와 가장 관계가 깊은 것은?

① 제품 중심의 설계
② 기능 중심의 설계
③ 신체 특성을 고려한 설계
④ 인지 특성을 고려한 설계

해설
정보처리과정과 기억능력의 한계를 고려한 설계는 인간의 인지 특성을 반영한 설계이다.

정답 | ④

05

청각적 표시장치에 관한 설명으로 맞는 것은?

① 청각 신호의 지속시간은 최대 0.3초 이내로 한다.
② 청각 신호의 차원은 세기, 빈도, 지속기간으로 구성된다.
③ 즉각적인 행동이 요구될 때에는 청각적 표시장치보다 시각적 표시장치를 사용하는 것이 좋다.
④ 신호의 검출도를 높이기 위해서는 소음의 세기가 높은 영역의 주파수로 신호의 주파수를 바꾼다.

해설
청각 신호는 일반적으로 0.5초 이상 지속되며, 즉각적인 행동에는 청각 표시장치가 시각 표시장치보다 효과적이다. 검출도를 높이려면 소음과 겹치지 않는 주파수를 선택하여야 한다.

정답 | ②

06

시(視)감각 체계에 관한 설명으로 틀린 것은?

① 동공은 조도가 낮을 때는 많은 빛을 통과시키기 위해 확대된다.
② 1디옵터는 1미터 거리에 있는 물체를 보기 위해 요구되는 조절능력이다.
③ 안구의 수정체는 모양체근으로 긴장을 하면 얇아져 가까운 물체만 볼 수 있다.
④ 망막의 표면에는 빛을 감지하는 광수용기인 원추체와 간상체가 분포되어 있다.

해설
수정체는 모양체근이 긴장하면 두꺼워져 굴절력이 증가하여 가까운 물체만 볼 수 있다.

정답 | ③

07

남녀 공용으로 사용하는 의자의 높이를 조절식으로 설계하고자 한다. 표를 참고하여 좌판높이의 조절범위에 대한 기준값으로 가장 적당한 것은?(단, 5%tile 계수는 1.645이다.)

척도	남성오금높이	여성오금높이
평균	41.3	38.0
표준편차	1.9	1.7

① $(38.0 - 1.7 \times 1.645) \sim (41.3 + 1.9 \times 1.645)$
② $(38.0 + 1.7 \times 1.645) \sim (41.3 + 1.9 \times 1.645)$
③ $(38.0 - 1.7 \times 1.645) \sim (41.3 - 1.9 \times 1.645)$
④ $(38.0 + 1.7 \times 1.645) \sim (41.3 - 1.9 \times 1.645)$

해설
의자 높이는 다양한 사용자에게 맞게 조절할 수 있도록 여성의 5%tile과 남성의 95%tile을 기준으로 설계해야 한다.

관련개념 5%tile, 95%tile 계산

$$5\%\text{tile} = \mu - (Z \times \sigma), \quad 95\%\text{tile} = \mu + (Z \times \sigma)$$

- μ: 평균
- Z: Z-표준점수
- σ: 표준편차

정답 | ①

08

인체 측정 자료를 설계에 응용할 때, 고려할 사항이 아닌 것은?

① 고정치 설계
② 조절식 설계
③ 평균치 설계
④ 극단치 설계

해설 인체 측정 자료 적용 설계 원칙

극단치 설계	사용자 집단의 신체 치수 분포에서 가장 큰 값(최대치) 또는 가장 작은 값(최소치)을 기준으로 설계한다. 예 최대치-문, 탈출구, 통로 최소치-손잡이 높이, 조작레버의 강도
조절식 설계	사용자가 자신의 신체 치수에 맞게 조정 가능하도록 설계한다. 예 의자 높이
평균치 설계	평균적인 사용자 기준으로 설계한다. 예 ATM 높이, 공공장소 세면대

정답 | ①

09
인간의 눈이 완전 암조응(암순응) 되기까지 소요되는 시간은 어느 정도인가?

① 1~3분 ② 10~20분
③ 30~40분 ④ 60~90분

해설
간상세포가 활성화되어 완전한 암순응까지는 30~40분이 소요된다.

정답 | ③

10
인간-기계 시스템 설계 시 고려사항으로 적절하지 않은 것은?

① 시스템 설계 시 동작경제의 원칙에 만족되도록 고려하여야 한다.
② 대상 시스템이 배치될 환경조건이 인간의 한계치를 만족하는가의 여부를 조사한다.
③ 단독의 기계에 대하여 수행해야 할 배치는 기계적 성능이 최대치가 되도록 해야 한다.
④ 시스템 설계의 성공적인 완료를 위해 조작의 능률성, 보족의 용이성, 제작의 결제성 측면이 검토되어야 한다.

해설
기계가 단독으로 작동하더라도 인간이 이를 조작하거나 유지·보수를 해야 하므로, 성능보다 인간과의 상호작용을 우선적으로 고려해야 한다.

정답 | ③

11
통계적 분석에서 사용되는 제1종 오류를 설명한 것으로 틀린 것은?

① $1-\alpha$를 검출력(power)이라고 한다.
② 제1종 오류를 통계적 기각역이라고도 한다.
③ 발견한 결과가 우연에 의한 것일 확률을 의미한다.
④ 동일한 데이터의 분석에서 제1종 오류를 작게 설정할수록 제2종 오류가 증가할 수 있다.

해설
검출력(Power)은 $1-\beta$이다.

정답 | ①

12
회전운동을 하는 조종장치의 레버를 20° 움직였을 때 표시장치의 커서는 2cm 이동하였다. 레버의 길이가 15cm일 때 이 조종장치의 C/R비는 약 얼마인가?

① 2.62 ② 5.24
③ 8.33 ④ 10.48

해설 C/R비 계산

$$C/R비 = \frac{\frac{조종장치의\ 움직인\ 각도}{360°} \times 2\pi L}{표시장치의\ 이동거리}$$

- L: 조종장치의 레버 길이

$$C/R비 = \frac{\frac{20°}{360°} \times 2\pi \times 15cm}{2cm} \approx 2.62$$

정답 | ①

13

피험자 간 설계(between subject design)에 대한 설명 중 틀린 것은?

① 피험자 간 설계는 독립변인의 다른 수준들이 서로 다른 피험자 집단을 사용하여 평가하는 것을 뜻한다.
② 피험자 간 설계는 피험자 내 설계보다 실험조건들 사이의 통계적 유의미한 차이를 더 쉽고 더 민감하게 찾을 수 있다.
③ 자동차 운전 훈련에서 시뮬레이터를 사용하는 경우와 실제 자동차를 사용하는 경우의 효과를 비교하려고 한다면, 피험자 간 설계가 필요하다.
④ 교통이 혼잡한 지역에서 휴대폰을 사용한 피험자 집단과 교통 소통이 원활한 지역에서 휴대폰을 사용하는 또 다른 피험자 집단으로 구분하여 실험하는 것을 피험자 간 설계라 한다.

해설

피험자 간 설계는 조건마다 다른 피험자 집단을 비교하고, 피험자 내 설계는 같은 피험자가 모든 조건을 경험하므로 개인차를 통제할 수 있어 차이를 더 명확하게 파악할 수 있다.

정답 | ②

14

1,000Hz, 80dB인 음을 phon과 sone으로 환산한 것은?

① 40phon, 4sone
② 60phon, 3sone
③ 80phon, 2sone
④ 80phon, 16sone

해설 **Phon과 sone**

- Phon
  1,000Hz에서 dB와 phon은 동일하다.
  따라서, 1,000Hz, 80dB = 80phon
- Sone

$$S = 2^{(phon-40)/10}$$

- S: sone 값
- phon: 음압수준(dB)

$S = 2^{(80-40)/10} = 2^{40/10} = 2^4 = 16$sone

정답 | ④

15

인간의 후각 특성에 대한 설명으로 틀린 것은?

① 후각은 청각에 비해 반응속도가 더 빠르다.
② 훈련을 통하면 식별 능력을 향상시킬 수 있다.
③ 특정한 냄새에 대한 절대적 식별 능력은 떨어진다.
④ 후각은 특정 물질이나 개인에 따라 민감도에 차이가 있다.

해설

감각별 평균 반응시간은 청각<시각<촉각<후각<미각 순으로 오래 걸리므로, 청각의 반응속도가 후각보다 빠르다.

정답 | ①

16

어떤 물체나 표면에 도달하는 빛의 밀도를 무엇이라 하는가?

① 시력
② 순응
③ 조도
④ 간상체

해설

조도는 어떤 물체나 표면에 도달하는 빛의 밀도를 의미한다.

정답 | ③

17
인간공학의 연구 목적과 가장 거리가 먼 것은?

① 인간오류의 특성을 연구하여 사고를 예방
② 인간의 특성에 적합한 기계나 도구의 설계
③ 병리학을 연구하여 인간의 질병퇴치에 기여
④ 인간의 특성에 맞는 작업환경 및 작업방법의 설계

해설
인간공학은 작업환경과 기계·도구 설계를 최적화하는 학문으로, 질병 퇴치와는 관련이 없다.

정답 | ③

18
정상조명하에서 5m 거리에서 볼 수 있는 원형 바늘시계를 설계하고자 한다. 시계의 눈금단위를 1분 간격으로 표시하고자 할 때, 권장되는 눈금 간의 간격은 최소 몇 mm 정도인가?

① 9.15
② 18.31
③ 45.75
④ 91.55

해설 표시장치의 눈금 표시 설계
- 표시장치의 눈금 중심 간 최소 간격(판독 거리 0.71m 기준)
  - 정상 조명: 1.3mm
  - 낮은 조명: 1.8mm
- 정상 조명 시 시계 원형문자판의 눈금 간격

$$\frac{71cm}{1.3mm} = \frac{500cm}{x mm}$$

$$x = \frac{500 \times 1.3}{71} \approx 9.15mm$$

정답 | ①

19
인간의 눈에 관한 설명으로 맞는 것은?

① 간상세포는 황반(fovea) 중심에 밀집되어 있다.
② 망막의 간상세포(rod)는 색의 식별에 사용된다.
③ 시각(視角)은 물체와 눈 사이의 거리에 반비례한다.
④ 원시는 수정체가 두꺼워져 먼 물체의 상이 망막 앞에 맺히는 현상을 말한다.

해설
시각은 물체의 거리가 멀어질수록 작아지고 가까워질수록 커진다. 간상세포는 망막 주변부에 분포하고, 색의 식별에 사용된다. 원시는 수정체가 얇아져 먼 물체의 상이 망막 뒤에 맺히는 현상이다.

정답 | ③

20
인간공학에 관한 설명으로 틀린 것은?

① 인간의 특성 및 한계를 고려한다.
② 인간을 기계와 작업에 맞추는 학문이다.
③ 인간 활동의 최적화를 연구하는 학문이다.
④ 편리성, 안전성, 효율성을 제고하는 학문이다.

해설
인간공학의 목표는 시스템, 환경, 기계 등을 인간 중심으로 설계하여 인간의 효율성과 안전성을 높이는 것이다.

정답 | ②

SUBJECT 02 | 작업생리학

21
인체의 척추를 구성하고 있는 뼈 가운데 경추, 흉추, 요추의 합은 몇 개인가?

① 19개　　　　② 21개
③ 24개　　　　④ 26개

해설

경추는 7개, 흉추는 12개, 요추는 5개로 이루어져있다.
7＋12＋5＝24개

관련개념 성인 척추의 구성과 개수

부위	개수
경추(목뼈)	7개
흉추(등뼈)	12개
요추(허리뼈)	5개
천추(엉치뼈)	1개
미추	1개

정답 | ③

22
산소소비량에 관한 설명으로 틀린 것은?

① 산소소비량과 심박수 사이에는 밀접한 관련이 있다.
② 산소소비량은 에너지 소비와 직접적인 관련이 있다.
③ 산소소비량은 단위 시간당 흡기량만 측정한 것이다.
④ 심박수와 산소소비량 사이의 관계는 개인에 따라 차이가 있다.

해설

산소소비량은 흡기(들이마시는 공기)와 호기(내쉬는 공기)의 산소 농도 차이에 호흡량을 곱해 몸이 실제로 사용한 산소량을 계산한 것이다.

정답 | ③

23
근육운동 중 근육의 길이가 일정한 상태에서 힘을 발휘하는 운동을 나타내는 것은?

① 등척성 운동　　　② 등장성 운동
③ 등속성 운동　　　④ 단축성 운동

해설

등척성 운동은 근육의 길이를 변화시키지 않은 채 힘을 발휘하는 운동이다.

정답 | ①

24
순환기계 혈액의 기능에 해당하지 않는 것은?

① 운반작용　　　② 연하작용
③ 조절작용　　　④ 출혈방지

해설

혈액은 산소 및 영양소 등을 운반하고, 체온 및 PH 등을 조절하는 작용을 한다. 또한, 백혈구에 의한 면역반응, 혈소판의 응고작용을 통해 출혈을 억제한다. 연하작용은 음식물을 삼키는 기능으로 소화계의 역할이다.

정답 | ②

25
조도가 균일하고, 눈부심이 적지만 설치비용이 많은 소요되는 조명방식은?

① 직접조명　② 간접조명
③ 반사조명　④ 국소조명

해설
간접조명은 광원의 대부분이 벽이나 천장을 통해 반사되어 조도가 균일하고 눈부심이 적지만, 기구 효율이 낮고 설치 비용이 많이 드는 조명 방식이다.

정답 | ②

26
생체역학적 모형의 효용성으로 가장 적합한 것은?

① 작업 시 사용되는 근육 파악
② 작업에 대한 생리적 부하 평가
③ 작업의 병리학적 영향 요소 파악
④ 작업 조건에 따른 역학적 부하 추정

해설
생체역학적 모형은 작업 조건에 따른 신체의 하중과 힘의 분포를 예측하여 역학적 부하를 추정하는 데 활용된다.

정답 | ④

27
조도(Illuminance)의 단위는?

① nit　② lumen
③ lux　④ candela

해설 조명 용어 및 단위

용어	정의	단위
조도	표면에 도달하는 빛의 밀도	lux, lm/m^2
반사율	입사된 빛 대비 반사된 빛의 비율	%
광도(광량)	광원이 특정 방향으로 방출하는 빛의 강도	cd(칸델라)
광속	광원이 방출하는 총 빛의 양	lm(루멘)

정답 | ③

28
힘든 작업을 수행할 때가 휴식을 취하고 있을 때보다 혈류량이 더 감소하는 기관이 아닌 것은?

① 간　② 신장
③ 뇌　④ 소화기계

해설
뇌는 항상 일정한 혈류가 공급되어야 하는 기관이다.

정답 | ③

29
노화로 인한 시각능력의 감소 시 조명수준을 결정할 때 고려해야 될 사항과 가장 거리가 먼 것은?

① 직무의 대비(對比)뿐만 아니라 휘광(glare)의 통제도 아주 중요하다.
② 느려진 동공 반응은 과도(過渡, transient) 적응 효과의 크기와 기간을 증가시킨다.
③ 색 감지를 위해서는 색을 잘 표현하는 전대역(full-spectrum) 광원(光源)이 추천된다.
④ 과도 적응 문제와 눈의 불편을 줄이기 위해서는 보다 높은 광도비(光度比)가 필요하다.

해설
노화로 인한 시각능력 감소 시 낮은 광도비의 균일한 조명이 필요하다.

정답 | ④

30
뇌파의 종류 중 알파(α)파에 관한 설명으로 맞는 것은?

① 빠르고 진폭이 크다.
② 수면주기에 발생한다.
③ 물질대사가 저하할 때 발생한다.
④ 출현율이 작을수록 각성상태가 증가되는 경향이 있다.

해설
α(알파)파는 눈을 감고 편안히 있을 때 주로 나타나는 뇌파이며, 출현율이 낮아질수록 각성 또는 집중상태로 전환되는 경향이 있다.

정답 | ④

31
근력에 관련된 설명 중 틀린 것은?

① 여성의 평균 근력은 남성의 약 65% 정도이다.
② 50세가 지나면 서서히 근력이 감소하기 시작한다.
③ 성별에 관계없이 25~35세에서 근력이 최고에 도달한다.
④ 운동을 통해서 약 30~40%의 근력증가효과를 얻을 수 있다.

해설
보통 30세부터 근력이 감소하기 시작한다.

정답 | ②

32
점멸융합주파수(flicker fusion frequency)에 관한 설명으로 맞는 것은?

① 중추신경계의 정신피로의 척도로 사용된다.
② 작업시간이 경과할수록 점멸융합주파수는 높아진다.
③ 쉬고 있을 때 점멸융합주파수는 대략 10~20Hz이다.
④ 마음이 긴장되었을 때나 머리가 맑을 때의 점멸융합주파수는 낮아진다.

해설
점멸융합주파수는 작업시간이 경과할수록 낮아지고, 쉬고 있을 때는 보통 30~60Hz의 범위에 있다. 마음이 긴장되었을 때나 머리가 맑을 때 높아진다.

정답 | ①

33
근육의 대사에 관한 설명으로 틀린 것은?

① 산소소비량을 측정하면 에너지소비량을 측정할 수 있다.
② 신체활동 수준이 아주 작은 작업의 경우에 젖산이 축적된다.
③ 근육의 대사는 음식물을 기계적인 에너지와 열로 전환하는 과정이다.
④ 탄수화물은 근육의 기본 에너지원으로서 주로 간에서 포도당으로 전환된다.

해설
젖산은 격렬한 운동 시 주로 축적된다.

정답 | ②

34
작업생리학 분야에서 신체활동의 부하를 측정하는 생리적 반응치가 아닌 것은?

① 심박수(heart rate)
② 혈류량(blood flow)
③ 폐활량(lung capacity)
④ 산소소비량(oxygen consumption)

해설 전신 신체활동부하 측정에 사용되는 생리적 반응치
- 혈압
- 심박수
- 부정맥
- 심박출량(혈류량)
- 체온
- 산소소비량

정답 | ③

35
윤환관절(synovial joint)인 팔굽관절(elbow joint)은 연결 형태를 기준으로 어느 관절에 해당되는가?

① 관절구(condyloid)
② 경첩관절(hinge joint)
③ 안장관절(saddle joint)
④ 구상관절(ball and socket joint)

해설
경첩관절은 문의 경첩과 유사한 형태로 굴곡(굽힘), 신전(폄) 운동을 수행한다.

정답 | ②

36
중량물 취급 시 쪼그려 앉아(squat) 들기와 등을 굽혀(stoop) 들기를 비교할 경우 에너지 소비량에 영향을 미치는 인자 중 가장 관련이 깊은 것은?

① 작업 자세
② 작업 방법
③ 작업 속도
④ 도구 설계

해설
쪼그려 앉아 들기와 등을 굽혀 들기는 작업 자세의 차이에 의해 구분된다.

정답 | ①

37

생체반응 측정에 관한 설명으로 틀린 것은?

① 혈압은 대동맥에서의 압력을 의미한다.
② 심전도는 P, Q, R, S, T 파로 구성된다.
③ 1리터의 산소 소비는 4kcal의 에너지 소비와 같다.
④ 중간 정도의 작업에서 나타나는 심장박동률은 산소소비량과 선형적인 관계가 있다.

해설

에너지대사에서 1리터의 산소 소비는 약 5kcal의 에너지를 생성한다.

정답 | ③

38

신체에 전달되는 진동은 전신진동과 국소진동으로 구분되는데 진동원의 성격이 다른 것은?

① 크레인
② 대형 운송차량
③ 지게차
④ 휴대용 연삭기

해설

크레인, 지게차, 대형 운송차량은 전신진동원이며, 휴대용 연삭기는 국소진동원이다.

관련개념 진동의 구분

전신진동	• 진동이 신체 전체에 전달되는 경우 • 주요 진동원: 탑승형 장비(크레인, 지게차, 대형 운송차량 등)
국소진동	• 진동이 신체 일부(손, 팔 등)에 국한되는 경우 • 주요 진동원: 휴대용 도구(연삭기, 드릴 등)

정답 | ④

39

열교환의 네 가지 방법이 아닌 것은?

① 복사(radiation)
② 대류(convection)
③ 증발(evaporation)
④ 대사(metabolism)

해설

복사, 대류, 전도, 증발은 열교환 방식이며, 열을 만들어내는 생리학 과정인 대사는 열교환에 해당되지 않는다.

정답 | ④

40

화면의 바탕색상이 검정색 계통일 때 컴퓨터 단말기(VDT) 작업의 사무환경을 위한 추천 조명은 얼마인가?

① 100~300lux
② 300~500lux
③ 500~700lux
④ 700~900lux

해설 영상표시단말기(VDT) 취급 사업장의 조명

• 화면 바탕색이 검정색 계통인 경우: 300~500lux
• 화면 바탕색이 흰색 계통인 경우: 500~700lux

정답 | ②

SUBJECT 03 | 산업심리학 및 관련법규

41
인간의 의식수준을 단계별로 분류할 때, 에러 발생 가능성이 낮은 것으로부터 높아지는 순서대로 연결된 것은?

① Ⅰ단계 — Ⅱ단계 — Ⅲ단계 — Ⅳ단계
② Ⅰ단계 — Ⅳ단계 — Ⅲ단계 — Ⅱ단계
③ Ⅱ단계 — Ⅰ단계 — Ⅳ단계 — Ⅲ단계
④ Ⅲ단계 — Ⅱ단계 — Ⅰ단계 — Ⅳ단계

해설 인간의 의식 Level의 단계별 의식수준

단계	의식의 수준	생리적 상태
Phase 0	무의식, 실신	수면, 뇌가 발작
Phase Ⅰ	의식의 둔화	피로, 단조로움, 술에 취함
Phase Ⅱ	이완상태	안정기, 휴식할 때, 정상 작업할 때
Phase Ⅲ	명료한 상태	적극적인 활동, 에러 가능성 낮음
Phase Ⅳ	과긴장 상태	긴급 방어반응, 패닉

정답 | ④

42
제조물 책임법에서 손해배상 책임에 대한 설명 중 틀린 것은?

① 물질적 손해뿐 아니라 정신적 손해도 손해배상 대상에 포함된다.
② 피해자가 손해배상 청구를 하기 위해서는 제조자의 고의 또는 과실을 입증해야 한다.
③ 해당 제조물 결함에 의해 발생한 손해가 그 제조물 자체만에 그치는 경우에는 제조물 책임 대상에서 제외한다.
④ 제조자가 결함 제조물로 인하여 생명, 신체 또는 재산상의 손해를 입은 자에게 손해를 배상할 책임을 의미한다.

해설
「제조물 책임법」에 따르면 제조사가 해당 제조물을 공급하지 않았다는 사실 등을 입증해야 한다.

정답 | ②

43
휴먼에러(human error)로 이어지는 배후 요인으로 4M 중 매체(Media)에 적합하지 않은 것은?

① 작업의 자세
② 작업의 방법
③ 작업의 순서
④ 작업지휘 및 감독

해설
작업지휘 및 감독은 Management(관리)에 속한다.

정답 | ④

44
리더십이론 중 특성이론에 기초하여 성공적인 리더의 특성에 대한 기술로 틀린 것은?

① 강한 출세욕구를 지닌다.
② 미래보다는 현실지향적이다.
③ 부모로부터 정서적 독립을 원한다.
④ 상사에 대한 강한 동일 의식과 부하직원에 대한 관심이 많다.

해설
성공적인 리더는 상사에 대한 강한 동일 의식보다는 주도적이고 독립적인 특성을 보이고, 부하직원에 대해 최소한의 관심과 배려만 제공한다. 또한, 관리자로서의 기본적인 지시, 관리, 감독의 업무만 수행하는 특징을 보인다.

정답 | ④

45
스트레스에 대한 설명으로 틀린 것은?

① 직무속도는 신체적, 정신적 스트레스에 영향을 미치지 않는다.
② 역할 과소는 권태, 단조로움, 신체적 피로, 정신적 피로 등을 유발할 수 있다.
③ 일반적으로 내적 통제자들은 외적 통제자들보다 스트레스를 적게 받는다.
④ A형 성격을 가진 사람이 B형 성격을 가진 사람보다 높은 스트레스를 받을 가능성이 있다.

해설
직무속도는 신체적, 정신적 스트레스에 영향을 미친다.

정답 ①

46
휴먼에러의 배후요인 4가지(4M)에 속하지 않는 것은?

① Man   ② Machine
③ Motive   ④ Management

해설 휴먼에러의 배후요인 4가지(4M)
- Man(사람): 개인의 신체적, 정신적 상태나 기술 부족, 부주의 등 인간 자체에서 기인하는 요인이다.
- Machine(기계): 장비나 시스템의 결함, 설계상의 문제 등 기계적 요소에 의한 요인이다.
- Media(환경): 조명, 소음, 온도 등 물리적 작업 환경의 문제에서 비롯되는 요인이다.
- Management(관리): 조직 차원의 미흡한 관리, 부적절한 정책이나 절차 등 관리 시스템의 문제로 발생하는 요인이다.

정답 ③

47
NIOSH의 직무스트레스 관리모형 중 중재요인(moderating factors)에 해당하지 않는 것은?

① 개인적 요인   ② 조직 외 요인
③ 완충작용 요인   ④ 물리적 환경 요인

해설
물리적 환경 요인은 직무스트레스 요인으로 중재요인에 해당하지 않는다.

관련개념 직무스트레스 중재 요인
스트레스 요인의 영향을 조절하거나 완화시키는 요소이다.
- 개인적 요인: 성격(대처능력), 건강, 통제신념, 자아존중감, 강인함, 낙관주의 등
- 조직 외 요인: 재정 상태, 가족상황, 교육 수준 등
- 완충작용 요인: 사회적 지위, 대처능력 등

정답 ④

48
시각을 통해 2가지 서로 다른 자극을 제시하고 선택반응시간을 특정한 결과가 1초였다면, 4가지 서로 다른 자극에 대한 선택반응시간은 몇 초인가? (단, 각 자극의 출현확률은 동일하고, 시각 자극에 반응을 하는 데 소요되는 시간은 0.2초라 가정하면, Hick-Hyman의 법칙에 따른다.)

① 1초   ② 1.4초
③ 1.8초   ④ 2초

해설 Hick-Hyman 법칙

> 선택반응시간$(\text{RT}) = a + b\log_2 N$
> - a: 단순반응시간
> - b: 정보처리 비례상수
> - N: 대안(자극)의 개수

$a=0.2$초로 주어졌으므로, $N=2$를 대입하면,
$\text{RT} = 0.2 + b\log_2(2) = 0.2 + b = 1$ ∴ $b = 0.8$
$N=4$일 때,
$\text{RT} = 0.2 + 0.8 \times \log_2(4) = 0.2 + 0.8 \times 2 = 1.8$초

정답 ③

49
재해의 발생 원인을 분석하는 방법에 관한 설명으로 틀린 것은?

① 특성요인도: 재해와 원인의 관계를 도표화하여 재해 발생 원인을 분석한다.
② 파레토도: flow-chart에 의한 분석방법으로, 원인 분석 중 원점으로 돌아가 재검토하면서 원인을 찾는다.
③ 관리도: 재해 발생건수 등의 추이를 파악하고 목표관리를 행하는 데 필요한 발생건수를 그래프화하여 관리한계를 설정한다.
④ 크로스도: 2개 이상의 문제관계를 분석하는데 사용하는 것으로, 데이터를 집계하고 표로 표시하여 요인별 결과 내역을 교차시켜 분석한다.

해설 파레토 차트(Pareto Chart)
가로축에 항목을, 세로축에는 각 항목의 점유비율을 나타내는 막대그래프를 그리고, 누적비율을 나타내는 꺾은 선을 추가한 그래프이다. 재해 원인 분석에 주로 활용되며, 원인을 유형별로 분석하여 데이터가 큰 순서대로 정렬하여 도표화한 것이다. 80-20 법칙을 기반으로 하여, 문제의 주요 원인 20%가 결과의 80%를 차지한다는 것을 나타내는 도구이다.

정답 | ②

50
재해에 의한 상해의 종류에 해당하는 것은?

① 진폐   ② 추락
③ 비래   ④ 전복

해설
추락, 비래, 전복은 재해(사고)의 종류이다.

관련개념 상해와 재해(사고)의 종류

상해	골절, 동상, 부종, 찔림(자상), 절단, 중독, 질식, 화상, 찰과상, 창상, 좌상, 청각장애, 시각장애
재해(사고)	추락, 전도, 충돌, 낙하, 비래, 붕괴, 도괴, 협착, 감전, 폭발, 파열, 유해물 접촉, 무리한 동작, 이상온도 접촉

정답 | ①

51
인간오류(Human Error)의 분류에서 필요한 행위를 실행하지 않은 오류는 무엇인가?

① 시간오류(Timing Error)
② 순서오류(Sequence Error)
③ 작위오류(Commission Error)
④ 부작위오류(Omission Error)

해설 인간오류(Human error)
① 시간오류(Timing Error): 필요한 작업과 절차의 수행지연으로 인한 오류이다.
② 순서오류(Sequence Error): 필요한 작업 또는 절차의 순서 착오로 인한 오류이다.
③ 작위오류(Commission Error): 필요한 작업과 절차를 잘못 수행하는 오류이다.

정답 | ④

52
레빈(Lewin)의 인간행동 법칙 "B=f(P·E)"의 각 인자와 리더십의 관계를 설명한 것으로 적절하지 않은 것은?

① f는 리더십의 형태이다.
② P는 집단을 구성하는 구성원의 특징이다.
③ B는 리더십 발휘에 따른 집단의 활동을 의미한다.
④ E는 집단의 과제, 구조, 사회적 요인 등 환경적 요인이다.

해설 레빈의 인간행동 법칙
독일에서 출생하여 미국에서 활동한 심리학자 레빈(Lewin. K)은 인간의 행동(B)은 그 자신이 가진 자질, 즉, 개체(P)와 환경(E)과의 상호관계에 있다고 말하였으며 인간의 행동은 주변 환경의 자극에 의해서 일어나며, 항상 환경과의 상호작용의 관계에서 전개된다는 이론이다.

> B=f(P·E)
> • B(Behavior, 인간의 행동)
> • f(function, 함수관계): P와 E에 영향을 미칠 조건
> • P(Person, 인적요인): 지능, 시각기능, 성격, 연령, 심신 상태인 피로도, 경험 등
> • E(Environment, 외적요인): 가정 내 불화나 대인 관계 등 인간관계와 작업환경요인인 소음, 온도, 습도, 먼지, 청소 등

정답 | ①

53

10명으로 구성된 집단에서 소시오메트리(sociometry) 연구를 사용하여 조사한 결과 긍정적인 상호작용을 맺고 있는 것이 16쌍일 때 이 집단의 응집성지수는 약 얼마인가?

① 0.222
② 0.356
③ 0.401
④ 0.504

해설 응집성 지수

- 응집성지수

$$응집성지수(C) = \frac{실제\ 긍정적\ 상호작용\ 수(A)}{가능한\ 모든\ 관계\ 수(P)}$$

- 가능한 모든 관계 수(P)

$$가능한\ 모든\ 관계\ 수(P) = \frac{N(N-1)}{2}$$

- N : 집단의 구성원 수

가능한 모든 관계 수$(P) = \frac{10(10-1)}{2} = \frac{10 \times 9}{2} = \frac{90}{2} = 45$

응집성 지수$(C) = \frac{16}{45} = 0.356$

정답 | ②

54

스트레스를 받을 때 몸에서 생성되는 호르몬으로 스트레스 정도를 파악하는 데 사용되는 것은?

① 코티졸
② 환경호르몬
③ 인슐린
④ 스테로이드

해설

코티졸은 스트레스 호르몬이다.
② 환경호르몬 : 체내에 들어오면 호르몬처럼 작용하거나 호르몬의 기능을 방해하는 화학물질이다.
③ 인슐린 : 혈당 조절에 관여하는 호르몬을 의미한다.
④ 스테로이드 : 부신피질호르몬을 외부에서 만들어 조제한 성분이다.

정답 | ①

55

휴먼에러(Human Error) 예방 대책이 아닌 것은?

① 무결점에 대한 대책
② 관리요인에 대한 대책
③ 인적 요인에 대한 대책
④ 설비 및 작업환경적 요인에 대한 대책

해설 휴먼에러 예방 대책

인적 요인에 대한 대책	• 작업에 대한 교육 • 작업 전 회의 • 소집단 활동 • 모의 훈련 등
관리요인에 대한 대책	• 안전에 대한 분위기 조성 • 안전문화 정착 • 작업자의 특성과 작업설비의 적합성에 대해서 사전에 점검하고 개선
설비 및 작업환경적 요인에 대한 대책	• 인체측정치를 고려한 인간공학적 설계 • 가시성을 고려한 설계 • 양립성을 고려한 설계 • 경보 시스템 정비 및 확인 • 정보의 피드백 • 위험요인의 제거 • 안전설계(fail safe, fool proof 등)

정답 | ①

56

조직의 지도자들이 부하직원들을 승진시킬 수 있고 봉급을 인상해 주는 등의 능력이 있으므로 통제가 가능한 권한은?

① 합법적 권한
② 위임적 권한
③ 강압적 권한
④ 보상적 권한

해설 권한의 유형

보상적 권한 (Reward Power)	구성원에게 보상을 제공할 수 있는 권한이다. 예 승진
강압적 권한 (Coercive Power)	구성원을 징계하거나 처벌할 수 있는 권한이다. 예 해고
합법적 권한 (Legimate Power)	조직의 직위와 역할에 의해 부여된 공식적인 권한이다.
전문성의 권한 (Expert Power)	리더의 전문적 지식과 기술에서 비롯되는 권한이다.

정답 | ④

57
어떤 사업장의 생산라인에서 완제품을 검사하는데, 어느 날 5,000개의 제품을 검사하여 200개를 부적합품으로 처리하였으나 이 로트에 실제로 1,000개의 부적합품이 있었을 때, 로트당 휴먼에러를 범하지 않을 확률은 약 얼마인가?

① 0.16
② 0.20
③ 0.80
④ 0.84

해설 신뢰도(휴먼에러를 범하지 않을 확률)

$$\text{휴먼에러율} = \frac{\text{실제 부적합품 수} - \text{검출된 부적합품 수}}{\text{전체 검사 수}}$$

신뢰도(휴먼에러를 범하지 않을 확률) = 1 − HEP

$HEP = \frac{1,000 - 200}{5,000} = \frac{800}{5,000} = 0.16$

신뢰도 = 1 − 0.16 = 0.84

정답 | ④

58
새로운 작업을 수행할 때 근로자의 실수를 예방하고 정확한 동작을 위해 다양한 조건에서 연습한 결과로 나타나는 것은?

① 상기 스키마(Recall Schema)
② 동작 스키마(Motion Schema)
③ 도구 스키마(Instrument Schema)
④ 정보 스키마(Information Schema)

해설 스키마 이론

스키마(Schema) 이론은 운동학습이론 중 하나로, 인간이 운동 동작을 기억하고 수행하는 방식이다.

- 상기 스키마(Recall Schema): 이미 가진 지식이나 경험을 바탕으로 새로운 정보를 이해하고 해석하는 인지 구조이다.
- 동작 스키마(Motion Schema): 특정 상황이나 사건이 발생했을 때 일련의 예상되는 행동이나 절차에 대한 지식 구조이다.
- 도구 스키마(Instrument Schema): 어떤 목표를 달성하기 위해 사용되는 도구나 수단에 대한 지식 구조이다.
- 정보 스키마(Information Schema): 데이터베이스 시스템에서 데이터의 구조, 제약 조건, 관계 등 데이터 자체에 대한 메타 정보를 정의하는 체계이다.

정답 | ①

59
호손(Hawthorne)의 연구 결과에 기초한다면 작업자의 작업능률에 영향을 미치는 주요한 요인은?

① 작업조건
② 생산방식
③ 인간관계
④ 작업자 특성

해설 호손(Hawthorne) 실험

하버드 대학교의 심리학자 메이요(George Elton Mayo)와 경영학자 뢰슬리스버거(Fritz Jules Roethlisberger)가 미국의 웨스턴 전기 회사의 호손 공장(Hawthorne Works)에서 8년 동안 4단계에 걸쳐 진행된 일련의 심리학적 실험연구이다. 프레데릭 테일러의 과학적 관리론에 따라, 노동자에 대한 물질적 보상 방법의 변화가 정말로 생산성을 증대시키는지에 대한 검증하였으며, 실험결과, 물리적 작업조건보다 작업자의 사회적 상호작용과 인간관계가 작업능률에 훨씬 더 큰 영향을 미친다는 사실이 밝혀졌다.

정답 | ③

60
물품의 중량과 무게중심에 대하여 작업장 주변에 안내표지를 해야 하는 중량물의 기준은?

① 5kg 이상
② 10kg 이상
③ 15kg 이상
④ 20kg 이상

해설 「산업안전보건기준에 관한 규칙」 제665조(중량의 표시 등)

사업주는 근로자가 5kg 이상의 중량물을 인력으로 들어올리는 작업을 하는 경우에 다음 각 호의 조치를 해야 한다.
< 개정 2024. 6. 28. >
1. 주로 취급하는 물품에 대하여 근로자가 쉽게 알 수 있도록 물품의 중량과 무게중심에 대하여 작업장 주변에 안내표시를 할 것
2. 취급하기 곤란한 물품은 손잡이를 붙이거나 갈고리, 진공빨판 등 적절한 보조도구를 활용할 것

정답 | ①

SUBJECT 04 | 근골격계질환 예방을 위한 작업관리

61

다양한 작업 자세의 신체전반에 대한 부담 정도를 분석하는 데 적합한 기법은?

① JSI
② QEC
③ NLE
④ REBA

해설 작업 자세의 신체 전반 부담 정도를 분석하는 기법
① JSI: 직무스트레스, 심리적 부담을 평가하는 도구이다.
② QEC: 근로자의 작업 자세, 반복성, 힘의 사용, 작업시간 등을 기준으로 작업부하(근골격계질환 유발 가능성)를 평가하는 평가 도구이다.
③ NLE: 허리부위나 중량물 취급작업에 대한 유해요인의 주요 평가기법이다.

정답 | ④

62

표준자료법에 대한 설명 중 틀린 것은?

① 표준자료 작성은 초기 비용이 적기 때문에 생산량이 적은 경우에 유리하다.
② 일단 한번 작성되면 유사한 작업에 대한 신속한 표준시간 설정이 가능하다.
③ 작업조건이 불안정하거나 표준화가 곤란한 경우에는 표준자료 설정이 곤란하다.
④ 정미시간을 종속변수, 작업에 영향을 주는 요인을 독립변수로 취급하여 두 변수 사이의 함수관계를 바탕으로 표준시간을 구한다.

해설
표준자료 작성은 초기 구축 비용이 크기 때문에 생산량이 적은 경우에 불리하다.

정답 | ①

63

작업자가 동종의 기계를 복수로 담당하는 경우, 작업자 한 사람이 담당해야 할 이론적인 기계 대수(n)를 구하는 식으로 맞는 것은? (단, a는 작업자와 기계의 동시 작업시간의 총합, b는 작업자만의 총 작업시간, t는 기계만의 총 가동시간이다.)

① $n = \dfrac{a+t}{a+b}$
② $n = \dfrac{a+b}{a+t}$
③ $n = \dfrac{a+b}{b+t}$
④ $n = \dfrac{b+t}{a+b}$

해설 이론적 기계 대수(n)

$$n = \dfrac{a+t}{a+b}$$

- a: 동시 작업시간(작업자와 기계가 동시에 작동)
- b: 작업자의 작업시간
- t: 기계의 가동시간

기계의 전체 가동 시간(동시 작업 a+기계 단독 가동 t)을 작업자가 해당 기계에 실제로 투입되는 시간(동시 작업 a+작업자 작업 b)으로 나누면, 작업자 1명이 담당할 수 있는 이론적 기계 대수를 계산할 수 있다.

정답 | ①

64

워크샘플링 조사에서 주요작업의 추정비율(p)이 0.06이라면 99% 신뢰도를 위한 워크샘플링 횟수는 몇 회인가? (단, $\mu_{0.005}$는 2.58, 허용오차는 0.01이다.)

① 3744
② 3755
③ 3764
④ 3745

해설 워크샘플링 횟수

$$\text{워크샘플링 횟수}(n) = \left(\dfrac{Z}{E}\right)^2 \times p(1-p)$$

- Z: Z-분포 신뢰도 계수
- E: 허용오차(%)
- p: 추정비율

신뢰도 99%일 때, $Z = \mu_{0.005} = 2.58$

$$n = \left(\dfrac{Z}{E}\right)^2 \times p(1-p)$$
$$= \left(\dfrac{2.58}{0.01}\right)^2 \times 0.06 \times (1-0.06) \approx 3,755$$

필요 최소 워크샘플링 횟수는 3,755회이다.

정답 | ②

65
공정도(process chart)에 사용되는 기호와 명칭이 잘못 연결된 것은?

① ⟶ : 저장
② ⇨ : 운반
③ ☐ : 검사
④ ○ : 작업

해설
⟶는 '지체'이고, '저장'은 ▽ 기호를 써야 한다.

정답 | ①

66
작업대의 개선방법으로 맞는 것은?

① 좌식작업대의 높이는 동작이 큰 작업에는 팔꿈치의 높이보다 약간 높게 설계한다.
② 입식작업대의 높이는 경작업의 경우 팔꿈치의 높이보다 5~10cm 정도 높게 설계한다.
③ 입식작업대의 높이는 중작업의 경우 팔꿈치의 높이보다 10~20cm 정도 낮게 설계한다.
④ 입식작업대의 높이는 정밀작업의 경우 팔꿈치의 높이보다 5~10cm 정도 낮게 설계한다.

해설 입식작업대 높이
- 정밀작업(세밀한 작업) : 팔꿈치 높이보다 5~10cm 높게 작업한다.
- 경작업(가벼운 조립 작업 등) : 팔꿈치 높이보다 5~10cm 낮게 작업한다.
- 중작업(무거운 물건 취급) : 팔꿈치 높이보다 10~20cm 낮게 작업한다.

정답 | ③

67
근골격계질환의 예방원리에 관한 설명으로 맞는 것은?

① 예방보다는 신속한 사후조치가 효과적이다.
② 작업자의 신체적 특징 등을 고려하여 작업장을 설계한다.
③ 공학적 개선을 통해 해결하기 어려운 경우에는 그 공정을 중단한다.
④ 사업장 근골격계 예방정책에 노사가 협의하면 작업자의 참여는 중요하지 않다.

해설
① 사후조치보다는 신속한 예방조치가 효과적이다.
③ 공학적 개선을 통해 해결하기 어려운 경우에는 행동적 개선이나, 보호구 착용 등 다른 수단들을 고려해 본다.
④ 사업장 근골격계 예방정책의 효과적인 실행을 위해 작업자의 참여가 중요하다.

정답 | ②

68
작업분석에서의 문제분석 도구 중에서 80~20의 원칙에 기초하여 빈도수별로 나열한 항목별 점유와 누적비율에 따라 불량이나 사고의 원인이 되는 중요 항목을 찾아가는 기법은?

① 특성요인도
② 파레토 차트
③ PERT 차트
④ 산포도 기법

해설 파레토 차트(Pareto Chart)
가로축에 항목을, 세로축에는 각 항목의 점유비율을 나타내는 막대그래프를 그리고, 누적비율을 나타내는 꺾은 선을 추가한 그래프이다. 재해 원인 분석에 주로 활용되며, 원인을 유형별로 분석하여 데이터가 큰 순서대로 정렬하여 도표화한 것이다. 80-20 법칙을 기반으로 하여, 문제의 주요 원인 20%가 결과의 80%를 차지한다는 것을 나타내는 도구이다.

정답 | ②

69

워크샘플링(Work Sampling)에 대한 설명으로 맞는 것은?

① 시간연구법보다 더 정확하다.
② 자료수집 및 분석시간이 길다.
③ 관측이 순간적으로 이루어져 작업에 방해가 적다.
④ 컨베이어 작업처럼 짧은 주기의 작업에 알맞다.

해설 워크샘플링(Work Sampling)

장점	• 짧은 시간에 자료 수집 및 분석 가능 • 관측이 순간적으로 이루어져 작업 방해가 적고, 장시간 연속 관찰 불필요 • 적은 시간으로 연구 수행 가능 • 사무 작업 감소, 비용 절감 • 실제 작업 상황 반영 용이 • 한 명의 작업자가 여러 기계 동시 관찰 가능 • 통계적 신뢰도 확보 • 특별한 시간 및 측정 장비 불필요
단점	• 작업자 및 관측자의 주관 개입 가능성 • 단일 대상 연구 시 비용 증가 • 작업 세부 관찰·분류에 한계 있음

정답 | ③

70

손과 손목 부위에 발생하는 근골격계질환이 아닌 것은?

① 결절종
② 수근관 증후군
③ 외상과염
④ 드퀘르뱅 건초염

해설

외상과염은 팔꿈치 부위의 인대에 염증이 생김으로써 발생하는 증상이다.
① 결절종(Ganglion): 관절이나 건(힘줄) 주위에 발생하며 손목이나 손에 액체가 고여 주머니처럼 부풀어 오른 양성 종양이다.
② 수근관 증후군: 손목이 꺾인 상태나 과도한 힘을 준 상태에서 반복적 손 운동을 할 때 발생한다.
④ 드퀘르뱅 건초염(Dequervain's Syndrome): 손목의 힘줄에 염증이 생기는 질환이다.

정답 | ③

71

수공구의 설계 원리로 적절하지 않은 것은?

① 손목을 곧게 펼 수 있도록 한다.
② 지속적인 정적 근육부하를 피하도록 한다.
③ 특정 손가락의 반복적인 동작을 피하도록 한다.
④ 가능하면 손바닥으로 잡는 power grip보다는 손가락으로 잡는 pinch grip을 이용하도록 한다.

해설 수공구를 이용한 작업 개선 원리

• 손바닥 전체에 골고루 스트레스를 분포시키는 손잡이를 가진 수공구를 선택한다.
• 가능하면 손가락으로 잡는 집어잡기(Pinch grip)보다는 감싸쥐기(power grip)를 이용한다.
• 공구 손잡이의 홈은 손바닥의 일부분에 많은 스트레스를 야기하므로 손잡이 표면에 홈이 파진 수공구를 피한다.
• 동력 공구는 그 무게를 지탱할 수 있도록 매달거나 지지한다.
• 진동 패드, 진동 장갑 등으로 손에 전달되는 진동 효과를 줄인다.

정답 | ④

72

동작경제의 법칙에 대한 설명으로 틀린 것은?

① 두 손의 동작은 같이 시작하고 같이 끝나도록 한다.
② 휴식시간을 제외하고는 양손이 동시에 쉬지 않도록 한다.
③ 눈의 초점을 모아야 작업할 수 있는 경우는 가능하면 없앤다.
④ 탄도동작(Ballistics Movements)은 제한되거나 통제된 동작보다 더 느리고 부정확하다.

해설

탄도동작(물체가 공중에서 포물선을 그리며 움직이는 운동)은 제한되거나 통제된 동작보다 더 신속, 정확하고 용이하다.

정답 | ④

73
산업안전보건법령상 근골격계 부담작업에 해당하는 작업은?

① 하루에 25kg의 물건을 5회 들어 올리는 작업
② 하루에 2시간씩 시간당 15회 손으로 쳐서 기계를 조립하는 작업
③ 하루에 2시간씩 집중적으로 키보드를 이용하여 자료를 입력하는 작업
④ 하루에 4시간씩 기계의 상태를 모니터링하는 작업

해설 근골격계 부담 작업
① 업무의 반복성 부족(단 5회)으로 근골격계 부담작업에 해당하지 않는다.
③ 키보드를 이용하여 자료를 입력하는 작업은 근골격계 부담 수준이 낮다.
④ 기계의 상태를 모니터링하는 업무는 근골격계 부담 수준이 낮다.

정답 | ②

74
근골격계질환의 유형에 관한 설명으로 틀린 것은?

① 외상과염은 팔꿈치 부위의 인대에 염증이 생김으로써 발생하는 증상이다.
② 수근관증후군은 손의 손목뼈 부분의 압박이나 과도한 힘을 준 상태에서 발생한다.
③ 백색수지증은 손가락에 혈액의 원활한 공급이 이루어지지 않을 경우에 발생하는 증상이다.
④ 결절종은 반복, 구부림, 진동 등에 의하여 건의 섬유질이 손상되거나 찢어지는 등의 건에 염증이 생기는 질환이다.

해설
결절종(Ganglion)은 관절이나 건(힘줄) 주위에 발생하며 손목이나 손에 액체가 고여 주머니처럼 부풀어 오른 양성 종양이다.

정답 | ④

75
요소작업의 분할원칙에 관한 설명으로 적합하지 않은 것은?

① 불변 요소작업과 가변 요소작업으로 구분한다.
② 외적 요소작업과 내적 요소작업으로 구분한다.
③ 규칙적 요소작업과 불규칙적 요소작업으로 구분한다.
④ 숙련공 요소작업과 비숙련공 요소작업으로 구분한다.

해설 요소작업의 분할원칙
- 작업의 진행 순서에 따라 측정 범위 내에서 가능한 한 작게 분할한다.
- 규칙적 요소작업과 불규칙 요소작업으로 구분한다.
- 내적 요소작업(작업자)과 외적 요소작업(기계)으로 구분한다.
- 불면 요소작업(상수)과 가변 요소작업(변수)으로 구분한다.

정답 | ④

76
A 제품을 생산한 과거자료가 표와 같을 때 실적자료법에 의한 1개당 표준시간은 얼마인가?

일자	완제품개수(개)	소요시간 (단위: 시간)
3월 3일	60	6
7월 7일	100	10
9월 9일	40	4

① 0.10 시간/개
② 0.15 시간/개
③ 0.20 시간/개
④ 0.25 시간/개

해설 표준시간 계산(실적자료법)

$$표준시간 = \frac{총\ 소요시간}{총\ 생산된\ 수량}$$

표준시간 $= \dfrac{20}{200} = 0.1$

정답 | ①

77
동작경제의 원칙에 속하지 않는 것은?

① 공정 개선의 원칙
② 신체의 사용에 관한 원칙
③ 작업장의 배치에 관한 원칙
④ 공구 및 설비의 디자인에 관한 원칙

해설 동작경제 원칙 3가지
- 신체의 사용에 관한 원칙
- 작업장의 배치에 관한 원칙
- 공구 및 설비의 디자인에 관한 원칙

정답 | ①

78
유통선도(flow diagram)에 관한 설명으로 적절하지 않은 것은?

① 자재흐름의 혼잡지역 파악
② 시설물의 위치나 배치관계 파악
③ 공정과정의 역류현상 발생유무 점검
④ 운반과정에서 물품의 보관 내용 파악

해설 유통선도(Flow Diagram)
- 부품이나 자재의 이동 경로를 도면 위에 선으로 표시하여, 운반, 검사, 정체, 보관 위치 등을 시각적으로 파악하는 도표이다.
- 공정도 기호와 번호를 도면에 함께 표시해 분석 효과를 높인다.
- 자재흐름의 혼잡지역 파악, 공정과정의 역류현상 발생 유무 점검, 시설 재배치 및 설비 배치 분석에 활용된다.

정답 | ④

79
대안의 도출방법으로 가장 적당한 것은?

① 공정도
② 특성요인도
③ 파레토차트
④ 브레인스토밍

해설
브레인스토밍은 문제 해결을 위해 다양한 아이디어를 자유롭게 제시하는 방법으로, 원인 파악보다는 창의적인 아이디어를 도출하는 기법이다.

정답 | ④

80
3시간 동안 작업 수행과정을 촬영하여 워크샘플링 방법으로 200회를 샘플링한 결과 이 중에서 30번의 손목꺾임이 확인되었다. 이 작업의 시간당 손목꺾임 시간은 얼마인가?

① 6분
② 9분
③ 18분
④ 30분

해설 워크샘플링 시간 계산
- 손목꺾임 비율

$$\text{손목꺾임 비율} = \frac{\text{관찰 횟수}}{\text{총 샘플링 횟수}}$$

손목꺾임 비율 $= \frac{30}{200} = 0.15$

- 1시간당 손목꺾임 시간

$$\text{1시간당 손목꺾임 시간} = \text{손목꺾임 비율} \times 60\text{분}$$

1시간당 손목꺾임 시간 $= 0.15 \times 60\text{분} = 9\text{분}$

정답 | ②

2024년 2회 CBT 복원문제

SUBJECT 01 | 인간공학개론

01
음의 한 성분이 다른 성분의 청각 감지를 방해하는 현상을 무엇이라 하는가?

① 밀폐효과　　② 은폐효과
③ 소멸효과　　④ 방해효과

해설 은폐효과(Masking Effect)
한 음(소리)이 다른 음(소리)에 의해 들리지 않거나 가청 역치가 높아지는 현상을 말한다.
예 소음이 큰 환경에서 대화를 듣기 어렵게 되는 경우

정답 | ②

02
음원의 위치 추정을 위한 암시 신호(cue)에 해당되는 것은?

① 위상차　　② 음색차
③ 주기차　　④ 주파수차

해설
음원의 위치 추정을 할 때, 소리의 위상차, 시간차, 강도차가 암시 신호로 활용된다.

정답 | ①

03
인간의 시식별 능력에 영향을 주는 외적 인자와 가장 거리가 먼 것은?

① 휘도　　　② 과녁의 이동
③ 노출시간　④ 최소분간 시력

해설
최소분간 시력은 개인의 신체적 특성과 생리적 능력에 따라 달라지는 인자이다.

정답 | ④

04
시배분(time-sharing)에 대한 설명으로 적절하지 않은 것은?

① 시배분이 요구되는 경우 인간의 작업능률은 떨어진다.
② 청각과 시각이 시배분이 되는 경우에는 일반적으로 시각이 우월하다.
③ 시배분 작업은 처리해야 하는 정보의 가짓수와 속도에 의하여 영향을 받는다.
④ 음악을 들으며 책을 읽는 것처럼 동시에 2가지 이상을 수행해야 하는 상황을 의미한다.

해설
시배분 상황에서는 일반적으로 청각이 시각보다 우월하다.

정답 | ②

05

인간-기계 시스템 중 폐회로(closed loop) 시스템에 속하는 것은?

① 소총 ② 모니터
③ 전자레인지 ④ 자동차

해설

폐회로 시스템은 출력 결과를 감지하고 그에 따라 입력을 조정하는 구조로, 운전자가 계속 조작과 제어를 하는 자동차가 이에 해당한다.

정답 | ④

06

피부의 감각기 중 감수성이 제일 높은 감각기는?

① 온각 ② 통각
③ 압각 ④ 냉각

해설

통각이 가장 감수성이 높다.

관련개념 감수성이 높은 감각 순서

통각 > 압각 > 촉각 > 냉각 > 온각

정답 | ②

07

제품, 공구, 장비 등의 설계 시에 적용하는 인체측정 자료의 응용원칙에 해당하지 않는 것은?

① 조절식 설계
② 기계식 설계
③ 극단값을 기준으로 한 설계
④ 평균값을 기준으로 한 설계

해설 인체측정자료 적용 설계 원칙

극단치 설계	사용자 집단의 신체 치수 분포에서 가장 큰 값(최대치) 또는 가장 작은 값(최소치)을 기준으로 설계한다. 예 최대치-문, 탈출구, 통로 　　최소치-손잡이 높이, 조작레버의 강도
조절식 설계	사용자가 자신의 신체 치수에 맞게 조정 가능하도록 설계한다. 예 의자높이
평균치 설계	평균적인 사용자 기준으로 설계한다. 예 ATM 높이, 공공장소 세면대

정답 | ②

08

부품 배치의 원칙에 해당되지 않는 것은?

① 사용 빈도의 원칙
② 사용 순서의 원칙
③ 기능별 배치의 원칙
④ 크기별 배치의 원칙

해설

크기별 배치의 원칙은 부품배치의 원칙에 해당되지 않는다. 중요도의 원칙, 사용빈도의 원칙, 기능별 원칙, 사용순서의 원칙이 부품배치의 원칙에 해당한다.

정답 | ④

09
인체 측정 방법에 대한 설명으로 틀린 것은?

① 둥근 수평자(spreading caliper)는 가슴둘레를 측정할 때 사용한다.
② 수직자(anthropometer)는 키와 앉은 키를 측정할 때 사용한다.
③ 직접적인 인체 측정 방법은 주로 마틴(Martin)식 인체 측정기를 사용하여 치수를 측정한다.
④ 실루에트(silhouette)법은 자동 촬영 장치를 사용하여 피측정자의 정면사진 및 측면사진을 촬영하고, 이 사진을 이용하여 인체 치수를 실치수로 환산한다.

해설
둥근 수평자는 양쪽 뼈의 바깥쪽 거리를 측정할 때 사용한다.
예 어깨너비

정답 | ①

10
반응시간이 가장 빠른 감각은?

① 청각　　② 미각
③ 시각　　④ 후각

해설
청각신경은 직접적으로 뇌의 청각 피질로 연결되어 신호 경로가 짧아 반응 속도가 빠르다.

관련개념 감각별 평균 반응시간

감각	평균 반응시간	특징
청각	140~160ms	뇌에서 직접적으로 처리한다.
시각	180~200ms	이미지 해석과정 필요하다.
촉각	150~200ms	접촉 위치에 따라 신호 전달 속도가 다르다.
후각	500ms 이상	화학수용체가 활성화되는 과정이 필요하여 반응이 상대적으로 느리다.
미각	1000ms 이상	

정답 | ①

11
코드화 시스템 사용상의 일반적인 지침과 가장 거리가 먼 것은?

① 정보를 코드화한 자극은 검출이 가능해야 한다.
② 2가지 이상의 코드차원을 조합해서 사용하면 정보전달이 촉진된다.
③ 자극과 반응 간의 관계가 인간의 기대와 모순되지 않아야 한다.
④ 모든 코드 표시는 감지장치에 의하여 다른 코드 표시와 구별되어서는 안된다.

해설
모든 코드 표시는 감지장치에 의해 다른 코드 표시와 구별되어야 한다.

정답 | ④

12
비행기에서 20m 떨어진 거리에서 측정한 엔진의 소음이 130dB(A)이었다면, 100m 떨어진 위치에서의 소음수준은 약 얼마인가?

① 113.5dB(A)　　② 116.0dB(A)
③ 121.8dB(A)　　④ 130.0dB(A)

해설 소음의 거리감쇠 계산

$$dB_2 = dB_1 - 20\log\left(\frac{d_2}{d_1}\right)$$

- dB_1 : 초기거리에서 소음 수준(dB)
- dB_2 : 최종거리에서 소음 수준(dB)
- d_1 : 초기거리
- d_2 : 최종거리

$130 - 20\log\left(\frac{100}{20}\right) = 130 - 13.9794 \approx 116.0\text{dB(A)}$

정답 | ②

13

작업 공간 설계에 관한 설명으로 맞는 것은?

① 서서하는 작업에서 작업대의 높이는 최소치 설계를 기본으로 한다.
② 작업 표준 영역은 어깨를 중심으로 팔을 뻗어 닿을 수 있는 영역이다.
③ 서서하는 힘든 작업을 위한 작업대는 세밀한 작업보다 높게 설계한다.
④ 일반적으로 앉아서 하는 작업의 작업대 높이는 팔꿈치 높이가 적당하다.

해설

서서하는 작업에서 작업대 높이는 조절식 설계를 기본으로 하고, 작업 표준 영역은 팔꿈치를 기준으로 자연스럽게 닿을 수 있는 범위로 설정한다. 세밀한 작업일수록 작업대를 높게, 힘든 작업은 작업대를 낮게 설계한다.

정답 | ④

14

사용성 평가에 주로 사용되는 평가척도로 적합하지 않은 것은?

① 과제물 내용
② 에러의 빈도
③ 과제의 수행시간
④ 사용자의 주관적 만족도

해설

과제물 내용은 사용성 평가에서 다루지 않는다.

정답 | ①

15

통화 이해도 측정을 위한 척도로 사용되지 않는 것은?

① 명료도 지수
② 통화 간섭 수준
③ 이해도 점수
④ 인식 소음 수준

해설

인식 소음 수준은 통화 이해도 측정 방법에 해당되지 않는다.

관련개념 통화 이해도 측정 방법

- 명료도 지수: 옥타브 대역의 음성과 잡음의 데시벨(dB) 값에 가중치를 곱해 합산하여 음성 신호가 소음 환경에서 얼마나 명확히 전달되는지 평가하는 척도이다.
- 이해도 점수: 통화 내용 중 청취자가 알아듣고 인식한 비율(%)을 나타내는 척도이다.
- 통화 간섭 수준: 음성 신호와 배경 소음(잡음) 간의 간섭 정도를 나타낸다.

정답 | ④

16

인간공학의 정의에 대한 설명으로 틀린 것은?

① 인간을 작업에 맞추는 학문이다.
② 인간활동의 최적화를 연구하는 학문이다.
③ 인간능력, 인간한계, 그리고 인간특성을 설계에 응용하는 학문이다.
④ 기계와 그 조작 및 환경조건을 인간의 특성 및 능력과 한계에 잘 조화되도록 하는 수단을 연구하는 학문이다.

해설

인간공학의 목표는 시스템, 환경, 기계 등을 인간 중심으로 설계하여 인간의 효율성과 안정성을 높이는 것이다.

정답 | ①

17
인간공학에 대한 설명으로 적절하지 않은 것은?

① 자신을 모형으로 사물을 설계하는 데 반영한다.
② 사용 편의성, 증대, 오류 감소, 생산성 향상에 목적이 있다.
③ 인간과 사물의 설계가 인간에게 미치는 영향에 중점을 둔다.
④ 인간의 행동, 능력, 한계, 특성에 관한 정보를 발견하고자 하는 것이다.

해설
인간공학은 다수의 인간 특성을 고려해야 한다.

정답 | ①

18
광삼현상(Irradiation)에 관한 설명으로 맞는 것은?

① 조도가 낮은 표시장치에서 더욱 많이 나타난다.
② 암조응이 필요한 경우에는 흰 바탕에 검은 글자가 바람직하다.
③ 검은 모양이 주위의 흰 배경으로 번지어 보이는 현상을 말한다.
④ 검은 바탕에 흰 글자의 획폭은 흰 바탕의 검은 글자보다 가늘게 보여진다.

해설
광삼현상(Irradiation)은 흰 부분이 주변 어두운 배경 쪽으로 퍼져 보이는 현상이다. 조도가 높은 밝은 화면에서 더욱 많이 나타나며, 암조응 시에는 어두운 바탕에 밝은 글자가 바람직하다. 또한, 검은 바탕에 흰 글자의 획폭은 흰 바탕의 검은 글자보다 가늘게 보인다.

정답 | ④

19
기준(표준)자극 100에 대한 최소변화감지역(JND)이 5라면 Weber비는 얼마인가?

① 0.02
② 0.05
③ 20
④ 50

해설 Weber비 계산

$$\frac{\Delta I}{I} = k$$

- ΔI : 감지 가능한 최소한의 자극 변화
- I : 원래 자극 강도
- k : Weber 상수

$$k = \frac{5}{100} = 0.05$$

정답 | ②

20
정보이론에 있어 정보량에 관한 설명으로 틀린 것은?

① 단위는 bit이다.
② 2bit는 두 가지 동일 확률의 독립사건에 대한 정보량이다.
③ N을 대안의 수라고 할 때, 정보량은 $\log_2 N$으로 구할 수 있다.
④ 출현 가능성이 동일하지 않은 사건의 확률을 p라 할 때, 정보량은 $\log_2 \frac{1}{p}$로 나타낸다.

해설
두 가지가 동일한 확률로 발생하는 독립사건의 정보량은 1bit이다.

정답 | ②

SUBJECT 02 | 작업생리학

21
작업강도의 증가에 따른 순환기 반응의 변화에 대한 설명으로 틀린 것은?

① 혈압의 상승
② 적혈구의 감소
③ 심박출량의 증가
④ 혈액의 수송량 증가

해설
작업강도가 증가해도 적혈구는 감소하지 않는다.

관련개념 작업강도 증가 시 순환기 반응
- 산소소비량 증가
- 심박출량 증가 → 혈압상승
- 심박수 증가
- 혈류 재분배

정답 | ②

22
다음 중 신체를 전·후로 나누는 면을 무엇이라 하는가?

① 시상면
② 관상면
③ 정중면
④ 횡단면

해설 인체의 운동면

시상면	신체를 좌우로 나누는 면으로, 굴곡과 신전 동작이 발생한다. 예 스쿼트
정중면	신체의 한가운데를 통과하는 시상면으로, 좌우 대칭을 유지하며 동작이 발생한다. 예 양발을 모은 채 점프
관상면 (전두면)	신체를 앞뒤로 나누는 면으로, 외전과 내전 동작이 발생한다. 예 사이드 런지
횡단면	신체를 상하로 나누는 면으로, 회전 동작이 발생한다. 예 골프 스윙

정답 | ②

23
실내의 면에서 추천반사율이 가장 높은 곳은?

① 벽
② 바닥
③ 가구
④ 천장

해설
실내 표면의 추천 반사율은 바닥에서 천장으로 갈수록 높아진다.

정답 | ④

24
유산소(aerobic) 대사과정으로 인한 부산물이 아닌 것은?

① 젖산
② CO_2
③ H_2O
④ 에너지

해설
젖산은 무산소 대사에서 생성되며, 유산소 대사에서는 생성되지 않는다.

정답 | ①

25

어떤 작업자의 평균심박수는 90회/분이며 일박출량(stroke volume)이 70mL로 측정되었다면 이 작업자의 심박출량(cardiac output)은 얼마인가?

① 0.8L/min ② 1.3L/min
③ 6.3L/min ④ 378.0L/min

해설 심박출량의 계산

심박출량 = 1회 박출량 × 심박수

심박출량 = 0.07L/회 × 90회/min = 6.3L/min

정답 ③

26

반사 휘광의 처리 방법으로 적절하지 않은 것은?

① 간접 조명 수준을 높인다.
② 무광택 도료 등을 사용한다.
③ 창문에 차양 등을 사용한다.
④ 휘광원 주위를 밝게 하여 광도비를 줄인다.

해설
휘광원 주변을 밝게 하면 눈에 들어오는 광량이 많아져 눈부심(휘광)이 심해진다.

정답 ④

27

저온 스트레스의 생리적 영향에 대한 설명 중 틀린 것은?

① 저온 환경에 노출되면 혈관수축이 발생한다.
② 저온 환경에 노출되면 발한(發汗)이 시작된다.
③ 저온 스트레스를 받으면 피부가 파랗게 보인다.
④ 저온 환경에 노출되면 떨기반사(shivering reflex)가 나타난다.

해설
발한은 체온을 낮추는 반응이다.

정답 ②

28

소음에 의한 청력손실이 가장 심하게 발생할 수 있는 주파수는?

① 1,000Hz ② 4,000Hz
③ 10,000Hz ④ 20,000Hz

해설
소음에 의한 청력 손실은 주로 3,000Hz에서 6,000Hz 범위에서 발생하며, 그중 4,000Hz가 가장 큰 영향을 미친다.

정답 ②

29

생리적 활동의 척도 중 Borg의 RPE(Ratings of Perceived Exertion)척도에 대한 설명으로 틀린 것은?

① 육체적 작업부하의 주관적 평가방법이다.
② NASA-TLX와 동일한 평가척도를 사용한다.
③ 척도의 양 끝은 최소 심장 박동수와 최대 심장 박동수를 나타낸다.
④ 작업자들이 주관적으로 지각한 신체적 노력의 정도를 6~20 사이의 척도로 평가한다.

해설

Borg의 RPE 척도는 6~20점 척도를 사용하고, NASA-TLX는 0~100점 척도를 사용한다.

정답 | ②

30

근육 운동에 있어 장력이 활발하게 생기는 동안 근육이 가시적으로 단축되는 것을 무엇이라 하는가?

① 연축(twitch)
② 강축(tetanus)
③ 원심성 수축(eccentric contraction)
④ 구심성 수축(concentric contraction)

해설

장력이 활발하게 발생하면서 근육이 짧아지는 경우를 구심성 수축이라 한다.

관련개념 근육의 수축

연축	단일 신경 자극에 의해 근육이 짧고 빠르게 수축하는 현상이다.
강축	신경이 반복적으로 빠르게 자극을 주어 근육이 지속적으로 수축하는 상태이다.
원심성 수축	근육이 수축하면서 길어지는 상태이다.
구심성 수축	근육이 수축하면서 길이가 짧아지는 상태이다.

정답 | ④

31

관절에 대한 설명으로 틀린 것은?

① 연골관절은 견관절과 같이 운동하는 것이 가장 자유롭다.
② 섬유질관절은 두개골의 봉합선과 같으며 움직임이 없다.
③ 경첩관절은 손가락과 같이 한쪽 방향으로만 굴곡 운동을 한다.
④ 활액관절은 대부분의 관절이 이에 해당하며, 자유로이 움직일 수 있다.

해설

연골관절은 약간의 움직임만 가능한 관절이고, 활액관절은 견관절처럼 운동범위가 자유로운 관절이다.
예 활액관절의 종류: 무릎관절, 팔꿈치 관절

정답 | ①

32

인체활동이나 작업종료 후에도 체내에 쌓인 젖산을 제거하기 위해 산소가 더 필요하게 되는데 이를 무엇이라 하는가?

① 산소 빚(Oxygen Debt)
② 산소 값(Oxygen Value)
③ 산소 피로(Oxygen Fatigue)
④ 산소 대사(Oxygen Metabolism)

해설

신체가 무산소성 대사로 에너지를 생성할 때 축적된 젖산을 제거하고 정상 상태로 회복하기 위해 활동 종료 후에도 추가적으로 산소를 필요로 하는 현상을 산소 빚(산소 부채)이라고 한다.

정답 | ①

33
일반적으로 최대근력의 50% 정도의 힘으로 유지할 수 있는 시간은?

① 1분 정도
② 5분 정도
③ 10분 정도
④ 15분 정도

해설 근력의 생리학적 특성
- 최대근력의 15% 사용: 장시간 유지가 가능하다. 예 걷기
- 최대근력의 50% 사용: 약 1분 유지가 가능하다. 예 중간강도의 근력운동
- 최대근력의 100% 사용: 약 10~30초 유지가 가능하다. 예 스프린트

정답 | ①

34
심방 수축 직전에 발생하는 파장(Wave)은?

① P파
② Q파
③ R파
④ S파

해설
심방 수축 직전에 P파가 발생되며 심방의 탈분극을 나타낸다.

정답 | ①

35
다음 그림과 같이 작업자가 한 손을 사용하여 무게(W_L)가 98N인 작업물을 수평선을 기준으로 30도 팔꿈치 각도로 들고 있다. 물체를 쥔 손에서 팔꿈치까지의 거리는 0.35m이고, 손과 아래팔의 무게(W_A)는 16N이며, 손과 아래팔의 무게중심은 팔꿈치로부터 0.17m에 위치해 있다. 팔꿈치에 작용하는 모멘트는 얼마인가?

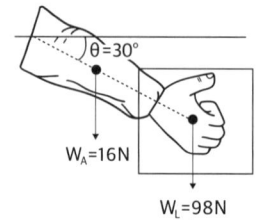

① 32Nm
② 37Nm
③ 42Nm
④ 47Nm

해설 모멘트(M) 계산
모멘트는 힘(F)과 거리(d)의 곱(M=F·d)으로 계산할 수 있는데, 팔꿈치에서 발생하는 모멘트는 하박과 물체의 하중이 각각 팔꿈치에서 떨어진 거리를 곱하여 모멘트 암을 계산한다.

$$M = W_1 \cdot d_1 \cdot \cos(\theta) + W_2 \cdot d_2 \cdot \cos(\theta)$$

$M = (98N \times 0.35m \times \cos(30°)) + (16N \times 0.17m \times \cos(30°))$
$= 32.06 N \cdot m$

정답 | ①

36
신체부위의 동작 중 전완의 회전운동에 쓰이며, 손바닥을 위로 향하도록 하는 회전을 무엇이라 하는가?

① 굴곡(flexion)
② 회내(pronation)
③ 외전(abduction)
④ 회외(supination)

해설
회외(supination)는 손바닥을 위로 향하게 하는 회전운동이다.

정답 | ④

37

심박출량을 증가시키는 요인으로 볼 수 없는 것은?

① 휴식시간
② 근육활동의 증가
③ 덥거나 습한 작업환경
④ 흥분된 상태나 스트레스

해설
휴식시간은 심박출량을 감소시킨다.

정답 | ①

38

육체적 활동의 정적 부하에 대한 스트레인(strain)을 측정하는데 가장 적합한 것은?

① 산소소비량　② 뇌전도(EEG)
③ 심박수(HR)　④ 근전도(EMG)

해설
근전도(EMG)는 근육이 움직일 때 발생하는 미세한 전기신호를 측정하여 근육의 활성도를 분석하는 장치이다.

정답 | ④

39

소음에 관한 정의에 있어 "강렬한 소음작업"이라 함은 얼마 이상의 소음이 1일 8시간 이상 발생하는 작업을 의미하는가?

① 85데시벨 이상　② 90데시벨 이상
③ 95데시벨 이상　④ 100데시벨 이상

해설 강렬한 소음작업

소음강도 dB(A)	1일 발생시간
90	8시간 이상
95	4시간 이상
100	2시간 이상
105	1시간 이상
110	30분 이상
115	15분 이상

정답 | ②

40

진동이 인체에 미치는 영향이 아닌 것은?

① 심박수 감소　② 산소소비량 증가
③ 근장력 증가　④ 말초혈관의 수축

해설
작업진동은 심박수 증가, 산소소비량 증가, 근장력 증가, 말초혈관의 수축, 시각 성능 저하, 운동성능 저하에 영향을 미친다.

정답 | ①

SUBJECT 03 | 산업심리학 및 관련법규

41
하인리히(H.W. Heinrich)의 재해예방의 원리 5단계를 올바르게 나열한 것은?

① 조직 → 평가분석 → 사실의 발견 → 시정책의 선정 → 시정책의 적용
② 조직 → 사실의 발견 → 평가분석 → 시정책의 선정 → 시정책의 적용
③ 평가분석 → 사실의 발견 → 조직 → 시정책의 선정 → 시정책의 적용
④ 평가분석 → 조직 → 사실의 발견 → 시정책의 선정 → 시정책의 적용

해설 하인리히의 사고예방 대책의 5가지 기본원리
- 안전 조직: 안전목표설정, 안전관리자의 선임, 안전조직의 구성
- 사실의 발견: 작업분석, 점검, 사고조사, 안전진단
- 분석평가: 사고원인 및 경향성 분석
- 시정방법의 선정: 기술적 개선, 교육훈련, 안전운동 전개, 안전행정의 개선
- 시정책의 적용: 3E

정답 | ②

42
집단의 특성에 관한 설명과 가장 거리가 먼 것은?

① 집단은 사회적으로 상호작용하는 둘 혹은 그 이상의 사람으로 구성된다.
② 집단은 구성원들 사이 일정한 수준의 안정적인 관계가 있어야 한다.
③ 구성원들이 스스로를 집단의 일원으로 인식해야 집단이라고 칭할 수 있다.
④ 집단은 개인의 목표를 달성하고, 각자의 이해와 목표를 추구하기 위해 형성된다.

해설
집단은 공동의 목표를 달성하고 상호작용과 사회적 관계를 위해 형성된다.

정답 | ④

43
데이비스(K.Davis)의 동기부여 이론에 대한 설명으로 틀린 것은?

① 능력＝지식×노력
② 동기유발＝상황×태도
③ 인간의 성과＝능력×동기유발
④ 경영의 성과＝인간의 성과×물질의 성과

해설
데이비스(K.Davis)는 인간의 성과가 능력과 동기에 의해 결정된다고 보았다. 능력은 지식과 기술에서 비롯된 것이고 동기는 특정 상황과 그 상황에 대한 개인의 태도로 완성된다고 보았다. 따라서 지식과 기술을 갖춘 사람에게 동기부여를 시킨다면 조직의 성과는 성공적으로 이루어진다는 이론이다.

정답 | ①

44
재해율에 관한 설명으로 맞는 것은?

① 도수율은 연간 총 근로시간 합계에 10만 시간당 재해 발생 건수이다.
② 강도율은 근로자 1000명당 1년 동안에 발생하는 재해자 수(사상자 수)를 나타낸다.
③ 우리나라 산업재해율은 1년 동안에 4일 이상 요양을 당한 근로자 수를 백분율로 나타낸 것이다.
④ 연천인율은 연간 총 근로시간에 1000시간당 재해 발생에 의해 잃어버린 근로손실일수를 의미한다.

해설 재해율, 도수율, 강도율, 연천인율, 산업재해율
- 재해율: 연간 근로자 100명당 재해자 수
- 도수율: 연 근로시간 100만 시간당 재해의 발생 건수
- 강도율: 연 근로시간 1,000시간당 발생한 근로손실일수
- 연천인율: 근로자 1,000명당 연간 재해자 수
- 산업재해율: (재해자 수÷연평균 근로자 수)×100
* 재해자 수: 1년 동안 4일 이상 요양한 재해자 수

정답 | ③

45

제조물 책임법에서 손해배상 책임에 대한 설명 중 틀린 것은?

① 물질적 손해뿐 아니라 정신적 손해도 손해배상 대상에 포함된다.
② 피해자가 손해배상 청구를 위해서는 제조자의 고의 또는 과실을 입증해야 한다.
③ 제조자가 결함 제조물로 인하여 생명, 신체 또는 재산상의 손해를 입은 자에게 손해를 배상할 책임을 말한다.
④ 당해 제조물 결함에 의해 발생한 손해가 그 제조물 자체에만 그치는 경우에는 제조물 책임대상에서 제외된다.

> **해설**
> 「제조물 책임법」에서는 제조사가 해당 제조물을 공급하지 않았다는 사실 등을 입증해야 한다.

정답 | ②

46

매슬로우(Maslow)가 제시한 욕구 단계에 포함되지 않는 것은?

① 안전 욕구   ② 존경의 욕구
③ 자아실현의 욕구   ④ 감성적 욕구

> **해설** 매슬로우의 욕구단계이론
> (Maslow's Hierarchy of Needs)

정답 | ④

47

리더십 이론 중 관리 그리드 이론에서 인간관계의 유지에는 낮은 관심을 보이지만 과업에 대해서는 높은 관심을 보이는 유형은?

① 인기형   ② 과업형
③ 타협형   ④ 무관심형

> **해설** 관리격자이론의 리더십 스타일

유형	구분	생산에 대한 관심	인간 관계에 대한 관심	특징
타협형 (중간형)	(5, 5)	중간 수준	중간 수준	균형 잡힌 접근, 평균적인 성과
인기형 (컨트리 클럽형)	(1, 9)	낮음	높음	인간관계 중심, 업무 성과 저하 가능
이상형	(9, 9)	높음	높음	최적의 리더십, 높은 성과와 인간관계 유지
과업형	(9, 1)	높음	낮음	목표 달성을 최우선, 권위적 스타일
무관심형	(1, 1)	낮음	낮음	책임 회피, 소극적 태도

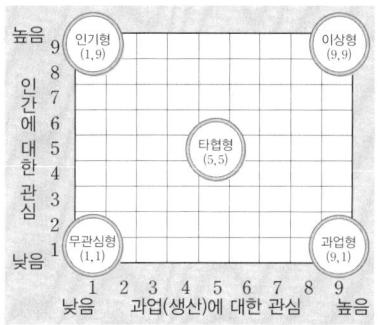

정답 | ②

48
갈등 해결방안 중 자신의 이익이나 상대방의 이익에 모두 무관심한 것은?

① 경쟁 ② 순응
③ 타협 ④ 회피

해설
① 경쟁: 자신의 이익을 우선시하고, 상대방의 이익은 고려하지 않는 방식이다.
② 순응: 상대방의 이익을 우선시하고, 자신의 이익을 양보하는 방식이다.
③ 타협: 양쪽 모두 약간씩 양보하는 방식으로, 갈등의 해결을 위해 상호 협력적인 방식이다.

정답 | ④

49
지능과 작업 간의 관계를 설명한 것으로 가장 적절한 것은?

① 작업수행자의 지능이 높을수록 바람직하다.
② 작업수행자의 지능과 사고율 사이에는 관계가 없다.
③ 각 작업에는 그에 적정한 지능수준이 존재한다.
④ 작업특성과 작업자의 지능 간에는 특별한 관계가 없다.

해설
① 작업수행자의 지능이 높아서 과잉되면 지루함이나 부주의를 유발한다.
② 작업수행자의 지능이 너무 낮으면 사고율에 영향을 줄 수 있다.
④ 작업특성과 작업자의 지능 간에는 특별한 관계가 있다.

정답 | ③

50
하인리히(Heinrich)의 재해발생이론에 관한 설명으로 틀린 것은?

① 사고를 발생시키는 요인에는 유전적 요인도 포함된다.
② 일련의 재해요인들이 연쇄적으로 발생한다는 도미노 이론이다.
③ 일련의 재해요인들 중 하나만 제거하여도 재해 예방이 가능하다.
④ 불안전한 행동 및 상태는 사고 및 재해의 간접 원인으로 작용한다.

해설
불안전한 행동 및 상태는 사고 및 재해의 직접원인으로 작용한다.

관련개념 산업재해 직접원인과 간접원인

직접원인	• 불안전한 행동: 인적요인 • 불안전한 상태: 물적요인
간접원인	• 기술적 원인: 방호기계 부적절 등 기술적 결함 • 신체적 원인: 질병, 피로, 스트레스, 수면부족 • 교육적 원인: 훈련 미숙, 이해 부족 등으로 인한 무지 • 관리적 원인: 작업기준 불명확성, 부적절한 지시 • 정신적 원인: 초조, 공포, 긴장, 불만, 태만 등

정답 | ④

51
어느 사업장의 도수율은 40이고 강도율은 4이다. 이 사업장의 재해 1건당 근로손실일수는 얼마인가?

① 1   ② 10
③ 50 ④ 100

해설 근로손실일수

$$재해\ 1건당\ 근로손실일수 = \frac{강도율(SR)}{도수율(FR)} \times 1{,}000$$

재해 1건당 근로손실일수 $= \frac{4}{40} \times 1{,}000 = 100$

정답 | ④

52

하인리히(Heinrich)가 제시한 재해발생 과정의 도미노 이론 5단계에 해당하지 않는 것은?

① 사고
② 기본원인
③ 개인적 결함
④ 불안전한 행동 및 불안전한 상태

> **해설** 하인리히(H.W. Heinrich) 도미노 이론

단계	이론	예시
1단계	유전 및 사회 환경적 요인	선천적 요인, 가정과 사회 결함
2단계	개인적 결함	건강상태, 지식부족, 훈련 부족 등
3단계	불안전한 행동 및 상태	• 불안전한 행동(인적요인): 안전장치 미사용 등 • 불안전한 상태(물적요인): 안전장치의 고장 등
4단계	사고	추락, 전도, 충돌, 낙하, 비래, 붕괴, 협착, 감전, 폭발, 파열 등
5단계	상해(재해)	골절, 화상, 중상, 절단, 중독, 창상, 청각장애, 시각장애, 사망 등

정답 | ②

53

스트레스에 관한 일반적 설명 중 거리가 가장 먼 것은?

① 스트레스는 근골격계 질환에 영향을 줄 수 있다.
② 스트레스를 받게 되면 자율 신경계가 활성화된다.
③ 스트레스가 낮아질수록 업무의 성과는 높아진다.
④ A형 성격의 소유자는 스트레스에 더 노출되기 쉽다.

> **해설**
> 스트레스가 적당할 때는 성과가 높지만, 스트레스가 너무 많거나 적을 때는 성과가 낮아진다.

정답 | ③

54

시스템 안전 분석기법 중 정량적 분석 방법이 아닌 것은?

① 결함나무 분석(FTA)
② 사상나무 분석(ETA)
③ 고장모드 및 영향분석(FMEA)
④ 휴먼에러율 예측 기법(THERP)

> **해설** 시스템 안전 정량적/정성적 분석기법 비교

정량적 분석 방법	• 결함나무 분석(FTA, Fault Tree Analysis) • 사상나무 분석(ETA, Event Tree Analysis) • 휴먼에러율 예측 기법(THERP, Technique for Human Error Rate Prediction)
정성적 분석 방법	• 고장모드 및 영향 분석(FMEA, Failure Mode and Effects Analysis) • 체크리스트 분석(Checklist Analysis) • 작업 위험 분석(JHA, Job Hazard Analysis) • 예비위험분석(PHA, Preliminary Hazard Analysis)

정답 | ③

55

조직이 리더에게 부여하는 권한의 유형으로 볼 수 없는 것은?

① 보상적 권한
② 강압적 권한
③ 합법적 권한
④ 작위적 권한

> **해설** 권한의 유형

보상적 권한 (Reward Power)	구성원에게 보상을 제공할 수 있는 권한이다. 예 승진
강압적 권한 (Coercive Power)	구성원을 징계하거나 처벌할 수 있는 권한이다. 예 해고
합법적 권한 (Legimate Power)	조직의 직위와 역할에 의해 부여된 공식적인 권한이다.
전문성의 권한 (Expert Power)	리더의 전문적 지식과 기술에서 비롯되는 권한이다.

정답 | ④

56
집단 응집성에 관한 설명으로 틀린 것은?

① 집단 응집성은 절대적인 것이다.
② 응집성이 높은 집단일수록 결근율과 이직율이 낮다.
③ 일반적으로 집단의 구성원이 많을수록 응집력은 낮아진다.
④ 집단 응집성이란 구성원들이 서로에게 끌리어 그 집단목표를 공유하는 정도이다.

해설 집단 응집성

집단을 이루는 구성원들이 서로에게 매력적으로 끌리어 그 집단목표를 달성하는 정도를 나타내며, 소시오메트리 연구에서는 실제 상호 선호 관계의 수를 가능한 상호선호 관계의 총수로 나누어 지수(Index)로 표현한다.

정답 ①

57
제조물책임법상 결함의 종류에 해당하지 않는 것은?

① 사용상의 결함　② 제조상의 결함
③ 설계상의 결함　④ 표시상의 결함

해설 결함(「제조물 책임법」 제2조)

"결함"이란 해당 제조물에 제조상·설계상 또는 표시상의 결함이 있거나 그 밖에 통상적으로 기대할 수 있는 안전성이 결여되어 있는 것을 말한다.
- 제조상의 결함: 제조업자가 제조물에 대하여 제조상·가공상의 주의의무를 이행하였는지에 관계없이 제조물이 원래 의도한 설계와 다르게 제조·가공됨으로써 안전하지 못하게 된 경우를 말한다.
- 설계상의 결함: 제조업자가 합리적인 대체설계(代替設計)를 채용하였더라면 피해나 위험을 줄이거나 피할 수 있었음에도 대체설계를 채용하지 아니하여 해당 제조물이 안전하지 못하게 된 경우를 말한다.
- 표시상의 결함: 제조업자가 합리적인 설명·지시·경고 또는 그 밖의 표시를 하였더라면 해당 제조물에 의하여 발생할 수 있는 피해나 위험을 줄이거나 피할 수 있었음에도 이를 하지 아니한 경우를 말한다.

정답 ①

58
작업자 한 사람의 성능 신뢰도가 0.95일 때, 요원을 중복하여 2인 1조로 작업을 할 경우 이 조의 인간 신뢰도는 얼마인가? (단, 작업 중에는 항상 요원지원이 되며, 두 작업자의 신뢰도는 동일하다고 가정한다.)

① 0.9025　② 0.9500
③ 0.9975　④ 1.0000

해설 병렬 작업의 신뢰도

'요원을 중복하여 작업', '항상 요원 지원'이라는 조건이 주어졌으므로 병렬 작업으로 본다.

$$R = 1 - (1-R_1) \times (1-R_2)$$
- R_n: 개별 작업자의 신뢰도

$R = 1 - (1-R_1) \times (1-R_2) = 1 - (1-0.95) \times (1-0.95)$
$= 0.9975$

관련개념 직렬 작업의 신뢰도

$$R = R_1 \times R_2$$
- R_n: 개별 작업자의 신뢰도

정답 ③

59
호손(Hawthorne)의 연구에 관한 설명으로 맞는 것은?

① 동기부여와 직무만족도 사이의 관계를 밝힌 연구이다.
② 집단 내에서의 인간관계의 중요성을 증명한 연구이다.
③ 조명 조건 등 물리적 작업환경은 생산성에 큰 영향을 끼친다.
④ 미국 Western Electric 사를 대상으로 호손이 진행한 연구이다.

해설 호손(Hawthorne) 실험

하버드 대학교의 심리학자 메이요(George Elton Mayo)와 경영학자 뢰슬리스버거(Fritz Jules Roethlisberger)가 미국의 웨스턴 전기 회사의 호손 공장(Hawthorne Works)에서 8년 동안 4단계에 걸쳐 진행된 일련의 심리학적 실험연구이다. 프레데릭 테일러의 과학적 관리론에 따라, 노동자에 대한 물질적 보상 방법의 변화가 정말로 생산성을 증대시키는지에 대한 검증하였으며, 실험결과, 물리적 작업 조건보다 작업자의 사회적 상호작용과 인간관계가 작업 능률에 훨씬 더 큰 영향을 미친다는 사실이 밝혀졌다.

정답 ②

60
집단 내에서 역할갈등이 나타나는 원인과 가장 거리가 먼 것은?

① 역할모호성
② 상호의존성
③ 역할무능력
④ 역할부적합

해설 상호의존성
사람들이 서로 의지하고 영향을 주고받는 관계를 말하며, 역할갈등의 원인과는 거리가 멀다.

관련개념 역할이론
개인은 특정한 역할 기대(Role Expectation)에 따라 행동하고, 조직 내에서 역할 갈등(Role Conflict)이나 역할 모호성(Role Ambiguity)이 발생할 수 있다는 이론이며 개인이 사회 속에서 맡게 되는 역할에 따라 행동이 결정된다는 이론이다.

정답 ②

62
워크샘플링 조사에서 주요작업의 추정비율(p)이 0.06이라면, 99% 신뢰도를 위한 워크샘플링 횟수는 몇 회인가? (단, $\mu_{0.005}$는 2.58, 허용오차는 0.01이다.)

① 3744
② 3745
③ 3755
④ 3764

해설 워크샘플링 횟수 계산

$$워크샘플링\ 횟수(n) = \left(\frac{Z}{E}\right)^2 \times p(1-p)$$

- Z : Z-분포 신뢰도 계수
- E : 허용오차(%)
- p : 추정비율

신뢰도 99%일 때, $Z = \mu_{0.005} = 2.58$

$$n = \left(\frac{Z}{E}\right)^2 \times p(1-p)$$
$$= \left(\frac{2.58}{0.01}\right)^2 \times 0.06 \times (1-0.06) = 3754.21$$

필요 최소 워크샘플링 횟수는 3,755회이다.

정답 ③

SUBJECT 04 | 근골격계질환 예방을 위한 작업관리

61
OWAS(Ovako Working Posture Analysis System)에 관한 설명으로 틀린 것은?

① OWAS 활동점수표는 4단계의 조치단계로 분류된다.
② OWAS는 작업자세로 인한 작업부하를 평가하는 데 초점이 맞추어져 있다.
③ OWAS는 신체 부위의 자세뿐만 아니라 중량물의 사용도 고려하여 평가한다.
④ OWAS는 작업자세를 허리, 팔, 손목으로 구분하여 각 부위의 자세를 코드로 표현한다.

해설
OWAS는 허리, 팔, 다리를 신체 부위별로 구분하고, 작업물의 하중을 고려하여 각 작업자세를 코드로 표현한 평가기법이다.

정답 ④

63
근골격계질환의 유형에 대한 설명으로 틀린 것은?

① 외상과염은 팔꿈치 부위의 인대에 염증이 생김으로써 발생하는 증상이다.
② 백색수지증은 손가락에 혈액의 원활한 공급이 이루어지지 않을 경우에 발생하는 증상이다.
③ 수근관 증후군은 손목이 꺾인 상태나 과도한 힘을 준 상태에서 반복적 손 운동을 할 때 발생한다.
④ 결절종은 반복, 구부림, 진동 등에 의하여 건의 섬유질이 손상되거나 찢어지는 등의 건에 염증이 생기는 질환이다.

해설
결절종(Ganglion)은 관절이나 건(힘줄) 주위에 발생하며 손목이나 손에 액체가 고여 주머니처럼 부풀어 오른 양성 종양이다.

정답 ④

64
중량물 들기 작업방법에 대한 설명 중 틀린 것은?

① 허리를 구부려서 작업을 수행한다.
② 가능하면 중량물을 양손으로 잡는다.
③ 중량물 밑을 잡고 앞으로 운반하도록 한다.
④ 손가락만으로 잡지 말고 손 전체로 잡아서 작업한다.

해설

중량물을 들 때는 목과 등이 거의 일직선이 되게 하고 허리를 굽히지 않고 무릎을 굽혀서 작업을 수행해야 한다.

정답 | ①

65
작업대의 개선으로 맞는 것은?

① 좌식작업대의 높이는 동작이 큰 작업에는 팔꿈치의 높이보다 약간 높게 설계한다.
② 입식작업대의 높이는 경작업의 경우 팔꿈치의 높이보다 5~10cm 정도 높게 설계한다.
③ 입식작업대의 높이는 중작업의 경우 팔꿈치의 높이보다 10~20cm 정도 낮게 설계한다.
④ 입식작업대의 높이는 정밀작업의 경우 팔꿈치의 높이보다 5~10cm 정도 낮게 설계한다.

해설 입식작업대 높이

- 정밀작업(세밀한 작업): 팔꿈치 높이보다 5~10cm 높게 작업한다.
- 경작업(가벼운 조립 작업 등): 팔꿈치 높이보다 5~10cm 낮게 작업한다.
- 중작업(무거운 물건 취급): 팔꿈치 높이보다 10~20cm 낮게 작업한다.

정답 | ③

66
사무작업의 공정분석을 위해 사용되는 도표로 가장 적합한 것은?

① 시스템차트
② 유통공정도
③ 작업공정도
④ 다중활동분석표

해설

시스템차트는 주로 정보 흐름이나 서류 흐름을 분석할 때 사용하기 때문에 사무작업의 공정분석에 적합하다.
② 유통공정도(Flow Process Chart)는 공장 제조/물류 이동 경로 분석용이다.
③ 작업공정도(Operation Process Chart): 생산작업 중심. 주로 제조업 공정 분석에 사용한다.
④ 다중활동분석표(Multiple Activity Chart): 사람—기계 같이 복수 주체의 활동을 동시에 분석할 때 사용한다.

정답 | ①

67
작업에 대한 유해요인의 관리적 개선방법으로 잘못된 것은?

① 작업의 다양성을 제공한다.
② 작업 일정 및 작업속도를 조절한다.
③ 작업 강도를 조절하여 작업시간을 단축시킨다.
④ 작업 공간, 공구 및 장비의 정기적인 청소 및 유지보수를 한다.

해설

작업 강도의 조절은 관리적 개선방법이 아닌 공학적 개선방법에 해당한다.

관련개념 관리적 개선방법과 공학적 개선방법 비교

구분	관리적 개선방법	공학적 개선방법
초점	사람과 조직 운영	장비, 도구, 작업장, 포장, 부품, 제품
접근방식	교육, 시간조정, 감독, 직장체조, 회복시간 제공, 적정배치, 작업일정 및 작업속도 조절, 작업의 다양성 제공	설비 개선, 재설계
비용	상대적으로 낮음	상대적으로 높음
예시	인력 배치 최적화(적절한 작업자의 선발), 작업자 교육 및 훈련, 작업자의 속도 조절	자동화 장비 도입, 작업자 신체에 맞는 작업장 개선

정답 | ③

68

기계 가동시간이 25분, 적재(load 및 unloading) 시간이 5분, 기계와 독립적인 작업자 활동시간이 10분일 때 기계 양쪽 모두의 유휴시간을 최소화하기 위하여 한 명의 작업자가 담당해야 하는 이론적인 기계 대수는?

① 1대
② 2대
③ 3대
④ 4대

해설 이론적 기계 대수(n)

$$\text{이론적 기계 대수}(n) = \frac{a+t}{a+b}$$

- a: 동시 작업시간(작업자와 기계가 동시에 작동)
- b: 작업자의 작업시간
- t: 기계의 가동 시간

$n = \frac{5+25}{5+10} = \frac{30}{15} = 2$대

정답 | ②

69

워크샘플링법의 장점으로 볼 수 없는 것은?

① 특별한 시간 측정 설비가 필요하지 않다.
② 관측이 순간적으로 이루어져 작업에 방해가 적다.
③ 짧은 주기나 반복적인 작업의 경우에 적합하다.
④ 조사기간을 길게 하여 평상시의 작업현황을 그대로 반영시킬 수 있다.

해설

워크샘플링법은 긴 주기나 반복작업인 경우 적당하다.

정답 | ③

70

근골격계 부담작업 유해요인 조사에 관한 설명으로 틀린 것은?

① 사업장 내 근골격계 부담작업에 대하여 전수조사를 원칙으로 한다.
② 사업주는 유해요인 조사에 근로자 대표 또는 해당 작업 근로자를 참여시켜야 한다.
③ 신규 입사자가 근골격계 부담작업에 배치되는 경우 즉시 유해요인 조사를 실시해야 한다.
④ 신설되는 사업장의 경우 신설일로부터 1년 이내에 최초의 유해요인 조사를 실시해야 한다.

해설

산업안전보건법령에 따르면, 근골격계 부담작업에 대해 유해요인 조사는 주로 기존 작업이나 기존 설비에 변화를 줄 때 필요하다. 신규 입사자가 근골격계 부담작업에 배치되는 경우 즉시 유해요인 조사를 실시해야 한다는 규정은 명시되어 있지 않다.

정답 | ③

71

정미시간이 개당 3분이고, 준비시간이 60분이며 로트 크기가 100개일 때 개당 표준시간은 얼마인가?

① 2.5분
② 2.6분
③ 3.5분
④ 3.6분

해설 개당 표준시간

$$\text{개당 표준시간} = \text{정미시간} + \frac{\text{준비시간}}{\text{로트크기}}$$

개당 표준시간 $= 3 + \frac{60}{100} = 3 + 0.6 = 3.6$분

정답 | ④

72
근골격계질환의 주요 발생요인이 아닌 것은?

① 넘어짐
② 잘못된 작업자세
③ 반복동작
④ 과도한 힘의 사용

해설 근골격계질환 발생 작업위험 요인
- 비휴식
- 과도한 반복작업
- 작업 중 과도한 힘의 사용
- 부자연스럽거나 취하기 어려운 자세
- 접촉 스트레스
- 진동, 온도, 조명 등 환경요인

정답 | ①

73
디자인 프로세스 단계 중 대안의 도출을 위한 방법이 아닌 것은?

① 개선의 ECRS
② 5W1H분석
③ SEARCH 원칙
④ Network Diagram

해설
Network Diagram(네트워크 다이어그램)은 공정 간의 선후 관계를 도식화한 것으로, 일정 계획 및 관리에 사용하는 스케줄링 도구이다.

정답 | ④

74
동작경제의 원칙이 아닌 것은?

① 공정 개선의 원칙
② 신체의 사용에 관한 원칙
③ 작업장의 배치에 관한 원칙
④ 공구 및 설비의 설계에 관한 원칙

해설 동작경제의 원칙 3가지
- 신체의 사용에 관한 원칙
- 작업장의 배치에 관한 원칙
- 공구 및 설비의 디자인에 관한 원칙

정답 | ①

75
MTM(Method Time Measurement)법에서 사용되는 기호와 동작이 맞는 것은?

① P: 누름
② M: 회전
③ R: 손뻗침
④ AP: 잡음

해설
① P: 정지(Position)
② M: 이동, 운반(Move)
④ AP: 누름(Apply Pressure)

정답 | ③

76
사업장 근골격계질환 예방관리 프로그램에 있어 예방·관리추진팀의 역할이 아닌 것은?

① 교육 및 훈련에 관한 사항을 결정하고 실행한다.
② 예방·관리 프로그램의 수립 및 수정에 관한 사항을 결정한다.
③ 근골격계질환의 증상·유해요인 보고 및 대응체계를 구축한다.
④ 유해요인 평가 및 개선계획의 수립과 시행에 관한 사항을 결정하고 실행한다.

해설
근골격계질환의 증상·유해요인 보고 및 대응체계를 구축하는 것은 사업주의 역할이다.

정답 | ③

77

작업관리에서 사용되는 기본형 5단계 문제해결 절차로 가장 적절한 것은?

① 자료의 검토 → 연구대상선정 → 개선안의 수립 → 분석과 기록 → 개선안의 도입
② 자료의 검토 → 연구대상선정 → 분석과 기록 → 개선안의 수립 → 개선안의 도입
③ 연구대상선정 → 자료의 검토 → 분석과 기록 → 개선안의 수립 → 개선안의 도입
④ 연구대상선정 → 분석과 기록 → 자료의 검토 → 개선안의 수립 → 개선안의 도입

해설

1단계 (연구대상의 선정)	경제성 기술, 인간 고려
2단계 (분석과 기록)	도표와 차트 사용(유통공정도, 다중활동분석표, 유통선도 등)
3단계 (자료의 검토)	SEARCH, 브레인스토밍, ECRS, 5W1H 설문, 마인드멜딩 활용
4단계 (개선안의 수립)	작업 시 절감비용 산출
5단계 (개선안의 도입)	문제 해결 및 극복, 개선안 유지

정답 | ④

78

동작분석을 할 때 스패너에 손을 뻗치는 동작의 적절한 서블릭(Therblig) 기호는?

① H   ② P
③ TE   ④ SH

해설

① H(잡고 있기): 물체를 손에 계속 쥐고 있는 동작이다.
② P(바로놓기): 물체를 특정 위치에 맞추어 정확하게 놓는 동작이다.
③ TE(빈손이동): 손에 아무것도 들고 있는 않은 상태에서 물건을 향해 손을 움직이는 동작이다.
④ SH(찾기): 눈으로 주변을 살피며 원하는 물체나 부품을 찾는 동작이다.

정답 | ③

79

작업 개선의 일반적 원리에 대한 내용으로 틀린 것은?

① 충분한 여유 공간
② 단순 동작의 반복화
③ 자연스러운 작업 자세
④ 과도한 힘의 사용 감소

해설

단순 동작의 반복은 근골격계질환 발생 작업 위험요인이다.

관련개념 근골격계질환 예방 핵심

- 작업 자세 개선: 손목과 팔의 자연스러운 자세를 유지한다.
- 작업 환경 개선: 진동, 온도, 습도 등의 작업 조건을 최적화한다.
- 반복 작업 감소: 작업을 나누고 충분한 휴식시간을 제공한다.
- 인체공학적 설계: 도구와 작업 공간을 신체 구조에 맞게 설계한다.

정답 | ②

80

동작경제의 원칙에서 작업장 배치에 관한 원칙에 해당하는 것은?

① 각 손가락이 서로 다른 작업을 할 때 작업량을 각 손가락의 능력에 맞게 분배한다.
② 사용하는 장소에 부품이 가까이 도달할 수 있도록 중력을 이용한 부품 상자나 용기를 사용한다.
③ 손과 신체의 동작은 작업을 원만하게 처리할 수 있는 범위 내에서 가장 낮은 동작등급을 사용한다.
④ 눈의 초점을 모아야 할 수 있는 작업은 가능한 적게 하고, 이것이 불가피할 경우 두 작업간의 거리를 짧게 한다.

해설 작업장 배치에 관한 원칙

- 공구와 재료는 작업자가 쉽게 사용할 수 있도록 가까이 배치하고, 항상 정해진 위치에 정돈한다.
- 부품 상자나 용기 취급 시 중력 활용이 효율적이며, 가능하면 낙하 방식도 고려한다.
- 공구와 재료는 작업 순서에 맞춰 편리하게 배열하고, 충분한 채광과 조명을 확보한다.
- 작업대와 의자는 작업자에게 적합하게 설계하며, 등받이와 높이 조절이 가능한 의자를 제공해 올바른 자세를 유지할 수 있도록 한다.

정답 | ②

2024년 3회 CBT 복원문제

SUBJECT 01 | 인간공학개론

01
고령자를 위한 정보 설계 원칙으로 볼 수 없는 것은?

① 불필요한 이중 과업을 줄인다.
② 학습 및 적응 시간을 늘려 준다.
③ 신호의 강도와 크기를 보다 강하게 한다.
④ 가능한 세밀한 묘사와 상세 정보를 제공한다.

해설
고령자에게 과도한 정보를 제공하면, 혼란을 줄 수 있으므로 되도록 짧고 쉽게 정보를 제공한다.

정답 | ④

02
인간의 오류모형에 있어 상황이나 목표해석은 제대로 하였으나 의도와는 다른 행동을 하는 경우에 발생하는 오류는?

① 실수(Slip)
② 착오(Mistake)
③ 위반(Violation)
④ 건망증(Forgetfulness)

해설 | 인간의 오류

실수(Slip)	목표 및 의도는 올바르지만, 행동을 실패한 경우
착오(Mistake)	잘못된 목표와 의도를 가지고 행동하는 경우
위반(Violation)	규칙이나 절차를 제대로 인지하였으나 고의로 따르지 않는 경우
건망증(Forgetfulness/Lapse)	의도는 있었으나 기억하지 못해서 행동을 못 한 경우

정답 | ①

03
시각 표시장치보다 청각 표시장치를 사용하는 것이 유리한 경우는?

① 소음이 많은 경우
② 전하려는 정보가 복잡할 경우
③ 즉각적인 행동이 요구되는 경우
④ 전하려는 정보를 다시 확인해야 하는 경우

해설
즉각적인 행동이 요구되는 경우 청각 표시장치가 더 효과적이다.

정답 | ③

04
동전던지기에서 앞면이 나올 확률은 0.4이고, 뒷면이 나올 확률은 0.6이다. 이때 앞면이 나올 정보량은 1.32bit이고, 뒷면이 나올 정보량은 0.67bit이다. 총 평균 정보량은 약 얼마인가?

① 0.65bit
② 0.88bit
③ 0.93bit
④ 1.99bit

해설 | 평균 정보량 계산

$$H = \sum_{i=1}^{N} p_i \cdot I_i$$

- H: 평균 정보량
- p_i: 발생 확률
- I_i: 정보량

$H = (0.4 \times 1.32) + (0.6 \times 0.67) = 0.93 \text{bit}$

정답 | ③

05

실현 가능성이 같은 N개의 대안이 있을 때 총 정보량(H)을 구하는 식으로 맞는 것은?

① $H = \log N^2$
② $H = \log_2 N$
③ $H = 2\log N^2$
④ $H = \log 2N$

해설
각 대안이 동일한 확률로 발생할 때, 정보량($H = \log_2 N$)은 N개의 선택지를 2진법(bit)으로 구별하는 데 필요한 최소 bit 수를 의미한다.

정답 | ②

06

제어–반응 비율(C/R ratio)에 관한 설명으로 틀린 것은?

① C/R비가 증가하면 제어시간도 증가한다.
② C/R비가 작으면(낮으면) 민감한 장치이다.
③ C/R비가 감소함에 따라 이동시간은 감소한다.
④ C/R비는 제어장치의 이동거리를 표시장치의 이동거리로 나눈 값이다.

해설 C/R비와 이동·조종시간 상관관계

C/R비 크기	이동시간 (반응속도)	조종시간	조종장치 특징
작다	감소	증가	민감함
크다	증가	감소	정밀함

정답 | ①

07

효율적인 공간의 배치를 위하여 적용되는 원리와 가장 거리가 먼 것은?

① 중요도의 원리
② 사용빈도의 원리
③ 사용순서의 원리
④ 작업방법의 원리

해설 작업대 공간 구성요소의 배치
- 중요도의 원칙: 각 부품 및 작업 요소의 기여도를 고려하여 우선순위를 결정한다.
- 사용빈도의 원칙: 자주 사용하는 부품이나 도구를 작업자 손 가까이에 배치해 이동을 최소화한다.
- 사용순서의 원칙: 작업 순서를 반영해 부품이나 도구를 순차적으로 배치하여 효율적 흐름을 유지한다.
- 기능별 배치의 원칙: 기능적으로 연관된 부품이나 도구를 한 곳에 모아 배치해 연속성과 효율을 높인다.

정답 | ④

08

인체치수 데이터가 개인에 따라 차이가 발생하는 요인과 가장 거리가 먼 것은?

① 나이
② 성별
③ 인종
④ 작업환경

해설
인체치수는 나이, 성별, 인종, 직업, 연도 등에 따라 차이가 발생한다.

정답 | ④

09

음의 한 성분이 다른 성분에 대한 귀의 감수성을 감소시키는 상황을 무슨 효과라 하는가?

① 기피(avoid)
② 방해(interrupt)
③ 밀폐(sealing)
④ 은폐(masking)

해설 은폐효과(Masking Effect)
한 음(소리)이 다른 음(소리)에 의해 들리지 않거나 가청 역치가 높아지는 현상을 말한다.
⑩ 소음이 큰 환경에서 대화를 듣기 어렵게 되는 경우

정답 | ④

10
양립성의 종류가 아닌 것은?

① 주의 양립성 ② 공간 양립성
③ 운동 양립성 ④ 개념 양립성

해설 양립성 종류

개념 양립성	코드나 심벌의 의미가 인간이 갖고 있는 개념과 일치하는 것을 말한다.
운동 양립성	조종기를 조작하거나 display 상의 정보가 움직일 때 반응 결과가 인간의 기대와 일치하는 것을 말한다.
공간 양립성	표시장치나 조종장치의 물리적 위치나 배열이 사용자의 기대와 일치하는 것을 말한다.
양식 양립성	직무에 알맞은 자극과 이에 대응하는 적절한 응답 양식이 존재하는 것을 말한다. • 기능적 양식 양립성: 자극과 반응이 감각 경로상 자연스럽게 연결되는 것을 의미한다. 예 소리를 듣고 말로 반응 • 문화적 양식 양립성: 일종의 문화와 관습에 의해 정해진다. 예 신호등 빨간불을 '정지'로 인식

정답 | ①

11
폰(phon)에 관한 설명으로 틀린 것은?

① 1,000Hz대의 20dB 크기의 소리는 20phon이다.
② 상이한 음의 상대적 크기에 대한 정보는 나타내지 못한다.
③ 40dB의 1,000Hz 순음을 기준으로 하여 다른 음의 상대적인 크기를 설정하는 척도의 단위이다.
④ 1,000Hz의 주파수를 기준으로 각 주파수별 동일한 음량을 주는 음압을 평가하는 척도의 단위이다.

해설
40dB의 1,000Hz 순음을 기준으로 하여 다른 음의 상대적인 크기를 설정하는 척도의 단위는 손(sone)이다.

정답 | ③

12
인간의 기억체계에 관한 설명으로 맞는 것은?

① 단기기억은 자극이 사라진 후에도 오랫동안 감각이 지속되도록 하는 역할을 한다.
② 작업 기억 내에 정보를 저장하기 위해서는 정보의 의미적 코드화가 선행되어야 한다.
③ 작업 기억은 감각저장소로부터 전이된 정보를 일시적으로 기억하기 위한 저장소의 역할을 한다.
④ 인간의 기억체계는 4개의 하부체계 혹은 과정 (단기기억, 감각 저장, 작업기억, 장기기억)으로 개념화되어 왔다.

해설
자극이 사라진 이후에도 잠시 감각이 지속되는 것은 감각기억으로 인한 것이며, 정보가 장기기억으로 효과적으로 저장되기 위해서는 의미적 코드화가 중요하다. 인간의 기억체계는 감각기억 → 단기기억(작업기억) → 장기기억의 3단계로 구성된다.

정답 | ③

13
인간-기계 시스템의 설계원칙으로 가장 거리가 먼 것은?

① 인간의 신체적 특성에 적합하여야 한다.
② 시스템은 인간의 예상과 양립하여야 한다.
③ 기계의 효율과 같은 경제적 원칙을 우선시한다.
④ 계기반이나 제어장치의 중요성, 사용빈도, 사용순서, 기능에 따라 배치가 이루어져야 한다.

해설
인간-기계 시스템은 경제적 측면보다는 인간 중심의 설계를 우선시해야 한다.

정답 | ③

14
시(視)감각 체계에 관한 설명으로 틀린 것은?

① 동공은 조도가 낮을 때는 많은 빛을 통과시키기 위해 확대된다.
② 1디옵터는 1미터 거리에 있는 물체를 보기 위해 요구되는 조절능(調節能)이다.
③ 망막의 표면에는 빛을 감지하는 광수용기인 원추체와 간상체가 분포되어 있다.
④ 안구의 수정체는 공막에 정확한 이미지가 맺히도록 형태를 스스로 조절하는 일을 담당한다.

해설
안구의 수정체는 망막에 초점을 정확히 맞히도록 형태를 조절하는 역할을 한다. 공막은 안구의 바깥쪽을 덮고 있는 흰색의 막이다.

정답 | ④

15
인간-기계 통합체계의 유형으로 볼 수 없는 것은?

① 수동 시스템
② 자동화 시스템
③ 정보 시스템
④ 기계화 시스템

해설 인간-기계 시스템의 제어 정도에 따른 분류
- 수동 시스템: 인간이 모든 작업을 수행한다.
- 기계화 시스템: 기계가 일부 작업 수행하지만, 인간이 주로 조작한다.
- 자동화 시스템: 기계가 대부분 작업을 자동으로 수행하고 인간의 개입은 최소화된다.

정답 | ③

16
종이의 반사율이 70%이고, 인쇄된 글자의 반사율이 15%일 경우 대비(contrast)는?

① 15%
② 21%
③ 70%
④ 79%

해설 대비(contrast)의 계산

$$대비 = \frac{배경\ 반사율 - 표적\ 반사율}{배경\ 반사율} \times 100$$

$대비 = \frac{70-15}{70} \times 100 = 78.57 \approx 79\%$

정답 | ④

17
주의(Attention) 중 디스플레이 상의 다중정보를 병렬 처리하는 것이 가능하게 하는 것은?

① 분산 주의(Divided Attention)
② 초점 주의(Focused Attention)
③ 선택 주의(Selective Attention)
④ 개별 주의(Individual Attention)

해설 주의(attention)의 주요 유형

분산(분할) 주의	여러 작업을 동시에 수행하면서 주의를 분산한다. 예) 음악을 들으며 글을 쓰는 경우
초점 주의	하나의 특정 작업이나 자극에 집중한다. 예) 주변 소음을 무시하고 시험 문제에 집중
선택적 주의	여러 자극 중에 중요 자극에만 주의를 기울인다. 예) 소음 많은 카페에서 대화에만 집중하는 경우

정답 | ①

18
전력계와 같이 수치를 정확히 읽고자 할 때 가장 적합한 표시장치는?

① 동침형 표시장치
② 계수형 표시장치
③ 동목형 표시장치
④ 수직형 표시장치

해설
계수형 표시장치는 숫자로 수치를 직접 표시하는 장치로, 정확한 수치를 읽어야 하는 경우 사용한다.

정답 | ②

19
전철이나 버스의 손잡이 설치 높이를 결정하는데 적용하는 인체치수 적용원리는?

① 평균치 원리
② 최소치 원리
③ 최대치 원리
④ 조절식 원리

해설
가장 키가 작은 사람도 손잡이를 잡을 수 있도록 최소치 원리를 적용하여 설계해야 한다.

정답 | ②

20
누름단추식 전화기를 사용하여 7자리를 암기하여 누를 경우 어떻게 나누어 누르는 것이 가장 효과적인가?

① 194-3421
② 19-43421
③ 194342-1
④ 1-943421

해설
7자리 숫자를 기억할 때, 3자리-4자리로 나누어 기억하는 방식이 가장 효과적이다.

정답 | ①

SUBJECT 02 | 작업생리학

21
광원으로부터의 직사 휘광 처리가 틀린 것은?

① 가리개, 갓, 차양을 사용한다.
② 광원을 시선에서 멀리 위치시킨다.
③ 광원의 휘도를 높이고 수를 줄인다.
④ 휘광원 주위를 밝게 하여 광도비를 줄인다.

해설
휘도가 높을수록 눈부심이 심하기 때문에 휘도를 낮추고 수를 늘려 분산시켜야 직사휘광을 줄일 수 있다.

정답 | ③

22
교대작업의 주의사항에 관한 설명으로 틀린 것은?

① 12시간 교대제가 적정하다.
② 야간근무는 2~3일 이상 연속하지 않는다.
③ 야간근무의 교대는 심야에 하지 않도록 한다.
④ 야간근무 종료 후에는 48시간 이상의 휴식을 갖도록 한다.

해설
일반적으로 8시간 교대제가 적절하며, 12시간 교대제일 때, 장기간 근무로 인해 피로가 누적될 가능성이 높아 권장되지 않는다.

정답 | ①

23
힘에 대한 설명으로 틀린 것은?

① 힘은 벡터량이다.
② 힘의 단위는 N이다.
③ 힘은 질량에 비례한다.
④ 힘은 속도에 비례한다.

해설
힘은 가속도에 비례한다.

정답 | ④

24
산업안전보건법령상 소음작업이란 1일 8시간작업을 기준으로 몇 데시벨 이상의 소음이 발생하는 작업을 말하는가?

① 75
② 80
③ 85
④ 90

해설
소음작업은 1일 8시간 작업을 기준으로 85데시벨(dB) 이상의 소음이 발생하는 작업을 말한다.

정답 | ③

25

총작업시간이 5시간, 작업 중 평균 에너지소비량이 7kcal/min이었다. 휴식 중 에너지소비량이 1.5kcal/min일 때 총작업시간에 포함되어야 할 필요한 휴식시간은 얼마인가? (단, Murrell의 산정방법을 적용한다.)

① 약 84분
② 약 96분
③ 약 109분
④ 약 192분

해설 Murrell의 식을 이용한 휴식시간 계산

$$휴식시간(R) = T \times \left(\frac{E-S}{E-M}\right)$$

- T: 총 작업 시간(분)
- E: 작업 중 평균 에너지 소비량(kcal/min)
- S: 권장 평균 에너지 소비량(kcal/min), 일반적으로 5kcal/min
- M: 휴식 중 에너지 소비량(kcal/min), 일반적으로 1.5kcal/min

$$휴식시간(R) = 300 \times \left(\frac{7-5}{7-1.5}\right) = 300 \times \left(\frac{2}{5.5}\right) \approx 109분$$

정답 | ③

26

신경계 가운데 반사와 통합의 기능적 특징을 갖는 것은?

① 중추신경계
② 운동신경계
③ 교감신경계
④ 감각신경계

해설
중추신경계는 반사와 통합의 기능적 특징을 갖는다.

관련개념 중추신경계의 기능
중추신경은 뇌와 척수로 구성되며 다음과 같은 기능을 한다.

반사	척수반사의 기능을 한다. 예 무릎반사, 뜨거운 물체에서 손을 빼는 반사
통합	뇌에서 감각 정보와 운동 명령을 처리하고 신경 신호들을 종합하여 반응을 결정한다. 예 대화, 날아오는 공 피하기

정답 | ①

27

RMR(Relative Metabolic Rate)의 값이 1.8로 계산되었다면 작업강도의 수준은?

① 아주 가볍다(Very Light)
② 가볍다(Light)
③ 보통이다(Moderate)
④ 아주 무겁다(Very Heavy)

해설 RMR 범위별 작업 강도

RMR 범위	작업 강도
0~1	아주 가볍다(Very Light).
1~2	가볍다(Light).
2~4	보통이다(Moderate).
4~7	무겁다(Heavy).
7 이상	아주 무겁다(Very Heavy).

정답 | ②

28

점멸융합주파수(Critical Flicker Fusion)에 대해 설명한 것 중 틀린 것은?

① 중추신경계의 정신피로의 척도로 사용된다.
② 작업시간이 경과할수록 CFF치는 낮아진다.
③ 쉬고 있을 때 CFF치는 대략 15~30Hz이다.
④ 마음이 긴장되었을 때나 머리가 맑을 때의 CFF치는 높아진다.

해설
쉬고 있을 때 점멸융합주파수는 약 40Hz~50Hz이다.

정답 | ③

29
교대작업에 관한 설명으로 맞는 것은?

① 교대작업은 야간 → 저녁 → 주간 순으로 하는 것이 좋다.
② 교대일정은 정기적이고, 근로자가 예측 가능하도록 해야 한다.
③ 신체의 적응을 위하여 야간근무는 7일 정도로 지속되어야 한다.
④ 야간 교대시간은 가급적 자정 이후로 하고, 아침 교대시간은 오전 5~6시 이전에 하는 것이 좋다.

해설

교대작업은 주간 → 저녁 → 야간 순으로 하는 것이 좋고, 신체의 적응을 위해 야간근무는 2~3일 정도로 짧게 지속하는 것이 좋다. 야간 교대시간은 가급적 자정 이전으로 하고 아침 교대시간은 오전 6시 이후로 하는 것이 바람직하다.

정답 | ②

30
어떤 작업에 대해서 10분간 산소소비량을 측정한 결과 100리터 배기량에 산소가 15%, 이산화탄소가 6%로 분석되었다. 분당 산소소비량은?

① 0.4L/분　　② 0.6L/분
③ 0.8L/분　　④ 1.0L/분

해설 산소소비량 계산

$$\text{산소소비량} = (\text{평균 공기흡기량} \times \text{흡입산소량}) - (\text{공기배기량} \times \text{배기산소량})$$

※ 폐 환기에서는 산소 흡수와 이산화탄소 배출로 인한 부피 차이가 매우 미미하기 때문에 공기흡입량이 주어지지 않은 경우, 공기배기량과 같다고 가정한다.
※ 공기 중 산소량은 일반적으로 21%이다.
산소소비량 = $(100L \times 0.21) - (100L \times 0.15) = 6L$
분당 산소소비량 = $\dfrac{6L}{10분} = 0.6L/분$

정답 | ②

31
동일한 관절운동을 일으키는 주동근(agonist)과 반대되는 작용을 하는 근육은?

① 고정근(stabilizer)
② 중화근(neutralizer)
③ 길항근(antagonists)
④ 보조 주동근(assistant mover)

해설

길항근(antagonists)은 주동근(agonists)과 반대되는 작용을 하는 근육을 말한다.

정답 | ③

32
광도비(luminance ratio)란 주된 장소와 주변 광도의 비이다. 사무실 및 산업 상황에서의 추천 광도비는 얼마인가?

① 1 : 1　　② 2 : 1
③ 3 : 1　　④ 4 : 1

해설

사무실 및 산업 환경에서는 광도비를 3 : 1로 유지하는 것이 권장되고 있다. 이는 작업 효율성을 높이고 눈의 피로를 최소화하기 위한 최적의 비율이다.

정답 | ③

33
막 전위차 발생 시 나타나는 현상이 아닌 것은?

① 평형상태에서 전위치는 −90mV이다.
② K^+이온은 단백질 이온과는 달리 세포막을 투과할 수 있다.
③ 자극 발생 시 세포막은 K^+이온은 투과시키고 Na^+이온을 투과시키지 않는다.
④ 막 내부의 전위차가 음이기 때문에 신경세포 내의 K^+이온의 농도는 외부 농도의 약 30배가 된다.

해설

자극 발생 시 Na^+이온이 먼저 세포막 안으로 투과되면서 탈분극이 일어나고 그 이후 K^+이온이 나가면서 재분극이 진행된다.

정답 ③

34
골격근(Skeletel Muscle)에 대한 설명으로 틀린 것은?

① 골격근은 체중의 약 40%를 차지하고 있다.
② 골격근은 건(tendon)에 의해 뼈에 붙어 있다.
③ 골격근의 기본구조는 근원섬유(myofibril)이다.
④ 골격근은 400개 이상이 신체 양쪽에 쌍으로 있다.

해설

골격근 기본구조는 근섬유(Muscle Fiber)이며, 근원섬유(myofibril)는 근섬유를 구성하는 더 작은 단위이다.

정답 ③

35
에너지 대사율(RMR)에 관한 계산식으로 맞는 것은?

① RMR = 작업대사량/기초대사량
② RMR = 기초대사량/작업대사량
③ RMR = (한 일/에너지 소비) × 100(%)
④ RMR = 안정 시 에너지대사량/기초대사량

해설

에너지대사율(RMR)은 작업대사량을 기초대사량으로 나눈 값이다.

정답 ①

36
심장의 1회 박출량이 70mL이고, 1분간의 심박수가 70이면 분당 심박출량은?

① 70mL/min
② 140mL/min
③ 4,200mL/min
④ 4,900mL/min

해설 심박출량의 계산

> 심박출량 = 1회 박출량 × 심박수

심박출량 = 70ml/회 × 70회/min = 4,900ml/min

정답 ④

37

다음 그림과 같이 작업할 때 팔꿈치의 반작용력과 모멘트 값은 얼마인가? (단, CG_1은 물체의 무게중심, CG_2는 하박의 무게중심, W_1은 물체의 하중, W_2는 하박의 하중이다.)

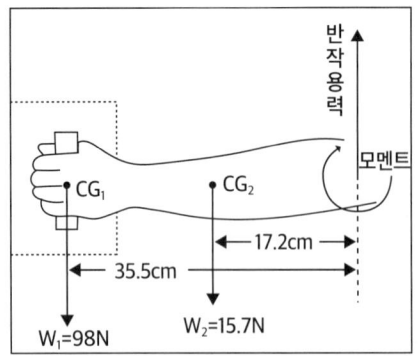

	반작용력	모멘트
①	79.3N	22.42N·m
②	79.3N	37.5N·m
③	113.7N	22.42N·m
④	113.7N	37.5N·m

해설 정적 평형 상태에서의 반작용력과 모멘트 계산

- 반작용력(R) 계산
  어떤 물체가 정적 평형 상태에 있으려면, 힘과 모멘트의 합은 0이어야 한다.($\sum F=0$, $\sum M=0$)
  팔꿈치는 팔과 물체를 지지해야 하므로, 위로 가해지는 반작용력 R의 크기는 아래로 작용하는 물체의 중력하중(W_1)과 하박(팔꿈치부터 손목까지의 아래팔 부분)의 중력하중(W_2)의 합의 크기와 같아야 한다.

$$R-(W_1+W_2)=0 \longrightarrow R=W_1+W_2$$

R = 98N + 15.7N = 113.7N

- 모멘트(M) 계산
  모멘트는 힘(F)와 거리(d)의 곱(M=F·d)으로 계산할 수 있는데, 팔꿈치에서 발생하는 모멘트는 하박과 물체의 하중이 각각 팔꿈치에서 떨어진 거리만큼 모멘트를 생성한 합과 같아야 한다.

$$M-(W_1 \cdot d_1 + W_2 \cdot d_2)=0$$
$$\longrightarrow M=W_1 \cdot d_1 + W_2 \cdot d_2$$

M = 98N·0.355m + 15.7N·0.172m = 37.49N·m ≈ 37.5N·m

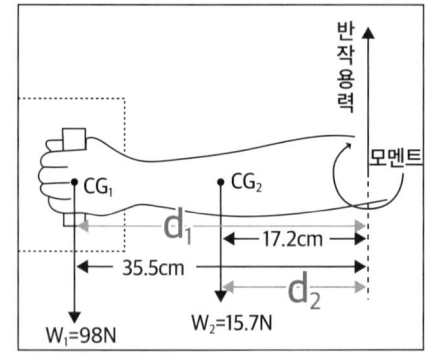

- d_1: 팔꿈치에서 물체 무게중심(CG_1)까지의 거리(m)
- d_2: 팔꿈치에서 물체 무게중심(CG_2)까지의 거리(m)

정답 | ④

38

근육유형 중에서 의식적으로 통제가 가능한 근육은?

① 평활근
② 골격근
③ 심장근
④ 모든 근육은 의식적으로 통제 가능하다.

해설
골격근은 의식적인 통제가 가능하다.

정답 | ②

39
최대산소소비능력(MAP)에 관한 설명으로 틀린 것은?

① 산소섭취량이 지속적으로 증가하는 수준을 말한다.
② 사춘기 이후 여성의 MAP는 남성의 65~75% 정도이다.
③ 최대 산소소비능력은 개인의 운동역량을 평가하는 데 활용된다.
④ MAP를 측정하기 위해서 주로 트레드밀(treadmill)이나 자전거 에르고미터(ergometer)를 활용한다.

해설
최대산소소비능력(MAP)은 산소섭취량이 일정하게 되는 수준을 말한다.

정답 | ①

40
운동이 가장 자유롭고 다축성으로 이루어진 관절은?

① 견관절
② 추간관절
③ 슬관절
④ 요골수근관절

해설
견관절은 굴곡, 신전, 외전, 회전이 가능한 운동이 가장 자유로운 관절이다.

정답 | ①

SUBJECT 03 | 산업심리학 및 관련법규

41
산업재해 예방을 위한 안전대책 중 3E에 해당하지 않는 것은?

① 교육적 대책(Education)
② 공학적 대책(Engineering)
③ 환경적 대책(Environment)
④ 관리적 대책(Enforcement)

해설 안전의 3요소(3E)
- Education(교육): 안전에 대한 지식과 인식을 높이는 교육 및 훈련을 제공한다.
- Enforcement(규제): 규칙과 규정을 준수하도록 관리하고 감독한다.
- Engineering(기술적 조치): 설계 및 기술적 개선을 통해 불안전 요소를 제거하거나 최소화한다.

정답 | ③

42
입력사상 중 어느 하나라도 존재할 때 출력사상이 발생되는 논리조작을 나타내는 FTA 논리기호는?

① OR gate
② AND gate
③ 조건 gate
④ 우선적 AND gate

해설
OR gate는 입력 중 하나라도 발생하면, 출력사상(Top Event)이 발생하지만, AND gate는 모든 입력이 동시에 발생할 때 출력사상이 발생한다.

정답 | ①

43
관리그리드 이론(managerial grid theory)에 관한 설명으로 틀린 것은?

① 블레이크와 모우톤이 구조주도적—배려적 리더십 개념을 연장시켜 정립한 이론이다.
② 인기형은(9, 1)형으로 인간에 대한 관심은 매우 높은데 반해 과업에 관한 관심은 낮은 리더십 유형이다.
③ 중도형은(5, 5)형으로 과업과 인간관계 유지에 모두 적당한 정도의 관심을 갖는 리더십 유형이다.
④ 리더십을 인간중심과 과업중심으로 나누고 이를 9등급씩 그리드로 계량화하여 리더의 행동 경향을 표현하였다.

해설
(9, 1)형은 과업에 대한 관심은 높으나 인간에 대한 관심은 낮은 과업형이다.

정답 | ②

44
맥그리거(McGregor)의 X-Y 이론 중 Y이론에 대한 관리처방으로 볼 수 없는 것은?

① 분권화와 권한의 위임
② 비공식적 조직의 활용
③ 경제적 보상체계의 강화
④ 자체 평가제도의 활성화

해설
경제적 보상체계의 강화는 X이론이다.

정답 | ③

45
피로의 생리학적(physiological) 측정방법과 거리가 먼 것은?

① 뇌파 측정(EEG)
② 심전도 측정(ECG)
③ 근전도 측정(EMG)
④ 변별역치 측정(촉각계)

해설 변별역치 측정(촉각계)
피부감각(촉각)을 통해 느낄 수 있는 물리적 자극(압력, 진동, 온도 등)의 최소 차이를 측정하는 것이며 신경계의 감각 민감도를 평가하는 방법이다.

관련개념 피로의 생리학적(physiological) 측정방법

뇌파 측정 (EEG)	뇌파는 전극을 통해 뇌의 전기적 활동 측정하여 피로 및 각성상태를 평가하고 기록하는 전기생리학적 측정 방법
심전도 측정 (ECG)	심장의 전기적 신호를 측정하여 피로 및 스트레스를 측정하는 방법
근전도 측정 (EMG)	근육의 전기적 활동을 기록하여 근육질환과 말초신경 질환과 근육 피로도를 측정하는 방법

정답 | ④

46
작업에 수반되는 피로를 줄이기 위한 대책으로 적절하지 않은 것은?

① 작업부하의 경감
② 작업속도의 조절
③ 동적 동작의 제거
④ 작업 및 휴식시간의 조절

해설
동적 동작을 제거하여 정적인 자세로 작업을 하면 근육긴장, 혈액 순환 저하 등이 증가할 수 있으며 적절히 동적 동작이 포함되어 있을 때 피로 누적이 덜 된다.

정답 | ③

47

어느 검사자가 한 로트에 1,000개의 부품을 검사하면서 100개의 불량품을 발견하였다. 하지만 이 로트에는 실제 200개의 불량품이 있었다면, 동일한 로트 2개에서 휴먼에러를 범하지 않을 확률은 얼마인가?

① 0.01
② 0.1
③ 0.5
④ 0.81

해설 신뢰도(휴먼에러를 범하지 않을 확률)

$$휴먼에러율(HEP) = \frac{실제\ 부적합품\ 수 - 검출된\ 부적합품\ 수}{총\ 검사\ 수}$$

신뢰도(휴먼에러를 범하지 않을 확률) = 1 − HEP

$HEP = \frac{200-100}{1,000} = \frac{100}{1,000} = 0.1$

신뢰도 = 1 − 0.1 = 0.9

동일 로트 2개에서 휴먼에러를 범하지 않을 확률 = 0.9 × 0.9 = 0.81

정답 ④

48

상시근로자 1,000명이 근무하는 사업장의 강도율이 0.6이었다. 이 사업장에서 재해발생으로 인한 연간 총 근로 손실일수는 며칠인가? (단, 근로자 1인당 연간 2,400시간을 근무하였다.)

① 1,220일
② 1,320일
③ 1,440일
④ 1,630일

해설 근로손실일수

$$강도율 = \frac{근로손실일수}{연\ 근로시간} \times 1,000$$

$$근로손실일수 = \frac{강도율 \times 연\ 근로시간}{1,000}$$

연 근로시간 = 상시 근로자 수 × 1인당 연 근로시간
= 1,000 × 2,400 = 2,400,000시간

근로손실일수 = $\frac{0.6 \times 2,400,000}{1,000}$ = 1,440일

정답 ③

49

다음의 각 단계를 하인리히의 재해발생이론(도미노 이론)에 적합하도록 나열한 것은?

┌─────────────────────────────┐
│ ㉠ 개인적 결함   │
│ ㉡ 불안전한 행동 및 불안전한 상태 │
│ ㉢ 재해   │
│ ㉣ 사회적 환경 및 유전적 요소   │
│ ㉤ 사고   │
└─────────────────────────────┘

① ㉠ → ㉣ → ㉡ → ㉢ → ㉤
② ㉣ → ㉠ → ㉡ → ㉤ → ㉢
③ ㉣ → ㉡ → ㉠ → ㉢ → ㉤
④ ㉤ → ㉠ → ㉣ → ㉡ → ㉢

해설 하인리히(H.W. Heinrich) 도미노 이론

단계	이론	예시
1단계	유전 및 사회 환경적 요인	선천적 요인, 가정과 사회 결함
2단계	개인적 결함	건강상태, 지식부족, 훈련 부족 등
3단계	불안전한 행동 및 상태	• 불안전한 행동(인적요인): 안전장치 미사용 등 • 불안전한 상태(물적요인): 안전장치의 고장 등
4단계	사고	추락, 전도, 충돌, 낙하, 비래, 붕괴, 협착, 감전, 폭발, 파열 등
5단계	상해(재해)	골절, 화상, 중상, 절단, 중독, 창상, 청각장애, 시각장애, 사망 등

정답 ②

50

대뇌피질의 활성 정도를 측정하는 방법은?

① EMG
② EOG
③ ECG
④ EEG

해설

뇌전도 검사(EEG)는 뇌파 활동을 평가하는 방법이다.
① EMG: 근전도 검사(근육의 전기적 활동 측정)
② EOG: 안구전도 검사(눈의 움직임 측정)
③ ECG: 심전도 검사(심장의 전기적 활동 측정)

정답 ④

51
반응시간(reaction time)에 관한 설명으로 옳은 것은?

① 자극이 요구하는 반응을 행하는 데 걸리는 시간을 의미한다.
② 반응해야 할 신호가 발생한 때부터 반응이 종료될 때까지의 시간을 의미한다.
③ 단순반응시간에 영향을 미치는 변수로는 자극 양식, 자극의 특성, 자극 위치, 연령 등이 있다.
④ 여러 개의 자극을 제시하고, 각각에 대한 서로 다른 반응을 할 과제를 준 후에 자극이 제시되어 반응할 때까지의 시간을 단순반응시간이라 한다.

해설 반응시간(reaction time)
- 자극이 요구하는 반응을 시작하는 데 걸리는 시간을 의미한다.
- 반응해야 할 신호가 발생한 때부터 그에 대해 반응을 시작하는 데 걸리는 시간을 의미한다.
- 여러 개의 자극을 제시하고, 각각에 대한 서로 다른 반응을 할 과제를 준 후에 자극이 제시되어 반응할 때까지의 시간을 선택반응시간이라 한다.

정답 ③

52
NIOSH의 직무스트레스 관리 모형에 관한 설명으로 틀린 것은?

① 직무스트레스 요인에는 크게 작업 요인, 조직 요인 및 환경 요인으로 구분된다.
② 똑같은 작업스트레스에 노출된 개인들은 스트레스에 대한 지각과 반응에서 차이를 보이지 않는다.
③ 조직 요인에 의한 직무스트레스에는 역할모호성, 열할 갈등, 의사 결정에의 참여도, 승진 및 직무의 불안정성 등이 있다.
④ 작업 요인에 의한 직무스트레스에는 작업부하, 작업속도 및 작업과정에 대한 작업자의 통제정도, 교대근무 등이 포함된다.

해설
같은 스트레스 요인에 노출되어도 개인마다 스트레스를 지각하고 반응하는 방식은 다르다. 개인마다 성격과 성향, 과거 경험, 스트레스 대처능력 차이가 있기 때문이다.

정답 ②

53
산업재해조사에 관한 설명으로 맞는 것은?

① 재해 조사의 목적은 인적, 물적 피해 상황을 알아내고 사고의 책임자를 밝히는 데 있다.
② 재해 발생 시 제일 먼저 조치해야 할 사항은 직접원인, 간접 원인 등 재해 원인을 조사하는 것이다.
③ 3개월 이상의 요양이 필요한 부상자가 2인 이상 발생했을 때 중대재해로 분류한 후 피해자의 상병의 정도를 중상해로 기록한다.
④ 사업주는 사망자가 발생했을 때에는 재해가 발생한 날로부터 10일 이내에 산업재해 조사표를 작성하여 관할 지방노동관서의 장에게 제출해야 한다.

해설
① 재해 조사의 목적은 인적, 물적 피해 상황을 알아내고, 재해원인을 규명하여 동종 및 유사재해 예방에 있다.
② 재해 발생 시, 가장 먼저 조치할 사항은 긴급조치인 기계정지를 먼저하고 피해자를 구출해야 한다.
④ 사업주는 사망자가 발생했을 때에는 재해가 발생한 날로부터 1개월 이내에 산업재해 조사표를 작성하여 관할 지방노동관서의 장에게 제출해야 한다.

정답 ③

54
직무수행 준거 중 한 개인의 근무연수에 따른 변화가 비교적 적은 것은?

① 사고   ② 결근
③ 이직   ④ 생산성

해설
사고(사고 발생률)는 개인의 근무연수가 늘어나더라도 비교적 크게 변하지 않는 경향이 있다. 반면, 결근, 이직, 생산성은 근무 연수에 따라 변동이 큰 편이다.

정답 ①

55

집단 내에서 권한의 행사가 외부에 의하여 선출, 임명된 지도자에 의해 이루어지는 것은?

① 멤버십 ② 헤드십
③ 리더십 ④ 매니저십

해설 헤드십과 리더십의 차이

구분	헤드십 (Headship)	리더십 (Leadership)
집단 목표 설정	조직의 장이 설정	구성원들이 함께 설정
권한 행사 방식	임명된 헤드(직책)	선출된 리더 (신뢰 기반)
권한 부여 출처	위에서 위임	아래로부터의 동의
권한의 근거	법적·공식적 권위	개인 능력·신뢰
권한 귀속 방식	공식화된 규정에 의함	집단 기여에 대한 인정
책임 귀속 대상	상사에게 집중	상사와 부하 모두 공유
지위 형태	권위주의적	민주주의적
의사결정 방식	지시 중심(일방향)	토론 중심(쌍방향)
부하와의 사회적 간격	넓음(거리감 존재)	좁음(친밀감 존재)
상관과 부하의 관계	지배적 관계	개인적 영향 기반 관계
부작용	반감, 소외, 창의성 억제	책임 분산 우려

정답 ②

56

호손 실험결과 생산성 향상에 영향을 주는 주요인은 무엇이라고 나타났는가?

① 자본 ② 물류관리
③ 인간관계 ④ 생산기술

해설 호손(Hawthorne) 실험

하버드 대학교의 심리학자 메이요(George Elton Mayo)와 경영학자 뢰슬리스버거(Fritz Jules Roethlisberger)가 미국의 웨스턴 전기 회사의 호손 공장(Hawthorne Works)에서 8년 동안 4단계에 걸쳐 진행된 일련의 심리학적 실험연구이다. 프레데릭 테일러의 과학적 관리론에 따라, 노동자에 대한 물질적 보상 방법의 변화가 정말로 생산성을 증대시키는지에 대한 검증하였으며, 실험결과, 물리적 작업조건보다 작업자의 사회적 상호작용과 인간관계가 작업능률에 훨씬 더 큰 영향을 미친다는 사실이 밝혀졌다.

정답 ③

57

Rasmussen의 인간행동 분류에 기초한 인간 오류가 아닌 것은?

① 규칙에 기초한 행동(rule-based behavior) 오류
② 실행에 기초한 행동(commission-based behavior) 오류
③ 기능에 기초한 행동(skill-based behavior) 오류
④ 지식에 기초한 행동(knowledge-based behavior) 오류

해설 Rasmussen(라스무센)의 인간 행동의 3단계 오류모델

행동 유형	설명	오류 유형	오류 설명
숙련기반행동 (Skill-based Behavior)	익숙하고 반복적인 작업을 무의식적·자동으로 수행한다.	숙련기반행동 오류 (Skill-based Behavior Error)	주의력 저하나 부주의로 인한 실수이다.
규칙기반행동 (Rule-based Behavior)	특정 상황에 맞는 규칙이나 절차를 적용하여 수행한다.	규칙기반행동 오류 (Rule-based Behavior Error)	상황 오판, 잘못된 규칙 적용으로 인한 착오 (Mistake)이다.
지식기반행동 (Knowledge-based Behavior)	새로운 상황에서 기존 지식·경험으로 문제를 해결한다.	지식기반행동 오류 (Knowledge-based Behavior Error)	지식 부족 또는 잘못된 판단으로 인한 착오 (Mistake)이다.

정답 ②

58

보행 신호등이 바뀌었지만 자동차가 움직이기까지는 아직 시간이 있다고 판단하여 신호 등을 건너는 경우는 어떤 상태인가?

① 근도반응 ② 억측판단
③ 초조반응 ④ 의식의 과잉

해설

억측 판단이란 명확한 사실이나 상황에 대한 정보 없이, 주관적인 추측이나 판단을 바탕으로 행동하는 상태를 말한다. 예를 들어, 보행자가 신호등이 바뀐 것을 인지했음에도 불구하고 '아직 시간이 있다'고 생각하며 무단으로 도로를 건너는 행동은 정확한 정보에 근거하지 않은 주관적 판단의 결과라 할 수 있다.

정답 ②

59

2차 재해 방지와 현장 보존은 사고발생의 처리과정 중 어디에 해당하는가?

① 긴급 조치   ② 대책 수립
③ 원인 강구   ④ 재해 조사

해설 재해 발생 시 처리과정 및 순서

긴급조치	• 피해기계의 정지(피해 확산 방지) • 피해자 구급조치 • 관계자 통보 및 연락 • 2차 재해 예방 • 현장보존
재해조사	• 사람·기계 등 재해요인 도출 • 보호구 착용 등 2차 재해 예방 조치 • 객관적인 입장에서 2인 이상이 조사 • 재해조사 순서: 1단계 사실 확인 → 2단계 직접 원인 및 문제점 발견 → 3단계 근본 원인 파악 → 4단계 대책 수립
원인분석	• 직접원인: 불안전한 행동(사람), 불안전한 상태 (기계·물체) • 간접원인: 관리상의 문제
대책수립	유사 및 동종 재해의 재발 방지 대책 마련
대책실시 계획	• 5W1H 활용: 언제, 누가, 어디서, 어떠한 작업을 하고 있을 때, 어떠한 불안전상태와 불안전한 행동이 있었기에, 어떻게 해서 사고가 발생하였나?
평가	긴급조치의 신속성과 적절성, 조사 및 원인분석의 객관성과 정확성, 대책 수립과 실행계획의 실효성을 중심으로 재해 예방 효과를 종합적으로 판단

정답 | ①

60

조작자 한 사람의 성능 신뢰도가 0.8일 때 요원을 중복하여 2인 1조가 작업을 진행하는 공정이 있다. 전체 작업기간의 60% 정도만 요원을 지원한다면, 이 조의 인간 신뢰도는 얼마인가?

① 0.816   ② 0.896
③ 0.962   ④ 0.985

해설 중복된 작업자 투입 시 인간신뢰도

$$인간신뢰도(R) = R_1 \times (1-P) + [1-(1-R_1)^2] \times P$$

- R_1: 단일 작업자의 신뢰도
- P: 지원 시간 비율

- 단독구간(40%): 한 사람만 작업하는 경우(신뢰도=0.8)
  $R_{단독} = 0.8 \times (1-0.6)$
- 중복구간(60%): 두 사람이 함께 작업하는 경우(병렬 신뢰도)
  $R_{병렬} = [1-(1-0.8)^2] \times 0.6$
- 전체 신뢰도
  $R_{전체} = 0.8 \times (1-0.6) + [1-(1-0.8)^2] \times 0.6$
  $= 0.32 + 0.576 = 0.896$

정답 | ②

SUBJECT 04 | 근골격계질환 예방을 위한 작업관리

61
관측 시간치의 평균이 0.6분이고 레이팅 계수는 120%, 여유시간은 8시간 근무 중에서 24분일 때 표준시간은 약 얼마인가?

① 0.62분
② 0.68분
③ 0.76분
④ 0.84분

해설 표준시간(내경법)

- 정미시간 계산

$$정미시간 = 평균\ 관측시간 \times \left(\frac{레이팅계수}{100}\right)$$

정미시간 $= 0.6 \times 1.2 = 0.72$

- 여유율 계산

$$여유율 = \frac{여유시간}{총\ 근무시간}$$

여유율 $= \frac{24(분)}{8(시간) \times 60(분)} = 0.05$

- 표준시간(내경법)

$$표준시간 = \frac{정미시간}{1 - 여유율}$$

표준시간 $= \frac{0.72}{1 - 0.05} \approx 0.76분$

정답 | ③

62
작업개선을 위한 개선의 ECRS에 해당하지 않는 것은?

① Eliminate
② Combine
③ Redesign
④ Simplify

해설 ECRS의 4원칙
- 제거(Eliminate): 불필요한 작업, 공정을 제거한다.
- 결합(Combine): 유사하거나 연관된 작업을 하나로 결합한다.
- 재배치(Rearrange): 작업 순서, 공정 등을 효율적으로 재배치한다.
- 단순화(Simplify): 복잡한 작업을 단순하게 수행하도록 한다.

정답 | ③

63
17가지 서블릭을 이용하여 좀 더 상세하게 작업내용을 분석하고 시간까지 도시한 것은?

① 스트로보(strobo)
② 시모차트(SIMO chart)
③ 사이클 그래프(cycle graph)
④ 크로노 사이클 그래프(chrono cycle graph)

해설 서블릭 분석(Therblig Analysis)
작업장의 동작을 요소 동작으로 나누어 관측용지(SIMO Chart)에 17종류의 서블릭 기호로 기록하고 분석하는 방법이며 목시동작 분석이라고도 한다.

정답 | ②

64
NIOSH의 RWL(recommended weight limit)를 계산하는 데 필요한 계수에 대한 상수의 범위를 잘못 나타낸 것은?

① 비대칭계수: 135°~0°
② 수평계수: 63cm~25cm
③ 거리계수: 175cm~25cm
④ 수직계수: 175cm~50cm

해설 NIOSH RWL(권장무게한계) 계산에 사용되는 계수 범위

$$RWL = LC(23kg) \times HM \times VM \times DM \times AM \times FM \times CM$$

계수	설명	적용 범위
부하상수 (LC)	가장 이상적인 조건에서 들어올릴 수 있는 최대 권장 무게	23kg (고정 상수)
수평계수 (HM)	물체를 몸 중심에서 떨어진 거리	25cm~63cm (25cm가 최적)
수직계수 (VM)	바닥에서 물체를 드는 높이	70cm~175cm (75cm가 최적)
거리계수 (DM)	시작과 끝 사이의 수직 거리	25cm~175cm (25cm가 최적)
비대칭계수 (AM)	몸의 정면에서 비트는 각도	0°~135° (0°가 최적)
빈도계수 (FM)	작업 빈도(횟수/시간 및 시간당 지속 시간)	빈도/지속시간에 따라 다름
손잡이 계수 (CM)	손잡이의 적절성	적절/부적절 여부

정답 | ④

65

영상표시단말기(VDT) 취급에 관한 설명으로 틀린 것은?

① 키보드와 키 윗부분의 표면은 무광택으로 할 것
② 빛이 작업 화면에 도달하는 각도는 화면으로부터 45°이내일 것
③ 작업자의 손목을 지지해 줄 수 있도록 작업대 끝면과 키보드의 사이는 5cm 이상을 확보할 것
④ 화면을 바라보는 시간이 많은 작업일수록 밝기와 작업대 주변 밝기의 차를 줄이도록 할 것

해설

작업자의 손목을 지지해 줄 수 있도록 작업대 끝면과 키보드의 사이는 15㎝ 이상을 확보해야 하며, 손목을 지지할 수 있도록 공간을 충분히 제공해야 한다.

관련개념 영상표시단말기(VDT) 취급에 관한 사항

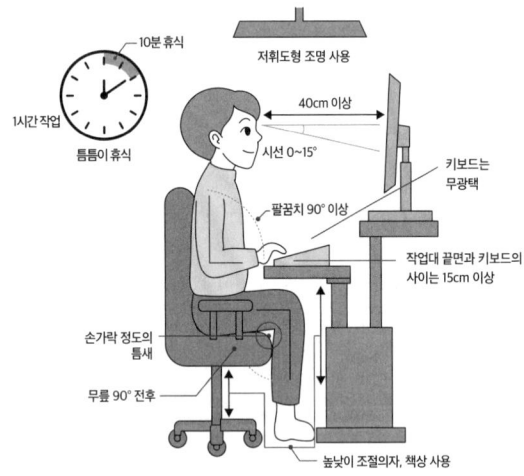

정답 | ③

66

여러 개의 스패너 중 1개를 선택하여 고르는 것을 의미하는 서블릭 기호는?

① H
② P
③ ST
④ PP

해설

여러 개 중 1개를 선택하여 고르는 동작은 '고르기(ST)' 기호로 나타낸다.

정답 | ③

67

작업구분을 큰 것에서부터 작은 순으로 나열한 것은?

① 공정 → 단위작업 → 요소작업 → 단위동작 → 서블릭
② 공정 → 요소작업 → 단위작업 → 서블릭 → 단위동작
③ 공정 → 단위작업 → 단위동작 → 요소작업 → 서블릭
④ 공정 → 단위작업 → 요소작업 → 서블릭 → 단위동작

해설

작업구분은 공정 → 단위작업 → 요소작업 → 단위동작 → 서블릭 순으로 큰 단위에서 작은 단위로 나누어진다.

정답 | ①

68

준비시간을 단축하는 방법에 대한 설명 중 맞는 것은?

① 외준비 작업은 표준화하기 어렵다.
② 내준비 작업보다는 외준비 작업을 먼저 개선한다.
③ 기계를 멈추어야만 할 수 있는 작업이 외준비 작업이다.
④ 작업이 개선되어도 표준작업조합표는 그대로 유지한다.

해설

준비시간을 단축하기 위해서는 내준비 작업보다는 외준비 작업을 먼저 개선해야 한다. 외준비 작업은 기계가 가동 중에 수행할 수 있는 작업이므로, 기계가 멈추지 않도록 하여 전체 준비 시간을 단축할 수 있다. 반면, 내준비 작업은 기계를 멈추고 진행해야 하기 때문에 외준비 작업을 우선 개선하여 기계 가동 시간을 최대화하는 것이 중요하다.

정답 | ②

69
근골격계 부담작업 유해요인 조사와 관련하여 틀린 것은?

① 사업주는 유해요인조사에 근로자 대표 또는 해당 작업 근로자를 참여시켜야 한다.
② 유해요인조사의 내용은 작업장 상황, 작업조건, 근골격계질환 증상 및 징후를 포함한다.
③ 신설되는 사업장의 경우에는 신설일로부터 2년 이내에 최초 유해요인 조사를 실시하여야 한다.
④ 유해요인조사는 3년마다 실시되는 정기적 조사와 특정한 사유가 발생 시 실시하는 수시조사가 있다.

해설
신설되는 사업장의 경우에는 신설일로부터 1년 이내에 최초 유해요인 조사를 실시하여야 한다.

정답 | ③

70
WF(Work Factor)법의 표준 요소가 아닌 것은?

① 쥐기(Grasp, Gr)
② 결정(Decide, Dc)
③ 조립(Assemble, Asy)
④ 정신과정(Mental Process, MP)

해설 WF 분석(Work Factor 분석)

표준요소	설명
이동	• R(뻗치다): 신체 부위(손, 팔 등)의 위치를 바꾸는 동작 • M(옮기다): 물건을 이동시키는 동작
쥐기(GR)	물체를 작업자의 컨트롤 하에 두는 동작
놓기(RI)	물체에서 신체 부위를 분리하는 동작
앞에 놓기(PP)	물체의 방향을 바꾸어 알맞은 위치에 놓는 동작
조립(Asy)	두 개 이상의 물체를 결합하거나 정리하는 동작
사용(Use)	공구나 기계 등을 사용하는 동작
분해(Dsy)	조립된 물체를 푸는 동작
정신작용(Mp)	눈, 귀, 뇌, 신경계 등을 사용하는 동작
대기(W)	작업을 하기 위해 기다리거나 물체를 놓고 있는 상태
유지(H)	물건을 들고 있거나 누르고 있는 상태

정답 | ②

71
산업안전보건법령에 따라 사업주가 근골격계 부담작업 종사자에게 반드시 주지시켜야 하는 내용과 거리가 먼 것은?

① 근골격계부담작업의 유해요인
② 근골격계질환의 요양 및 부상
③ 근골격계질환의 징후 및 증상
④ 근골격계질환의 발생 시 대처요령

해설 근골격계 부담작업 종사자 대상 기본교육 내용
• 근골격계 부담작업에서의 유해요인
• 작업도구와 장비 등 작업시설의 올바른 사용방법
• 근골격계질환의 증상과 징후 식별방법 및 보고방법
• 근골격계질환 발생 시 대처요령
• 기타 근골격계질환 예방에 필요한 사항

정답 | ②

72
시설배치방법 중 공정별 배치방법의 장점에 해당하는 것은?

① 운반 길이가 짧아진다.
② 작업 진도의 파악이 용이하다.
③ 전문적인 작업지도가 용이하다.
④ 제공품이 적고, 생산길이가 짧아진다.

해설 공정별 배치방법(Process Layout)
작업을 비슷한 종류의 공정이나 작업 단위별로 나누어 배치하는 방법이다. 예를 들어, 절단, 용접, 조립 등의 공정이 각각 다른 구역에 배치되어 작업이 이루어진다. 이 배치 방법은 주로 다품종 소량생산에서 사용된다. 장점으로는 전문화된 작업 지도 및 감독이 용이하고, 설비의 유연성이 높으며, 다양한 제품 생산에 적합하다. 단점으로는 운반 거리 증가, 공정 간 조정의 어려움, 재공품 증가 및 관리 등이 있다.

정답 | ③

73
레이팅 방법 중 Westinghouse 시스템은 4가지 측면에서 작업자의 수행도를 평가하여 합산하는데 이러한 4가지에 해당하지 않는 것은?

① 노력
② 숙련도
③ 성별
④ 작업환경

해설
성별은 평가요소에 포함되지 않으며, 노력, 숙련도, 작업환경, 일관성이 평가요소에 해당한다.

관련개념 웨스팅하우스(Westinghouse) 시스템
작업자의 수행도를 숙련도, 노력, 작업환경, 일관성 등 4가지 측면으로 평가하여, 각 평가에 해당하는 레벨 점수를 합산하여 레이팅 계수를 구한다. 개개의 요소작업보다는 전체 작업을 평가할 때 주로 사용한다.

$$R = 1 + (노력 + 숙련도 + 작업환경 + 일관성)$$

정답 | ③

74
근골격계질환의 원인으로 가장 거리가 먼 것은?

① 작업 특성 요인
② 개인적 특성 요인
③ 사회 심리적인 요인
④ 법률적인 기준에 따른 요인

해설 근골격계질환 발생원인
- 작업자 요인(개인적 특성): 성별, 나이, 신체조건, 작업습관, 작업방법 및 기술 수준, 직무만족도, 병력
- 작업 요인: 작업자세, 작업의 반복성, 작업강도, 작업속도, 휴식시간 부족 등
- 작업장 요인: 공구, 설비, 공간, 작업대와 작업의자
- 환경 요인: 진동, 조명, 온도, 습도, 소음, 공기질
- 사회·심리적 요인: 작업만족도, 근무조건 만족도, 업무스트레스, 상사 및 동료들과의 인간관계, 작업과 업무의 자율적인 조절 등

정답 | ④

75
근골격계질환의 예방 대책으로 적절한 내용이 아닌 것은?

① 질환자에 대한 재활프로그램 및 산업재해 보험의 가입
② 충분한 휴식시간의 제공과 스트레칭 프로그램의 도입
③ 적절한 공구의 사용 및 올바른 작업방법에 대한 작업자 교육
④ 작업자의 신체적 특성과 작업내용을 고려한 작업장 구조의 인간공학적 개선

해설
산업재해보상 보험의 가입은 근골격계질환의 사후보상 중심이며, 나머지 예시는 예방중심이다.

정답 | ①

76
4개의 작업으로 구성된 조립공정의 조립시간은 다음과 같고, 주기시간(Cycle Time)은 40초일 때, 공정효율은 얼마인가?

공정	A	B	C	D
시간(초)	10	20	30	40

① 52.5%
② 62.5%
③ 72.5%
④ 82.5%

해설 공정효율

$$E = \left(\frac{\Sigma T}{N \times C}\right) \times 100$$

- ΣT: 모든 작업의 총 작업 시간
- N: 작업 공정의 개수
- C: 공정의 주기 시간(Cycle Time) = 가장 긴 공정시간

공정효율$(E) = \left(\dfrac{10+20+30+40}{4 \times 40}\right) \times 100 = \left(\dfrac{100}{160}\right) \times 100 = 62.5\%$

정답 | ②

77
중량물 취급 시 작업 자세에 관한 내용으로 틀린 것은?

① 무릎을 곧게 펼 것
② 중량물은 몸에 가깝게 할 것
③ 발을 어깨너비 정도로 벌릴 것
④ 목과 등이 거의 일직선이 되도록 할 것

해설
중량물을 들어 올릴 때는 허리 부상의 위험을 줄이기 위해 무릎을 굽히고 다리의 힘으로 들어야 한다. 무릎을 곧게 펼 경우 허리에 큰 부담이 가해져 부상으로 이어질 수 있다.

정답 | ①

78
사업장 근골격계질환 예방관리 프로그램에 관한 설명으로 적절하지 않은 것은?

① 의학적 관리를 포함한다.
② 팀으로 구성되어 진행된다.
③ 작업자가 직접 참여하는 프로그램이다.
④ 질환자가 3인 이상 발생될 경우 근골격계질환 예방관리 프로그램을 수립하여야 한다.

해설
연간 10명 이상이 근골격계질환으로 업무상 질병 판정을 받은 사업장, 또는 5명 이상이 질환을 인정받았고 이들이 전체 근로자의 10% 이상을 차지하는 경우에는, 근골격계질환 예방관리 프로그램을 반드시 수립해야 한다.

정답 | ④

79
작업분석을 통한 작업개선안 도출을 위해 문제가 되는 작업에 대하여 가장 우선적이고, 근본적으로 고려해야 하는 것은?

① 작업의 제거
② 작업의 결합
③ 작업의 변경
④ 작업의 단순화

해설
문제가 되는 작업은 제거가 가장 근본적이며, 안전 관리에서도 위험의 제거가 가장 우선적이어야 한다.

정답 | ①

80
공정도 중 소요시간과 운반거리도 함께 표현하고, 생산 공정에서 발생하는 잠복비용을 감소시키며, 사고의 원인을 파악하는 데 사용되는 기법은?

① 작업공정도(Operation Process Chart)
② 작업자공정도(Operator Process Chart)
③ 흐름(유통)공정도(Flow Process Chart)
④ 작업자흐름공정도(Man Flow Process Chart)

해설 흐름(유통)공정도(Flow Process Chart)
- 공장 제조/물류 이동 경로 분석용 도표이다.
- 소요시간과 운반 거리를 함께 나타낸다.
- 각 작업, 운반, 검사, 저장, 지연 등의 항목을 기호로 표현하여 시각적으로 분석한다.
- 잠복비용(숨겨진 낭비)을 파악하고 줄이는 데 효과적이며, 공정 개선 및 사고 원인 분석에도 활용된다.

정답 | ③

2023년 1회 CBT 복원문제

SUBJECT 01 | 인간공학개론

01

다음 중 인간공학에 관한 설명으로 가장 적절하지 않은 것은?

① 인간을 둘러싸고 있는 환경적 요인을 고려한다.
② 인간의 특성이나 행동에 관한 적절한 정보를 활용한다.
③ 비용절감 위주로 인간의 행동을 관찰하고 시스템을 설계한다.
④ 인간이 조작하기 쉬운 사용자 인터페이스를 고려하여 설계한다.

해설
인간공학은 비용절감보다는 인간의 특성과 한계를 고려한 인간 중심 시스템 설계가 목적이다. 단순히 비용절감을 중심으로 한 접근은 인간공학의 본질과 거리가 있다.

정답 | ③

02

다음 중 인간의 정보처리 과정에서 중요한 역할을 하는 양립성(Compatibility)에 관한 설명으로 옳은 것은?

① 인간이 사용할 코드와 기호가 얼마나 의미를 가진 것인가를 다루는 것을 공간적 양립성이다.
② 표시장치와 제어장치의 움직임, 사용 시스템의 반응 등과 관련된 것을 개념적 양립성이라 한다.
③ 제어장치와 표시장치의 공간적 배열에 관한 것을 운동 양립성이라 한다.
④ 직무에 알맞은 자극과 응답 양식의 존재에 대한 것을 양식 양립성이라 한다.

해설
직무에 알맞은 자극과 이에 대응하는 적절한 응답 양식이 존재하는 것을 양식 양립성이라 한다. ①은 개념 양립성, ②는 운동 양립성, ③은 공간 양립성에 대한 설명이다.

정답 | ④

03

다음 중 조종-반응 비율(Control-Response Ratio)에 대한 설명으로 옳은 것은?

① 조종-반응 비율이 낮을수록 둔감하다.
② 조종-반응 비율이 높을수록 조정시간은 증가한다.
③ 표시장치의 이동거리를 조종장치의 이동거리로 나눈 비율을 말한다.
④ 회전 꼭지(knob)의 경우 조정-반응 비율은 손잡이 1회전에 상당하는 표시장치 이동거리의 역수이다.

해설
조종-반응 비율(C/R비)은 조종장치의 이동량을 표시장치의 이동거리로 나눈 값이며, 회전형 조종장치의 경우에는 손잡이 1회전당 표시장치 이동거리의 역수로 표현된다.

정답 | ④

04

다음 중 인간의 제어 정도에 따른 인간-기계 시스템의 일반적인 분류에 속하지 않는 것은?

① 수동 시스템
② 기계화 시스템
③ 자동 시스템
④ 감시제어 시스템

해설
감시제어 시스템은 자동화 시스템의 한 유형이다.

정답 | ④

05

인체측정자료의 응용원칙 중 출입문, 통로 등의 설계 시 가장 적합한 원칙은?

① 조절식 범위를 이용한 설계
② 최소치를 이용한 설계
③ 평균치를 이용한 설계
④ 최대치를 이용한 설계

해설

출입문, 탈출구, 통로의 공간, 줄사다리의 강도는 최대 신체 치수를 가진 사용자나 극한 조건을 고려하여 설계하여야 한다. 따라서 최대치를 이용하여 설계한다.

정답 | ④

06

회전운동을 하는 조종장치의 레버를 60° 움직였을 때 표시장치의 커서는 10cm 이동하였다. 레버의 길이가 10cm일 때 이 조종장치의 C/R비는 약 얼마인가?

① 1.05 ② 1.51
③ 5.42 ④ 8.33

해설 C/R비 계산

$$C/R비 = \frac{\frac{조종장치의\ 움직인\ 각도}{360°} \times 2\pi L}{표시장치의\ 이동거리}$$

- L: 조종장치의 레버의 길이

$$C/R비 = \frac{\frac{60°}{360°} \times 2\pi \times 10cm}{10cm} \approx 1.05$$

정답 | ①

07

다음 중 인간이 기계를 능가하는 기능에 해당하는 것은?

① 암호화된 정보를 신속하게 대량으로 보관한다.
② 완전히 새로운 해결책을 찾아낸다.
③ 입력신호에 대해 신속하고 일관성 있게 반응한다.
④ 주위가 소란하여도 효율적으로 작동한다.

해설

창의적 문제해결 능력은 인간이 기계를 능가하는 대표적인 기능이다.

정답 | ②

08

다음 중 정적 인체 측정 자료를 동적 자료로 변환할 때 활용될 수 있는 크로머(Kroemer)의 경험 법칙을 설명한 것으로 틀린 것은?

① 키, 눈, 어깨, 엉덩이 등의 높이는 3% 정도 줄어든다.
② 팔꿈치 높이는 대개 변화가 없지만, 작업 중 5%까지 증가하는 경우가 있다.
③ 앉은 무릎 높이 또는 오금 높이는 굽 높은 구두를 신지 않는 한 변화가 없다.
④ 전방 및 측방 팔길이는 편안한 자세에서 30% 정도 늘어나고, 어깨와 몸통을 심하게 돌리면 20% 정도 감소한다.

해설

전방 및 측방 팔 길이는 편안한 자세에서는 약 30% 감소하며, 어깨와 몸통을 크게 회전하거나 이완하면 약 20% 증가한다.

정답 | ④

09

다음 중 신호검출이론에서 판정기준(Criterion)이 오른쪽으로 이동할 때 나타나는 현상으로 옳은 것은?

① 허위경보(False Alarm)가 줄어든다.
② 신호(Signal)의 수가 증가한다.
③ 잡음(Noise)의 분포가 커진다.
④ 적중 확률(실제 신호를 신호로 판단)이 높아진다.

해설

신호검출이론에서 판정기준이 오른쪽으로 이동하면 보수적인 판단을 한다는 의미로, 신호로 판단하는 빈도가 줄어든다. 또한, 소음을 신호로 잘못 판단하는 허위경보가 줄어든다.

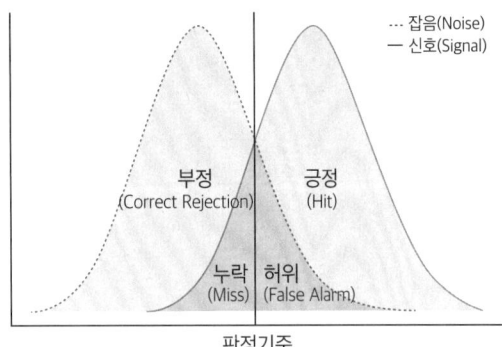

정답 | ①

10

의미 있고 적절한 가능성이 있는 정보가 여러 근원으로부터 동일한 감각경로나 둘 이상의 감각 경로를 통해 들어오는 것을 무엇이라 하는가?

① 양립성(Compatibility)
② 시배분(Time-Sharing)
③ 정보 보관(Information Storage)
④ 정보 응축(Information Condensation)

해설

시배분은 인간이 동시에 여러 정보를 처리할 때, 주의를 번갈아 가며 할당하여 정보를 처리하는 것을 의미한다. 문제에서 설명하는 상황은 동시에 여러 정보가 들어오고, 주의를 분산해서 처리하는 시배분 현상에 해당한다.

정답 | ②

11

실험연구에서 실험자가 연구하고 싶은 대상이 되는 변수를 무엇이라 하는가?

① 종속 변수
② 독립 변수
③ 통제 변수
④ 환경 변수

해설

종속변수는 측정하려는 변수, 즉 연구의 측정 대상을 뜻한다.

관련개념 연구 변수의 종류

독립 변수	연구자가 조작하거나 변형하여 실험의 원인이 되는 변수이다.
종속 변수	연구에서 측정되는 대상이다.
통제 변수	독립변수와 종속변수의 관계를 명확히 하기 위해 일정하게 유지하는 변수이다.
매개 변수	독립변수와 종속변수 간의 관계를 중재하거나 그 영향을 매개하는 변수이다.

정답 | ①

12

다음 중 시식별에 영향을 주는 요소로서 관련이 가장 적은 것은?

① 시력
② 표적의 형태
③ 밝기
④ 물체 크기

해설

표적의 형태는 시식별 과정에서 인식의 정확성과 속도에 영향을 미치는 요소이다. 그러나 시력, 밝기, 물체 크기는 대상이 아예 보이지 않거나 인지할 수 없는 수준이 되는 등 시식별 자체의 기본적인 가능성을 좌우하는 물리적, 감각적 요인에 해당한다. 따라서 표적의 형태는 다른 세 가지 요소에 비해 시식별에 영향을 주는 근본적인 관련성이 상대적으로 낮다.

정답 | ②

13

다음 중 작업공간에 각종 장비 및 장치들의 배치하기 위해 사용하는 원칙이 아닌 것은?

① 비용 절감의 원리
② 중요도의 원리
③ 사용 순서의 원리
④ 사용 빈도의 원리

해설 작업대 공간 구성요소의 배치

- 중요도의 원칙: 각 부품 및 작업 요소의 기여도를 고려하여 우선순위를 결정한다.
- 사용빈도의 원칙: 자주 사용하는 부품이나 도구를 작업자 손 가까이에 배치해 이동을 최소화한다.
- 사용순서의 원칙: 작업 순서를 반영해 부품이나 도구를 순차적으로 배치하여 효율적 흐름을 유지한다.
- 기능별 배치의 원칙: 기능적으로 연관된 부품이나 도구를 한 곳에 모아 배치해 연속성과 효율을 높인다.

정답 ①

14

다음 중 눈의 구조와 관련된 시각기능에 대한 설명으로 올바르지 않은 것은?

① 빛에 대한 감도변화를 '조응'이라 한다.
② 디옵터(Diopter)는 '1/초점거리(m)'로 정의된다.
③ 정상인에게 정상 시각에서의 원점은 거의 무한하다.
④ 암순응은 명순응보다 빨리 진행되어 1분 정도에 끝난다.

해설

암순응은 밝은 곳에서 어두운 곳으로 이동할 때 시각이 어둠에 적응하는 과정으로, 완전한 순응까지 20~30분 정도 소요된다. 반면 명순응은 어두운 환경에서 밝은 곳으로 이동할 때 나타나며, 일반적으로 수초에서 1분 이내에 빠르게 진행된다.

정답 ④

15

인간-기계 시스템에서 정보 전달과 조종이 이루어지는 접합면인 인간-기계 인터페이스(Man-Machine Interface)의 종류에 해당하지 않는 것은?

① 지적 인터페이스
② 역학적 인터페이스
③ 감성적 인터페이스
④ 신체적 인터페이스

해설

인간-기계 인터페이스는 인간이 기계와 정보를 주고받거나 조작하는 접점으로, 신체적(Physical), 감성적(Emotional), 지적(Cognitive) 인터페이스 등이 있다. 역학적 인터페이스는 공식 분류에 포함되지 않는다.

정답 ②

16

다음 중 일반적인 인간-기계 시스템 내에서의 기본 4가지 기능에 해당되지 않는 것은?

① 정보저장(Information Storage)
② 정보감지(Information Sensing)
③ 정보처리(Information Processing)
④ 정보변환(Information Transformation)

해설

인간-기계 시스템에서의 기본 4가지 기능에 정보변환은 포함되지 않는다.

관련개념 인간-기계 시스템에서의 기본적인 기능

- 정보의 수용(정보 감지): 인간 또는 기계가 외부 환경에서 정보를 받아들인다.
- 정보의 저장: 수용한 정보를 기억하거나 보관한다.
- 정보처리 및 결정: 수용된 정보를 분석하고 판단하여 의사결정을 내린다.
- 정보의 전달 및 실행: 처리된 정보를 기반으로 출력하거나 조작을 수행한다.

정답 ④

17
다음 중 반응시간이 가장 빠른 감각은?

① 청각
② 미각
③ 통각
④ 시각

해설
청각신경은 직접적으로 뇌의 청각 피질로 연결되어 신호 경로가 짧아 반응속도가 빠르다.

정답 | ①

18
다음 중 정보이론의 응용과 가장 거리가 먼 것은?

① Hick-Hyman 법칙
② Magic-number=7±2
③ 주의 집중과 이중 과업
④ 자극의 수에 따른 반응시간 설정

해설
Hick-Hyman 법칙은 자극의 수가 많아질수록 반응시간이 증가하는 법칙이고, Magic Number는 인간이 단기기억에서 한 번에 처리할 수 있는 정보량(7±2 항목)을 설명하는 이론이다. 반면, 주의 집중과 이중 과업은 정보이론과는 직접적인 관련이 없다.

정답 | ③

19
인간이 기계를 조정하여 임무를 수행하여야 하는 인간-기계 체계(Man-Machine System)가 있다. 만일 이 인간-기계 통합 체계의 신뢰도(R_S)가 0.85 이상이어야 하고, 인간의 신뢰도(R_H)가 0.9라고 한다면 기계의 신뢰도(R_E)는 얼마 이상이어야 하는가? (단, 인간-기계 체계는 직렬체계이다.)

① $R_E \geq 0.877$
② $R_E \geq 0.831$
③ $R_E \geq 0.944$
④ $R_E \geq 0.915$

해설 직렬 시스템의 신뢰도 계산

$$R_s = R_H \times R_E$$

- R_s: 인간-기계 체계 신뢰도
- R_H: 인간의 신뢰도
- R_E: 기계의 신뢰도

$$R_E = \frac{R_s}{R_H} = \frac{0.85}{0.9} = 0.944$$

정답 | ③

20
다음 중 실제 사용자들의 행동을 분석하기 위하여 이용자가 생활하는 자연스러운 생활환경에서 비디오, 오디오에 녹화하여 시험하는 사용성 평가 방법은?

① F.G.I(Focus Group Interview)
② 사용성 평가실험(Usability Lab Testing)
③ 관찰 에쓰노그라피(Observation Ethno-graphy)법
④ 종이모형(Paper Mockup) 평가법

해설
관찰 에쓰노그라피(Observation Ethnography)는 사용자가 자연스러운 환경에서 실제로 어떻게 행동하는지를 관찰하는 평가 기법이다.

정답 | ③

SUBJECT 02 | 작업생리학

21
1cd의 점광원으로부터 4m 거리에 떨어진 구면의 조도는 몇 럭스(lux)가 되겠는가?

① $\dfrac{1}{16}$
② $\dfrac{1}{9}$
③ $\dfrac{1}{6}$
④ $\dfrac{1}{3}$

해설 조도의 계산

조도(E)는 광도를 거리의 제곱으로 나눈 값이다.

$$E = \dfrac{I}{d^2}$$

- E: 조도
- I: 광도
- d: 거리

$E = \dfrac{1}{4^2} = \dfrac{1}{16}$

정답 | ①

22
작업자 A가 작업할 때 측정한 평균 흡기량과 배기량이 각각 50L/min과 40L/min이며 평균 배기량 중 산소의 함량이 17%였다면 이때 분당 산소소비량은 약 얼마인가? (단, 공기 중 산소의 함량 21%이다.)

① 2.5L/min
② 3.7L/min
③ 4.0L/min
④ 4.5L/min

해설 산소소비량 계산

산소소비량
= (평균 공기흡기량 × 흡입산소량) − (공기배기량 × 배기산소량)

산소소비량 = (50 × 0.21) − (40 × 0.17) = 3.7L/min

정답 | ②

23
다음 중 신체의 관상 면을 따라 팔이나 다리 옆으로 들어 올리는 동작 유형을 무엇이라 하는가?

① 외전(Abduction)
② 회전(Rotation)
③ 굴곡(Flexion)
④ 내전(Adduction)

해설

외전은 신체의 관상면을 따라 팔이나 다리를 몸의 중심선에서 멀어지게 하는 동작을 말한다.

정답 | ①

24
다음 중 뼈와 근육을 연결하며 근육에서 발휘된 힘을 뼈에 전달하는 근골격계 조직은?

① 건
② 혈관
③ 인대
④ 신경

해설

건은 뼈와 근육을 연결하고 근육이 수축할 때 발생하는 힘을 뼈로 전달한다.

정답 | ①

25
다음 중 에너지소비율(Relative Metabolic Rate)에 관한 설명으로 옳은 것은?

① 작업 시 소비된 에너지에서 안정 시 소비된 에너지를 공제한 값이다.
② 작업 시 소비된 에너지를 기초대사량으로 나눈 값이다.
③ 작업 시와 안정 시 소비에너지의 차를 기초 대사량으로 나눈 값이다.
④ 작업강도가 높을수록 에너지소비율은 낮아진다.

해설 에너지소비율(Relative Metabolic Rate, RMR)

$$\text{에너지소비율} = \frac{\text{작업 시 소비에너지} - \text{안정 시 소비에너지}}{\text{기초대사량(BMR)}}$$

정답 | ③

26
다음 중 육체 활동에 따른 에너지소비량이 가장 큰 것은?

해설
삽으로 석탄 나르기 > 도끼질 > 톱질 > 벽돌쌓기 순으로 에너지 소비량이 크다.

정답 | ①

27
다음 중 힘과 모멘트에 대한 설명으로 옳은 것은?

① 힘의 3요소는 크기, 방향, 작용선이다.
② 스칼라(Scalar)량은 크기는 없으며 방향만 존재한다.
③ 벡터(Vector)량은 방향은 없으며 크기만 존재한다.
④ 모멘트란 회전시킬 수 있는 물체에 가해지는 힘이다.

해설
힘의 3요소는 크기, 방향, 작용점이다. 스칼라(Scalar)는 크기만 있는 물리량인 반면, 벡터(Vector)는 크기와 방향이 있는 물리량이다.
예) 스칼라 - 질량, 길이, 온도
    벡터 - 속도, 힘

정답 | ④

28
산업안전보건법령상 "소음작업"이란 1일 8시간 작업을 기준으로 얼마 이상의 소음이 발생하는 작업을 말하는가?

① 80데시벨
② 85데시벨
③ 90데시벨
④ 95데시벨

해설
소음작업은 1일 8시간 작업을 기준으로 85데시벨(dB) 이상의 소음이 발생하는 작업을 말한다.

정답 | ②

29
다음 중 은폐(Masking) 현상에 관한 설명으로 옳은 것은?

① 일정한 강도 및 진동 수 이상의 소음에 노출되었을 때 점차 청각 기능을 잃게 되는 현상이다.
② 음의 한 성분이 다른 성분에 대한 귀의 감수성을 감소시키는 상황이다.
③ 동일한 소음을 내는 설비 2대가 동시에 가동될 때 소음 수준이 3dB 정도 증가하는 현상이다.
④ 소음 수준(dB)이 같은 3가지 음이 합쳐졌을 때 음의 강도가 일정하게 증가되는 현상이다.

해설 은폐효과(Masking Effect)
한 음(소리)이 다른 음(소리)에 의해 들리지 않거나 가청 역치가 높아지는 현상을 말한다.

정답 ②

30
체내에서 유기물의 합성 또는 분해에 있어서는 반드시 에너지의 전환이 따르게 되는데 이것을 무엇이라 하는가?

① 산소부채(Oxygen Debt)
② 근전도(Electromyogram)
③ 심전도(Electrocardiogram)
④ 에너지 대사(Energy Metabolism)

해설
유기물의 합성과 분해 등 생물 내 에너지 전환 과정을 에너지 대사라 한다.

정답 ④

31
다음 중 가시도(Visibility)에 영향을 미치는 요소가 아닌 것은?

① 조명기구
② 대비(contrast)
③ 과녁의 종류
④ 과녁에 대한 노출시간

해설
과녁의 종류는 명확한 시각적 인자가 아니므로 가시도에 영향을 주는 요소로 보기 어렵다.

관련개념 시식별에 영향을 주는 주요 인자

광도	같은 광속이라도 광도가 높으면 특정 방향에서 더 밝아 시식별이 용이해진다.
광속	광속이 크면 밝기가 증가하여 시식별이 용이해진다.
조도	물체가 밝을수록 시식별이 용이해진다.
반사율	물체와 배경 간 대비를 조절하여 시식별에 영향을 준다.
물체 크기	물체가 클수록 더 쉽게 인식된다.
대비	물체와 배경 간의 명암 차이가 클수록 쉽게 인식된다.
휘도비	주시 영역과 주변 영역 간의 밝기 차이가 적절할수록 시식별이 원활해진다.
운동시력	움직이는 물체를 명확히 인식할 수 있는 능력으로 빠르게 이동하는 물체일수록 시식별이 어려워진다.
휘광	강한 빛(눈부심)이 시각적 방해 요소가 되어 시식별을 어렵게 한다.
노출 시간	관찰 시간이 길어질수록 시식별이 정확해진다.
연령과 훈련	나이가 많을수록 대비 감도가 감소하며, 훈련을 통해 시각적 민첩성을 기를 수 있다.

정답 ③

32
다음 중 실내의 면에서 추천반사율이 가장 낮은 곳은?

① 바닥
② 천장
③ 가구
④ 벽

해설
실내 표면의 추천 반사율은 천장에서 바닥으로 갈수록 낮아진다.

정답 ①

33
네 모서리에 저울 역할을 하는 무게 센서가 설치된 힘판(Force Plate) 위에 한 사람이 서 있다. 네 모서리에서 무게가 각각 20, 20, 30, 30kg이라면 이 사람의 몸무게는 얼마인가? (단, 아무런 물체가 없을 때의 네 모서리 무게는 0으로 설정되어 있다.)

① 50kg
② 70kg
③ 100kg
④ 120kg

해설
힘판의 네 모서리의 무게 센서가 하중을 분산 측정하므로, 몸무게는 그 합으로 계산한다.

정답 | ③

34
다음 중 상온에서 추운 환경으로 바뀔 때 신체의 조절 작용이 아닌 것은?

① 피부 온도가 내려간다.
② 몸이 떨리고 소름이 돋는다.
③ 직장(直腸) 온도가 약간 올라간다.
④ 피부를 순환하는 혈액량은 증가한다.

해설
추운 환경에서는 열 손실을 줄이기 위해 피부 혈관이 수축하고, 피부를 순환하는 혈액량이 감소한다.

정답 | ④

35
강도 높은 작업을 마친 후 휴식 중에도 근육에 초기적으로 소비되는 산소량을 무엇이라 하는가?

① 산소부채
② 산소결핍
③ 산소결손
④ 산소요구량

해설
산소부채는 운동 후 회복하는 단계에서 추가로 소비되는 산소량으로 젖산 제거 및 에너지 복구와 관련이 있다.

정답 | ①

36
다음 중 근력 및 지구력에 대한 설명으로 틀린 것은?

① 근력 측정치는 작업 조건뿐만 아니라 검사자의 지시 내용, 측정 방법 등에 의해서도 달라진다.
② 등척력(Isometric Strength)은 신체를 움직이지 않으면서 자발적으로 가할 수 있는 힘의 최댓값이다.
③ 정적인 근력 측정자로부터 동작 작업에서 발휘할 수 있는 최대 힘을 정확히 추정할 수 있다.
④ 근육이 발휘할 수 있는 힘은 근육의 최대자율수축(MVC)에 대한 백분율로 나타내어진다.

해설
정적 근력은 동적 근력과 달리 관절 각도와 운동 방식이 고정되어 있어, 실제 작업에서 발휘되는 힘을 정확히 알기 힘들다.

정답 | ③

37
고열 작업장에서 방열복의 착용은 신체와 환경 사이의 열교환 경로 중 어떠한 경로를 차단하기 위한 것인가?

① 전도(Conduction)
② 대류(Convection)
③ 복사(Radiation)
④ 증발(Evaporation)

해설
방열복은 복사열의 유입을 막아 체열 상승을 방지를 위한 보호구이다.

관련개념 열교환 경로별 보호장치/보호구

열교환 경로	설명	보호장치/보호구
전도	고체를 통해 열이 전달된다.	단열장갑
대류	공기나 액체가 열을 전달된다.	냉방설비
복사	열이 매질 없이 복사에너지로 이동한다.	방열복
증발	액체가 기화하며 열을 빼앗는다.	흡습성 작업복

정답 | ③

38
다음 중 윤활관절(Synovial Joint)인 팔굽관절(Elbow Joint)은 연결 형태로 구분하여 어느 관절에 해당되는가?

① 구상관절(Bal and socket joint)
② 경첩관절(Hinge joint)
③ 안장관절(Saddle joint)
④ 관절구(Condyloid)

해설

경첩관절은 문의 경첩과 유사한 형태로 굴곡(굽힘), 신전(폄) 운동을 수행한다.

정답 | ②

39
다음 중 지름이 2.54cm 되는 촛불이 수평 방향으로 비칠 때의 빛의 광도를 나타내는 단위는?

① 램버트(Lambert)
② 럭스(Lux)
③ 루멘(Lumen)
④ 촉광(Candela)

해설

촛불이 비추는 빛의 세기, 즉 광도의 단위는 촉광(Candela)이다.

정답 | ④

40
다음 중 순환계의 기능 및 특성에 관한 설명으로 옳은 것은?

① 혈압은 좌심실에서 멀어질수록 높아진다.
② 동맥, 정맥, 모세혈관 중 혈관의 단면적은 모세혈관이 가장 작다.
③ 모세혈관 내외의 물질(산소, 이산화탄소 등) 이동은 혈압과 혈장 삼투압의 차이에 의해 이루어진다.
④ 체순환(Systemic Circulation)은 우심실, 폐동맥, 폐포모세혈관, 우심방 순의 경로로 혈액이 흐르는 것을 말한다.

해설

혈압은 좌심실에서 멀어질수록 감소하고 모세혈관은 단면적은 작지만, 총합 단면적은 가장 크다. 혈액은 좌심실에서 시작해 우심방을 마지막 경로로 흐르며 모세혈관의 물질 이동은 혈압과 혈장 삼투압의 차이에 의해 이루어진다.

정답 | ③

SUBJECT 03 | 산업심리학 및 관련법규

41
위험성을 모르는 아이들이 세제나 약병의 마개를 열지 못하도록 안전마개를 부착하는 것처럼, 신체적 조건이나 정신적 능력이 낮은 사용자라 하더라도 사고를 낼 확률을 낮게 설계해 주는 것은?

① Fail Safe 설계원칙
② Fool Proof 설계원칙
③ Error Proof 설계원칙
④ Error Recovery 설계원칙

해설

① Fail Safe: 시스템이 실패하거나 고장 날 경우, 안전한 상태로 전환되는 설계를 의미한다.
② Fool Proof: 사용자가 실수나 오류를 범하더라도 재해로 연결되지 않고 시스템이 문제없이 작동하도록 설계된 시스템이다.

정답 | ②

42
다음 중 하인리히(Heinrich)의 재해발생 이론에 관한 설명으로 틀린 것은?

① 일련의 재해요인들이 연쇄적으로 발생한다는 도미노 이론이다.
② 일련의 재해요인들 중 어느 하나라도 제거하면 재해예방이 가능하다.
③ 불안전한 행동 및 상태는 사고 및 재해의 간접원인으로 작용한다.
④ 개인적 결함은 인간의 결함을 의미하며 5단계 요인 중 제2단계 요인이다.

해설
불안전한 행동 및 상태는 사고 및 재해의 직접원인으로 작용한다.

정답 | ③

43
인간의 행동과정을 통한 휴먼에러의 분류에 해당하지 않는 것은?

① 입력오류
② 정보처리오류
③ 출력오류
④ 조작오류

해설
인간의 행동 과정은 일반적으로 입력 → 정보 처리 → 출력 → 피드백의 순서를 따르며, 조작오류라는 것은 휴먼에러 분류에 해당되지 않는다.

정답 | ④

44
인간의 경우에 어떠한 자극을 제시하고 이에 대한 동작을 시작하기까지의 소요 시간을 무엇이라 하는가?

① 반응시간
② 자극시간
③ 단순시간
④ 선택시간

해설
반응시간은 자극이 주어졌을 때, 이에 적절한 반응을 시작하기까지 걸리는 시간을 의미한다.

정답 | ①

45
소비자의 생명이나 신체, 재산상의 피해를 끼치거나 끼칠 우려가 있는 제품에 대하여 제조업자 또는 유통업자가 자발적 또는 의무적으로 대상 제품의 위험성을 소비자에게 알리고 제품은 회수하여 수리, 교환, 환불 등의 적절한 시정조치를 해주는 제도는?

① 애프터서비스(after service)제도
② 제조물책임법
③ 소비자기본법
④ 리콜(recall)제도

해설
① 애프터서비스(AS): 제품 구매 후 일정 기간 내 고장이나 문제에 대해 무상 또는 유상으로 수리해주는 서비스이다.
② 제조물책임법(PL법): 제품의 결함으로 인해 소비자에게 피해가 발생했을 때, 제조업자가 손해를 배상해야 한다는 법이다.
③ 소비자기본법: 소비자의 권익을 보호하고 공정한 거래를 보장하기 위한 기본법이다.

정답 | ④

46
다음 중 강도율(Severity Rate of injury)에 관한 설명으로 옳은 것은?

① 연간 근로시간 1,000,000시간당 발생한 재해 발생 건수를 말한다.
② 개인이 평생 근무 시 발생할 수 있는 근로손실일수를 말한다.
③ 재해사건당 발생한 평균 근로 손실일수를 말한다.
④ 연간 근로시간 1,000시간당 발생한 근로손실일수를 말한다.

해설

재해율	연간 근로자 100명당 재해자 수
도수율	연간 근로시간 100만 시간당 재해 발생 건수
강도율	연간 근로시간 1,000시간당 발생한 근로손실일수
연천인율	근로자 1,000명당 연간 재해자 수

정답 | ④

47

다음 중 선택반응시간(Hick의 법칙)과 동작시간(Fitts의 법칙)의 공식에 대한 설명으로 옳은 것은?

- 선택반응시간 $= a + b\log_2 N$
- 동작시간 $= a + b\log_2 \dfrac{2A}{W}$

① N은 감각기관의 수, A는 목표물의 너비, W는 움직인 거리를 나타낸다.
② N은 자극과 반응의 수, A는 목표물의 너비, W는 움직인 거리를 나타낸다.
③ N은 감각기관의 수, A는 움직인 거리, W는 목표물의 너비를 나타낸다.
④ N은 자극과 반응의 수, A은 움직인 거리, W는 목표물의 너비를 나타낸다.

해설 선택반응시간과 동작시간의 공식

- Hick의 법칙(선택 반응 시간)
  선택반응시간은 자극과 반응의 수(N)에 따라 증가한다.

  $$RT = a + b\log_2 N$$
  - RT: 선택반응시간
  - N: 대안(자극)의 개수
  - a: 단순반응시간
  - b: 정보처리 비례상수

- Fitts의 법칙(동작시간)
  동작시간은 움직인 거리(A)와 목표물의 너비(W)의 관계로 결정된다.

  $$MT = a + b\log_2\left(\dfrac{2A}{W}\right)$$
  - MT: 동작시간
  - A: 움직인 거리
  - W: 목표물의 너비
  - a: 단순반응시간
  - b: 정보처리 비례상수

정답 | ④

48

다음 중 집단행동에 있어 이성적 집단보다는 감정에 의해 좌우되며 공격적이라는 특징을 갖는 행동은?

① Crowd
② Mob
③ Panic
④ Fashion

해설
① Crowd(군중): 많은 사람들이 한 장소에 모여 있는 집합체를 뜻한다.
② Mob(폭도): 폭력적이고 무질서한 비통제적 집단 행동을 의미하며 일반적으로 통제되지 않은 감정이나 군중 심리에 의해 발생한다.
③ Panic(공황): 갑작스럽고 극단적인 공포나 불안으로 인해 사람들이 비이성적이고 충동적인 행동을 하는 상태를 뜻한다.
④ Fashion(유행): 어떤 시기에 사람이 많이 따르는 행동이나 스타일을 의미한다. ⑩ SNS챌린지, 패션 스타일 등

정답 | ②

49

다음과 같은 재해 발생 시 재해 조사 분석 및 사후처리에 대한 내용으로 틀린 것은?

크레인으로 강재를 운반하던 도중 약해져 있던 와이어로프가 끊어지며 강재가 떨어졌다. 이때 작업 구역 아래를 통행하던 작업자의 머리 위에 강재가 떨어졌으며, 안전모를 착용하지 않은 상태에서 발생한 사고라서 작업자는 큰 부상을 입었고, 이로 인하여 부상치료를 위해 4일간 요양을 실시하였다.

① 재해 발생 형태는 추락이다.
② 재해의 기인물은 크레인이고, 가해물은 강재이다.
③ 불안전한 상태는 약해진 와이어로프이고, 불안전한 행동은 안전모 미착용과 위험구역 접근이다.
④ 산업재해조사표를 작성하여 관할 지방고용노동청장에게 제출하여야 한다.

해설
재해 발생 형태는 낙하(落下)이다.
- 낙하(落下): 중력의 영향으로 떨어져 발생하는 재해이다.
- 비래(飛來): 물체가 자체적으로 날거나 바람을 타고 움직여서 날아와 발생하는 재해 형태이다.

정답 | ①

50
리더십은 교육 훈련에 의하여 향상되므로, 좋은 리더는 육성할 수 있다는 가정을 하는 리더십이론은?

① 특성접근법
② 상황접근법
③ 행동접근법
④ 제한적 측질접근법

해설
행동접근법(Behavioral Approach)은 리더십이 특정한 행동 패턴을 통해 발휘되며, 학습과 훈련을 통해 개발될 수 있다는 이론이다.
① 특성접근법: 리더십은 선천적인 성격, 기질, 특성에서 비롯된다고 보는 이론이다.
② 상황접근법: 리더십은 특정 상황과 환경에 따라 다르게 작용한다고 보며, 상황에 따라 리더십은 변화한다는 이론이다.
④ 제한적 특질접근법: 리더십은 타고난 특성에 의해서만 결정되지 않으며, 환경적 요인과 학습, 경험에 의해 보완될 수 있다는 이론이다.

정답 | ③

51
다음 중 인간의 정보처리 과정 측면에서 분류한 휴먼에러에 해당하는 것은?

① 생략 오류(Omission Error)
② 작위적 오류(Commission Error)
③ 부적절한 수행 오류(Extraneous Error)
④ 의사결정 오류(Decision Making Error)

해설
인간 정보처리 과정은 정보 수용, 처리, 판단, 행동 단계로 나눌 수 있다. 이 중 의사결정 오류(Decision Making Error)는 정보처리의 판단 및 의사결정 단계에서 발생하는 인지적 오류에 해당한다.

정답 | ④

52
Hick-Hyman의 법칙에 의하면 인간의 반응시간(RT)은 자극정보의 양에 비례한다고 한다. 자극정보의 개수가 2개에서 8개로 증가한다면 반응시간은 몇 배 증가하겠는가?

① 3배
② 4배
③ 16배
④ 32배

해설 **Hick-Hyman의 법칙**
선택반응시간은 자극과 반응의 수(N)에 따라 증가한다.

$$RT = a + b\log_2 N$$

- RT: 선택반응시간
- N: 대안(자극)의 개수
- a: 단순반응시간
- b: 정보처리 비례상수

반응시간(RT)이 자극정보의 양에 비례한다고 하였으므로, a=0으로 가정한다.

$$\frac{RT_2}{RT_1} = \frac{b\log_2 8}{b\log_2 2} = \frac{3}{1} = 3$$

정답 | ①

53
다음 중 휴먼에러 방지의 3가지 설계기법으로 볼 수 없는 것은?

① 배타설계(exclusion design)
② 제품설계(products design)
③ 보호설계(prevention design)
④ 안전설계(fail-safe design)

해설
제품 설계는 제품을 만드는 설계이며, 휴먼에러 방지를 위한 특정 설계기법은 아니다.
① 배타설계(exclusion design): 잘못된 조작 자체를 물리적으로 불가능하게 만드는 설계 방식이다.
　예 전원 플러그가 반대로는 꽂히지 않게 설계됨
③ 보호설계(prevention design): 사람이 실수하더라도 문제가 발생하지 않도록 보호하는 설계 방식이다.
　예 집 비밀번호 3회 이상 틀리면 자동으로 잠금
④ 안전설계(fail-safe design): 오작동이 발생해도 안전을 유지할 수 있게 하는 설계 방식이다.
　예 지진 감지 시 자동으로 가스 밸브를 차단해 화재나 폭발 방지

정답 | ②

54

다음 중 제조물책임법상 손해배상책임을 지는 자(제조업자)의 면책사유에 해당하지 않는 경우는?

① 제조업자가 당해 제조물을 공급하지 아니한 사실을 입증하는 경우
② 제조업자가 당해 제조물을 공급한 때의 과학 기술으로는 결함의 존재를 발견할 수 없었다는 사실을 입증하는 경우
③ 제조물의 결함이 제조업자가 당해 제조물을 공급할 당시의 법령이 정하는 기준을 준수함으로써 발생한 사실을 입증하는 경우
④ 제조물을 공급한 후에 당해 제조물에 결함이 존재 한다는 사실을 알거나 알 수 없었다는 사실을 입증하는 경우

해설

④는 법이 정한 면책사유에 포함되지 않는다. 오히려 「제조물 책임법」 제4조 제2항에 따르면 공급 후 결함을 알았거나 알 수 있었음에도 조치하지 않았다면 면책을 주장할 수 없다고 명시한다.

관련개념 「제조물 책임법」 제4조(면책사유)

- 제3조에 따라 손해배상책임을 지는 자가 다음 각 호의 어느 하나에 해당하는 사실을 입증한 경우에는 이 법에 따른 손해배상책임을 면(免)한다.
  1. 제조업자가 해당 제조물을 공급하지 아니하였다는 사실
  2. 제조업자가 해당 제조물을 공급한 당시의 과학·기술 수준으로는 결함의 존재를 발견할 수 없었다는 사실
  3. 제조물의 결함이 제조업자가 해당 제조물을 공급한 당시의 법령에서 정하는 기준을 준수함으로써 발생하였다는 사실
  4. 원재료나 부품의 경우에는 그 원재료나 부품을 사용한 제조물 제조업자의 설계 또는 제작에 관한 지시로 인하여 결함이 발생하였다는 사실
- 제3조에 따라 손해배상책임을 지는 자가 제조물을 공급한 후에 그 제조물에 결함이 존재한다는 사실을 알거나 알 수 있었음에도 그 결함으로 인한 손해의 발생을 방지하기 위한 적절한 조치를 하지 아니한 경우에는 제1항 제2호부터 제4호까지의 규정에 따른 면책을 주장할 수 없다.

정답 | ④

55

다음 중 집단 간의 갈등을 해결함과 동시에 갈등을 촉진시킬 수 있는 방법으로 가장 적절한 것은?

① 조직구조의 변경   ② 전제적 명령
③ 상위목표의 도입   ④ 커뮤니케이션의 증대

해설

집단 간의 갈등을 해결함과 동시에 갈등을 촉진시킬 수 있는 방법은 조직구조의 변경이다.

관련개념 집단갈등의 예방전략

- 상위목표의 도입(설정)
- 자원의 확충
- 규정과 절차에 의한 제도화
- 조직구조의 변경(개선)
- 공동 경쟁상대의 설정
- 의사소통의 활성화

정답 | ①

56

다음 중 하인리히(Heinrich) 재해코스트 평가방식에서 "1 : 4"의 원칙에 관한 설명으로 옳은 것은?

① 간접비용의 정확한 산출이 어려운 경우에는 직접비용의 4배를 간접비용으로 추산한다.
② 직접비용의 정확한 산출이 어려운 경우에는 간접비용의 4배를 직접비용으로 추산한다.
③ 인적비용의 정확한 산출이 어려운 경우에는 물적비용의 4배를 인적비용으로 추산한다.
④ 물적비용의 정확한 산출이 어려운 경우에는 인적비용의 4배를 물적비용으로 추산한다.

해설 하인리히(Heinrich) 재해코스트 평가방식

산업재해 발생 시 재해코스트를 직접비와 간접비로 구분하였으며, 직접비 1 : 간접비 4가 된다고 정의하였다.

직접비	휴업보상비, 장해보상비, 유족보상비, 장례비, 치료비 등이 포함된다.
간접비	기계, 기구, 재료등의 손실, 작업의 중단에 의한 시간 손실, 제품 납기 지연에 의한 손실, 사기저하 등 심리적 손실 등이 포함된다.

정답 | ①

57
다음 중 과도로 긴장하거나 감정 흥분시의 의식수준 단계로 대외의 활동력은 높지만 냉정함이 결여되어 판단이 둔화되는 의식수준 단계는?

① phase Ⅰ ② phase Ⅱ
③ phase Ⅲ ④ phase Ⅳ

해설 인간의 의식 Level의 단계별 의식수준

단계	의식의 수준	생리적 상태
Phase 0	무의식, 실신	수면, 뇌가 발작
Phase Ⅰ	의식의 둔화	피로, 단조로움, 술에 취함
Phase Ⅱ	이완상태	안정기, 휴식할 때, 정상 작업할 때
Phase Ⅲ	명료한 상태	적극적인 활동, 에러 가능성 낮음
Phase Ⅳ	과긴장 상태	긴급 방어반응, 패닉

정답 | ④

58
오토바이 판매광고 방송에서 모델이 안전모를 착용하지 않은 채 머플러를 휘날리면서 오토바이를 타는 모습을 보고 따라하다가 머플러가 바퀴에 감겨 사고를 당하였다. 이는 제조물책임법상 어떠한 결함에 해당하는가?

① 표시상의 결함 ② 책임상의 결함
③ 제조상의 결함 ④ 설계상의 결함

해설
「제조물 책임법」에서 정의된 결함의 종류는 제조상의 결함, 설계상의 결함, 표시상의 결함이다. 제조업자가 오토바이를 탈 때 안전모 착용에 대한 지시와 머플러같이 긴 종류의 제품을 하고 오토바이를 탔을 때 바퀴에 감길 수 있다는 경고를 하지 않았기 때문에 표시상의 결함에 해당한다.

정답 | ①

59
다음은 재해의 발생사례이다. 재해의 원인 분석 및 대책으로 적절하지 않은 것은?

> ○○유리(주) 내의 옥외작업장에서 강화유리를 출하하기 위해 지게차로 강화유리를 운반전용 파렛트에 싣고 작업자 2명이 지게차 포크 양쪽에 타고 강화유리가 넘어지지 않도록 붙잡고 가던 중 포크진동에 의해 강화유리가 전도되면서 지게차 백레스트와 유리 사이에 끼여 1명이 사망, 1명이 부상을 당하였다.

① 불안전한 행동 – 지게차 승차석 외 탑승
② 예방대책 – 중량물 등의 이동 시 안전조치교육
③ 재해유형 – 협착
④ 기인물 – 강화유리

해설
기인물은 재해를 초래한 직접적인 원인이 되는 설비와 시설을 말한다. 따라서 기인물은 지게차이다. 강화유리는 가해물이며 직접적으로 상해를 가한 물체이다.

정답 | ④

60
의사결정나무를 작성하여 재해 사고를 분석하는 방법으로 확률적 분석이 가능하며 문제가 되는 초기사항을 기준으로 파생되는 결과를 귀납적으로 분석하는 방법은?

① THERP ② ETA
③ FTA   ④ FMEA

해설 시스템 안전 정량적 분석 방법
- 결함나무 분석(FTA, Fault Tree Analysis): 시스템 내 특정 사건(사고)이 발생할 확률을 계산한다.
- 사상나무 분석(ETA, Event Tree Analysis): 초기 사건이 여러 시나리오로 발전하는 경로와 결과를 분석한다.
- 휴먼에러율 예측 기법(THERP, Technique for Human Error Rate Prediction): 인간 오류가 시스템 신뢰도에 미치는 영향을 정량적으로 평가하는 방식이다.

정답 | ②

SUBJECT 04 | 근골격계질환 예방을 위한 작업관리

61
다음 중 근골격계질환 예방을 위한 방안으로 거리가 먼 내용은?

① 어깨 높이 위에서의 작업을 피한다.
② 연약한 피부 조직에 가해지는 압박을 피한다.
③ 진동을 줄이기 위한 방진용 장갑 등을 착용한다.
④ 운반상자는 무게 중심이 분산되도록 가능한 깊고 넓게 만든다.

해설
근골격계질환 예방을 위해서는 운반상자는 무게 중심이 몸 가까이에 위치하고 적당한 크기로 만들어야 한다.

정답 | ④

62
다음 중 워크샘플링(Work Sampling)에 관한 설명으로 옳은 것은?

① 반복 작업인 경우 적당하다.
② 표준시간 설정에 이용할 경우 레이팅이 필요 없다.
③ 작업자가 의식적으로 행동하는 일이 적어 결과의 신뢰수준이 높다.
④ 작업순서를 기록할 수 있어 개개의 작업에 대한 깊은 연구가 가능하다.

해설 워크샘플링법(Work Sampling)
간헐적으로 랜덤한 시점에서 연구대상을 순간적으로 관측하여 관측기간 동안 나타난 항목의 비율을 추정하는 방법(사이클 타임이 긴 작업에 사용)이며 작업자가 의식적으로 행동하는 일이 적어 결과의 신뢰수준이 높다.

정답 | ③

63
요소작업을 20번 측정한 결과 관측평균시간은 0.20분, 표준편차는 0.08분이었다. 신뢰도 95%, 허용오차 ±5%를 만족시키는 관측횟수는 얼마인가? (단, t(0.025, 19)는 2.09이다.)

① 260회 ② 270회
③ 280회 ④ 290회

해설 관측횟수(N) 계산

$$관측횟수(N) = \left(\frac{t \times s}{E}\right)^2$$

- 관측평균시간: 0.20분
- 표준편차(s): 0.08분
- 신뢰도: 95% → t = 2.09(df = 19)
- 허용오차(E): ±5% × 0.20 = 0.01분

$$N = \left(\frac{2.09 \times 0.08}{0.01}\right)^2 = \left(\frac{0.1672}{0.01}\right)^2 = (16.72)^2 = 279.6$$

정답 | ③

64
다음 중 작업관리용 도표의 사용으로 가장 적절하지 않은 것은?

① 파레토 차트를 이용하여 문제점의 원인을 파악한다.
② Man-Machine Chart를 이용하여 표준시간을 결정한다.
③ 흐름도를 이용하여 병목(bottleneck) 공정을 파악한다.
④ 다중활동분석표를 이용하여 기계와 인력배치 균형을 분석한다.

해설
시간연구(Time Study) 또는 워크샘플링(Work Sampling)을 이용하여 표준시간을 결정한다. 표준작업조합표(Man-Machine Chart)는 작업자와 기계의 사용 시간을 분석하여 작업자-기계 간의 효율성을 평가하는 도구이다.

정답 | ②

65

다음 중 수공구의 개선원리로 적절하지 않은 것은?

① 힘이 요구되는 작업에 대해서는 파워그립(Power Grip)을 사용한다.
② 손목을 똑바로 펴서 사용할 수 있도록 한다.
③ 적합한 모양의 손잡이를 사용하되, 가능하면 접촉면을 좁게 한다.
④ 양손 중 어느 손으로도 사용이 가능하고, 대부분의 사람들이 사용할 수 있도록 설계한다.

해설

적합한 모양의 손잡이를 사용하되, 가능하면 접촉면을 넓게 한다.

정답 | ③

66

다음 중 비효율적인 서블릭(therblig)에 해당하는 것은?

① 계획(Pn)
② 빈손이동(TE)
③ 사용(U)
④ 쥐기(G)

해설

계획(Pn)은 비효율적인 서블릭(therblig)에 해당한다.

관련개념 서블릭 분석

동작을 효율화하여 작업개선을 목적으로 하는 동작 분석(목시동작분석)이며 작업자의 작업을 요소 동작으로 나누어 관측용지(SIMO Chart)에 17종류의 서블릭 기호로 기록 분석하는 방법이다.

	효율적 서블릭		비효율적 서블릭
기본 동작	• 빈손이동(TE) • 쥐기(G) • 운반(TL) • 내려놓기(RL) • 미리놓기(PP)	정신적/ 반정신적 동작	• 계획(Pn) • 찾기(Sh) • 고르기(St) • 바로놓기(P) • 검사(I)
동작 목적	• 조립(A) • 사용(U) • 분해(DA)	정체적 동작	• 피할 수 있는 지연 (AD) • 불가피한 지연 (UD) • 휴식(R) • 잡고 있기(H)

정답 | ①

67

Work Factor에서 동작시간 결정 시 고려하는 4가지 요인에 해당하지 않는 것은?

① 인위적 조절
② 동작 거리
③ 중량이나 저항
④ 수행도

해설 동작시간 결정에 영향을 미치는 4가지 요인

동작 거리	동작을 수행하는 동안 움직이는 거리
중량이나 저항	작업 중 다뤄야 할 물체의 무게나 저항
인위적 조절	동작을 수행하는 동안 세밀함과 정밀함이 요구되는 정도
작업조건	작업환경 및 물리적 조건이 동작에 미치는 영향

정답 | ④

68

다음 중 근골격계질환을 예방하기 위한 대책으로 적절하지 않은 것은?

① 작업방법과 작업공간을 재설계한다.
② 작업 순환(Job Rotation)을 실시한다.
③ 단순 반복적인 작업은 기계를 사용한다.
④ 작업속도와 작업강도를 점진적으로 강화한다.

해설

작업속도와 작업강도를 점진적으로 강화하는 것은 오히려 근골격계질환의 위험을 증가시킬 수 있다. 과도한 작업 강도나 속도는 근육과 관절에 과중한 부담을 주고, 장기적으로 근골격계질환을 유발할 수 있다.

정답 | ④

69

다음 조건에서 NIOSH Lifting Equation(NLE)에 의한 권장 한계 무게(RWL)와 들기지수(LI)는 각각 얼마인가?

- 취급물의 하중: 10kg
- 수평계수: 0.4
- 수직계수: 0.95
- 거리계수: 0.6
- 비대칭계수: 1
- 빈도계수: 0.8
- 커플링계수: 0.9

① RWL=1.64kg, LI=6.1
② RWL=2.65kg, LI=3.78
③ RWL=3.78kg, LI=2.65
④ RWL=6.4kg, LI=1.64

해설 RWL(Recommended Weight Limit)과 LI(Lifting Index)

- 권장무게한계(RWL)

$$RWL = LC \times HM \times VM \times DM \times AM \times FM \times CM$$

- LC: 부하상수(23kg)
- HM: 수평계수
- VM: 수직계수
- DM: 거리계수
- AM: 비대칭계수
- FM: 빈도계수
- CM: 결합계수

- 들기 지수(LI)

$$LI(들기지수) = \frac{작업물무게}{RWL(권장무게한계)}$$

$RWL = 23 \times 0.4 \times 0.95 \times 0.6 \times 1 \times 0.8 \times 0.9 = 3.78$

$LI = \frac{10kg}{3.78} = 2.65$

정답 ③

70

다음 중 신체사용에 관한 동작경계의 원칙에 관한 설명으로 틀린 것은?

① 휴식시간을 제외하고는 양손이 동시에 쉬지 않도록 한다.
② 가능한 한 관성을 이용하여 작업을 하도록 한다.
③ 두 손의 동작을 같이 시작하고 같이 끝나도록 한다.
④ 양팔은 동시에 같은 방향으로 움직이도록 한다.

해설
양팔은 동시에 서로 반대 방향으로 움직이도록 한다.

정답 ④

71

동작분석의 종류 중에서 미세 동작분석에 관한 설명으로 틀린 것은?

① 복잡하고 세밀한 작업 분석이 가능하다.
② 직접 관측자가 옆에 없어도 측정이 가능하다.
③ 작업 내용과 작업 시간을 동시에 측정할 수 있다.
④ 타 분석법에 비하여 적은 시간과 비용으로 연구가 가능하다.

해설
미세 동작분석은 매우 세밀한 작업 분석을 포함하며, 많은 시간과 비용이 소요된다.

정답 ④

72

각각 한 명의 작업자가 배치되어 있는 세 개의 라인으로 구성된 공정에서 각 공정시간이 2분, 3분, 4분일 때, 공정효율은 얼마인가?

① 85%
② 70%
③ 75%
④ 80%

해설 공정효율(E)

$$E = \left(\frac{\Sigma T}{N \times C}\right) \times 100$$

- ΣT: 모든 작업의 총 작업시간
- N: 작업 공정의 개수
- C: 공정의 주기 시간(Cycle Time)=가장 긴 공정시간

공정효율(%) = $\left(\frac{2+3+4}{3 \times 4}\right) \times 100 = \left(\frac{9}{12}\right) \times 100 = 75\%$

정답 ③

73
다음 중 디자인 개념의 문제 해결 방식에 있어서 문제의 특성을 파악하기 위한 척도로서 가장 거리가 먼 것은?

① 체크리스트 ② 제약조건
③ 연구기간 ④ 평가 기준

해설 디자인 개념의 문제해결 방식
디자인 개념의 문제해결은 문제의 형성 → 문제의 분석 → 대안의 탐색 → 대안의 평가 → 선정안의 명시(제시) 순서로 진행된다.
① 체크리스트는 '대안의 탐색'에 해당된다.

정답 | ①

74
다음 중 앉아서 작업을 해야 하는 경우로 가장 적절한 것은?

① 정밀 작업을 해야 하는 경우
② 작업 시 큰 힘이 요구되는 경우
③ 신체 동작이 아래위로 큰 경우
④ 작업 중 자주 움직여야 하는 경우

해설
②, ③, ④는 서서 작업하는 것이 좋다.

정답 | ①

75
다음 중 근골격계질환의 예방에서 단기적 관리방안으로 볼 수 없는 것은?

① 안전한 작업방법의 교육
② 작업자에 대한 휴식시간의 배려
③ 근골격계질환 예방관리 프로그램의 도입
④ 휴게실, 운동시설 등 기타 관리시설의 확충

해설
근골격계질환 예방·관리 프로그램의 도입은 장기적 관리방안이다.

정답 | ③

76
다음 중 RULA(Rapid Upper Limb Assesment)의 평가요소에 포함되지 않는 것은?

① 발목 각도
② 손목 각도
③ 전완 자세
④ 몸통 자세

해설
RULA는 상지부위인 팔, 어깨, 손목 등 상반신의 작업 자세를 평가하는 도구로서 발목 각도는 포함되지 않는다.

정답 | ①

77

다음 중 작업장 시설의 재배치, 기자재 소통상 혼잡지역 파악, 공정과정 중 역류현상 점검 등에 가장 유용하게 사용할 수 있는 공정도는?

① Gantt Chart
② Flow Chart
③ Man-Machine Chart
④ Operation Process Chart

해설

Flow Chart(Flow Diagram) 공정 흐름도는 작업장의 동선, 공정의 흐름, 자재 및 작업자의 이동 경로를 시각적으로 분석하는 데 활용되며 혼잡 지역 파악, 역류 현상 점검, 공정 최적화 등에 적합하다.
① Gantt Chart : 간트차트는 작업 일정과 진행 상태를 관리하는 스케줄링 도구이다.
③ Man-Machine Chart : 작업자와 기계의 사용 시간을 분석하여 작업자-기계 간의 효율성을 평가하는 도구이다.
④ Operation Process Chart : 공정과정도는 공정의 작업 순서와 주요 절차를 도식화하여 나타내는 도구이다.

정답 | ②

78

다음 중 작업관리(Work study)에 관한 설명으로 옳은 것은?

① 가치공학이라고도 한다.
② 방법연구와 작업측정을 주 대상으로 하는 명칭이다.
③ 작업관리의 주목적은 작업시간 단축과 노동 강도 증가에 있다.
④ 제조공장을 주요 대상으로 개발되어 사무작업에는 적용이 불가능하다.

해설

① 산업공학 및 인간공학이라고도 한다.
③ 작업관리의 주목적은 작업시간 단축과 노동 강도 감소에 있다.
④ 사무작업에도 적용이 가능하다.

정답 | ②

79

다음 중 "동작경제의 원칙"의 3가지 범주에 들어가지 않는 것은?

① 작업개선의 원칙
② 신체의 사용에 관한 원칙
③ 작업장의 배치에 관한 원칙
④ 공구 및 설비의 디자인에 관한 원칙

해설 동작경제의 원칙 3가지

• 신체의 사용에 관한 원칙
• 작업장의 배치에 관한 원칙
• 공구 및 설비의 디자인에 관한 원칙

정답 | ①

80

근골격계 부담작업의 유해요인조사의 내용 중 작업장 상황조사 항목에 해당되지 않는 것은?

① 근무형태　　② 작업량
③ 작업설비　　④ 작업공정

해설

작업장 상황조사 항목으로는 작업공정, 작업설비, 작업량, 작업속도 및 최근 업무의 변화 등이 포함되어 있다.

관련개념 유해요인 조사 내용

작업장 상황조사 내용	작업조건 조사 내용
• 작업공정 • 작업설비 • 작업량 • 작업속도 및 최근 업무의 변화 등	• 반복성 • 부자연스럽거나 취하기 어려운 자세 • 과도한 힘 • 접촉 스트레스 • 진동 등

정답 | ①

2023년 2회 CBT 복원문제

SUBJECT 01 | 인간공학개론

01
다음 중 인간공학의 개념과 가장 거리가 먼 것은?
① 효율성 제고
② 안전성 제고
③ 독창성 제고
④ 편리성 제고

해설
인간공학의 목표는 시스템, 환경, 기계 등을 인간 중심으로 설계하여 인간의 효율성과 안전성, 편리성을 높이는 것이다.

정답 | ③

02
다음 중 시스템의 평가 척도의 요건에 대한 설명으로 적절하지 않은 것은?
① 실제성: 현실성은 가지며, 실질적으로 이용하기 쉽다.
② 무오염성: 측정하고자 하는 변수 이외의 외적 변수에 영향을 받는다.
③ 신뢰성: 평가를 반복할 경우 일정한 결과를 얻을 수 있다.
④ 타당성: 측정하고자 하는 평가 척도가 시스템의 목표를 반영한다.

해설
무오염성은 측정 결과가 외부 변수에 영향을 받지 않는 것을 의미한다.

정답 | ②

03
다음 중 조종장치에 흔한 비선형 요소로 조종장치를 움직여도 피제어 요소에 변화가 없는 공간이 발생하는 현상을 무엇이라 하는가?
① 이력현상
② 사공간현상
③ 반발현상
④ 점성저항현상

해설
조작을 하여도 일정 구간에서 출력 변화가 없는 현상을 사공간(Dead Space)현상이라 한다.

정답 | ②

04
다음 중 정량적인 동적 표시 장치에 대한 설명으로 옳은 것은?
① 표시장치 설계 시 끝이 둥근 지침이 권장된다.
② 계수형 표시장치는 자동차 속도계에 적합하다.
③ 동침(動針)형 표시장치는 인식적 암시 신호를 나타내는 데 적합하다.
④ 눈금이 고정되고 지침이 움직이는 표시장치를 동목형 표시장치라 한다.

해설
동침형 표시장치는 진행 방향 및 속도에 대한 인식적 암시 신호를 제공한다.

정답 | ③

05

신호 검출이론에 의하면 신호(Signal)에 대한 인간의 판정 결과는 4가지로 구분되는데 이 중 신호를 잡음(Noise)으로 판단한 결과를 지칭하는 용어는 무엇인가?

① 누락(Miss)
② 긍정(Hit)
③ 허위(False Alarm)
④ 부정(Correct Rejection)

해설

신호(Signal)를 잡음(Noise)으로 판단하는 것은 누락(Miss)이다.

관련개념 신호검출이론(SDT)의 4가지 판정결과

실제상황	신호(Signal) 판정	잡음(Noise) 판정
신호(Signal)	긍정(Hit)	누락(Miss)
잡음(Noise)	허위(False Alarm)	부정(Correct Rejection)

- 긍정(Hit): 신호를 신호라고 판정한다.
- 허위(False Alarm): 잡음을 신호로 판정한다.
- 누락(Miss): 신호를 잡음으로 판정한다.
- 부정(Correct Rejection): 잡음을 잡음으로 판정한다.

정답 | ①

06

다음 중 청각적 신호의 식별에 관한 설명으로 틀린 것은?

① JND가 클수록 자극 차원의 변화를 쉽게 검출할 수 있다.
② 1kHz 이하의 순음들에 대한 JND는 작으나, 그 이상의 주파수에서 JND는 급격히 커진다.
③ 청각적 코드로 전달될 정보량이 많을 때에는 다차원 코드 시스템을 사용한다.
④ 주변 소음이 있는 경우 음의 은폐효과가 나타날 수 있다.

해설

JND(Just Noticeable Difference)는 두 자극을 구분할 수 있는 최소 차이이다. 따라서, JND가 클수록 자극의 변화를 감지하는 능력이 떨어진다.

정답 | ①

07

다음 중 음량의 측정과 관련된 사항으로 적절하지 않은 것은?

① 소리의 세기에 대한 물리적 측정 단위는 데시벨(dB)이다.
② 물리적 소리 강도의 일정 양 증가는 지각되는 음의 강도에 동일한 양의 증가를 유발한다.
③ 손(sone)의 값 1은 주파수가 1,000Hz이고, 강도가 40dB인 음이 지각되는 소리의 크기이다.
④ 손(sone)과 폰(phone)은 지각된 음의 강약을 측정하는 단위다.

해설

물리적 소리 강도의 증가는 지각되는 음의 강도에 비선형적으로 작용하며, 일반적으로 로그함수적 관계를 따른다.
예 10dB 증가 시 지각된 소리의 크기(sone)는 약 2배 증가

정답 | ②

08

동일한 조건에서 선택 가능한 대안의 수가 2에서 8로 증가하였다. 선택반응시간은 몇 배 늘었는가? (단, 대안의 수가 없을 때 반응시간은 0이라고 가정한다.)

① 1 ② 2
③ 3 ④ 4

해설 Hick-Hyman의 법칙

선택반응시간은 자극과 반응의 수(N)에 따라 증가한다.

$$RT = a + b\log_2 N$$

- RT: 선택반응시간
- N: 대안(자극)의 개수
- a: 단순반응시간
- b: 정보처리 비례상수

반응시간(RT)은 자극정보의 양에 비례한다고 하였으므로, a=0으로 가정한다.

$$\frac{RT_2}{RT_1} = \frac{b\log_2 8}{b\log_2 2} = \frac{3}{1} = 3$$

정답 | ③

09

너비가 2cm인 버튼을 누르기 위해 손가락을 8cm 이동시키려고 한다. Fitts' Law에서 로그함수의 상수가 10이고, 이동을 위한 준비시간과 관련된 상수가 5이다. 이동시간(ms)은 얼마인가?

① 10ms ② 15ms
③ 35ms ④ 55ms

해설 Fitts의 법칙을 이용한 계산

$$MT = a + b\log_2\left(\frac{2A}{W}\right)$$

- MT: 동작시간
- A: 움직인 거리
- W: 목표물의 너비
- a: 단순반응시간
- b: 정보처리 비례상수

$MT = 5 + 10\log_2\left(\frac{2 \times 8}{2}\right) = 35ms$

정답 | ③

10

다음 중 책상과 의자의 설계에 필요한 인체치수 기준으로 적절하지 않은 것은?

① 의자 높이: 오금 높이를 기준으로 한다.
② 의자 깊이: 엉덩이에서 무릎 뒤까지의 길이를 기준으로 한다.
③ 책상 높이: 선 자세의 팔꿈치 높이를 기준으로 한다.
④ 의자 너비: 엉덩이 너비를 기준으로 한다.

해설
책상의 높이는 앉은 자세에서 팔꿈치 높이를 기준으로 설계한다.

정답 | ③

11

각각의 변수가 다음과 같을 때 정보량을 구하는 식으로 틀린 것은?

- n: 대안의 수
- p: 대안의 실현확률
- p_k: 각 대안의 실패확률
- p_i: 각 대안의 실현확률

① $H = \log_2 n$
② $H = \sum_{k=0}^{n} p_k + \log_2\left(\frac{1}{p_k}\right)$
③ $H = \log_2\left(\frac{1}{p}\right)$
④ $H = \sum_{i=1}^{n} p_i \log_2\left(\frac{1}{p_i}\right)$

해설

- 정보량 기본 공식

$$H = \log_2\left(\frac{1}{p}\right) \text{ 또는 } H = \log_2 n$$

- 평균 정보량 공식

$$H = \sum_{i=1}^{n} p_i \log_2\left(\frac{1}{p_i}\right) \text{ 또는 } H = -\sum_{i=1}^{n} p_i \log_2 p_i$$

정답 | ②

12

다음 중 인체계측치에 있어 기능적(Functional) 치수를 사용하는 이유로 가장 올바른 것은?

① 인간은 닿는 한계가 있기 때문
② 사용 공간의 크기가 중요하기 때문
③ 인간이 다양한 자세를 취하기 때문
④ 각 신체부위는 조화를 이루면서 움직이기 때문

해설
작업 중에 신체는 관절과 근육이 조화를 이루어 움직이기 때문에, 이를 반영한 기능적 치수를 사용해야 한다.

정답 | ④

13

다음 중 암호의 사용에 있어 일반적인 지침에 대한 설명으로 옳은 것은?

① 모든 암호표시는 다른 암호표시와 비슷하여 변별이 되지 않아야 한다.
② 암호체계는 사람들이 이미 지니고 있는 연상을 이용해서는 안된다.
③ 암호를 사용할 때 사용자는 그 뜻을 알 수 없어야 한다.
④ 암호를 표준화하여 사람들이 어떤 상황에서 다른 상황으로 옮기더라도 쉽게 이용할 수 있어야 한다.

해설

암호는 다양한 상황에서도 쉽게 이해될 수 있도록 표준화되어야 한다. 구분이 어렵거나 직관적이지 않은 암호는 혼란을 초래할 수 있다.

정답 ④

14

다음 중 인간공학 연구에 사용되는 기준에서 성격이 나쁜 하나는?

① 생리학적 지표
② 기계 신뢰도
③ 인간성능 척도
④ 주관적 반응

해설 인간공학 연구에 사용되는 기준

인적 기준	인간의 성능척도, 주관적 반응, 생리학적 지표, 사고 및 과오 빈도
물적 기준	시스템 신뢰성, 보전도(정비성), 가용성

정답 ②

15

그림은 인간-기계 통합 체계의 인간 또는 기계에 의해서 수행되는 기본 기능의 유형이다. 다음 중 그림의 A부분에 가장 적합한 내용은?

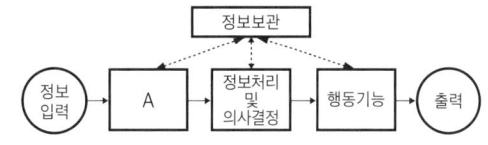

① 통신
② 확인
③ 감지
④ 신체제어

해설

감지된 정보는 즉시 처리되지 않을 수도 있어 단기기억 또는 장기기억에 저장되었다가, 필요 시 정보처리 및 의사결정 과정에서 활용된다.

정답 ③

16

다음 중 웨버(Weber)의 법칙을 따를 때 자극 감지 능력이 가장 뛰어난 것은?

① 미각
② 청각
③ 무게
④ 후각

해설 감각별 Weber 상수(k)

Weber 상수(k)와 JND(최소변화감지역)는 서로 비례하며, JND(최소변화감지역)값이 작을수록 자극 감지 능력이 뛰어나다.

감각	k
시각	0.01~
무게	0.015~
청각	0.02~
미각	0.08~
후각	0.25~

관련개념 Weber의 법칙

$$\frac{\Delta I}{I} = k$$

- ΔI : 최소한의 자극 변화(JND)
- I : 기준 자극 강도
- k : Weber 상수

정답 ③

17
다음 중 인간의 후각 특성에 관한 설명으로 틀린 것은?

① 훈련을 통하면 식별 능력을 향상시킬 수 있다.
② 특정한 냄새에 대한 절대적 식별 능력은 떨어진다.
③ 후각은 특정 물질이나 개인에 따라 민감도의 차이가 있다.
④ 훈련을 통하여 식별이 가능한 일상적인 냄새의 수는 최대 7가지 종류이다.

해설

후각은 훈련을 통해 능력을 향상시킬 수 있으며, 훈련을 통해 구별할 수 있는 냄새의 수는 제한적이지 않다.

정답 | ④

18
다음 중 음압 수준(SPL)을 나타내는 공식으로 옳은 것은? (단, P_0는 기준 음압, P_1은 측정하고 하는 음압이다.)

① $SPL(dB) = 20\log_{10}\left(\dfrac{P_0}{P_1}\right)$
② $SPL(dB) = 20\log_{10}\left(\dfrac{P_1}{P_0}\right)$
③ $SPL(dB) = 10\log_{10}\left(\dfrac{P_1}{P_0}\right)$
④ $SPL(dB) = 10\log_{10}\left(\dfrac{P_0}{P_1}\right)$

해설 음압수준(SPL)

$$SPL = 20 \cdot \log_{10}\left(\dfrac{P_1}{P_0}\right)$$

- SPL : 음압수준(dB)
- P_0 : 기준 소리 강도
- P_1 : 측정 소리 강도

소리강도는 압력의 제곱에 비례($I \propto P^2$)한다.

$$SPL = 10\log_2\left(\left(\dfrac{P_1}{P_0}\right)^2\right) = 20\log_{10}\left(\dfrac{P_1}{P_0}\right)$$

정답 | ②

19
실제 사용자들의 행동 분석을 위해 사용자가 생활하는 자연스러운 생활환경에서 관찰하는 사용성 평가 기법은?

① Heuristic Evaluation
② Observation Ethnography
③ Usability Lab Testing
④ Focus Group Interview

해설

관찰 에쓰노그라피(Observation Ethnography)는 사용자가 자연스러운 환경에서 실제로 어떻게 행동하는지를 관찰하는 평가 기법이다.

정답 | ②

20
다음과 같은 인간의 정보처리모델에서 구성 요소의 위치(A~D)와 해당 용어가 잘못 연결된 것은?

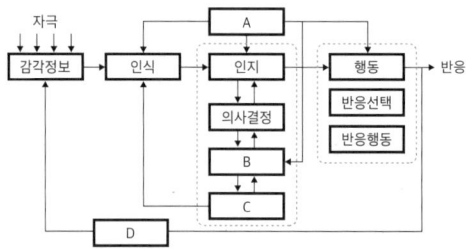

① A - 주의
② B - 작업기억
③ C - 단기기억
④ D - 피드백

해설

인간은 감각정보 → 인식 → 인지 → 의사결정 → 작업기억(단기기억) → 장기기억 순으로 정보를 처리한다.

정답 | ③

SUBJECT 02 | 작업생리학

21
다음 중 근력에 대한 설명으로 틀린 것은?

① 훈련(운동)을 통해 근력을 증가시킬 수 있다.
② 동적근력은 등척력이라 하며, 정적근력보다 측정하기 어렵다.
③ 근력은 보통 25~35세에 최고에 도달하고, 40세 이후 서서히 감소한다.
④ 정적근력은 신체 부위를 움직이지 않으면서 물체에 힘을 가할 때 발생한다.

해설

정적 근력은 등척력이라 하며, 동적 근력과 달리 정적근력은 관절 각도와 운동 방식이 고정되어 있어, 실제 작업에서 발휘되는 힘을 정확히 측정하기 힘들다.

정답 | ②

22
공기정화시설을 갖춘 사무실에서의 환기기준으로 옳은 것은?

① 환기횟수는 시간당 2회 이상으로 한다.
② 환기횟수는 시간당 3회 이상으로 한다.
③ 환기횟수는 시간당 4회 이상으로 한다.
④ 환기횟수는 시간당 6회 이상으로 한다.

해설

고용노동부고시 「사무실 공기관리 지침」 제3조에 따라, 공기정화시설이 있는 사무실의 최소 외기량은 0.57m³/min, 환기횟수는 시간당 4회 이상이어야 한다.

정답 | ③

23
일반적으로 1L의 산소(O_2)는 몇 kcal 정도의 에너지를 생성할 수 있는가?

① 1
② 2.5
③ 5
④ 10

해설

일반적으로 대사과정에서 1L의 산소는 약 5kcal 에너지를 생성할 수 있다.

정답 | ③

24
남성 작업자의 육체작업에 대한 에너지가를 평가한 결과 산소소모량이 1.5L/min이 나왔다. 작업자의 4시간에 대한 휴식시간은 약 몇 분 정도인가? (단, Murrell의 공식을 이용한다.)

① 75분
② 100분
③ 125분
④ 150분

해설 Murrell의 식을 이용한 휴식시간 계산

$$R = T \times \frac{E-S}{E-M}$$

- T : 총 작업 시간(분)
- E : 작업 중 평균 에너지소비량(kcal/min)
- S : 권장 평균 에너지소비량(kcal/min), 일반적으로 5kcal/min
- M : 휴식 중 에너지소비량(kcal/min), 일반적으로 1.5kcal/min

작업에너지 소비량(E) = 1.5 × 5 = 7.5kcal/min

휴식시간 계산(R) = $240 \times \frac{7.5-5}{7.5-1.5}$ = 100분

정답 | ②

25
다음 중 소음방지 대책으로 가장 적합하지 않은 것은?

① 전파경로를 차단하기 위해 흡음처리를 하고 거리감쇠를 시행한다.
② 음원에 대한 대책으로는 발생원을 제거하고, 방진 및 제진 재료를 사용한다.
③ 장시간 소음노출 작업 시 수음자를 격리하고 차음 보호구를 착용하도록 한다.
④ 감쇠대상의 음파에 대한 음파 간 간섭현상을 이용하여 능동적인 제어를 시행한다.

해설
장시간 소음노출 작업 시 작업자에게 청력 보호구를 착용시키고 소음원을 격리한다.

정답 | ③

26
다음 중 신경계에 대한 설명으로 틀린 것은?

① 체신경계는 평활근, 심장근에 분포한다.
② 기능적으로는 체신경계와 자율신경계로 나눌 수 있다.
③ 자율신경계는 교감신경계와 부교감신경계로 세분된다.
④ 신경계는 구조적으로 중추신경계와 말초신경계로 나눌 수 있다.

해설
체신경계는 골격근에 분포하며, 골격근을 의식적으로 조절할 수 있는 신경계이다. 평활근, 심장근은 의지와 상관없이 움직이는 불수의근으로, 자율신경계가 이를 조절한다.

정답 | ①

27
다음 중 진동 공구(power hand tool)의 사용으로 인한 부하를 줄이기 위한 방법으로 적절하지 않은 것은?

① 진동 공구를 정기적으로 보수한다.
② 진동을 흡수할 수 있는 재질의 손잡이를 사용한다.
③ 진동에 접촉되는 신체 부위의 면적을 감소시킨다.
④ 신체에 전달되는 진동의 크기를 줄이도록 큰 힘을 사용한다.

해설
큰 힘을 사용하면 오히려 진동 부하가 증가하여 근육 피로와 부상 위험이 커질 수 있다.

정답 | ④

28
소리 크기의 지표로서 사용하는 단위에 있어서 8sone은 몇 phon인가?

① 60
② 70
③ 80
④ 90

해설 phon 계산

$$\text{phon} = 10\log_2 S + 40$$
- S: sone값
- phon: 음압수준(dB)

$\text{phon} = 10\log_2 8 + 40 = 70$

정답 | ②

29

다음 중 생리적 스트레인의 척도에 대한 측정 단위의 설명으로 옳은 것은?

① 1N이란 1kg의 질량에 $1m/s^2$의 가속도가 생기게 하는 힘이다.
② 1J이란 1kg을 작용하여 1m를 움직이는데 필요한 에너지이다.
③ 1kcal이란 물 1kg을 0℃에서 100℃까지 올리는 데 필요한 열이다.
④ 동력이란 단위시간당의 일로서 단위는 dyne(다인)이 사용된다.

해설

② 1J(줄)은 1N(뉴턴)의 힘으로 물체를 1m 움직이는 데 필요한 에너지이다.
③ 1kcal(킬로칼로리)는 물 1kg(킬로그램)의 온도를 1℃(섭씨 1도) 올리는 데 필요한 열이다.
④ 동력이란 단위시간당 한 일의 양을 의미하며, 단위는 W(와트)이다.

정답 | ①

30

다음 중 기체 교환에 의해 혈액으로 유입된 산소가 전신으로 운반되는 형태로 올바른 것은?

① 산화 혈색소 형태
② 중탄산 이온 형태
③ 용해 이산화탄소 형태
④ 혈장단백질과 결합된 형태

해설

산소는 대부분 헤모글로빈과 결합한 산화 혈색소 형태로 전신에 운반된다.

정답 | ①

31

근육운동 중 근육의 길이가 일정한 상태에서 힘을 발휘하는 운동을 나타내는 것은?

① 등장성 운동
② 등축성 운동
③ 등척성 운동
④ 단축성 운동

해설

등척성 운동은 근육의 길이를 변화시키지 않은 채 힘을 발휘하는 운동이다.

정답 | ③

32

다음 중 근육의 활동에 대하여 근육에서의 전기적 신호를 기용하는 방법은?

① Electuomyograph(EMG)
② Electuooculogram(EOG)
③ Electuoencephalograph(EEG)
④ Electuocardiograph(ECG)

해설

근전도(EMG)는 근육이 움직일 때 발생하는 미세한 전기신호를 측정하여 근육의 활성도를 분석하는 장치이다.

관련개념 생체신호를 이용한 스트레스 측정법

스트레스 측정법	설명
근전도(EMG)	근육 긴장도 측정
심전도(ECG)	교감신경과 부교감신경 활성도 평가
뇌전도(EEG)	뇌파 활동 평가
안전도(EOG)	안구 움직임 측정
전기피부반응(GSR)	신체 각성상태 평가
점멸융합주파수 (CFF/VFF)	시각적 피로 및 중추신경계 피로 평가

정답 | ①

33
다음 중 시각적 점멸융합주파수(VFF)에 영향을 주는 변수에 대한 설명으로 틀린 것은?

① 암조응 시는 VFF가 증가한다.
② 연습의 효과는 아주 작다.
③ 휘도만 같으면 색은 VFF에 영향을 주지 않는다.
④ VFF는 조명각도의 대수치에 선형적으로 비례한다.

해설
암조응 상태에서는 색 구분 능력이 떨어지고 반응속도가 느려져 점멸융합주파수를 감소시킨다.

정답 | ①

34
하루 8시간 근무시간 중 6시간 동안 철판조립 작업을 수행하고, 2시간 동안 서류 작업 및 휴식을 하는 작업자가 있다. 작업자의 산소소비량은 철판조립 작업 시 2.1L/min 서류 작업 및 휴식 시 0.2L/min인 것으로 측정되었다. 이 작업자가 하루 근무시간 중 소비하는 에너지소비량은 얼마인가? (단, 산소소비량 1L의 에너지소비량은 5kcal이다.)

① 3,800kcal   ② 3,900kcal
③ 4,400kcal   ④ 4,500kcal

해설 총 에너지소비량 계산
- 철판조립 작업 시 산소소비량
  2.1L/min × 360min × 5kcal/L = 3,780kcal
- 서류 작업 및 휴식 시 산소소비량
  0.2L/min × 120min × 5kcal/L = 120kcal
- 총 에너지소비량
  3,780kcal + 120kcal = 3,900kcal

정답 | ②

35
유세포 기능이 정상적으로 움직이기 위해서는 내부 환경이 적정한 범위 내에서 조절되어야 한다. 이것을 자율신경계에 의한 신경성 조절과 내분비계에 의한 체액성 조절에 의해서 유지되고 있는데 다음 중 그 특징으로 옳은 것은?

① 신경성 조절은 조절속도가 빠르고 효과가 길다.
② 신경성 조절은 조절속도가 빠르고 효과가 짧다.
③ 내분비계 조절은 조절속도가 빠르고 효과가 짧다.
④ 내분비계 조절은 조절속도가 빠르고 효과가 길다.

해설
신경성 조절은 조절속도는 빠르지만, 효과가 짧고, 내분비계 조절은 조절속도가 느리지만, 효과가 오래 지속된다.

정답 | ②

36
다음 중 정신적 작업부하에 대한 생리적 측정 척도로 볼 수 없는 것은?

① 뇌전위(EEG)   ② 동공지름
③ 눈꺼풀 깜빡임   ④ 폐활량

해설
폐활량은 개인의 폐기능을 평가하는 용도로 활용하며, 정신적 작업부하에 대한 생리적 측정 척도가 아니다.

정답 | ④

37

다음 중 점멸융합주파수에 관한 설명으로 옳은 것은?

① 중추신경계의 정신피로의 척도로 사용된다.
② 마음이 긴장되었을 때나 머리가 맑을 때의 점멸융합주파수는 낮아진다.
③ 쉬고 있을 때 점멸융합주파수는 대략 10~20Hz이다.
④ 작업시간이 경과할수록 점명융합주파수는 높아진다.

해설

점멸융합주파수는 중추신경계의 정신피로의 척도로 사용된다. 정신이 맑거나 긴장된 상태일 때 점멸융합주파수는 높아지고 쉬고 있을 때 점멸융합주파수는 약 40Hz~50Hz이다. 작업시간이 길어질수록 정신적 피로가 증가하여 점멸융합주파수는 낮아진다.

정답 | ①

38

다음 중 교대작업 설계 시 주의할 사항으로 거리가 먼 것은?

① 교대주기는 3~4개월 단위로 적용한다.
② 가능한 한 고령의 작업자는 교대 작업에서 제외한다.
③ 교대 순서는 주간→야간→심야의 순서로 교대한다.
④ 작업자가 예측할 수 있는 단순한 교대작업계획을 수립한다.

해설

교대주기는 짧게는 2~3일, 길게는 2~4주 단위로 설정하는 것이 바람직하다. 3~4개월의 긴 주기는 생체리듬 적응이 어려워 피로 누적이 심화된다.

정답 | ①

39

다음 중 운동을 시작한 직후의 근육 내 혐기성 대사에서 가장 먼저 사용되는 것은?

① CP
② ATP
③ 글리코겐
④ 포도당

해설

ATP는 근육에 즉시 사용 가능한 형태로 저장되어 있어, 운동 시작 직후 가장 먼저 에너지원으로 사용된다.

정답 | ②

40

다음 그림과 같은 심전도에서 나타나는 T파는 심장의 어떤 상태를 의미하는 것인가?

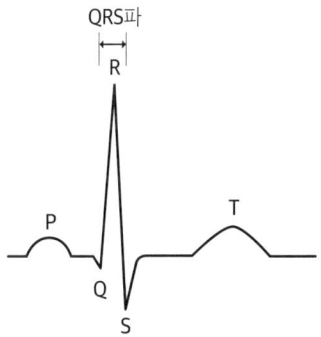

① 심방의 탈분극
② 심실의 재분극
③ 심실의 탈분극
④ 심방의 재분극

해설

T파는 심실이 수축 후에 다시 안정 상태로 돌아가는 과정인 심실의 재분극을 나타낸다.

정답 | ②

SUBJECT 03 | 산업심리학 및 관련법규

41
다음 중 휴먼에러로 이러지는 배후의 4요인(4M)에 해당하지 않는 것은?

① Media
② Machine
③ Material
④ Management

해설 휴먼에러의 배후요인 4가지(4M)
- Man(사람): 개인의 신체적, 정신적 상태나 기술 부족, 부주의 등 인간 자체에서 기인하는 요인이다.
- Machine(기계): 장비나 시스템의 결함, 설계상의 문제 등 기계적 요소에 의한 요인이다.
- Media(환경): 조명, 소음, 온도 등 물리적 작업 환경의 문제에서 비롯되는 요인이다.
- Management(관리): 조직 차원의 미흡한 관리, 부적절한 정책이나 절차 등 관리 시스템의 문제로 발생하는 요인이다.

정답 | ③

42
NIOSH의 직무스트레스 모형에서 직무스트레스 요인을 크게 작업요인, 조직요인, 환경요인으로 나눌 때 다음 중 환경요인에 해당하는 것은?

① 조명, 소음, 진동
② 가족상황, 교육상태, 결혼상태
③ 작업 부하, 작업 속도, 교대 근무
④ 역할 갈등, 관리 유형, 고용불확실

해설 직무스트레스 요인
스트레스의 원인이 되는 직무 관련 환경적, 작업적, 조직적 요소로 구분된다.
- 환경요인: 소음, 온도, 조명, 환기불량 등
- 작업요인: 작업부하, 교대근무, 작업속도
- 조직요인: 역할갈등, 고용의 불확실성, 의사결정 참여 여부 등

정답 | ①

43
Hick's Law에 따르면 인간의 반응시간은 정보량에 비례한다. 단순반응에 소요되는 시간이 150ms이고, 단위 정보량당 증가되는 반응시간이 200ms이라고 한다면, 2bit의 정보량을 요구하는 작업에서의 예상 반응시간은 몇 ms인가?

① 400
② 500
③ 550
④ 700

해설 Hicks-Hyman의 법칙
선택반응 시간은 자극과 반응의 수(N)에 따라 증가한다.

$$RT = a + b\log_2 N$$

- RT: 선택반응시간
- N: 대안(자극)의 개수
- a: 단순반응시간
- b: 정보처리 비례상수

단순반응시간 (a)=150
정보처리 비례상수(b)=200ms
정보량=2bit
RT=a+b×(정보량)=150+200×2=150+400=550ms

정답 | ③

44
인간이 과도로 긴장하거나 감정 흥분 시의 의식수준 단계로서 대외의 활동력은 높지만 냉정함이 결여되어 판단이 둔화되는 의식수준 단계는?

① Ⅰ단계
② Ⅱ단계
③ Ⅲ단계
④ Ⅳ단계

해설 인간의 의식 Level의 단계별 의식수준

단계	의식의 수준	생리적 상태
Phase 0	무의식, 실신	수면, 뇌가 발작
Phase Ⅰ	의식의 둔화	피로, 단조로움, 술에 취함
Phase Ⅱ	이완상태	안정기, 휴식할 때, 정상 작업할 때
Phase Ⅲ	명료한 상태	적극적인 활동, 에러 가능성 낮음
Phase Ⅳ	과긴장 상태	긴급 방어반응, 패닉

정답 | ④

45

다음 중 민주적 리더십에 관한 설명과 가장 거리가 먼 것은?

① 생산성과 사기가 높게 나타난다.
② 맥그리거의 Y이론에 근거를 둔다.
③ 구성원에게 최대의 자유를 허용한다.
④ 모든 정책이 집단 토의나 결정에 의해서 이루어진다.

해설
구성원에게 최대의 자유를 허용하는 것은 방임형 리더십(자유방임형)에 가깝다.

정답 ③

46

레빈(Levin)이 제안한 인간의 행동특성에 관한 설명으로 틀린 것은?

① 인간의 행동은 개인적 특성(P: Person) 및 주어진 환경(E: Environment)과 함수관계가 있다.
② 태도는 인간행동의 표상으로 어떤 자극이나 상황에 대하여 좋고 나쁨을 평가하는 개인의 선호경향이다.
③ 개인적 특성(P: Person)은 연령, 심신상태, 성격, 지능 등에 의해 결정된다.
④ 주어진 환경(E: Environment)의 주요 대상 중 인적환경은 제외된다.

해설
주어진 환경(E: Environment)의 주요 대상 중 인적환경도 포함된다.

정답 ④

47

Y이론에 대한 설명으로 옳은 것은?

① 사람은 무엇보다도 안정을 원한다.
② 인간의 본성은 나태하다.
③ 사람은 작업 수행에 자율성을 발휘한다.
④ 대다수의 사람들은 명령받는 것을 선호한다.

해설
사람은 작업 수행에 자율성을 발휘하는 것은 Y이론이다.

정답 ③

48

일반적으로 카페인이 포함된 음료를 마신 후 효과가 나타나는 시간은?

① 즉시
② 10분
③ 30분
④ 60분

해설
일반적으로 카페인을 섭취한 후 약 30분 이내에 각성 효과가 나타나기 시작한다. 혈중 카페인 농도가 최고에 도달하는 시간은 약 30~60분 사이이다.

정답 ③

49

작업자가 제어반의 압력계를 계속적으로 모니터링하는 작업에서 압력계를 잘못 읽어 에러를 범할 확률이 100시간에 1회로 일정한 것으로 조사되었다. 작업을 시작한 후 200시간 시점에서의 인간신뢰도는 약 얼마로 추정되는가?

① 0.02
② 0.98
③ 0.135
④ 0.865

해설 인간신뢰도

특정 시간 동안 실수를 하지 않을 확률을 의미한다.

$$R(t) = e^{-\lambda t}$$

- λ: 시간당 휴먼에러 발생률
- t: 경과 시간

$R(200) = e^{-(0.01 \times 200)} = e^{-2} = 0.135$

정답 | ③

50

다음 중 대표적인 연역적 방법이며, 톱-다운(top-down) 방식의 접근방법에 해당하는 시스템 안전 분석기법은?

① FTA
② ETA
③ PHA
④ FMEA

해설 FTA(결함나무 분석: Fault Tree Analysis)

사건의 결과(사고)로부터 시작해 원인이나 조건을 찾아나가는 순서로 분석 이루어지며 연역적, 정량적, 톱다운(top-down) 접근 방식이다.

정답 | ①

51

작업자의 휴먼에러 발생확률이 0.05로 일정하고, 다른 작업과 독립적으로 실수를 한다고 가정할 때, 8시간 동안 에러의 발생 없이 작업을 수행할 신뢰도는 약 얼마인가?

① 0.60
② 0.67
③ 0.66
④ 0.95

해설 인간신뢰도

특정 시간 동안 실수를 하지 않을 확률을 의미한다.

$$R(t) = e^{-\lambda t}$$

- λ: 시간당 휴먼에러 발생률
- t: 경과 시간

$R(8) = e^{-(0.05 \times 8)} = e^{-0.4} = 0.67$

정답 | ②

52

다음 중 인간의 행동이 어떻게 동기유발이 되는가에 중점을 둔 과정이론(process theory)이 아닌 것은?

① 공정성이론(equity theory)
② 기대이론(expectancy theory)
③ X-Y이론(theory X and theory Y)
④ 목표설정이론(goal-setting theory)

해설

X-Y이론은 맥그리거의 동기유발이론이다.

정답 | ③

53

평정오류 중 평가자가 평가대상자의 수행에 대하여 제한된 지식을 가지고 있음에도 불구하고 다양한 수행차원 모두에서 획일적으로 좋거나 또는 나쁜 수행을 나타낸다고 평가하는 것은?

① 후광 오류
② 확증편파 오류
③ 중앙집중 오류
④ 과잉확신 오류

해설

② 확증편파 오류: 자신이 기존에 가지고 있는 신념, 기대, 의견을 뒷받침해주는 정보만 선택적으로 수용하고, 그에 반하는 정보는 무시하거나 과소평가하는 인지적 오류이다.
③ 중앙집중 오류: 평가자가 평가 대상자의 성과나 능력 수준에 상관없이 모든 사람을 평균 수준(중간 등급)으로 평가하려는 평가 오류이다.
④ 과잉확신 오류: 자신의 지식, 판단, 기억, 예측 능력 등에 대해 실제보다 과도한 확신을 가지는 인지적 오류이다.

정답 | ①

54

다음 설명에 해당하는 시스템안전 분석기법은?

> 사고의 발단이 되는 초기사상의 시스템으로 입력될 경우 그 영향이 계속해서 어떤 부적합한 사상으로 발전해 가는 과정을 나뭇가지로 갈라지는 식으로 추구해 분석하는 방법

① ETA
② FTA
③ FMEA
④ THERP

해설

② 결함나무 분석(FTA, Fault Tree Analysis): 시스템 내 특정 사건(사고)이 발생할 확률을 계산한다.
③ 고장모드 및 영향 분석(FMEA, Failure Mode and Effects Analysis): 시스템의 각 구성 요소에서 발생 가능한 고장 모드와 그 영향을 식별하고 평가한다.
④ 휴먼에러율 예측 기법(THERP, Technique for Human Error Rate Prediction): 인간 오류가 시스템 신뢰도에 미치는 영향을 정량적으로 평가하는 방식이다.

정답 | ①

55

다음 중 레빈(Lewin)의 행동방정식 B=f(P, E)에서 E가 나타내는 것은?

① Environment
② Energy
③ Emotion
④ Education

해설 레빈의 인간행동 법칙

독일에서 출생하여 미국에서 활동한 심리학자 레빈(Lewin. K)은 인간의 행동(B)은 그 자신이 가진 자질, 즉, 개체(P)와 환경(E)과의 상호관계에 있다고 말하였으며 인간의 행동은 주변 환경의 자극에 의해서 일어나며, 항상 환경과의 상호작용의 관계에서 전개된다는 이론이다.

$$B = f(P \cdot E)$$

- B(Behavior, 인간의 행동)
- f(function, 함수관계): P와 E에 영향을 미칠 조건
- P(Person, 인적요인): 지능, 시각기능, 성격, 연령, 심신 상태인 피로도, 경험 등
- E(Environment, 외적요인): 가정 내 불화나 대인 관계, 인간관계와 작업환경요인인 소음, 온도, 습도, 먼지, 청소 등

정답 | ①

56

다음 중 NIOSH의 직무스트레스 모형에서 직무스트레스 요인과 성격이 다른 한 가지는?

① 작업요인
② 조직요인
③ 환경요인
④ 행동적 반응요인

해설

①, ②, ③은 직무스트레스 요인이며, ④ 행동적 반응요인은 스트레스 직무반응에 속한다.

정답 | ④

57

다음 중 리더십 이론에 관리격자이론에서 인간중심 지향적으로 직무에 대한 관심이 가장 낮은 유형은?

① (1, 1)형
② (1, 9)형
③ (9, 1)형
④ (9, 9)형

해설 관리격자이론의 리더십 스타일

유형	구분	생산에 대한 관심	인간 관계에 대한 관심	특징
타협형 (중간형)	(5, 5)	중간 수준	중간 수준	균형 잡힌 접근, 평균적인 성과
인기형 (컨트리 클럽형)	(1, 9)	낮음	높음	인간관계 중심, 업무 성과 저하 가능
이상형	(9, 9)	높음	높음	최적의 리더십, 높은 성과와 인간관계 유지
과업형	(9, 1)	높음	낮음	목표 달성을 최우선, 권위적 스타일
무관심형	(1, 1)	낮음	낮음	책임 회피, 소극적 태도

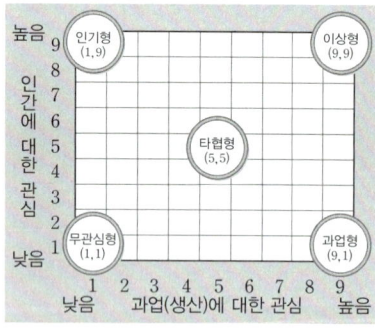

정답 | ②

58

다음 중 FTA(Fault Tree Analysis)에 관한 설명으로 옳은 것은?

① 연역적 방법 또는 톱다운(Top-Down) 접근 방식이다.
② 귀납적이고, 위험 그 자체와 영향을 강조하고 있다.
③ 시스템 구상에 있어 가장 먼저 하는 분석으로 위험요소가 어떤 상태에 있는지를 정성적으로 평가하는 데 적합하다.
④ 한 사건에 대하여 실패와 성공으로 분개하고, 동일한 방법으로 분개된 각각의 가지에 대하여 실패 또는 성공의 확률을 구하는 것이다.

해설 FTA(결함나무 분석 : Fault Tree Analysis)

사건의 결과(사고)로부터 시작해 원인이나 조건을 찾아나가는 순서로 분석 이루어지며 연역적, 정량적, 톱다운(Top-Down) 접근방식이다.

정답 | ①

59

뇌파의 유형에 따라 인간의 의식수준을 단계별로 분류할 수 있다. 다음 중 의식이 명료하며 가장 적극적인 활동이 이루어지고 실수의 확률이 가장 낮은 단계는?

① Ⅰ단계
② Ⅱ단계
③ Ⅲ단계
④ Ⅳ단계

해설 인간의 의식 Level의 단계별 의식수준

단계	의식의 수준	생리적 상태
Phase 0	무의식, 실신	수면, 뇌가 발작
Phase Ⅰ	의식의 둔화	피로, 단조로움, 술에 취함
Phase Ⅱ	이완상태	안정기, 휴식할 때, 정상 작업할 때
Phase Ⅲ	명료한 상태	적극적인 활동, 에러 가능성 낮음
Phase Ⅳ	과긴장 상태	긴급 방어반응, 패닉

정답 | ③

60

다음 중 리더십의 유형에 따라 나타나는 특징에 대한 설명으로 틀린 것은?

① 권위주의적 리더십 – 리더에 의해 모든 정책이 결정된다.
② 권위주의적 리더십 – 각 구성원의 업적을 평가할 때 주관적이기 쉽다.
③ 민주적 리더십 – 리더는 보통 과업과 그 과업을 함께 수행할 구성원을 지정해 준다.
④ 민주적 리더십 – 모든 정책은 리더에 의해서 지원을 받는 집단토론식으로 결정된다.

해설
권위주의적 리더는 보통 과업과 그 과업을 함께 수행할 구성원을 지정해 준다.

정답 | ③

SUBJECT 04 | 근골격계질환 예방을 위한 작업관리

61

다음 중 허리부위와 중량물취급 작업에 대한 유해요인의 주요 평가기법은?

① REBA
② JSI
③ RULA
④ NIE

해설 REBA/RULA/JSI/NIE 비교표

항목	REBA	RULA	JSI	NIE (NIOSH)
평가 부위	전신(목, 허리, 다리, 팔 등)	상지(목, 어깨, 팔, 손목) 중심	손, 손목 중심의 반복 작업	허리 중심의 중량물 취급 작업
대상 작업	불균형하거나 비틀린 자세, 간헐적이고 동적인 작업	앉거나 서서 손이나 팔을 많이 사용하는 작업	손, 손목을 반복 사용하는 정밀 작업	반복적 중량물 들기 작업
특징	전신 분석에 유용, 다양한 작업 적용 가능	상지 분석에 특화	손/손목 반복작업 정량 분석	중량물 취급에 특화, 정량적 기준

정답 | ④

62

다음 중 보기와 같은 작업표준의 작성 절차를 올바르게 나열한 것은?

a. 작업분해
b. 작업의 분류 및 정리
c. 작업표준안 작성
d. 작업표준의 채점과 교육 실시
e. 동작순서 설정

① a → b → c → e → d
② a → e → b → c → d
③ b → a → e → c → d
④ b → a → c → e → d

해설
작업표준의 작성은 작업의 분류 및 정리 → 작업분해 → 동작순서 설정(작업분석 및 연구토의) → 작업표준안 작성 → 작업표준의 채점과 교육 실시(작업표준의 제정) 순서로 이루어진다.

정답 | ③

63

평균 관측시간 0.9분, 레이팅 계수가 120%, 여유시간이 하루 8시간 근무시간 중에 28분으로 설정되었다면 표준시간은 약 몇 분인가?

① 0.926
② 1.080
③ 1.147
④ 1.151

해설 표준시간(ST, Standard Time)
• 정미시간 계산

$$정미시간 = 관측평균시간 \times \frac{레이팅계수}{100}$$

정미시간 = 0.9 × 1.20 = 1.08분

• 여유율

$$여유율 = \frac{여유시간}{총근무시간}$$

$$여유율 = \frac{28(분)}{8(시간) \times 60(분)} = \frac{28}{480} = 0.0583$$

• 표준시간

$$표준시간 = \frac{정미시간}{1 - 여유율}$$

$$표준시간(ST) = \frac{1.08}{1 - 0.0583} = \frac{1.08}{0.9417} \approx 1.147분$$

정답 | ③

64

다음 중 작업대 및 작업 공간에 관한 설명으로 틀린 것은?

① 가능하면 작업자가 작업 중 자세를 필요에 따라 변경할 수 있도록 작업대와 의자 높이를 조절할 수 있는 방식을 사용한다.
② 가능한 낙하식 운반방법을 사용한다.
③ 작업점의 높이는 팔꿈치 높이를 기준으로 설계한다.
④ 정상작업영역이란 작업자가 위팔과 아래팔을 곧게 펴서 파악할 수 있는 구역으로 조립작업에 적절한 영역이다.

해설
정상작업영역은 작업자가 위팔을 자연스럽게 늘어뜨린 채 아래팔로만으로 닿을 수 있는 영역을 말한다.

관련개념 작업공간

구분	설명
정상작업 영역	정상작업영역은 작업자가 위팔을 자연스럽게 늘어뜨린 채 아래팔로만으로 닿을 수 있는 영역을 말한다.
최대작업 영역	작업자의 손과 팔이 닿을 수 있는 최대 영역을 말한다.
최소작업 영역	작업자가 작업을 수행하기 위해 필요한 최소한의 영역을 말한다.
작업공간 포락면	작업자의 머리, 어깨, 팔, 손, 다리의 윤곽을 따라 그린 면이며 작업자의 실제 작업영역을 말한다.

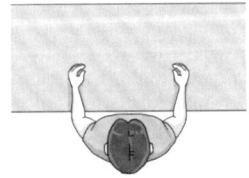
▲ 정상 작업영역

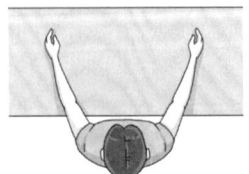
▲ 최대 작업영역

정답 | ④

65

다음 중 작업측정에 대한 설명으로 적절한 것은?

① 반드시 비디오 촬영을 병행하여야 한다.
② 측정 시 작업자가 모르게 비밀 촬영을 하여야 한다.
③ 작업측정은 자격을 가진 전문가만이 수행하여야 한다.
④ 측정 후 자료는 그대로 사용하지 않고, 작업능률에 따라 자료를 조정할 수 있다.

해설
① 비디오 촬영을 병행하는 것은 선택 사항이다.
② 측정 시 작업자의 동의하에 촬영하여야 한다.
③ 작업측정은 자격을 가진 전문가, 기업 내 훈련된 인원 등이 수행 가능하다.

정답 | ④

66

다음 중 근골격계 부담작업에 근로자가 종사하도록 하는 경우 유해요인조사의 실시주기로 옳은 것은?

① 6월
② 1년
③ 2년
④ 3년

해설
정기 유해요인 조사는 3년마다 시행하여야 한다.

정답 | ④

67

다음 중 근골격계 부담작업에 해당하지 않는 것은?

① 하루에 6시간 동안 집중적으로 자료입력 등을 위해 키보드와 마우스를 조작하는 작업
② 하루에 15회, 10kg의 물체를 무릎 아래에서 드는 작업
③ 하루에 총 4시간 동안 지지되지 않은 상태에서 5kg의 물건을 한 손으로 들거나 동일한 힘으로 쥐는 작업
④ 하루에 총 4시간 동안 팔꿈치가 어깨 위에 있는 상태에서 이루어지는 작업

해설
하루에 25회 이상 10kg 이상의 물체를 무릎 아래에서 드는 작업인 경우 근골격계 부담작업에 해당한다.

정답 | ②

68
다음 중 작업연구의 목적과 가장 거리가 먼 것은?

① 무결점 달성
② 표준시간의 설정
③ 생산성 향상
④ 최선의 작업 방법 개발

해설 작업관리의 주목적
- 최선의 작업 방법 개발
- 표준시간의 설정
- 생산성 향상
- 품질의 균일화
- 생산비 절감
- 작업 방법에 대한 교육
- 방법, 재료, 설비, 공구 등의 표준화

정답 | ①

69
다음 중 MTM(Methods Time Measurement)법의 용도와 가장 거리가 먼 것은?

① 현상의 발생비율 파악
② 능률적인 설비, 기계류의 선택
③ 표준시간에 대한 불만 처리
④ 작업개선의 의미를 향상시키기 위한 교육

해설 MTM(Methods Time Measurement)법
미리 정해진 동작 요소의 시간 데이터를 사용하여 표준시간을 산출하는 방법으로 현상의 발생비율 파악과는 거리가 멀다.

정답 | ①

70
다음 중 동작경제의 원칙에 해당되지 않는 것은?

① 작업장의 배치에 관한 원칙
② 신체 사용에 관한 원칙
③ 공정 및 작업개선에 관한 원칙
④ 공구 및 설비 디자인에 관한 원칙

해설 동작경제의 원칙 3가지
- 신체의 사용에 관한 원칙
- 작업장의 배치에 관한 원칙
- 공구 및 설비의 디자인에 관한 원칙

정답 | ③

71
다음 중 작업방법에 관한 설명으로 틀린 것은?

① 서 있을 때는 등뼈가 S 곡선을 유지하는 것이 좋다.
② 섬세한 작업 시 power grip보다 pinch grip을 이용한다.
③ 부적절한 자세는 신체 부위들이 중립적인 위치를 취하는 자세이다.
④ 부적절한 자세는 강하고 큰 근육들을 이용하여 작업하는 것을 방해한다.

해설
중립적인 위치(neutral posture)란 신체가 자연스럽고 안정된 상태로, 근육과 관절에 최소한의 부담을 주는 가장 이상적인 작업 자세이다.

정답 | ③

72
다음 중 미세동작연구의 장점과 가장 거리가 먼 것은?

① 서블릭(therblig) 기호를 사용함으로서 작업시간 간의 비교와 추정에 유용하다.
② 과거의 작업개선의 경험을 다른 작업에도 그대로 응용하기 용이하다.
③ 어느 정도 숙달되면 눈으로도 서블릭으로 해석이 가능하며, 그에 따른 작업개선능력이 향상된다.
④ SIMO 차트를 이용하여 이상적 작업동작의 습득에는 다소 시간이 걸리지만 상대적으로 정확하다.

해설
SIMO 차트를 이용하면 비교적 빠른 시간에 이상적 작업동작의 습득이 가능하며 상대적으로 정확하다.

정답 | ④

73
다음 중 시간 축 위에 수행할 활동에 대한 필요한 시간과 일정을 표시한 문제의 분석 도구는?

① 파레토 차트   ② 특성요인도
③ 간트 차트   ④ 마인드 맵핑

해설
Gantt Chart(간트차트)는 작업 일정과 진행 상태를 관리하는 스케줄링 도구이다.

정답 | ③

74
다음 중 입식 작업보다는 좌식 작업이 더 적절한 경우는?

① 큰 힘을 요하는 경우
② 작업방경이 큰 경우
③ 정밀 작업을 해야 하는 경우
④ 작업 시 이동이 많은 경우

해설
정밀 작업을 해야 하는 경우에는 좌식 작업에 적절하지만 ①, ②, ④ 작업은 입식 작업에 적절하다.

정답 | ③

75
다음 중 OWAS 자세평가에 의한 조치 수준에서 각 수준에 대한 평가내용이 올바르게 연결된 것은?

① 수준 1: 즉각적인 자세의 교정이 필요
② 수준 2: 가까운 시기에 자세의 교정이 필요
③ 수준 3: 조치가 필요 없는 정상 작업자세
④ 수준 4: 가능한 빨리 자세의 변경이 필요

해설 OWAS(Ovako Working Posture Analysis System) 평가

평가수준	평가내용	평가내용
수준 1	Acceptable	정상 작업자세(개선 불필요)
수준 2	Slightly harmful	가까운 미래 작업자세 교정 필요(가까운 시일 내 개선 필요)
수준 3	Distinctly harmful	가능한 빨리 작업자세 교정 필요(빠른 시일 내 개선 필요)
수준 4	Extremely harmful	즉각적인 작업자세 교정 필요(즉시 개선 필요)

정답 | ②

76
다음 중 동작연구를 통한 작업개선안 도출을 위해 문제가 되는 작업에 대하여 가장 우선적이고, 근본적으로 고려해야 하는 것은?

① 작업의 제거   ② 작업의 결합
③ 작업의 변경   ④ 작업의 단순화

해설 ECRS
작업의 효율성을 높이고 불필요한 요소를 제거하기 위해 사용되는 원칙으로, Eliminate(제거), Combine(결합), Rearrange(재배치), Simplify(단순화)의 약자이다. 이 중 '작업의 제거'가 가장 우선적이고 근본적으로 고려되어야 하는 개선 방법이다.

정답 | ①

77
간헐적으로 랜덤한 시점에서 연구대상을 순간적으로 관측하여 대상이 처한 상황을 파악하고 이를 토대로 관측시간 동안에 나타난 항목별로 차지하는 비율을 추정하는 방법은?

① PIS법
② 워크샘플링
③ 웨스팅하우스법
④ 스톱워치를 이용한 시간연구

해설 워크샘플링법(Work Sampling)
간헐적으로 랜덤한 시점에서 연구대상을 순간적으로 관측하여 관측기간 동안 나타난 항목의 비율을 추정하는 방법(사이클 타임 긴 작업에 사용)이며 작업자가 의식적으로 행동하는 일이 적어 결과의 신뢰수준이 높다.

정답 ②

78
다음 중 공정도에 사용되는 공정 도시기호인 "○"으로 표시하기에 가장 적합한 것은?

① 작업 대상물을 다른 장소로 옮길 때
② 작업 대상물이 분해되거나 조합될 때
③ 작업 대상물을 지정된 장소에 보관할 때
④ 작업 대상물이 올바르게 시행되었는지를 확인할 때

해설 공정 도시기호
① 작업 대상물을 다른 장소로 옮길 때(운반): ⇨
③ 작업 대상물을 지정된 장소에 보관할 때(저장): ▽
④ 작업 대상물이 올바르게 시행되었는지를 확인할 때(검사): 수량검사 □, 품질 검사 ◇

정답 ②

79
다음 중 근골격계질환 예방, 관리 교육에서 근로자에 대한 필수적인 교육내용으로 틀린 것은?

① 근골격계질환 발생 시 대처요령
② 근골격계 부담 작업에서의 유해요인
③ 예방, 관리 프로그램의 수립 및 운영방법
④ 작업도구와 장비 등 작업시설의 올바른 사용 방법

해설
예방, 관리 프로그램의 수립 및 운영방법은 사업장의 예방·관리 추진팀의 역할이다.

정답 ③

80
다음 중 파레토 차트에 관한 설명으로 틀린 것은?

① 재고관리에서는 ABC 곡선으로 부르기도 한다.
② 20% 정도에 해당하는 중요한 항목을 찾아내는 것이 목적이다.
③ 불량이나 사고의 원인이 되는 중요한 항목을 찾아 관리하기 위함이다.
④ 작성 방법은 빈도수가 낮은 항목부터 큰 항목 순으로 차례대로 나열하고, 항목별 점유비율과 누적비율을 구한다.

해설 파레토 차트(Pareto Chart)
재해 원인 분석에 주로 활용되며, 원인을 유형별로 분석하여 데이터가 큰 순서대로 정렬하여 도표화한 것이다. 파레토는 80−20 법칙을 기반으로 하여, 문제의 주요 원인 20%가 결과의 80%를 차지한다는 것을 나타내는 도구이다.

정답 ④

2023년 3회 CBT 복원문제

SUBJECT 01 | 인간공학개론

01
신호검출의 민감도를 늘리는 방법이 아닌 것은?

① 교육 훈련
② 결과의 피드백
③ 신호검출 실패 비용의 증가
④ 신호의 비신호의 구별성 증가

해설
신호검출 실패 비용이 높아지면 판단 기준에 영향을 줄 수 있지만, 민감도에는 영향을 주지 않는다.

정답 | ③

02
사용성에 대한 설명으로 틀린 것은?

① 실험 평가로 사용성을 검증할 수 있다.
② 편리하게 제품을 사용하도록 하는 원칙이다.
③ 비용절감 위주로 인간의 행동을 관찰하고 시스템을 설계한다.
④ 학습성, 에러방지, 효율성, 만족도 등의 원칙이 있다.

해설
사용성은 비용절감이 아니라 사용자 중심의 효율성, 만족도 등을 제고하는 것이 설계 원칙이다.

정답 | ③

03
정보의 전달량에 관한 공식으로 맞는 것은?

① $Noise = H(X) - T(X, Y)$
② $Noise = H(X) + T(X, Y)$
③ $Equivocation = H(X) + T(X, Y)$
④ $Equivocation = H(X) - T(X, Y)$

해설
정보손실항(Equivocation)은 수신된 신호만으로는 원래 입력 정보를 완전히 파악할 수 없을 때, 정보의 모호함 정도를 수치로 표현한 것이다. 따라서 수식으로 나타내면, 송신된 총 정보 $H(X)$에서 수신자가 이해한 유효 정보 $T(X, Y)$를 뺀 값으로 나타낼 수 있다.

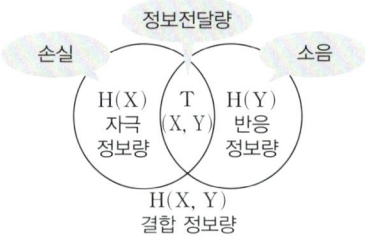

정답 | ④

04
코드화(coding) 시스템 사용상의 일반적 지침으로 적합하지 않은 것은?

① 양립성이 준수되어야 한다.
② 차원의 수를 최소화해야 한다.
③ 자극은 검출이 가능하여야 한다.
④ 다른 코드표시와 구별되어야 한다.

해설
정확성 향상을 위해 여러 차원을 조합하여 활용하는 것이 바람직하다.

정답 | ②

05

표시장치와 제어장치를 포함하는 작업장을 설계할 때 우선 고려사항에 해당되지 않는 것은?

① 작업시간
② 제어장치와 표시장치와의 관계
③ 주 시각 임무와 상호작용하는 주제어장치
④ 자주 사용되는 부품을 편리한 위치에 배치

해설

작업시간은 근무형태와 관련된 요소로 표시장치와 제어장치를 설계할 때 고려사항이 아니다.

정답 | ①

06

정보이론의 응용과 거리가 먼 것은?

① 다중과업
② Hick-Hyman 법칙
③ Magic number = 7±2
④ 자극의 수에 따른 반응시간 설정

해설

다중과업은 여러 작업을 동시에 수행하는 것으로, 정보이론과 관련이 없다.

정답 | ①

07

움직이는 몸의 동작을 측정한 인체치수를 무엇이라고 하는가?

① 조절 치수
② 구조적 인체치수
③ 파악한계 치수
④ 기능적 인체치수

해설 기능적 치수

활동 중인 신체 움직임을 반영하여 측정한 신체치수이다.

관련개념 구조적 치수

표준자세에서 움직이지 않는 상태에서 측정한 신체치수이다.

정답 | ④

08

신호검출이론(SDT)에서 신호의 유무를 판별함에 있어 4가지 반응 대안에 해당하지 않는 것은?

① 긍정(Hit)
② 채택(Acceptation)
③ 누락(Miss)
④ 허위(False Alarm)

해설

채택은 신호검출이론의 4가지 반응 대안에 해당하지 않는다.

정답 | ②

09

제어 시스템에서 제어장치에 의해 피제어 요소가 동작하지 않는 0점(Null Point) 주위에서의 제어동작 공간을 지칭하는 용어는?

① 백래쉬(Back Lash)
② 사공간(Dead Space)
③ 0점공간(Null Space)
④ 조정공간(Adjustment Space)

해설
조작을 하여도 일정 구간에서 출력 변화가 없는 현상을 사공간(Dead Space) 현상이라 한다.

정답 | ②

10

인간이 3차원 공간에서 깊이(depth)를 지각하기 위해 사용하는 단서로써 적절하지 않은 것은?

① 상대적 크기(relative size)
② 시각적 탐색(visual search)
③ 직선조망(linear perspective)
④ 빛과 그림자(light and shadowing)

해설
시각적 탐색은 특정자극(목표물)을 찾는 시각적 인지와 관련된 개념으로 깊이 지각과는 관련이 없다.

정답 | ②

11

작업대 공간 배치의 원리와 거리가 먼 것은?

① 기능성의 원리   ② 사용순서의 원리
③ 중요도의 원리   ④ 오류방지의 원리

해설
오류방지의 원리는 작업대 공간의 배치 원리가 아니다.

관련개념 작업대 공간 구성요소의 배치
- 중요도의 원칙: 각 부품 및 작업 요소의 기여도를 고려하여 우선순위를 결정한다.
- 사용빈도의 원칙: 자주 사용하는 부품이나 도구를 작업자 손 가까이에 배치해 이동을 최소화한다.
- 사용순서의 원칙: 작업 순서를 반영해 부품이나 도구를 순차적으로 배치하여 효율적 흐름을 유지한다.
- 기능별 배치의 원칙: 기능적으로 연관된 부품이나 도구를 한 곳에 모아 배치해 연속성과 효율을 높인다.

정답 | ④

12

인간 기억 체계에 대한 설명 중 틀린 것은?

① 단위시간당 영구 보관할 수 있는 정보량은 7bit/sec이다.
② 감각 저장(Sensory Storage)에서는 정보에 코드화가 이루어지지 않는다.
③ 장기기억(Long-Term Memory) 내의 정보는 의미적으로 코드화된 정보이다.
④ 작업 기억(Working Memory)은 현재 또는 최근의 정보를 장기간 기억하기 위한 저장소의 역할을 한다.

해설
작업기억은 현재 또는 최근의 정보를 단기적으로 저장하고 처리하는 역할을 한다.

정답 | ④

13

시스템의 사용성 검증 시 고려되어야 할 변인이 아닌 것은?

① 경제성
② 에러 빈도
③ 효율성
④ 기억용이성

해설 닐슨의 5가지 사용성 평가 기준

학습 용이성 (Learnability)	얼마나 쉽게 사용할 수 있는가?
효율성 (Efficiency)	얼마나 빠르게 수행하였는가?
기억용이성 (Memorability)	재사용 시 사용방법을 기억하기 쉬운가?
에러(Errors)	얼마나 에러가 자주 발생하는가?
만족도 (Satisfaction)	얼마나 만족스럽게 사용하는가?

정답 | ①

14

Fitts의 법칙에 관한 설명으로 맞는 것은?

① 표적과 이동거리는 작업의 난이도와 소요 이동시간과 무관하다.
② 표적이 작을수록, 이동거리가 길수록 작업의 난이도와 소요 이동시간이 증가한다.
③ 표적이 클수록, 이동거리가 길수록 작업의 난이도와 소요 이동시간이 증가한다.
④ 표적이 작을수록, 이동거리가 짧을수록 작업의 난이도와 소요 이동시간이 증가한다.

해설

Fitts의 법칙은 표적의 크기와 이동 거리가 작업 속도와 정확성에 미치는 영향을 설명하는 법칙이다. 표적이 작고 멀수록 난이도가 증가하고 시간이 더 걸린다. 예를 들어, 스마트폰에서 먼 위치의 작은 아이콘을 클릭할 때 정밀한 조작이 필요해 수행 시간이 길어진다.

정답 | ②

15

인간의 신뢰도가 70%, 기계의 신뢰도가 90%이면 인간과 기계가 직렬체계로 작업할 때의 신뢰도는 몇 %인가?

① 30%
② 54%
③ 63%
④ 98%

해설 직렬 시스템의 신뢰도 계산

$$R_s = R_H \times R_E$$

- R_s: 인간－기계 체계 신뢰도
- R_H: 인간의 신뢰도
- R_E: 기계의 신뢰도

$R_s = 0.7 \times 0.9 = 0.63$

정답 | ③

16

선형 제어장치를 20cm 이동시켰을 때 선형표시장치에서 지침이 5cm 이동되었다면, 제어반응(C/R)비는 얼마인가?

① 0.2
② 0.25
③ 4.0
④ 5.0

해설 C/R비 계산

$$C/R비 = \frac{조종장치의 \ 움직임}{표시장치의 \ 반응}$$

$C/R비 = \dfrac{20}{5} = 4.0$

정답 | ③

17
Norman이 제시한 사용자 인터페이스 설계원칙에 해당하지 않는 것은?

① 가시성(Visibility)의 원칙
② 피드백(Feedback)의 원칙
③ 일관성(Consistency)의 원칙
④ 유지보수 경제성(Maintenance Economy)의 원칙

해설 Norman의 인터페이스 설계 원칙
- 행동유도성의 원칙: 행동에 제약을 가하도록 설계하여 특정 행동만 가능하도록 유도하게 한다.
- 가시성 원칙: 제품의 핵심 요소가 눈에 잘 띄어야 하고, 그 의미가 명확하게 전달되어야 한다.
- 피드백 원칙: 사용자의 조작 결과를 명확히 전달하여 상태 변화를 인식하게 한다.
- 일관성의 원칙: 시스템의 동작이 일관되어야 한다.
- 대응(맵핑)의 원칙: 조작 장치와 그 결과 사이의 연결 관계가 직관적으로 이해될 수 있도록 설계한다.

정답 | ④

18
sone과 phon에 대한 설명으로 틀린 것은?

① 20phon은 0.5sone 이다.
② 10phon은 증가 시마다 sone의 2배가 된다.
③ phon은 1,000Hz 순음과의 상대적인 음량비교이다.
④ phon은 음량과 주파수를 동시에 고려하여 도출된 수치이다.

해설 sone 계산

$$S = 2^{(phon-40)/10}$$

- S: sone 값
- phon: 음압수준(dB)

20phon일 때 sone값을 계산하면,
$S = 2^{(20-40)/10} = 2^{-20/10} = 2^{-2} = 0.25$ sone이다.

정답 | ①

19
인간기계 통합체계에서 인간 또는 기계에 의해 수행되는 기본 기능이 아닌 것은?

① 정보처리 ② 정보생성
③ 의사결정 ④ 정보보관

해설
인간-기계 시스템에서의 기본 4가지 기능에 정보생성은 포함되지 않는다.

정답 | ②

20
일반적인 시스템의 설계과정을 맞게 나열한 것은?

① 목표 및 성능명세 결정 → 체계의 정의 → 기본설계 → 계면설계 → 촉진물 설계 → 시험 및 평가
② 체계의 정의 → 목표 및 성능명세 결정 → 기본설계 → 계면설계 → 촉진물 설계 → 시험 및 평가
③ 목표 및 성능명세 결정 → 체계의 정의 → 계면설계 → 촉진물 설계 → 기본설계 → 시험 및 평가
④ 체계의 정의 → 목표 및 성능명세 결정 → 계면설계 → 촉진물 설계 → 기본설계 → 시험의 평가

해설 시스템 설계과정

단계	내용
목표 및 성능명세 결정	시스템으로 달성할 목표와 기능 및 성능을 정의한다.
체계의 정의	시스템 전체 구조와 구성 요소를 설정한다.
기본설계	하드웨어, 소프트웨어, 조직구조 등 시스템 기본 형태를 설계한다.
계면설계	사용자 편의성과 시스템 성능을 최적화하기 위한 인터페이스를 설계한다.
촉진물 설계	사용자가 시스템을 효과적으로 활용할 수 있도록 매뉴얼, 훈련 프로그램 등을 설계한다.
시험 및 평가	설계 결과가 초기 목표와 성능을 만족하는지 시험하고 평가한다.

정답 | ①

SUBJECT 02 | 작업생리학

21
어떤 작업자가 팔꿈치 관절에서부터 32cm 거리에 있는 8kg 중량의 물체를 한 손으로 잡고 있다. 팔꿈치 관절의 회전 중심에서 손까지의 중력중심 거리는 16cm이며 이 부분의 중량은 12N이다. 이때 팔꿈치에 걸리는 반작용의 힘(N)은 약 얼마인가?

① 38.2 ② 90.4
③ 98.9 ④ 114.3

해설 반작용력(R) 계산

$$R = W_1 + W_2$$
- W_1: 물체의 중력 하중(N)
- W_2: 하박의 중력 하중(N)

$R = 8kg \times 9.8m/s^2 + 12N = 90.4N$

정답 | ②

22
진동과 관련된 단위가 아닌 것은?

① nm ② gal
③ cm/s ④ sone

해설
sone은 소리의 크기를 나타내는 단위이다.

정답 | ④

23
습구온도가 43℃, 건구온도가 32℃일 때, Oxford 지수는 얼마인가?

① 38.50℃ ② 38.15℃
③ 41.35℃ ④ 41.53℃

해설 Oxford 지수 계산

$$\text{Oxford Index(WD)} = (0.85 \times WB) + (0.15 \times DB)$$
- WB: 습구온도(Wet-bulb temperature)
- DB: 건구온도(Dry-bulb temperature)

Oxford Index(WD) = (0.85 × 43℃) + (0.15 × 32℃)
= 41.35℃

정답 | ③

24
산업안전보건법령에서 정한 소음작업이란 1일 8시간 작업을 기준으로 얼마 이상의 소음이 발생하는 작업을 의미하는가?

① 80dB(A) ② 85dB(A)
③ 90dB(A) ④ 100dB(A)

해설
소음작업은 1일 8시간 작업을 기준으로 85데시벨(dB) 이상의 소음이 발생하는 작업을 말한다.

정답 | ②

25
전체 환기가 필요한 경우로 적절하지 않은 것은?

① 유해물질의 독성이 적을 때
② 실내에 오염물 발생이 많지 않을 때
③ 실내 오염 배출원이 분산되어 있을 때
④ 실내에 확산된 오염물의 농도가 전체로 보아 일정하지 않을 때

해설 전체 환기의 특징

구분	내용
정의	실내 공기를 순환시켜 오염물질을 희석한다.
적용범위	낮은 농도, 독성이 적은 오염물에 주로 적용한다.
효과	오염물의 농도를 전체적으로 낮춘다.
장점	넓은 공간에서 공기를 균일하게 개선하는 게 가능한다.
단점	고농도 오염물 제어에는 비효율적이다.
예시	공장, 사무실, 대형강의실

관련개념 국소배기의 특징

구분	내용
정의	특정 오염원 주변 공기를 직접 제거한다.
적용범위	고농도, 독성이 높은 오염물에 주로 적용한다.
효과	오염물 발생 지점에서 제거한다.
장점	고농도 오염 제거에 매우 효과적이다.
단점	설치와 유지비용이 높다.
예시	실험실 후드, 용접 작업, 화학물 처리

정답 | ④

26
장력이 생기는 근육의 실질적인 수축성 단위(contractility unit)는?

① 근섬유(muscle fiber)
② 운동단위(motor unit)
③ 근원세사(myofilament)
④ 근섬유분절(sarcomere)

해설
근섬유분절은 근육이 수축하면서 힘을 만드는 가장 작은 단위이다.

정답 | ④

27
일반적으로 소음계는 3가지 특성에서 음압을 특정할 수 있도록 보정되어 있는데 A 특성치란 40phon의 등음량 곡선과 비슷하게 보정하여 특정한 음압수준을 말한다. B 특성치와 C 특성치는 각각 몇 phon의 등음량곡선과 비슷하게 보정하여 특정한 값을 말하는가?

	B 특성치	C 특성치
①	50phon	80phon
②	60phon	100phon
③	70phon	100phon
④	80phon	150phon

해설 A, B, C 특성치와 등음량곡선

특성치	등음량곡선	특징
A 특성치	40phon	일반 환경 소음 평가에 사용한다.
B 특성치	70phon	중간 크기 소음 평가에 사용한다.
C 특성치	100phon	고음량 측정 시 사용한다.

정답 | ③

28
열교환에 영향을 미치는 요소가 아닌 것은?

① 기압
② 기온
③ 습도
④ 공기의 유동

해설 열교환에 영향을 미치는 주요 요소
- 기온: 신체와 주변 환경 간의 온도 차이가 클수록 열교환 속도가 증가한다.
- 습도: 땀 증발의 효율성을 결정한다.
- 공기의 유동: 대류를 통해 체열 방출을 조절한다.
- 피부상태나 노출정도: 피부의 노출 면적과 상태에 따라 열교환 속도가 달라진다.

정답 | ①

29

근육원섬유마디(sarcomere)에서 근섬유가 수축하면 짧아지는 부분은?

① A대(A Band)
② 액틴(Actin)
③ 미오신(Myosin)
④ Z선과 Z선 사이의 거리

해설

근육 수축 시 액틴 필라멘트는 H대 쪽으로 미끄러져 들어가며 Z선 사이의 거리가 짧아진다.

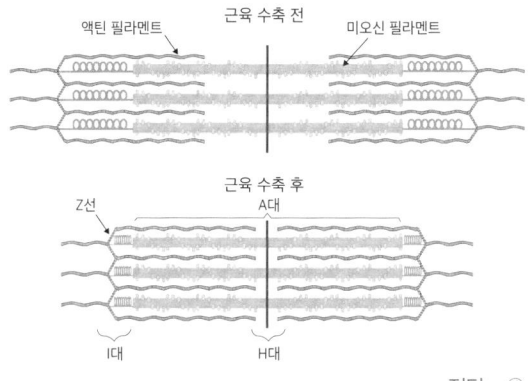

정답 | ④

30

다음 중 작업자세를 생체역학적으로 분석하는 데 사용되는 지표와 가장 관계가 먼 것은?

① 각 신체 부위의 길이
② 각 신체 부위의 무게
③ 각 신체 부위의 근력
④ 각 신체 부위의 무게중심점

해설

각 신체 부위의 근력은 작업자세를 생체역학적(신체에 작용하는 힘과 움직임)으로 분석할 때 사용하는 지표가 아니라, 작업자세의 유지 가능성을 판단하는 데 활용되는 평가 지표이다.

정답 | ③

31

작업환경측정결과 청력보존프로그램을 수립하여 시행하여야 하는 기준이 되는 소음수준은?

① 80dB 초과
② 85dB 초과
③ 90dB 초과
④ 95dB 초과

해설

「산업안전보건기준에 관한 규칙」 제517조에 따라, 사업주는 근로자가 소음작업(8시간 기준 85dB 이상), 강렬한 소음작업 또는 충격소음작업에 종사하는 경우, 청력보존 프로그램을 실시하여야 한다.

정답 | ②

32

국소진동을 일으키는 진동원은 무엇인가?

① 크레인
② 버스
③ 지게차
④ 자동식 톱

해설

자동식 톱은 작업자가 손에 쥐고 사용하는 국소진동원이다. 크레인, 버스, 지게차 등은 전신진동 유발 장비이다.

정답 | ④

33
소음에 대한 대책으로 가장 효과적이고, 적극적인 방법은?

① 칸막이 설치　　② 소음원의 제거
③ 보호구 착용　　④ 소음원의 격리

해설
소음을 유발하는 근본적인 원인을 제거하는 것이 가장 효과적이고 적극적인 대책이다.

정답 | ②

34
중량물을 운반하는 작업에서 발생하는 생리적 반응으로 맞는 것은?

① 혈압이 감소한다.
② 심박수가 감소한다.
③ 혈류량이 재분배된다.
④ 산소소비량이 감소한다.

해설
중량물 운반작업 시 혈류량이 근육으로 재분배된다.

관련개념 중량물 운반 시 생리적 반응
- 심혈관계 반응: 심박 수와 혈압이 증가하고 혈류는 활동 근육으로 재분배된다.
- 호흡 반응: 산소소비량과 이산화탄소 배출량 증가한다.
- 근골격계 반응: 에너지 소비가 증가하며, 근육의 피로가 발생한다.

정답 | ③

35
근육에 관한 설명으로 틀린 것은?

① 근섬유의 수축단위는 근원섬유이다.
② 근섬유가 수축하면 A대가 짧아진다.
③ 하나의 근육은 수많은 근섬유로 이루어져 있다.
④ 근육의 수축은 근육의 길이가 단축되는 것이다.

해설
A대는 근육수축 시에도 길이가 변하지 않는 영역이다.

정답 | ②

36
위치(positioning) 동작에 관한 설명으로 틀린 것은?

① 반응시간은 이동 거리와 관계없이 일정하다.
② 위치동작의 정확도는 그 방향에 따라 달라진다.
③ 오른손의 위치동작은 우하-좌상 방향의 정확도가 높다.
④ 주로 팔꿈치의 선회로만 팔 동작을 할 때가 어깨를 많이 움직일 때보다 정확하다.

해설
오른손의 위치동작은 좌상→우하 방향으로 이동할 때 더 정밀하고 안정적이므로 정확도가 높다.

정답 | ③

37
가동성 관절의 종류와 그 예(例)가 잘못 연결된 것은?

① 중쇠 관절(pivit joint) − 수근중수 관절
② 타원 관절(ellipsoid joint) − 손목뼈 관절
③ 절구 관절(ball−and−socket joint) − 대퇴 관절
④ 경첩 관절(hinge joint) − 손가락 뼈 사이

해설
중쇠 관절은 팔꿈치처럼 도는 관절이고, 수근중수 관절은 손목과 손바닥이 만나는 경계 부분의 관절이다.

정답 | ①

38
200cd인 점광원으로부터의 거리가 2m 떨어진 곳에서의 조도는 몇 럭스인가?

① 50 ② 100
③ 200 ④ 400

해설 조도

$$E = \frac{I}{d^2}$$

- E: 조도
- I: 광도
- d: 거리

$E = \dfrac{200}{2^2} = 50 \text{lux}$

정답 | ①

39
뇌파와 관련된 내용이 맞게 연결된 것은?

① α파: 2~5Hz로 얕은 수면상태에서 증가한다.
② β파: 5~10Hz로 불규칙적인 파동이다.
③ θ파: 14~30Hz로 고(高)진폭파를 의미한다.
④ δ파: 4Hz 미만으로 깊은 수면상태에서 나타난다.

해설
δ(델타)파는 잠이 깊이 든 상태에서 나타나는 느리고 조용한 뇌파로, 서파(Slow wave)라고도 불린다.

관련개념 뇌파 유형 및 특징

뇌파 유형	특징
α(알파)파	눈을 감고 편안한 휴식상태
β(베타)파	각성, 집중 상태
θ(세타)파	졸음, 얕은 수면 상태
δ(델타)파	깊은 수면, 의식 없음

정답 | ④

40
호흡계의 기본적인 기능과 가장 거리가 먼 것은?

① 가스교환 기능
② 산·염기 조절 기능
③ 영양물질 운반 기능
④ 흡입된 이물질 제거 기능

해설
영양물질 운반은 주로 소화계와 순환계의 역할이며 호흡계의 기본적 기능에 해당하지 않는다.

정답 | ③

SUBJECT 03 | 산업심리학 및 관련법규

41
사고의 특성에 해당되지 않는 사항은?

① 사고의 시간성 ② 사고의 재현성
③ 우연성 중의 법칙성 ④ 필연성 중의 우연성

해설 사고의 특성

종류	내용
사고의 시간성	사고는 공간적인 것이 아니라 시간적이다.
우연성 중의 법칙성	우연히 발생하는 것처럼 보이는 사고도 분명한 직접 원인 등, 법칙에 의해 발생한다.
필연성 중의 우연성	인간 시스템은 복잡하여 필연적인 규칙과 법칙이 있더라도 불안전한 행동 및 상태, 부주의, 착오 및 착각 등 우연성이 사고 발생 원인을 제공하기도 한다.
사고 재현 불가능성	사고는 인간의 안전에 관한 의지와는 무관하게 돌발적으로 발생하며, 시간 경과와 함께 상황 재현이 불가능하다.

정답 | ②

42
스트레스 요인에 관한 설명으로 틀린 것은?

① 성격유형에서 A형 성격은 B형 성격보다 스트레스를 많이 받는다.
② 일반적으로 내적 통제자들은 외적 통제자들보다 스트레스를 많이 받는다.
③ 역할 과부하는 직무기술서가 분명치 않은 관리직이나 전문직에서 더욱 많이 나타난다.
④ 집단의 압력이나 행동적 규범은 조직구성원에게 스트레스와 긴장의 원인으로 작용할 수 있다.

해설
일반적으로 외적 통제자들은 내적 통제자들보다 스트레스를 많이 받는다. 내적 통제자들이 스트레스를 더 잘 관리하는 경향이 있는데, 이는 자신이 상황을 통제할 수 있다고 느끼고, 문제 해결을 위해 적극적으로 노력하는 경향이 있기 때문이다.

정답 | ②

43
베버(Max Weber)가 제창한 관료주의에 관한 설명으로 틀린 것은?

① 노동의 분업화를 전제로 조직을 구성한다.
② 부서장들의 권한 일부를 수직적으로 위임하도록 했다.
③ 단순한 계층구조로 상위리더의 의사결정이 독단화되기 쉽다.
④ 산업화 초기의 비규범적 조직운영을 체계화시키는 역할을 했다.

해설
막스 베버의 관료제는 명확한 규칙과 절차를 통해 개인의 자의적인 판단을 배제하고, 조직의 합리성과 효율성을 추구하는 것을 목표로 한다.

정답 | ③

44
인간실수와 관련된 설명으로 틀린 것은?

① 생활변화 단위 이론은 사고를 촉진시킬 수 있는 상황인자를 측정하기 위하여 개발되었다.
② 반복사고자 이론이란 인간은 개인별로 불변의 특성이 있으므로 사고는 일으키는 사람이 계속 일으킨다는 이론이다.
③ 인간성능은 각성수준(arousal level)이 낮을수록 향상되므로 실수를 줄이기 위해서는 각성수준을 가능한 낮추도록 한다.
④ 피터슨의 동기부여-보상-만족모델에 따르면, 작업자의 동기부여에는 작업자의 능력과 작업분위기, 그리고 작업 수행에 따른 보상에 대한 만족이 큰 영향을 미친다.

해설
인간성능은 각성수준(arousal level)이 높을수록 향상되므로 실수를 줄이기 위해서는 각성수준을 가능한 높이도록 한다.

정답 | ③

45

FTA에서 입력사상 중 어느 하나라도 발생하면 출력사상이 발생되는 논리게이트는?

① OR gate
② AND gate
③ NOT gate
④ NOR gate

해설

입력 중 하나라도 발생하면, 출력사상(Top Event)이 발생한다.
② AND 게이트: 모든 입력이 동시에 발생해야 출력사상이 발생한다.

정답 | ①

46

다음 표는 동기부여와 관련된 이론의 상호 관련성을 서로 비교해 놓은 것이다. A~E에 해당하는 용어가 맞는 것은?

위생요인과 동기요인 (Herzberg)	ERG 이론 (Alderfer)	X이론과 Y이론 (McGregor)
위생요인	A	D
	B	
동기요인	C	E

① A: 존재욕구, B: 관계욕구, D: X이론
② A: 관계욕구, C: 성장욕구, D: Y이론
③ A: 존재욕구, C: 관계욕구, E: Y이론
④ B: 성장욕구, C: 존재욕구, E: X이론

해설 동기부여이론 비교표

구분	허즈버그의 동기-위생요인 이론	맥그리거의 X이론과 Y이론	알더퍼 ERG 이론
상위욕구	동기요인	Y이론	성장욕구
			관계욕구
하위욕구	위생요인	X이론	존재욕구

정답 | ①

47

안전에 대한 책임과 권한이 라인 관리감독자에게도 부여되며, 대규모 사업장에 적합한 조직 형태는?

① 라인형(Line) 조직
② 스탭형(Staff) 조직
③ 라인-스탭형(Line-Staff) 조직
④ 프로젝트(Project Team Work) 조직

해설 Line-Staff형(직계-참모식)

- 라인형과 스탭형의 장점을 절충한 이상적인 조직이다.
- 이 구조에서는 안전보건 업무를 전담하는 스탭을 두고, 생산라인의 부서장들이 안전보건 업무를 수행한다. 안전보건 대책은 스탭에서 수립하고, 이를 라인을 통해 실천하는 방식이다.
- 생산라인에 생산과 안전에 관한 책임과 권한이 동시에 부여되며, 생산 업무와 안전 업무의 균형을 유지할 수 있다.
- 근로자 1,000명 이상의 대규모 사업장 적합하다.
- 우리나라 산업안전보건법상의 조직형태와 일치한다.
- 안전, 생산 간의 갈등 우려가 없고 운영이 적절하면 이상적 조직 구조이다.

정답 | ③

48

군중보다 한층 합의성이 없고, 감정에 의해 행동하는 집단행동은?

① 모브(Mob)
② 유행(Fashion)
③ 패닉(Panic)
④ 풍습(Folkway)

해설 집단행동

① Mob(폭도): 폭력적이고 무질서한 비통제적 집단행동을 의미하며 일반적으로 통제되지 않은 감정이나 군중 심리에 의해 발생한다.
② Fashion(유행): 어떤 시기에 사람이 많이 따르는 행동이나 스타일을 의미한다. 예 SNS 챌린지, 패션 스타일 등
③ Panic(공황): 갑작스럽고 극단적인 공포나 불안으로 인해 사람들이 비이성적이고 충동적인 행동을 하는 상태이다.
④ 풍습(Folkway): 한 사회나 집단 내에서 일상적으로 지켜지는 관습적 행동 양식을 말한다.

정답 | ①

49

다음과 같은 재해 발생 시 재해조사 분석 및 사후처리에 대한 내용으로 틀린 것은?

> 크레인으로 강재를 운반하던 도중 약해져 있던 와이어 로프가 끊어지며 강재가 떨어졌다. 이때 작업구역 밑을 통행하던 작업자의 머리 위로 강재가 떨어졌으며, 안전모를 착용하지 않은 상태에서 발생한 사고라서 작업자는 큰 부상을 입었고, 이로 인하여 부상 치료를 위해 4일간의 요양을 실시하였다.

① 재해 발생형태는 추락이다.
② 재해의 기인물은 크레인이고, 가해물은 강재이다.
③ 산업재해조사표를 작성하여 관할 지방고용노동청장에게 제출하여야 한다.
④ 불안전한 상태는 약해진 와이어 로프이고, 불안전한 행동은 안전모 미착용과 위험구역 접근이다.

해설
재해 발생형태는 낙하(落下)이다.
- 낙하(落下): 중력의 영향으로 떨어져 발생하는 재해이다.
- 비래(飛來): 물체가 자체적으로 날거나 바람을 타고 움직여서 날아와 발생하는 재해 형태이다.

정답 | ①

50

반응시간 또는 동작시간에 관한 설명으로 틀린 것은?

① 단순반응시간은 하나의 특정 자극에 대하여 반응하는 데 소요되는 시간을 의미한다.
② 선택반응시간은 일반적으로 자극과 반응의 수가 증가할수록 로그함수로 증가한다.
③ 동작시간은 신호에 따라 손을 움직여 동작을 실제로 실행하는 데 걸리는 시간을 의미한다.
④ 선택반응시간은 여러 가지의 자극이 주어지고, 모든 자극에 대하여 모두 반응하는 데까지의 총 소요시간을 의미한다.

해설
선택반응시간은 여러 가지의 자극을 제시하고 각각의 자극에 대하여 반응을 하는 과제를 준 후, 자극이 제시되어 반응할 때까지의 시간을 의미한다.

정답 | ④

51

휴먼에러와 기계의 고장과의 차이점을 설명한 것으로 틀린 것은?

① 기계와 설비의 고장조건은 저절로 복구되지 않는다.
② 인간의 실수는 우발적으로 재발하는 유형이다.
③ 인간은 기계와는 달리 학습에 의해 계속적으로 성능을 향상시킨다.
④ 인간 성능과 압박(stress)은 선형관계를 가져 압박이 중간 정도일 때 성능수준이 가장 높다.

해설
인간 성능과 압박(stress)은 역U자형 곡선(Inverted U-curve) 관계를 가져 압박이 중간 정도일 때 성능수준이 가장 높다.

정답 | ④

52

스트레스 상황에서 일어나는 현상으로 틀린 것은?

① 동공이 확장된다.
② 스트레스는 정보처리의 효율성에 영향을 미친다.
③ 스트레스로 인한 신체 내부의 생리적 변화가 나타난다.
④ 스트레스 상황에서 심장박동수는 증가하나, 혈압은 내려간다.

해설
스트레스 상황에서 심장박동수와 혈압은 올라간다.

정답 | ④

53

리더십의 유형은 리더가 처해 있는 상황에 의해서 결정된다고 할 수 있다. 각 상황적 요소와 리더십 유형 간의 연결이 잘못된 것은 무엇인가?

① 군 조직, 교도소 등은 권위형 리더십이 적절하다.
② 집단 구성원의 교육수준이 높을수록 민주형 리더십이 적절하다.
③ 조직을 둘러싸고 있는 환경상태가 불확실할 때는 권위형 리더십이 촉구된다.
④ 기술의 발달은 개인의 전문화를 야기하므로 민주형의 리더십을 촉구하게 된다.

해설

조직을 둘러싸고 있는 환경상태가 불확실할 때는 민주형 리더십이 촉구된다. 불확실한 환경에서는 유연하고 창의적인 대응이 중요하며 구성원들의 다양한 의견과 전문성을 반영해서 협력적으로 문제를 해결해야 한다.

정답 | ③

54

A 사업장의 상시 근로자가 200명이고, 연간 3건의 재해가 발생했다면 이 사업장의 도수율은 약 얼마인가? (단, 근로자는 1일 9시간씩 연간 300일을 근무하였다.)

① 3.25
② 5.56
③ 6.25
④ 8.30

해설 도수율

$$도수율 = \frac{재해 발생 건수 \times 1,000,000}{연간 총 근로시간}$$

총 근로시간 = 상시 근로자 수 × 1일 근로시간 × 연간 근무일
= 200명 × 9시간 × 300일 = 540,000시간

$$도수율 = \frac{3 \times 1,000,000}{540,000} = \frac{3,000,000}{540,000} = 5.56$$

정답 | ②

55

사고의 요인 중 주의환기물에 익숙해져서 더 이상 그것이 주의환기요인이 되지 않는 것을 무엇이라고 하는가?

① 습관화
② 자극화
③ 적응화
④ 반복화

해설

습관화는 반복적으로 제시되는 자극에 점점 덜 반응하게 되는 현상이다. 적응화는 환경변화에 점진적으로 적응하는 개념이다.

정답 | ①

56

휴먼에러 예방대책 중 인적요인에 대한 대책이 아닌 것은?

① 소집단 활동
② 작업의 모의훈련
③ 안전 분위기 조성
④ 작업에 관한 교육훈련

해설

안전분위기 조성은 관리적 대책에 해당된다.

관련개념 휴먼에러 세부적인 예방대책

설비 및 작업 환경 요인에 대한 대책	• 작업환경 개선 • 양립성을 고려한 설계 • 가시성을 고려한 설계 • 인체측정치를 고려한 설계(적합화) • 위험요인의 제거 • 안전설계(fool proof, fail safe 등) • 정보의 피드백 • 경보 시스템의 정비
인적요인에 대한 대책	• 소집단 활동 • 작업에 대한 교육훈련과 작업 전 회의 • 작업의 모의훈련
관리적 대책	• 안전에 대한 분위기를 조성하는 조직 문화 • 안전관리 시스템 개선

정답 | ③

57

모든 입력이 동시에 발생해야만 출력이 발생되는 논리조작을 나타내는 FTA 도표의 논리기호 명칭은?

① 기본사상   ② OR게이트
③ 부정게이트   ④ AND게이트

해설

AND 게이트는 모든 입력조건이 동시에 발생해야 출력사상이 발생한다. 반면, OR게이트는 입력 조건 중 하나만 충족되어도 출력사상(Top Event)이 발생한다.

정답 | ④

58

주의의 특성을 설명한 것으로 가장 거리가 먼 것은?

① 고도의 주의는 장시간 지속할 수 없다.
② 한 지점에 주의를 하면 다른 곳의 주의는 약해진다.
③ 동시에 시각적 자극과 청각적 자극에 주의를 집중할 수 없다.
④ 사람은 한 번에 여러 종류의 자극을 지각하거나 수용하는 데 한계가 있다.

해설

주의란 어떤 한 곳이나 일에 관심을 집중하여 기울이는 것을 말한다. 주의의 특성으로는 변동성, 방향성, 선택성, 1점 집중성이 있다.
① 변동성: 주의는 리듬이 있어서 항상 일정한 수준을 유지하지는 못하며 고도의 주의는 장시간 지속할 수 없다.
② 방향성: 시선과 초점을 맞춘 곳은 잘 인지가 되지만, 시선에서 벗어난 부분은 무시되는 경향이 있다.
④ 선택성: 사람은 한 번에 많은 종류의 자극을 지각하거나 수용하기 어렵고 소수의 특정한 것에 한정하여 선택적으로 집중한다.

정답 | ③

59

반응시간에 관한 설명으로 맞는 것은?

① 자극이 요구하는 반응을 행하는 데 걸리는 시간을 말한다.
② 반응해야 할 신호가 발생한 때부터 반응이 종료될 때까지의 시간을 말한다.
③ 단순반응시간에 영향을 미치는 변수로는 자극양식, 자극의 특성, 자극 위치, 연령 등이 있다.
④ 여러 개의 자극을 제시하고, 각각에 대한 서로 다른 반응을 할 과제를 준 후에 자극이 제시되어 반응할 때까지의 시간을 단순반응시간이라 한다.

해설 반응시간

- 자극이 요구하는 반응을 시작하는 데 걸리는 시간을 의미한다.
- 반응해야 할 신호가 발생한 때부터 그에 대해 반응을 시작하는 데 걸리는 시간을 의미합니다.
- 여러 개의 자극을 제시하고, 각각에 대한 서로 다른 반응을 할 과제를 준 후에 자극이 제시되어 반응할 때까지의 시간을 선택반응시간이라 한다.

정답 | ③

60

NIOSH의 직무스트레스 평가모델에서 직무스트레스 요인과 급성반응 사이의 중재요인에 해당되지 않는 것은?

① 완충요소   ② 조직적 요소
③ 비직업적 요소   ④ 개인적 요소

해설

조직적 요소는 직무스트레스 요인에 해당이 된다.

정답 | ②

SUBJECT 04 | 근골격계질환 예방을 위한 작업관리

61

유해요인조사의 법적요구 사항이 아닌 것은?

① 사업주는 유해요인조사를 실시하는 경우, 해당 작업 근로자를 배제하여야 한다.
② 사업주는 근골격계 부담작업에 근로자를 종사하도록 하는 경우 3년마다 유해요인조사를 실시해야 한다.
③ 사업주는 근골격계 부담작업에 해당하는 새로운 작업이나 설비를 도입한 경우 유해요인 조사를 실시해야 한다.
④ 사업주는 법에 의한 임시건강진단 등에서 근골격계 부담작업 외의 작업에서 근골격계질환자가 발생하였더라도 유해요인조사를 실시해야 한다.

해설
사업주는 유해요인조사를 실시하는 경우, 해당 작업 근로자를 포함하여야 한다.

정답 | ①

62

유해요인 조사 방법 중 RULA에 관한 설명으로 틀린 것은?

① 각 작업 자세는 신체 부위별로 A와 B그룹으로 나누어진다.
② 주로 하지 자세를 평가할 목적으로 개발된 유해요인 조사방법이다.
③ RULA가 평가하는 작업부하인자는 동작의 횟수, 정적인 근육작업, 힘, 작업 자세 등이다.
④ 작업에 대한 평가는 1점에서 7점 사이의 총점으로 나타나며, 점수에 따라 4개의 조치단계로 분류된다.

해설
RULA는 상지부위인 팔, 어깨, 손목 등 상반신의 작업 자세를 평가할 목적으로 개발된 유해요인 조사방법이다.

정답 | ②

63

어느 요소 작업을 25번 측정한 결과, 평균이 0.5, 샘플 표준편차가 0.09라고 한다. 신뢰도 95%, 허용오차 ±5%를 만족시키는 관측횟수는 얼마인가? (단, t=2.06이다.)

① 15 ② 55
③ 105 ④ 185

해설 관측횟수(N) 계산

$$관측횟수(N) = \left(\frac{t \times s}{E}\right)^2$$

- 관측평균: 0.5
- 표준편차(s): 0.09
- 신뢰도: 95% → t=2.06
- 허용오차(E): ±5%×0.5=0.025분

$$n = \left(\frac{2.06 \times 0.09}{0.025}\right)^2 = \left(\frac{0.1854}{0.025}\right)^2 = (7.416)^2 = 54.99 \approx 55회$$

정답 | ②

64

개선의 ECRS에 대한 내용으로 맞는 것은?

① Economic – 경제성
② Combine – 결합
③ Reduce – 절감
④ Specification – 규격

해설 ECRS의 4원칙
- 제거(Eliminate): 불필요한 작업, 공정을 제거한다.
- 결합(Combine): 유사하거나 연관된 작업을 하나로 결합한다.
- 재배치(Rearrange): 작업 순서, 공정 등을 효율적으로 재배치한다.
- 단순화(Simplify): 복잡한 작업을 단순하게 수행하도록 한다.

정답 | ②

65

서블릭(Therblig)에 관한 설명으로 틀린 것은?

① 조립(A)은 효율적 서블릭이다.
② 검사(I)는 비효율적 서블릭이다.
③ 빈손이동(TE)은 효율적 서블릭이다.
④ 미리놓기(PP)는 비효율적 서블릭이다.

해설

미리놓기(PP)는 효율적 서블릭이다.

관련개념 서블릭 분석

동작을 효율화하여 작업개선을 목적으로 하는 동작 분석(목시동작 분석)이며 작업자의 작업을 요소 동작으로 나누어 관측용지(SIMO Chart)에 17종류의 서블릭 기호로 기록 분석하는 방법이다.

	효율적 서블릭		비효율적 서블릭
기본동작	• 빈손이동(TE) • 쥐기(G) • 운반(TL) • 내려놓기(RL) • 미리놓기(PP)	정신적/ 반정신적 동작	• 계획(Pn) • 찾기(Sh) • 고르기(St) • 바로놓기(P) • 검사(I)
동작목적	• 조립(A) • 사용(U) • 분해(DA)	정체적 동작	• 피할 수 있는 지연(AD) • 불가피한 지연(UD) • 휴식(R) • 잡고 있기(H)

정답 | ④

66

어떤 결과에 영향을 미치는 크고 작은 요인들을 계통적으로 파악하기 위한 작업분석 도구로 적합한 것은?

① PERT/CPM
② 간트 차트
③ 파레토 차트
④ 특성요인도

해설

특성요인도(어골도, Fish bone)는 재해와 그 요인의 관계를 어골 상으로 세분화한 기법으로 사고의 원인을 큰 범주로 분류하고, 각 세부 원인을 추가적으로 분석하는 도구이다.
① PERT/CPM 차트: 프로젝트의 일정을 계획하고 관리하기 위한 도구로, 작업 시간/순서를 분석하는 데 사용된다.
② 간트 차트: 프로젝트 일정 관리를 위한 도구로, 작업의 시작과 끝, 소요 시간 등을 시각적으로 보여준다.
③ 파레토 차트: 재해 원인 분석에 주로 활용되며, 원인을 유형별로 분석하여 데이터가 큰 순서대로 정렬하여 도표화한 것이다.

정답 | ④

67

유해도가 높은 근골격계 부담작업의 공학적 개선에 속하는 것은?

① 적절한 작업자의 선발
② 작업자의 교육 및 훈련
③ 작업자의 작업속도 조절
④ 작업자의 신체에 맞는 작업장 개선

해설

작업자의 신체에 맞는 작업장을 개선하는 것은 공학적 개선에 속한다. ①, ②, ③은 관리적 개선방법에 해당한다.

관련개념 관리적 개선방법과 공학적 개선방법 비교

구분	관리적 개선방법	공학적 개선방법
초점	사람과 조직 운영	장비, 도구, 작업장, 포장, 부품, 제품
접근방식	교육, 시간조정, 감독, 직장체조, 회복시간 제공, 적정배치, 작업일정 및 작업속도 조절, 직업의 다양성 제공	설비 개선, 재설계
비용	상대적으로 낮음	상대적으로 높음
예시	인력 배치 최적화(적절한 작업자의 선발), 작업자 교육 및 훈련, 작업자의 속도 조절	자동화 장비 도입, 작업자 신체에 맞는 작업장 개선

정답 | ④

68

근골격계질환 예방관리 프로그램의 기본원칙에 속하지 않는 것은?

① 인식의 원칙
② 시스템 접근의 원칙
③ 사업장 내 자율적 해결원칙
④ 일시적인 문제 해결의 원칙

해설 근골격계질환 예방관리 프로그램 기본원칙

• 인식의 원칙
• 전사적 지원 원칙
• 시스템 접근의 원칙
• 문서화의 원칙
• 노·사 공동 참여의 원칙
• 사업장 내 자율적 해결원칙
• 지속성 및 사후 평가의 원칙

정답 | ④

69

팔꿈치 부위에 발생하는 근골격계질환의 유형에 해당하는 것은?

① 외상과염 ② 수근관 증후군
③ 추간판 탈출증 ④ 바르텐베르그 증후군

해설

외상과염(테니스엘보)은 팔꿈치에서 손목으로 이어진 뼈를 둘러싼 인대가 부분적으로 파열되거나 염증이 생기면서 발생한다.
② 수근관증후군(Carpal Tunnel Syndrome): 손목에 있는 수근관이 압박되어 발생하는 질환이다.
③ 추간판 탈출증: 척추뼈 사이에 있는 추간판(디스크)이 튀어나와 신경을 압박하면서 통증이나 신경 증상을 일으키는 질환이다.
④ 바르텐베르그 증후군: 손등 바깥쪽(엄지~검지 뿌리 쪽)의 감각이 이상해지는 신경 압박 증상이며 대표적인 원인은 꽉 끼는 손목시계나 팔찌, 과도한 손목 움직임, 깁스 등으로 생긴다.

정답 | ①

70

NIOSH의 들기지수에 관한 설명으로 틀린 것은?

① 들기지수는 요추의 디스크 압력에 대한 기준치이다.
② 들기 횟수는 분당 들기 횟수를 기준으로 설정되어 있다.
③ 들기지수가 1 이상인 경우 추천 무게를 넘는 것으로 간주한다.
④ 들기 자세는 수평거리, 수직거리, 이동거리의 3개 요인으로 계산한다.

해설 들기지수(LI, Lifting Index)

$$LI = \frac{작업물무게}{RWL(LC \times HM \times VM \times DM \times AM \times FM \times CM)}$$

- RWL: 권장무게한계
- LC: 부하상수(23kg)
- HM: 수평계수
- VM: 수직계수
- DM: 거리계수
- AM: 비대칭계수
- FM: 빈도계수
- CM: 결합계수

정답 | ④

71

관측평균은 1분, Rating 계수는 120%, 여유시간은 0.05분이다. 내경법에 의한 여유율과 표준시간은?

	여유율	표준시간
①	4.0%	1.05분
②	4.0%	1.25분
③	4.2%	1.05분
④	4.2%	1.25분

해설 여유율 및 표준시간(내경법)

- 정미시간 계산

$$정미시간 = 관측평균시간 \times \left(\frac{레이팅계수}{100}\right)$$

정미시간 = 1 × 1.20 = 1.20분

- 여유율

$$여유율 = \frac{여유시간}{정미시간 + 여유시간}$$

$$여유율 = \frac{0.05}{1.20 + 0.05} = \frac{0.05}{1.25} = 0.04(4.0\%)$$

- 표준시간(내경법)

$$표준시간 = \frac{정미시간}{1 - 여유율}$$

$$표준시간(ST) = \frac{1.20}{1 - 0.04} = \frac{1.20}{0.96} = 1.25분$$

정답 | ②

72

근골격계질환의 주요 사회심리적 요인인 것은?

① 작업습관 ② 접촉 스트레스
③ 직무스트레스 ④ 부적절한 자세

해설 근골격계질환 원인(사회심리적 요인)

- 직무 스트레스(과중한 업무, 시간 압박 등)
- 직무 불안정성(해고, 계약직)
- 상사 및 동료들과의 인간관계
- 역할갈등/모호성(업무가 명확하지 않을 때)
- 직무 만족도(일에 대한 흥미)
- 심리상태

정답 | ③

73
다중활동분석표의 사용 목적으로 적절하지 않은 것은?

① 조작업의 작업 현황 파악
② 수작업을 기본적인 동작요소로 분류
③ 기계 혹은 작업자의 유휴 시간 단축
④ 한 명의 작업자가 담당할 수 있는 기계 대수의 선정

해설
다중활동분석표(Multiple Activity Chart)는 사람과 기계 또는 여러 작업자의 활동 상태를 시간 순서에 따라 기록하여 유휴시간을 줄이고 작업 배치를 최적화하는 데 사용하는 분석 도구이다.

정답 | ②

74
다음 중 중립자세가 아닌 것은?

① 어깨가 이완된 상태
② 고개가 직립인 상태
③ 팔꿈치가 45°를 이루고 있는 상태
④ 손목이 일직선(180°)으로 펴진 상태

해설
중립자세(neutral posture)란 신체에 무리 없이 자연스러운 자세를 말하며, 45°도 각도는 너무 안쪽으로 굽힌 상태이므로 근골격계질환에 걸릴 수 있다.

정답 | ③

75
문제분석도구에 관한 설명으로 틀린 것은?

① 파레토 차트(Pareto chart)는 문제의 인자를 파악하고 그것들이 차지하는 비율을 누적분포의 형태로 표현한다.
② 간트 차트(Gantt chart)는 여러 가지 활동 계획의 시작시간과 예측 완료시간을 병행하여 시간축에 표시하는 도표이다.
③ PERT(Program Revolution and Review Technique)는 어떤 결과의 원인을 역으로 추적해 나가는 방식의 분석 도구이다.
④ 특성요인도는 바람직하지 못한 사건이나 문제의 결과를 물고기의 머리로 표현하고 그 결과를 초래하는 원인을 인간, 기계, 방법, 자재, 환경 등의 종류로 구분하여 표시한다.

해설 PERT 차트
프로젝트의 작업 순서와 기한을 시각적으로 표현한 다이어그램이다.

정답 | ③

76
근골격계질환을 예방하기 위한 대책으로 적절하지 않은 것은?

① 단순 반복 작업은 기계를 사용한다.
② 작업방법과 작업공간을 재설계한다.
③ 작업순환(Job Rotation)을 실시한다.
④ 작업속도와 작업강도를 점진적으로 강화한다.

해설
작업속도와 작업강도를 점진적으로 강화하는 것은 오히려 근골격계질환의 위험을 증가시킬 수 있다. 과도한 작업 강도나 속도는 근육과 관절에 과중한 부담을 주고, 장기적으로 근골격계질환을 유발할 수 있다.

정답 | ④

77
7TMU(Time Measurement Unit)를 초 단위로 환산하면 몇 초인가?

① 0.025초
② 0.252초
③ 1.26초
④ 2.52초

해설 TMU(Time Measurement Unit)
TMU는 작업 측정의 단위로, 1TMU는 0.00001시간에 해당한다.
1TMU=0.00001시간(1TMU=0.00001×3,600초=0.036초)
7TMU=7×0.036초=0.252초

정답 | ②

78
인간공학에 있어 작업관리의 주요 목적으로 거리가 먼 것은?

① 공정관리를 통한 품질 향상
② 정확한 작업측정을 통한 작업개선
③ 공정개선을 통한 작업 편리성 향상
④ 표준시간 설정을 통한 작업효율 관리

해설
작업관리의 주목적은 공정관리를 통한 품질의 균일화이다.

관련개념 작업관리의 주목적
- 최선의 작업 방법 개발
- 방법, 재료, 설비, 공구 등의 표준화
- 생산성 향상
- 품질의 균일화
- 생산비 절감
- 작업 방법에 대한 교육

정답 | ①

79
대규모 사업장에서 근골격계질환 예방·관리 추진팀을 구성함에 있어서 중·소규모 사업장 추진팀원 외에 추가로 참여되어야 할 인력은?

① 노무담당자
② 보건담당자
③ 구매담당자
④ 예산결정권자

해설 예방관리 추진팀 구성

소규모 사업장	• 근로자대표 또는 명예산업안전감독관을 포함하여 그가 위임하는 자 • 관리자(예산결정권자) • 정비·보수담당자 • 보건·안전담당자 • 구매담당자 등
대규모 사업장	• 중·소규모 사업장 추진팀원 이외 기술자(생산, 설계, 보수기술자), 노무담당자 등의 인력을 추가함 • 부서별로 추진팀 구성 • 해당 부서의 예산 결정권자
산업안전보건위원회가 구성된 사업장	산업안전보건위원회에 위임

정답 | ①

80
파레토 원칙(Pareto principle)에 대한 설명으로 맞는 것은?

① 20%의 항목이 전체의 80%를 차지한다.
② 40%의 항목이 전체의 60%를 차지한다.
③ 60%의 항목이 전체의 40%를 차지한다.
④ 80%의 항목이 전체의 20%를 차지한다.

해설 파레토 차트(Pareto Chart)
가로축에 항목을, 세로축에는 각 항목의 점유비율을 나타내는 막대그래프를 그리고, 누적비율을 나타내는 꺾은 선을 추가한 그래프이다. 재해 원인 분석에 주로 활용되며, 원인을 유형별로 분석하여 데이터가 큰 순서대로 정렬하여 도표화한 것이다. 80-20 법칙을 기반으로 하여, 문제의 주요 원인 20%가 결과의 80%를 차지한다는 것을 나타내는 도구이다.

정답 | ①

2022년 1회 기출문제

SUBJECT 01 | 인간공학개론

01
새로운 자동차의 결함 원인이 엔진일 확률이 0.8, 프레임일 확률이 0.2라고 할 때 이로부터 기대할 수 있는 평균 정보량은 얼마인가?

① 0.26bit
② 0.32bit
③ 0.72bit
④ 2.64bit

해설 평균정보량 계산

$$H = -\sum_{i=1}^{N} p_i \log_2(p_i)$$

- H : 평균 정보량
- p_i : 발생확률

- 확률이 0.8과 0.2인 이벤트 평균 정보량
$H = -\{0.8 \times \log_2(0.8)\} - \{0.2 \times \log_2(0.2)\} = 0.72$

정답 | ③

02
정보이론과 관련된 내용 중 옳지 않은 것은?

① 정보의 측정 단위는 bit를 사용한다.
② 두 대안의 실현 확률이 동일할 때 총 정보량이 가장 작다.
③ 실현 가능성이 같은 N개의 대안이 있을 때, 총 정보량 H는 $\log_2 N$이다.
④ 1bit란 실현 가능성이 같은 2개의 대안 중 결정에 필요한 정보량이다.

해설
정보량은 예측이 어려울수록 많아지며, 실현 확률이 같을수록 불확실성이 커져 정보량이 증가한다. 반면, 한 대안의 실현 확률이 100%일 때, 총 정보량이 가장 작다.

정답 | ②

03
다음 중 시식별에 영향을 주는 정도가 가장 작은 것은?

① 시력
② 물체 크기
③ 밝기
④ 표적의 형태

해설
표적의 형태는 인식에 영향을 주지만, 크기나 밝기보다 중요도가 낮으며, 동일한 크기와 밝기에서는 인식 속도의 차이가 크지 않다.

정답 | ④

04
피부 감각의 종류에 해당되지 않는 것은?

① 압력 감각
② 진동 감각
③ 온도 감각
④ 고통 감각

해설
피부감각은 압력 감각, 온도 감각(냉각, 온각), 고통 감각, 촉각으로 분류된다.

정답 | ②

05
시력에 관한 내용으로 옳지 않은 것은?

① 눈의 조절능력이 불충분한 경우, 근시 또는 원시가 된다.
② 시력은 세부적인 내용을 시각적으로 식별할 수 있는 능력을 말한다.
③ 눈이 초점을 맞출 수 없는 가장 먼 거리를 원점이라 하는데 정상 시각에서 원점은 거의 무한하다.
④ 여러 유형의 시력은 주로 망막 위에 초점이 맞추어지도록 홍채의 근육에 의한 눈의 조절능력에 달려있다.

해설
시력 조절은 홍채가 아닌 모양체근이 수정체 두께를 변화시켜 망막에 상이 맺히도록 하는 과정이다.

정답 | ④

06

인체 각 부위에 대한 정적인 치수를 측정하기 위한 계측장비는?

① 근전도(EMG)
② 마틴(Martin)식 측정기
③ 심전도(ECG)
④ 플리커(Flicker) 측정기

해설

마틴식 측정기는 신장, 팔다리 길이, 앉은키 등 인체의 정적인 치수를 측정하는 대표적인 계측 장비이다.

정답 | ②

07

인간-기계 시스템의 분류에서 인간에 의한 제어정도에 따른 분류가 아닌 것은?

① 수동 시스템   ② 기계화 시스템
③ 자동화 시스템   ④ 감시제어 시스템

해설

감시제어 시스템은 자동화 시스템의 한 유형이다.

관련개념 인간-기계 시스템의 제어정도에 따른 분류
- 수동 시스템: 인간이 모든 작업을 수행한다.
- 기계화 시스템: 기계가 일부 작업 수행하지만, 인간이 주로 조작한다.
- 자동화 시스템: 기계가 대부분 작업을 자동으로 수행, 인간의 개입은 최소화된다.

정답 | ④

08

인간의 기억체계에 대한 설명으로 옳지 않은 것은?

① 감각저항은 빠르게 사라지고 새로운 자극으로 대체 된다.
② 단기기억을 장기기억으로 이전시키려면 리허설이 필요하다.
③ 인간의 기억은 감각저장, 단기기억, 장기기억으로 구분된다.
④ 단기기억의 정보는 일반적으로 시각, 음성, 촉각, 감각코드의 4가지로 코드화된다.

해설

단기기억의 정보는 일반적으로 시각, 음성, 의미의 3가지로 코드화된다.

정답 | ④

09

조작자와 제어버튼 사이의 거리 또는 조작에 필요한 힘 등을 정할 때 사용되는 인체측정 자료의 응용원칙은?

① 최소치 설계   ② 평균치 설계
③ 조절식 설계   ④ 최대치 설계

해설

제어 버튼은 팔이 짧은 사람도 닿을 수 있도록, 조작 힘은 체력이 약한 사람도 사용할 수 있도록 최소치를 기준으로 설계해야 한다.

정답 | ①

10

최적의 C/R비 설계 시 고려해야 할 사항으로 옳지 않은 것은?

① 조종장치의 조작시간 지연은 직접적으로 C/R 비와 관계없다.
② 계기의 조절시간이 가장 짧게 소요되는 크기를 선택한다.
③ 작업자의 눈과 표시장치의 거리는 주행과 조절에 크게 관계된다.
④ 짧은 주행시간 내에서 공차의 인정범위를 초과하지 않는 계기를 마련한다.

해설
C/R비가 높으면 정밀하지만, 조작 시간이 길어지고, 낮으면 반응이 빠르나 정밀도가 떨어지므로, 조작시간 지연은 직접적으로 C/R비와 관련이 있다.

정답 | ①

11

동작 거리가 멀고 과녁이 작을수록 동작에 걸리는 시간이 길어짐을 나타내는 법칙은?

① Fitts 법칙
② Hick-Hyman 법칙
③ Murphy 법칙
④ Schmidt 법칙

해설 Fitts 법칙
Fitts의 법칙은 표적의 크기와 이동 거리가 작업 속도와 정확성에 미치는 영향을 설명하는 법칙이다. 표적이 작고 멀수록 난도가 증가하고 시간이 더 걸린다. 예를 들어, 스마트폰에서 먼 위치의 작은 아이콘을 클릭할 때 정밀한 조작이 필요해 수행 시간이 길어진다.

정답 | ①

12

비행기에서 20m 떨어진 거리에서 측정한 엔진의 소음수준이 130dB(A)이었다면, 100m 떨어진 위치에서의 소음수준은 약 얼마인가?

① 113.5dB(A)
② 116.0dB(A)
③ 121.8dB(A)
④ 130.0dB(A)

해설 소음의 거리감쇠 계산

$$dB_2 = dB_1 - 20\log\left(\frac{d_2}{d_1}\right)$$

- dB_1: 초기거리에서 소음 수준(dB)
- dB_2: 최종거리에서 소음 수준(dB)
- d_1: 초기거리
- d_2: 최종거리

$130dB(A) - 20\log\left(\frac{100}{20}\right) = 116dB(A)$

정답 | ②

13

외이와 중이의 경계가 되는 것은?

① 기저막
② 고막
③ 정원창
④ 난원창

해설
고막은 외이와 중이의 경계를 이루는 구조로, 소리 진동을 받아 중이로 전달하는 역할을 한다.

정답 | ②

14

양립성에 적합하게 조종장치와 표시장치를 설계할 때 얻을 수 있는 결과로 옳지 않은 것은?

① 인간실수 증가
② 반응시간의 감소
③ 학습시간의 단축
④ 사용자 만족도 향상

해설
양립성이 높은 설계는 인적 오류의 발생 가능성을 크게 줄일 수 있다.

정답 | ①

15
시각적 부호의 3가지 유형과 거리가 먼 것은?

① 임의적 부호 ② 묘사적 부호
③ 사실적 부호 ④ 추상적 부호

해설
사실적 부호는 시각적 부호의 3가지 유형에 포함되지 않는다.

관련개념 시각적 부호의 3가지 유형

임의적 부호	기호와 의미가 직접적 연관 없이 학습을 통해 이해한다. 예 교통 신호, 숫자, 알파벳
묘사적 부호	실제 사물이나 개념을 그림이나 도식으로 표현한다. 예 지도 기호, 비상구 표시
추상적 부호	단순한 형태나 색상으로 개념을 상징적으로 표현한다. 예 경고 삼각형, 화살표

정답 ③

16
인간-기계 시스템에서의 기본적인 기능이 아닌 것은?

① 행동 ② 정보의 수용
③ 정보의 제어 ④ 정보처리 및 결정

해설
인간-기계 시스템에서의 기본적인 기능은 정보 수용 → 정보처리 및 결정 → 행동순으로 진행된다. 따라서, 정보의 제어는 인간-기계 시스템의 기본 기능에 해당되지 않는다.

정답 ③

17
인간공학(ergonomics)의 정의와 가장 거리가 먼 것은?

① 인간이 포함된 환경에서 그 주변의 환경조건이 인간에게 맞도록 설계·재설계되는 것이다.
② 인간의 작업과 작업환경을 인간의 정신적, 신체적 능력에 적용시키는 것을 목적으로 하는 과학이다.
③ 건강, 안전, 복지, 작업성과 등의 개선을 요구하는 작업, 시스템, 제품, 환경을 인간의 신체·정신적 능력과 한계에 부합시키기 위해 인간 과학으로부터 지식을 생성·통합한다.
④ 인간에게 질병, 건강장해, 심각한 불쾌감 및 능률 저하 등을 초래하는 작업환경 요인과 스트레스를 예측, 인식(측정), 평가, 관리(대책)하는 과학인 동시에 기술이다.

해설
인간공학은 질병 예방보다는 작업 환경 최적화에 초점을 맞추는 학문이다.

정답 ④

18
정량적 표시장치의 지침을 설계할 경우 고려하여야 할 사항으로 옳지 않은 것은?

① 끝이 뾰족한 지침을 사용할 것
② 지침의 끝이 작은 눈금과 겹치게 할 것
③ 지침의 색은 선단에서 눈금의 중심까지 칠할 것
④ 지침을 눈금 면과 밀착시킬 것

해설
지침이 눈금선과 겹치면 가독성이 떨어져 빠른 판독이 어렵다. 따라서 지침 끝은 눈금선에 맞닿되, 겹치지 않도록 설계해야 한다.

정답 ②

19
신호검출이론에 대한 설명으로 옳은 것은?

① 잡음에 실린 신호의 분포는 잡음만의 분포와 구분되지 않아야 한다.
② 신호의 유무를 판정함에 있어 반응대안은 2가지뿐이다.
③ 신호에 의한 반응이 선형인 경우 판별력은 좋아진다.
④ 신호검출의 민감도에서 신호와 잡음 간의 두 분포가 가까울수록 판정자는 신호와 잡음을 정확하게 판별하기 쉽다.

해설
신호검출이론에서는 신호 및 잡음 분포와 잡음만의 분포가 구분 가능해야 한다. 판정결과는 긍정, 누락, 허위, 부정으로 4가지로 나뉜다. 또한, 반응이 선형이면 판별력이 증가하고, 신호와 잡음 분포가 가까울수록 판별력은 낮아진다.

정답 | ③

20
통계적 분석에서 사용되는 제1종 오류(α)를 설명한 것으로 옳지 않은 것은?

① $1-\alpha$를 검출력(power)이라고 한다.
② 제1종 오류를 통계적 기각역이라고도 한다.
③ 발견한 결과가 우연에 의한 것일 확률을 의미한다.
④ 동일한 데이터의 분석에서 제1종 오류를 작게 설정할수록 제2종 오류가 증가할 수 있다.

해설
검출력(Power)은 $1-\beta$이다.

정답 | ①

SUBJECT 02 | 작업생리학

21
소리 크기의 지표로서 사용하는 단위 중 8sone은 몇 phon인가?

① 60   ② 70
③ 80   ④ 90

해설 sone 계산
sone이란 인간이 주관적으로 느끼는 소리의 크기를 나타내는 단위이며 다음 공식을 사용하여 계산한다.

$$S = 2^{(phon-40)/10}$$
- S: sone 값
- phon: 음압수준(dB)

$8(\text{sone}) = 2^{(phon-40)/10}$
$\log_2 8 = \left(\dfrac{phon-40}{10}\right) \times \log_2 2$
$phon = \dfrac{3 \times 10}{1} + 40 = 70$

정답 | ②

22
육체적 작업에서 생기는 우리 몸의 순환기 반응에 해당하지 않는 것은?

① 혈압상승
② 심박출량의 증가
③ 산소소비량의 증가
④ 신체에 흐르는 혈류의 재분배

해설
산소소비량의 증가는 호흡기계와 신진대사 과정과 관련된 반응이며, 순환기계의 직접적인 반응이 아니다.

정답 | ③

23

어떤 작업의 평균 에너지값이 6kcal/min이라고 할 때 60분간 총 작업시간 내에 포함되어야 하는 휴식시간은 약 몇 분인가? (단, Murrell의 방법을 적용하여, 기초대사를 포함한 작업에 대한 권장 평균 에너지값의 상한은 4kcal/min이다.)

① 6.7
② 13.3
③ 26.7
④ 53.3

해설 Murrell의 식을 이용한 휴식시간 계산

$$R = T \times \frac{E-S}{E-M}$$

- R: 휴식시간(분)
- T: 총 작업 시간(분)
- S: 권장 평균 에너지 소비량(kcal/min), 일반적으로 5kcal/min
- M: 휴식 중 평균 에너지 소비량(kcal/min), 일반적으로 1.5kcal/min

$R = 60 \times \dfrac{6-4}{6-1.5} = 26.7$분

정답 | ③

24

신체부위를 움직이지 않으면서 고정된 물체에 힘을 가하는 상태의 근력을 의미하는 것은?

① 등장성 근력(isotonic strength)
② 등척성 근력(isometric strength)
③ 등속성 근력(isokinetic strength)
④ 등관성 근력(isoinertial strength)

해설
등척성 근력은 신체를 움직이지 않고 고정된 물체에 힘을 가하는 근력이다.

관련개념 근력의 유형

등장성 근력	근육의 길이가 짧아지거나, 길어지면서 힘을 발휘한다. 예 덤벨 운동
등척성 근력	근육의 길이를 변화시키지 않은 채 힘을 발휘한다. 예 플랭크 자세
등속성 근력	운동 속도가 일정한 상태에서 근육 길이가 변화하며 힘을 발휘한다. 예 재활운동 기구
등관성 근력	저항(관성)에 따라 근육이 길이 변화를 일으키며 힘을 발휘한다. 예 프리웨이트 운동

정답 | ②

25

남성근로자의 육체작업에 대한 에너지대사량을 측정한 결과 분당 작업 시 산소소비량이 1.2L/min, 안정 시 산소소비량이 0.5L/min, 기초대사량이 1.5kcal/min이었다면 이 작업에 대한 에너지대사율(R)은 약 얼마인가? (단, 권장 평균 에너지 소비량은 5kcal/min이다.)

① 0.47
② 0.80
③ 1.25
④ 2.33

해설 에너지대사율(R) 계산

$$R = \frac{\text{작업 시 에너지대사량} - \text{안정 시 에너지대사량}}{\text{기초대사량}}$$

일반적으로 산소 1L당 에너지대사량은 5kcal/L이다.
작업 시 에너지대사량 = 1.2L/min × 5kcal/L = 6kcal/min
안정 시 에너지대사량 = 0.5L/min × 5kcal/L = 2.5kcal/min

에너지대사율(R) = $\dfrac{6\text{kcal/min} - 2.5\text{kcal/min}}{1.5\text{kcal/min}} = 2.33$

정답 | ④

26

사무실 공기관리 지침 상 공기정화시설을 갖춘 사무실의 시간당 환기횟수 기준은?

① 1회 이상
② 2회 이상
③ 3회 이상
④ 4회 이상

해설
고용노동부고시 「사무실 공기관리 지침」 제3조에 따라, 공기정화시설이 있는 사무실의 최소 외기량은 0.57m³/min, 환기횟수는 시간당 4회 이상이어야 한다.

정답 | ④

27
어떤 작업자가 팔꿈치 관절에서부터 30cm 거리에 있는 10kg 중량의 물체를 한 손으로 잡고 있으며 팔꿈치 관절의 회전중심에서의 손까지의 중력중심 거리는 14cm이며 이 부분의 중량은 1.3kg이다. 이때 팔꿈치에 걸리는 반작용(R_e)의 힘은?

① 98.2N ② 105.5N
③ 110.7N ④ 114.9N

해설 반작용력(R) 계산

$$R = W_1 + W_2$$
- W_1: 물체의 중력 하중(N)
- W_2: 하박의 중력 하중(N)

$R_e = 10kg \times 9.8m/s^2 + 1.3kg \times 9.8m/s^2 = 110.74N$

정답 | ③

28
작업면에 균등한 조도를 얻기 위한 조명방식으로 공장 등에서 많이 사용되는 조명방식은?

① 국소조명 ② 전반조명
③ 직접조명 ④ 간접조명

해설
전반조명은 작업면 전체에 균등한 조도를 제공하는 방식으로, 일반적으로 공장 및 대형 작업장에서 사용된다.

정답 | ②

29
일반적으로 소음계는 주파수에 따른 사람의 느낌을 감안하여 A, B, C 세 가지 특성에서 음압을 측정할 수 있도록 보정되어 있는데, A 특성치란 몇 phon의 등음량 곡선과 비슷하게 주파수에 따른 반응을 보정하여 측정한 음압수준을 말하는가?

① 20 ② 40
③ 70 ④ 100

해설
A 특성치는 일반적인 환경 소음에서 인간의 청각 특성을 반영하여 40phon 등음량 곡선과 유사하게 보정한 음압 수준이다.

정답 | ②

30
뇌간(brain stem)에 해당되지 않는 것은?

① 간뇌 ② 중뇌
③ 뇌교 ④ 연수

해설
뇌간은 중추신경계에서 생명 유지에 필수적인 기능을 담당하며, 중뇌, 뇌교, 연수로 구성된다.

정답 | ①

31
음식물을 섭취하여 기계적인 일과 열로 전환하는 화학적인 과정을 무엇이라 하는가?

① 신진대사 ② 에너지가
③ 산소 부채 ④ 에너지 소비량

해설
음식물에서 에너지를 얻어 기계적인 일과 열로 전환하는 과정을 신진대사라고 한다.

정답 | ①

32
정신적 작업부하를 측정하는 생리적 측정치에 해당하지 않는 것은?

① 부정맥 지수
② 산소소비량
③ 점멸융합 주파수
④ 뇌파도 측정치

해설
산소소비량은 신체적 부하 측정에 사용된다.

관련개념 정신작업 부하평가
- 부정맥지수: 정신적 부하가 증가하면 부정맥지수가 감소한다.
- 점멸융합주파수(CFF/VFF): 피로하거나 수면 부족 시 감소, 집중 상태나 각성도가 높을 때 증가한다.
- 뇌전도(EEG): 정신적 부하가 클 때 베타파(β)와 감마파(γ)는 증가하고 알파파(α)는 감소한다.

정답 ②

33
최대산소소비능력(MAP)에 관한 설명으로 옳지 않은 것은?

① 산소섭취량이 일정하게 되는 수준을 말한다.
② 최대산소소비능력은 개인의 운동역량을 평가하는 데 활용된다.
③ 젊은 여성의 평균 MAP는 젊은 남성의 평균 MAP의 20~30% 정도이다.
④ MAP를 측정하기 위해서 주로 트레드밀(treadmill)이나 자전거 에르고미터(ergometer)를 활용한다.

해설
젊은 여성의 평균 MAP는 남성의 평균 MAP보다 약 15~30% 낮다.

정답 ③

34
골격의 구조와 기능에 대한 설명으로 옳지 않은 것은?

① 신체에 중요한 부분을 보호하는 역할을 한다.
② 소화, 순환, 분비, 배설 등 신체 내부 환경의 조절에 중요한 역할을 한다.
③ 골격은 뼈, 연골, 관절로 이루어지며 사지 및 몸통을 움직이는 피동적 운동기관으로 작용한다.
④ 혈구세포를 만드는 조혈기능과 칼슘과 인 등의 무기질을 저장하여 몸이 필요할 때 공급해 주는 역할을 한다.

해설
골격계는 신체 보호, 운동 보조, 조혈, 무기질 저장 등의 역할을 하며, 소화, 순환, 분비, 배설과 같은 신체 내부 환경 조절은 소화계·순환계·배설계·내분비계가 담당한다.

정답 ②

35
척추와 근육에 대한 설명으로 옳은 것은?

① 허리부위의 미골은 체중의 60% 정도를 지탱하는 역할을 담당한다.
② 인대는 근육과 뼈에 연결되어 있는 것으로 보통 힘줄이라고 한다.
③ 건은 뼈와 뼈를 연결하여 관절의 운동을 제한한다.
④ 척추는 26개의 뼈로 구성되어 경추, 흉추, 요추, 천골, 미골로 구성되어 있다.

해설
미골은 균형 유지와 근육 부착 역할을 하며, 체중 지탱은 요추와 천골이 담당한다. 인대는 뼈와 뼈를, 건은 근육과 뼈를 연결하며, 관절 운동 제한은 인대가 담당한다.

정답 ④

36
저온환경이 작업수행에 미치는 영향으로 옳지 않은 것은?

① 근육강도와 내성이 감소하여 육체적 기능도가 줄어든다.
② 손 피부온도(HST)의 감소로 수작업 과업수행 능력이 저하된다.
③ 저온 환경에서는 체내 온도를 유지하기 위해 근육의 대사율이 증가된다.
④ 저온은 말초운동신경의 신경전도 속도를 감소시킨다.

해설
저온 환경에서는 체온을 유지하기 위해 일시적으로 에너지 소비가 증가할 수 있지만, 말초 혈류 감소로 인해 근육의 대사율이 지속적으로 증가하지는 않는다.

정답 | ③

37
다음 중 근육피로의 1차적 원인으로 옳은 것은?

① 젖산 축적
② 글리코겐 축적
③ 미오신 축적
④ 피루브산 축적

해설
무산소 운동 시, 젖산이 생성되어 축적되면 근육 내 PH가 낮아지고, 이로 인해 수축 효율이 감소하며 피로가 발생한다.

정답 | ①

38
산소소비량과 에너지 대사를 설명한 것으로 옳지 않은 것은?

① 산소소비량은 에너지 소비량과 선형적인 관계를 가진다.
② 산소소비량이 증가한다는 것은 육체적 부하가 증가한다는 것이다.
③ 에너지가의 계산에는 2kcal의 에너지 생성에 1리터의 산소가 소모되는 관계를 이용한다.
④ 산소소비량은 육체활동에 요구되는 에너지 대사량을 활동 시 소비된 산소량으로 간접적으로 측정하는 것이다.

해설
에너지 대사에서 1리터의 산소 소비는 약 5kcal의 에너지를 생성한다.

정답 | ③

39
점광원으로부터 어떤 물체나 표면에 도달하는 빛의 밀도를 나타내는 단위로 옳은 것은?

① nit
② Lambert
③ candela
④ lumen/m²

해설
물체 표면에 도달하는 빛의 밀도는 조도이다. 조도의 단위는 lumen/m²(lm/m²)를 사용한다.

정답 | ④

40
진동이 인체에 미치는 영향으로 옳지 않은 것은?

① 심박수 감소
② 산소소비량 증가
③ 근장력 증가
④ 말초혈관의 수축

해설
진동은 신체에 스트레스로 작용하여 교감신경계를 자극하게 되고, 심박수를 증가시킨다.

정답 | ①

SUBJECT 03 | 산업심리학 및 관련법규

41
리더십은 교육 훈련에 의해서 향상되므로, 좋은 리더는 육성될 수 있다는 가정을 하는 리더십 이론은?

① 특성접근법 ② 상황접근법
③ 행동접근법 ④ 제한적 특질접근법

해설

행동접근법(Behavioral Approach)은 리더십이 특정한 행동 패턴을 통해 발휘되며, 학습과 훈련을 통해 개발될 수 있다는 이론이다.
① 특성접근법: 리더십은 선천적인 성격, 기질, 특성에서 비롯된다고 보는 이론으로, 리더는 태어나는 것이지 만들어지는 것이 아니라는 전제를 기초로 한다.
② 상황접근법: 리더십은 특정 상황과 환경에 따라 다르게 작용한다고 보는 이론이다. 상황에 따른 리더와 구성원 간의 역동적인 상호작용이 중요하며, 상황에 따라 리더십은 변화한다고 본다.
④ 제한적 특질접근법: 리더십은 타고난 특성에 의해서만 결정되지 않으며, 환경적 요인과 학습, 경험 등에 의해 보완될 수 있다고 보는 이론이다. 즉, 리더는 선천적인 특성이 중요하지만, 그것만으로는 충분하지 않으며, 후천적인 요소(훈련, 경험, 상황)도 함께 고려해야 한다고 본다.

정답 | ③

42
R. House의 경로-목표이론(Path-Goal Theory) 중 리더 행동에 따른 4가지 범주에 해당하지 않는 것은?

① 방임적 리더 ② 지시적 리더
③ 후원적 리더 ④ 참여적 리더

해설 경로 목표 이론 리더 행동에 따른 4가지 범주

- 지시적 리더십
- 후원적(지원적) 리더십
- 성취지향적 리더십
- 참여적 리더십

정답 | ①

43
부주의에 대한 사고방지대책 중 정신적 측면의 대책으로 볼 수 없는 것은?

① 안전의식의 제고 ② 작업의욕의 고취
③ 작업조건의 개선 ④ 주의력 집중 훈련

해설 부주의의 발생 원인과 대책

외적 원인 및 대책	• 작업 순서의 부적당: 작업 순서 정비 • 작업, 환경 조건 불량: 환경 정비
내적 조건 및 대책	• 미경험: 교육 • 소질적 조건: 적성 배치 • 의식의 우회(걱정, 고민 등): 상담(Counseling)
설비·환경 측면에서의 대책	• 표준 작업 제도 도입 • 설비 및 작업 환경의 안전화 • 긴급 시 안전 대책 마련
기능·작업적 측면에 대한 대책	• 적성 배치 • 안전한 작업 방법 습득·적용 • 표준 동작 활용 • 적응력 향상 • 작업 조건 개선
정신적 측면의 대책	• 안전의식의 제고 • 주의력 집중 훈련

정답 | ③

44
집단행동에 있어 이성적 판단보다는 감정에 의해 좌우되며 공격적이라는 특징을 갖는 행동은?

① Crowd ② Mob
③ Panic ④ Fashion

해설

Mob(폭도)는 폭력적이고 무질서한 비통제적 집단 행동을 의미하며 일반적으로 통제되지 않은 감정이나 군중 심리에 의해 발생한다.
① Crowd(군중): 많은 사람이 한 장소에 모여 있는 집합체를 뜻한다.
③ Panic(공황): 갑작스럽고 극단적인 공포나 불안으로 인해 사람들이 비이성적이고 충동적인 행동을 하는 상태이다.
④ Fashion(유행): 어떤 시기에 사람이 많이 따르는 행동이나 스타일을 의미한다. 예 SNS 챌린지, 패션 스타일 등

정답 | ②

45
제조물 책임법에서 정의한 결함의 종류에 해당하지 않는 것은?

① 제조상의 결함 ② 기능상의 결함
③ 설계상의 결함 ④ 표시상의 결함

해설
「제조물 책임법」에서 정의된 결함의 종류는 제조상의 결함, 설계상의 결함, 표시상의 결함이다.

정답 | ②

46
집단을 공식집단과 비공식집단으로 구분할 때 비공식집단의 특성이 아닌 것은?

① 규모가 크다.
② 동료애의 욕구가 강하다.
③ 개인적 접촉의 기회가 많다.
④ 감정의 논리에 따라 운영된다.

해설
비공식집단은 일반적으로 소규모로 형성되며, 구성원들 간의 긴밀한 관계가 특징이다.

정답 | ①

47
인간 오류에 관한 일반 설계기법 중 오류를 범할 수 없도록 사물을 설계하는 기법은?

① Fail-Safe 설계 ② Interlock 설계
③ Exclusion 설계 ④ Prevention 설계

해설
Exclusion 설계는 원천적으로 오류를 차단하도록 설계하는 방식으로, 사용자가 잘못된 사용을 하지 못하게 하는 방법이다. 예시로, 약병이나 위험한 화학약품 용기의 뚜껑은 어린이가 쉽게 열지 못하도록 특별한 방식으로 설계되어 있다.

- Fail-Safe 설계 : 시스템이 고장 나거나 오류가 발생해도 안전한 상태를 유지하도록 설계하는 방법이다.
  - 예 항공기 엔진이 하나가 고장 나도 다른 보조 엔진이 돌아가는 방식
- Interlock 설계 : 특정 조건이 충족되지 않으면 시스템이 작동하지 않도록 하는 잠금 장치를 포함하는 설계 방식이다.
  - 예 전자레인지 문이 완전히 닫히지 않으면 작동하지 않도록 설계
- Prevention 설계 : 사용자 실수를 방지하기 위해 경고 메시지, 확인 절차 등을 추가하는 방식이다.
  - 예 앞차와의 거리가 너무 가까우면 경고음 작동

정답 | ③

48
작업자가 제어반의 압력계를 계속적으로 모니터링하는 작업에서 압력계를 잘못 읽어 에러를 범할 확률이 100시간에 1회로 일정한 것으로 조사되었다. 작업을 시작한 후 200시간 시점에서의 인간신뢰도는 약 얼마로 추정되는가?

① 0.02 ② 0.98
③ 0.135 ④ 0.865

해설 인간신뢰도 추정
특정 시간 동안 실수를 하지 않을 확률을 의미한다.

$$R(t) = e^{-\lambda t}$$

- λ : 에러 발생률
- t : 경과 시간

$R(200) = e^{-(0.01 \times 200)} = e^{-2} = 0.135$

정답 | ③

49
미국 국립산업안전보건연구원(NIOSH)에서 제안한 직무스트레스 요인에 해당하지 않는 것은?

① 성능요인　② 환경요인
③ 작업요인　④ 조직요인

해설 직무스트레스 요인(NIOSH 직무스트레스 모형)
스트레스의 원인이 되는 직무 관련 환경적, 작업적, 조직적 요소들을 포함한다.
- 환경요인: 소음, 온도, 조명, 환기불량 등
- 작업요인: 작업부하, 교대근무, 작업속도
- 조직요인: 역할갈등, 고용의 불확실성, 의사결정 참여 여부 등

정답 ①

50
다음 조직에 의한 스트레스 요인은?

> 급속한 기술의 변화에 대한 적응이 요구되는 직무나 직무의 난이도나 속도를 요구하는 특성을 가진 업무와 관련하여 역할이 과부하 되어 받게 되는 스트레스

① 역할 갈등　② 과업 요구
③ 집단 압력　④ 역할 모호성

해설
① 역할 갈등: 역할과 관련된 기대의 불일치, 양립될 수 없는 2가지 이상의 행위가 동시에 나타날 때 발생
③ 집단 압력: 조직 내 동료나 상사의 기대에 부응해야 한다는 압박감
④ 역할 모호성: 업무 범위나 책임이 불분명하여 발생하는 스트레스

정답 ②

51
재해의 발생원인 중 직접원인(1차원인)에 해당하는 것은?

① 기술적 원인　② 교육적 원인
③ 관리적 원인　④ 물적 원인

해설 산업재해 직접원인과 간접원인

직접원인	• 불안전한 행동: 인적요인 • 불안전한 상태: 물적요인
간접원인	• 기술적 원인: 방호기계의 부적당 등 기술적인 결함 • 신체적 원인: 질병, 피로, 스트레스, 수면 부족 • 교육적 원인: 훈련 미숙, 이해 부족 등으로 인한 무지 • 관리적 원인: 작업기준의 불명확성, 부적절한 지시 • 정신적 원인: 초조, 공포, 긴장, 불만, 태만 등

정답 ④

52
반응시간(reaction time)에 관한 설명으로 옳은 것은?

① 자극이 요구하는 반응을 행하는 데 걸리는 시간을 의미한다.
② 반응해야 할 신호가 발생한 때부터 반응이 종료될 때까지의 시간을 의미한다.
③ 단순반응시간에 영향을 미치는 변수로는 자극 양식, 자극의 특성, 자극 위치, 연령 등이 있다.
④ 여러 개의 자극을 제시하고, 각각에 대한 서로 다른 반응을 할 과제를 준 후에 자극이 제시되어 반응할 때까지의 시간을 단순반응시간이라 한다.

해설
① 자극이 요구하는 반응을 시작하는 데 걸리는 시간을 의미한다.
② 반응해야 할 신호가 발생한 때부터 그에 대해 반응을 시작하는 데 걸리는 시간을 의미한다.
④ 여러 개의 자극을 제시하고, 각각에 대한 서로 다른 반응을 할 과제를 준 후에 자극이 제시되어 반응할 때까지의 시간을 선택반응시간이라 한다.

정답 ③

53
다음에서 설명하는 것은?

> 집단을 이루는 구성원들이 서로에게 매력적으로 끌리어 그 집단 목표를 달성하는 정도를 나타내며, 소시오메트리 연구에서는 실제 상호 선호관계의 수를 가능한 상호 선호관계의 총 수로 나누어 지수(Index)로 표현한다.

① 집단 협력성
② 집단 단결성
③ 집단 응집성
④ 집단 목표성

해설
① 집단 협력성: 집단 구성원들이 서로 협력하여 공동의 목표를 달성하려는 정도이다.
② 집단 단결성: 집단 구성원들이 서로 간에 결속되어 있는 정도이다.
④ 집단 목표성: 집단이 설정한 공동의 목표를 향해 집중하고 그 목표를 달성하기 위해 조직적으로 노력하는 특성이다.

정답 | ③

54
A사업장의 도수율이 2로 산출되었을 때, 그 결과에 대한 해석으로 옳은 것은?

① 근로자 1,000명당 1년 동안 발생한 재해자 수가 2명이다.
② 연근로시간 1,000시간당 발생한 근로손실일수가 2일이다.
③ 근로자 10,000명당 1년간 발생한 사망자 수가 2명이다.
④ 연근로자가 1,000,000시간당 발생한 재해 건수가 2건이다.

해설 도수율(Frequency Rate)
도수율은 100만 근로시간당 발생한 재해 건수 기준으로 산출한다.

$$도수율 = \frac{재해 건수}{총 근로시간} \times 1,000,000$$

도수율이 높으면 재해가 자주 발생하는 것을 의미하므로, 안전관리와 예방 조치가 필요하다.

정답 | ④

55
다음 중 상해의 종류에 해당하지 않는 것은?

① 협착
② 골절
③ 부종
④ 중독·질식

해설
협착은 재해형태(사고의 형태)에 속한다.

관련개념 상해와 재해

상해	골절, 동상, 부종, 찔림(자상), 절단, 중독, 질식, 화상, 찰과상, 창상, 좌상, 청각장애, 시각장애
재해 (사고)	추락, 전도, 충돌, 낙하, 비래, 붕괴, 도괴, 협착, 감전, 폭발, 파열, 유해물 접촉, 무리한 동작, 이상온도 접촉

정답 | ①

56
원자력발전소 주제어실의 직무는 4명의 운전원으로 구성된 근무조에 의해 수행되고, 이들의 직무 간에는 서로 영향을 끼치게 된다. 근무조원 중 1차 계통의 운전원 A와 2차 계통의 운전원 B 간의 직무는 중간 정도의 의존성(15%)이 있다. 그리고 운전원 A의 기초 인간실수확률 HEP Prob{A}=0.001일 때, 운전원 B의 직무실패를 조건으로 한 운전원 A의 직무실패확률은 약 얼마인가? (단, THERP 분석법을 사용한다.)

① 0.151
② 0.161
③ 0.171
④ 0.181

해설 THERP 분석법을 통한 직무실패 확률

$$Prob(A|B) = Prob(A) + DF \times (1 - Prob(A))$$

- Prob(A): 운전원 A의 기초 인간실수확률
- DF: 운전원 A와 B 간의 직무 의존도

$Prob(A|B) = 0.001 + 0.15 \times (1 - 0.001) = 0.15085 \approx 0.151$

정답 | ①

57
인간의 의식수준과 주의력에 대한 다음의 관계가 옳지 않은 것은?

의식수준	의식모드	행동수준	신뢰성
A	Ⅳ	흥분	감정흥분	낮다.
B	Ⅲ	정상 (분명한 의식)	적극적 행동	매우 높다.
C	Ⅱ	정상 (느긋한 기분)	안정된 행동	다소 높다.
D	Ⅰ	무의식	수면	높다.

① A
② B
③ C
④ D

해설 인간의 의식 Level의 단계별 의식수준

단계	의식의 수준	생리적 상태
Phase 0	무의식, 실신	수면, 뇌가 발작
Phase Ⅰ	의식의 둔화	피로, 단조로움, 술에 취함
Phase Ⅱ	이완상태	안정기, 휴식할 때, 정상 작업할 때
Phase Ⅲ	명료한 상태	적극적인 활동, 에러 가능성 낮음
Phase Ⅳ	과긴장 상태	긴급 방어반응, 패닉

정답 | ④

58
하인리히의 도미노 이론을 순서대로 나열한 것은?

A. 유전적 요인과 사회적 환경
B. 개인의 결함
C. 불안전한 행동과 불안전한 상태
D. 사고
E. 재해

① A → B → D → C → E
② A → B → C → D → E
③ B → A → C → D → E
④ B → A → D → C → E

해설 하인리히(H.W. Heinrich) 도미노 이론

단계	이론	예시
1단계	유전 및 사회 환경적 요인	선천적 요인, 가정과 사회 결함
2단계	개인적 결함	건강상태, 지식부족, 훈련 부족 등
3단계	불안전한 행동 및 상태	• 불안전한 행동(인적요인): 안전장치 미사용 등 • 불안전한 상태(물적요인): 안전장치의 고장 등
4단계	사고	추락, 전도, 충돌, 낙하, 비래, 붕괴, 협착, 감전, 폭발, 파열 등
5단계	상해(재해)	골절, 화상, 중상, 절단, 중독, 창상, 청각장애, 시각장애, 사망 등

정답 | ②

59

다음은 인적 오류가 발생한 사례이다. Swain과 Guttman이 사용한 개별적 독립행동에 의한 오류 중 어느 것에 해당하는가?

> 컨베이어 벨트 수리공의 작업을 시작하면서 동료에게 컨베이어 벨트의 작동버튼을 살짝 눌러서 벨트를 조금만 움직이라고 이른 뒤 수리작업을 시작하였다. 그러나 작동버튼 옆에서 서성이던 동료가 순간적으로 중심을 잃으면서 작동 버튼을 힘껏 눌러 컨베이어벨트가 전속력으로 움직이며 수리공의 신체일부가 끼이는 사고가 발생하였다.

① 시간 오류(timing error)
② 순서 오류(sequence error)
③ 부작위 오류(omission error)
④ 작위 오류(commission error)

해설

작업자 B는 A의 요청대로 필요한 작업을 하려 했지만 잘못 수행하게 되어 재해가 발생하였으므로 Commission Error(수행/작위에러)에 해당한다.

관련개념 휴먼에러의 분류(Swain의 심리적 분류)

- Omission Error(생략/부작위에러): 필요한 작업, 절차를 수행하지 않는 오류
- Time Error(시간에러): 필요한 작업과 절차의 수행지연으로 인한 오류
- Commission Error(수행/작위에러): 필요한 작업과 절차를 잘못 수행하는 오류
- Sequential Error(순서에러): 필요한 작업 또는 절차의 순서 착오로 인한 오류
- Quantitative Error(양적에러): 너무 적거나 많은 작업을 수행하는 오류
- Extraneous Error(불필요한 수행에러): 작업과 관계없는 행동을 하는 오류

정답 | ④

60

Maslow의 욕구단계 이론을 하위단계부터 상위단계로 올바르게 나열한 것은?

> A: 사회적 욕구
> B: 안전에 대한 욕구
> C: 생리적 욕구
> D: 존경에 대한 욕구
> E: 자아실현의 욕구

① C → A → B → E → D
② C → A → B → D → E
③ C → B → A → E → D
④ C → B → A → D → E

해설 매슬로우의 욕구단계이론 (Maslow's Hierarchy of Needs)

정답 | ④

SUBJECT 04 | 근골격계질환 예방을 위한 작업관리

61

작업관리의 문제해결 방법으로 전문가 집단의 의견과 판단을 추출하고 종합하여 집단적으로 판단하는 방법은?

① SEARCH의 원칙
② 브레인스토밍(Brainstorming)
③ 마인드 맵핑(Mind Mapping)
④ 델파이 기법(Delphi Technique)

해설

① SEARCH 원칙

S = Simplify operations	작업의 단순화
E = Eliminate unnecessary work and material	불필요한 작업이나 자재의 제거
A = Alter sequence	순서변경
R = Requirement	요구조건
C = Combine operations	작업의 결합
H = How often	얼마나 자주, 몇 번인가?

② 브레인스토밍(Brainstorming): 창의적인 아이디어를 자유롭게 제시하는 방법으로, 비판 없이 다양한 의견을 공유한다.
③ 마인드 맵핑(Mind Mapping): 문제나 개념을 중심으로 연관된 아이디어를 시각적으로 정리하는 기법이다.

정답 | ④

62

동작경제의 원칙 중 작업장 배치에 관한 원칙으로 볼 수 없는 것은?

① 모든 공구나 재료는 지정된 위치에 있도록 한다.
② 공구의 기능을 결합하여 사용하도록 한다.
③ 가능하다면 낙하식 운반 방법을 이용한다.
④ 작업이 용이하도록 적절한 조명을 비추어 준다.

해설

②는 공구 및 설비의 설계에 관한 원칙에 해당된다.

정답 | ②

63

시설배치방법 중 공정별 배치방법의 장점에 해당하는 것은?

① 운반 길이가 짧아진다.
② 작업진도의 파악이 용이하다.
③ 전문적인 작업지도가 용이하다.
④ 재공품이 적고, 생산길이가 짧아진다.

해설

공정별 배치방법(Process Layout)은 작업을 비슷한 종류의 공정이나 작업 단위별로 나누어 배치하는 방법이다. 예를 들어, 절단, 용접, 조립 등의 공정이 각각 다른 구역에 배치되어 작업이 이루어집니다. 이 배치 방법은 주로 다품종 소량생산에서 사용된다. 단점으로는 운반 거리 증가, 공정 간 조정의 어려움, 재공품 관리 등이 있다.

정답 | ③

64

다음 중 허리부위나 중량물취급 작업에 대한 유해요인의 주요 평가기법은?

① REBA   ② JSI
③ RULA   ④ NLE

해설

① REBA: 전신 작업에 대한 부담을 평가하는 도구이다.
② JSI: 직무스트레스, 심리적 부담을 평가하는 도구이다.
③ RULA: 상지부위인 팔, 어깨, 손목 등 상반신의 작업 자세를 평가하는 도구이다.

정답 | ④

65
NIOSH Lifting Equation 평가에서 권장무게한계가 20kg이고, 현재 작업물의 무게가 23kg일 때, 들기지수(Lifting Index)의 값과 이에 대한 평가가 옳은 것은?

① 0.87, 요통의 발생위험이 높다.
② 0.87, 작업을 재설계할 필요가 있다.
③ 1.15, 요통의 발생위험이 높다.
④ 1.15, 작업을 재설계할 필요가 없다.

해설 들기지수(LI, Lifting Index)

$$들기지수(LI) = \frac{현재\ 작업물\ 무게}{권장무게한계(RWL)}$$

$LI = \frac{23}{20} = 1.15$

들기지수(LI)가 1.15로 계산된 경우, 이는 요통 발생의 위험이 높다는 것을 의미한다. NIOSH Lifting Equation에서는 들기지수(LI) 값이 1을 초과하면 요통이나 기타 근골격계질환의 발생 위험이 증가한다고 판단한다.

정답 | ③

66
다중활동분석표의 사용 목적과 가장 거리가 먼 것은?

① 작업자의 작업시간 단축
② 기계 혹은 작업자의 유휴시간 단축
③ 조 작업을 재편성 또는 개선하여 조 작업 효율 향상
④ 한 명의 작업자가 담당할 수 있는 기계 대수의 산정

해설
작업의 효율성을 높이고 경제성을 확보하는 것이 다중활동분석표의 사용 목적이다.

정답 | ①

67
작업관리에서 사용되는 한국산업표준 공정도시 기호와 명칭이 잘못 연결된 것은?

① ▽ – 이동
② ◯ – 운반
③ □ – 수량 검사
④ ◇ – 품질 검사

해설
▽는 '이동'이 아닌 '저장'을 의미한다. '이동'을 나타내는 기호는 ⇨이다.

정답 | ①

68
작업관리에서 사용되는 기본 문제해결 절차로 가장 적합한 것은?

① 연구대상선정 → 분석과 기록 → 분석 자료의 검토 → 개선안의 수립 → 개선안의 도입
② 연구대상선정 → 분석 자료의 검토 → 분석과 기록 → 개선안의 수립 → 개선안의 도입
③ 분석 자료의 검토 → 분석과 기록 → 개선안의 수립 → 연구대상선정 → 개선안의 도입
④ 분석 자료의 검토 → 개선안의 수립 → 분석과 기록 → 연구대상선정 → 개선안의 도입

해설 작업관리 문제해결 절차

1단계 (연구대상의 선정)	경제성, 기술적 요소, 인간적 요소를 고려하여 연구대상을 정한다.
2단계 (분석과 기록)	도표와 차트를 사용하여 시각적으로 나타내고 분석한다. 예 유통공정도, 다중활동분석표 등
3단계 (자료의 검토)	SEARCH, 브레인스토밍, ECRS, 5W1H 설문, 마인드멜딩 등을 활용하여 자료를 검토한다.
4단계 (개선안의 수립)	작업 시 절감 비용을 산출하고 개선 방안을 마련한다.
5단계 (개선안의 도입)	문제해결 및 극복, 개선안을 지속적으로 유지할 수 있는 방안을 마련한다.

정답 | ①

69

다음의 특징을 가지는 표준시간 측정법은?

> 연속적인 측정방법으로 스톱워치, 전자식 타이머, 비디오카메라 등이 사용되며 작업을 실제로 관측하여 표준시간을 산정한다.

① PTS법 ② 시간연구법
③ 표준자료법 ④ 워크 샘플링

해설
① PTS(Predetermined Time Standards)법: 미리 정해진 표준시간 데이터를 사용하여 표준시간을 산출한다.
③ 표준자료법(Standard Data Method): PTS법의 일종으로, 작업 동작에 대한 기본적인 시간 자료를 활용하여 작업의 표준시간을 계산하는 방식이다.
④ 워크샘플링(Work Sampling)법: 작업분석 및 시간을 추정하는 통계적 방법 중 하나로, 무작위로 일정 시간 동안 작업을 관찰하여 특정 작업 활동의 발생 비율을 추정하는 기법이다.

정답 ②

70

문제분석을 위한 기법 중 원과 직선을 이용하여 아이디어 문제, 개념 등을 개괄적으로 빠르게 설정할 수 있도록 도와주는 연역적 추론 기법에 해당하는 것은?

① 공정도(Process Chart)
② 마인드 맵핑(Mind Mapping)
③ 파레토 차트(Pareto Chart)
④ 특성요인도(Cause and Effect Diagram)

해설
마인드 맵핑은 중심 주제를 중심으로 관련된 아이디어나 개념을 원과 선을 이용해 분기 형태로 빠르게 시각화하는 기법이다. 이 기법은 "원과 직선"을 이용하여 아이디어를 개괄적으로 빠르게 설정할 수 있도록 도와주는 기법에 해당한다.

정답 ②

71

작업연구의 내용과 가장 관계가 먼 것은?

① 표준 시간을 산정, 결정한다.
② 최선의 작업방법을 개발하고 표준화한다.
③ 최적 작업방법에 의한 작업자 훈련을 한다.
④ 작업에 필요한 경제적 로트(lot) 크기를 결정한다.

해설
작업에 필요한 경제적 로트(lot) 크기를 결정하는 것은 생산관리의 내용이다.

정답 ④

72

워크샘플링 조사에서 주요작업의 추정비율(p)이 0.06 이라면, 99% 신뢰도를 위한 워크샘플링 횟수는 몇 회인가?(단, $\mu_{0.005}$는 2.58, 허용오차는 0.01이다.)

① 3,744 ② 3,745
③ 3,755 ④ 3,764

해설 워크샘플링 횟수 계산

> 워크샘플링 횟수$(n) = \left(\dfrac{Z}{E}\right)^2 \times p(1-p)$
> - Z: Z-분포 신뢰도 계수
> - E: 허용오차(%)
> - p: 추정비율

신뢰도 99%일 때, $Z = \mu_{0.005} = 2.58$
$n = \left(\dfrac{Z}{E}\right)^2 \times p(1-p)$
$= \left(\dfrac{2.58}{0.01}\right)^2 \times 0.06 \times (1-0.06) \approx 3,755$

필요 최소 워크샘플링 횟수는 3,755회이다.

정답 ③

73
근골격계질환의 유형에 대한 설명으로 옳지 않은 것은?

① 외상과염은 팔꿈치 부위의 인대에 염증이 생김으로써 발생하는 증상이다.
② 수근관 증후군은 손목이 꺾인 상태나 과도한 힘을 준 상태에서 반복적 손 운동을 할 때 발생한다.
③ 회내근 증후군은 과도한 망치질, 노젓기 동작 등으로 손가락이 저리고 손가락 굴곡이 약화되는 증상이다.
④ 결절종은 반복, 구부림, 진동 등에 의하여 건의 섬유질이 손상되거나 찢어지는 등의 건에 염증이 생기는 질환이다.

해설
결절종(Ganglion)은 관절이나 건(힘줄) 주위에 발생하며 손목이나 손에 액체가 고여 주머니처럼 부풀어 오른 양성 종양이다.

정답 | ④

74
3시간 동안 작업 수행과정을 촬영하여 워크샘플링 방법으로 200회를 샘플링한 결과 30번의 손목꺾임이 확인되었다. 이 작업의 시간당 손목꺾임 시간은?

① 6분 ② 9분
③ 18분 ④ 30분

해설 워크샘플링 시간 계산
- 손목꺾임의 비율

$$\text{손목꺾임의 비율} = \frac{\text{관찰 횟수}}{\text{총 샘플링 횟수}}$$

손목꺾임 비율 = $\frac{30}{200}$ = 0.15

- 총 작업시간 중 손목꺾임 시간

$$\text{1시간당 손목꺾임 시간} = \text{활동비율} \times 60\text{분}$$

1시간당 손목꺾임 시간 = 0.15 × 60분 = 9분

정답 | ②

75
동작분석을 할 때 스패너에 손을 뻗치는 동작에 적합한 서블릭(Therblig) 문자기호는?

① H ② P
③ TE ④ SH

해설
① H(Hold) : 물건을 붙잡아 안정적으로 고정한다.
② P(Position) : 물건을 정확한 위치에 놓아 의도한 대로 배치한다.
③ TE(Transport Empty) : 빈손으로 물건을 향해 손을 뻗는다
④ SH(Search) : 물건이 어디에 위치해 있는지 찾는다.

정답 | ③

76
작업수행도 평가 시 사용되는 레이팅 계수(rating scale)에 대한 설명으로 옳지 않은 것은?

① 관측시간치의 평균값을 레이팅 계수로 보정하여 보통속도로 변환시켜준 개념을 표준시간이라 한다.
② 정상기준 작업속도를 100%로 보고 100%보다 큰 경우 표준보다 빠르고, 100%보다 작은 경우 느린 것을 의미한다.
③ 레이팅 계수(%)가 125일 경우 동작이 매우 숙달된 속도, 장시간 계속 작업 시 피로할 것 같은 작업속도로 판정할 수 있다.
④ 속도 평가법에서의 레이팅 계수는 기준속도를 실제속도로 나누어 계산하고 레이팅 시 작업속도만을 고려하므로 적용하기가 쉬워 보편적으로 사용한다.

해설
관측시간치의 평균값을 레이팅 계수(R)로 보정하여 보통속도로 변환시켜준 개념을 정미시간(NT, Normal Time)이라 한다.

정답 | ①

77
근골격계질환·관리추진팀 내 보건관리자의 역할로 옳지 않은 것은?

① 근골격계질환 예방·관리프로그램의 기본정책을 수립하여 근로자에게 알린다.
② 주기적으로 작업장을 순회하여 근골격계질환을 유발하는 작업공정 및 작업 유해요인을 파악한다.
③ 7일 이상 지속되는 증상을 가진 근로자가 있을 경우 지속적인 관찰, 전문의 진단의뢰 등의 필요한 조치를 한다.
④ 주기적인 근로자 면담 등을 통하여 근골격계질환 증상 호소자를 조기에 발견하는 일을 한다.

해설
근골격계질환 예방·관리프로그램의 기본정책을 수립하여 근로자에게 알리는 것은 사업주의 역할이다.

정답 ①

78
표준자료법의 특징으로 옳은 것은?

① 레이팅이 필요하다.
② 표준시간의 정도가 뛰어나다.
③ 직접적인 표준자료 구축 비용이 크다.
④ 작업방법의 변경 시 표준시간을 설정할 수 있다.

해설 표준자료법(Standard Data System)의 특징

장점	• 표준자료를 정확하게 사용한다면 누구나 일관성 있게 표준시간을 산정할 수 있다. • 직접 측정하지 않더라도 표준시간 산정이 가능하다. • 레이팅이 불필요하다. • 세조원가 사전 건적이 가능하다. • 작업의 표준화를 유지하고 촉진할 수 있다.
단점	• 표준시간이 자동으로 산정되기 때문에, 작업 개선의 기회나 의욕이 떨어질 수 있다. • 표준시간의 정도가 떨어진다. • 직접적인 표준자료 작성 구축 비용이 크기 때문에 생산량이 적거나 큰 제품의 경우에는 부적합하다. • 작업조건이 불안정한 경우 표준자료 설정이 어렵다. • 작업의 표준화가 곤란한 경우 표준자료를 설정할 수 없다.

정답 ③

79
산업안전보건법령상 근골격계 부담작업에 해당하지 않는 것은? (단, 단기간작업 또는 간헐적인 작업은 제외한다.)

① 하루에 10회 이상 25kg 이상의 물체를 드는 작업
② 하루에 총 2시간 이상, 분당 2회 이상 4.5kg 이상의 물체를 드는 작업
③ 하루에 총 1시간 이상 쪼그리고 앉거나 무릎을 굽힌 자세에서 이루어지는 작업
④ 하루에 4시간 이상 집중적으로 자료입력 등을 위해 키보드 또는 마우스를 조작하는 작업

해설
하루에 총 2시간 이상 쪼그리고 앉거나 무릎을 굽힌 자세에서 이루어지는 작업의 경우 근골격계 부담작업에 해당한다.

정답 ③

80
근골격계질환 예방대책으로 옳지 않은 것은?

① 단순 반복 작업은 기계를 사용한다.
② 작업순환(Job Rotation)을 실시한다.
③ 작업방법과 작업공간을 인간공학적으로 설계한다.
④ 작업속도와 작업강도를 점진적으로 강화한다.

해설
작업속도와 작업강도를 점진적으로 강화하는 것은 오히려 근골격계질환의 위험을 증가시킬 수 있다. 과도한 작업 강도나 속도는 근육과 관절에 과중한 부담을 주고, 장기적으로 근골격계질환을 유발할 수 있다.

정답 ④

2022년 3회 CBT 복원문제

SUBJECT 01 | 인간공학개론

01
체계분석 시에 인간공학으로부터 얻는 보상 및 가치와 거리가 가장 먼 것은?

① 인력 이용률 향상
② 사고 및 오용으로부터의 손실감소
③ 기계 및 설비 활용의 감소
④ 생산 및 보전의 경제성 증대

해설
기계 및 설비 활용이 감소하는 것은 인간공학의 보상 및 가치와 반대되는 개념이다.

정답 | ③

02
다음 중 은행이나 관공서의 접수창구의 높이를 설계하는 기준으로 가장 적절한 것은?

① 조절범위의 원칙
② 최소집단치를 위한 원칙
③ 최대집단치를 위한 원칙
④ 평균치를 위한 원칙

해설
접수창구 높이는 다양한 사용자를 고려해 평균 신체 치수를 기준으로 설계한다.

정답 | ④

03
다음 중 시력의 척도와 그에 대한 설명으로 틀린 것은?

① Vernier 시력 – 한 선과 다른 선의 측방향 변위(미세한 치우침)를 식별하는 능력
② 최소 가분 시력 – 대비가 다른 두 배경의 접점을 식별하는 능력
③ 최소 인식 시력 – 배경으로부터 한 점을 식별하는 능력
④ 입체 시력 – 깊이가 있는 하나의 물체에 대해 두 눈의 망막에서 수용할 때 상이나 그림의 차이를 분간하는 능력

해설
최소 가분 시력은 두 개의 점이나 선이 서로 떨어져 있음을 구별할 수 있는 능력을 의미한다.

정답 | ②

04
검은 상자 안에 붉은 공, 검은 공, 그리고 흰 공이 있다. 각 공의 추출 확률은 붉은 공 0.25, 검은 공 0.125, 그리고 흰 공 0.5이다. 추출될 공의 색을 예측하는데 필요한 평균 정보량(bit)은 약 얼마인가?

① 0.875
② 1.375
③ 1.5
④ 1.75

해설 평균 정보량 계산

$$H = -\sum_{i=1}^{N} p_i \log_2 p_i$$

- H: 평균 정보량
- p_i: 발생확률

- 확률이 0.25와 0.125 그리고 0.5인 이벤트 평균 정보량
$H = -(0.25 \times \log_2(0.25)) - (0.125 \times \log_2(0.125)) - (0.5 \times \log_2(0.5)) = 1.375$

정답 | ②

05

다음 중 전문가에 의한 사용성 평가방법은?

① 표적집단면접법(Focus Group Interview)
② 사용자테스트(User Test)
③ 휴리스틱 평가(Heuristic Evaluation)
④ 설문조사(Questionnaire Survey)

해설

휴리스틱 평가는 실제 사용자를 대상으로 하지 않고, 전문가가 정해진 사용성 원칙을 기준으로 제품이나 인터페이스를 평가하는 방법이다.

관련개념 사용성 평가 기법의 종류

- Heuristic Evaluation: 전문가들이 미리 정의된 사용성 원칙(Heuristics)을 기준으로 시스템을 점검하여 문제를 식별하는 기법이다.
- Usability Lab Testing: 통제된 실험실 환경에서 사용자가 시스템을 사용하며 특정 과제를 수행하는 동안 관찰하고 데이터를 수집하는 기법이다.
- Focus Group Interview: 소규모 사용자 그룹이 모여 시스템에 대한 의견을 공유하고 피드백을 제공하는 기법이다.

정답 | ③

06

다음 중 직렬시스템과 병렬시스템의 특성에 대한 설명으로 옳은 것은?

① 직렬시스템에서 요소의 개수가 증가하면 시스템의 신뢰도도 증가한다.
② 병렬시스템에서 요소의 개수가 증가하면 시스템의 신뢰도도 감소한다.
③ 시스템의 높은 신뢰도를 안정적으로 유지하기 위해서는 병렬시스템으로 설계하여야 한다.
④ 일반적으로 병렬시스템으로 구성된 시스템은 직렬시스템으로 구성된 시스템보다 비용이 감소한다.

해설

병렬설계는 신뢰도를 높이고 시스템이 안정적으로 유지되도록 한다.

정답 | ③

07

다음 중 인간공학의 정보이론에 있어 1bit에 관한 설명으로 가장 적절한 것은?

① 초당 최대 정보 기억 용량이다.
② 정보 저장 및 회송(recall)에 필요한 시간이다.
③ 2개의 대안 중 하나가 명시되었을 때 얻어지는 정보량이다.
④ 일시에 보낼 수 있는 정보전달 용량의 크기로서 통신 채널의 Capacity를 말한다.

해설

1bit는 동일한 확률을 갖는 두 가지 신호 중 하나가 결정될 때 얻는 정보량이다.

정답 | ③

08

정량적 동적 표시장치 중 지침이 고정되고 눈금이 움직이는 형태를 무엇이라 하는가?

① 계수형　　② 원형 눈금
③ 동침형　　④ 동목형

해설

동목형(정침 동목형)은 지침(바늘)이 고정되어 있고, 눈금이 움직여 값을 표시하는 방식이다. 바늘은 항상 같은 위치에 있고 눈금판이 회전하거나 움직인다.

정답 | ④

09

다음 중 인간공학이 추구하는 목표로 가장 적절한 것은?

① 인간의 기능 향상
② 설비의 생산성 증가
③ 제품 이미지와 판매량 제고
④ 기능적 효율과 인간 가치(human value) 향상

해설

인간공학의 궁극적 목표는 기능적 효율과 인간 가치(human value)를 함께 향상시키는 것이다.

정답 | ④

10

다음 중 인체 측정 방법의 선택 기준과 가장 거리가 먼 것은?

① 경제성
② 계측자료의 융통성
③ 계측기기의 정밀성
④ 조사대상자의 선정 용이성

해설

인체 측정 방법의 선택 기준에는 경제성, 계측기기의 정밀성, 조사대상자의 선정 용이성, 자료의 표준화 가능성, 결과의 신뢰성 등이 포함된다. 반면, 계측자료의 융통성은 자료의 표준화 가능성과 상충되는 개념으로, 선택 기준에 포함되지 않는다.

정답 : ②

11

다음 중 기능적 인체치수(Functional Body Dimension) 측정에 대한 설명으로 가장 적절한 것은?

① 앉은 상태에서만 측정하여야 한다.
② 5~95%tile에 대해서만 정의된다.
③ 신체 부위의 동작범위를 측정하여야 한다.
④ 움직이지 않는 표준자세에서 측정하여야 한다.

해설

기능적 인체치수는 작업 중 신체가 움직이는 범위를 측정하며, 팔을 뻗거나 발을 움직이는 동작을 포함한다. 따라서, 앉은 자세나 표준 자세만 고려하는 것은 부적절하며, 특정 퍼센타일(5~95%tile)에 국한되지 않고 다양한 범위가 적용될 수 있다.

정답 : ③

12

주사위를 던질 때 각 눈금이 나올 확률이 다음과 같을 때 전체 정보량(bit)은 약 얼마인가?

눈금	1	2	3	4	5	6
확률	$\frac{2}{10}$	$\frac{1}{10}$	$\frac{3}{10}$	$\frac{1}{10}$	$\frac{1}{10}$	$\frac{2}{10}$

① 2.0
② 2.4
③ 2.6
④ 3.0

해설 평균정보량 계산

$$H = -\sum_{i=1}^{N} p_i \log_2 p_i$$

- H : 평균 정보량
- p_i : 발생확률

- 확률이 0.2, 0.1, 0.3, 0.1, 0.1, 0.2인 이벤트 평균 정보량
$H = -3 \times (0.1 \times \log_2(0.1)) - 2 \times (0.2 \times \log_2(0.2)) - (0.3 \times \log_2(0.3))$
$= 2.446 \text{bit}$

정답 : ②

13

다음 중 인간공학 연구에 사용되는 기준에서 성격이 다른 하나는?

① 생리학적 지표
② 기계 신뢰도
③ 인간성능 척도
④ 주관적 반응

해설

생리학적 지표, 인간성능 척도, 주관적 반응은 모두 인간을 중심으로 한 측정 기준이지만, 기계 신뢰도는 인간이 아닌 시스템 자체의 성능과 특성을 평가하는 지표이다.

정답 : ②

14

어떤 인체측정 데이터가 정규분포를 따른다고 한다. 제50백분위수(percentile)가 100mm이고, 표준편차가 5mm일 때 정규분포곡선에서 제95백분위수는 얼마인가?

구분	1%tile	5%tile	10%tile
F	−2.326	−1.645	−1.2821

① 88.37mm ② 91.775mm
③ 106.41mm ④ 108.225mm

해설 95%tile 계산

$$95\%\text{tile} = \mu + (Z \times \sigma)$$

- μ: 평균
- Z: Z−표준점수
- σ: 표준편차

95%tile의 Z값=1.645
정규분포는 대칭이므로 5%tile과 95%tile의 Z값은 부호만 다르다.
평균값=50%tile=100mm
95%tile=100mm+(1.645×5mm)=108.225mm

정답 | ④

15

다음 중 차폐 또는 은폐(Masking)와 관련된 원리를 설명한 것으로 틀린 것은?

① 남성의 목소리가 여성의 목소리에 보다 더 잘 차폐된다.
② 차폐효과가 가장 큰 것은 차폐음과 배음의 주파수가 가까울 때이다.
③ 소리가 들린다는 것을 확신할 수 있는 최소한의 음 강도는 차폐음보다 15dB 이상이어야 한다.
④ 차폐되는 소리의 임계주파수대(critcal frequency band) 주변에 있는 소리들에 의해 가장 많이 차폐된다.

해설
낮은 주파수 소리는 높은 주파수를 더 잘 차폐하므로, 여성보다 남성의 목소리가 차폐 효과가 크다. 이는 저주파수가 임계대역에서 영향을 더 넓게 미치기 때문이다.

정답 | ①

16

다음 중 인간의 작업 기억(Working Memory)에 관한 설명으로 틀린 것은?

① 정보를 감지하여 작업 기억으로 이전하기 위해서 주의(attention) 자원이 필요하다.
② 시각정보보다 청각정보를 작업 기억 내에 더 오래 기억할 수 있다.
③ 작업 기억의 정보는 감각, 신체, 작업코드의 세 가지로 코드화된다.
④ 작업 기억 내에 정보의 의미 있는 단위(chunk)로 저장이 가능하다.

해설
일반적으로 작업기억의 정보는 시각(visual), 음성(phonetic), 의미(semantic) 코드의 3가지로 코드화 된다.

정답 | ③

17

글자체의 인간공학적 설계에 관한 설명으로 적합하지 않은 것은?

① 문자나 숫자의 높이에 대한 획 굵기의 비를 획폭비라 한다.
② 흰 숫자의 경우, 최적 독해성을 주는 획폭비는 1 : 3정도이다.
③ 흰 모양이 주의의 검은 배경으로 번지어 보이는 현상을 광삼(Irradiation) 현상이라 한다.
④ 숫자의 경우, 표준 종횡비로 약 3 : 5를 권장하고 있다.

해설
흰 글자는 광삼 현상으로 인해 검은 배경 위에서 획이 굵어 보이므로, 독해성을 고려할 때 1 : 8~1 : 10 정도의 획폭비가 가장 적절하다.

정답 | ②

18
다음 중 인간-기계 비교의 한계점을 지적한 내용과 가장 거리가 먼 것은?

① 상대적 비교는 항상 변할 수 있다.
② 언제나 최고의 성능이 우선적이다.
③ 기능의 할당에서 사회적인 가치도 고려해야 한다.
④ 가용도, 가격, 신뢰도와 같은 가치기준도 고려되어야 한다.

해설

인간-기계 비교의 한계점이란, 사용 환경과 상황에 따라 적합성이 달라질 수 있다는 점과 윤리적·사회적 영향을 함께 고려해야 한다는 중요성을 의미한다. 따라서 이러한 한계점을 감안할 때, 성능만을 절대적인 기준으로 삼을 수는 없다.

정답 | ②

19
다음 중 암호체계 사용상의 일반적인 지침과 가장 거리가 먼 것은?

① 정보를 암호화한 자극은 검출이 가능해야 한다.
② 모든 암호 표시는 감지장치에 의하여 다른 암호 표시와 구별되어서는 안 된다.
③ 자극과 반응 간의 관계가 인간의 기대와 모순되지 않아야 한다.
④ 2가지 이상의 암호차원을 조합해서 사용하면 정보전달이 촉진된다.

해설

모든 암호표시는 감지장치에 의하여 다른 암호표시와 구별될 수 있어야 한다. 이를 암호의 변별성이라 한다.

관련개념 암호체계의 일반적 지침

변별성	암호 표시가 다른 암호와 혼동되지 않고 명확히 구분될 수 있어야 한다.
검출성	암호화된 자극이 사용자에게 충분히 감지될 수 있어야 한다.
양립성	자극과 반응 간의 관계가 사용자의 기대와 모순되지 않아야 한다.
다차원의 암호사용	여러 암호 차원을 조합하여 정보 전달의 신뢰성과 효율성을 높인다. 예 경고 소리와 빛을 동시 제공

정답 | ②

20
청각의 특성 중 2개음 사이의 진동수 차이가 얼마 이상이 되면 울림(beat)이 들리지 않고 각각 다른 두 개의 음으로 들리는가?

① 33Hz   ② 50Hz
③ 81Hz   ④ 101Hz

해설

33Hz 이상에서는 두 개의 독립된 음으로 인식된다.

관련개념 청각의 특성
- 33Hz 미만: 두 개의 음이 하나의 울림(beat)으로 들린다.
- 33Hz 이상: 두 개의 독립된 음으로 인식된다.
- 50Hz 이상: 두 개의 음이 더욱 뚜렷하게 구별되어 들린다.

정답 | ①

SUBJECT 02 | 작업생리학

21
다음 중 산소를 이용한 유기성(호기성) 대사과정으로 인한 부산물이 아닌 것은?

① H_2O ② 젖산
③ CO_2 ④ 에너지

해설

젖산은 무산소 대사에서 생성되며, 유산소 대사에서는 생성되지 않는다.

정답 | ②

22
다음 중 작업장 실내에서 일반적으로 추천반사율이 가장 높은 곳은?

① 천장 ② 바닥
③ 벽   ④ 책상면

해설
실내 표면의 추천 반사율은 바닥에서 천장으로 갈수록 높아진다.

정답 ①

23
다음 중 낮은 진동수에서의 진동에 가장 영향을 많이 받는 것은?

① 감시   ② 의사 표시
③ 반응 시간 ④ 추적 능력

해설
추적 능력은 움직이는 대상이나 정보를 눈이나 몸으로 정확히 따라가는 능력을 말한다. 저주파 진동은 자세의 안정성과 정밀도에 영향을 미치기 때문에 정밀 작업을 요하는 추적능력은 저주파 진동에 취약하다.

정답 ④

24
다음 중 골격의 역할로 옳지 않은 것은?

① 신체 활동의 수행
② 신체 주요 부분의 보호
③ 신체의 지지 및 형상
④ 운동 명령 정보의 전달

해설
운동 명령은 뇌 → 척수 → 말초신경 → 근육 순으로 신경계가 전달한다.

정답 ④

25
다음 중 근육수축 시 근절 내 영역에서 일어나는 현상으로 적합하지 않은 것은?

① A대(band)가 짧아진다.
② I대(band)가 짧아진다.
③ H영역(zone)이 짧아진다.
④ Z선(line)과 Z선(line) 사이가 가까워진다.

해설
A대는 근육수축 시에도 길이가 변하지 않는 영역이다.

정답 ①

26
다음 중 1촉광(candle power)이 발하는 광량은 약 어느 정도인가?

① 1π루멘   ② 2π루멘
③ 4π루멘   ④ 8π루멘

해설 광속(광량)의 계산

광속(lumen) = 광도(candela) × 입체각(steradian)

광속(lumen) = 1cd × 4πsr = 4πlumen

정답 ③

27

다음 중 근육의 수축원리에 관한 설명으로 틀린 것은?

① 근섬유가 수축하면 I대와 H대가 짧아진다.
② 최대로 수축했을 때의 Z선이 A대에 맞닿는다.
③ 액틴과 마이오신 필라멘트 길이는 변하지 않는다.
④ 근육 전체가 내는 힘은 비활성화된 근섬유 수에 의해 결정된다.

해설
근육이 내는 힘은 활성화된 근섬유 수에 의해 결정된다.

정답 | ④

28

생리적 활동의 척도 중 Borg의 RPE척도에 대한 설명으로 적절하지 않은 것은?

① 육체적 작업부하의 주관적 평가기법이다.
② NASA-TLX와 동일한 평가척도를 사용한다.
③ 척도의 양 끝은 최소 심장 박동률과 최대 심장 박동률을 나타낸다.
④ 작업자들이 주관적으로 지각한 신체적 노력의 정도를 6~20 사이의 척도로 평정한다.

해설
Borg의 RPE 척도는 6~20점 척도를 사용하고, NASA-TLX는 0~100점 척도를 사용한다.

정답 | ②

29

일정(constant) 부하를 가진 작업수행 시 인체의 산소 소비변화를 나타낸 그래프는?

①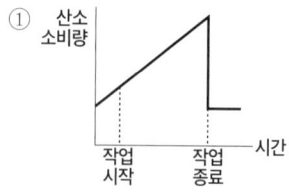

②

③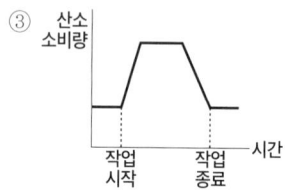

④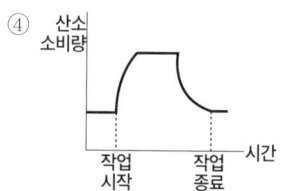

해설 산소소비량의 변화

- 작업 초기 단계: 작업 시작 시 산소 공급이 즉각적으로 따라가지 못해 산소 부족(Oxygen Deficit) 상태가 발한다. 에너지는 주로 무산소 대사로 충당된다.
- 작업 중 안정 상태(Steady-State): 시간이 지나면서 산소 공급이 안정화되어 소비량이 일정해진다. 이 단계에서는 유산소 대사가 에너지의 주요 공급원 역할을 한다.
- 작업 종료 후 회복 단계: 작업 종료 후에도 젖산 제거와 조직 회복을 위해 산소 부채(Oxygen Debt) 상태가 발생한다. 시간이 지나 초과 산소 소비량이 점차 줄어들며 안정 시 수준으로 돌아간다.

정답 | ④

30

다음 중 근력에 있어서 등척력(isometric strength)에 대한 설명으로 가장 적절한 것은?

① 신체부위가 동적인 상태에서 물체에 이동한 힘을 가하는 상태의 근력이다.
② 물체를 들어올려 일정시간 내에 일정 거리를 이동시킬 때 힘을 가하는 상태의 근력이다.
③ 물체를 들어 올릴 때처럼 팔이나 다리의 신체부위를 실제로 움직이는 상태의 근력이다.
④ 물체를 들고 있을 때처럼 신체부위를 움직이지 않으면서 고정된 물체에 힘을 가하는 상태의 근력이다.

해설

등척성 근력은 신체를 움직이지 않고 고정된 물체에 힘을 가하는 근력이다.

관련개념 근력의 유형

등장성 근력	근육의 길이가 짧아지거나, 길어지면서 힘을 발휘한다. 예 덤벨 운동
등척성 근력	근육의 길이를 변화시키지 않은 채 힘을 발휘한다. 예 플랭크 자세
등속성 근력	운동 속도가 일정한 상태에서 근육 길이가 변화하며 힘을 발휘한다. 예 재활 운동 기구
등관성 근력	저항(관성)에 따라 근육이 길이 변화를 일으키며 힘을 발휘한다. 예 프리웨이트 운동

정답 | ④

31

다음 중 작업부하 및 휴식시간 결정에 관한 설명으로 옳은 것은?

① 작업부하는 작업자의 능력과 관계없이 절대적으로 산출된다.
② 정신적인 권태감은 주관적인 요소이므로 휴식시간 산정 시 고려할 필요가 없다.
③ 친교를 위한 작업자들 간의 대화시간도 휴식시간 산정 시 반드시 고려되어야 한다.
④ 조명 및 소음과 같은 환경적 요소도 작업부하 및 휴식시간 산정 시 고려해야 한다.

해설

조명 및 소음 등 환경적 요인은 작업부하에 영향을 미쳐 휴식시간 산정 시 고려해야 한다. 또한, 작업부하는 개인 능력과 관련되며, 반복 작업의 정신적 피로는 휴식시간 산정 시 고려해야 하는 요소이다.

정답 | ④

32

다음 중 근육피로의 1차적 원인으로 옳은 것은?

① 젖산 축적
② 글리코겐 축적
③ 미오산 축적
④ 피루브산 축적

해설

무산소 운동 시, 젖산이 생성되어 축적되면 근육 내 PH가 낮아지고, 이로 인해 수축 효율이 감소하며 피로가 발생한다.

정답 | ①

33
다음 중 고열환경을 종합적으로 평가할 수 있는 지수로 사용되는 것은?

① 실효온도(ET)
② 열스트레스지수(HSI)
③ 습구흑구온도지수(WBGT)
④ 옥스퍼드지수(Qxford Index)

> **해설**
> 습구흑구온도지수(WBGT)는 고열환경에서 작업자의 열 스트레스 위험도를 평가하는 대표적인 지수이다.
>
> 정답 │ ③

34
소음대책의 방법 중 "감쇠대상의 음파와 동위상인 신호를 보내어 음파 간에 간섭현상을 일으키면서 소음이 저감 되도록 하는 기법"을 무엇이라 하는가?

① 흡음처리
② 거리감쇠
③ 능동제어
④ 수동제어

> **해설**
> 능동제어 대책은 감쇠 대상 음파와 같은 위상의 신호를 생성해 간섭을 일으켜 소음을 저감하는 기법이다.
>
> 정답 │ ③

35
다음 중 교대작업의 관리방법으로 적절하지 않은 것은?

① 일정하지 않은 연속근무는 피한다.
② 근무 적응을 위하여 야간근무는 4일 이상 연속한다.
③ 근무반 교대방향은 아침반 → 저녁반 → 야간반으로 정방향 순환이 되게 한다.
④ 야간근무 후의 다음 근로시작 시간까지는 48시간 이상의 휴식을 갖는다.

> **해설**
> 야간근무를 4일 이상 연속하면 생체리듬이 무너지고, 수면장애 등 건강장애가 일어난다. 야간근무는 최대 3일 연속하는 것으로 제한하는 것이 바람직하다.
>
> 정답 │ ②

36
다음 중 육체적 강도가 높은 작업에 있어 혈액의 분포비율이 가장 높은 것은?

① 소화기관
② 골격
③ 피부
④ 근육

> **해설**
> 육체적 강도가 높은 작업 시 근육이 산소와 영양소를 필요로 하기 때문에 근육(골격근)에 가장 많은 혈류가 공급된다.
>
> **관련개념** 작업활동 중 혈액 분포
>
> | 구분 | 혈액 분포 비율(%) |
> | --- | --- |
> | 골격근 | 80~85 |
> | 피부 | 5~20 |
> | 뇌 | 3~4 |
> | 심장 | 4~5 |
> | 소화기관 | 3~5 |
> | 신장 | 3~4 |
>
> 정답 │ ④

37

다음 중 육체적 활동 또는 정신적 활동에 따른 생체의 반응을 설명한 것으로 틀린 것은?

① 부정맥(sinus arrhythmia)이란 심장 활동의 불규칙성의 척도로 일반적으로 정신부하가 증가하면 부정맥점수가 감소한다.
② 점멸융합주파수는 중추신경계의 피로, 즉 정신피로의 척도로 사용될 수 있으며 피곤함에 따라 빈도가 올라간다.
③ 근전도는 근육이 피로하기 시작하면 저주차수 범위의 활성이 증가하고 고주파수 범위의 활성이 감소한다.
④ 산소소비량(oxygen consumption)을 측정하여 에너지소비량(energy expenditure)을 평가할 수 있는데 육체적 작업 특히 큰 근육의 움직임을 요구하는 동적작업(dynamic work)을 많이 하면 산소소비량이 증가한다.

해설
정신적 피로가 증가하면 시각·뇌 반응 속도가 떨어지므로 점멸융합주파수가 감소한다.

정답 ②

38

다음 중 고열발생원에 대한 대책으로 볼 수 없는 것은?

① 고온 순환   ② 전체 환기
③ 복사열 차단   ④ 방열제 사용

해설
고온 순환은 오히려 온도 상승을 유발하기 때문에 열 배출 또는 차단을 하는 것이 효과적이다.

정답 ①

39

다음 중 광도와 거리에 관한 조도의 공식으로 옳은 것은?

① 조도 = $\frac{광도}{거리}$ ② 조도 = $\frac{거리}{광도}$

③ 조도 = $\frac{광도}{거리^2}$ ④ 조도 = $\frac{거리}{광도^2}$

해설 조도 산출 공식

조도(E)는 단위 조도를 측정하는 면적(A)당 도달하는 광속(Φ)의 양이다.

$$E = \frac{\Phi}{A}$$

광속(Φ)은 광도(I)와 입체각(Ω)의 곱이다.

$$\Phi = I \cdot \Omega$$

입체각(Ω)은 단위 조도를 측정하는 면적(A)과 비례하고, 거리의 제곱(d^2)과는 반비례한다.

$$\Omega = \frac{A}{d^2}$$

따라서, 조도를 산출하는 공식은 다음과 같다.

$$E = \frac{I \cdot \left(\frac{A}{d^2}\right)}{A} = \frac{I}{d^2}$$

정답 ③

40

정적 자세를 유지할 때의 진전(tremor)을 감소시킬 수 있는 방법으로 적당한 것은?

① 손을 심장 높이보다 높게 한다.
② 몸과 작업에 관계되는 부위를 잘 받친다.
③ 작업 대상물에 기계적인 마찰을 제거한다.
④ 시각적인 참조(reference)를 정하지 않는다.

해설
진전은 정적 작업 중 근육 긴장과 피로로 생기는 미세한 떨림을 말한다. 진전을 감소시키려면, 지지대를 제공하여 근육의 긴장을 완화시켜야 한다.

정답 ②

SUBJECT 03 | 산업심리학 및 관련법규

41
다음 중 안전관리의 개요에 관한 설명으로 틀린 것은?

① 안전의 3요소로는 Engineering, Education, Economy를 말한다.
② 안전의 기본원리는 사고방지 차원에서의 산업재해 예방 활동을 통해 무재해를 추구하는 것이다.
③ 사고방지를 위해서 현장에 존재하는 위험을 찾아내어 이를 제거하거나 위험성(Risk)을 최소화한다는 위험통제의 개념이 적용되고 있다.
④ 안전관리란 생산성 향상과 재해로부터 손실을 최소화하기 위하여 행하는 것으로 재해의 원인 및 경과의 규명과 재해방지에 필요한 과학기술에 관한 계통적 지식체계의 관리를 말한다.

해설 안전의 3요소(3E)
- Education(교육): 안전에 대한 지식과 인식을 높이는 교육 및 훈련을 제공한다.
- Enforcement(규제): 규칙과 규정을 준수하도록 관리하고 감독한다.
- Engineering(기술적 조치): 설계 및 기술적 개선을 통해 불안전 요소를 제거하거나 최소화한다.

정답 | ①

42
다음 중 민주형 리더십의 특징에 관한 설명으로 틀린 것은?

① 자발적 행동이 나타난다.
② 구성원 간의 상호관계가 원만하다.
③ 맥그리거의 X 이론에 근거를 둔다.
④ 모든 정책이 집단 토의나 결정에 의해서 이루어진다.

해설
민주형 리더십은 맥그리거의 Y 이론에 근거를 둔다.

정답 | ③

43
다음 중 인간수행에 스트레스가 미치는 영향을 극소화하는 방법으로 옳은 것은?

① 스트레스 대처법은 디자인 해결법과 개인적인 해결법이 있다.
② 응급상황에 대처하기 위해 분산적인 훈련이 매우 유용하다.
③ 정보 지원에 대한 지각적 해소화가 일어나면 정보를 다양화시킨다.
④ 규칙적인 호흡을 이용한 정상적 이완은 각성상태를 유지할 수 없어 수행을 저해시킨다.

해설
② 응급상황에 대처하기 위해 집중 훈련(Mass Practice)이나 시나리오 기반 훈련이 매우 유용하다.
③ 위험하거나 긴급한 상황일수록 '지각적 해소화'가 발생하여, 주의가 좁아지고 일부 정보에만 집중하게 되며 나머지 정보는 무시하게 되는 현상이 일어날 수 있다. 이와 같은 지각적 해소화 상태에서 정보를 지나치게 다양화하면, 오히려 인지적 과부하를 유발할 수 있다.
④ 규칙적인 호흡을 이용한 정상적 이완은 각성 수준을 적절히 조절해 수행을 돕는다.

정답 | ①

44
다음 중 직무스트레스에 관한 설명으로 틀린 것은?

① 성격이 A형인 사람들은 B형에 비해 스트레스에 노출될 가능성이 훨씬 높다.
② 스트레스가 아주 없는 상황에서는 순기능 스트레스로 작용한다.
③ 내적 통제자들은 외적 통제자들보다 스트레스를 적게 받는다.
④ 스트레스 수준의 측정방법으로 생리적 변환측정, 설문조사법 등이 있다.

해설
스트레스가 '아주 없을 때'는 오히려 무기력, 동기 저하, 집중력 부족 등의 문제가 생긴다.

정답 | ②

45

다음 중 안전관리조직에 있어 명령계통이 일원화되는 반면 전문적 기술의 확보가 어렵고, 소규모 조직에 적용하기 용이한 조직의 형태는?

① 라인 조직 ② 스텝 조직
③ 관음 조직 ④ 위원회 조직

해설 라인형 조직(직계식)
- 안전보건관리업무(PDCA 사이클 등)를 생산라인을 통하여 이루어지도록 편성된 조직이다.
- 생산라인에 모든 안전보건 관리기능을 부여한다.
- 업무가 생산 위주라 안전에 대한 전문지식이나 기술 습득에 시간이 부족할 수 있다.
- 주로 100인 미만의 소규모 사업장에 적합하다.

정답 ①

46

재해의 기본 원인을 조사하는 데에는 관련 요인들을 4M 방식으로 분류하는데 다음 중 4M에 해당하지 않는 것은?

① Machine ② Material
③ Management ④ Media

해설 휴먼에러의 배후요인 4가지(4M)
- Man(사람): 개인의 신체적, 정신적 상태나 기술 부족, 부주의 등 인간 자체에서 기인하는 요인이다.
- Machine(기계): 장비나 시스템의 결함, 설계상의 문제 등 기계적 요소에 의한 요인이다.
- Media(환경): 조명, 소음, 온도 등 물리적 작업 환경의 문제에서 비롯되는 요인이다.
- Management(관리): 조직 차원의 미흡한 관리, 부적절한 정책이나 절차 등 관리 시스템의 문제로 발생하는 요인이다.

정답 ②

47

다음 중 데이비스(K.Davis)의 동기부여 이론에서 인간의 성과(human performance)를 올바르게 나타낸 것은?

① 지식(knowledge) × 기능(skill)
② 상황(situation) × 태도(attitude)
③ 능력(ability) × 동기유발(motivation)
④ 인간조건(human condition) × 환경조건(environment condition)

해설

능력이 뛰어나도 동기가 없다면 성과가 낮을 수밖에 없으며, 반대로 동기가 높아도 능력이 부족하면 역시 높은 성과를 기대하기 어렵다. 이는 '능력'과 '동기유발'이 곱셈 관계이며 둘 중 하나라도 0이면 성과도 0이 된다는 것을 뜻한다.

정답 ③

48

다음 중 산업안전보건법령상 재해발생 시 작성하여야 하는 산업재해조사표에서 재해의 발생 형태에 따른 재해 분류가 아닌 것은?

① 폭발 ② 협착
③ 진폐 ④ 감전

해설 진폐

분진을 흡입하여 폐에 생기는 섬유증식성(纖維增殖性) 질병을 말한다. 근로자가 분진작업에 종사하거나 명백히 진폐증에 걸릴 우려가 있는 장소에서 근무하다가 진폐증에 걸린 경우, 이는 업무상 질병으로 간주된다.

관련개념 상해와 재해 분류

상해	골절, 동상, 부종, 찔림(자상), 절단, 중독, 질식, 화상, 찰과상, 창상, 좌상, 청각장애, 시각장애, 진폐증
재해 (사고)	추락, 전도, 충돌, 낙하, 비래, 붕괴, 도괴, 협착, 감전, 폭발, 파열, 유해물접촉, 무리한동작, 이상온도접촉

정답 ③

49
다음 중 통제적 집단행동이 아닌 것은?

① 모브(mob)
② 관습(custom)
③ 유행(fashion)
④ 제도적 행동(institutional behavior)

해설
① 모브(mob) : 폭력적이고 무질서한 비통제적 집단 행동을 의미하며 일반적으로 통제되지 않은 감정이나 군중 심리에 의해 발생한다.
② 관습(custom) : 오랜 시간에 걸쳐서 사회적으로 정착된 행동 방식이다. **예** 경조사 문화, 명절의 가족과 친척모임 등
③ 유행(fashion) : 어떤 시기에 사람이 많이 따르는 행동이나 스타일을 의미한다. **예** SNS챌린지, 패션 스타일 등
④ 제도적 행동(institutional behavior) : 사회적으로 제도화된 행동 양식이며 일정한 규칙과 절차를 말한다. **예** 선거 참여 등

정답 | ①

50
검사작업자가 한 로트에 100개인 부품을 조사하여 6개의 불량품을 발견하였으나 로트에는 실제로 10개의 불량품이 있었다면 이 검사작업자의 휴먼에러 확률을 얼마인가?

① 0.04
② 0.06
③ 0.1
④ 0.6

해설 휴먼에러율(HEP)

$$휴먼에러율(HEP) = \frac{실제\ 부적합품\ 수 - 검출된\ 부적합품\ 수}{총\ 검사\ 수}$$

$HEP = \frac{10-6}{100} = 0.04$

정답 | ①

51
인간의 실수를 심리학적으로 분류한 스웨인(Swain)의 분류 중에서 필요한 작업이나 절차를 수행하였으나 잘못 수행한 오류에 해당하는 것은?

① omission error
② commission error
③ timing error
④ sequential error

해설 휴먼에러(Human error)의 분류

심리적 분류 (Swain의 분류)	• 정상수행 • Omission Error(생략에러) : 필요한 작업, 절차를 수행하지 않는 오류 • Time Error(시간에러) : 필요한 작업과 절차의 수행지연으로 인한 오류 • Commission Error(수행에러) : 필요한 작업과 절차를 잘못 수행하는 오류 • Sequential Error(순서에러) : 필요한 작업 또는 절차의 순서착오로 인한 오류 • Quantitative Error(양적에러) : 너무 적거나 많은 작업을 수행하는 오류 • Extraneous Error(불필요 수행에러) : 작업과 관계없는 행동을 하는 오류
원인별 (레벨별) 분류	• Primary Error(1차에러) : 작업자 자신에 의해 발생 • Secondary Error(2차에러) : 작업형태나 조건에 의해 발생 • Command Error(지시에러) : 근로자가 움직일 수 없는 상태에 발생 • Third Error(3차에러)

정답 | ②

52

신뢰도가 0.85인 작업자가 혼자서 검사하는 공정에 동일한 신뢰도를 가진 요원을 중복으로 지원하여 2인 1조로 검사를 한다면 이 공정에서의 신뢰도는 얼마가 되겠는가? (단, 전체 작업기간 동안 요원은 항상 지원된다.)

① 0.7225
② 0.8500
③ 0.9775
④ 0.9801

해설 병렬 작업의 신뢰도

'요원을 중복하여 작업', '항상 요원 지원'이라는 조건이 주어졌으므로 병렬 작업으로 본다.

$$R = 1 - (1-R_1) \times (1-R_2)$$

- R_n: 개별 작업자의 신뢰도

$R = 1 - (1-0.85) \times (1-0.85) = 0.9775$

정답 | ③

53

하인리히는 재해연쇄론에서 재해가 발생하는 과정을 5단계 요인으로 나누어 설명하였다. 그중 사고를 예방하기 위한 관리 활동들이 가장 효과적으로 적용될 수 있는 단계를 무엇이라고 주장하였는가?

① 개인적 결함
② 사고 그 자체
③ 사회적 환경(분위기)
④ 불안전 행동 및 불안전 상태

해설 하인리히는 재해연쇄론

'재해'는 연쇄적으로 발생하지만 직접 원인인 "불안전한 행동이나 불안전한 상태"를 제거하면, 그 이후의 도미노(사고 → 상해)는 넘어가지 않게 막을 수 있다고 주장하였다.

정답 | ④

54

다음 중 집단구성원들이 서로에게 매력적으로 끌리어 그 집단목표를 효율적으로 달성하는 정도를 무엇이라고 하는가?

① 집단소집성
② 집단응집성
③ 집단선호성
④ 집단협력성

해설 집단응집성

집단 구성원들이 서로에게 매력을 느끼고, 집단의 목표 달성에 얼마나 협력적으로 참여하는지를 나타내는 정도를 말한다. 소시오메트리 연구에서는 실제 상호 선호 관계의 수를 가능한 모든 상호 선호 관계의 총 수로 나누어 지수(Index) 형태로 표현한다.

정답 | ②

55

다음 중 매슬로우(A.H. Maslow)의 인간욕구 5단계를 올바르게 나열한 것은?

① 생리적 욕구 → 사회적 욕구 → 안전 욕구 → 자아실현의 욕구 → 존경의 욕구
② 생리적 욕구 → 안전 욕구 → 사회적 욕구 → 자아실현의 욕구 → 존경의 욕구
③ 생리적 욕구 → 안전 욕구 → 사회적 욕구 → 존경의 욕구 → 자아실현의 욕구
④ 생리적 욕구 → 사회적 욕구 → 안전 욕구 → 존경의 욕구 → 자아실현의 욕구

해설 매슬로우의 욕구단계이론
(Maslow's Hierarchy of Needs)

정답 | ③

56

다음 중 오하이오 주립대학의 리더십 연구에서 주장하는 구조주도적(initiating structure) 리더와 배려적(consideration) 리더에 관한 설명으로 틀린 것은?

① 배려적 리더는 관계지향적, 인간중심적으로 인간에 관심을 가지고 있다.
② 구조주도적 리더십은 구성원들의 성과환경을 구조화하는 리더십 행동이다.
③ 구조적 리더십은 성과를 구체적으로 정확하게 평가하는 행동 유형을 말한다.
④ 배려적 리더는 구성원의 과업을 설정, 배정하고 구성원과의 의사소통 네트워크를 명백히 한다.

해설

구조주도적 리더는 구성원의 과업을 설정하고 배정하며, 구성원 간 의사소통 네트워크를 명백히 한다.

구조주도적 리더	• 집단의 과업에 관심, 일과 작업상황의 구조화, 구성원의 역할을 명확하게 제시한다. • 리더가 주도권을 쥐고 진두지휘하며 과업을 달성한다. • 과업지향(task oriented)
배려적 리더	• 상호 간의 신뢰 구축, 존중, 인간중심적으로 인간에 관심을 가진다. • 구성원들과 협의하고 그들의 이익을 대변 해주고 개방적인 의사소통을 추구한다. • 관계지향(relationship oriented)

정답 | ④

57

조직의 리더(leader)에게 부여하는 권한 중 구성원을 징계 또는 처벌할 수 있는 권한은?

① 보상적 권한
② 강압적 권한
③ 합법적 권한
④ 전문성의 권한

해설 권한의 유형

보상적 권한 (Reward Power)	구성원에게 보상을 제공할 수 있는 권한이다. 예) 승진
강압적 권한 (Coercive Power)	구성원을 징계하거나 처벌할 수 있는 권한이다. 예) 해고
합법적 권한 (Legimate Power)	조직의 직위와 역할에 의해 부여된 공식적인 권한이다.
전문성의 권한 (Expert Power)	리더의 전문적 지식과 기술에서 비롯되는 권한이다.

정답 | ②

58

다음 중 집단 간의 갈등 해결기법으로 가장 적절하지 않은 것은?

① 자원의 지원을 제한한다.
② 집단들의 구성원들 간의 직무를 순환한다.
③ 갈등 집단의 통합이나 조직 구조를 개편한다.
④ 갈등 관계에 있는 당사자들이 함께 추구하여야 할 새로운 상위의 목표를 제시한다.

해설

자원 제한은 갈등을 심화시키며 자원이 부족하면 더 경쟁하고 대립하게 되므로 갈등을 악화시키는 방법에 해당한다.

정답 | ①

59

다음 그림은 스트레스 수준과 성과수준과의 관계를 나타낸 것이다. A, B, C에 해당하는 스트레스의 종류를 올바르게 나열한 것은?

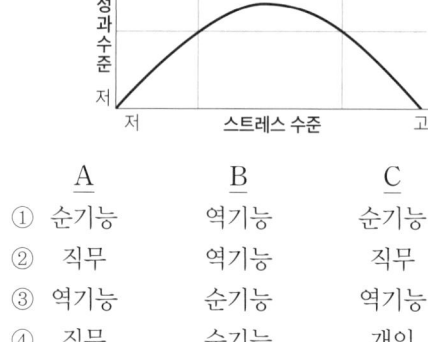

	A	B	C
①	순기능	역기능	순기능
②	직무	역기능	직무
③	역기능	순기능	역기능
④	직무	순기능	개인

해설 스트레스 수준과 성과수준과의 관계

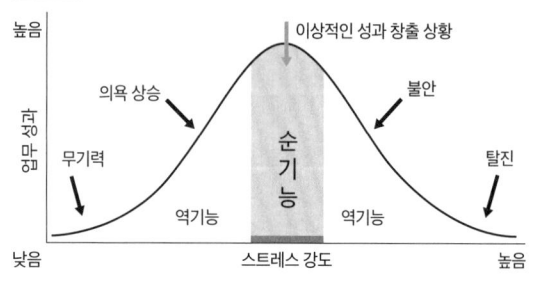

정답 | ③

60
재해원인 중 간접원인이 아닌 것은?

① 교육적 원인 ② 인적, 물적 원인
③ 기술적 원인 ④ 관리적 원인

해설 산업재해 직접원인과 간접원인

직접원인	• 불안전한 행동: 인적요인 • 불안전한 상태: 물적요인
간접원인	• 기술적 원인: 방호기계 부적당 등 기술적 결함 • 신체적 원인: 질병, 피로, 스트레스, 수면부족 • 교육적 원인: 훈련미숙, 이해못함 등의 무지 • 관리적 원인: 작업기준 불명확성, 부적절한 지시 • 정신적 원인: 초조, 공포, 긴장, 불만, 태만 등

정답 ②

SUBJECT 04 | 근골격계질환 예방을 위한 작업관리

61
다음 중 1시간을 TMU로 환산한 것은?

① 0.036TMU   ② 27.8TMU
③ 1,667TMU   ④ 100,000TMU

해설 TMU(Time Measurement Unit)
작업 측정의 단위로, 1TMU는 0.00001시간에 해당하며 1시간을 TMU로 환산하는 방법은 다음과 같다.
1시간=60분, 1분=60초, 1시간=3,600초
1TMU=0.00001시간(1TMU=0.00001×3,600초=0.036초)
$1시간 = \frac{3,600초}{0.036초/TMU} = 100,000 TMU$

정답 ④

62
평균관측시간이 1분, 레이팅 계수가 110%, 여유시간이 하루 8시간 근무 중에서 24분일 때 외경법을 적용하면 표준시간은 약 얼마인가?

① 1.235분   ② 1.135분
③ 1.255분   ④ 1.155분

해설 표준시간계산(외경법)

• 정미시간 계산
$$정미시간 = 평균관측시간 \times \left(\frac{레이팅계수}{100}\right)$$

$정미시간 = 1 \times \left(\frac{110}{100}\right) = 1.1분$

• 여유율 계산
$$여유율 = \frac{여유시간}{총 근무시간}$$

$여유율 = \frac{24분}{8시간 \times 60분} = \frac{24}{480} = 0.05$

• 표준시간 계산
$$표준시간 = 정미시간 \times (1 + 여유율)$$

표준시간 = 1.1 × (1 + 0.05) = 1.155분

정답 ④

63
동작경제의 원칙 중 신체사용에 관한 원칙에서 손목을 축으로 하는 손동작은 몇 등급에 해당되는가?

① 1등급   ② 2등급
③ 3등급   ④ 4등급

해설 신체 사용에 관한 동작등급

동작 등급	신체에 관한 축	동작 신체 부위
1	손가락 관절	손가락
2	손목	손가락, 손
3	팔꿈치	손가락, 손, 전완
4	어깨	손가락, 손, 전완, 상완
5	허리	손가락, 손, 전완, 상완, 몸통

정답 ②

64

다음 중 NIOSH의 들기 작업 지침에서 들기지수(LI)를 올바르게 나타낸 것은? (단, HM은 수평계수, VM은 수직계수, DM은 거리계수, AM은 비대칭계수, FM은 비틀림계수, CM은 결합계수를 의미한다.)

① $LI = \dfrac{25 \times HM \times VM \times DM \times AM \times FM \times CM}{중량물무게}$

② $LI = \dfrac{중량물무게}{25 \times HM \times VM \times DM \times AM \times FM \times CM}$

③ $LI = \dfrac{중량물무게}{23 \times HM \times VM \times DM \times AM \times FM \times CM}$

④ $LI = \dfrac{23 \times HM \times VM \times DM \times AM \times FM \times CM}{중량물무게}$

해설 들기지수(LI)

$$LI = \dfrac{작업물무게}{RWL(LC(23) \times HM \times VM \times DM \times AM \times FM \times CM)}$$

- LC: 부하상수(23kg)
- HM: 수평계수
- VM: 수직계수
- DM: 거리계수
- AM: 비대칭계수
- FM: 빈도계수
- CM: 결합계수

정답 | ③

65

다음 중 수행도 평가기법이 아닌 것은?

① 속도 평가법
② 평준화 평가법
③ 합성 평가법
④ 사이클 그래프 평가법

해설 사이클 그래프 평가법

주로 시간 분석이나 주기적인 변화를 시각적으로 나타내는 기법이며, 주로 시간 관리나 작업 흐름을 나타내는 데 사용된다.

정답 | ④

66

다음 중 작업측정에 대한 설명으로 적절한 것은?

① 반드시 비디오 촬영을 병행하여야 한다.
② 측정 시 작업자가 모르게 비밀 촬영을 하여야 한다.
③ 작업측정은 자격을 가진 전문가만이 수행하여야 한다.
④ 측정 후 자료는 그대로 사용하지 않고, 작업능률에 따라 자료를 조정할 수 있다.

해설

① 비디오 촬영을 병행하는 것은 선택 사항이다.
② 측정 시 작업자의 동의하에 촬영을 하여야 한다.
③ 작업측정은 자격을 가진 전문가, 기업 내 훈련된 인원 등이 수행 가능하다.

정답 | ④

67

다음 중 작업 분석 시 문제분석 도구로 적합하지 않는 것은?

① 작업공정도
② 다중활동분석표
③ 서블릭 분석
④ 간트 차트

해설 서블릭 분석

동작을 효율화하여 작업개선(목시동작분석에 사용)을 목적으로 하는 동작분석법이다. 작업의 요소동작을 세분화하여 각각의 시간을 서블릭 기호로 분류하고 효율/비효율 동작을 구분하여 비효율 동작을 최소화하도록 작업을 개선하는 방법이다.

정답 | ③

68

다음 중 작업관리의 문제분석 도구로서, 가로축에 항목, 세로축에 항목별 점유비율과 누적비율로 막대-꺾은선 혼합 그래프를 사용하는 것은?

① 특성요인도 ② 파레토차트
③ PERT차트   ④ 간트차트

해설 파레토차트(Pareto Chart)
가로축에 항목을, 세로축에는 각 항목의 점유비율을 나타내는 막대그래프를 그리고, 누적비율을 나타내는 꺾은 선을 추가하는 그래프이다. 이 차트는 문제의 주요 원인을 파악하거나, 가장 중요한 항목을 찾는 데 유용하게 사용된다. 일반적으로 80:20 법칙(Pareto Principle)을 적용하여, 문제 해결에서 중요한 상위 20%의 항목을 식별하는 데 사용된다.

정답 | ②

69

다음 중 근골격계질환의 예방에서 단기적 관리방안이 아닌 것은?

① 교대근무에 대한 고려
② 안전한 작업방법 교육
③ 근골격계질환 예방관리 프로그램의 도입
④ 관리자, 작업자, 보건관리자 등에 인간공학 교육

해설
근골격계질환 예방·관리 프로그램의 도입은 장기적 관리방안이다.

정답 | ③

70

다음 중 1TMU(Time Measurement Unit)를 초단위로 환산한 것은?

① 0.0036초   ② 0.036초
③ 0.36초   ④ 1.667초

해설 TMU(Time Measurement Unit)
작업 측정의 단위로, 1TMU는 0.00001시간에 해당하며 초단위로 환산하면 아래와 같다.
1시간=60분, 1분=60초, 1시간=3,600초
1TMU=0.00001시간×3,600초=0.036초

정답 | ②

71

다음 중 근골격계질환의 발생에 기여하는 작업적 유해요인과 가장 거리가 먼 것은?

① 과도한 힘의 사용
② 개인보호구의 미착용
③ 불편한 작업자세의 반복
④ 부적절한 작업/휴식 비율

해설
개인보호구는 작업 중 사고나 부상을 예방하는 도구로 근골격계 질환의 발생에 기여하는 작업적 유해요인과 가장 거리가 멀다.

정답 | ②

72

다음 중 근골격계 질환과 가장 관련이 없는 것은?

① VDT 증후군
② 반복긴장성손상(RSI)
③ 누적외상성질환(CTDs)
④ 외상후스트레스증후군(PTSD)

해설
외상후스트레스증후군(PTSD)은 심리스트레스나 외상적 사건에 의해 발생하는 정신 건강의 문제이다.

정답 | ④

73

작업자-기계, 작업 분석시 작업자와 기계의 동시작업 시간이 1.8분, 기계와 독립적인 작업자의 활동시간이 2.5분, 기계만의 가동시간이 4.0분일 때, 동시성을 달성하기 위한 이론적 기계대수는 얼마인가?

① 0.28   ② 0.74
③ 1.35   ④ 3.61

해설 이론적 기계 대수(n)

$$이론적\ 기계\ 대수(n) = \frac{a+t}{a+b}$$

- a: 동시 작업시간(작업자와 기계가 동시에 작동)
- b: 작업자의 작업시간
- t: 기계의 가동 시간

이론적 기계 대수(n) $= \frac{1.8+4.0}{1.8+2.5} = 1.35$

정답 | ③

74
다음 중 NIOSH의 들기작업지침에 따른 중량물 취급 작업에서 권장무게한계를 산정하는 데 고려해야 할 변수가 아닌 것은?

① 작업자와 물체 사이의 수직거리
② 작업자의 평균 보폭 거리
③ 물체를 이동시킨 수직 이동 거리
④ 상체의 비틀림 각도

해설
①은 수직계수(VM), ③은 거리계수(DM), ④는 비대칭계수(AM)로, 권장무게한계(RWL) 산정에 포함되는 계수이다.

관련개념 권장무게한계(RWL)

$$RWL = LC \times HM \times VM \times DM \times AM \times FM \times CM$$

- LC: 부하상수(23kg)
- VM: 수직계수
- AM: 비대칭계수
- CM: 결합계수
- HM: 수평계수
- DM: 거리계수
- FM: 빈도계수

정답 | ②

75
다음 중 표준 공정도 기호와 그 내용의 연결이 틀린 것은?

① □ : 지연
② ○ : 가공(작업)
③ ▽ : 저장
④ ⇨ : 운반

해설
□는 원료, 재료, 부품 또는 제품의 양이나 개수를 계량하고, 그 결과를 기준과 비교하여 차이를 파악하는 '수량검사' 과정을 나타낸다.

정답 | ①

76
실측시간의 평균이 120분이고, 여유율이 9%이며, 레이팅계수가 110%일 때 내경법에 의한 표준시간은 약 얼마인가?

① 170.57분
② 150.09분
③ 166.78분
④ 145.05분

해설 표준시간(내경법)

- 정미시간

$$정미시간 = 관측평균시간 \times \frac{레이팅계수}{100}$$

$$정미시간 = 120 \times \frac{110}{100} = 132분$$

- 표준시간(내경법)

$$표준시간 = \frac{정미시간}{1 - 여유율}$$

$$표준시간 = \frac{132}{1 - 0.09} = 145.05분$$

정답 | ④

77
다음 중 손과 손목 부위에 발생하는 작업관련성 근골격계 질환이 아닌 것은?

① 방아쇠 손가락(trigger finger)
② 외상과염(lateral epicondylitis)
③ 가이언 증후근(canal of guyon)
④ 수근관 증후군(carpal tunnel syndrome)

해설
외상과염(테니스엘보)은 팔꿈치에서 손목으로 이어진 뼈를 둘러싼 인대가 부분적으로 파열되거나 염증이 생기면서 발생한다.
① 방아쇠 손가락(Trigger finger): 손가락의 건초염(tendinitis)으로, 손가락을 구부리거나 펴는 동작에서 손가락이 갑자기 걸리거나 튀어나오는 현상이 발생하는 질환이다.
③ 가이언 증후근(Canal of guyon): 손목의 가이언 관(Canal of Guyon)이라고 불리는 부분에서 정중신경이나 척골신경이 눌려서 발생하는 질환이다.
④ 수근관 증후군(Carpal tunnel syndrome): 손목의 수근관(Carpal Tunnel)이라고 불리는 통로에서 정중신경(median nerve)이 압박을 받아 발생하는 질환이다.

정답 | ②

78

다음 중 [보기]와 같은 디자인 개념의 문제 해결 절차를 올바른 순서로 나열한 것은?

㉮ 문제의 분석	㉯ 문제의 형성
㉰ 대안의 탐색	㉱ 선정안의 제시
㉲ 대안의 평가	

① ㉮ → ㉯ → ㉰ → ㉲ → ㉱
② ㉯ → ㉮ → ㉰ → ㉲ → ㉱
③ ㉰ → ㉯ → ㉮ → ㉱ → ㉲
④ ㉱ → ㉰ → ㉲ → ㉯ → ㉮

해설 디자인 개념의 문제 해결 방식(DAMES)

문제의 형성	• 문제 상황을 인식하고 구체화한다. • 문제의 본질을 탐색하며 설계의 출발점을 정한다.
문제의 분석	• 문제의 구조, 원인, 조건, 제한 요소 등을 분석한다. • 사용자 요구, 환경, 기능적 요건 등을 명확히 한다.
대안의 탐색	• 다양한 아이디어와 해결 방안을 생성한다. • 창의적 발상 기법을 활용한다.(브레인스토밍, 마인드맵 등)
대안의 평가	• 각 대안의 타당성, 실현 가능성, 비용, 효과 등을 비교·분석한다. • 평가 기준에 따라 우수 대안을 선별한다.
선정안의 제시	• 최적의 대안을 선정하고 구체화하여 제시한다. • 설계안, 프로토타입, 설명자료 등을 포함한다.

정답 | ②

79

다음 중 유해요인의 공학적 개선사례로 볼 수 없는 것은?

① 중량물 작업 개선을 위하여 호이스트를 도입하였다.
② 작업피로감소를 위하여 바닥을 부드러운 재질로 교체하였다.
③ 작업량 조정을 위하여 컨베이어의 속도를 재설정하였다.
④ 로봇을 도입하여 수작업을 자동화하였다.

해설
공학적 개선(Engineering Control)은 작업환경이나 장비를 물리적으로 변경하여 유해요인을 줄이는 방법을 의미한다. ③은 관리적인 개선사례에 속한다.
① 호이스트 도입 → 중량물 취급을 기계로 전환하여 신체 부담 감소
② 바닥재 변경 → 신체의 피로 및 진동 저감 효과
④ 로봇 도입 → 수작업을 자동화하여 근골격계 부담 감소

정답 | ③

80

다음 중 산업안전보건법령상 근골격계 부담작업에 해당하지 않는 것은?

① 하루 1시간 동안 허리 높이 작업대에서 전동 드라이버로 자동차 부품을 조립하는 작업
② 자동차 조립라인에서 하루 4시간 동안 머리 위에 위치한 부속품을 볼트로 체결하는 작업
③ 하루 6시간 동안 컴퓨터를 이용하여 자료 입력과 문서 편집을 하는 작업
④ 하루에 15kg의 쌀을 무릎 아래에서 허리 높이의 선반에 30회 올리는 작업

해설
하루에 총 2시간 이상 목, 어깨, 팔꿈치, 손목 또는 손을 사용하여 같은 동작을 반복하는 작업은 근골격계 부담 작업에 해당한다.

정답 | ①

2021년 1회 기출문제

SUBJECT 01 | 인간공학개론

01
시각 및 시각과정에 대한 설명으로 옳지 않은 것은?

① 원추체(cone)는 황반(fovea)에 집중되어 있다.
② 멀리 있는 물체를 볼 때는 수정체가 두꺼워진다.
③ 동공(pupil)의 크기는 어두우면 커진다.
④ 근시는 수정체가 두꺼워져 원점이 너무 가까워진다.

해설
멀리 있는 물체를 볼 때 수정체는 얇아진다.

관련개념 수정체의 굴절작용
• 가까운 물체를 볼 때 → 모양체근 수축 → 수정체가 두꺼워진다.
• 먼 물체를 볼 때 → 모양체근 이완 → 수정체가 얇아진다.

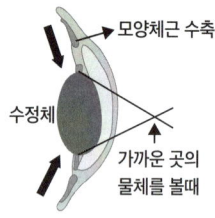
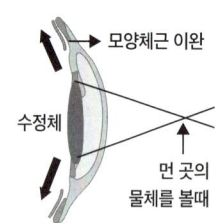

정답 | ②

02
시식별에 영향을 주는 인자로 적합하지 않은 것은?

① 조도   ② 휘도비
③ 대비   ④ 온·습도

해설
온도와 습도는 작업 환경의 쾌적성이나 작업자의 신체 상태에 영향을 미칠 수 있지만, 직접적으로 시식별 능력에 영향을 주지 않는다.

정답 | ④

03
실제 사용자들의 행동 분석을 위해 사용자가 생활하는 자연스러운 생활환경에서 조사하는 사용성 평가 기법으로 옳은 것은?

① Heuristic Evaluation
② Usability Lab Testing
③ Focus Group Interview
④ Observation Ethnography

해설
Observation Ethnography는 사용자가 자연스러운 환경에서 실제로 어떻게 행동하는지를 관찰하는 평가 기법이다.

관련개념 사용성 평가 기법의 종류
• Heuristic Evaluation : 전문가들이 미리 정의된 사용성 원칙(Heuristics)을 기준으로 시스템을 점검하여 문제를 식별하는 기법이다.
• Usability Lab Testing : 통제된 실험실 환경에서 사용자가 시스템을 사용하며 특정 과제를 수행하는 동안 관찰하고 데이터를 수집하는 기법이다.
• Focus Group Interview : 소규모 사용자 그룹이 모여 시스템에 대한 의견을 공유하고 피드백을 제공하는 기법이다.

정답 | ④

04
제어장치가 가지는 저항의 종류에 포함되지 않는 것은?

① 탄성 저항(elastic resistance)
② 관성 저항(inertial resistance)
③ 점성 저항(viscous resistance)
④ 시스템 저항(system resistance)

해설
제어 시스템에서 저항은 시스템의 동적 거동에 영향을 미치는 요소로, 탄성 저항, 관성 저항, 점성 저항, 정지 및 운동 마찰로 분류된다.

정답 | ④

05

인체의 감각기능 중 후각에 대한 설명으로 옳은 것은?

① 후각에 대한 순응은 느린 편이다.
② 후각은 훈련을 통해 식별능력을 기르지 못한다.
③ 후각은 냄새 존재 여부보다 특정 자극을 식별하는 데 효과적이다.
④ 특정 냄새의 절대 식별 능력은 떨어지나 상대적 비교능력은 우수한 편이다.

해설

후각은 단독으로 주어진 냄새를 정확히 식별하는 절대 식별 능력은 상대적으로 떨어지나, 두 가지 냄새를 비교하여 차이를 감지하는 상대적 비교 능력은 우수하다.

관련개념 후각의 기능과 예시

후각의 기능	예시
후각의 순응	향수, 음식 냄새 적응
후각의 훈련	조향사, 소믈리에
존재 여부 탐지 능력	음식 타는 냄새 감지
절대 식별 능력 한계	특정 향을 정확히 식별하기 어려움
상대적 비교 능력	와인 향 비교

정답 | ④

06

시스템의 사용성 검증 시 고려되어야 할 변인이 아닌 것은?

① 경제성
② 낮은 에러율
③ 효율성
④ 기억용이성

해설 닐슨의 5가지 사용성 평가 기준

- 학습 용이성(Learnability): 얼마나 쉽게 사용할 수 있는가?
- 효율성(Efficiency): 얼마나 빠르게 수행하였는가?
- 기억용이성(Memorability): 얼마나 쉽게 익숙해질 수 있는가?
- 에러(Errors): 얼마나 에러가 자주 발생하는가?
- 만족도(Satisfaction): 얼마나 만족스럽게 사용하는가?

정답 | ①

07

음 세기(sound intensity)에 관한 설명으로 옳은 것은?

① 음 세기의 단위는 Hz이다.
② 음 세기는 소리의 고저와 관련이 있다.
③ 음 세기는 단위 시간에 단위면적을 통과하는 음의 에너지를 말한다.
④ 음압수준(sound pressure level) 측정 시 주로 1,000Hz 순음을 기준 음압으로 사용한다.

해설

음 세기는 소리의 에너지가 단위 시간 동안 단위 면적을 통과하는 양을 의미한다. 이는 소리의 강도를 물리적으로 나타내는 값으로, 소리가 가진 에너지의 흐름을 측정한다.

정답 | ③

08

암호체계의 사용에 관한 일반적 지침에서 암호의 변별성에 대한 설명으로 옳은 것은?

① 정보를 암호화한 자극은 검출이 가능하여야 한다.
② 자극과 반응 간의 관계가 인간의 기대와 모순되지 않아야 한다.
③ 두 가지 이상의 암호 차원을 조합하여 사용하면 정보전달이 촉진된다.
④ 모든 암호표시는 감지장치에 의하여 다른 암호표시와 구별될 수 있어야 한다.

해설

모든 암호표시는 감지장치에 의하여 사용자가 직접 다른 암호와 명확히 구별할 수 있도록 설계되어야 한다.

정답 | ④

09

주의(attention)의 종류에 포함되지 않는 것은?

① 병렬 주의(parallel attention)
② 분할 주의(divided attention)
③ 초점 주의(focused attention)
④ 선택적 주의(selective attention)

해설
병렬주의는 주의의 종류가 아니다.

관련개념 주의(attention)의 주요 유형

분할(분산) 주의	여러 작업을 동시에 수행하면서 주의를 분산한다. 예 음악을 들으며 글을 쓰는 경우
초점주의	하나의 특정 작업이나 자극에 집중한다. 예 주변 소음을 무시하고 시험 문제에 집중하는 경우
선택적 주의	여러 자극 중에 중요 자극에만 주의를 기울인다. 예 소음 많은 카페에서 대화에만 집중하는 경우

정답 | ①

10

인간공학에 관한 내용으로 옳지 않은 것은?

① 인간의 특성 및 한계를 고려한다.
② 인간을 기계와 작업에 맞추는 학문이다.
③ 인간 활동의 최적화를 연구하는 학문이다.
④ 편리성, 안정성, 효율성을 제고하는 학문이다.

해설
인간공학의 목표는 시스템, 환경, 기계 등을 인간 중심으로 설계하여 인간의 효율성과 안전성을 높이는 것이다.

정답 | ②

11

움직이는 몸의 동작을 측정한 인체치수를 무엇이라고 하는가?

① 조절 치수
② 파악한계 치수
③ 구조적 인체치수
④ 기능적 인체치수

해설
기능적 인체치수는 움직이는 몸의 동작을 측정한 인체치수이다.

정답 | ④

12

인간-기계 체계(Man-Machine System)의 신뢰도(R_S)가 0.85 이상이어야 한다. 이때 인간의 신뢰도(R_H)가 0.9라면 기계의 신뢰도(R_E)는 얼마 이상이어야 하는가? (단, 인간-기계 체계는 직렬체계이다.)

① $R_E \geq 0.831$
② $R_E \geq 0.877$
③ $R_E \geq 0.915$
④ $R_E \geq 0.944$

해설 직렬 시스템의 신뢰도

$$R_s = R_H \times R_E$$

- R_s: 인간-기계 체계 신뢰도
- R_H: 인간의 신뢰도
- R_E: 기계의 신뢰도

$$R_E = \frac{R_s}{R_H} = \frac{0.85}{0.9} = 0.944$$

관련개념 병렬 시스템의 신뢰도

$$R = 1 - (1 - R_1) \times (1 - R_2)$$

- R: 전체 시스템의 신뢰도
- R_1과 R_2: 각 구성요소(또는 작업자)의 신뢰도

정답 | ④

13

인간의 기억 체계에 대한 설명으로 옳지 않은 것은?

① 단위시간당 영구 보관할 수 있는 정보량은 7bit/sec이다.
② 감각 저장(sensory storage)에서는 정보의 코드화가 이루어지지 않는다.
③ 장기기억(long-term memory) 내의 정보는 의미적으로 코드화된 정보이다.
④ 작업기억(working memory)은 현재 또는 최근의 정보를 잠시 동안 기억하기 위한 저장소의 역할을 한다.

해설

영구보관은 장기기억의 역할로, 장기기억은 거의 무한한 용량을 가진다. 반면, 작업기억은 단위시간당 약 0.7bit/sec의 속도로 정보를 처리할 수 있다.

정답 | ①

14

인체측정 자료의 최대 집단 값에 의한 설계 원칙에 관한 내용으로 옳은 것은?

① 통상 1, 5, 10%의 하위 백분위 수를 기준으로 정한다.
② 통상 70, 75, 80%의 상위 백분위 수를 기준으로 정한다.
③ 문, 탈출구, 통로 등과 같은 공간의 여유를 정할 때 사용한다.
④ 선반의 높이, 조정 장치까지의 거리 등을 정할 때 사용한다.

해설

최대 집단 값 설계 원칙은 체구가 가장 큰 사용자를 고려하여 공간적 제약 없이 안전하고 편리하게 사용할 수 있는 환경을 제공하는 데 중점을 둔다. 문, 탈출구, 통로와 같은 설계에서 주로 적용되며, 상위 백분위 수(90%, 95%)를 기준으로 설계한다.

정답 | ③

15

다음과 같은 확률로 발생하는 4가지 대안에 대한 중복률(%)은 얼마인가?

결과	확률(p)	$-\log_2 p$
A	0.1	3.32
B	0.3	1.74
C	0.4	1.32
D	0.2	2.32

① 1.8
② 2.0
③ 7.7
④ 8.7

해설 중복률(%) 계산

중복률은 최대 정보량 대비 평균 정보량 간의 차이를 나타내는 비율로, 낮은 중복률일수록 정보 체계가 효율적임을 의미한다.

• 평균 정보량(H) 계산

$$H = -\sum_{i=1}^{n} P_i \log_2 P_i$$

결과	확률 (P_i)	정보량 ($-\log_2 P_i$)	$P_i \times (-\log_2 P_i)$
A	0.1	3.32	0.332
B	0.3	1.74	0.522
C	0.4	1.32	0.528
D	0.2	2.32	0.464

$H = 0.332 + 0.522 + 0.528 + 0.464 = 1.846$

• 최대 정보량(H_{max}) 계산

$$H_{max} = \log_2 N$$

• N : 결과의 개수

$H_{max} = \log_2 4 = 2$

• 중복률 계산

$$중복률 = \left[1 - \frac{평균\ 정보량(H)}{최대\ 정보량(H_{max})}\right] \times 100$$

$중복률 = \left[1 - \frac{1.846}{2}\right] \times 100 = 7.7\%$

정답 | ③

16

선형 표시장치를 움직이는 조종구(레버)에서의 C/R비를 나타내는 다음 식에서 변수 a의 의미로 옳은 것은? (단, L은 컨트롤러의 길이를 의미한다.)

$$C/R비 = \frac{(a/360) \times 2\pi L}{\text{표시장치의 이동거리}}$$

① 조종장치의 여유율
② 조종장치의 최대 각도
③ 조종장치가 움직인 각도
④ 조종장치가 움직인 거리

해설 C/R 비

C/R비는 Control-to-Response Ratio로, 조종장치의 움직임과 표시장치 반응 간의 비율을 나타낸다. 조종장치가 레버처럼 회전하거나 기울어지는 경우, 조작량은 각도(Angle)로 측정된다.

$$C/R비 = \frac{\text{조종장치의 움직임}(b)}{\text{표시장치의 반응}(a)}$$

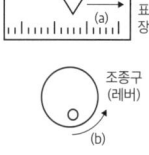

정답 | ③

17

표시장치와 제어장치를 포함하는 작업장을 설계할 때 고려해야 할 사항과 가장 거리가 먼 것은?

① 작업시간
② 제어장치와 표시장치와의 관계
③ 주 시각 임무와 상호작용하는 주제어장치
④ 자주 사용되는 부품을 편리한 위치에 배치

해설

작업시간은 작업자의 근무 일정이나 작업 부하와 관련된 요소로, 표시장치와 제어장치의 설계 원칙과는 직접적인 관계가 없다.

정답 | ①

18

신호검출이론(signal detection theory)에서 판정기준을 나타내는 우도비(likelihood ratio) β와 민감도(sensitivity) d에 대한 설명으로 옳은 것은?

① β가 클수록 보수적이고, d가 클수록 민감함을 나타낸다.
② β가 클수록 보수적이고, d가 클수록 둔감함을 나타낸다.
③ β가 작을수록 보수적이고, d가 클수록 민감함을 나타낸다.
④ β가 작을수록 보수적이고, d가 클수록 둔감함을 나타낸다.

해설

우도비(β)가 크면 보수적으로 판단하고, 민감도(d)가 커지면 민감해진다.

정답 | ①

19

정량적 표시장치의 지침(pointer) 설계에 있어 일반적인 요령으로 적합하지 않은 것은?

① 뾰족한 지침을 사용한다.
② 지침을 눈금면과 최대한 밀착시킨다.
③ 지침의 끝은 최소 눈금선과 맞닿고 겹치게 한다.
④ 원형 눈금의 경우 지침의 색은 지침 끝에서 중앙까지 칠한다.

해설

지침이 눈금선과 겹치면 가독성이 떨어져 빠른 판독이 어렵다. 따라서 지침 끝은 눈금선에 맞닿되, 겹치지 않도록 설계해야 한다.

정답 | ③

20
통화 이해도 측정을 위한 척도로 적합하지 않은 것은?

① 명료도 지수　② 인식 소음 수준
③ 이해도 점수　④ 통화 간섭 수준

해설

인식 소음 수준은 통화 이해도 측정 방법에 해당되지 않는다.

관련개념 통화 이해도 측정 방법

- 명료도 지수: 옥타브 대역의 음성과 잡음의 데시벨(dB) 값에 가중치를 곱해 합산하여 음성 신호가 소음 환경에서 얼마나 명확히 전달되는지 평가하는 척도이다.
- 이해도 점수: 송화 내용 중 청취자가 알아듣고 인식한 비율(%)을 나타내는 척도이다.
- 통화 간섭 수준: 음성 신호와 배경 소음(잡음) 간의 간섭 정도를 나타내는 지수이다.

정답 | ②

SUBJECT 02 | 작업생리학

21
산업안전보건법령상 "소음작업"이란 1일 8시간 작업을 기준으로 얼마 이상의 소음이 발생하는 작업을 뜻하는가?

① 80데시벨　② 85데시벨
③ 90데시벨　④ 95데시벨

해설 강력한 소음작업

소음작업은 1일 8시간 작업을 기준으로 85데시벨(dB) 이상의 소음이 발생하는 작업을 말한다.

정답 | ②

22
중량물을 운반하는 작업에서 발생하는 생리적 반응으로 옳은 것은?

① 혈압이 감소한다.
② 심박수가 감소한다.
③ 혈류량이 재분배된다.
④ 산소소비량이 감소한다.

해설

중량물 운반작업 시 혈류량이 근육으로 재분배된다.

관련개념 중량물 운반 시 생리적 반응

- 심혈관계 반응: 심박 수와 혈압이 증가하고 혈류는 활동 근육으로 재분배된다.
- 호흡 반응: 산소 소비량과 이산화탄소 배출량 증가한다.
- 근골격계 반응: 에너지 소비가 증가하며, 근육의 피로가 발생한다.

정답 | ③

23
신체에 전달되는 진동은 전신진동과 국소진동으로 구분되는데 진동원의 성격이 다른 것은?

① 크레인　② 지게차
③ 대형 운송차량　④ 휴대용 연삭기

해설

크레인, 지게차, 대형 운송차량은 전신 진동원이며, 휴대용 연삭기는 국소 진동원이다.

관련개념 진동의 구분

- 전신진동
  - 진동이 신체 전체에 전달되는 경우
  - 주요 진동원: 탑승형 장비(크레인, 지게차, 대형 운송차량 등)
- 국소진동
  - 진동이 신체 일부(손, 팔 등)에 국한되는 경우
  - 주요 진동원: 휴대용 도구(연삭기, 드릴 등)

정답 | ④

24
수의근(voluntary muscle)에 대한 설명으로 옳은 것은?

① 민무늬근과 줄무늬근을 통칭한다.
② 내장근 또는 평활근으로 구분한다.
③ 대표적으로 심장근이 있으며 원통형 근섬유 구조를 이룬다.
④ 중추신경계의 지배를 받아 내 의지대로 움직일 수 있는 근육이다.

해설
수의근은 의지대로 움직일 수 있는 근육을 말한다.

관련개념 수의근과 불수의근 비교

구분	수의근	불수의근
정의	의지로 움직이는 근육이다.	자동으로 움직이는 근육이다.
제어	중추신경계 지배를 받는다.	자율신경계 지배를 받는다.
구조	줄무늬근	민무늬근 또는 일부 줄무늬근
위치	골격에 붙어있다.	내장기관이나 심장에 위치한다.
예시	팔, 다리, 얼굴 근육 등	심장근, 내장근, 평활근 등
기능	몸의 움직임과 자세를 조정한다.	내장기관 수축 및 이완, 혈류조절 등의 기능을 한다.
에너지 소비	에너지 소비가 크고 빠르게 피곤해진다.	에너지 소비가 적고 지속적으로 작용한다.
속도	수축과 이완이 빠르다.	수축과 이완이 느리다.

정답 | ④

25
다음 중 중추신경계의 피로, 즉 정신피로의 측정척도로 사용할 때 가장 적합한 것은?

① 혈압(blood pressure)
② 근전도(electromyogram)
③ 산소소비량(oxygen consumption)
④ 점멸융합주파수(flicker fusion frequency)

해설
점멸융합주파수를 통해 중추신경계 피로를 평가할 수 있다.

정답 | ④

26
힘에 대한 설명으로 옳지 않은 것은?

① 능동적 힘은 근수축에 의하여 생성된다.
② 힘은 근골격계를 움직이거나 안정시키는 데 작용한다.
③ 수동적 힘은 관절 주변의 결합조직에 의하여 생성된다.
④ 능동적 힘과 수동적 힘의 합은 근절의 안정길이의 50%에서 발생한다.

해설
능동적 힘과 수동적 힘의 합은 근육이 안정길이(resting length)의 약 75~105% 범위에서 최대치에 도달하며, 이 범위를 벗어나면 힘 생성 능력이 감소한다.

정답 | ④

27
휴식 중의 에너지 소비량이 1.5kcal/min인 작업자가 분당 평균 8kcal의 에너지를 소비한 작업을 60분 동안 했을 경우 총 작업시간 60분에 포함되어야 하는 휴식 시간은 약 몇 분인가? (단, Murrell의 식을 적용하며, 작업 시 권장 평균 에너지 소비량은 5kcal/min으로 가정한다.)

① 22분 ② 28분
③ 34분 ④ 40분

해설 Murrell의 식을 이용한 휴식시간 계산

$$R = T \times \frac{E-S}{E-M}$$

- R: 휴식시간(분)
- T: 총 작업 시간(분)
- E: 작업 중 평균 에너지 소비량(kcal/min)
- S: 권장 평균 에너지 소비량(kcal/min), 일반적으로 5kcal/min
- M: 휴식 중 평균 에너지 소비량(kcal/min), 일반적으로 1.5kcal/min

$R = 60 \times \frac{8-5}{8-1.5} = 27.69 \approx 28분$

정답 | ②

28
근력과 지구력에 관한 설명으로 옳지 않은 것은?

① 근력에 영향을 미치는 대표적 개인적 인자로는 성(姓)과 연령이 있다.
② 정적(static) 조건에서의 근력이란 자의적 노력에 의해 등척적으로(isometrically) 낼 수 있는 최대 힘이다.
③ 근육이 발휘할 수 있는 최대 근력의 50% 정도의 힘으로는 상당히 오래 유지할 수 있다.
④ 동적(dynamic) 근력은 측정이 어려우며, 이는 가속과 관절 각도의 변화가 힘의 발휘와 측정에 영향을 주기 때문이다.

해설 근력의 생리학적 특성
- 최대근력의 15% 사용: 장시간 유지 가능 예 걷기
- 최대근력의 50% 사용: 약 1분 예 중간강도의 근력운동
- 최대근력의 100% 사용: 약 10~30초 예 스프린트

정답 ③

29
열교환에 영향을 미치는 요소와 가장 거리가 먼 것은?

① 기압　　② 기온
③ 습도　　④ 공기의 유동

해설 열교환에 영향을 미치는 주요 요소
- 기온: 신체와 주변 환경 간의 온도 차이가 클수록 열교환 속도가 증가한다.
- 습도: 땀 증발의 효율성을 결정한다.
- 공기의 유동: 대류를 통해 체열 방출을 조절한다.
- 피부 상태나 노출 정도: 피부의 노출 면적과 상태에 따라 열교환 속도가 달라진다.

정답 ①

30
전체 환기가 필요한 경우로 볼 수 없는 것은?

① 유해물질의 독성이 적을 때
② 실내에 오염물 발생이 많지 않을 때
③ 실내 오염 배출원이 분산되어 있을 때
④ 실내에 확산된 오염물의 농도가 전체적으로 일정하지 않을 때

해설 전체 환기의 특징

구분	설명
정의	실내 공기를 순환시켜 오염물질을 희석한다.
적용 범위	낮은 농도, 독성이 적은 오염물 제거에 효율적이다.
효과	오염물의 농도를 전체적으로 낮춘다.
장점	넓은 공간에서 공기를 균일하게 개선하는 게 가능하다.
단점	고농도 오염물 제거에는 비효율적이다.
예시	공장, 사무실, 대형강의실

정답 ④

31
중추신경계(central nervous system)에 해당하는 것은?

① 신경절(ganglia)
② 척수(spinal cord)
③ 뇌신경(cranial nerve)
④ 척수신경(spinal nerve)

해설
중추신경계는 뇌와 척수로 구성된다.

정답 ②

32

다음 중 일정(constant) 부하를 가진 작업 수행 시 인체의 산소소비량 변화를 나타낸 그래프로 옳은 것은?

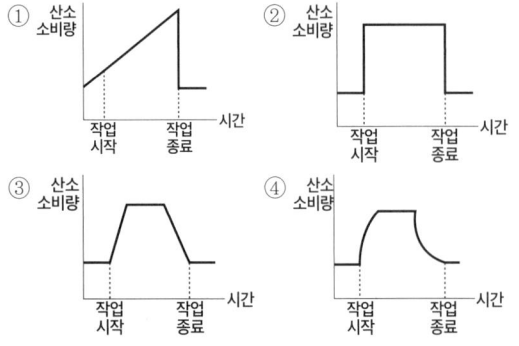

해설 산소 소비량 계산

- 작업 초기 단계: 작업 시작 시 산소공급이 즉각적으로 따라가지 못해 산소 부족(Oxygen Deficit) 상태가 발한다. 에너지는 주로 무산소 대사로 충당된다.
- 작업 중 안정 상태(Steady-State): 시간이 지나면서 산소 공급이 안정화되어 소비량이 일정해진다. 이 단계에서는 유산소 대사가 에너지의 주요 공급원 역할을 한다.
- 작업 종료 후 회복 단계: 작업 종료 후에도 젖산 제거와 조직 회복을 위해 산소 부채(Oxygen Debt) 상태가 발생한다. 시간이 지나 초과 산소소비량이 점차 줄어들며 안정 시 수준으로 돌아간다.

정답 | ④

33

다음 생체신호를 측정할 때 이용되는 측정방법이 잘못 연결된 것은?

① 뇌의 활동 측정 – EOG
② 심장근의 활동 측정 – EKG
③ 피부의 전기 전도 측정 – GSR
④ 국부 골격근의 활동 측정 – EMG

해설 EEG(뇌전도)와 EOG(안전도)

- EEG(Electroencephalography): 뇌파를 측정하는 방법이다. 두피에 부착된 전극을 통해 뇌의 전기적 활동을 기록한다.
- EOG(Electrooculography): 눈의 움직임을 측정하는 방법이다. 안구 주위의 전기적 신호를 측정하여 안구 운동과 관련된 데이터를 얻는다.

정답 | ①

34

어떤 작업에 대해서 10분간 산소소비량을 측정한 결과 100L 배기량에 산소가 15%, 이산화탄소가 6%로 분석되었다. 에너지 소비량은 몇 kcal/min인가? (단, 산소 1L가 몸에서 소비되면 5kcal의 에너지가 소비되며, 공기 중에서 산소는 21%, 질소는 79%를 차지하는 것으로 가정한다.)

① 2 ② 3
③ 4 ④ 6

해설 에너지 소비량 계산

- 산소소비량 계산

$$\text{산소소비량} = \text{분당흡기량} \times (\text{흡입 } O_2 \text{ 비율} - \text{배출 } O_2 \text{ 비율})$$

산소소비량 $= 100 \times (0.21 - 0.15) = 100 \times 0.06 = 6L$

- 에너지소비량(에너지가) 계산

$$\text{에너지소비량} = \text{산소소비량} \times 5\text{kcal}$$

에너지소비량 $= 6 \times 5 = 30\text{kcal}$

- 분당 에너지소비량 계산
일반적으로 산소 1L당 5kcal의 에너지가 소비된다.

$$\text{분당 에너지소비량} = \frac{\text{총 에너지 소비량}}{\text{시간(분)}}$$

분당 에너지소비량 $= \frac{30}{10} = 3$

정답 | ②

35

다음 중 안정 시 신체 부위에 공급하는 혈액 분배 비율이 가장 높은 곳은?

① 뇌 ② 근육
③ 소화기계 ④ 심장

해설 안정상태에서의 혈액 분배 비율

구분	혈액 분포 비율(%)
소화기계	25~30
신장	20~25
근육	15~20
뇌	15
심장	5

정답 | ③

36
다음 중 작업장 실내에서 일반적으로 추천 반사율이 가장 높은 곳은? (단, IES기준이다.)

① 천장 ② 바닥
③ 벽   ④ 책상면

해설
실내 표면의 추천 반사율은 바닥에서 천장으로 갈수록 높아진다.

정답 | ①

37
신체부위의 동작 유형 중 관절에서의 각도가 증가하는 동작을 무엇이라고 하는가?

① 굴곡(flexion)   ② 신전(extension)
③ 내전(adduction) ④ 외전(abduction)

해설 신체부위의 동작

동작	설명	예시
굴곡 (굽힘)	관절의 각도를 줄인다.	무릎을 구부리는 동작
신전 (폄)	관절의 각도를 증가시킨다.	무릎을 펴는 동작
내전	신체 부위를 몸의 중심선으로 가까워지게 한다.	다리를 모으는 동작
내선	신체 부위가 축을 중심으로 안쪽으로 회전한다.	어깨를 사용해 팔을 안으로 회전하는 동작
외전 (벌림)	신체 부위를 몸의 중심선에서 멀어지게 한다.	다리를 옆으로 벌리는 동작

정답 | ②

38
소음에 의한 회화 방해현상과 같이 한 음의 가청 역치가 다른 음 때문에 높아지는 현상을 무엇이라 하는가?

① 사정효과 ② 차단효과
③ 은폐효과 ④ 흡음효과

해설 은폐효과(Masking Effect)
은폐효과는 한 음(소리)이 다른 음(소리)에 의해 들리지 않거나 가청 역치가 높아지는 현상을 말한다.
◎ 소음이 큰 환경에서 대화를 듣기 어렵게 되는 경우

정답 | ③

39
강도 높은 작업을 마친 후 휴식 중에도 근육에 추가적으로 소비되는 산소량을 무엇이라 하는가?

① 산소부채   ② 산소결핍
③ 산소결손   ④ 산소요구량

해설
산소부채는 운동 후 회복 단계에서 추가로 소비되는 산소량으로 젖산 제거 및 에너지 복구와 관련이 있다.

정답 | ①

40

광도비(luminance ratio)란 주된 장소와 주변 광도의 비이다. 사무실 및 산업 상황에서의 일반적인 추천 광도비는 얼마인가?

① 1 : 1
② 2 : 1
③ 3 : 1
④ 4 : 1

해설

사무실 및 산업 환경에서는 광도비를 3:1로 유지하는 것이 권장되고 있다. 이는 작업 효율성을 높이고 눈의 피로를 최소화하기 위한 최적의 비율이다.

정답 | ③

SUBJECT 03 | 산업심리학 및 관련법규

41

인간의 불안전행동을 예방하기 위해 Harvey에 의해 제안된 안전대책의 3E에 해당하지 않는 것은?

① Education
② Enforcement
③ Engineering
④ Environment

해설 Harvey의 3E 안전대책

- Education(교육): 안전에 대한 지식과 인식을 높이는 교육 및 훈련을 제공한다.
- Enforcement(규제): 규칙과 규정을 준수하도록 관리하고 감독한다.
- Engineering(기술적 조치): 설계 및 기술적 개선을 통해 불안전 요소를 제거하거나 최소화한다.

정답 | ④

42

휴먼 에러의 배후요인 4가지(4M)에 속하지 않는 것은?

① Man
② Machine
③ Motive
④ Management

해설 휴먼 에러의 배후요인 4가지(4M)

- Man(사람): 개인의 신체적, 정신적 상태나 기술 부족, 부주의 등이 원인이다.
- Machine(기계): 장비나 시스템의 결함, 설계상의 문제이다.
- Media(환경): 물리적 작업 환경의 문제이다.
- Management(관리): 조직 차원의 관리 부족 또는 부적절한 정책과 절차상의 문제이다.

정답 | ③

43

작업자 한 사람의 성능 신뢰도가 0.95일 때, 요원을 중복하여 2인 1조로 작업을 할 경우 이 조의 인간 신뢰도는 얼마인가? (단, 작업 중에는 항상 요원지원이 되며, 두 작업자의 신뢰도는 동일하다고 가정한다.)

① 0.9025
② 0.9500
③ 0.9975
④ 1.0000

해설 병렬 작업의 신뢰도

'요원을 중복하여 작업', '항상 요원 지원'이라는 조건이 주어졌으므로 병렬 작업으로 본다.

$$R = 1 - (1-R_1) \times (1-R_2)$$
- R_n: 개별 작업자의 신뢰도

$R = 1 - (1-R_1) \times (1-R_2) = 1 - (1-0.95) \times (1-0.95)$
$= 1 - 0.0025 = 0.9975$

관련개념 직렬 작업의 신뢰도

$$R = R_1 \times R_2$$
- R_n: 개별 작업자의 신뢰도

정답 | ③

44
NIOSH의 직무스트레스 모형에서 같은 직무스트레스 요인에서도 개인들이 지각하고 상황에 반응하는 방식에 차이가 있는데 이를 무엇이라 하는가?

① 환경요인 ② 작업요인
③ 조직요인 ④ 중재요인

해설 NIOSH 미국국립산업안전보건연구원 직무스트레스 모형

- 직무스트레스 요인: 스트레스의 원인이 되는 직무 관련 환경적, 작업적, 조직적 요소들을 포함한다.
  - 환경요인: 소음, 온도, 조명, 환기불량 등
  - 작업요인: 작업부하, 교대근무, 작업속도
  - 조직요인: 역할갈등, 고용의 불확실성, 의사결정 참여 여부 등
- 직무스트레스 중재요인: 스트레스 요인의 영향을 조절하거나 완화시키는 요소들을 포함한다.
  - 개인적요인: 성격(대처능력), 건강, 통제신념, 자아존중감, 강인함, 낙관주의 등
  - 조직 외 요인: 재정 상태, 가족 상황, 교육 수준 등
  - 완충작용 요인: 사회적 지위, 대처능력 등
- 스트레스 직무반응: 스트레스 요인에 대한 개인의 반응으로, 생리적, 심리적, 행동적 변화를 포함한다.
  - 생리적(신체적) 반응: 두통, 심근경색, 혈압상승 등
  - 심리적 반응: 우울, 직무불만족, 정서불안, 불안, 탈진 등
  - 행동적 반응: 결근, 음주, 흡연, 약물 중독, 무력감, 생산성 감소 등
- 결과: 스트레스가 개인과 조직에 미치는 결과를 말한다.

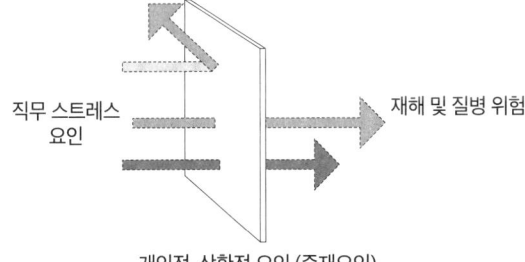

정답 | ④

45
재해 원인을 불안전한 행동과 불안전한 상태로 구분할 때 불안전한 상태에 해당하는 것은?

① 규칙의 무시 ② 안전장치 결함
③ 보호구 미착용 ④ 불안전한 조작

해설 불안전한 행동과 불안전한 상태의 구분

구분	불안전한 행동(인적요인)	불안전한 상태(물적요인)
정의	작업자의 부주의나 규칙 위반으로 인한 위험요인	작업환경, 설비, 장비 등의 물리적 위험요인
예시	• 보호구 미착용, 안전장치 기능의 제거 • 부주의한 조작, 불안전한 자세 및 위치 • 안전 규정 미준수, 불안전한 조장	• 보호구, 안전장치의 결함 • 미끄러운 바닥 • 조명 부족
예방방법	교육 및 훈련, 감독 및 관리, 안전 동기부여	장비 점검 및 유지보수, 환경개선
이론적 배경	Heinrich의 도미노 이론에서 주요 원인으로 지목	Bird와 Germain의 사고 삼각형 이론에서 중요한 위험 요소로 언급

정답 | ②

46
조직의 리더(leader)에게 부여하는 권한 중 구성원을 징계 또는 처벌할 수 있는 권한은?

① 보상적 권한 ② 강압적 권한
③ 합법적 권한 ④ 전문성의 권한

해설 권한의 유형

보상적 권한 (Reward Power)	구성원에게 보상을 제공할 수 있는 권한이다. 예 승진
강압적 권한 (Coercive Power)	구성원을 징계하거나 처벌할 수 있는 권한이다. 예 해고
합법적 권한 (Legitimate Power)	조직의 직위와 역할에 의해 부여된 공식적인 권한이다.
전문성의 권한 (Expert Power)	리더의 전문적 지식과 기술에서 비롯되는 권한이다.

정답 | ②

47

선택반응시간(Hick의 법칙)과 동작시간(Fitts의 법칙)의 공식에 대한 설명으로 옳은 것은?

- 선택반응시간 $= a + b\log_2 N$
- 동작시간 $= a + b\log_2 \dfrac{2A}{W}$

① N은 자극과 반응의 수, A는 목표물의 너비, W는 움직인 거리를 나타낸다.
② N은 감각기관의 수, A는 목표물의 너비, W는 움직인 거리를 나타낸다.
③ N은 자극과 반응의 수, A는 움직인 거리, W는 목표물의 너비를 나타낸다.
④ N은 감각기관의 수, A는 움직인 거리, W는 목표물의 너비를 나타낸다.

해설

- Hick의 법칙(선택 반응 시간)
  선택반응시간은 자극과 반응의 수(N)에 따라 증가한다.

  $RT = a + b\log_2 N$
  - RT: 선택반응시간
  - N: 대안(자극)의 수
  - a: 단순반응시간
  - b: 정보처리 비례상수

- Fitts의 법칙(동작 시간)
  동작시간은 움직인 거리(A)와 목표물의 너비(W)의 관계로 결정된다.

  $MT = a + b\log_2 \dfrac{2A}{W}$
  - MT: 동작시간
  - A: 움직인 거리
  - W: 목표물의 너비
  - a: 단순반응시간
  - b: 정보처리 비례상수

정답 | ③

48

시스템 안전 분석기법 중 정량적 분석 방법이 아닌 것은?

① 결함나무 분석(FTA)
② 사상나무 분석(ETA)
③ 고장모드 및 영향분석(FMEA)
④ 휴먼 에러율 예측기법(THERP)

해설 시스템 안전 정량적 분석 방법

- 결함나무 분석(FTA, Fault Tree Analysis): 시스템 내 특정 사건(예 사고)이 발생할 확률을 계산한다.
- 사상나무 분석(ETA, Event Tree Analysis): 초기 사건이 여러 시나리오로 발전하는 경로와 결과를 분석한다.
- 휴먼 에러율 예측 기법(THERP, Technique for Human Error Rate Prediction): 인간 오류가 시스템 신뢰도에 미치는 영향을 정량적으로 평가한다.

관련개념 시스템 안전 정성적 분석 방법

- 고장모드 및 영향 분석(FMEA, Failure Mode and Effects Analysis): 시스템의 각 구성 요소에서 발생 가능한 고장 모드와 그 영향을 식별하고 평가한다.
- 체크리스트 분석(Checklist Analysis): 사전에 정의된 체크리스트를 사용해 시스템 내 위험 요소를 점검한다.
- 작업 위험 분석(JHA, Job Hazard Analysis): 특정 작업 또는 작업 과정에서 발생할 수 있는 위험 요소를 식별하고 예방책을 마련한다.
- 예비위험분석(PHA, Preliminary Hazard Analysis): 시스템 설계 초기 단계에서 잠재적인 위험 요소를 식별한다.

정답 | ③

49

허즈버그(Herzberg)의 동기요인에 해당되지 않는 것은?

① 성장
② 성취감
③ 책임감
④ 작업조건

해설 허즈버그(Herzberg)의 동기-위생 이론

- 동기요인: 직무 만족을 유발하는 요인(내적 만족)
  - 성장, 성취감, 책임감, 도전감, 인정
- 위생요인: 직무 불만족과 관련한 요인(외적 조건)
  - 작업조건, 급여, 근무환경, 회사정책, 인간관계, 고용 안정성

정답 | ④

50
다음 중 에러 발생 가능성이 가장 낮은 의식수준은?

① 의식수준 0 ② 의식수준 Ⅰ
③ 의식수준 Ⅱ ④ 의식수준 Ⅲ

해설 인간의 의식 Level의 단계별 의식수준

단계	의식의 수준	생리적 상태
Phase 0	무의식, 실신	수면, 뇌가 발작
Phase Ⅰ	의식의 둔화	피로, 단조로움, 술에 취함
Phase Ⅱ	이완상태	안정기, 휴식할 때, 정상 작업할 때
Phase Ⅲ	명료한 상태	적극적인 활동, 에러 가능성 낮음
Phase Ⅳ	과긴장 상태	긴급 방어반응, 패닉

정답 | ④

51
사고발생에 있어 부주의 현상의 원인에 해당되지 않는 것은?

① 의식의 우회 ② 의식의 혼란
③ 의식의 중단 ④ 의식수준의 향상

해설 부주의 현상의 주요 원인

원인	설명	예시
의식의 우회	주의가 다른 대상이나 생각으로 이동한다.	운전 중 전화가 울려서 스마트폰 확인
의식의 혼란	작업 상황에 대한 혼란으로 잘못된 행동이 발생한다.	절차 혼동
의식의 중단(단절)	작업 중 주의가 갑작스럽게 끊긴다.	실신, 혼수상태 등
의식수준의 저하	피로, 졸음 등으로 인해 집중력이 감소한다.	야간 근무 중 졸음

정답 | ④

52
Rasmussen의 인간행동 분류에 기초한 인간 오류에 해당하지 않는 것은?

① 규칙에 기초한 행동(Rule-based Behavior) 오류
② 실행에 기초한 행동(Commission-based Behavior) 오류
③ 기능에 기초한 행동(Skill-based Behavior) 오류
④ 지식에 기초한 행동(Knowledge-based Behavior) 오류

해설 Rasmussen(라스무센)의 인간 행동의 3단계 오류모델

행동 유형	설명	오류 유형	오류 설명
숙련기반행동 (Skill-based Behavior)	익숙하고 반복적인 작업을 무의식적·자동으로 수행한다.	숙련기반행동 오류 (Skill-based Behavior Error)	주의력 저하나 부주의로 인한 실수이다.
규칙기반행동 (Rule-based Behavior)	특정 상황에 맞는 규칙이나 절차를 적용하여 수행한다.	규칙기반행동 오류 (Rule-based Behavior Error)	상황 오판, 잘못된 규칙 적용으로 인한 착오(Mistake)이다.
지식기반행동 (Knowledge-based Behavior)	새로운 상황에서 기존 지식·경험으로 문제를 해결한다.	지식기반행동 오류 (Knowledge-based Behavior Error)	지식 부족 또는 잘못된 판단으로 인한 착오(Mistake)이다.

정답 | ②

53
개인의 기술과 능력에 맞게 직무를 할당하고 작업환경 개선을 통하여 안심하고 작업할 수 있도록 하는 스트레스 관리 대책은?

① 직무 재설계 ② 긴장 이완법
③ 협력관계 유지 ④ 경력계획과 개발

해설 직무스트레스 관리 대책
- 개인적 대책: 긴장 이완법, 시간관리, 취미 생활, 사회적 지원 활용, 건강관리
- 조직적 대책: 직무 재설계, 경력 계획 및 개발, 유연 근무제 도입, 스트레스 관리 교육, 협력 관계 증진, 작업 환경 개선

정답 | ①

54
제조물책임법상 결함의 종류에 해당되지 않는 것은?

① 재료상의 결함
② 제조상의 결함
③ 설계상의 결함
④ 표시상의 결함

해설
제조물책임법에서 정의된 결함의 종류는 제조상의 결함, 설계상의 결함, 표시상의 결함이다. 재료상의 결함은 제조상의 결함 또는 설계상의 결함에 포함된다.

정답 | ①

55
레빈(Lewin. K)이 주장한 인간의 행동에 대한 함수식(B=f(P·E))에서 개체(Person)에 포함되지 않는 변수는?

① 연령
② 성격
③ 심신 상태
④ 인간관계

해설 레빈의 인간행동 법칙
독일에서 출생하여 미국에서 활동한 심리학자 레빈(Lewin. K)은 인간의 행동(B)은 그 자신이 가진 자질, 즉, 개체(P)와 환경(E)과의 상호관계에 있다고 말하였으며 인간의 행동은 주변 환경의 자극에 의해서 일어나며, 항상 환경과의 상호작용의 관계에서 전개된다는 이론이다.

> $B = f(P \cdot E)$
> - B(Behavior, 인간의 행동)
> - f(function, 함수관계): P와 E에 영향을 미칠 조건
> - P(Person, 인적요인): 지능, 시각기능, 성격, 연령, 심신 상태인 피로도, 경험 등
> - E(Environment, 외적요인): 가정 내 불화나 대인 관계 등 인간관계와 작업환경요인인 소음, 온도, 습도, 먼지, 청소 등

정답 | ④

56
재해율과 관련된 설명으로 옳은 것은?

① 재해율은 근로자 100명당 1년간에 발생하는 재해자 수를 나타낸다.
② 도수율은 연간 총 근로시간 합계에 10만 시간당 재해발생 건수이다.
③ 강도율은 근로자 1,000명당 1년 동안에 발생하는 재해자 수(사상자 수)를 나타낸다.
④ 연천인율은 연간 총 근로시간에 1,000시간당 재해 발생에 의해 잃어버린 근로손실일수를 말한다.

해설
- 재해율: 연간 근로자 100명당 재해자 수
- 도수율: 연 근로시간 100만 시간당 재해의 발생 건수
- 강도율: 연 근로시간 1,000시간당 발생한 근로손실일수
- 연천인율: 근로자 1,000명당 연간 재해자 수

정답 | ①

57
막스 베버(Max Weber)가 주장한 관료주의에 관한 설명으로 옳지 않은 것은?

① 노동의 분업화를 전제로 조직을 구성한다.
② 부서장들의 권한 일부를 수직적으로 위임하도록 했다.
③ 단순한 계층구조로 상위리더의 의사결정이 독단화되기 쉽다.
④ 산업화 초기의 비규범적 조직운영을 체계화시키는 역할을 했다.

해설
베버의 관료제는 명확한 규칙과 절차를 통해 개인의 자의적인 판단을 배제하고, 조직의 합리성과 효율성을 추구하는 것을 목표로 한다.

정답 | ③

58

집단 응집력(group cohesiveness)을 결정하는 요소에 대한 내용으로 옳지 않은 것은?

① 집단의 구성원이 적을수록 응집력이 낮다.
② 외부의 위협이 있을 때에 응집력이 높다.
③ 가입의 난이도가 쉬울수록 응집력이 낮다.
④ 함께 보내는 시간이 많을수록 응집력이 높다.

해설 집단 응집력을 결정하는 주요 요소
- 집단크기: 소규모 집단일수록 응집력이 높다.
- 외부의 위협: 외부의 위협을 극복하기 위해 협력하게 된다.
- 가입 난이도: 가입하기 어려울수록, 더 큰 소속감을 느낀다.
- 공유시간: 함께 보내는 시간이 많아질수록 친밀도가 증가한다.

정답 | ①

59

재해 발생에 관한 하인리히(H.W. Heinrich)의 도미노 이론에서 제시된 5가지 요인에 해당하지 않는 것은?

① 제어의 부족
② 개인적 결함
③ 불안전한 행동 및 상태
④ 유전 및 사회 환경적 요인

해설 하인리히(H.W. Heinrich) 도미노 이론

단계	이론	예시
1단계	유전 및 사회 환경적 요인	선천적 요인, 가정과 사회 결함
2단계	개인적 결함	건강상태, 지식부족, 훈련 부족 등
3단계	불안전한 행동 및 상태	• 불안전한 행동(인적요인): 안전장치 미사용 등 • 불안전한 상태(물적요인): 안전장치의 고장 등
4단계	사고	추락, 전도, 충돌, 낙하, 비래, 붕괴, 협착, 감전, 폭발, 파열 등
5단계	상해(재해)	골절, 화상, 중상, 절단, 중독, 창상, 청각장애, 시각장애, 사망 등

정답 | ①

60

리더십 이론 중 관리격자이론에서 인간관계에 대한 관심이 낮은 유형은?

① 타협형
② 인기형
③ 이상형
④ 무관심형

해설 관리격자이론의 리더십 스타일

유형	구분	생산에 대한 관심	인간관계에 대한 관심	특징
타협형 (중간형)	(5, 5)	중간 수준	중간 수준	균형 잡힌 접근, 평균적인 성과
인기형 (컨트리 클럽형)	(1, 9)	낮음	높음	인간관계 중심, 업무 성과 저하 가능
이상형	(9, 9)	높음	높음	최적의 리더십, 높은 성과와 인간관계 유지
과업형	(9, 1)	높음	낮음	목표 달성을 최우선, 권위적 스타일
무관심형	(1, 1)	낮음	낮음	책임 회피, 소극적 태도

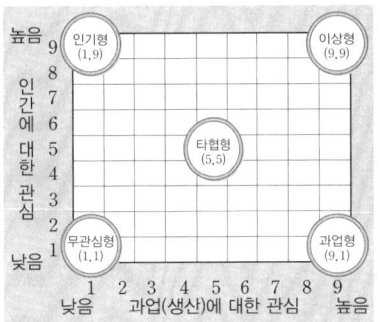

정답 | ④

SUBJECT 04 | 근골격계질환 예방을 위한 작업관리

61

작업측정에 관한 설명으로 옳지 않은 것은?

① 정미시간은 반복생산에 요구되는 여유시간을 포함한다.
② 인적여유는 생리적 욕구에 의해 작업이 지연되는 시간을 포함한다.
③ 레이팅은 측정작업 시간을 정상작업 시간으로 보정하는 과정이다.
④ TV조립공정과 같이 짧은 주기의 작업은 비디오 촬영에 의한 시간연구법이 좋다.

해설
- 정미시간
  - 순수 작업 시간으로, 작업 수행에 필요한 최소시간이다.
  - 여유시간이 포함되지 않는다.
- 여유시간
  - 작업자가 피로를 회복하거나 생리적욕구를 해결하는 데 필요한 시간이다.
  - 생리적 여유, 작업적 여유, 피로적 여유가 포함된다.
- 표준시간: 정미시간＋여유시간을 합한 최종 작업 시간이다.
- 레이팅(Rating): 작업자의 작업 속도를 평가하여 관찰된 시간을 정상시간(정미시간)으로 보정하는 과정이다.
- 시간연구
  - 관찰자나 비디오 촬영을 통해 작업 시간을 직접 측정한다.
  - 짧은 주기 작업(TV 조립공정 등)에 적합하다.
- 작업 샘플링(Work Sampling)
  - 작업자를 임의로 관찰하여 작업 시간과 비작업 시간을 비율로 계산한다.
  - 반복 작업이 많고 작업 주기가 긴 경우 적합하다.

정답 | ①

62

다음 중 작업개선에 있어서 개선의 ECRS에 해당하지 않는 것은?

① 보수(Repair)
② 제거(Eliminate)
③ 단순화(Simplify)
④ 재배치(Rearrange)

해설
ECRS는 작업의 효율성을 높이고 불필요한 요소를 제거하기 위해 사용되며 Eliminate(제거), Combine(결합), Rearrange(재배치), Simplify(단순화)의 약자이다.

정답 | ①

63

동작경제의 원칙에서 작업장 배치에 관한 원칙에 해당하는 것은?

① 각 손가락이 서로 다른 작업을 할 때 작업량을 각 손가락의 능력에 맞게 분배한다.
② 중력이송원리를 이용한 부품상자나 용기를 이용하여 부품을 사용 장소에 가까이 보낼 수 있도록 한다.
③ 손과 신체의 동작은 작업을 원만하게 처리할 수 있는 범위 내에서 가장 낮은 동작등급을 사용한다.
④ 눈의 초점을 모아야 할 수 있는 작업은 가능한 적게 하고, 이것이 불가피한 경우 두 작업 간의 거리를 짧게 한다.

해설 작업장 배치에 관한 원칙
- 모든 공구와 재료는 일정한 위치에 정돈되어야 한다.
- 공구와 재료는 작업이 용이 하도록 작업자의 주위에 있어야 한다.
- 중력을 이용한 부품상자나 용기를 이용하여 부품을 부품 사용 장소에 가까이 보낼 수 있도록 한다.
- 가능한 낙하 시키는 방법을 채택한다.
- 공기 및 재료는 동작이 가장 편리한 순서로 배치해야 한다.
- 채광 및 조명장리를 잘 하여야 한다.
- 의자와 작업대의 모양과 높이는 각 작업자에게 알맞도록 설계되어야 한다.
- 작업자가 좋은 자세를 취할 수 있는 모양, 높이의 의자를 지급해야 한다.

정답 | ②

64

Work Factor에서 동작시간 결정 시 고려하는 4가지 요인에 해당하지 않는 것은?

① 수행도
② 동작 거리
③ 중량이나 저항
④ 인위적 조절정도

해설 동작시간 결정에 영향을 미치는 4가지 요인
- 동작거리: 동작을 수행하는 동안 움직이는 거리
- 중량이나 저항: 작업 중 다뤄야 할 물체의 무게나 저항
- 인위적 조절정도: 동작을 수행하는 동안 세밀함과 정밀함이 요구되는 정도
- 작업조건: 작업 환경 및 물리적 조건이 동작에 미치는 영향

정답 | ①

65

워크샘플링(work sampling)의 특징으로 옳지 않은 것은?

① 짧은 주기나 반복 작업에 효과적이다.
② 관측이 순간적으로 이루어져 작업에 방해가 적다.
③ 작업 방법이 변화되는 경우에는 전체적인 연구를 새로 해야 한다.
④ 관측자가 여러 명의 작업자나 기계를 동시에 관측할 수 있다.

해설
워크 샘플링은 작업시간을 측정하는 방법 중 하나로, 작업 전체를 관찰하지 않고 표본 관찰을 통해 작업 시간을 추정한다. 이는 작업 시간이 길거나 불규칙한 작업에 적합하다.

정답 | ①

66

산업안전보건법령상 근골격계 부담작업에 해당하는 기준은?

① 하루에 5회 이상 20kg 이상의 물체를 드는 작업
② 하루에 총 1시간 키보드 또는 마우스를 조작하는 작업
③ 하루에 총 2시간 이상 목, 허리, 팔꿈치, 손목 또는 손을 사용하여 다양한 동작을 반복하는 작업
④ 하루에 총 2시간 이상 지지되지 않은 상태에서 4.5kg 이상의 물건을 한 손으로 들거나 동일한 힘으로 쥐는 작업

해설 근골격계 부담작업
다음의 어느 하나에 해당하는 작업을 말한다. 다만, 단기간작업 또는 간헐적인 작업은 제외한다.

단순반복 4시간	하루에 4시간 이상 집중적으로 자료입력 등을 위해 키보드 또는 마우스를 조작하는 작업
단순반복 2시간	하루에 총 2시간 이상 목, 어깨, 팔꿈치, 손목 또는 손을 사용하여 같은 동작을 반복하는 작업
	하루에 총 2시간 이상 머리 위에 손이 있거나, 팔꿈치가 어깨 위에 있거나, 팔꿈치를 몸통으로부터 들거나, 팔꿈치를 몸통 뒤쪽에 위치하도록 하는 상태에서 이루어지는 작업
	지지 되지 않은 상태이거나 임의로 자세를 바꿀 수 없는 조건에서, 하루에 총 2시간 이상 목이나 허리를 구부리거나 트는 상태에서 이루어지는 작업
	하루에 총 2시간 이상 쪼그리고 앉거나 무릎을 굽힌 자세에서 이루어지는 작업
쥐기 (grip) 작업	하루에 총 2시간 이상 지지 되지 않은 상태에서 1kg 이상의 물건을 한 손의 손가락으로 집어 옮기거나, 2kg 이상에 상응하는 힘을 가하여 한 손의 손가락으로 물건을 쥐는 작업
	하루에 총 2시간 이상 지지 되지 않은 상태에서 4.5kg 이상의 물건을 한 손으로 들거나 동일한 힘으로 쥐는 작업
들기 작업	하루에 10회 이상 25kg 이상의 물체를 드는 작업
	하루에 25회 이상 10kg 이상의 물체를 무릎 아래에서 들거나, 어깨 위에서 들거나, 팔을 뻗은 상태에서 드는 작업
	하루에 총 2시간 이상, 분당 2회 이상 4.5kg 이상의 물체를 드는 작업
충격작업	하루에 총 2시간 이상 시간당 10회 이상 손 또는 무릎을 사용하여 반복적으로 충격을 가하는 작업

정답 | ④

67
NIOSH 들기 공식에서 고려되는 평가요소가 아닌 것은?

① 수평거리
② 목 자세
③ 수직거리
④ 비대칭 각도

해설 NIOSH 들기 공식 평가 요소
- 수평거리: 물체의 중심이 작업자의 몸에서 떨어진 거리
- 수직거리: 물체를 들기 전의 초기 높이
- 비대칭 각도: 물체를 비대칭 자세(몸을 비틀거나 회전)로 드는 각도
- 들기 빈도: 작업자가 일정 시간 동안 물체를 드는 빈도
- 물체의 안정성 및 손잡이 품질: 물체를 잡는 손잡이나 표면의 안정성

정답 | ②

68
관측평균시간이 0.8분, 레이팅계수 120%, 정미시간에 대한 작업 여유율이 15%일때 표준시간은 약 얼마인가?

① 0.78분
② 0.88분
③ 1.104분
④ 1.264분

해설 표준시간 계산(외경법)
- 정미시간 계산

$$정미시간 = 관측평균시간 \times \left(\frac{레이팅계수}{100}\right)$$

정미시간 $= 0.8 \times \frac{120}{100} = 0.8 \times 1.2 = 0.96$분

- 표준시간 계산
작업 여유율이 명확히 주어졌을 때는, 표준시간은 외경법을 사용하여 계산하는 것이 일반적이다.

$$표준시간 = 정미시간 \times (1 + 작업여유율)$$

표준시간 $= 0.96 \times (1 + 0.15) = 0.96 \times 1.15 = 1.104$분

정답 | ③

69
작업 개선방법을 관리적 개선방법과 공학적 개선방법으로 구분할 때 공학적 개선방법에 속하는 것은?

① 적절한 작업자의 선발
② 작업자의 교육 및 훈련
③ 작업자의 작업속도 조절
④ 작업자의 신체에 맞는 작업장 개선

해설 관리적 개선방법과 공학적 개선방법 비교

구분	관리적 개선방법	공학적 개선방법
초점	사람과 조직 운영	장비, 도구, 작업환경
접근방식	교육, 시간 조정, 감독	설비 개선, 재설계
비용	상대적으로 낮음	상대적으로 높음
예시	인력 배치 최적화	자동화 장비 도입

정답 | ④

70
근골격계질환 예방을 위한 방안과 거리가 먼 것은?

① 손목을 곧게 유지한다.
② 춥고 습기 많은 작업환경을 피한다.
③ 손목이나 손의 반복동작을 활용한다.
④ 손잡이는 손에 접촉하는 면적을 넓게 한다.

해설 근골격계질환 예방 핵심
- 작업 자세 개선: 손목과 팔의 자연스러운 자세를 유지한다.
- 작업 환경 개선: 진동, 온도, 습도 등의 작업 조건을 최적화한다.
- 반복 작업 감소: 작업을 나누고 충분한 휴식 시간을 제공한다.
- 인체공학적 설계: 도구와 작업 공간을 신체 구조에 맞게 설계한다.

정답 | ③

71

수공구를 이용한 작업 개선원리에 대한 내용으로 옳지 않은 것은?

① 진동 패드, 진동 장갑 등으로 손에 전달되는 진동 효과를 줄인다.
② 동력 공구는 그 무게를 지탱할 수 있도록 매달거나 지지한다.
③ 힘이 요구되는 작업에 대해서는 감싸쥐기(power grip)를 이용한다.
④ 적합한 모양의 손잡이를 사용하되, 가능하면 손바닥과 접촉면을 좁게 한다.

해설 수공구를 이용한 작업 개선 원리
- 손바닥 전체에 골고루 스트레스를 분산시킬 수 있는 손잡이를 가진 수공구를 선택한다.
- 가능하면 손가락으로 잡는 집어잡기(Pinch grip)보다는 손바닥과 손가락을 모두 사용해 공구를 감싸쥐는 감싸쥐기(power grip)를 이용한다.
- 공구 손잡이의 홈은 손바닥에 과도한 스트레스를 유발할 수 있으므로, 손잡이 표면에 홈이 파진 수공구를 피하는 것이 좋다.
- 동력 공구는 그 무게를 지탱할 수 있도록 적절히 매달거나 지지한다.
- 손에 전달되는 진동의 영향을 줄이기 위해 진동 패드나 진동 장갑 등을 사용한다.

정답 | ④

72

팔꿈치 부위에 발생하는 근골격계 질환 유형은?

① 결정종(Ganglion)
② 방아쇠 손가락(Trigger Finger)
③ 외상 과염(Lateral Epicondylitis)
④ 수근관 증후군(Carpal Tunnel Syndrome)

해설 외상 과염(Lateral Epicondylitis)
흔히 "테니스 엘보"라고도 불리며, 팔꿈치 외측 부위에 발생하는 근골격계질환이다.
- 원인: 팔꿈치의 반복적인 과도 사용으로 인해 근육과 힘줄에 염증이 발생한다.
- 증상: 팔꿈치 외측 통증, 물건을 쥐거나 들어 올릴 때 통증이 악화된다.

정답 | ③

73

어느 회사의 컨베이어 라인에서 작업순서가 다음 표의 번호와 같이 구성되어 있을 때, 다음 설명 중 옳은 것은?

작업	1. 조립	2. 납땜	3. 검사	4. 포장
시간(초)	10초	9초	8초	7초

① 공정 손실은 15%이다.
② 애로작업은 검사작업이다.
③ 라인의 주기시간은 7초이다.
④ 라인의 시간당 생산량은 6개이다.

해설

① 공정손실은 15%이다.

$$공정손실율 = 1 - \left(\frac{총\ 작업시간}{작업\ 개수 \times 주기시간}\right)$$

$$1 - \left(\frac{10+9+8+7}{10 \times 4}\right) = 1 - 0.85 = 0.15(15\%)$$

② 전체 생산 공정에서 가장 시간이 긴 것을 애로작업이라 보는데, 여기서 애로 작업은 조립작업이다.
③ 라인의 주기 시간은 10초이다. 주기는 한 개의 제품이 완성되기까지 걸리는 시간이며, 가장 긴 작업이 기준으로 결정된다.
④ 라인의 시간당 생산량은 360개이다. 시간당 생산량은 60분(3600초)을 주기 시간으로 나누어 계산한다.
- 주기 시간=10초(가장 긴 작업 시간)
- 시간당 생산량=3600초÷10초=360개

정답 | ①

74

유통선로(flow diagram)의 기능으로 옳지 않은 것은?

① 자재흐름의 혼잡지역 파악
② 시설물의 위치나 배치관계 파악
③ 공정과정의 역류현상 발생유무 점검
④ 운반과정에서 물품의 보관 내용 파악

해설

유통선로는 흐름과 이동 경로에 초점을 맞추며, 물품의 보관 내용은 파악하지 않는다.

정답 | ④

75
동작분석(Motion Study)에 관한 설명으로 옳지 않은 것은?

① 동작분석 기법에는 서블릭법과 작업측정기법을 이용하는 PTS법이 있다.
② 작업과정에서 무리·낭비·불합리한 동작을 제거, 최선의 작업방법으로 개선하는 것이 목표이다.
③ 미세 동작분석은 작업주기가 짧은 작업, 규칙적인 작업주기시간, 단기적 연구대상 작업 분석에는 사용할 수 없다.
④ 작업을 분해 가능한 세밀한 단위로 분석하고 각 단위의 변이를 측정하여 표준작업방법을 알아내기 위한 연구이다.

해설
미세 동작분석(Micro-Motion Study)은 작업 주기가 짧고 반복적인 작업에서 특히 효과적이다.

정답 | ③

76
사업장 근골격계질환 예방관리 프로그램에 있어 예방·관리추진팀의 역할이 아닌 것은?

① 교육 및 훈련에 관한 사항을 결정하고 실행한다.
② 예방·관리 프로그램의 수립 및 수정에 관한 사항을 결정한다.
③ 근골격계질환의 증상·유해요인 보고 및 대응체계를 구축한다.
④ 유해요인 평가 및 개선계획의 수립과 시행에 관한 사항을 결정하고 실행한다.

해설 예방·관리추진팀의 역할
- 예방관리 프로그램의 수립 및 수정에 관한 사항을 결정한다.
- 예방관리 프로그램의 실행 및 운영에 관한 사항을 결정한다.
- 교육 및 훈련에 관한 사항을 결정하고 실행한다.
- 유해요인 평가, 개선계획의 수립 및 시행에 관한 사항을 결정하고 실행한다.
- 근골격계질환자에 대한 사후조치 및 근로자 건강보호에 관한 사항 등을 결정하고 실행한다.

정답 | ③

77
산업안전보건법령상 근골격계 부담작업의 유해요인 조사에 대한 내용으로 옳지 않은 것은? (단, 해당 사업장은 근로자가 근골격계 부담작업을 하는 경우이다.)

① 정기 유해요인 조사는 2년마다 유해요인조사를 하여야 한다.
② 신설되는 사업장의 경우에는 신설일로부터 1년 이내 최초의 유해요인 조사를 하여야 한다.
③ 조사항목으로는 작업량, 작업속도 등의 작업장의 상황과 작업자세, 작업방법 등의 작업조건이 있다.
④ 근골격계부담작업에 해당하는 새로운 작업·설비를 도입한 경우 지체없이 유해요인 조사를 해야 한다.

해설
정기 유해요인 조사는 3년마다 시행하여야 한다.

정답 | ①

78
작업관리의 주목적과 가장 거리가 먼 것은?

① 생산성 향상
② 무결점 달성
③ 최선의 작업방법 개발
④ 재료, 설비, 공구 등의 표준화

해설 작업관리의 주목적
- 최선의 작업 방법 개발
- 방법, 재료, 설비, 공구 등의 표준화
- 생산성 향상
- 품질의 균일화
- 생산비 절감
- 작업 방법에 대한 교육

정답 | ②

79

다음 서블릭(therblig)기호 중 **효율적 서블릭**에 해당하는 것은?

① Sh ② G
③ P   ④ H

해설 효율적 서블릭

기본동작	동작목적
• TE: 빈손 이동 • TL: 운반 • G: 쥐기 • RL: 내려놓기 • PP: 미리 놓기	• U: 사용 • A: 조립 • DA: 분해

관련개념 비효율적 서블릭

정신적/반정신적 동작	정체적 동작
• Sh: 찾기 • St: 고르기 • P: 바로 놓기	• UD: 피할 수 없는 지연 • AD: 피할 수 있는 지연 • R: 휴식 • H: 잡고 있기

정답 ②

80

영상표시단말기(VDT) 취급근로자 작업관리지침상 작업기기의 조건으로 옳지 않은 것은?

① 키보드와 키 윗부분의 표면은 무광택으로 할 것
② 영상표시단말기 화면은 회전 및 경사조절이 가능할 것
③ 키보드의 경사는 3° 이상 20° 이하, 두께는 4cm 이하로 할 것
④ 단색화면일 경우 색상은 일반적으로 어두운 배경에 밝은 황·녹색 또는 백색문자를 사용하고 적색 또는 청색의 문자는 가급적 사용하지 않을 것

해설

키보드의 경사는 5도 이상 15도 이하, 두께는 3cm 이하로 해야 한다.

정답 ③

2021년 3회 기출문제

SUBJECT 01 | 인간공학개론

01

신호검출이론에서 판정기준(Criterion)이 오른쪽으로 이동할 때 나타나는 현상으로 옳은 것은?

① 허위경보(False Alarm)가 줄어든다.
② 신호(Signal)의 수가 증가한다.
③ 소음(Noise)의 분포가 커진다.
④ 적중 확률(실제 신호를 신호로 판단)이 높아진다.

해설 C/R비 계산

신호검출이론에서 판정기준이 오른쪽으로 이동하면 보수적인 판단을 한다는 의미로, 신호로 판단하는 빈도가 줄어든다. 또한, 소음을 신호로 잘못 판단하는 허위경보가 줄어든다.

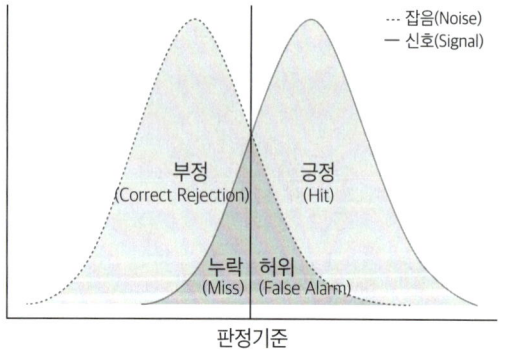

정답 | ①

02

인간공학의 연구 목적과 가장 거리가 먼 것은?

① 인간오류의 특성을 연구하여 사고를 예방
② 인간의 특성에 적합한 기계나 도구의 설계
③ 병리학을 연구하여 인간의 질병퇴치에 기여
④ 인간의 특성에 맞는 작업환경 및 작업방법의 설계

해설

인간공학은 작업 환경과 기계·도구 설계를 최적화하는 학문으로, 질병 퇴치와는 관련이 없다.

정답 | ③

03

조종-반응 비율(C/R Ratio)에 관한 설명으로 옳지 않은 것은?

① C/R비가 증가하면 이동시간도 증가한다.
② C/R비가 작으면(낮으면) 민감한 장치이다.
③ C/R비는 조종장치의 이동거리를 표시장치의 반응거리로 나눈 값이다.
④ C/R비가 감소함에 따라 조종시간은 상대적으로 작아진다.

해설

C/R비가 감소하면 조종시간은 상대적으로 증가한다.

관련개념 C/R비와 이동·조종시간 상관 관계

C/R비 크기	이동시간 (반응속도)	조종시간	조종장치 특징
작다	감소	증가	민감함
크다	증가	감소	정밀함

정답 | ④

04

시각적 표시장치에 관한 설명으로 옳은 것은?

① 정확한 수치를 필요로 하는 경우에는 디지털 표시장치보다 아날로그 표시장치가 우수하다.
② 온도, 압력과 같이 연속적으로 변하는 변수의 변화경향, 변화율 등을 알고자 할 때는 정량적 표시장치를 사용하는 것이 좋다.
③ 정성적 표시장치는 동침형(moving pointer), 동목형(moving scale) 등의 형태로 구분할 수 있다.
④ 정량적 눈금을 식별하는 데에 영향을 미치는 요소는 눈금 단위의 길이, 눈금의 수열 등이 있다.

해설

정량적 눈금을 식별할 때는 눈금의 길이, 눈금의 표시, 눈금의 수열, 지침 설계가 영향을 미친다.

관련개념 정성적 표시장치 및 정량적 표시장치 비교

구분	정성적 표시장치	정량적 표시장치
정의	정확한 수치보다는 변화 수세, 변화율을 나타낸다.	정보를 수치적으로 정확히 표시한다.
목적	상태확인, 변화 경향 관찰	정확한 수치 판독
예시	자동차 연료게이지, 배터리잔량	디지털 온도계, 택시미터
표시 방식	색상, 바, 단순지침	숫자(디지털), 눈금과 지침(아날로그)
주요 유형	• 색상기반 표시장치 　예 신호등 • 형태기반 표시장치 　예 조작 버튼 • 위치 기반 표시장치 　예 유압 게이지 • 점멸 또는 깜빡임 기반 표시장치 　예 경고등	• 정목동침형(고정눈금-이동지침) • 정침동목형(고정지침-이동 눈금) • 계수형(디지털 표시장치)

정답 ④

05

인간 기억의 여러 가지 형태에 대한 설명으로 옳지 않은 것은?

① 단기기억의 용량은 보통 7청크(chunk)이며, 학습에 의해 무한히 커질 수 있다.
② 단기기억에 있는 내용을 반복하여 학습(research)하면 장기기억으로 저장된다.
③ 일반적으로 작업기억의 정보는 시각(visual), 음성(phonetic), 의미(semantic) 코드의 3가지로 코드화된다.
④ 자극을 받은 후 단기기억에 저장되기 전에 시각적인 정보는 아이코닉 기억(iconic memory)에 잠시 저장된다.

해설

단기기억의 용량은 7±2 청크로 제한되며, 학습으로 무한히 증가하지 않는다. 정보를 오래 유지하려면 장기기억으로 저장해야 한다.

정답 ①

06

소리의 차폐효과(masking)란?

① 주파수별로 같은 소리의 크기를 표시한 개념
② 하나의 소리가 다른 소리의 판별에 방해를 주는 현상
③ 내이(inner ear)의 달팽이관(Cochlea) 안에 있는 섬모(fiber)가 소리의 주파수에 따라 민감하게 반응하는 현상
④ 하나의 소리의 크기가 다른 소리에 비해 몇 배나 크게(또는 작게) 느껴지는지를 기준으로 소리의 크기를 표시하는 개념

해설

차폐효과(Masking Effect)란 한 소리가 다른 소리(signal)를 들을 수 없게 하거나 인지하기 어렵게 만드는 현상을 말한다.
예 공장의 기계 소음으로 인해 작업자들 간의 대화가 어려운 경우

정답 ②

07

멀리 있는 물체를 선명하게 보기 위해 눈에서 일어나는 현상으로 옳은 것은?

① 홍채가 이완한다.
② 수정체가 얇아진다.
③ 동공이 커진다.
④ 모양체근이 수축한다.

해설
멀리 있는 물체를 볼 때 수정체는 얇아진다.

관련개념 수정체의 굴절작용
- 가까운 물체를 볼 때 → 모양체근 수축 → 수정체가 두꺼워진다.
- 먼 물체를 볼 때 → 모양체근 이완 → 수정체가 얇아진다.

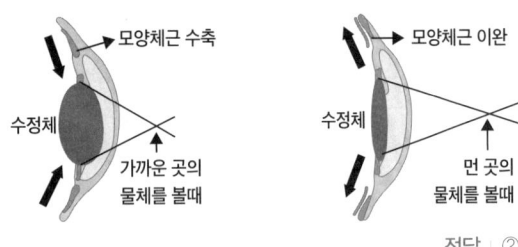

정답 | ②

08

인체측정을 구조적 치수와 기능적 치수로 구분할 때 기능적 치수 측정에 대한 설명으로 옳은 것은?

① 형태학적 측정을 의미한다.
② 나체 측정을 원칙으로 한다.
③ 마틴식 인체측정 장치를 사용한다.
④ 상지나 하지의 운동범위를 측정한다.

해설
기능적 치수는 특정 동작 수행 시 신체 부위가 움직이는 범위를 측정하는 것이다.

정답 | ④

09

손의 위치에서 조종장치 중심까지의 거리가 30cm, 조종장치의 폭이 5cm일 때 Fitts의 난이도 지수(index of difficulty) 값은 약 얼마인가?

① 2.6
② 3.2
③ 3.6
④ 4.1

해설 Fitts의 난이도 지수 계산

$$ID = \log_2 \frac{2A}{W}$$

- ID: Fitts 난이도 지수(bits)
- A: 원점부터 목표까지 거리
- W: 조종장치의 폭

$$ID = \log_2 \left(\frac{2 \times 30}{5}\right) = 3.58 \approx 3.6$$

정답 | ③

10

인간의 신뢰도가 70%, 기계의 신뢰도가 90%이면 인간과 기계가 직렬체계로 작업할 때의 신뢰도는 몇 %인가?

① 30%
② 54%
③ 63%
④ 98%

해설 직렬 시스템의 신뢰도 계산

$$R_S = R_H \times R_E$$

- R_S: 인간-기계 체계 신뢰도
- R_H: 인간의 신뢰도
- R_E: 기계의 신뢰도

- 인간-기계 체계 신뢰도(R_s) 계산
  $R_S = 0.7 \times 0.9 = 0.63(63\%)$

관련개념 병렬 시스템의 신뢰도

$$R = 1 - (1 - R_1) \times (1 - R_2)$$

- R: 전체 시스템의 신뢰도
- R_1과 R_2: 각 구성요소(또는 작업자)의 신뢰도

정답 | ③

11

1,000Hz, 40dB을 기준으로 음의 상대적인 주관적 크기를 나타내는 단위는?

① sone
② siemens
③ bell
④ phon

해설
sone은 사람의 주관적인 음의 크기를 나타내는 단위로, 1,000Hz에서 40dB SPL의 음을 1sone으로 정의한다.

정답 ①

12

시(視)감각 체계에 관한 설명으로 옳지 않은 것은?

① 동공은 조도가 낮을 때는 많은 빛을 통과시키기 위해 확대된다.
② 안구의 수정체는 모양체근으로 긴장을 하면 얇아져 가까운 물체만 볼 수 있다.
③ 망막의 표면에는 빛을 감지하는 광수용기인 원추체와 간상체가 분포되어 있다.
④ 1디옵터는 1m 거리에 있는 물체를 보기 위해 요구되는 수정체의 초점 조절능력을 나타낸 값이다.

해설
수정체는 모양체근이 수축하면 두꺼워지고 이때 가까운 물체를 선명하게 볼 수 있다.

정답 ②

13

직렬시스템과 병렬시스템의 특성에 대한 설명으로 옳은 것은?

① 직렬시스템에서 요소의 개수가 증가하면 시스템의 신뢰도도 증가한다.
② 병렬시스템에서 요소의 개수가 증가하면 시스템의 신뢰도는 감소한다.
③ 시스템의 높은 신뢰도를 안정적으로 유지하기 위해서는 병렬시스템으로 설계하여야 한다.
④ 일반적으로 병렬시스템으로 구성된 시스템은 직렬시스템으로 구성된 시스템보다 비용이 감소한다.

해설
병렬설계는 신뢰도를 높이고 시스템이 안정적으로 유지되도록 한다.

관련개념 직렬시스템 및 병렬시스템 비교

구분		직렬시스템	병렬시스템
신뢰도	일부 요소 고장 시	전체가 고장나므로 신뢰도 감소	작동 가능하므로 신뢰도 증가
	구성요소 추가 시	신뢰도 감소	신뢰도 증가
비용		단순하므로 낮은 비용	복잡하므로 높은 비용
예시		컨베이어 벨트	이중 전원 공급장치

정답 ③

14

은행이나 관공서의 접수창구의 높이를 설계하는 기준으로 옳은 것은?

① 조절식 설계
② 최소집단치 설계
③ 최대집단치 설계
④ 평균치 설계

해설
접수창구 높이는 다양한 사용자를 고려해 평균 신체 치수를 기준으로 설계한다.

정답 ④

15

정보이론(Information Theory)에 대한 내용으로 옳은 것은?

① 정보를 정량적으로 측정할 수 있다.
② 정보의 기본 단위는 바이트(byte)이다.
③ 확실한 사건의 출현에는 많은 정보가 담겨있다.
④ 정보란 불확실성의 증가(addition of uncertainty)로 정의한다.

해설

클로드 섀넌(Claude Shannon)의 정보이론에 따르면 정보는 불확실성을 줄이는 것이며, 정보량을 정량화할 수 있다고 정의한다. 기본 단위는 비트(bit)이며 확실한 사건은 정보량이 0이다.

정답 | ①

16

시각 표시장치보다 청각 표시장치를 사용하는 것이 유리한 경우는?

① 소음이 많은 경우
② 전하려는 정보가 복잡할 경우
③ 즉각적인 행동이 요구되는 경우
④ 전하려는 정보를 다시 확인해야 하는 경우

해설

즉각적인 행동이 요구되는 경우 청각 표시장치가 효과적이다.

관련개념 시각 표시장치 및 청각 표시장치 비교

시각 표시장치가 유리한 경우	청각 표시장치가 유리한 경우
• 정보를 다시 확인해야 할 때 유리하다. • 즉각적 행동이 필요하지 않을 때 적합하다. • 전달 내용이 길고 복잡할 때 적합하다. • 위치나 공간과 관련된 정보 전달에 효과적이다. • 주변이 너무 시끄러울 때 효과적이다. • 소리에 대한 부담이 클 때 유용하다. • 수신자가 한 장소에 머물러 있을 때 적합하다.	• 반복해서 확인할 필요가 없을 때 사용하기 좋다. • 즉각적 행동이 필요할 때 적합하다. • 내용이 짧고 단순할 때 효과적이다. • 시간과 관련된 정보를 전달할 때 유리하다. • 주변 조명이 너무 밝거나 어두울 때 유용하다. • 눈이 피로하거나 시각 정보가 많을 때 효과적이다. • 수신자가 계속 이동하는 상황에서도 전달이 가능하다.

정답 | ③

17

다음 중 반응시간이 가장 빠른 감각은?

① 청각
② 미각
③ 시각
④ 후각

해설

청각신경은 직접적으로 뇌의 청각 피질로 연결되어 신호 경로가 짧아 반응속도가 빠르다.

관련개념 감각별 평균 반응시간

감각	평균 반응시간	특징
청각	140~160ms	뇌에서 직접적으로 처리한다.
시각	180~200ms	이미지 해석과정 필요하다.
촉각	150~200ms	접촉 위치에 따라 신호 전달 속도가 다르다.
후각	500ms 이상	화학수용체가 활성화되는 과정 필요하고, 반응이 상대적으로 느리다.
미각	1,000ms 이상	

정답 | ①

18

인간-기계 시스템에서 인간의 과오나 동작상의 실패가 있어도 안전사고를 발생시키지 않도록 하는 설계 시스템을 무엇이라고 하는가?

① Lock System
② Fail-Safe System
③ Fool-Proof System
④ Accident-Check System

해설

Fool-Proof System은 사용자가 실수하더라도 사고가 발생하지 않도록 설계된 시스템이다.

관련개념 안전장치 개념

• Fail Safe: 시스템에 고장(fail)이 발생할 경우, 사고로 연결되지 않도록 항상 안전하게(safe) 작동되도록 설계된 장치이다.
• Tamper Proof: 기계가 작동할 때 간섭이나 고의로 안전을 위한 방호장치를 제거하는 등의 부정한 조작과 임의적인 변경을 방지하는 장치이다.
• Lock Out: 기계 및 장비를 청소하거나 정비하는 등의 작업 시 운전을 정지하고 기계를 사용 및 불시 가동할 수 없도록 잠금장치와 표지판을 설치하는 등의 조치를 의미한다.

정답 | ③

19

발생 확률이 0.1과 0.9로 다른 2개의 이벤트의 정보량은 발생 확률이 0.5로 같은 2개의 이벤트의 정보량에 비해 어느 정도 감소되는가?

① 42% ② 45%
③ 50% ④ 53%

해설 정보량 계산

- 평균 정보량 계산

$$H = -\sum_{i=1}^{N} p_i \log_2 p_i$$

- H : 평균 정보량
- p_i : 발생확률

— 확률이 0.5와 0.5인 이벤트 평균 정보량
$H_1 = -2\{0.5 \times \log_2(0.5)\} = 1$

— 확률이 0.1과 0.9인 이벤트 평균 정보량
$H_2 = -\{0.1 \times \log_2(0.1)\} - \{0.9 \times \log_2(0.9)\} = 0.4689$

- 정보량 감소율 계산

$$\left(\frac{H_1 - H_2}{H_1}\right) \times 100$$

감소율 $= \left(\frac{1 - 0.4689}{1}\right) \times 100 = 53.1 \approx 53\%$

정답 | ④

20

일반적으로 연구 조사에 사용되는 기준(criterion)의 요건으로 볼 수 없는 것은?

① 적절성 ② 사용성
③ 신뢰성 ④ 무오염성

해설
연구조사에서 기준 요건은 적절성, 신뢰성, 무오염성, 타당성, 객관성, 민감성 등이 있다.

정답 | ②

SUBJECT 02 | 작업생리학

21

다음 중 유산소 대사의 하나인 크렙스 사이클(Kreb's cycle)에서 일어나는 반응이 아닌 것은?

① 산화가 발생한다.
② 젖산이 생성된다.
③ 이산화탄소가 생성된다.
④ 구아노신 3인산(GTP)의 전환을 통하여 ATP가 생성된다.

해설
젖산은 무산소 대사에서 피루브산이 변환되어 생성되며, 유산소 대사인 크렙스 사이클에서는 생성되지 않는다.

정답 | ②

22

다음 중 실내의 면에서 추천 반사율(IES)이 가장 낮은 곳은?

① 벽   ② 천장
③ 가구 ④ 바닥

해설
실내 표면의 추천 반사율은 천장에서 바닥으로 갈수록 낮아진다.

관련개념 실내 표면 추천 반사율

구분	IES 기준 추천반사율(%)
천장	80~90
벽	40~60
창문발(Blind)	40~60
책상면	25~40
바닥	20~40

정답 | ④

23

다음 그림과 같이 작업할 때 팔꿈치의 반작용력과 모멘트 값은 얼마인가? (단, CG_1은 물체의 무게중심, CG_2는 하박의 무게중심, W_1은 물체의 하중, W_2는 하박의 하중이다.)

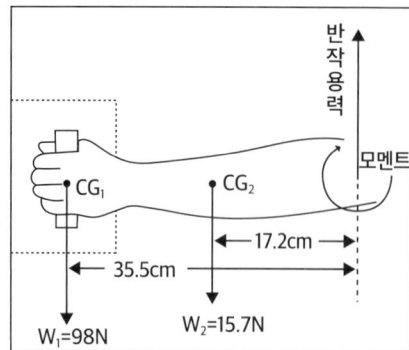

	반작용력	모멘트
①	79.3N	22.42N·m
②	79.3N	37.5N·m
③	113.7N	22.42N·m
④	113.7N	37.5N·m

해설 정적 평형 상태에서의 반작용력과 모멘트 계산

- 반작용력(R) 계산

  어떤 물체가 정적 평형 상태에 있으려면, 힘과 모멘트의 합은 $\Sigma F=0$, $\Sigma M=0$이어야 한다.

  팔꿈치는 팔과 물체를 지지해야 하므로, 위로 가해지는 반작용력 R은 아래로 작용하는 물체의 중력하중(W_1)과 하박(팔꿈치부터 손목까지의 아래팔 부분)의 중력하중(W_2)의 합이 같아야 한다.

  $$R-(W_1+W_2)=0 \longrightarrow R=W_1+W_2$$

  $R = 98N + 15.7N = 113.7N$

- 모멘트(M) 계산

  모멘트는 힘(F)와 거리(d)의 곱으로 ($M=F\cdot d$) 계산할 수 있는데, 팔꿈치에서 발생하는 모멘트는 하박과 물체의 하중이 각각 팔꿈치에서 떨어진 거리만큼 모멘트를 생성한 합과 같아야 한다.

  $$M-(W_1\cdot d_1+W_2\cdot d_2)=0 \longrightarrow M = W_1\cdot d_1+W_2\cdot d_2$$

  $M = 98N \cdot 0.355m + 15.7N \cdot 0.172m = 37.49 N\cdot m \approx 37.5 N\cdot m$

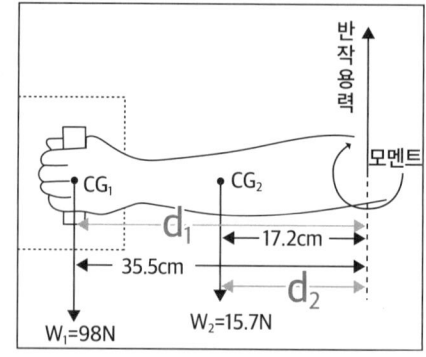

- d_1: 팔꿈치에서 물체 무게중심(CG_1)까지의 거리(m)
- d_2: 팔꿈치에서 물체 무게중심(CG_2)까지의 거리(m)

정답 | ④

24

교대작업의 주의사항에 관한 설명으로 옳지 않은 것은?

① 12시간 교대제가 적정하다.
② 야간근무는 2~3일 이상 연속하지 않는다.
③ 야간근무의 교대는 심야에 하지 않도록 한다.
④ 야간근무 종료 후에는 48시간 이상의 휴식을 갖도록 한다.

해설

일반적으로 8시간 교대제가 적절하며, 12시간 교대제일 때, 장기간 근무로 인해 피로가 누적될 가능성이 높아 권장되지 않는다.

정답 | ①

25
한랭대책으로서 개인위생에 해당되지 않는 사항은?

① 과음을 피할 것
② 식염을 많이 섭취할 것
③ 따뜻한 물과 음식을 섭취할 것
④ 얼음 위에서 오랫동안 작업하지 말 것

해설

식염 섭취는 체온 유지와 직접적인 관련이 없으며, 땀을 흘리는 고온 환경에서의 적절한 대책이다.

정답 | ②

26
동일한 관절운동을 일으키는 주동근(agonists)과 반대되는 작용을 하는 근육은?

① 박근(gracilis)
② 장요근(iliopsoas)
③ 길항근(antagonists)
④ 대퇴직근(rectus femoris)

해설

길항근(antagonists)은 주동근(agonists)과 반대되는 작용을 하는 근육을 말한다.

정답 | ③

27
윤활관절(synovial joint)인 팔굽관절(elbow joint)은 연결 형태를 기준으로 어느 관절에 해당되는가?

① 관절구(condyloid)
② 경첩관절(hinge joint)
③ 안장관절(saddle joint)
④ 구상관절(ball and socket joint)

해설

경첩관절은 문의 경첩과 유사한 형태로 굴곡(굽힘), 신전(폄) 운동을 수행한다.

정답 | ②

28
다음 중 근육이 움직일 때 나오는 미세한 전기신호를 측정하여 근육의 활동 정도를 나타낼 수 있는 것을 무엇이라고 하는가?

① ECG(Electrocardiogram)
② EMG(Electromyograph)
③ GSR(Galvanic Skin Response)
④ EEG(Electroencephalogram)

해설

근전도(EMG)는 근육이 움직일 때 발생하는 미세한 전기신호를 측정하여 근육의 활성도를 분석하는 장치이다.

관련개념 생체신호를 이용한 스트레스 측정법

스트레스 측정법	설명
근전도(EMG)	근육 긴장도 측정
심전도(ECG)	교감신경과 부교감신경 활성도 평가
뇌전도(EEG)	뇌파 활동 평가
안전도(EOG)	안구 움직임 측정
전기피부반응(GSR)	신체 각성상태 평가
점멸융합주파수 (CFF/VFF)	시각적 피로 및 중추신경계 피로 평가

정답 | ②

29
사람의 근골격계와 신경계에 대한 설명으로 옳지 않은 것은?

① 신체골격구조는 206개의 뼈로 구성되어 있다.
② 관절은 섬유질 관절, 연골관절, 활액관절로 구분된다.
③ 심장근은 수의근으로 민무늬의 원통형 근섬유 구조를 가지고 있다.
④ 신경계는 구조적인 측면으로 중추신경계와 말초신경계로 나누어진다.

해설

심장근은 자율신경계에 의해 조절되므로 불수의근에 해당하며, 횡문근(가로무늬근)의 구조를 가지고 있다. 민무늬근은 소화관 등에 존재한다.

정답 | ③

30

남성 작업자의 육체작업에 대한 대사량을 측정한 결과, 분당 산소 소모량이 1.5L/min으로 나왔다. 작업자의 4시간에 대한 휴식시간은 약 몇 분 정도인가? (단, Murrell의 공식을 이용한다.)

① 75분 ② 100분
③ 125분 ④ 150분

해설 Murrell의 식을 이용한 휴식시간 계산

$$R = T \times \frac{E-S}{E-M}$$

- R: 휴식시간(분)
- T: 총 작업 시간(분)
- E: 작업 중 평균 에너지 소비량(kcal/min)
- S: 권장 평균 에너지 소비량(kcal/min), 일반적으로 5kcal/min
- M: 휴식 중 평균 에너지 소비량(kcal/min), 일반적으로 1.5kcal/min

작업에너지 소비량(E) = $1.5 \times 5 = 7.5$ kcal/min

휴식시간(R) = $240 \times \dfrac{7.5-5}{7.5-1.5} = 100$분

정답 | ②

31

근력(strength)과 지구력(endurance)에 대한 설명으로 옳지 않은 것은?

① 동적근력(dynamic strength)을 등속력(isokinetic strength)이라 한다.
② 지구력(endurance)이란 등척적으로 근육이 낼 수 있는 최대 힘을 말한다.
③ 정적근력(static strength)을 등척력(isometric strength)이라 한다.
④ 근육이 발휘하는 힘은 근육의 최대자율수축(MVC, Maximum Voluntary Contraction)에 대한 백분율로 나타낸다.

해설
근지구력은 장시간 동안 근육이 힘을 지속적으로 발휘할 수 있는 능력을 의미한다. 등척적으로 근육이 낼 수 있는 최대 힘은 등척력이라 한다.

정답 | ②

32

정신피로의 척도로 사용되는 시각적 점멸융합주파수(VFF)에 영향을 주는 변수에 관한 내용으로 옳지 않은 것은?

① 암조응 시 VFF는 증가한다.
② 휘도만 같으면 색은 VFF에 영향을 주지 않는다.
③ 조명 강도의 대수치(불꽃돌)에 선형적으로 비례한다.
④ 사람들 간에는 큰 차이가 있으나, 개인의 경우 일관성이 있다.

해설
암조응 상태에서는 색 구분 능력이 떨어지고 반응속도가 느려져 점멸융합주파수를 감소시킨다.

정답 | ①

33

에너지 소비량에 영향을 미치는 인자 중 중량물 취급 시 쪼그려 앉아(squat) 들기와 등을 굽혀(stoop) 들기와 가장 관련이 깊은 것은?

① 작업 자세 ② 작업 방법
③ 작업 속도 ④ 도구 설계

해설
쪼그려 앉아 들기와 등을 굽혀 들기는 작업 자세의 차이에 의해 구분된다.

정답 | ①

34

산업안전보건법령상 소음작업이란 1일 8시간 작업을 기준으로 얼마 이상의 소음(dB)이 발생하는 작업을 말하는가?

① 80 ② 85
③ 90 ④ 100

해설
소음작업은 1일 8시간 작업을 기준으로 85데시벨(dB) 이상의 소음이 발생하는 작업을 말한다.

정답 | ②

35
다음 중 조도가 균일하고, 눈부심이 적지만 기구 효율이 나쁘며 설치비용이 많이 소요되는 조명방식은?

① 직접조명 ② 국소조명
③ 반직접조명 ④ 간접조명

해설
간접조명은 광원의 대부분이 벽이나 천장을 통해 반사되어 조도가 균일하고 눈부심이 적지만, 기구 효율이 낮고 설치 비용이 많이 드는 조명 방식이다.

정답 ④

36
산소소비량에 관한 설명으로 옳지 않은 것은?

① 산소소비량과 심박수 사이에는 밀접한 관련이 있다.
② 산소소비량은 에너지 소비와 직접적인 관련이 있다.
③ 산소소비량은 단위 시간당 흡기량만 측정한 것이다.
④ 심박 수와 산소소비량 사이의 관계는 개인에 따라 차이가 있다.

해설
산소소비량은 산소 흡기량(들어온 산소량)과 산소 배출량(배출된 산소량)의 차이를 측정하는 것이다.

정답 ③

37
다음 중 엉덩이 관절(hip joint)에서 일어날 수 있는 움직임이 아닌 것은?

① 굴곡(flexion)과 신전(extension)
② 외전(abduction)과 내전(adduction)
③ 내선(internal rotation)과 외선(external rotation)
④ 내번(inversion)과 외번(eversion)

해설
내번과 외번은 발바닥이 안쪽과 바깥쪽으로 향하는 움직임이다. 따라서 엉덩이 관절에서는 내번과 외번은 발생하지 않는다.

정답 ④

38
육체적 작업강도가 증가함에 따른 순환계(circulatory system)의 반응이 옳지 않은 것은?

① 혈압상승 ② 백혈구 감소
③ 근혈류의 증가 ④ 심박출량 증가

해설
작업강도가 증가해도 백혈구는 감소하지 않는다.

관련개념 작업강도 증가 시 순환기 반응
- 산소소비량 증가
- 심박출량 증가 → 혈압상승
- 심박수 증가
- 혈류 재분배

정답 ②

39
진동에 의한 인체의 영향으로 옳지 않은 것은?

① 심박수가 감소한다.
② 약간의 과도(過度) 호흡이 일어난다.
③ 장시간 노출 시 근육 긴장을 증가시킨다.
④ 혈액이나 내분비의 화학적 성질이 변하지 않는다.

해설
진동은 신체에 스트레스로 작용하여 교감신경계를 자극하게 되고, 심박수를 증가시킨다.

정답 ①

40
손-팔 진동 증후군의 피해를 줄이기 위한 방법으로 적절하지 않은 것은?

① 진동수준이 최저인 연장을 선택한다.
② 진동 연장의 하루 사용 시간을 줄인다.
③ 연장을 잡거나 조절하는 악력을 늘린다.
④ 진동 연장을 사용할 때는 중간 휴식시간을 길게 한다.

> **해설**
> 공구를 강하게 잡으면 진동이 더 많이 전달되어 손-팔 진동 증후군 위험이 증가한다.
>
> 정답 | ③

SUBJECT 03 | 산업심리학 및 관련법규

41
사고의 유형, 기인물 등 분류항목을 큰 순서대로 분류하여 사고방지를 위해 사용하는 통계적 원인분석 도구는?

① 관리도(Control Chart)
② 크로스도(Cross Diagram)
③ 파레토도(Pareto Diagram)
④ 특성요인도(Cause and Effect Diagram)

> **해설** 파레토 차트(Pareto Chart)
> 가로축에 항목을, 세로축에는 각 항목의 점유비율을 나타내는 막대그래프를 그리고, 누적비율을 나타내는 꺾은 선을 추가한 그래프이다. 재해 원인 분석에 주로 활용되며, 원인을 유형별로 분석하여 데이터가 큰 순서대로 정렬하여 도표화한 것이다. 80-20 법칙을 기반으로 하여, 문제의 주요 원인 20%가 결과의 80%를 차지한다는 것을 나타내는 도구이다.
>
> 정답 | ③

42
다음 ( )안에 들어갈 알맞은 것은?

> 산업안전보건법령상 사업주는 근로자가 근골격계 부담작업을 하는 경우에 ( )마다 유해요인조사를 하여야 한다. 다만, 신설되는 사업장의 경우에는 1년 이내에 최초의 유해요인 조사를 하여야 한다.

① 1년　　　　② 2년
③ 3년　　　　④ 4년

> **해설**
> 산업안전보건법령상 사업주는 근로자가 근골격계 부담작업을 수행하는 경우, 3년마다 유해요인 조사를 실시해야 한다. 다만, 신설되는 사업장의 경우에는 1년 이내에 최초 유해요인 조사를 해야 합니다.
>
> 정답 | ③

43
스트레스 상황에서 일어나는 현상으로 옳지 않은 것은?

① 동공이 수축된다.
② 혈당, 호흡이 증가하고 감각기관과 신경이 예민해진다.
③ 스트레스 상황에서 심장 박동수는 증가하나, 혈압은 내려간다.
④ 스트레스를 지속적으로 받게 되면 자기조절능력을 상실하게 되고 체내항상성이 깨진다.

> **해설**
> 스트레스 상황에서 심장 박동수와 혈압은 증가한다.
>
> 정답 | ③

44

심리적 측면에서 분류한 휴먼에러의 분류에 속하는 것은?

① 입력오류 ② 정보처리오류
③ 의사결정오류 ④ 생략오류

해설 휴먼에러(Human error)의 분류

심리적 분류 (Swain의 분류)	• 정상수행 • Omission Error(생략/부작위에러): 필요한 작업, 절차를 수행하지 않는 오류 • Time Error(시간에러): 필요한 작업과 절차의 수행지연으로 인한 오류 • Commission Error(수행/작위에러): 필요한 작업과 절차를 잘못 수행하는 오류 • Sequential Error(순서에러): 필요한 작업 또는 절차의 순서착오로 인한 오류 • Quantitative Error(양적에러): 너무 적거나 많은 작업을 수행하는 오류 • Extraneous Error(불필요 수행에러): 작업과 관계없는 행동을 하는 오류
원인별 (레벨별) 분류	• Primary Error(1차에러): 작업자 자신에 의해 발생 • Secondary Error(2차에러): 작업형태나 조건에 의해 발생 • Command Error(지시에러): 근로자가 움직일 수 없는 상태에 발생 • Third Error(3차에러)

정답 ④

45

Hick-Hyman의 법칙에 의하면 인간의 반응시간(RT)은 자극 정보의 양에 비례한다고 한다. 자극정보의 개수가 2개에서 8개로 증가한다면 반응시간은 몇 배 증가하겠는가?

① 3배 ② 4배
③ 16배 ④ 32배

해설 Hick-Hyman의 법칙

선택반응 시간은 자극과 반응의 수(N)에 따라 증가한다.

$$RT = a + b\log_2 N$$

• RT: 선택반응시간
• N: 자극(대안)의 개수
• a: 단순반응시간
• b: 정보처리 비례상수

반응시간(RT)이 자극정보의 양에 비례한다고 하였으므로, $a=0$으로 가정한다.

$$\frac{RT_2}{RT_1} = \frac{b\log_2 8}{b\log_2 2} = \frac{3}{1} = 3배$$

정답 ①

46

어느 사업장의 도수율은 40이고 강도율은 4일 때 이 사업장의 재해 1건당 근로손실일수는?

① 1 ② 10
③ 50 ④ 100

해설 재해 1건당 근로손실일수

$$재해\ 1건당\ 근로손실일수 = \frac{강도율(SR)}{도수율(FR)} \times 1{,}000$$

재해 1건당 근로손실일수 $= \frac{4}{40} \times 1{,}000 = 100$

정답 ④

47

인간오류확률 추정 기법 중 초기 사건을 이원적(binary) 의사결정(성공 또는 실패) 가지들로 모형화하고, 이 이후의 사건들의 확률은 모두 선행 사건에 대한 조건부 확률을 부여하여 이원적 의사결정 가지들로 분지해 나가는 방법은?

① 결함 나무 분석(Fault Tree Analysis)
② 조작자 행동 나무(Operator Action Tree)
③ 인간오류 시뮬레이터(Human Error Simulator)
④ 인간실수율 예측기법(Technique for Human Error Rate Prediction)

해설
① 결함 나무 분석(Fault Tree Analysis): 시스템 고장을 발생시키는 원인 간의 관계를 논리적으로 사용하여 나뭇가지 모양의 그림(Tree)으로 나타낸 FT(Fault Tree)를 만들고 이를 통해 시스템의 고장확률을 구함으로써 취약 부분을 찾아내어 시스템의 신뢰도를 개선하는 정량적 고장해석 및 신뢰성 평가 방법이다.
② 조작자 행동 나무(Operator Action Tree): 위급한 직무 순서를 중심으로 조작자의 행동을 분석하는 기법이며 나무 모양의 다이어그램으로 표현된다. 사건의 위급경로에서 조작자의 역할을 파악하는 데 사용한다.
③ 인간 오류 시뮬레이터(Human Action Tree): 인간의 오류를 시뮬레이션하여 인간오류 확률을 추정하는 방법이다.
④ 인간실수율 예측기법(Technique for Human Error Rate Prediction): 초기 사건을 이원적(binary) 의사결정(성공 또는 실패) 가지들로 모형화하고, 이후의 사건들의 확률은 모두 선행 사건에 대한 조건부 확률을 부여하여 이원적 의사결정 가지들로 분지해 나가는 방법이다.

정답 | ④

48

NIOSH 직무스트레스 모형에서 직무스트레스 요인과 성격이 다른 한 가지는?

① 작업요인 ② 조직요인
③ 환경요인 ④ 상황요인

해설 NIOSH 미국국립산업안전보건연구원 직무스트레스 모형
- 직무스트레스 요인: 스트레스의 원인이 되는 직무 관련 환경적, 작업적, 조직적 요소들을 포함한다.
  - 환경요인: 소음, 온도, 조명, 환기불량 등
  - 작업요인: 작업부하, 교대근무, 작업속도
  - 조직요인: 역할갈등, 고용의 불확실성, 의사결정 참여 여부 등
- 직무스트레스 중재요인: 스트레스 요인의 영향을 조절하거나 완화시키는 요소들을 포함한다.
  - 개인적요인: 성격(대처능력), 건강, 통제신념, 자아존중감, 강인함, 낙관주의 등
  - 조직 외 요인: 재정 상태, 가족상황, 교육 수준 등
  - 완충작용 요인: 사회적 지위, 대처능력 등
- 스트레스 직무반응: 스트레스 요인에 대한 개인의 반응으로, 생리적, 심리적, 행동적 변화를 포함함
  - 생리적(신체적) 반응: 두통, 심근경색, 혈압상승 등
  - 심리적 반응: 우울, 직무불만족, 정서불안, 불안, 탈진 등
  - 행동적 반응: 결근, 음주, 흡연, 약물 중독, 무력감, 생산성 감소 등
- 결과: 스트레스가 개인과 조직에 미치는 결과를 말한다.

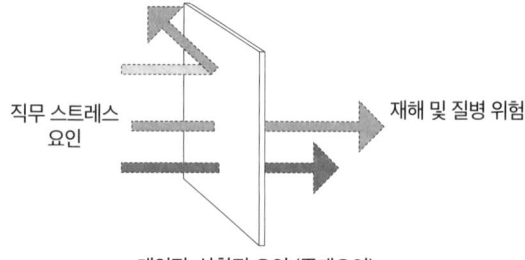

정답 | ④

49
보행 신호등이 막 바뀌어도 자동차가 움직이기까지는 아직 시간이 있다고 스스로 판단하여 건널목을 건너는 것과 같은 부주의 행위와 가장 관계가 깊은 것은?

① 억측판단
② 근도반응
③ 생략행위
④ 초조반응

해설

억측판단은 사실이나 상황에 대한 명확한 정보 없이, 주관적인 판단이나 추측을 바탕으로 행동하는 상태를 말한다. 보행자가 신호등이 바뀌었음에도, "아직 시간이 있다."라고 판단하고 길을 건너는 것은 정확한 정보를 기반으로 하지 않고, 자신의 주관적인 판단을 내린 결과이다.

정답 ①

50
다음 중 통제적 집단행동이 아닌 것은?

① 모브(mob)
② 관습(custom)
③ 유행(fashion)
④ 제도적 행동(institutional behavior)

해설

① 모브(mob): 폭력적이고 무질서한 비통제적 집단 행동을 의미하며 일반적으로 통제되지 않은 감정이나 군중 심리에 의해 발생한다.
② 관습(custom): 오랜 시간에 걸쳐서 사회적으로 정착된 행동 방식이다. 예 경조사 문화, 명절의 가족과 친척모임 등
③ 유행(fashion): 어떤 시기에 사람이 많이 따르는 행동이나 스타일을 의미한다. 예 SNS챌린지, 패션 스타일 등
④ 제도적 행동(institutional behavior): 사회적으로 제도화된 행동 양식이며 일정한 규칙과 절차를 말한다. 예 선거 참여 등

정답 ①

51
막스 웨버(Max Weber)의 관료주의에서 주장하는 4가지 원칙이 아닌 것은?

① 노동의 분업
② 창의력 중시
③ 통제의 범위
④ 권한의 위임

해설

창의력 중시는 막스 웨버 관료주의 4원칙에 해당되지 않는다.

관련개념 Max Weber의 관료주의 4원칙

- 구조: 조직의 높이와 폭
- 노동의 분업: 작업의 단순화 및 전문화
- 권한의 위임: 관리자를 소단위로 분산
- 통제의 범위: 각 관리자가 책임질 수 있는 근로자의 수

정답 ②

52
조직을 유지하고 성장시키기 위한 평가를 실행함에 있어서 평가자가 저지르기 쉬운 과오 중 어떤 사람에 관한 평가자의 개인적 인상이 피평가자 개개인의 특징에 관한 평가에 영향을 미치는 것을 설명하는 이론은?

① 할로 효과(halo effect)
② 대비오차(contrast error)
③ 근접오차(proximity error)
④ 관대화 경향(centralization tendency)

해설

② 대비오차(contrast effect): 평가자가 최근에 평가한 대상과 비교하여 다음 평가 대상에 대해 과장되거나 축소된 평가를 내리는 오류이다.
  예 처음 면접을 본 사람이 우수했을 시, 그 뒤에 면접자에게 상대적으로 낮은 점수를 주는 경우
③ 근접오차(proximity effect): 평가 시 인접한 항목 간의 유사성이 높게 평가되는 오류이다.
  예 수학을 잘하면 과학도 잘한다고 평가하는 경우
④ 관대화 경향(centralization tendency): 평가자가 평가 대상자의 실제 실적이나 능력에 비해 과대 평가하는 오류이다.
  예 부하직원 평가에서 인간관계 악화를 우려하여 높은 점수를 주는 경우

정답 ①

53
인간신뢰도에 대한 설명으로 옳은 것은?

① 반복되는 이산적 직무에서 인간실수확률은 단위시간당 실패수로 표현된다.
② 인간신뢰도는 인간의 성능이 특정한 기간동안 실수를 범하지 않을 확률로 정의된다.
③ THERP는 완전 독립에서 완전 정(正)종속까지의 비연속을 종속정도에 따라 3수준으로 분류하여 직무의 종속성을 고려한다.
④ 연속적 직무에서 인간의 실수율이 불변(stationary)이고, 실수과정이 과거와 무관(independent)하다면 실수과정은 베르누이과정으로 묘사된다.

해설
① 반복되는 이산적 직무에서 인간실수확률은 단위작업당 실패수로 표현된다.
③ THERP는 완전 독립에서 완전 정(正)종속까지의 비연속을 종속정도에 따라 5수준으로 분류하여 직무의 종속성을 고려한다.
④ 연속적 직무에서 인간의 실수율이 불변(stationary)이고, 실수과정이 과거와 무관(independent)하다면 실수과정은 포아송과정으로 묘사된다.

정답 ②

54
작업에 수반되는 피로를 줄이기 위한 대책으로 적절하지 않은 것은?

① 작업부하의 경감
② 작업속도의 조절
③ 동적 동작의 제거
④ 작업 및 휴식시간의 조절

해설
동적 동작을 제거하여 정적인 자세로 작업을 하면 근육긴장, 혈액 순환 저하 등이 증가할 수 있으며 적절히 동적 동작이 포함되어 있을 때 피로 누적이 완화된다.

정답 ③

55
10명으로 구성된 집단에서 소시오메트리(sociometry) 연구를 사용하여 조사한 결과 실제 긍정적인 상호작용을 맺고 있는 관계의 수가 16일 때 이 집단의 응집성지수는 약 얼마인가?

① 0.222
② 0.356
③ 0.401
④ 0.504

해설 응집성지수

- 응집성지수

$$응집성지수(C) = \frac{\text{실제 긍정적 상호작용 수}(A)}{\text{가능한 모든 관계 수}(P)} = \frac{A}{\frac{N(N-1)}{2}}$$

- N = 집단의 구성원 수

$$C = \frac{16}{\frac{10(10-1)}{2}} = \frac{16}{45} = 0.356$$

정답 ②

56
산업안전보건법령에서 정의한 중대재해의 범위 기준에 해당하지 않는 것은?

① 사망자가 1인 이상 발생한 재해
② 부상자가 동시에 10인 이상 발생한 재해
③ 직업성 질병자가 동시에 5인 이상 발생한 재해
④ 3개월 이상 요양이 필요한 부상자가 동시에 2인 이상 발생한 재해

해설 산업안전보건법령상 중대재해의 정의
- 사망자가 1인 이상 발생한 재해
- 3개월 이상 요양을 요하는 부상자가 동시에 2인 이상 발생한 재해
- 부상자 또는 직업성 질병자가 동시에 10인 이상 발생한 경우

정답 ③

57

다음 중 휴먼에러(human error)를 예방하기 위한 시스템 분석 기법의 설명으로 옳지 않은 것은?

① 예비위험분석(PHA) - 모든 시스템 안전프로그램의 최초 단계의 분석으로서 시스템 내의 위험요소가 얼마나 위험상태에 있는가를 정성적으로 평가하는 것이다.
② 고장형태와 영향분석(FMEA) - 시스템에 영향을 미치는 모든 요소의 고장을 형태별로 분석하여 그 영향을 검토하는 것이다.
③ 작업자공정도 - 위급직무의 순서에 초점을 맞추어 조작자 행동나무를 구성하고, 이를 사용하여 사건의 위급경로에서의 조작자의 역할을 분석하는 기법이다.
④ 결함나무분석(FTA) - 기계 설비 또는 인간-기계시스템의 고장이나 재해발생요인을 Fault Tree 도표에 의하여 분석하는 방법이다.

해설
작업자공정도는 시간 연구(Time Study) 및 동작 연구(Motion Study)에 활용되며 작업자가 수행하는 작업의 흐름과 순서를 시각적으로 나타낸 도표이다. 작업 동작을 분석하고 비효율적인 요소를 제거하여 생산성을 향상시키는 데 사용된다.

정답 ③

58

재해예방의 4원칙에 해당되지 않는 것은?

① 예방 가능의 원칙   ② 보상 분배의 원칙
③ 손실 우연의 원칙   ④ 대책 선정의 원칙

해설 재해예방의 4원칙
- 예방 가능의 원칙: 천재지변을 제외한 모든 인재는 예방이 가능하다.
- 손실 우연의 원칙: 사고 원인으로 발생한 결과의 유무 또는 크기는 우연에 의해 결정된다.
- 원인 연계의 원칙: 사고에는 반드시 원인이 있고 원인은 대부분 복합적 연계 원인이 있다.
- 대책 선정의 원칙: 사고의 원인이나 불안전요소가 발견되면 반드시 대책을 선정하여 실시하여야 한다.

정답 ②

59

헤드십(headship)과 리더십(leadership)을 상대적으로 비교, 설명한 것으로 헤드십의 특징에 해당되는 것은?

① 민주주의적 지휘형태이다.
② 구성원과의 사회적 간격이 넓다.
③ 권한의 근거는 개인의 능력에 따른다.
④ 집단의 구성원들에 의해 선출된 지도자이다.

해설 헤드십과 리더십의 차이

구분	헤드십 (Headship)	리더십 (Leadership)
집단 목표 설정	조직의 장이 설정	구성원들이 함께 설정
권한 행사 방식	임명된 헤드(직책)	선출된 리더 (신뢰 기반)
권한 부여 출처	위에서 위임	아래로부터의 동의
권한의 근거	법적·공식적 권위	개인 능력·신뢰
권한 귀속 방식	공식화된 규정에 의함	집단 기여에 대한 인정
책임 귀속 대상	상사에게 집중	상사와 부하 모두 공유
지위 형태	권위주의적	민주주의적
의사결정 방식	지시 중심(일방향)	토론 중심(쌍방향)
부하와의 사회적 간격	넓음(거리감 존재)	좁음(친밀감 존재)
상관과 부하의 관계	지배적 관계	개인적 영향 기반 관계
부작용	반감, 소외, 창의성 억제	책임 분산 우려

정답 ②

60
인간의 본질에 대한 기본 가정을 부정적인 시각과 긍정적인 시각으로 구분하여 주장한 동기이론은?

① XY이론
② 역할이론
③ 기대이론
④ ERG이론

해설 McGregor(맥그리거)의 동기부여(XY) 이론

X이론	• 성악설: 인간은 본질적으로 게으르고 책임감을 싫어한다고 가정한다. • 저차원적 욕구(물질): 주로 물질적 욕구를 중시하며, 경제적 보상과 기본적인 생리적 요구가 우선시된다. • 권위주의적 리더십: 관리자나 상위자는 명령과 통제를 통해 하위직원들을 이끌어야 한다고 믿는다. • 관리처방: 경제적 보상, 면밀한 감독과 통제, 책임제도 강화 등을 통해 직원들이 일을 하도록 유도한다.
Y이론	• 성선설: 인간을 본질적으로 책임감과 자기 계발 욕구를 지닌 존재로 본다. • 고차원적 욕구(정신): 정신적, 심리적 요구를 중요시하며, 자아실현과 직무 만족을 추구한다. • 민주적 리더십: 리더는 직원들과 상호작용을 통해 공동의 목표를 설정하고, 직원들이 자발적으로 참여하도록 유도한다. • 관리처방: 분권화, 권한 위임, 직무확장, 목표관리, 상호신뢰감, 책임과 창조력을 강조한다.

정답 | ①

SUBJECT 04 | 근골격계질환 예방을 위한 작업관리

61
작업 개선의 일반적 원리에 대한 내용으로 옳지 않은 것은?

① 충분한 여유 공간
② 단순 동작의 반복화
③ 자연스러운 작업 자세
④ 과도한 힘의 사용 감소

해설
단순 동작의 반복은 근골격계질환 발생 작업 위험요인이다.

관련개념 근골격계질환 예방 핵심
• 작업 자세 개선: 손목과 팔의 자연스러운 자세 유지한다.
• 작업 환경 개선: 진동, 온도, 습도 등의 작업 조건 최적화한다.
• 반복 작업 감소: 작업을 나누고 충분한 휴식 시간을 제공한다.
• 인체공학적 설계: 도구와 작업 공간이 신체 구조에 맞게 설계한다.

정답 | ②

62
유해요인조사도구 중 JSI(Job Strain Index)의 평가 항목에 해당하지 않는 것은?

① 손/손목의 자세
② 1일 작업의 생산량
③ 힘을 발휘하는 강도
④ 힘을 발휘하는 지속시간

해설 JSI 6가지 평가 항목
• 힘을 발휘하는 강도(Intensity of Exertion)
• 힘을 발휘하는 지속시간(Duration of Exertion)
• 작업 빈도(Efforts per Minute)
• 손/손목의 자세(Hand/Wrist Posture)
• 작업 주기의 속도(Speed of Work) 또는 작업 반복성
• 작업 중 휴식 시간의 부족(Duration of Task per Day)

정답 | ②

63

산업안전보건법령상 근골격계 부담작업 범위 기준에 해당하지 않는 것은? (단, 단기간작업 또는 간헐적인 작업은 제외한다.)

① 하루에 5회 이상 25kg 이상의 물체를 드는 작업
② 하루에 4시간 이상 집중적으로 자료입력 등을 위해 키보드를 조작하는 작업
③ 하루에 총 2시간 이상 쪼그리고 앉거나 무릎을 굽힌 자세에서 이루어지는 작업
④ 하루에 총 2시간 이상, 분당 2회 이상 4.5kg 이상의 물체를 드는 작업

해설

하루에 10회 이상 25kg 이상의 물체를 드는 작업인 경우 근골격계 부담작업에 해당한다.

정답 | ①

64

어깨(견관절) 부위에서 발생할 수 있는 근골격계질환은?

① 외상과염
② 회내근 증후군
③ 극상근 건염
④ 수완진동 증후군

해설

질환명	관련 부위	발생기 전
외상과염 (테니스 엘보)	팔꿈치	팔꿈치 외측 힘줄에 염증이 생기는 질환이다.
회내근 증후군	팔, 손목	정중신경이 압박되어 손 저림, 근력 약화가 발생한다.
극상근 건염	어깨(견관절)	어깨 힘줄(극상근건)에 염증이 생겨 통증이 발생한다.
수완진동 증후군	손, 손목	손이나 손목이 지속적인 진동에 노출되어 발생한다.

정답 | ③

65

근골격계질환 예방관리 프로그램상 예방·관리 추진팀의 구성원이 아닌 것은?

① 관리자
② 근로자 대표
③ 사용자 대표
④ 보건담당자

해설

사용자 대표는 사업주나 고용자를 의미하며, 직접적으로 프로그램의 추진팀의 구성원은 아니다.

정답 | ③

66

동작경제원칙 중 신체 사용에 관한 원칙으로 옳지 않은 것은?

① 두 손의 동작은 같이 시작하고 같이 끝나도록 한다.
② 휴식시간을 제외하고는 양손이 같이 쉬지 않도록 한다.
③ 손의 동작은 완만하게 연속적인 동작이 되도록 한다.
④ 두 팔의 동작은 같은 방향으로 비대칭적으로 움직이도록 한다.

해설

두 팔의 동작은 반대 방향에서 대칭적으로 움직여야 한다.

정답 | ④

67
4개의 작업으로 구성된 조립공정의 주기시간(cycle Time)이 40초일 때 공정효율은 얼마인가?

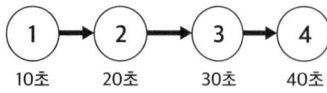

① 40.0% ② 57.5%
③ 62.5% ④ 72.5%

해설 공정효율

$$E = \frac{\Sigma T}{N \times C} \times 100$$

- ΣT : 모든 작업의 총 작업시간
- N : 작업 공정의 개수
- C : 공정의 주기시간(Cycle Time)

$$E = \left(\frac{10+20+30+40}{4 \times 40}\right) \times 100 = \frac{100}{4 \times 40} \times 100 = 62.5\%$$

정답 | ③

68
근골격계질환의 사전예방을 위한 적합한 관리대책이 아닌 것은?

① 적합한 노동강도에 대한 평가
② 작업장 구조의 인간공학적 개선
③ 산업재해보상 보험의 가입
④ 올바른 작업방법에 대한 작업자 교육

해설
산업재해보상 보험의 가입은 근골격계질환의 사후보상 중심이며, 나머지 예시는 예방중심이다.

정답 | ③

69
간트차트(Gantt Chart)에 관한 설명으로 옳지 않은 것은?

① 각 과제 간의 상호 연관사항을 파악하기에 용이하다.
② 계획 활동의 예측 완료 시간은 막대모양으로 표시된다.
③ 기계의 사용에 대한 필요시간과 일정을 표시할 때 이용되기도 한다.
④ 예정사항과 실제 성과를 기록 비교하여 작업을 관리하는 계획도표이다.

해설 간트차트(Gantt Chart)
간트차트는 각 과제의 시작과 끝 날짜, 진행 상황 등을 표시하는 데 유용하지만, 과제 간의 의존 관계나 상호 연관성을 파악하는 데는 부적합하다. 상호 연관 관계를 분석하려면 네트워크 다이어그램이나 PERT차트 같은 도구가 더 적합하다.

정답 | ①

70
작업개선을 위한 개선의 ECRS에 해당하지 않는 것은?

① Eliminate ② Combine
③ Redesign ④ Simplify

해설
ECRS는 작업의 효율성을 높이고 불필요한 요소를 제거하기 위해 사용되며 Eliminate(제거), Combine(결합), Rearrange(재배치), Simplify(단순화)의 약자이다.

정답 | ③

71
다음 표준시간 산정 방법 중 간접측정 방법에 해당하는 것은?

① PTS법
② 스톱워치법
③ VTR 촬영법
④ 워크 샘플링법

해설 PTS법
작업을 세부적인 동작으로 나누어 이미 정해진 기준 시간을 적용하여 전체 작업의 정미시간을 구하는 방법으로 간접측정에 해당이 된다.

관련개념 직접측정법과 간접측정법 종류

직접측정법	간접측정법

• 시간연구법(Time Study Method)
  − 작업주기 매우 짧은 고도의 반복작업에 적합하다.
  − 종류: VTR분석법, 컴퓨터 분석법, 촬영법(Film Study), Stop Watch 법
• 워크 샘플링 법(Work Sampling): 작업주기 길거나 비반복적인 작업에 적합하다.
	• 표준자료법(Standard Data System): 고정적인 처리시간 요하는 설비작업에 적합하다.
	• PTS법(Predetermine Time Standard System): 작업주기 짧고 반복작업에 적합하다.

정답 | ①

72
NIOSH 들기 작업 지침상 권장 무게한계(RWL)를 구할 때 사용되는 계수의 기호와 정의가 올바르게 짝지어지지 않은 것은?

① HM − 수평 계수
② DM − 비대칭 계수
③ FM − 빈도 계수
④ VM − 수직 계수

해설 권장무게 한계(RWL)

$$RWL = LC \times HM \times VM \times DM \times AM \times FM \times CM$$
• LC: 부하상수(23kg)
• HM: 수평계수
• VM: 수직계수
• DM: 거리계수
• AM: 비대칭계수
• FM: 빈도계수
• CM: 결합계수

정답 | ②

73
공정 중 발생하는 모든 작업, 검사, 운반, 저장, 정체 등을 자재나 작업자의 관점에서 흘러가는 순서에 따라 표현한 분석방법은?

① Man−Machine Chart
② Operation Process Chart
③ Assembly Chart
④ Flow Process Chart

해설
Flow Process Chart는 작업과정에서 발생하는 다양한 활동들(작업, 검사, 운반 등)을 순서대로 시각적으로 나타내어 공정의 흐름을 분석하는 방법이다. 이를 통해 비효율적인 부분이나 개선할 수 있는 지점을 찾아내는 데 유용하다.

정답 | ④

74

어느 조립작업의 부품 1개 조립당 관측평균시간이 1.5분, rating 계수가 110%, 외경법에 의한 일반 여유율이 20%라고 할 때, 외경법에 의한 개당 표준시간(A)과 8시간 작업에 따른 총 일반여유시간(B)은 얼마인가?

	A	B
①	1.98분	80분
②	1.65분	400분
③	1.65분	80분
④	1.98분	400분

해설

- 정미시간 계산

$$정미시간 = 관측\ 평균시간 \times \left(\frac{레이팅계수}{100}\right)$$

정미시간 $= 1.5 \times 1.1 = 1.65$분

- 표준시간 계산

$$표준시간 = 정미시간 \times (1 + 여유율)$$
$$표준시간 = 정미시간 + 여유시간$$

표준시간(A) $= 1.65 \times (1 + 0.20) = 1.98$분
여유시간 $=$ 정미시간 $-$ 표준시간 $= 1.98 - 1.65 = 0.33$분

- 총 일반여유시간 계산

$$총\ 일반여유시간 = \frac{시간(분) \times 여유시간}{표준시간}$$

총 일반여유시간(B) $= \dfrac{8(시간) \times 60(분) \times 0.33}{1.98}$

$= \dfrac{480 \times 0.33}{1.98} = \dfrac{158.4}{1.98} = 80$분

따라서 표준시간(A)는 1.98분, 총 일반여유시간(B)는 80분이다.

정답 | ①

75

일반적인 시간연구방법과 비교한 워크샘플링 방법의 장점이 아닌 것은?

① 분석자에 의해 소비되는 총 작업시간이 훨씬 적은 편이다.
② 특별한 시간 측정 장비가 별도로 필요하지 않는 간단한 방법이다.
③ 관측항목의 분류가 자유로워 작업현황을 세밀히 관찰할 수 있다.
④ 한 사람의 평가자가 동시에 여러 작업을 측정할 수 있다.

해설

관측항목의 분류가 자유로워 작업현황의 세밀한 관찰이 어렵다.

정답 | ③

76

근골격계질환의 위험을 평가하기 위하여 유해요인 평가도구 중 하나인 RULA(Rapid Upper Limb Assessment)를 적용하여 작업을 평가한 결과, 최종 점수가 4점으로 평가되었다면 결과에 대한 해석으로 옳은 것은?

① 수용 가능한 안전한 작업으로 평가됨
② 계속적 추적관찰을 요하는 작업으로 평가됨
③ 빠른 작업개선과 작업위험요인의 분석이 요구됨
④ 즉각적인 개선과 작업위험요인의 정밀조사가 요구됨

해설 RULA 평가점수

범주	총점수	개선 필요 여부
1	1~2	(작업이 오랫동안 지속, 반복이 안 된다면) 안전한 공정
2	3~4	(추가적인 관찰 필요) 부분적 개선과 추후조사가 필요한 공정
3	5~6	(계속적 관찰 필요) 빠른 작업개선과 작업위험요인의 분석 요구
4	7	(정밀조사 필요) 즉각적인 작업환경과 자세 개선 필요

정답 | ②

77
작업연구에 대한 설명으로 옳지 않은 것은?

① 작업연구는 보통 동작연구와 시간연구로 구성된다.
② 시간연구는 표준화된 작업방법에 의하여 작업을 수행할 경우에 소요되는 표준시간을 측정하는 분야이다.
③ 동작연구는 경제적인 작업방법을 검토하여 표준화된 작업방법을 개발하는 분야이다.
④ 동작연구는 작업측정으로, 시간연구는 방법연구라고도 한다.

> **해설**
> 동작연구는 작업측정으로, 시간연구는 작업측정 연구라고도 한다.
>
> 정답 ④

78
동작분석의 종류 중 미세 동작분석에 관한 설명으로 옳지 않은 것은?

① 복잡하고 세밀한 작업 분석이 가능하다.
② 직접 관측자가 옆에 없어도 측정이 가능하다.
③ 작업 내용과 작업 시간을 동시에 측정할 수 있다.
④ 타 분석법에 비하여 적은 시간과 비용으로 연구가 가능하다.

> **해설**
> 미세 동작분석은 매우 세밀한 작업 분석을 포함하며, 많은 시간과 비용이 소요된다.
>
> 정답 ④

79
PTS법의 특징이 아닌 것은?

① 직접 작업자를 대상으로 작업시간을 측정하지 않아도 된다.
② 표준시간의 설정에 논란이 되는 rating의 필요가 없어 표준시간의 일관성이 증대된다.
③ 실제 생산현장을 보지 않고도 작업대의 배치와 작업방법을 알면 표준시간의 산출이 가능하다.
④ 표준자료 작성의 초기비용이 적기 때문에 생산량이 적거나 제품이 큰 경우에 적합하다.

> **해설**
> PTS법은 표준자료 작성의 초기비용이 많이 들기 때문에 생산량이 적거나 제품이 큰 경우에 부적합하다.
>
> 정답 ④

80
자세에 관한 수공구의 개선 사항으로 옳지 않은 것은?

① 손목을 곧게 펴서 사용하도록 한다.
② 반복적인 손가락 동작을 방지하도록 한다.
③ 지속적인 정적근육 부하를 방지하도록 한다.
④ 정확성이 요구되는 작업은 파워그립을 사용하도록 한다.

> **해설**
> 정확성이 요구되는 작업은 집어잡기(Pinch Grip)를 사용하도록 한다.
>
> 정답 ④

2020년 1회 기출문제

SUBJECT 01 | 인간공학개론

01
회전운동을 하는 조종창치의 레버를 20° 움직였을 때 표시장치의 커서는 2cm 이동하였다. 레버의 길이가 15cm일 때 이 조종 장치의 C/R비는 약 얼마인가?

① 2.62
② 5.24
③ 8.33
④ 10.48

해설 C/R비 계산

$$C/R비 = \frac{\frac{조종장치의\ 움직인\ 각도}{360°} \times 2\pi L}{표시장치의\ 이동거리}$$

$$C/R비 = \frac{\frac{20°}{360°} \times 2 \times \pi \times 15cm}{2cm} = 2.62$$

정답 | ①

02
정보에 관한 설명으로 옳은 것은?

① 대안의 수가 늘어나면 정보량은 감소한다.
② 선택반응시간은 선택 대안의 개수에 선형으로 반비례한다.
③ 정보이론에서 정보란 불확실성의 감소라 정의할 수 있다.
④ 실현 가능성이 동일한 대안이 2개일 경우 정보량은 2bit이다.

해설
대안의 수가 많아질수록 선택의 불확실성이 커지므로 정보량은 증가하며, 선택반응시간은 힉의 법칙(Hick's Law)에 따라 대안의 개수에 로그 함수($\log_2 N$)로 증가한다. 또한, 실현 가능성이 동일한 대안이 2개일 경우 정보량은 1bit이며, 2bit가 되려면 4개의 대안이 필요하다.

정답 | ③

03
인간-기계 시스템에서의 기본적인 기능으로 볼 수 없는 것은?

① 정보의 수용
② 정보의 생성
③ 정보의 저장
④ 정보처리 및 결정

해설
인간-기계 시스템은 정보를 생성하지 않는다.

관련개념 인간-기계 시스템에서의 기본적인 기능
- 정보의 수용: 인간 또는 기계가 외부 환경에서 정보를 받아들인다.
- 정보의 저장: 수용한 정보를 기억하거나 보관한다.
- 정보처리 및 결정: 수용된 정보를 분석하고 판단하여 의사결정을 내린다.
- 정보의 전달 및 실행: 처리된 정보를 기반으로 출력하거나 조작 수행한다.

정답 | ②

04
다음 피부의 감각기 중 감수성이 제일 높은 것은?

① 온각
② 통각
③ 압각
④ 냉각

해설
통각이 가장 감수성이 높다.

관련개념 감수성이 높은 감각 순서
통각 → 압각 → 촉각 → 냉각 → 온각

정답 | ②

05

신호검출 이론(signal detection theory)에서 판정기준을 나타내는 우도비(likelihood ratio) β와 민감도(sensitibity) d에 대한 설명 중 옳은 것은?

① β가 클수록 보수적이고 d가 클수록 민감함을 나타낸다.
② β가 작을수록 보수적이고 d가 클수록 민감함을 나타낸다.
③ β가 클수록 보수적이고 d가 클수록 둔감함을 나타낸다.
④ β가 작을수록 보수적이고 d가 클수록 둔감함을 나타낸다.

해설

β가 클수록 보수적인 판단을 하고, d가 클수록 민감해진다.

관련개념 신호검출이론(SDT)

신호와 소음 사이에서 사용자가 신호를 탐지하는 능력과 판정기준을 분석하는 데 사용한다.

- 우도비(β): 판정기준을 나타내는 값으로, 신호와 잡음 간의 경계점을 결정한다.

구분	β값이 크다	β값이 작다
판단	보수적인 판단	진보적인 판단
신호 탐지율	신호 누락 확률 증가	신호 탐지율 증가
허위경보	발생 감소	발생 증가

- 민감도(d): 신호와 소음의 분포가 얼마나 분리되어 있는지를 나타내는 값으로 신호와 소음 간의 변별 가능성을 의미한다.

구분	d값이 크다	d값이 작다
민감도	민감해짐	둔감해짐
신호-소음 변별력	신호와 소음을 더 잘 구분할 수 있음	신호와 소음을 구분하기 어려움

정답 | ①

06

인간공학의 개념과 가장 거리가 먼 것은?

① 효율성 제고
② 심미성 제고
③ 안전성 제고
④ 편리성 제고

해설

인간공학의 목표는 시스템, 환경, 기계 등을 인간 중심으로 설계하여 인간의 효율성과 안전성, 편리성을 높이는 것이다.

정답 | ②

07

인체 측정자료의 응용 시 평균치 설계에 관한 내용으로 옳지 않은 것은?

① 최소, 최대 집단값이 사용 불가능한 경우에 사용된다.
② 인체측정학적 면에서 보면 모든 부분에서 평균인 인간은 없다.
③ 은행 창구의 접수대는 평균값을 기준으로 한 설계의 좋은 예이다.
④ 일반적으로 평균치를 이용한 설계에는 보통 집단 특성치의 5%에서 95%까지의 범위가 사용된다.

해설

평균치를 이용한 설계는 집단의 평균값을 기준으로 한다.

정답 | ④

08
정량적인 표시장치에 대한 설명으로 옳은 것은?

① 표시장치 설계 시 끝이 둥근 지침이 권장된다.
② 계수형 표시장치의 기본형태는 지침이 고정되고 눈금이 움직이는 형이다.
③ 동침형 표시장치는 인식적 암시 신호를 나타내는 데 적합하다.
④ 눈금이 고정되고 지침이 움직이는 표시장치를 동목형 표시장치라 한다.

해설 정량적 표시장치의 종류

동침형 (Moving Pointer)	눈금이 고정되고 지침이 움직인다. 예 온도계, 속도계
동목형 (Moving Scale)	눈금이 움직이고 지침이 고정된다. 예 스프링 저울
계수형 (Digital)	전자식 숫자로 정보가 표시된다. 예 택시 미터기

정답 | ③

09
음량수준(phon)이 80인 순음의 sone 값은 얼마인가?

① 4 ② 8
③ 16 ④ 32

해설 sone 계산

sone이란 인간이 주관적으로 느끼는 소리의 크기를 나타내는 단위이며 다음 공식을 사용하여 계산한다.

$$S = 2^{(phon - 40)/10}$$
- S: sone 값
- phon: 음압수준(dB)

$S = 2^{(80-40)/10} = 2^4 = 16$

정답 | ③

10
다음 눈의 구조 중 빛이 도달하여 초점이 가장 선명하게 맺히는 부위는?

① 동공   ② 홍채
③ 황반   ④ 수정체

해설
황반은 망막에서 빛에 민감한 부분으로 시세포가 밀집되어 있어 가장 선명한 상을 맺는다.

관련개념 눈의 구조
- 동공: 빛이 눈 안으로 들어오는 통로이다.
- 홍채: 동공의 크기를 조절하여 빛의 양을 조절한다.
- 수정체: 빛을 굴절시켜 망막에 초점을 맞춘다.
- 황반: 망막의 중심부로, 중심 시력과 색 인식을 담당하는 가장 시각적으로 예민한 부위이다.

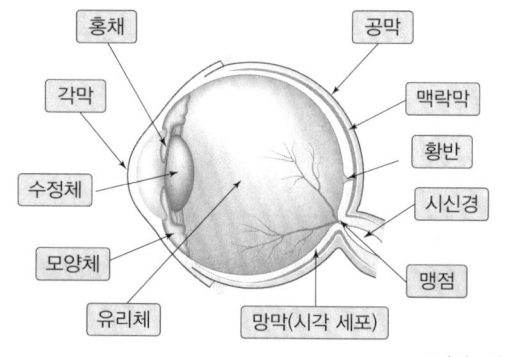

정답 | ③

11
시감각 체계에 관한 설명으로 옳지 않은 것은?

① 동공은 조도가 낮을 때는, 많은 빛을 통과시키기 위해 확대된다.
② 1디옵터는 1m 거리에 있는 물체를 보기 위해 요구되는 조절능력이다.
③ 망막의 표면에는 빛을 감지하는 광수용기인 원추체와 간상체가 분포되어 있다.
④ 안구의 수정체는 공막에 정확한 이미지가 맺히도록 형태를 스스로 조절하는 일을 담당한다.

해설
수정체는 망막에 초점을 맞추도록 형태를 조절한다.

정답 | ④

12

정적 인체 측정 자료를 동적 자료로 변환할 때 활용될 수 있는 크로머(Kroemer)의 경험 법칙을 설명한 것으로 옳지 않은 것은?

① 키, 눈, 어깨, 엉덩이 등의 높이는 3% 정도 줄어든다.
② 팔꿈치 높이는 대개 변화가 없지만, 작업 중 5%까지 증가하는 경우가 있다.
③ 앉은 무릎 높이 또는 오금 높이는 굽 높은 구두를 신지 않는 한 변화가 없다.
④ 전방 및 측방 팔길이는 편안한 자세에서 30% 정도 늘어나고, 어깨와 몸통을 심하게 돌리면 20% 정도 감소한다.

해설

전방 및 측방 팔 길이는 편안한 자세에서는 약 30% 감소하며, 어깨와 몸통을 크게 회전하거나 이완하면 약 20% 증가한다.

정답 | ④

13

청각을 이용한 경계 및 경보 신호의 설계에 관한 내용으로 옳지 않은 것은?

① 500~3,000Hz의 진동수를 사용한다.
② 장거리용으로는 1,000Hz 이하의 진동수를 사용한다.
③ 신호가 칸막이를 통과해야 할 때는 500Hz 이상의 진동수를 사용한다.
④ 주의를 끌기 위해서 초당 1~8번 오르내리는 변조된 신호를 사용한다.

해설

칸막이를 통과해야 하는 경우 500Hz 이하의 진동수를 사용한다.

정답 | ③

14

사람이 일정한 시간에 두 가지 이상의 작업을 처리할 수 있도록 하는 것을 무엇이라 하는가?

① 시배분(time sharing)
② 변화감지(variety sense)
③ 절대식별(absolute judgment)
④ 비교식별(comparative judgment)

해설

시배분은 사람이 일정한 시간에 여러 작업을 수행할 수 있도록 하는 개념이다.

정답 | ①

15

사용성 평가에 주로 사용되는 평가척도로 적합하지 않은 것은?

① 과제물 내용
② 에러의 빈도
③ 과제의 수행시간
④ 사용자의 주관적 만족도

해설

과제물 내용은 사용성 평가에서 다루지 않는다.

관련개념 닐슨의 5가지 사용성 평가 기준

- 학습 용이성(Learnability): 얼마나 쉽게 사용할 수 있는가?
- 효율성(Efficiency): 얼마나 빠르게 수행하였는가?
- 기억용이성(Memorability): 얼마나 쉽게 익숙해질 수 있는가?
- 에러(Errors): 얼마나 에러가 자주 발생하는가?
- 만족도(Satisfaction): 얼마나 만족스럽게 사용하는가?

정답 | ①

16

키를 측정할 때 체중계가 아닌 줄자를 이용하는 것처럼 연구조사 시 측정하고자 하는 바를 얼마나 정확하게 측정하였는가를 평가하는 척도는?

① 타당성(Validity)
② 신뢰성(Reliability)
③ 상관성(Correlation)
④ 민감성(Sensitivity)

해설

타당성은 측정 도구가 실제로 측정하고자 하는 바를 얼마나 정확하게 측정하는지를 평가하는 척도이다.

정답 | ①

17

청각적 신호를 설계하는데 고려되어야 하는 원리 중 검출성(Detectability)에 대한 설명으로 옳은 것은?

① 사용자에게 필요한 정보만을 제공한다.
② 동일한 신호는 항상 동일한 정보를 지정하도록 한다.
③ 사용자가 알고 있는 친숙한 신호의 차원과 코드를 선택한다.
④ 신호는 주어진 상황 하의 감지장치나 사람이 감지할 수 있어야 한다.

해설

신호는 사용자가 인식할 수 있어야 하며, 주변 소음과 구별할 수 있어야 한다.

정답 | ④

18

동전 던지기에서 앞면이 나올 확률은 0.4이고, 뒷면이 나올 확률은 0.6일 경우 이로부터 기대할 수 있는 평균 정보량은 약 얼마인가?

① 0.65bit   ② 0.88bit
③ 0.97bit   ④ 1.99bit

해설 평균정보량 계산

$$H = -\sum_{i=1}^{N} p_i \log_2 p_i$$

• H : 평균 정보량
• p_i : 발생확률

• 확률이 0.4와 0.6인 이벤트 평균 정보량
$H = -\{0.4 \times \log_2(0.4)\} - \{0.6 \times \log_2(0.6)\} = 0.97$

정답 | ③

19

손잡이의 설계에 있어 촉각정보를 통하여 분별, 확인할 수 있는 코딩(coding) 방법이 아닌 것은?

① 색에 의한 코딩
② 크기에 의한 코딩
③ 표면의 거칠기에 의한 코딩
④ 형상에 의한 코딩

해설

촉각정보를 통한 분별, 확인할 수 있는 코딩은 크기, 표면의 거칠기, 형상 등과 같은 피부로 감지할 수 있는 정보를 의미한다.

정답 | ①

20
다음 양립성의 종류 중 특정 사물들, 특히 표시장치(display)나 조종장치(control)에서 물리적 형태나 공간적인 배치의 양립성을 나타내는 것은?

① 양식(modality) 양립성
② 공간적(spatial) 양립성
③ 운동(movement) 양립성
④ 개념적(conceptual) 양립성

해설 공간적(Spatial) 양립성
공간적 양립성이란 공간적 구성이 인간의 기대와 양립되는 것을 말한다. 예 가스레인지의 왼쪽 레버를 돌리면 왼쪽 가스렌지가 켜지는 것

정답 | ②

SUBJECT 02 | 작업생리학

21
영상표시 단말기(VDT)를 취급하는 작업장 주변환경의 조도(lux)는 얼마인가? (단, 화면의 바탕 색상은 검정색 계통이며 고용노동부 고시를 따른다.)

① 100~300
② 300~500
③ 500~700
④ 700~900

해설 영상표시단말기(VDT) 취급 사업장의 조명
- 화면 바탕색이 검정색 계통인 경우: 300~500lux
- 화면 바탕색이 흰색 계통인 경우: 500~700lux

정답 | ②

22
인체활동이나 작업종료 후에도 체내에 쌓인 젖산을 제거하기 위해 산소가 더 필요하게 되는 것을 무엇이라 하는가?

① 산소 빚(oxygen debt)
② 산소 값(oxygen value)
③ 산소 피로(oxygen fatigue)
④ 산소 대사(oxygen metabolism)

해설
신체가 무산소성 대사로 에너지를 생성할 때 축적된 젖산을 제거하고 정상 상태로 회복하기 위해 활동 종료 후에도 추가적인 산소를 필요로 하는 현상을 산소 빚(산소 부채)이라고 한다.

정답 | ①

23
다음 중 불수의근(involuntary muscle)과 관계가 없는 것은?

① 내장근
② 평활근
③ 골격근
④ 민무늬근

해설
자신의 의지에 따라 움직일 수 있는 골격근은 수의근이며, 불수의근이 아니다. 불수의근은 의지와 상관없이 움직이는 근육으로, 주로 내장기관이나 심장에 위치한다.

관련개념 수의근과 불수의근 비교

구분	수의근	불수의근
정의	의지로 움직이는 근육이다.	자동으로 움직이는 근육이다.
제어	중추신경계 지배를 받는다.	자율신경계 지배를 받는다.
구조	줄무늬근	민무늬근 또는 일부 줄무늬근
위치	골격에 붙어있다.	내장기관이나 심장에 위치한다.
예시	팔, 다리, 얼굴 근육 등	심장근, 내장근, 평활근 등
기능	몸의 움직임과 자세를 조정한다.	내장기관 수축 및 이완, 혈류조절 등의 기능을 한다.
에너지 소비	에너지 소비가 크고 빠르게 피곤해진다.	에너지 소비가 적고 지속적으로 작용한다.
속도	수축과 이완이 빠르다.	수축과 이완이 느리다.

정답 | ③

24

시소 위에 올려놓은 물체 A와 B는 평형을 이루고 있다. 물체 A는 시소 중심에서 1.2m 떨어져 있고 무게는 35kg이며, 물체 B는 물체 A와 반대 방향으로 중심에서 1.5m 떨어져 있다고 가정하였을 때 물체 B의 무게는 몇 kg인가?

① 19
② 28
③ 35
④ 42

해설 힘과 모멘트 평형의 응용

$$F_1 \times d_1 = F_2 \times d_2$$

- F_1, F_2: 각 물체의 무게
- d_1, d_2: 중심에서 물체까지 거리

1.2m × 35kg = 1.5m × B의 무게
B의 무게 = 28kg

정답 | ②

25

작업강도의 증가에 따른 순환기 반응의 변화로 옳지 않은 것은?

① 혈압의 상승
② 적혈구의 감소
③ 심박출량의 증가
④ 혈액의 수송량 증가

해설
작업강도가 증가해도 적혈구는 감소하지 않는다.

정답 | ②

26

어떤 물체 또는 표면에 도달하는 빛의 밀도는?

① 조도
② 광도
③ 반사율
④ 점광원

해설
물체 표면에 도달하는 빛의 밀도는 조도이다.

정답 | ①

27

시각적 점멸융합주파수(VFF)에 영향을 주는 변수에 대한 내용으로 옳지 않은 것은?

① 암조응 시는 VFF가 증가한다.
② 연습의 효과는 아주 적다.
③ 휘도만 같으면 색은 VFF에 영향을 주지 않는다.
④ VFF는 조명 강도의 대수치에 선형적으로 비례한다.

해설
암조응 상태에서는 색 구분 능력이 떨어지고 반응속도가 느려져 점멸융합주파수를 감소시킨다.

정답 | ①

28

인체의 척추 구조에서 경추는 몇 개로 구성되어 있는가?

① 5개
② 7개
③ 9개
④ 12개

해설
경추는 7개로 구성되어 있다.

정답 | ②

29

근육 운동에 있어 장력이 활발하게 생기는 동안 근육이 가시적으로 단축되는 것을 무엇이라 하는가?

① 연축(twitch)
② 강축(tetanus)
③ 원심성 수축(eccentric contraction)
④ 구심성 수축(concentric contraction)

해설
장력이 활발하게 발생하면서 근육이 짧아지는 경우를 구심성 수축이라 한다.

정답 | ④

30
나이에 따라 발생하는 청력손실은 다음 중 어떤 주파수의 음에서 가장 먼저 나타나는가?

① 500Hz
② 1,000Hz
③ 2,000Hz
④ 4,000Hz

해설
소음에 의한 청력 손실은 주로 3,000Hz에서 6,000Hz 범위에서 발생하며, 그중 4,000Hz가 가장 큰 영향을 미친다.

정답 ④

31
어떤 작업자의 8시간 작업 시 평균 흡기량은 40L/min, 배기량은 30L/min로 측정되었다. 만일 배기량에 대한 산소함량이 15%로 측정되었다고 가정하면 이때의 분당 산소소비량(L/min)은 얼마인가?

① 3.3
② 3.5
③ 3.7
④ 3.9

해설 산소소비량 계산

산소소비량 = (평균 공기 흡기량 × 흡입 산소량)
　　　　　− (공기 배기량 × 배기 산소량)

산소소비량 = (40L/min × 0.21) − (30L/min × 0.15)
　　　　　= 3.9L/min

정답 ④

32
생리적 활동의 척도 중 Borg의 RPE(Ratings of Perceived Exertion) 척도에 대한 설명으로 옳지 않은 것은?

① 육체적 작업부하의 주관적 평가방법이다.
② NASA−TLX와 동일한 평가척도를 사용한다.
③ 척도의 양 끝은 최소 심장 박동률과 최대 심장 박동률을 나타낸다.
④ 작업자들이 주관적으로 지각한 신체적 노력의 정도를 6~20 사이의 척도로 평정한다.

해설
Borg의 RPE 척도는 6~20점 척도를 사용하고, NASA−TLX는 0~100점 척도를 사용한다.

정답 ②

33
신경계 중 반사(reflex)와 통합(integration)의 기능적 특징을 갖는 것은?

① 중추신경계
② 운동신경계
③ 교감신경계
④ 감각신경계

해설
중추신경계는 반사와 통합의 기능적 특징을 갖는다.

관련개념 중추신경계의 기능
중추신경은 뇌와 척수로 구성되며 다음과 같은 기능을 한다.
- 반사: 척수반사의 기능을 한다.
　　예 무릎반사, 뜨거운 물체에서 손을 빼는 반사
- 통합: 뇌에서 감각 정보와 운동 명령을 처리하고 신경 신호들을 종합하여 반응을 결정한다.
　　예 대화, 날아오는 공 피하기

정답 ①

34
근력의 상태 중 물체를 들고 있을 때처럼 신체부위를 움직이지 않으면서 고정된 물체에 힘을 가하는 상태는?

① 정적 상태(static condition)
② 동적 상태(dynamic condition)
③ 등속 상태(isokinetic condition)
④ 가속 상태(acceleration condition)

해설
근육이 수축하지만, 신체 부위가 움직이지 않는 상태를 정적상태라고 한다.

관련개념 근력의 유형

등장성 근력	근육의 길이가 짧아지거나, 길어지면서 힘을 발휘한다. 예 덤벨 운동
등척성 근력	근육의 길이를 변화시키지 않은 채 힘을 발휘한다. 예 플랭크 자세
등속성 근력	운동 속도가 일정한 상태에서 근육 길이가 변화하며 힘을 발휘한다. 예 재활 운동 기구
등관성 근력	저항(관성)에 따라 근육이 길이 변화를 일으키며 힘을 발휘한다. 예 프리웨이트 운동

정답 | ①

35
다음 중 추천반사율(IES)이 가장 높은 것은?

① 벽
② 천장
③ 바닥
④ 책상

해설
실내 표면의 추천 반사율은 바닥에서 천장으로 갈수록 높아진다.

정답 | ②

36
사업장에서 발생하는 소음의 노출기준을 정할 때 고려해야 할 결정요인과 가장 거리가 먼 것은?

① 소음의 크기
② 소음의 높낮이
③ 소음의 지속시간
④ 소음 발생체의 물리적 특성

해설
소음 노출기준을 결정하는 핵심 요소는 소음의 크기, 높낮이, 지속시간이다.

정답 | ④

37
작업생리학 분야에서 신체활동의 부하를 측정하는 생리적 반응치가 아닌 것은?

① 심박수(Heart Rate)
② 혈류량(Blood Flow)
③ 폐활량(Lung Capacity)
④ 산소 소비량(Oxygen Consumption)

해설
폐활량은 개인의 폐기능을 평가하는 용도로 활용하며, 신체부하 측정과 관련이 없다.

관련개념 전신 신체활동부하 측정에 사용되는 생리적 반응치
- 혈압
- 심박수
- 부정맥
- 심박출량(혈류량)
- 체온
- 산소 소비량

정답 | ③

38
진동이 인체에 미치는 영향으로 옳지 않은 것은?

① 심박수가 증가한다.
② 시성능은 10~25Hz 대역의 경우 가장 심하게 영향을 받는다.
③ 진동수와 추적 작업과의 상호연관성이 적어 운동성능에 영향을 미치지 않는다.
④ 중앙 신경계의 처리 과정과 관련되는 과업의 성능은 진동의 영향을 비교적 덜 받는다.

해설
작업진동은 심박수 증가, 시각 성능 저하, 운동성능 저하에 영향을 미친다. 특히 로봇 팔 조작과 같은 손-눈 협응이 필요한 추적 작업은 특정 진동수에서 미세 조작이 어려워져 운동성능이 저하된다.

정답 | ③

39
다음 중 고온 작업장에서의 작업 시 신체 내부의 체온조절 계통의 기능이 상실되어 발생하며, 체온이 과도하게 오를 경우 사망에 이를 수 있는 고열장해는?

① 열소모　　② 열사병
③ 열발진　　④ 참호족

해설
체온조절 기능이 완전히 상승되어 위험한 상태에 이르는 고열장해는 열사병이다.

정답 | ②

40
특정과업에서 에너지 소비량에 영향을 미치는 인자로 가장 거리가 먼 것은?

① 작업 속도　　② 작업 자세
③ 작업 순서　　④ 작업 방법

해설
작업 순서는 에너지 소비량에 직접적인 영향을 주지 않는다.

정답 | ③

SUBJECT 03 | 산업심리학 및 관련법규

41
산업재해의 발생형태 중 상호 자극에 의하여 순간적(일시적)으로 재해가 발생하는 유형은?

① 복합형　　② 단순 자극형
③ 단순 연쇄형　　④ 복합 연쇄형

해설
② 단순 자극형(집중형): 상호 자극에 의해 순간적으로 재해가 일어난 장소와 그 시기에 일시적으로 요인이 집중된다.
　예 주유소에 주유 중에 담뱃불을 붙이는 경우에 발생한 화재
③ 단순 연쇄형: 하나의 사고요인이 또 다른 사고요인을 일으키면서 재해가 발생하는 경우이다.
　예 석유공장에 흡연실이 마련되어 있지 않아서 작업장 인근에서 흡연을 하다가 작업자가 바닥에 담배꽁초를 버리는 습관으로 인해서 일어난 화재
④ 복합 연쇄형: 단순 자극형과 연쇄형의 복합적인 발생유형이다.
　예 제3자의 출입이나 제3자의 흡연에 의한 화재

정답 | ②

42
단순반응시간을 a, 선택반응시간을 b, 움직인 거리를 A, 목표물의 넓이를 W라 할 때, 동작시간 예측에 관한 피츠법칙(Fitt's Law)으로 옳은 것은?

① 동작시간 $= a + b\log_2\left(\dfrac{2A}{W}\right)$

② 동작시간 $= b + a\log_2\left(\dfrac{2A}{W}\right)$

③ 동작시간 $= a + b\log_2\left(\dfrac{2W}{A}\right)$

④ 동작시간 $= b + a\log_2\left(\dfrac{2W}{A}\right)$

해설 **피츠법칙(Fitt's Law)**
피츠법칙은 인간의 손목이나 손의 움직임 속도와 목표물 크기 및 목표물까지의 거리와의 관계를 설명하는 법칙이다.
동작시간은 목표물까지의 이동 거리(A)와 목표물의 크기(W)에 의해 결정된다.

$$\text{동작시간} = a + b\log_2\left(\dfrac{2A}{W}\right)$$

정답 | ①

43
갈등 해결방안 중 자신의 이익이나 상대방의 이익에 모두 무관심한 것은?

① 경쟁
② 순응
③ 타협
④ 회피

해설
① 경쟁: 자신의 이익을 우선시하고, 상대방의 이익은 고려하지 않는 방식이다.
② 순응: 상대방의 이익을 우선시하고, 자신의 이익을 양보하는 방식이다.
③ 타협: 양쪽 모두 약간씩 양보하는 방식으로, 갈등의 해결을 위해 상호 협력적인 방식이다.

정답 | ④

44
보행 신호등이 바뀌었지만 자동차가 움직이기까지는 아직 시간이 있다고 주관적으로 판단하여 신호등을 건너는 경우는 어떤 상태인가?

① 억측판단
② 근도반응
③ 초조반응
④ 의식의 과잉

해설
① 억측판단: 사실이나 상황에 대한 명확한 정보 없이, 주관적인 판단이나 추측을 바탕으로 행동하는 상태를 말한다. 보행자가 신호등이 바뀌었음에도 불구하고, "아직 시간이 있다."고 판단하고 신호등을 건너는 것은 정확한 정보를 기반으로 하지 않고, 자신의 주관적인 판단을 내린 결과이다.
② 근도반응: 자극에 대한 신체의 반사적 반응이며 예를 뜨거운 물체를 만졌을 때 손을 빠르게 떼는 것은 근도반응에 해당된다.
③ 초조반응: 상황에 대한 불안이나 걱정으로 인해 신속한 판단을 내리기보다는 급하게 반응하는 상태를 의미하며 도로에서 다른 차량이 너무 가까이 오거나 빨리 달리면, 자신의 속도를 더 빠르게 하여 추월하려고 하는 경우이다.
④ 의식의 과잉: 자신이 하고 있는 일이나 상황에 대해 지나치게 많은 생각을 하거나 과도하게 신경을 쓰는 상태이며 불필요한 걱정이나 과도한 주의 집중하는 것을 말한다.

정답 | ①

45
스트레스에 관한 설명으로 옳지 않은 것은?

① 스트레스 수준은 작업성과와 정비례 관계에 있다.
② 위협적인 환경특성에 대한 개인의 반응이라고 볼 수 있다.
③ 적정수준의 스트레스는 작업성과에 긍정적으로 작용한다.
④ 지나친 스트레스를 지속적으로 받으면 인체는 자기조절능력을 상실할 수 있다.

해설
스트레스 수준이 높다고 하여 작업성과가 높아지는 것은 아니다.

정답 | ①

46
재해예방의 4원칙에 해당하지 않는 것은?

① 손실 우연의 원칙
② 조직 구성의 원칙
③ 원인 계기의 원칙
④ 대책 선정의 원칙

해설 **재해예방의 4원칙**
- 예방 가능의 원칙: 천재지변을 제외한 모든 인재는 예방이 가능하다.
- 손실 우연의 원칙: 사고 원인으로 발생한 결과의 유무나 크기가 우연에 의해 결정된다.
- 원인 연계의 원칙: 사고에는 반드시 원인이 있고 원인은 대부분 복합적 연계 원인이 있다.
- 대책 선정의 원칙: 사고의 원인이나 불안전요소가 발견되면 반드시 대책을 선정하여 실시하여야 한다.

정답 | ②

47

리더십(leadership)과 비교한 헤드십(headship)의 특징으로 옳은 것은?

① 민주주의적 지휘형태
② 개인능력에 따른 권한 근거
③ 구성원과의 사회적 간격이 넓음
④ 집단의 구성원들에 의해 선출된 지도자

해설 헤드십과 리더십의 차이

구분	헤드십 (Headship)	리더십 (Leadership)
집단 목표 설정	조직의 장이 설정	구성원들이 함께 설정
권한 행사 방식	임명된 헤드(직책)	선출된 리더 (신뢰 기반)
권한 부여 출처	위에서 위임	아래로부터의 동의
권한의 근거	법적·공식적 권위	개인 능력·신뢰
권한 귀속 방식	공식화된 규정에 의함	집단 기여에 대한 인정
책임 귀속 대상	상사에게 집중	상사와 부하 모두 공유
지위 형태	권위주의적	민주주의적
의사결정 방식	지시 중심(일방향)	토론 중심(쌍방향)
부하와의 사회적 간격	넓음(거리감 존재)	좁음(친밀감 존재)
상관과 부하의 관계	지배적 관계	개인적 영향 기반 관계
부작용	반감, 소외, 창의성 억제	책임 분산 우려

정답 ③

48

제조물 책임법에서 손해배상 책임에 대한 설명으로 옳지 않은 것은?

① 해당 제조물 결함에 의해 발생한 손해가 그 제조물 자체만에 그치는 경우에는 제조물 책임 대상에서 제외한다.
② 피해자가 제조물의 제조업자를 알 수 없는 경우 그 제조물을 영리 목적으로 판매한 공급자가 손해를 배상하여야 한다.
③ 제조자가 결함 제조물로 인하여 생명, 신체 또는 재산상의 손해를 입은 자에게 손해를 배상할 책임을 의미한다.
④ 제조업자가 제조물의 결함을 알면서도 필요한 조치를 취하지 아니하면 손해를 입은 자에게 발생한 손해의 2배 범위 내에서 배상책임을 진다.

해설

제조업자가 제조물의 결함을 알면서도 필요한 조치를 취하지 아니하면 손해를 입은 자에게 발생한 손해의 3배 범위 내에서 배상책임을 진다.

정답 ④

49

상시작업자가 1,000명이 근무하는 사업장의 강도율이 0.6이었다. 이 사업장에서 재해발생으로 인한 연간 총 근로손실일수는 며칠인가? (단, 작업자 1인당 연간 2,400시간을 근무하였다.)

① 1,220일   ② 1,320일
③ 1,440일   ④ 1,630일

해설 총 근로손실일수 계산

$$\text{강도율} = \frac{\text{근로손실일수} \times 1,000}{\text{총 근로시간}}$$

$$\text{근로손실일수} = \frac{\text{강도율} \times \text{총 근로시간}}{1,000}$$

$$근로손실일수 = \frac{0.6 \times 2,400,000}{1,000} = 1,440일$$

정답 ③

50
하인리히는 재해연쇄론에서 재해가 발생하는 과정을 5단계 요인으로 나누어 설명하였다. 그중 사고를 예방하기 위한 관리 활동들이 가장 효과적으로 적용될 수 있는 단계는 무엇이라고 주장하였는가?

① 개인적 결함
② 사고 그 자체
③ 사회적 환경(분위기)
④ 불안전행동 및 불안전상태

해설

도미노 이론 중 3단계인 불안전한 행동 및 상태를 관리하는 것이 사고를 예방하기 위한 관리 활동 중 가장 효과적이다. 3단계에서 불안전한 행동(인적요인)으로 인해서 생기는 사고가 88%, 불안전한 상태(물적요인)으로 인해서 생기는 사고가 10%, 나머지 2%는 천재지변이다.

정답 | ④

51
다음 소시오그램에서 B의 선호신분지수로 옳은 것은?

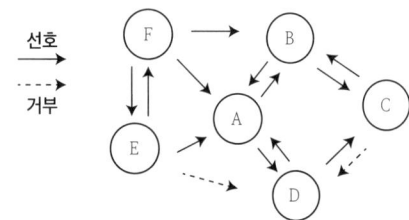

① $\frac{1}{5}$
② $\frac{2}{5}$
③ $\frac{3}{5}$
④ $\frac{4}{5}$

해설 선호신분지수 계산

$$선호신분지수 = \frac{선호받은\ 횟수 - 거부받은\ 횟수}{총\ 개체\ 수 - 1}$$

$$선호신분지수 = \frac{3-0}{6-1} = \frac{3}{5}$$

정답 | ③

52
FTA(Fault Tree Analysis)에 대한 설명으로 옳지 않은 것은?

① 해석하고자 하는 정상사상(top event)과 기본사상(basic event) 간의 인과관계를 도식화하여 나타낸다.
② 고장이나 재해요인의 정성적 분석 뿐만 아니라 정량적 분석이 가능하다.
③ "사건이 발생하려면 어떤 조건이 만족되어야 하는가?"에 근거한 연역적 접근방법을 이용한다.
④ 정성적 결함나무(FT: Fault Tree)를 작성하기 전에 정상사상이 발생할 확률을 계산한다.

해설

정상사상이 발생할 확률을 FTA 분석 결과이므로 결함나무(FT: Fault Tree)를 작성하기 전에 확률계산은 불가능하다.

정답 | ④

53
다음 중 민주적 리더십과 관련된 이론이나 조직형태는?

① X이론
② Y이론
③ 라인형 조직
④ 관료주의 조직

해설 맥그리거의 X, Y이론

X이론	• 성악설: 인간은 본질적으로 게으르고 책임감을 싫어한다고 가정한다. • 저차원적 욕구(물질): 주로 물질적 욕구를 중시하며, 경제적 보상과 기본적인 생리적 요구가 우선시된다. • 권위주의적 리더십: 관리자나 상위자는 명령과 통제를 통해 하위직원들을 이끌어야 한다고 믿는다. • 관리처방: 경제적 보상. 면밀한 감독과 통제, 책임제 강화 등을 통해 직원들이 일을 하도록 유도한다.
Y이론	• 성선설: 인간을 본질적으로 책임감과 자기 계발 욕구를 지닌 존재로 본다. • 고차원적 욕구(정신): 정신적, 심리적 요구를 중요시하며, 자아실현과 직무 만족을 추구한다. • 민주적 리더십: 리더는 직원들과 상호작용을 통해 공동의 목표를 설정하고, 직원이 자발적으로 참여하도록 유도한다. • 관리처방: 분권화. 권한 위임. 직무확장. 목표관리. 상호신뢰감, 책임과 창조력을 강조한다.

정답 | ②

54

피로의 생리학적(physiological) 측정방법과 거리가 먼 것은?

① 뇌파 측정(EEG)
② 심전도 측정(ECG)
③ 근전도 측정(EMG)
④ 변별역치 측정(촉각계)

해설

① 뇌파 측정(EEG, Electroencephalogram): 뇌파는 전극을 통해 뇌의 전기적 활동 측정하여 피로 및 각성상태를 평가하고 기록하는 전기생리학적 측정 방법이다.
② 심전도 측정(ECG): 심장의 전기적 신호를 측정하여 피로 및 스트레스를 측정하는 방법이다.
③ 근전도 측정(EMG, Electromyography): 근육의 전기적 활동을 기록하여 근육질환과 말초신경 질환과 근육 피로도를 측정하는 방법이다.
④ 변별역치 측정(촉각계): 피부감각(촉각)을 통해 느낄 수 있는 물리적 자극(압력, 진동, 온도 등)의 최소 차이를 측정하는 것이며 신경계의 감각 민감도를 평가하는 방법이다.

정답 | ④

55

라스무센(Rasmussen)은 인간 행동의 종류 또는 수준에 따라 휴먼 에러를 3가지로 분류하였는데 이에 속하지 않는 것은?

① 숙련기반 에러(skill-based error)
② 기억기반 에러(memory-based error)
③ 규칙기반 에러(rule-based error)
④ 지식기반 에러(knowledge-based error)

해설 Rasmussen(라스무센)의 인간 행동의 3단계 오류모델

행동 유형	설명	오류 유형	오류 설명
숙련기반행동 (Skill-based Behavior)	익숙하고 반복적인 작업을 무의식적·자동으로 수행한다.	숙련기반행동 오류 (Skill-based Behavior Error)	주의력 저하나 부주의로 인한 실수이다.
규칙기반행동 (Rule-based Behavior)	특정 상황에 맞는 규칙이나 절차를 적용하여 수행한다.	규칙기반행동 오류 (Rule-based Behavior Error)	상황 오판, 잘못된 규칙 적용으로 인한 착오(Mistake)이다.
지식기반행동 (Knowledge-based Behavior)	새로운 상황에서 기존 지식·경험으로 문제를 해결한다.	지식기반행동 오류 (Knowledge-based Behavior Error)	지식 부족 또는 잘못된 판단으로 인한 착오(Mistake)이다.

정답 | ②

56

어느 작업자가 평균적으로 100개의 부품을 검사하여 불량품 5개를 검출해 내었으나 실제로는 15개의 불량품이 있었다. 이 작업자가 100개가 1로트로 구성된 로트 2개를 검사하면서 2개의 로트 모두에서 휴먼에러를 범하지 않을 확률은?

① 0.01
② 0.1
③ 0.81
④ 0.9

해설 연속작업의 정상작업 확률 계산

• HEP(휴먼에러 확률)계산

$$HEP = \frac{실제\ 불량품\ 수 - 검출한\ 불량품\ 수}{총\ 검사\ 수}$$

$HEP = \dfrac{15-5}{100} = 0.1$

• 신뢰도(휴먼에러를 범하지 않을 확률) 계산

$$신뢰도 = 1 - HEP$$

신뢰도 $= 1 - 0.1 = 0.9$

• 로트 2개를 검사하면서 휴먼에러를 범하지 않을 확률
$0.9 \times 0.9 = 0.81$

정답 | ③

57
관리 그리드 모형(management grid model)에서 제시한 리더십의 유형에 대한 설명으로 옳지 않은 것은?

① (9,1)형은 인간에 대한 관심은 높으나 과업에 대한 관심은 낮은 인기형이다.
② (1,1)형은 과업과 인간관계 유지에 모두 관심을 갖지 않는 무관심형이다.
③ (9,9)형은 과업과 인간관계 유지에 모두 관심이 높은 이상형으로서 팀형이다.
④ (5,5)형은 과업과 인간관계 유지에 모두 적당한 정도의 관심을 갖는 중도형이다.

해설
(9,1)형은 과업에 대한 관심은 높으나 인간에 대한 관심은 낮은 과업형이다.

정답 | ①

58
휴먼에러 방지대책을 설비요인, 인적요인, 관리요인 대책으로 구분할 때 인적 요인에 관한 대책으로 볼 수 없는 것은?

① 소집단 활동
② 작업의 모의훈련
③ 인체측정치의 적합화
④ 작업에 관한 교육훈련과 작업 전 회의

해설
인체측정치의 적합화는 설비요인에 속한다.

정답 | ③

59
NIOSH의 직무스트레스 모형에서 직무스트레스 요인에 해당하지 않는 것은?

① 작업요인
② 개인적요인
③ 조직요인
④ 환경요인

해설
개인적 요인은 중재요인에 속한다.

관련개념 직무스트레스 중재 요인(NIOSH 직무스트레스 모형)
스트레스 요인의 영향을 조절하거나 완화시키는 요소들을 포함한다.
• 개인적 요인: 성격(대처능력), 건강, 통제신념, 자아존중감, 강인함, 낙관주의 등
• 조직 외 요인: 재정 상태, 가족상황, 교육 수준 등
• 완충작용 요인: 사회적 지위, 대처능력 등

정답 | ②

60
Herzberg의 동기위생 이론에서 위생요인에 대한 설명으로 옳지 않은 것은?

① 위생요인이 갖추어지지 않으면 구성원들은 불만족해 진다.
② 위생요인이 갖추어지지 않으면 조직을 떠날 수 있다.
③ 위생요인이 갖추어지지 않으면 성과에 좋지 않은 영향을 준다.
④ 위생요인이 잘 갖추어지게 되면 구성원들에게 열심히 일하도록 동기를 자극하게 된다.

해설
동기요인이 잘 갖추어지게 되면 구성원들에게 열심히 일하도록 동기를 자극하게 된다.

관련개념 허즈버그(Herzberg)의 동기 – 위생 이론
• 동기요인: 직무 만족을 유발하는 요인(내적 만족)
  – 성장, 성취감, 책임감, 도전감, 인정
• 위생요인: 직무 불만족과 관련한 요인(외적 조건)
  – 작업조건, 급여, 근무환경, 회사정책, 인간관계, 고용 안정성

정답 | ④

SUBJECT 04 | 근골격계질환 예방을 위한 작업관리

61
어떤 한 작업의 25회 시험관측치가 평균 0.35, 표준편차가 0.08일 때, 오차확률 5%에서 필요한 최소 관측횟수는 얼마인가? (단, t(25, 0.05)=2.069, t(24, 0.05)=2.064, t(26, 0.05)=2.056 이다.)

① 89 ② 90
③ 91 ④ 92

해설 최소 관측횟수 계산

$$N = \left(\frac{t \times s}{e}\right)^2$$

- t: 신뢰도 계수
- s: 표준편차
- e: 허용오차

- 신뢰도 계수 계산
  df(자유도)=n−1이므로, df(자유도)=24가 된다.
  신뢰도 계수=t(24, 0.05)=2.064
- 허용오차 계수 계산
  허용오차=평균×오차확률=0.35×0.05=0.0175
- 최소 관측횟수 계산
  $N = \left(\frac{2.064 \times 0.08}{0.0175}\right)^2 = 89.03 \approx 90$

정답 ②

62
동작경제의 3원칙 중 신체 사용에 원칙에 해당하지 않는 것은?

① 가능하다면 중력을 이용한 운반 방법을 사용한다.
② 두 손의 동작은 같이 시작하고 같이 끝나도록 한다.
③ 휴식시간을 제외하고는 양손이 동시에 쉬지 않도록 한다.
④ 두 팔의 동작은 동시에 서로 반대방향으로 대칭적으로 움직이도록 한다.

해설
가능한 중력을 이용한 운반 방법을 사용하는 것은 작업장의 배치에 관한 원칙이다.

정답 ①

63
작업장 시설의 재배치, 기자재 소통상 혼잡지역 파악, 공정과정 중 역류현상 점검 등에 가장 유용하게 사용할 수 있는 공정도는?

① Gantt Chart
② Flow Diagram
③ Man−Machine Chart
④ Operation Process Chart

해설
Flow Diagram(공정 흐름도)는 작업장의 동선, 공정의 흐름, 자재 및 작업자의 이동 경로를 시각적으로 분석하는 데 활용되며 혼잡 지역 파악, 역류 현상 점검, 공정 최적화 등에 적합하다.
① Gantt Chart: 간트차트는 작업 일정과 진행 상태를 관리하는 스케줄링 도구이다.
③ Man−Machine Chart: 작업자와 기계의 사용 시간을 분석하여 작업자−기계 간의 효율성을 평가하는 도구이다.
④ Operation Process Chart: 공정과정도는 공정의 작업 순서와 주요 절차를 도식화하여 나타내는 도구이다.

정답 ②

64
산업안전보건법령상 근골격계 부담작업 유해요인 조사에 관한 설명으로 옳지 않은 것은?

① 사업주는 유해요인 조사에 근로자 대표 또는 해당 작업 근로자를 참여시켜야 한다.
② 사업주는 근로자가 근골격계 부담작업을 하는 경우 3년마다 유해요인 조사를 하여야 한다.
③ 신규 입사자가 근골격계 부담작업을 배치되는 경우 즉시 유해요인 조사를 실시해야 한다.
④ 신설되는 사업장의 경우 신설일로부터 1년 이내에 최초의 유해요인 조사를 실시해야 한다.

해설
산업안전보건법령에 따르면, 근골격계 부담작업에 대해 유해요인 조사는 주로 기존 작업이나 기존 설비에 변화를 줄 때 필요하다. 신규 입사자가 근골격계 부담작업을 배치되는 경우 즉시 유해요인 조사를 실시해야 한다는 규정은 명시되어 있지 않다.

정답 ③

65

표본의 크기가 충분히 크다면 모집단의 분포와 일치한다는 통계적 이론에 근거하여 인간 활동이나 기계의 가동상황 등을 무작위로 관측하여 측정하는 표준시간 측정방법은?

① Work Sampling법
② Work Factor법
③ PTS(Predetermined Time Standards)법
④ MTM(Methods Time Measurement)법

해설

② Work Factor법: 작업 요소별 기본 동작 시간을 측정하여 표준시간을 산출한다.
③ PTS(Predetermined Time Standards)법: 미리 정해진 표준시간 데이터를 사용하여 표준시간을 산출한다.
④ MTM(Methods Time Measurement)법: 미리 정해진 동작 요소의 시간 데이터를 사용하여 표준시간을 산출한다.

정답 | ①

66

문제분석 도구 중 빈도수가 큰 항목부터 차례대로 나열하는 방법으로 불량이나 사고의 원인이 되는 항목을 찾아내는 기법은?

① 간트 차트　　② 특성요인도
③ PERT 차트　　④ 파레토 차트

해설

① 간트 차트: 작업 일정과 상태를 관리하는 도구이다.
② 특성요인도: 문제의 원인을 어골도 형태로 분석하는 도구이다.
③ PERT 차트: 프로젝트 일정 및 작업 흐름을 다이어그램으로 시각화하는 도구이다.

정답 | ④

67

근골격계질환 예방·관리 교육에서 사업주가 모든 작업자 및 관리감독자를 대상으로 실시하는 기본교육 내용에 해당되지 않는 것은?

① 근골격계질환 발생 시 대처요령
② 근골격계 부담작업에서의 유해요인
③ 예방·관리 프로그램의 수립 및 운영 방법
④ 작업도구와 장비 등 작업시설이 올바른 사용 방법

해설

예방·관리 프로그램의 수립 및 운영 방법은 사업주나 안전보건관리자가 담당하는 내용이다.

정답 | ③

68

근골격계질환의 발생원인을 개인적 특성요인과 작업 특성요인으로 구분할 때, 개인적 특성요인에 해당하는 것은?

① 반복적인 동작
② 무리한 힘의 사용
③ 작업방법 및 기술수준
④ 동력을 이용한 공구 사용 시 진동

해설 　**근골격계질환 발생원인**

- 작업자 요인(개인적 특성): 성별, 나이, 신체조건, 작업습관, 작업방법 및 기술 수준, 직무만족도, 병력
- 작업 요인: 작업자세, 작업의 반복성, 작업강도, 작업속도, 휴식시간 부족 등
- 작업장 요인: 공구, 설비, 공간, 작업대와 작업의자
- 환경 요인: 진동, 조명, 온도, 습도, 소음, 공기질
- 사회·심리적 요인: 작업만족도, 근무조건 만족도, 업무스트레스, 상사 및 동료들과의 인간관계, 작업과 업무의 자율적인 조절 등

정답 | ③

69
근골격계질환의 예방원리에 관한 설명으로 옳은 것은?

① 예방보다는 신속한 사후조치가 더 효과적이다.
② 작업자의 신체적 특성 등을 고려하여 작업장을 설계한다.
③ 공학적 개선을 통해 해결하기 어려운 경우에는 그 공정을 중단해야 한다.
④ 사업장 근골격계 예방정책에 노사가 협의하면 작업자의 참여는 중요치 않다.

해설
근골격계질환은 예방이 근본적인 해결책이며, 사후조치는 추가적인 조치 방안이다. 작업자의 참여는 근골격계질환 예방정책의 효과적인 실행을 위해 중요하다.

정답 | ②

70
작업관리에 관한 내용으로 옳지 않은 것은?

① 작업연구에는 시간연구, 동작연구, 방법연구가 있다.
② 방법연구는 테일러에 의해 시작, 길브레스에 의해 더욱 발전되었다.
③ 작업관리는 생산과정에서 인간이 관여하는 작업을 주 연구대상으로 한다.
④ 작업관리는 생산 활동의 여러 과정 중 작업 요소를 조사, 연구하여 합리적인 작업 방법을 설정하는 것이다.

해설
테일러는 과학적 관리법의 창시자로 시간연구(Time Study)를 통해 작업의 효율성을 높이는 방법을 연구하였고 길브레스 부부는 동작연구(Motion Study)를 발전시켜 불필요한 동작을 제거하고 효율적인 작업 방법을 개발하였다.

정답 | ②

71
입식작업대에서 무거운 물건을 다루는 작업(중작업)을 할 때 다음 중 작업대의 높이로 가장 적절한 것은?

① 작업자의 팔꿈치 높이로 한다.
② 작업자의 팔꿈치 높이보다 10~20cm 정도 높게 한다.
③ 작업자의 팔꿈치 높이보다 5~10cm 정도 낮게 한다.
④ 작업자의 팔꿈치 높이보다 10~20cm 정도 낮게 한다.

해설 입식작업대 높이
- 정밀작업(세밀한 작업): 팔꿈치 높이보다 5~10cm 높게 작업
- 경작업(가벼운 조립 작업 등): 팔꿈치 높이보다 5~10cm 낮게 작업
- 중작업(무거운 물건 취급): 팔꿈치 높이보다 10~20cm 낮게 작업

정답 | ④

72
작업관리의 문제해결방법으로 전문가 집단의 의견과 판단을 추출하고 종합하여 집단적으로 판단하는 방법은?

① 브레인스토밍(Brainstorming)
② 마인드 맵핑(Mind Mapping)
③ 마인드 멜딩(Mind Melding)
④ 델파이 기법(Delphi Technique)

해설
① 브레인스토밍(Brainstorming): 창의적인 아이디어를 자유롭게 제시하는 방법으로, 비판 없이 다양한 의견을 공유한다.
② 마인드 맵핑(Mind Mapping): 문제나 개념을 중심으로 연관된 아이디어를 시각적으로 정리하는 기법이다.
③ 마인드 멜딩(Mind Melding): 공식적인 문제해결 기법이 아니며, 두 사람 이상이 생각과 사고를 공유하거나 하나로 합치는 기법이다.

정답 | ④

73
Work Factor에서 고려하는 4가지 시간 변동요인이 아닌 것은?

① 동작 타임　　② 신체 부위
③ 인위적 조절　　④ 중량이나 저항

해설 Work Factor에서 고려하는 시간 변동요인
- 인위적 조절: 동작을 수행하는 동안 세밀함과 정밀함이 요구되는 정도
- 신체 부위: 동작에서 사용하는 신체 부위
- 중량이나 저항: 물건의 무게 또는 저항
- 이동거리: 물건을 이동하는 거리

정답 | ①

74
영상표시 단말기(VDT) 취급작업자 작업관리지침상 취급작업자의 작업자세로 적절하지 않은 것은?

① 손목은 일직선이 되도록 한다.
② 화면과의 거리는 최소 40cm 이상이 확보되어야 한다.
③ 화면상의 시야범위는 수평선상에서 10~15° 위에 오도록 한다.
④ 윗팔(upper arm)은 자연스럽게 늘어뜨리고, 팔꿈치의 내각은 90° 이상이 되어야 한다.

해설
화면상의 시야범위는 수평선상에서 10~15° 아래로 오도록 한다.

정답 | ③

75
비효율적인 서블릭(Therblig)에 해당하는 것은?

① 계획(Pn)　　② 조립(A)
③ 사용(U)　　④ 쥐기(G)

해설
계획(Pn)은 작업 동작을 수행하기 전에 하는 정신적 활동이며 직접적인 작업활동이 아니다. 다른 서블릭과 비교하여 생산성에 대한 기여도가 낮으므로 계획(Pn)은 비효율적인 서블릭(Therblig)에 해당된다.

정답 | ①

76
각 한명의 작업자가 배치되어 있는 3개의 라인으로 구성된 공정의 공정시간이 각각 3분, 5분, 4분일 때 공정효율은?

① 65%　　② 70%
③ 75%　　④ 80%

해설 공정효율

$$E = \frac{\Sigma T}{N \times C} \times 100$$

- ΣT: 모든 작업의 총 작업시간
- N: 작업 공정의 개수
- C: 공정의 주기시간(Cycle Time)=가장 긴 공정시간

공정 효율$(E) = \frac{3+5+4}{3 \times 5} \times 100 = \frac{12}{15} \times 100 = 80\%$

정답 | ④

77

어느 회사가 외경법을 기준으로 10%의 여유율을 제공한다. 8시간 동안 한 작업자를 워크샘플링한 결과가 다음 표와 같다. 이 작업자의 수행도 평가 결과 110%였다. 청소 작업의 표준시간은 약 얼마인가?

요소 작업	관측 횟수
적재	15
이동	15
청소	5
유휴	15
합계	50

① 7분
② 58분
③ 74분
④ 81분

해설 표준시간 계산(외경법)

- 청소작업 평균시간 계산

$$8(\text{시간}) \times 60(\text{분}) \times \left(\frac{5}{50}\right) = 48\text{분}$$

- 정미시간 계산

$$\text{정미시간} = \text{관측 평균시간} \times \left(\frac{\text{레이팅계수}}{100}\right)$$

$NT = 48 \times 1.1 = 52.8$분

- 표준시간 계산(외경법)

$$\text{표준시간} = \text{정미시간} \times (1 + \text{작업여유율})$$

$ST = 52.8\text{분} \times (1+0.1) = 58.08\text{분} \approx 58\text{분}$

정답 | ②

78

작업방법 설계 시 고려해야 할 사항으로 옳지 않은 것은?

① 눈동자의 움직임을 최소화한다.
② 동작을 천천히 하여 최대 근력을 얻도록 한다.
③ 최대한 발휘할 수 있는 힘의 30% 이하로 유지한다.
④ 가능하다면 중력 방향으로 작업을 수행하도록 한다.

해설
최대한 발휘할 수 있는 힘의 15% 이하로 유지한다.

정답 | ③

79

NIOSH Lifting Equation의 변수와 결과에 대한 설명으로 옳지 않은 것은?

① 수평거리 요인이 변수로 작용한다.
② 권장무게한계(RWL)의 최대치는 23kg이다.
③ LI(들기지수) 값이 1 이상이 나오면 안전하다.
④ 빈도 계수의 들기 빈도는 평균적으로 분당 들어 올리는 횟수(회/분)를 나타낸다.

해설
LI(들기지수) 값이 1 이상이 나오면 위험하다.

정답 | ③

80

근골격계 부담작업에 해당하지 않는 작업은?

① 하루에 10회 이상 25kg 이상의 물체를 드는 작업
② 하루에 총 2시간 이상, 분당 2회 이상 4.5kg 이상의 물체를 드는 작업
③ 하루에 2시간 이상 집중적으로 자료입력 등을 위해 키보드 또는 마우스를 조작하는 작업
④ 하루에 총 2시간 이상 목, 어깨, 팔꿈치, 손목 또는 손을 사용하여 같은 동작을 반복하는 작업

해설
하루에 4시간 이상 집중적으로 자료입력 등을 위해 키보드 또는 마우스를 조작하는 작업이 근골격계 부담작업에 해당한다.

정답 | ③

2020년 3회 기출문제

SUBJECT 01 | 인간공학개론

01

회전운동을 하는 조종장치의 레버를 40° 움직였을 때 표시장치의 커서는 3cm 이동하였다. 레버의 길이가 15cm일 때 이 조종장치의 C/R비는 약 얼마인가?

① 2.62
② 3.49
③ 8.33
④ 10.48

해설 C/R비 계산

$$C/R비 = \frac{\frac{조종장치의\ 움직인\ 각도}{360°} \times 2\pi L}{표시장치의\ 이동거리}$$

$$C/R비 = \frac{\frac{40°}{360°} \times 2\pi \times 15cm}{3cm} = 3.49$$

정답 | ②

02

사용자의 기억 단계에 대한 설명으로 옳은 것은?

① 잔상은 단기기억(Short-term memory)의 일종이다.
② 인간의 단기기억(Short-term memory) 용량은 유한하다.
③ 장기기억을 작업기억(Working memory)이라고도 한다.
④ 정보를 수 초 동안 기억하는 것을 장기기억(Long-term memory)이라 한다.

해설
잔상은 감각기억에 속하며 단기기억과는 다르다. 단기기억의 용량은 약 7±2개의 정보로 제한되며, 작업기억은 단기기억의 확장 개념으로 정보를 일시적으로 저장하고 처리하는 역할을 한다.

정답 | ②

03

정량적 표시장치(Quantative display)에 대한 설명으로 옳지 않은 것은?

① 시력이 나쁜 사람이나 조명이 낮은 환경에서 계기를 사용할 때는 눈금단위(Scale unit) 길이를 크게 하는 편이 좋다.
② 기계식 표시장치에는 원형, 수평형, 수직형 등의 아날로그 표시장치와 디지털 표시장치로 구분된다.
③ 아날로그 표시장치의 눈금단위(Scale unit) 길이는 정상 가시거리를 기준으로 정상 조명 환경에서는 1.3mm 이상이 권장된다.
④ 아날로그 표시장치는 눈금이 고정되고 지침이 움직이는 동목(Moving scale)형과 지침이 고정되고 눈금이 움직이는 동침(Moving pointer)형으로 구분된다.

해설
눈금이 고정되고 지침이 움직이는 방식은 동침형이고, 눈금이 움직이고 지침이 고정되는 방식은 동목형이다.

정답 | ④

04

작업장에서 인간공학을 적용함으로써 얻게 되는 효과를 볼 수 없는 것은?

① 회사의 생산성 증가
② 작업손실 시간의 감소
③ 노·사간의 신뢰성 저하
④ 건강하고 안전한 작업조건 마련

해설
인간공학을 적용하면 근로자 작업환경이 개선되어 노·사간 신뢰가 향상된다.

정답 | ③

05

다음 중 기능적 인체치수(Functional body dimension) 측정에 대한 설명으로 가장 적합한 것은?

① 앉은 상태에서만 측정하여야 한다.
② 5~95%tile에 대해서만 정의된다.
③ 신체 부위의 동작범위를 측정하여야 한다.
④ 움직이지 않는 표준자세에서 측정하여야 한다.

해설

기능적 인체치수는 작업 중 신체가 움직이는 범위를 측정하며, 팔을 뻗거나 발을 움직이는 동작을 포함한다. 따라서, 앉은 자세나 표준자세만 고려하는 것은 부적절하며, 특정 퍼센타일(5~95%tile)에 국한되지 않고 다양한 범위가 적용될 수 있다.

정답 | ③

06

음의 한 성분이 다른 성분의 청각감지를 방해하는 현상은?

① 은폐효과 ② 밀폐효과
③ 소멸효과 ④ 도플러효과

해설 은폐효과(Masking Effect)

한 음(소리)이 다른 음(소리)에 의해 들리지 않거나 가청 역치가 높아지는 현상을 말한다.

정답 | ①

07

조종장치에 대한 설명으로 옳은 것은?

① C/R비가 크면 민감한 장치이다.
② C/R비가 작은 경우에는 조종장치의 조종시간이 적게 필요하다.
③ C/R비가 감소함에 따라 이동시간은 감소하고, 조종시간은 증가한다.
④ C/R비는 반응장치의 움직인 거리를 조종장치의 움직인 거리로 나눈 값이다.

해설 C/R비와 이동·조종시간 상관관계

C/R비 크기	이동시간 (반응속도)	조종시간	조종장치 특징
작다	감소	증가	민감함
크다	증가	감소	정밀함

정답 | ③

08

연구 자료의 통계적 분석에 대한 설명으로 옳지 않은 것은?

① 최빈값은 자료의 중심 경향을 나타낸다.
② 분산은 자료의 퍼짐 정도를 나타내는 척도이다.
③ 상관계수 값 +1은 두 변수가 부의 상관관계임을 나타낸다.
④ 통계적 유의수준 5%는 100번 중 5번 정도는 판단을 잘못하는 확률을 뜻한다.

해설

상관계수 +1은 두 변수 간의 완전한 정(+)의 상관관계를 의미하므로, 부(−)의 상관관계라는 설명은 틀린 설명이다.

정답 | ③

09

시각적 표시장치와 청각적 표시장치 중 청각적 표시장치를 사용하는 것이 더 유리한 경우는?

① 수신장소가 너무 시끄러운 경우
② 직무상 수신자가 한곳에 머무르는 경우
③ 수신자의 청각 계통이 과부하 상태일 경우
④ 수신장소가 너무 밝거나 암조응이 요구될 경우

해설

밝은 환경에서는 명조응, 어두운 환경에서는 암조응 시간이 필요해 시각적 정보 인지가 어려우므로, 청각적 표시장치가 더 효과적이다.

정답 | ④

10

신호검출이론(SDT)에서 신호의 유무를 판별함에 있어 4가지 반응 대안에 해당하지 않는 것은?

① 긍정(Hit) ② 누락(Miss)
③ 채택(Acceptation) ④ 허위(False Alarm)

해설

신호검출이론(SDT)의 4가지 반응 대안은 긍정(Hit), 누락(Miss), 허위(False Alarm), 부정(Correct Rejection)이다.

정답 | ③

11

암조응(Dark adaptation)에 대한 설명으로 옳은 것은?

① 적색 안경은 암조응을 촉진한다.
② 어두운 곳에서는 주로 원추세포에 의하여 보게 된다.
③ 완전한 암조응을 위해 보통 12분 정도의 시간이 요구된다.
④ 어두운 곳에 들어가면 눈으로 들어오는 빛을 조절하기 위하여 동공이 축소된다.

해설

간상세포가 밝은 환경에서 활성화되면 강한 빛에 의해 감도가 떨어져 암조응이 느려지지만, 적색광에는 거의 반응하지 않기 때문에 밝은 환경에서도 간상세포가 활성화되지 않아 어두운 곳으로 이동했을 때 암조응이 더 빠르게 진행된다.

정답 | ①

12

다음에서 설명하고 있는 것은?

> 모든 암호 표시는 다른 암호 표시와 구별될 수 있어야 한다. 인접한 자극들 간에 적당한 차이가 있어 전부 구별 가능하더라도, 인접 자극의 상이도는 암호 체계의 효율에 영향을 끼친다.

① 암호의 검출성(Detectability)
② 암호의 양립성(Compatibility)
③ 암호의 표준화(Standardization)
④ 암호의 변별성(Discriminability)

해설

모든 암호표시는 서로 구별될 수 있어야 하며, 혼동되지 않아야 암호의 효율성이 증가하며, 이를 암호의 변별성이라 한다.

정답 | ④

13

다음 그림은 Sanders와 McCormick이 제시한 인간-기계 통합 체계의 인간 또는 기계에 의해서 수행되는 기본 기능의 유형이다. 그림의 A부분에 가장 적합한 것은?

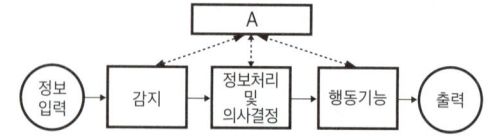

① 통신
② 정보수용
③ 정보보관
④ 신체제어

해설

감지된 정보는 즉시 처리되지 않을 수도 있어 단기기억 또는 장기기억에 저장되었다가, 필요 시 정보처리 및 의사결정 과정에서 활용된다.

관련개념 인간-기계 통합 체계의 정보 처리 순서

감지	• 인간: 눈, 귀, 촉각 등을 이용하여 정보수집 • 기계: 카메라, 마이크, 센서 등을 통해 입력 데이터 수집
정보보관	• 인간: 단기기억, 장기기억을 통해 정보저장 • 기계: 데이터베이스, 메모리(RAM, HDD 등)를 이용하여 정보저장
정보처리 및 의사결정	• 인간: 뇌에서 정보를 분석하고 판단 • 기계: 알고리즘, AI, 소프트웨어 등을 통해 연산 및 분석
행동기능	• 인간: 근육과 신체를 활용하여 행동 수행 • 기계: 모터, 로봇 팔 등을 통해 물리적 움직임 수행

정답 | ③

14

인간공학적 설계에서 사용하는 양립성(Compatibility)의 개념 중 인간이 사용한 코드와 기호가 얼마나 의미를 가진 것인가를 다루는 것은?

① 개념적 양립성 ② 공간적 양립성
③ 운동 양립성 ④ 양식 양립성

해설

개념적 양립성은 사용자가 특정 기호나 코드를 보았을 때 쉽게 이해하고 직관적으로 의미를 연상할 수 있을 때 높다. 예를 들어, 일반적으로 빨간 버튼은 비상 알람 또는 정지 기능을 갖고 있다.

정답 | ①

15

지하철이나 버스의 손잡이 설치 높이를 결정하는 데 적용하는 인체치수 적용원리는?

① 평균치 원리 ② 최소치 원리
③ 최대치 원리 ④ 조절식 원리

해설

가장 키가 작은 사람도 손잡이를 잡을 수 있도록 설계해야 한다.

관련개념 인체측정자료 적용 설계 원칙

극단치 설계	사용자 집단의 신체 치수 분포에서 가장 큰 값(최대치) 또는 가장 작은 값(최소치)을 기준으로 설계한다. 예 최대치 - 문, 탈출구, 통로 　　최소치 - 손잡이 높이, 조작레버의 강도
조절식 설계	사용자가 자신의 신체 치수에 맞게 조정 가능하도록 설계한다. 예 의자 높이
평균치 설계	평균적인 사용자 기준으로 설계한다. 예 ATM 높이, 공공장소 세면대

정답 | ②

16

시스템의 평가척도 유형으로 볼 수 없는 것은?

① 인간 기준(Human Criteria)
② 관리 기준(Management Criteria)
③ 시스템 기준(System-descriptive Criteria)
④ 작업성능 기준(Task Performance Criteria)

해설

관리 기준은 시스템 평가척도가 아니다.

관련개념 시스템 평가척도

평가척도	정의	예시
인간 기준	시스템이 사용자에게 미치는 영향을 평가한다.	피로도, 스트레스
시스템 기준	시스템 자체의 성능과 기능을 평가한다.	시스템 안정성
작업성능 기준	시스템 사용 시 작업 수행 능력을 평가한다.	작업속도, 오류율

정답 | ②

17

실현 가능성이 같은 N개의 대안이 있을 때 총 정보량(H)을 구하는 식으로 옳은 것은?

① $H = \log N^2$ ② $H = \log_2 N$
③ $H = 2\log_2 N^2$ ④ $H = \log 2N$

해설

각 대안이 동일한 확률로 발생할 때, 정보량($H = \log_2 N$)은 N개의 선택지를 2진법(bit)으로 구별하는 데 필요한 최소 bit 수를 의미한다.

정답 | ②

18
인간의 후각 특성에 대한 설명으로 옳지 않은 것은?

① 훈련을 통하면 식별 능력을 향상시킬 수 있다.
② 특정한 냄새에 대한 절대적 식별 능력은 떨어진다.
③ 후각은 특정 물질이나 개인에 따라 민감도의 차이가 있다.
④ 후각은 훈련을 통하여 구별할 수 있는 일상적인 냄새의 수는 최대 7가지 종류이다.

해설
후각은 훈련을 통해 능력을 향상시킬 수 있으며, 훈련을 통해 구별할 수 있는 냄새의 수는 제한적이지 않다.

관련개념 후각의 기능

후각의 기능	예시
후각의 순응	향수, 음식 냄새 적응
후각의 훈련	조향사, 소믈리에
존재 여부 탐지 능력	음식 타는 냄새 감지
절대 식별 능력 한계	특정 향을 정확히 식별하기 어려움
상대적 비교 능력	와인 향 비교

정답 | ④

19
작업 중인 프레스기로부터 50m 떨어진 곳에서 음압을 측정한 결과 음압 수준이 100dB이었다면, 100m 떨어진 곳에서의 음압 수준은 약 몇 dB인가?

① 90 ② 92
③ 94 ④ 96

해설 거리에 따른 음압수준 변화

$$SPL_2 = SPL_1 - 20\log\left(\frac{d_2}{d_1}\right)$$

- SPL_1: 기준 지점에서 측정한 음압 수준(dB)
- SPL_2: d_2 지점에서의 음압 수준(dB)
- d_1: 기준 지점의 거리(m)
- d_2: 측정하고자 하는 지점의 거리(m)

$SPL_2 = 100 - 20\log\left(\frac{100}{50}\right) \approx 94\text{dB}$

정답 | ③

20
종이의 반사율이 70%이고, 인쇄된 글자의 반사율이 15%일 경우 대비(Contrast)는?

① 15% ② 21%
③ 70% ④ 79%

해설 대비(Contrast) 계산

$$대비(\%) = \left(\frac{배경\ 반사율 - 표적\ 반사율}{배경\ 반사율}\right) \times 100$$

$대비(\%) = \left(\frac{70-15}{70}\right) \times 100 = 78.57 \approx 79\%$

정답 | ④

SUBJECT 02 | 작업생리학

21
물체가 정적 평형상태(Static Equilibrium)를 유지하기 위한 조건으로 작용하는 모든 힘의 총합과 외부 모멘트의 총합이 옳은 것은?

	힘의 총합	모멘트의 총합
①	0	0
②	1	0
③	0	1
④	1	1

해설
정적 평형 상태를 유지하려면 작용하는 모든 힘의 총합(ΣF)과 모든 모멘트의 총합(ΣM)이 모두 0이어야 하며, 각각 가속과 회전이 발생하지 않아야 한다.

정답 | ①

22

전신의 생리적 부담을 측정하는 척도로 가장 적절한 것은?

① 뇌전도(EEG) ② 산소소비량
③ 근전도(EMG) ④ Flicker 테스트

해설

산소소비량은 신체 전체의 에너지 소비량(대사율)을 나타내며, EEG(뇌전도), EMG(근전도), Flicker 테스트처럼 국소 부위 부담을 평가하는 방법과 달리 전신의 생리적 부담 평가에 가장 대표적인 지표이다.

정답 ②

23

최대산소소비능력(MAP, Maximum Aerobic Power)에 대한 설명으로 옳은 것은?

① MAP는 실제 작업현장에서 작업 시 측정한다.
② 젊은 여성의 MAP는 남성의 40~50% 정도이다.
③ MAP란 산소 소비량이 최대가 되는 수준을 의미한다.
④ MAP는 개인의 운동역량을 평가하는 데 널리 활용된다.

해설 최대산소소비능력(MAP)

최대산소소비능력은 최대산소섭취량에 해당하는 운동 부하(출력) 수준을 의미한다. 개인의 운동역량과 심폐지구력을 평가하는 중요한 지표로, 주로 실험실에서 측정된다.

정답 ④

24

교대작업 운영의 효율적인 방법으로 볼 수 없는 것은?

① 고정적이거나 연속적인 야간근무 작업은 줄인다.
② 교대일정은 정기적이고 작업자가 예측 가능하도록 해 주어야 한다.
③ 교대작업은 주간근무 → 야간근무 → 저녁근무 → 주간근무 식으로 진행해야 피로를 빨리 회복할 수 있다.
④ 2교대 근무는 최소화하며, 1일 2교대 근무가 불가피한 경우에는 연속 근무일이 2~3일이 넘지 않도록 한다.

해설

교대근무는 주간근무 → 저녁근무 → 야간근무 → 주간근무 순으로 진행해야 피로회복이 빠르다.

정답 ③

25

생리적 측정을 주관적 평점등급으로 대체하기 위하여 개발된 평가척도는?

① Fitts Scale ② Likert Scale
③ Gerg Scale ④ Borg-RPE Scale

해설

Borg-RPE Scale은 운동 강도나 피로도를 개인이 주관적으로 평가하는 척도이다.

관련개념 Borg의 RPE 척도

- 작업자들이 주관적으로 느끼는 육체적 작업부하를 평가하는 척도이다.
- 작업 중 느끼는 피로감과 심박 수 간의 관계를 기반으로 개발되었다.
- 척도의 양 끝(6~20)은 최소 및 최대 심박 수를 반영한다.
  예 6=전혀 힘들지 않음(~60bpm),
  20=최대 노력(~200bpm)

정답 ④

26
시각연구에 오랫동안 사용되어 왔으며 망막의 함수로 정신피로의 척도에 사용되는 것은?

① 부정맥
② 뇌파(EEG)
③ 전기피부반응(GSR)
④ 점멸융합주파수(VFF)

해설
점멸융합주파수(VFF)는 망막의 기능과 시각적 피로를 평가하는 대표적인 방법이다.

정답 | ④

27
광도와 거리를 이용하여 조도를 산출하는 공식으로 옳은 것은?

① 조도=광도/거리
② 조도=광도/거리^2
③ 조도=거리/광도
④ 조도=거리/광도^2

해설 조도 산출 공식
조도(E)는 단위 조도를 측정하는 면적(A)당 도달하는 광속(Φ)의 양이다.

$$E=\frac{\Phi}{A}$$

광속(Φ)은 광도(I)와 입체각(Ω)의 곱이다.

$$\Phi=I\cdot\Omega$$

입체각은 단위 조도를 측정하는 면적(A)과 비례하고, 거리의 제곱(d^2)과는 반비례한다.

$$\Omega=\frac{A}{d^2}$$

따라서, 조도를 산출하는 공식은 다음과 같다.

$$E=\frac{I\cdot\left(\frac{A}{d^2}\right)}{A}=\frac{I}{d^2}$$

정답 | ②

28
육체적으로 격렬한 작업 시 충분한 양의 산소가 근육 활동에 공급되지 못해 근육에 축적되는 것은?

① 젖산   ② 피루브산
③ 글리코겐   ④ 초성포도산

해설
젖산은 격렬한 운동 시 산소 부족으로 인해 근육에 축적된다.

정답 | ①

29
K작업장에서 근무하는 작업자가 90dB(A)에 6시간, 95dB(A)에 2시간 동안 노출되었다. 음압수준별 허용시간이 다음 표와 같을 때 소음노출지수(%)는 얼마인가?

음압수준 dB(A)	노출 허용시간/일
90	8
95	4
100	2
105	1
110	0.5
115	0.25
—	0.125

① 55%   ② 85%
③ 105%   ④ 125%

해설 소음노출지수 계산

$$\text{소음노출지수(D)}=\left(\frac{C_1}{T_1}+\frac{C_2}{T_2}+\cdots+\frac{C_n}{T_n}\right)\times 100$$

- C_n: n번째 소음구간에 실제 노출된 시간
- T_n: n번째 소음 구간에서 허용되는 최대 노출시간
- n: 소음 구간의 수

소음수준	노출기준시간(T_n)	실제노출시간(C_n)
90dB(A)	8시간	6시간
95dB(A)	4시간	2시간

※「화학물질 및 물리적 인자의 노출기준」에 따른 소음의 노출기준이다.

$$D=\left(\frac{6}{8}+\frac{2}{4}\right)\times 100=125\%$$

정답 | ④

30

조명에 관한 용어의 설명으로 옳지 않은 것은?

① 조도는 광도에 비례하고, 광원으로부터의 거리의 제곱에 반비례한다.
② 휘도는 단위 면적당 표면에 반사 또는 방출되는 빛의 양을 의미한다.
③ 조도는 점광원에서 어떤 물체나 표면에 도달하는 빛의 양을 의미한다.
④ 광도(Luminous intensity)는 단위 입체각당 물체나 표면에 도달하는 광속으로 측정하며, 단위는 램버트(Lambert)이다.

해설

광도(Luminous intensity)는 단위 입체각당 방출되는 광속으로 측정하며, 단위는 칸델라(candela, cd)이다. 램버트는 휘도의 단위이다.

정답 | ④

31

어떤 작업자에 대해서 미국 직업안전위생관리국(OSHA)에서 정한 허용소음노출의 소음수준이 130%로 계산되었다면 이때 8시간 시간가중평균(TWA)값은 약 얼마인가?

① 89.3dB(A) ② 90.7dB(A)
③ 91.9dB(A) ④ 92.5dB(A)

해설 TWA 계산

$$TWA = 16.61 \times \log\left(\frac{D}{100}\right) + 90$$

- D: 소음노출지수

$TWA = 16.61 \times \log\left(\frac{130}{100}\right) + 90 = 91.9dB(A)$

정답 | ③

32

척추동물의 골격근에서 1개의 운동신경이 지배하는 근섬유군을 무엇이라 하는가?

① 신경섬유   ② 운동단위
③ 연결조직   ④ 근원섬유

해설

운동신경과 그것이 지배하는 모든 근섬유를 운동단위라고 한다.

정답 | ②

33

관절의 움직임 중 모음(내전, Adduction)을 설명한 것으로 옳은 것은?

① 정중면 가까이로 끌어들이는 운동이다.
② 신체를 원형으로 또는 원추형으로 돌리는 운동이다.
③ 굽혀진 상태를 해부학적 자세로 되돌리는 운동이다.
④ 뼈의 긴축을 중심으로 제자리에서 돌아가는 운동이다.

해설

내전은 신체의 정중면 방향으로 움직이는 운동이다.
예 손을 벌렸다가 다시 붙이는 동작

정답 | ①

34
격심한 작업활동 중에 혈류분포가 가장 높은 신체 부위는?

① 뇌　　② 골격근
③ 피부　④ 소화기관

해설
격심한 작업활동 중에는 운동근육이 산소와 영양소를 가장 많이 필요로 하기 때문에 골격근에서 가장 많은 혈류가 공급된다.

정답 | ②

35
근육의 수축원리에 관한 설명으로 옳지 않은 것은?

① 근섬유가 수축하면 I대와 H대가 짧아진다.
② 액틴과 미오신 필라멘트의 길이는 변하지 않는다.
③ 최대로 수축했을 때는 Z선이 A대에 맞닿는다.
④ 근육 전체가 내는 힘은 비활성화된 근섬유 수에 의해 결정된다.

해설
근육이 내는 힘은 활성화된 근섬유 수에 의해 결정된다.

관련개념 근육의 수축

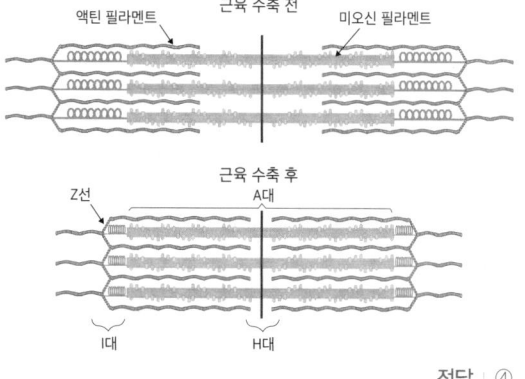

정답 | ④

36
전신 진동에 있어 안구에 공명이 발생하는 진동수의 범위로 가장 적합한 것은?

① 8~12Hz　② 10~20Hz
③ 20~30Hz　④ 60~90Hz

해설 전신진동 주파수별 인체 영향 부위

주파(Hz)	인체 부위	영향
4~8Hz	허리(요추), 등	허리통증, 디스크 손상 위험
5Hz 이하	전신	균형감각 저하, 운동성능 저하
10~25Hz	안구	시력 저하
20~30Hz	머리, 어깨	공명현상 발생, 불쾌감 유발
60~90Hz	손, 손목, 안구	손 저림, 혈류감소, 안구공명

정답 | ④

37
해부학적 자세를 기준으로 신체를 좌우로 나누는 면(Plane)은?

① 횡단면　② 시상면
③ 관상면　④ 전두면

해설
시상면은 신체를 좌우 대칭으로 나누는 면이다.

정답 | ②

38
정적 근육 수축이 무한하게 유지될 수 있는 최대자율수축(MVC)의 범위는?

① 10% 미만　② 25% 미만
③ 40% 미만　④ 50% 미만

해설
최대자율수축(MVC)이 클수록 정적 근육 수축 지속시간이 짧아지고 작을수록 오랫동안 지속이 가능하다. MVC가 10% 미만이면 정적 근육 수축이 무한으로 유지된다.

정답 | ①

39

인간과 주위와의 열교환 과정을 올바르게 나타낸 열균형 방정식은? (단, S는 열축적, M은 대사, E는 증발, R은 복사, C는 대류, W는 한 일이다.)

① $S=M-E\pm R-C+W$
② $S=M-E-R\pm C+W$
③ $S=M-E\pm R\pm C-W$
④ $S=M\pm E-R\pm C-W$

해설

대사 과정에서 생성된 열(M)은 땀의 증발(E)을 통해 일부 손실(−)되며, 열복사(R)와 공기의 대류(C)에 따라 몸으로 유입(+)되거나 방출(−)된다. 이때, 일한 에너지(W)는 외부로 소모(−)되며, 최종적으로 남은 열(S)이 체온 변화를 결정한다.

정답 ③

40

생명을 유지하기 위하여 필요로 하는 단위 시간당 에너지양을 무엇이라 하는가?

① 산소소비량
② 에너지소비율
③ 기초대사율
④ 활동에너지가

해설

기초대사율은 생명 유지를 위해 절대 안정상태에서 필요한 최소한의 에너지양을 의미한다.

정답 ③

SUBJECT 03 | 산업심리학 및 관련법규

41

Herzberg의 2요인론(동기−위생이론)을 Maslow의 욕구단계설과 비교하였을 때, 동기요인과 거리가 먼 것은?

① 존경 욕구
② 안전 욕구
③ 사회적 욕구
④ 자아실현 욕구

해설 동기부여이론 비교표

구분	허즈버그의 동기−위생요인 이론	Maslow의 욕구단계이론	알더퍼 ERG 이론
상위욕구	동기요인	자아실현 욕구	성장욕구
		존경의 욕구	관계욕구
		사회적 욕구	
하위욕구	위생요인	안전의 욕구	존재욕구
		생리적 욕구	

정답 ②

42

직무 행동의 결정요인이 아닌 것은?

① 능력
② 수행
③ 성격
④ 상황적 제약

해설

직무 행동을 결정하는 3가지 주요 요인은 능력, 성격, 상황(제약)이다.

정답 ②

43

버드의 신연쇄성이론에서 불안전한 상태와 불안전한 행동의 근원적 원인은?

① 작업(Media)
② 작업자(Man)
③ 기계(Machine)
④ 관리(Management)

해설 버드의 신도미노이론(재해 연쇄성 이론)

구분	버드의 신도미노이론	내용
1단계	통제부족(관리)	근본원인, 안전관리부족
2단계	기본원인(기원)	• 개인적 요인: 지식 부족, 육체적, 정신적 문제 등 • 작업상 요인: 기계설비의 결함, 부적절한 작업기준과 체계 등
3단계	직접원인(징후)	• 불안전한 행동(인적요인): 인간의 행동 • 불안전한 상태(물적요인): 기계설비의 결함
4단계	사고(접촉)	신체 또는 정상적인 신체활동을 저해하는 물질과의 접촉
5단계	재해, 상해 (손해, 손실)	육체적 상해, 물적손실

정답 | ④

44

결함나무분석(Fault Tree Analysis; FTA)에 대한 설명으로 옳지 않은 것은?

① 고장이나 재해요인의 정성적 분석 뿐만 아니라 정량적 분석이 가능하다.
② 정성적 결함나무를 작성하기 전에 정상사상(Top Event)이 발생할 확률을 계산한다.
③ "사건이 발생하려면 어떤 조건이 만족되어야 하는가?"에 근거한 연역적 접근방법을 이용한다.
④ 해석하고자 하는 정상사상(Top Event)과 기본사상(Basic Event) 간의 인과관계를 도식화하여 나타낸다.

해설
정성적 결함나무를 작성한 후에 정상사상(Top Event)이 발생할 확률을 계산한다.

정답 | ②

45

부주의의 발생원인과 이를 없애기 위한 대책의 연결이 옳지 않은 것은?

① 내적원인 – 적성배치
② 정신적 원인 – 주의력 집중 훈련
③ 기능 및 작업적 원인 – 안전의식 제고
④ 설비 및 환경적 원인 – 표준작업 제도의 도입

해설
기능 및 작업적 원인은 안전의식 제고가 아닌 적응력 향상 및 작업 조건의 개선과 연결되어야 한다.

정답 | ③

46

중복형태를 갖는 2인 1조 작업조의 신뢰도가 0.99 이상이어야 한다면 기계를 조종하는 임무를 수행하기 위해 한 사람이 갖는 신뢰도의 최솟값은 얼마인가?

① 0.99
② 0.95
③ 0.90
④ 0.85

해설 병렬 시스템의 신뢰도 공식

2인 1조 작업조가 중복 형태로 작업한다면, 시스템(작업조)의 신뢰도 R_{sys}는 다음과 같이 계산된다.

$$R_{sys} = 1 - (1-R)^2$$

시스템 신뢰도가 0.99 이상이어야 하는 경우, 아래와 같이 계산된다.
$1 - (1-R)^2 \geq 0.99$
$(1-R)^2 \leq 0.01$
$1 - R \leq 0.1$
따라서 $R \geq 0.9$로 즉, 한 사람의 신뢰도는 최소 0.90 이상이어야 한다.

정답 | ③

47
직무 스트레스의 요인 중 자신의 직무에 대한 책임 영역과 직무 목표를 명확하게 인식하지 못할 때 발생하는 요인은?

① 역할 과소
② 역할 갈등
③ 역할 모호성
④ 역할 과부하

해설
① 역할 과소: 직무에서 너무 할 일이 없거나 일의 변화가 거의 없는 상황에서 발생한다.
② 역할 갈등: 역할과 관련된 기대의 불일치, 양립될 수 없는 두 가지 이상의 행위가 동시에 나타날 때 발생한다.
④ 역할 과부하: 주어진 시간 동안 할 수 있는 업무량 이상을 요구받을 때 발생한다.

정답 | ③

48
최고 상위에서부터 최하위의 단계에 이르는 모든 직위가 단일 명령권한의 라인으로 연결된 조직형태는?

① 직능식 조직
② 프로젝트 조직
③ 직계식 조직
④ 직계 참모 조직

해설 Line형(직계식)
- 안전보건관리업무(PDCA 사이클 등)를 생산라인을 통하여 이루어지도록 편성된 조직이다.
- 생산라인에 모든 안전보건 관리기능을 부여한다.
- 업무가 생산 위주라 안전에 대한 전문지식이나 기술습득에 시간이 부족할 수 있다.
- 주로 100인 미만의 소규모 사업장에 적합하다.

정답 | ③

49
재해의 발생형태에 해당하지 않는 것은?

① 화상
② 협착
③ 추락
④ 폭발

해설
화상은 업무상 사고(상해, 업무상 재해)에 해당된다.

정답 | ①

50
인간행동에 대한 Rasmussen의 분류에 해당되지 않는 것은?

① 숙련기반 행동(Skill−based Behavior)
② 규칙기반 행동(Rule−based Behavior)
③ 능력기반 행동(Ability−based Behavior)
④ 지식기반 행동(Knowledge−based Behavior)

해설 Rasmussen(라스무센)의 인간 행동의 3단계 오류모델

행동 유형	설명	오류 유형	오류 설명
숙련기반행동 (Skill−based Behavior)	익숙하고 반복적인 작업을 무의식적·자동으로 수행한다.	숙련기반행동 오류 (Skill−based Behavior Error)	주의력 저하나 부주의로 인한 실수이다.
규칙기반행동 (Rule−based Behavior)	특정 상황에 맞는 규칙이나 절차를 적용하여 수행한다.	규칙기반행동 오류 (Rule−based Behavior Error)	상황 오판, 잘못된 규칙 적용으로 인한 착오(Mistake)이다.
지식기반행동 (Knowledge−based Behavior)	새로운 상황에서 기존 지식·경험으로 문제를 해결한다.	지식기반행동 오류 (Knowledge−based Behavior Error)	지식 부족 또는 잘못된 판단으로 인한 착오(Mistake)이다.

정답 | ③

51

주의를 기울여 시선을 집중하는 곳의 정보는 잘 받아들여지지만 주변의 정보는 놓치기 쉽다. 이것은 주의의 어떠한 특성 때문인가?

① 주의의 선택성
② 주의의 변동성
③ 주의의 연속성
④ 주의의 방향성

해설 주의의 특성

종류	정의	예시
선택성	사람은 한 번에 많은 종류의 자극을 지각하거나 수용하기 어렵고 소수의 특정한 것에 한정하여 선택하여 반응한다.	인간의 시야각은 120°이며 모든 것을 한 번에 인지할 수가 없다.
방향성	시선과 초점에 맞춘 곳은 잘 인지가 되지만, 시선에서 벗어난 부분은 무시되는 경향이 있다.	앞을 바라보고 운전을 하다가 전화가 울리면 옆에 있는 전화로 시선이 집중되어, 차 사고가 날 수 있다.
변동성	주의는 리듬이 있어서 항상 일정한 수준을 유지하지 못하므로 본인이 주의하려고 노력해도 실제로는 의식하지 못하는 순간이 존재한다.	수면이 부족하여 졸리면 집중력(의식수준)이 저하되어 사고가 일어날 수 있다.
1점 집중성	긴급한 비상사태에 부딪히면 다른 곳에 집중하지 못하고 그곳에만 집중한다.	폭발이나 화재 등 긴급한 상황에서 비상벨을 눌러야 모든 사람이 빠져나갈 수 있는데, 비상벨을 누르지 못하고 혼자만 빠져 나간다.

정답 | ④

52

연평균 작업자 수가 2,000명인 회사에서 1년에 중상해 1명과 경상해 1명이 발생하였다. 연천인율은 얼마인가?

① 0.5
② 1
③ 2
④ 4

해설 연천인율

$$연천인율 = \left(\frac{재해자\ 수}{평균\ 작업자\ 수}\right) \times 1,000$$

- 재해자 수 = 중상해 1명 + 경상해 1명 = 총 2명
- 평균 작업자 수 = 2,000명
- 연천인율 = $\left(\frac{2}{2,000}\right) \times 1,000 = 1$

정답 | ②

53

하인리히의 사고예방 대책의 5가지 기본원리를 순서대로 올바르게 나열한 것은?

① 사실의 발견 → 안전조직 → 분석평가 → 시정책 선정 → 시정책 적용
② 안전조직 → 사실의 발견 → 분석평가 → 시정책 선정 → 시정책 적용
③ 안전조직 → 분석평가 → 사실의 발견 → 시정책 선정 → 시정책 적용
④ 사실의 발견 → 분석평가 → 안전조직 → 시정책 선정 → 시정책 적용

해설 하인리히의 사고예방 대책의 5가지 기본원리

- 안전 조직: 안전목표설정, 안전관리자의 선임, 안전조직의 구성
- 사실의 발견: 작업분석, 점검, 사고조사, 안전진단
- 분석평가: 사고원인 및 경향성 분석
- 시정방법의 선정: 기술적 개선, 교육훈련, 안전 운동 전개, 안전행정의 개선
- 시정책의 적용: 3E

정답 | ②

54

NIOSH의 직무스트레스 관리모형 중 중재요인(Moderating Factors)에 해당하지 않는 것은?

① 개인적 요인 ② 조직 외 요인
③ 완충작용 요인 ④ 물리적 환경 요인

해설 NIOSH 미국국립산업안전보건연구원 직무스트레스 모형

- 직무스트레스 요인: 스트레스의 원인이 되는 직무 관련 환경적, 작업적, 조직적 요소들을 포함한다.
  - 환경요인: 소음, 온도, 조명, 환기불량 등
  - 작업요인: 작업부하, 교대근무, 작업속도 등
  - 조직요인: 역할갈등, 고용의 불확실성, 의사결정 참여 여부 등
- 직무스트레스 중재 요인: 스트레스 요인의 영향을 조절하거나 완화시키는 요소들을 포함한다.
  - 개인적 요인: 성격(대처능력), 건강, 통제신념, 자아존중감, 강인함, 낙관주의 등
  - 조직 외 요인: 재정 상태, 가족상황, 교육 수준 등
  - 완충작용 요인: 사회적 지위, 대처능력 등
- 스트레스 직무반응: 스트레스 요인에 대한 개인의 반응으로, 생리적, 심리적, 행동적 변화를 포함한다.
  - 생리적(신체적) 반응: 두통, 심근경색, 혈압상승 등
  - 심리적 반응: 우울, 직무불만족, 정서불안, 불안, 탈진 등
  - 행동적 반응: 결근, 음주, 흡연, 약물 중독, 무력감, 생산성 감소 등
- 결과: 스트레스가 개인과 조직에 미치는 결과를 말한다.

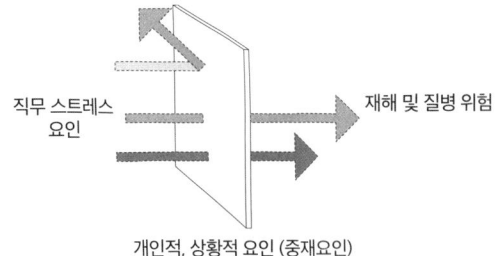

정답 | ④

55

리더십 이론 중 경로-목표이론에서 리더들이 보여주어야 하는 4가지 행동유형에 속하지 않는 것은?

① 권위적 ② 지시적
③ 참여적 ④ 성취지향적

해설 경로-목표 이론(Path-Goal Theory)

유형	상황	내용
지시적 리더십	직무가 모호한 상태	구체적 작업지시 통제, 조직화, 감독 등의 리더 행위
후원적(지원적) 리더십	부하들의 자신감 결여	부하들의 욕구와 복지에 관심을 보이고 이를 중시하여 우호적, 친밀감을 형성하는 리더의 행위
성취지향적 리더십	직무가 도전적이지 않음	도전적 목표를 수립, 최고의 성과를 달성할 수 있도록 하는 리더십(성과에 대한 보상)
참여적 리더십	부적절한 보상	의사결정을 할 때 정보를 공유하고 직원의 의견(제안활동)을 적극 고려하는 리더의 행위

정답 | ①

56

헤드십(Headship)과 리더십에 대한 설명으로 옳지 않은 것은?

① 헤드십은 부하와의 사회적 간격이 [넓다].
② 리더십에서 책임은 리더와 [개인적인 영향]
③ 리더십에서 구성원과 [권원으로부터 동의]에 따른다.
④ 헤드십은 권한[...]에 의한 것이다[...] 임명된 것이다.

해설

정답 | ④

57
제조물 책임법령상 제조업자가 제조물에 대해 충분한 설명, 지시, 경고 등 정보를 제공하지 않아 피해가 발생하였다면 이것은 어떤 결함 때문인가?

① 표시상의 결함
② 제조상의 결함
③ 설계상의 결함
④ 고지의무의 결함

해설
제조물 책임법에서 정의된 결함의 종류는 제조상의 결함, 설계상의 결함, 표시상의 결함이다. 이 중 제조물에 대한 충분한 정보를 제공하지 않아 피해가 발생하는 것은 표시상의 결함 때문이다.

정답 | ①

58
인간의 정보처리 과정 측면에서 분류한 휴먼 에러(Human Error)에 해당하는 것은?

① 생략 오류(Omission Error)
② 순서 오류(Sequential Error)
③ 작위 오류(Commission Error)
④ 의사결정 오류(Decision Making Error)

해설
의사결정 오류(Decision Making Error)는 인간의 정보처리 과정 측면에서 분류한 휴먼 에러에 해당된다. 이는 인간이 정보를 처리하고 의사결정을 내리는 과정에서 발생하는 오류를 말한다.

정답 | ④

59
인간의 감각기관 중 신체 반응시간이 빠른 것부터 순서대로 나열된 것은?

① 청각
② 청각 → 미각 → 통각
③ 시각 → 시각 → 통각
④ 시각 → 미각 → 통각
      → 통각

해설
• 반응속도 순서: (빠름)
  청각(0.17초), 촉각(0.18... > 미각 > 통각(느림)
  (0.7초)
  ...미각(0.29초), 통각

정답 | ①

60
집단 간 갈등의 원인과 가장 거리가 먼 것은?

① 제한된 자원
② 조직구조의 개편
③ 집단 간 목표 차이
④ 견해와 행동 경향 차이

해설
집단들은 조직의 한 부분으로서 전체 조직의 달성에 공헌하고 있으면서도 그 과정에서 목적이 일치하지 않으면 갈등의 원인이 된다. 갈등의 원천은 한정된(제한된) 자원, 보상구조, 개인적 목표의 차이(견해와 행동 경향 차이), 집단 간 목표 차이(조직목표의 주관적인 해석) 등이 있다.

정답 | ②

SUBJECT 04 | 근골격계질환 예방을 위한 작업관리

61
적절한 입식작업대 높이에 대한 설명으로 옳은 것은?

① 일반적으로 어깨 높이를 기준으로 한다.
② 작업자의 체격에 따라 작업대의 높이가 조정 가능하도록 하는 것이 좋다.
③ 미세부품 조립과 같은 섬세한 작업일수록 작업대의 높이는 낮아야 한다.
④ 일반적인 조립라인이나 기계 작업 시에는 팔꿈치 높이보다 5~10cm 높아야 한다.

해설
가장 이상적인 설계는 조절식 설계로 작업자의 체격에 따라 작업대의 높이가 조정 가능하도록 하는 것이 좋다.

정답 | ②

62
NIOSH의 들기 작업 지침에서 들기 지수(LI)를 산정하는 식에서 반영되는 변수가 아닌 것은?

① 표면계수
② 수평계수
③ 빈도계수
④ 비대칭계수

해설
들기 지수를 산정할 때 사용되는 변수 중 표면계수라는 것은 존재하지 않는다.

정답 | ①

63
사람이 행하는 작업을 기본 동작으로 분류하고, 각 기본 동작들은 동작의 성질과 조건에 따라 이미 정해진 기준 시간을 적용하여 전체 작업의 정미시간을 구하는 방법은?

① PTS법
② Rating법
③ Therblig법
④ Work Sampling법

해설
② Rating법: 작업자의 작업 속도를 기준 속도와 비교하여 시간 평가를 수행하는 방법이다.
③ Therblig법: Frank & Lillian Gilbreth가 개발한 방법으로, 작업을 17개의 기본 요소 동작(잡기, 위치 잡기, 옮기기 등)으로 세분화하는 기법이다.
④ Work Sampling법: 작업 분석 및 시간을 추정하는 통계적 방법 중 하나로, 무작위로 일정 시간 동안 작업을 관찰하여 특정 작업 활동의 발생 비율을 추정하는 기법이다.

관련개념 PTS법
- 사람이 수행하는 작업은 한정된 수의 기본 동작으로 구성되어 있다.
- 각 기본 동작의 소요 시간은 몇가지 시간 변동 요인에 의해 결정된다. 변동 요인만 같으면 누가, 언제, 어디서 행하든 소요시간은 미리 정해진 기준 시간과 같다.
- 작업의 소요 시간은 그 동작을 구성하고 있는 각 기본 동작의 기준 시간치의 합과 동일하다.
- PTS 시간 자료는 PTS 시스템의 종류에 따라 다르며, 대부분의 PTS 시간 자료에는 여유시간이 포함되어 있지 않아 표준시간 설정 시 여유시간을 따로 고려해야 한다.

정답 | ①

64
공정도(Process Chart)에 사용되는 기호와 명칭이 잘못 연결된 것은?

① ⇨ : 운반
② □ : 검사
③ ○ : 가공
④ ⊃ : 저장

해설
공정도(Process Chart)에서 '저장'을 나타내는 기호는 '∇'이다. '⊃'는 '지체'를 의미한다.

정답 | ④

65
다음 근골격계질환의 발생원인 중 작업요인이 아닌 것은?

① 작업강도
② 작업자세
③ 직무만족도
④ 작업의 반복도

해설 근골격계질환 발생원인
- 작업자 요인(개인적특성): 성별, 나이, 신체조건, 작업습관, 작업방법 및 기술수준, 직무만족도, 병력 등
- 작업 요인: 작업자세, 작업의 반복성, 작업강도, 작업속도, 휴식시간 부족 등
- 작업장 요인: 공구, 설비, 공간, 작업대와 작업의자 등
- 환경 요인: 진동, 조명, 온도, 습도, 소음, 공기질 등
- 사회·심리적 요인: 작업만족도, 근무조건 만족도, 업무스트레스, 상사 및 동료들과의 인간관계, 작업과 업무의 자율적인 조절 등

정답 | ③

66
산업안전보건법령상 근골격계 부담작업의 유해요인 조사를 해야 하는 상황이 아닌 것은?

① 법에 따른 건강진단 등에서 근골격계질환자가 발생한 경우
② 근골격계 부담작업에 해당하는 기존의 동일한 설비가 도입된 경우
③ 근골격계 부담작업에 해당하는 업무의 양과 작업공정 등 작업환경이 바뀐 경우
④ 작업자가 근골격계질환으로 관련 법령에 따라 업무상 질환으로 인정받는 경우

해설
이미 동일한 설비가 도입되었을 경우, 유해요인조사는 하지 않아도 된다. 새로운 설비가 도입되었을 때 유해요인조사를 해야 한다.

정답 | ②

67
근골격계질환 예방·관리프로그램 실행을 위한 보건 관리자의 역할로 볼 수 없는 것은?

① 사업장 특성에 맞게 근골격계질환의 예방·관리 추진팀을 구성한다.
② 주기적으로 작업장을 순회하여 근골격계질환 유발공정 및 작업유해요인을 파악한다.
③ 주기적인 작업자 면담을 통하여 근골격계질환 증상 호소자를 조기에 발견할 수 있도록 노력한다.
④ 7일 이상 지속되는 증상을 가진 작업자가 있을 경우 지속적인 관찰, 전문의 진단의뢰 등의 필요한 조치를 한다.

해설
사업장 특성에 맞게 근골격계질환의 예방·관리 추진팀을 구성하는 것은 사업주의 역할이다.

정답 | ①

68
작업자-기계 작업 분석 시 작업자와 기계의 동시작업 시간이 1.8분, 기계와 독립적인 작업자의 활동시간이 2.5분, 기계만의 가동시간이 4.0분일 때, 동시성을 달성하기 위한 이론적 기계 대수는 약 얼마인가?

① 0.28 ② 0.74
③ 1.35 ④ 3.61

해설 이론적 기계 대수(n)

$$이론적\ 기계\ 대수(n) = \frac{a+t}{a+b}$$

- a: 동시 작업시간(작업자와 기계가 동시에 작동)
- b: 작업자의 작업시간
- t: 기계의 가동시간

$$이론적\ 기계\ 대수(n) = \frac{1.8+4.0}{1.8+2.5} = \frac{5.8}{4.3} = 1.35$$

정답 | ③

69
문제해결 절차에 관한 설명으로 옳지 않은 것은?

① 작업방법의 분석 시에는 공정도나 시간차트, 흐름도 등을 사용한다.
② 선정된 개선안은 작업자나 관련 부서의 이해와 협조 과정을 거쳐 시행하도록 한다.
③ 개선절차는 "연구대상선정 → 현 작업방법 분석 → 분석 자료의 검토 → 개선안 선정 → 개선안 도입" 순으로 이루어진다.
④ 개선 분석 시 5W1H의 What은 작업 순서의 변경, Where, When, Who는 작업 자체의 제거, How는 작업의 결합 분석을 의미한다.

해설
육하원칙인 5W1H는 'Who(누가)', 'What(무엇을)', 'Where(어디서)', 'When(언제)', 'Why(왜)', 'How(어떻게)'의 첫 글자를 따서 만든 약어이다.

정답 | ④

70

산업안전보건법령상 사업주가 근골격계 부담작업 종사자에게 반드시 주지시켜야 하는 내용에 해당되지 않는 것은?

① 근골격계부담작업의 유해요인
② 근골격계질환의 요양 및 보상
③ 근골격계질환의 징후 및 증상
④ 근골격계질환 발생 시의 대처 요령

해설

근골격계질환의 요양 및 보상은 의료적이고 법적 문제이며 사업주는 작업자에게 요양 및 보상에 대한 정보를 제공할 의무가 직접적으로 명시되어 있지 않다.

관련개념 근골격계 부담작업 종사자 대상 기본교육 내용

- 근골격계 부담작업에서의 유해요인
- 작업도구와 장비 등 작업시설의 올바른 사용방법
- 근골격계질환의 증상과 징후, 식별방법 및 보고방법
- 근골격계질환 발생 시 대처요령
- 기타 근골격계질환 예방에 필요한 사항

정답 | ②

71

동작경제(Motion Economy)의 원칙에 해당하지 않는 것은?

① 가능한 기본 동작의 수를 많이 늘린다.
② 공구의 기능을 결합하여 사용하도록 한다.
③ 두 손의 동작은 같이 시작하고 같이 끝나도록 한다.
④ 공구, 재료 및 제어 장치는 사용 위치에 가까이 두도록 한다.

해설

동작경제 원칙의 핵심은 기본 동작의 수를 줄여 불필요한 움직임을 없애고 작업시간을 단축하는 것으로, 기본 동작의 수를 늘리는 것은 비효율적인 작업 방식이다.

정답 | ①

72

평균 관측시간이 0.9분, 레이팅계수가 120%, 여유시간이 하루 8시간 근무시간 중에 28분으로 설정되었다면 표준시간은 약 몇 분인가?

① 0.926
② 1.080
③ 1.147
④ 1.151

해설 표준시간 계산(내경법)

- 정미시간 계산

$$정미시간 = 관측\ 평균시간 \times \left(\frac{레이팅계수}{100}\right)$$

정미시간 $= 0.9 \times 1.2 = 1.08$분

- 여유율 계산

$$여유율 = \frac{여유시간}{총\ 근무시간}$$

여유율 $= \frac{28(분)}{8(시간) \times 60(분)} = \frac{28}{480} = 0.0583$

- 표준시간 계산

$$표준시간 = \frac{정미시간}{1 - 여유율}$$

표준시간 $= \frac{1.08}{1 - 0.0583} = 1.147$분

정답 | ③

73
손과 손목 부위에 발생하는 작업관련성 근골격계질환이 아닌 것은?

① 방아쇠 손가락(Trigger finger)
② 외상과염(Lateral epicondylitis)
③ 가이언 증후군(Canal of guyon)
④ 수근관 증후군(Carpal tunnel syndrome)

해설
① 방아쇠 손가락(Trigger finger): 손가락의 건초염(tendinitis)으로, 손가락을 구부리거나 펴는 동작에서 손가락이 갑자기 걸리거나 튀어나오는 현상이 발생하는 질환이다.
② 외상과염(테니스엘보): 팔꿈치에서 손목으로 이어진 뼈를 둘러싼 인대가 부분적으로 파열되거나 염증이 생기면서 발생한다.
③ 가이언 증후군(Canal of guyon): 손목의 가이언 관(Canal of Guyon)이라고 불리는 부분에서 정중신경이나 척골신경이 눌려서 발생하는 질환이다.
④ 수근관 증후군(Carpal tunnel syndrome): 손목의 수근관(Carpal Tunnel)이라고 불리는 통로에서 정중신경(median nerve)이 압박을 받아 발생하는 질환이다.

정답 | ②

74
근골격계질환 예방을 위한 바람직한 관리적 개선 방안으로 볼 수 없는 것은?

① 규칙적이고 적절한 휴식을 통하여 피로의 누적을 예방한다.
② 작업 확대를 통하여 한 작업자가 할 수 있는 일의 다양성을 넓힌다.
③ 전문적인 스트레칭과 체조 등을 교육하고 작업 중 수시로 실시하도록 유도한다.
④ 중량물 운반 등 특정 작업에 적합한 작업자를 선별하여 상대적 위험도를 경감시킨다.

해설
중량물 운반 등 작업은 적합한 작업자를 선발하는게 아니라 작업환경과 작업방법을 개선해야 한다. 전자동화나 기계와 기구를 활용해서 옮기는 등의 방법으로 위험도를 경감시켜야 한다.

정답 | ④

75
상완, 전완, 손목을 그룹 A로, 목, 상체, 다리를 그룹 B로 나누어 측정, 평가하는 유행요인의 평가기법은?

① RULA(Rapid Upper Limb Assessment)
② REBA(Rapid Entire Body Assessment)
③ OWAS(Ovako Working Posture Analysis System)
④ NIOSH 들기작업지침(Revised NIOSH Lifting Equation)

해설 RULA(Rapid Upper Limb Assessment)
- 주로 상지부위인 팔, 어깨, 손목 등 상반신의 작업 자세를 평가할 목적으로 개발된 유해요인 조사방법이다.
- 전완자세, 몸통자세, 손목각도(어깨, 팔목, 손목, 목 등 상지)에 초점을 맞추어 작업자세로 인한 작업부하를 빠르고 상세하게 분석할 수 있는 근골격계질환의 위험평가기법이다.
- 각 작업 자세는 신체 부위별로 A와 B그룹으로 나누어지며, 상완, 전완, 손목을 그룹 A로, 목, 상체, 다리를 그룹 B로 나누어 측정, 평가한다.

정답 | ①

76
서블릭(Therblig) 기호의 심볼과 영문이 잘못된 것은?

① ➡ : TL
② ╫ : DA
③ ⬭ : Sh
④ ⊓ : H

해설 서블릭 기호
① ➡ : 고르기, 선택(St)
② ╫ : 분해(DA)
③ ⬭ : 찾기(Sh)
④ ⊓ : 잡고 있기(H)

정답 | ①

77
다음 중 수행도 평가기법이 아닌 것은?

① 속도 평가법
② 합성 평가법
③ 평준화 평가법
④ 사이클 그래프 평가법

해설
사이클 그래프 평가법은 주로 시간 분석이나 주기적인 변화를 시각적으로 나타내는 기법이며, 주로 시간 관리나 작업 흐름을 나타내는 데 사용된다.

정답 | ④

78
파레토 원칙(Pareto principle: 80-20원칙)에 대한 설명으로 옳은 것은?

① 20%의 항목이 전체의 80%를 차지한다.
② 40%의 항목이 전체의 60%를 차지한다.
③ 60%의 항목이 전체의 40%를 차지한다.
④ 80%의 항목이 전체의 20%를 차지한다.

해설
파레토 원칙(Pareto Principle) 또는 80-20원칙은 전체 결과의 약 80%가 전체 항목의 20%에서 발생한다는 이론이다. 예를 들어, 20%의 고객이 전체 매출의 80%를 차지하거나, 20%의 문제나 원인이 80%의 결과를 유발하는 경우이다.

정답 | ①

79
다음 중 간헐적으로 랜덤한 시점에 연구대상을 순간적으로 관측하여 관측기간 동안 나타난 항목별로 차지하는 비율을 추정하는 방법은?

① Work Factor법
② Work Sampling법
③ PTS(Predetermined Time Standards)법
④ MTM(Methods Time Measurement)법

해설
① Work Factor법: 작업 요소별 기본 동작 시간을 측정하여 표준시간을 산출한다.
③ PTS(Predetermined Time Standards)법: 미리 정해진 표준시간 데이터를 사용하여 표준시간을 산출한다.
④ MTM(Methods Time Measurement)법: 미리 정해진 동작 요소의 시간 데이터를 사용하여 표준시간을 산출한다.

정답 | ②

80
ECRS의 4원칙에 해당되지 않는 것은?

① Eliminate: 꼭 필요한가?
② Simplify: 단순화할 수 있는가?
③ Control: 작업을 통제할 수 있는가?
④ Rearrange: 작업순서를 바꾸면 효율적인가?

해설 ECRS의 4원칙
- 제거(Eliminate)
- 결합(Combine)
- 재배치(Rearrange)
- 단순화(Simplify)

정답 | ③

2019년 1회 기출문제

SUBJECT 01 | 인간공학개론

01
인간의 피부가 느끼는 3종류의 감각에 속하지 않는 것은?

① 압각
② 통각
③ 온각
④ 미각

해설
미각은 피부가 아니라 혀의 미뢰를 통해 느끼는 감각이다.

정답 | ④

02
각각의 변수가 다음과 같을 때, 정보량을 구하는 식으로 틀린 것은?

- n: 대안의 수
- p: 대안의 실현확률
- p_k: 각 대안의 실패확률
- p_i: 각 대안의 실현확률

① $H = \log_2 n$
② $H = \log_2 \left(\dfrac{1}{p}\right)$
③ $H = \sum_{i=1}^{n} p_i \log_2 \left(\dfrac{1}{p_i}\right)$
④ $H = \sum_{k=0}^{n} p_k + \log_2 \left(\dfrac{1}{p_k}\right)$

해설 정보량을 구하는 식

- 정보량 기본 공식

$$H = \log_2 \left(\dfrac{1}{p}\right) \text{ 또는 } H = \log_2 n$$

- 평균 정보량 공식

$$H = \sum_{i=1}^{n} p_i \log_2 \left(\dfrac{1}{p_i}\right) \text{ 또는 } H = -\sum_{i=1}^{n} p_i \log_2 (p_i)$$

정답 | ④

03
물리적 공간의 구성요소를 배열하는 데 적용될 수 있는 원리에 대한 설명으로 틀린 것은?

① 사용빈도 원리 – 자주 사용되는 구성요소를 편리한 위치에 두어야 한다.
② 기능성 원리 – 대표 기능을 수행하는 구성 요소를 편리한 위치에 배치해야 한다.
③ 중요도 원리 – 시스템 목표 달성에 중요한 구성 요소를 편리한 위치에 두어야 한다.
④ 사용 순서 원리 – 구성 요소들 간의 관련 순서나 사용 패턴에 따라 배치해야 한다.

해설 작업대 공간 구성요소의 배치

- 중요도의 원칙: 각 부품 및 작업 요소의 기여도를 고려하여 우선순위를 결정한다.
- 사용빈도의 원칙: 자주 사용하는 부품이나 도구를 작업자 손 가까이에 배치해 이동을 최소화한다.
- 사용순서의 원칙: 작업 순서를 반영해 부품이나 도구를 순차적으로 배치하여 효율적 흐름을 유지한다.
- 기능별 배치의 원칙: 기능적으로 연관된 부품이나 도구를 한곳에 모아 배치해 연속성과 효율을 높인다.

정답 | ②

04
신호검출이론을 적용하기에 가장 적합하지 않은 것은?

① 의료진단
② 정보량 측정
③ 음파탐지
④ 품질 검사과업

해설
신호검출이론은 불확실한 환경에서 신호와 잡음을 식별하는 능력을 평가하는 이론이다. 반면, 정보량 측정은 정보이론의 개념으로, 신호와 잡음을 판별하는 과정과는 다른 개념이다.

정답 | ②

05

어떤 시스템의 사용성을 평가하기 위해 사용하는 기준으로 적절하지 않은 것은?

① 효율성
② 학습용이성
③ 가격 대비 성능
④ 기억용이성

해설 닐슨의 5가지 사용성 평가 기준
- 학습용이성(Learnability): 얼마나 쉽게 사용할 수 있는가?
- 효율성(Efficiency): 얼마나 빠르게 수행하였는가?
- 기억용이성(Memorability): 얼마나 쉽게 익숙해질 수 있는가?
- 에러(Errors): 얼마나 에러가 자주 발생하는가?
- 만족도(Satisfaction): 얼마나 만족스럽게 사용하는가?

정답 ③

06

Fitts의 법칙에 관한 설명으로 맞는 것은?

① 표적이 작을수록, 이동거리가 짧을수록 작업의 난이도와 소요 이동시간이 증가한다.
② 표적이 작을수록, 이동거리가 길수록 작업의 난이도와 소요 이동시간이 증가한다.
③ 표적이 클수록, 이동거리가 길수록 작업의 난이도와 소요 이동시간이 증가한다.
④ 표적이 클수록, 이동거리가 짧을수록 작업의 난이도와 소요 이동시간이 증가한다.

해설 Fitts의 법칙은 표적의 크기와 이동 거리가 작업 속도와 정확성에 미치는 영향을 설명하는 법칙이다. 표적이 작고 멀수록 난이도가 증가하고 시간이 더 걸린다. 예를 들어, 스마트폰에서 먼 위치의 작은 아이콘을 클릭할 때 정밀한 조작이 필요해 수행 시간이 길어진다.

정답 ②

07

귀의 청각 과정이 순서대로 올바르게 나열된 것은?

① 신경전도 → 액체전도 → 공기전도
② 공기전도 → 액체전도 → 신경전도
③ 액체전도 → 공기전도 → 신경전도
④ 신경전도 → 공기전도 → 액체전도

해설 귀의 청각 과정은 다음과 같다.
- 공기전도: 소리가 공기를 통해 외이(귓바퀴, 외이도)를 지나 고막을 진동시킨다.
- 액체전도: 진동이 중이의 이소골을 거쳐 내이로 전달되며, 달팽이관 림프액이 진동하면서 청각세포를 자극한다.
- 신경전도: 청각세포가 자극을 전기신호로 변환하여 청신경을 통해 뇌의 청각피질로 전달하여 소리를 인식하게 된다.

정답 ②

08

회전운동을 하는 조종장치의 레버를 30° 움직였을 때 표시장치의 커서는 4cm 이동하였다. 레버의 길이가 20cm일 때, 이 조종 장치의 C/R비는 약 얼마인가?

① 2.62
② 5.24
③ 8.33
④ 10.48

해설 C/R비 계산

$$C/R비 = \frac{\frac{조종장치의\ 움직인\ 각도}{360°} \times 2\pi L}{표시장치의\ 이동거리}$$

$$C/R비 = \frac{\frac{30°}{360°} \times 2 \times \pi \times 20cm}{4cm} = 2.62$$

정답 ①

09
밀러(Miller)의 신비의 수(Magic Number) 7±2와 관련이 있는 인간의 정보처리 계통은?

① 장기기억 ② 단기기억
③ 감각기관 ④ 제어기관

해설
밀러의 신비의 수 7±2는 단기기억의 용량을 설명하는 이론으로, 인간은 단기기억에서 약 7±2개의 정보 덩어리(Chunk)를 유지할 수 있으며, 이를 초과하면 기억이 어려워진다는 연구 결과에 기반한다.

정답 | ②

10
인간공학 연구에 사용되는 기준(Criterion, 종속변수) 중 인적기준(Human Criterion)에 해당하지 않은 것은?

① 보전도 ② 사고 빈도
③ 주관적 반응 ④ 인간 성능

해설 인간공학 연구에 사용되는 기준
- 인적기준: 인간의 성능척도, 주관적 반응, 생리학적 지표, 사고 및 과오빈도
- 물적기준: 시스템 신뢰성, 보전도(정비성), 가용성

정답 | ①

11
시력에 관한 설명으로 틀린 것은?

① 근시는 수정체가 두꺼워져 먼 물체를 볼 수 없다.
② 시력은 시각(visual angle)의 역수로 측정한다.
③ 시각(visual angle)은 표적까지의 거리를 표적 두께로 나누어 계산한다.
④ 눈이 파악할 수 있는 표적사이의 최소공간을 최소 분간시력(minimum separable acuity)이라고 한다.

해설
시각(Visual Angle)은 표적 크기와 거리의 비율로 결정되며, 작은 각도에서는 (표적 크기)÷(거리)로 근사할 수 있다.

정답 | ③

12
인간의 나이가 많아짐에 따라 시각 능력이 쇠퇴하여 근시력이 나빠지는 이유로 가장 적절한 것은?

① 시신경의 둔화로 동공의 반응이 느려지기 때문
② 세포의 팽창으로 망막에 이상이 발생하기 때문
③ 수정체의 투명도가 떨어지고 유연성이 감소하기 때문
④ 안구 내의 공막이 얇아져 영양 공급이 잘 되지 않기 때문

해설
노화로 인해 수정체의 투명도가 낮아지고 탄력이 감소하면서, 근거리 초점 조절이 어려워져 노안이 발생한다.

정답 | ③

13
음 세기(sound intensity)에 관한 설명으로 맞는 것은?

① 음 세기의 단위는 Hz이다.
② 음 세기는 소리의 고저와 관련이 있다.
③ 음 세기는 단위 시간에 단위 면적을 통과하는 음의 에너지이다.
④ 음압수준 측정 시에는 2,000Hz의 순음을 기준 음압으로 사용한다.

해설
음 세기는 소리의 에너지가 단위 시간 동안 단위 면적을 통과하는 양을 의미한다. 이는 소리의 강도를 물리적으로 나타내는 값으로, 소리가 가진 에너지의 흐름을 측정한다.

관련개념 음세기의 정의

단위	W/m^2, dB
측정 대상	소리의 크기(강도)
기준 음압	20μPa(마이크로 파스칼)

정답 | ③

14
청각적 코드화 방법에 관한 설명으로 틀린 것은?

① 진동수는 많을수록 좋으며, 간격은 좁을수록 좋다.
② 음의 방향은 두 귀 간의 강도 차를 확실하게 해야 한다.
③ 강도(순음)의 경우는 1,000~4,000Hz로 한정할 필요가 있다.
④ 지속시간은 0.5초 이상 지속시키고, 확실한 차이를 두어야 한다.

해설
진동수(주파수)가 많아지면 청취자가 소리를 구별하기 어려워지고, 간격이 좁을수록 주파수 간 변별이 어려워 혼동이 발생할 수 있다. 따라서 적절한 주파수 범위와 충분한 간격을 유지해야 한다.

정답 | ①

15
인체측정 자료의 유형에 대한 설명으로 틀린 것은?

① 기능적 치수는 정적 자세에서의 신체치수를 측정한 것이다.
② 정적 치수에 의해 나타나는 값과 동적 치수에 의해 나타나는 값은 다르다.
③ 정적 치수에는 골격 치수(skeletal dimension)와 외곽 치수(contour dimension)가 있다.
④ 우리나라에서는 국가기술표준원 주관 하에 'SIZE KOREA'라는 이름으로 인체 치수조사 사업을 실시하여 인체 측정에 관한 결과를 제공하고 있다.

해설
기능적 치수는 활동 중 신체 움직임을 반영하여 측정한 신체치수이다.

정답 | ①

16
정량적 시각 표시장치의 기본 눈금선 수열로 가장 적당한 것은?

① 2, 4, 6, …
② 3, 6, 9, …
③ 8, 16, 24, …
④ 0, 10, 20, …

해설
눈금선은 10의 배수(0, 10, 20, …)를 사용하는 것이 직관적이며 가독성이 좋다.

관련개념 눈금 배열 원칙
- 눈금은 십진법 기준 단위를 사용해야 한다.
- 눈금 간격을 일정하게 유지하여 가독성을 높인다.
- 눈금 단위를 표준화하여 사용자가 쉽게 인식할 수 있도록 한다.

정답 | ④

17
인간공학을 지칭하는 용어로 적절하지 않은 것은?

① Biology
② Ergonomics
③ Human factors
④ Human factors engineering

해설
Biology(생물학)는 생명체의 구조와 기능을 연구하는 학문으로, 인간공학을 의미하는 용어가 아니다.

정답 | ①

18
웹 네비게이션 설계 시 검토해야 할 인터페이스 요소로서 가장 적절하지 않은 것은?

① 일관성이 있어야 한다.
② 쉽게 학습할 수 있어야 한다.
③ 전체적인 문맥을 이해하기 쉬워야 한다.
④ 시각적 이미지가 최대한 많이 제공되어야 한다.

해설
과도한 이미지 사용은 사용성을 저하시킬 수 있으며, 이미지와 텍스트의 균형을 유지하고 접근성과 가독성을 고려해야 한다.

정답 | ④

19
인간이 기계를 조종하여 임무를 수행해야 하는 직렬 구조의 인간-기계 체계가 있다. 인간의 신뢰도가 0.9, 기계의 신뢰도는 0.9라면 이 인간-기계 통합 체계의 신뢰도는 얼마인가?

① 0.64   ② 0.72
③ 0.81   ④ 0.98

해설 직렬 시스템의 신뢰도

$$R_S = R_H \times R_E$$

- R_S: 인간-기계 체계 신뢰도
- R_H: 인간의 신뢰도
- R_E: 기계의 신뢰도

$R_S = 0.9 \times 0.9 = 0.81$

관련개념 병렬 시스템의 신뢰도

$$R = 1 - (1 - R_1) \times (1 - R_2)$$

- R: 전체 시스템의 신뢰도
- R_1과 R_2: 각 구성요소(또는 작업자)의 신뢰도

정답 | ③

20
인체측정치의 응용원칙과 관계가 먼 것은?

① 극단치를 이용한 설계
② 평균치를 이용한 설계
③ 조절식 범위를 이용한 설계
④ 기능적 치수를 이용한 설계

해설
기능적 치수는 신체가 실제로 움직이는 상태에서 측정된 치수로, 설계 응용원칙과는 거리가 멀다.

정답 | ④

SUBJECT 02 | 작업생리학

21
점광원으로부터 어떤 물체나 표면에 도달하는 빛의 밀도를 나타내는 단위로 맞는 것은?

① nit
② Lambert
③ candela
④ lumen/m²

해설
물체 표면에 도달하는 빛의 밀도는 조도이다. 조도의 단위는 lumen/m²(lm/m²)을 사용한다.

관련개념 조명 용어 및 단위

용어	정의	단위
조도	표면에 도달하는 빛의 밀도	lux, lm/m²
반사율	입사된 빛 대비 반사된 빛의 비율	%
광도(광량)	광원이 특정 방향으로 방출하는 빛의 강도	cd(칸델라)
광속	광원이 방출하는 총 빛의 양	lm(루멘)

정답 | ④

22
최대산소소비능력(MAP)에 관한 설명으로 틀린 것은?

① 산소섭취량이 일정하게 되는 수준을 말한다.
② 최대산소소비능력은 개인의 운동역량을 평가하는 데 활용된다.
③ 젊은 여성의 평균 MAP는 젊은 남성의 평균 MAP 20~30% 정도이다.
④ MAP를 측정하기 위해서 주로 트레드밀(treadmill)이나 자전거 에르고미터(ergometer)를 활용한다.

해설
젊은 여성의 평균 MAP는 남성의 평균 MAP보다 약 15~30% 낮다.

정답 | ③

23
정적 자세를 유지할 때의 떨림(tremor)을 감소시킬 수 있는 방법으로 적당한 것은?

① 손을 심장 높이보다 높게 한다.
② 몸과 작업에 관계되는 부위를 잘 받친다.
③ 작업 대상물에 기계적인 마찰을 제거한다.
④ 시각적인 기준(reference)을 정하지 않는다.

해설
신체 일부를 지지하면 근육의 부담이 줄어들어 떨림이 감소한다.

정답 | ②

24
신경계에 관한 설명으로 틀린 것은?

① 체신경계는 피부, 골격근, 뼈 등에 분포한다.
② 자율신경계는 교감신경계와 부교감신경계로 세분된다.
③ 중추신경계는 척수신경과 말초신경으로 이루어진다.
④ 기능적으로는 체신경계와 자율신경계로 나눌 수 있다.

해설
중추신경계는 뇌와 척수로 구성된다.

정답 | ③

25
어떤 작업자의 5분 작업에 대한 전체 심박 수는 400회, 일박출량은 65mL/회로 측정되었다면 이 작업자의 분당 심박출량(L/min)은?

① 4.5L/min
② 4.8L/min
③ 5.0L/min
④ 5.2L/min

해설 심박출량의 계산

> 심박출량(CO) = $HR \times SV$
> - HR: 분당 심박 수
> - SV: 일회 박출량

$$CO = \frac{400회}{5min} \times 65mL/회 = 5,200mL/min = 5.2L/min$$

정답 | ④

26
육체적인 작업을 할 경우 순환기계의 반응이 아닌 것은?

① 혈압의 상승
② 혈류의 재분배
③ 심박출량의 증가
④ 산소 소모량의 증가

해설
산소 소모량 증가는 호흡기계와 신진대사 과정과 관련된 반응이며, 순환기계의 직접적인 반응이 아니다.

정답 | ④

27
인체의 해부학적 자세에서 팔꿈치 관절의 굴곡과 신전 동작이 일어나는 면은?

① 시상면(sagittal plane)
② 정중면(median plane)
③ 관상면(coronal plane)
④ 횡단면(transverse plane)

해설
팔꿈치의 굴곡과 신전은 인체를 좌우로 나누는 시상면에서 일어난다.

정답 | ①

28
소음방지대책 중 다음과 같은 기법을 무엇이라 하는가?

> 감쇠대상의 음파와 동위상인 신호를 보내어 음파 간에 간섭현상을 일으키면서 소음이 저감되도록 하는 기법

① 음원 대책
② 능동제어 대책
③ 수음자 대책
④ 전파경로 대책

해설
능동제어 대책은 감쇠대상 음파와 같은 위상의 신호를 생성해 간섭을 일으켜 소음을 저감하는 기법이다.

관련개념 소음방지대책의 종류

용어	정의	예시
음원 대책	소음 발생 원인 제어	소음 저감 설계
능동제어 대책	반대 위상 소리로 소음 상쇄	노이즈캔슬링 이어폰
수음자 대책	소음으로부터 수음자 보호	귀마개
전파경로 대책	소음 전파 경로 차단	방음벽

정답 | ②

29
기초대사량의 측정과 가장 관계가 깊은 자세는 무엇인가?

① 누워서 휴식을 취하고 있는 상태
② 앉아서 휴식을 취하고 있는 상태
③ 선 자세로 휴식을 취하고 있는 상태
④ 벽에 기대어 휴식을 취하고 있는 상태

해설
기초대사량은 신체가 아무 활동 없이 안정된 상태에서 소비하는 에너지로, 측정을 위해서는 완전한 휴식상태가 필요하다.

정답 | ①

30
소음에 의한 청력손실이 가장 크게 발생하는 주파수 대역은?

① 1,000Hz
② 2,000Hz
③ 4,000Hz
④ 10,000Hz

해설
소음에 의한 청력 손실은 주로 3,000Hz에서 6,000Hz 범위에서 발생하며, 그중 4,000Hz가 가장 큰 영향을 미친다.

정답 | ③

31
어떤 작업의 총 작업시간이 35분이고 작업 중 평균 에너지 소비량이 분당 7kcal라면 이때 필요한 휴식시간은 약 몇 분인가? (단, Murrell의 공식을 이용하며, 기초대사량은 분당 1.5kcal, 남성의 권장 평균 에너지 소비량은 분당 5kcal이다.)

① 8분
② 13분
③ 18분
④ 23분

해설 Murrell의 식을 이용한 휴식시간 계산

$$휴식시간(R) = T \times \frac{E-S}{E-M}$$

- T : 총 작업시간(분)
- E : 작업 중 평균 에너지 소비량(kcal/min)
- S : 권장 평균 에너지 소비량(kcal/min), 일반적으로 5kcal/min
- M : 휴식 중 평균 에너지 소비량(kcal/min), 일반적으로 1.5kcal/min

$R = 3 \times \frac{7-5}{7-1.5} \approx 13분$

정답 | ②

32
정적 평형상태에 대한 설명으로 틀린 것은?

① 힘이 거리에 반비례하여 발생한다.
② 물체나 신체가 움직이지 않는 상태이다.
③ 작용하는 모든 힘의 총합이 0인 상태이다.
④ 작용하는 모든 모멘트의 총합이 0인 상태이다.

해설
정적 평형상태에서 힘은 거리에 비례해서 발생하고, 모멘트는 힘과 거리의 곱으로 발생한다.

정답 | ①

33
정신활동의 부담척도로 사용되는 시각적 점멸융합주파수(VFF)에 대한 설명으로 틀린 것은?

① 연습의 효과는 적다.
② 암조응 시 VFF가 증가한다.
③ 휘도만 같으면 색은 VFF에 영향을 주지 않는다.
④ VFF는 조명 강도의 대수치에 선형적으로 비례한다.

해설
암조응 상태에서는 색 구분 능력이 떨어지고 반응속도가 느려져 점멸융합주파수를 감소시킨다.

정답 | ②

34
근세포막에 전달된 흥분을 근세포 내부로 전달하는 통로역할을 하는 것은?

① 근초(sarcolemma)
② 근섬유속(fasciculuse)
③ 가로세관(transverse tubules)
④ 근형질세망(sarcoplasmic reticulum)

해설
가로세관은 근세포막에서 전달된 흥분을 근세포 내부로 전달하여 근육 수축을 효율적으로 돕는다.

정답 | ③

35
근육 대사작용에서 혐기성 과정으로 글루코오스가 분해되어 생성되는 물질은?

① 물
② 피루브산
③ 젖산
④ 이산화탄소

해설
혐기성 대사에서 글루코오스는 피루브산으로 분해된 후 산소 부족 시 젖산으로 변환된다.

정답 | ③

36
근(筋)섬유에 관한 설명으로 틀린 것은?

① 적근섬유(slow twitch fiber)는 주로 작은 근육 그룹에서 볼 수 있다.
② 백근섬유(fast twitch fiber)는 무산소 운동에 좋아 단거리 달리기 등에 사용된다.
③ 근섬유는 백근섬유(fast twitch fiber)와 적근섬유(slow twitch fiber)로 나눌 수 있다.
④ 운동이 격렬하여 근육에 산소공급이 원활하지 않은 경우에는 엽산이 생성되어 피곤함을 느낀다.

해설
운동이 격렬하여 근육에 산소공급이 원활하지 않은 경우에는 젖산이 생성되어 피곤함을 느낀다.

정답 | ④

37

교대근무와 생체리듬과의 관계에서 야간근무를 하는 동안 근무시간이 길어질 때 졸음이 증가하고 작업능력이 저하되는 현상을 무엇이라 하는가?

① 항상성 유지기능
② 작업적응 유지기능
③ 생리적응 유지기능
④ 야간적응 유지기능

해설

항상성 유지기능은 생체리듬에 따라 일정한 수면-각성 상태를 유지하려는 기능으로, 깨어 있는 시간이 길어질수록 졸음이 증가하고 작업능력이 저하되는 현상이다.

정답 | ①

38

수술실과 같이 대비가 아주 낮고, 크기가 작은 아주 특수한 시각적 작업의 실행에 가장 적절한 조도는?

① 500~1,000럭스
② 1,000~2,000럭스
③ 3,000~5,000럭스
④ 10,000~20,000럭스

해설

수술실은 정밀한 시각적 작업이 수행되는 공간으로, 극도로 밝은 조명이 필수적이다. 일반적으로 수술실에서는 10,000~20,000lux 사이의 조도를 유지해야 한다.

정답 | ④

39

근력 및 지구력에 대한 설명으로 틀린 것은?

① 정적인 근력 측정치로부터 동적 작업에서 발휘할 수 있는 최대 힘을 정확히 추정할 수 있다.
② 근력 측정치는 작업 조건뿐만 아니라 검사자의 지시내용, 측정방법 등에 의해서도 달라진다.
③ 근육이 발휘할 수 있는 힘은 근육의 최대자율수축(MVC)에 대한 백분율로 나타난다.
④ 등척력(isometric strength)은 신체를 움직이지 않으면서 자발적으로 가할 수 있는 힘의 최댓값이다.

해설

정적 근력 측정치(등척성 근력)로는 동적 작업의 최대 힘을 정확하게 예측할 수 없다. 동적 작업에는 근육의 속도, 협응력, 근신경 활성과 같은 추가적인 요인들이 중요한 영향을 미친다.

정답 | ①

40

고온 스트레스의 개인차에 대한 설명 중 틀린 것은?

① 나이가 들수록 고온 스트레스에 적응하기 힘들다.
② 남자가 여자보다 고온에 적응하는 것이 어렵다.
③ 체지방이 많은 사람일수록 고온에 견디기 어렵다.
④ 체력이 좋은 사람일수록 고온 환경에서 작업할 때 잘 견딘다.

해설

일반적으로 남자가 여자보다 근육량이 더 많고 체지방이 적어 열 발산이 더 쉽기 때문에 고온에 더 잘 적응한다.

정답 | ②

SUBJECT 03 | 산업심리학 및 관련법규

41
검사작업자가 한 로트에 100개인 부품을 조사하여 6개의 부적합품을 발견했으나 로트에는 실제로 10개의 부적합품이 있었다면 이 검사 작업자의 휴먼에러 확률은 얼마인가?

① 0.04
② 0.06
③ 0.1
④ 0.6

해설 휴먼에러 확률 계산

$$\text{휴먼에러 확률} = \frac{\text{누락된 불량품 수}}{\text{전체 오류발생 기회의 수}}$$

휴먼에러 확률 $= \dfrac{10-6}{100} = 0.04$

정답 | ①

42
안전관리의 개요에 관한 설명으로 틀린 것은?

① 안전의 3요소는 Engineering, Education, Economy이다.
② 안전의 기본원리는 사고방지차원에서의 산업재해 예방활동을 통해 무재해를 추구하는 것이다.
③ 사고방지를 위해서 현장에 존재하는 위험을 찾아내고, 이를 제거하거나 위험성(risk)을 최소화한다는 위험통제의 개념이 적용되고 있다.
④ 안전관리란 생산성을 향상시키고 재해로 인한 손실을 최소화하기 위하여 행하는 것으로 재해의 원인 및 경과의 규명과 재해방지에 필요한 과학 기술에 관한 계통적 지식체계의 관리를 의미한다.

해설
안전의 3요소는 Engineering, Education, Enforcement이다.

정답 | ①

43
주의의 범위가 높고 신뢰성이 매우 높은 상태의 의식수준으로 맞는 것은?

① Phase 0
② Phase Ⅰ
③ Phase Ⅱ
④ Phase Ⅲ

해설 인간의 의식 Level의 단계별 의식수준

단계	의식의 수준	생리적 상태
Phase 0	무의식, 실신	수면, 뇌파 발작
Phase Ⅰ	의식의 둔화	피로, 단조로움, 술에 취함
Phase Ⅱ	이완상태	안정기, 휴식할 때, 정상 작업할 때
Phase Ⅲ	명료한 상태	적극적인 활동, 에러 가능성 낮음
Phase Ⅳ	과긴장 상태	긴급 방어반응, 패닉

정답 | ④

44
근로자 400명이 작업하는 사업장에서 1일 8시간씩 연간 300일 근무하는 동안 10건의 재해가 발생하였다. 도수율(빈도율)은 얼마인가? (단, 결근율은 10%이다.)

① 2.50
② 10.42
③ 11.57
④ 12.54

해설 도수율(빈도율) 계산

$$\text{도수율} = \left(\frac{\text{재해건수}}{\text{총 근로시간}}\right) \times 1,000,000$$

도수율 $= \left(\dfrac{10\text{건}}{400\text{명} \times 300\text{일} \times 8\text{시간} \times (1-0.1)}\right) \times 1,000,000$
$= 11.57$

정답 | ③

45
재해 발생 원인의 4M에 해당하지 않는 것은?

① Man
② Movement
③ Machine
④ Management

해설 재해 기본원인 4M
- Man(사람): 개인의 신체적, 정신적 상태나 기술 부족, 부주의 등이 원인이다.
- Machine(기계): 장비나 시스템의 결함, 설계상의 문제이다.
- Media(환경): 물리적 작업환경의 문제이다.
- Management(관리): 조직 차원의 관리 부족 또는 부적절한 정책과 절차상의 문제이다.

정답 | ②

46
인간과오를 방지하기 위하여 기계설비를 설계하는 원칙에 해당되지 않는 것은?

① 안전설계(fail-safe design)
② 배타설계(exclusion design)
③ 조절설계(adjustable design)
④ 보호설계(prevention design)

해설
조절설계는 인간과오(오류)를 방지하기 위한 설계가 아닌 사용자의 편의성과 인체공학적 디자인을 고려한 설계이다.

정답 | ③

47
부주의를 일으키는 의식수준에 대한 설명으로 틀린 것은?

① 의식의 저하: 귀찮은 생각에 해야 할 과정을 빠뜨리고 행동하는 상태
② 의식의 과잉: 순간적으로 의식이 긴장되고 한 방향으로만 집중되는 상태
③ 의식의 단절: 외부의 정보를 받아들일 수도 없고 의사결정도 할 수 없는 상태
④ 의식의 우회: 습관적으로 작업을 하지만 머릿속엔 고민이나 공상으로 가득 차 있는 상태

해설
의식의 저하는 피로나 졸음 등으로 인해서 집중력이 감소한 상태를 말한다.

관련개념 부주의 현상의 주요 원인

원인	설명	예시
의식의 우회	주의가 다른 대상이나 생각으로 이동한다.	운전 중 전화가 울려서 스마트폰 확인
의식의 혼란	작업 상황에 대한 혼란으로 잘못된 행동이 발생한다.	절차 혼동
의식의 중단(단절)	작업 중 주의가 갑작스럽게 끊긴다.	실신, 혼수상태 등
의식의 저하	피로, 졸음 등으로 인해 집중력이 감소한다.	야간 근무 중 졸음

정답 | ①

48
제조업자가 합리적인 대체설계를 채용하였더라면 피해나 위험을 줄이거나 피할 수 있었음에도 대체설계를 채용하지 아니하여 해당 제조물이 안전하지 못하게 된 경우를 지칭하는 결함의 유형은?

① 제조상의 결함
② 지시상의 결함
③ 경고상의 결함
④ 설계상의 결함

해설
설계상의 결함은 제품이 처음부터 잘못된 설계로 인해 본질적으로 안전하지 않게 된 경우를 의미하며, 제조업자가 합리적인 대체 설계를 채택했더라면 위험을 줄이거나 피할 수 있었음에도 그렇게 하지 않아 사고가 발생하는 경우이다.

정답 | ④

49
조직을 유지하고 성장시키기 위한 평가를 실행함에 있어서 평가자가 저지르기 쉬운 과오 중, 어떤 사람에 관한 평가자의 개인적 인상이 피평가자 개개인의 특징에 관한 평가에 영향을 미치는 영향을 설명하는 이론은?

① 할로 효과(halo effect)
② 대비오차(contrast effect)
③ 근접오차(proximity effect)
④ 관대화 경향(centralization tendency)

해설

② 대비오차(contrast effect) : 평가자가 최근에 평가한 대상과 비교하여 다음 평가 대상에 대해 과장되거나 축소된 평가를 내리는 오류이다.
  예 처음 면접을 본 사람이 우수했을 시, 그 뒤에 면접자에게 상대적으로 낮은 점수를 주는 경우
③ 근접오차(proximity effect) : 평가 시 인접한 항목 간의 유사성이 높게 평가되는 오류이다.
  예 수학을 잘하면 과학도 잘한다고 평가하는 경우
④ 관대화 경향(centralization tendency) : 평가자가 극단적인 점수를 피하고 중간 점수를 선호하는 경향이다.
  예 직원 평가에서 실력이나 스펙 차이가 있음에도 불구하고 모두에게 평균적인 점수를 부여하는 경우

정답 | ①

50
집단 간 갈등원인과 이에 대한 대책으로 틀린 것은?

① 영역 모호성 - 역할과 책임을 분명하게 한다.
② 자원부족 - 계열사나 자회사로의 전직기회를 확대한다.
③ 불균형 상태 - 승진에 대한 동기를 부여하기 위하여 직급 간 처우에 차이를 크게 둔다.
④ 작업유동의 상호의존성 - 부서 간의 협조, 정보교환, 동조, 협력체계를 견고하게 구축한다.

해설

직급 간 처우에 차이를 크게 두면 조직 내 불만과 갈등이 심화될 수 있으며 과도한 격차는 조직 내 위화감을 조성할 수 있다. 그러므로 공정한 보상 체계와 합리적인 승진 기준을 마련하는 것이 바람직하다.

정답 | ③

51
테일러(F.W. Taylor)에 의해 주장된 조직형태로서 관리자가 일정한 관리기능을 담당하도록 기능별 전문화가 이루어진 조직은?

① 위원회 조직
② 직능식 조직
③ 프로젝트 조직
④ 사업부제 조직

해설

직능식 조직은 테일러(F.W. Taylor)가 주장한 기능별 전문화 조직으로, 관리자가 특정한 관리 기능(예 생산, 인사, 회계 등)을 담당하는 형태로써 각 부서가 전문적인 기능을 수행하는 조직이다. 제조업체에서 생산, 마케팅, 품질관리, 홍보부서가 각각 독립적으로 운영되는 것을 말한다.
① 위원회 조직(Committee Organization) : 특정한 문제를 해결하기 위해 여러 사람이 모여 의사결정을 수행하는 조직 형태로 기업의 윤리 위원회 등을 말한다.
③ 프로젝트 조직(Project Organization) : 특정한 프로젝트 수행을 위해 일시적으로 구성되는 조직이며 대형 건설 프로젝트팀, 신제품 개발팀 등이 이에 속한다.

정답 | ②

52
어떤 사람의 행동이 "빨리빨리, 경쟁적으로, 여러 가지를 한꺼번에"한다고 하면 어떤 성격특성을 설명하는가?

① Type-A 성격
② Type-B 성격
③ Type-C 성격
④ Type-D 성격

해설

② Type-B 성격 : 여유롭고 침착하며 스트레스를 잘 받지 않고 경쟁보다는 협력과 즐거움을 추구하는 경향이 있다.
③ Type-C 성격 : 감정을 억제하고 참으며, 갈등을 피하려는 성향이 강하고 지나치게 순응적이며, 스트레스를 내면화하는 경향이 있다.
④ Type-D 성격 : 부정적인 감정을 자주 경험하며, 타인과의 사회적 교류를 회피하는 성향이 강하고 불안과 우울감을 자주 느끼며, 스트레스에 취약하다. 심혈관 질환과 연관될 가능성이 있는 성격이다.

정답 | ①

53
NIOSH 직무스트레스 모형에서 직무스트레스 요인과 성격이 다른 한 가지는?

① 작업요인
② 조직요인
③ 환경요인
④ 상황요인

해설 직무스트레스 요인(NIOSH 직무스트레스 모형)
스트레스의 원인이 되는 직무 관련 환경적, 작업적, 조직적 요소들을 포함한다.
- 환경요인: 소음, 온도, 조명, 환기불량 등
- 작업요인: 작업부하, 교대근무, 작업속도 등
- 조직요인: 역할갈등, 고용의 불확실성, 의사결정 참여 여부 등

정답 | ④

54
스트레스가 정보처리 수행에 미치는 영향에 대한 설명으로 거리가 가장 먼 것은?

① 스트레스 하에서 의사결정의 질은 저하된다.
② 스트레스는 효율적인 학습을 어렵게 할 수 있다.
③ 스트레스는 빠른 수행보다는 정확한 수행으로 편파시키는 경향이 있다.
④ 스트레스에 의해 인지적 터널링이 발생하여 다양한 가설을 고려하지 못한다.

해설
스트레스는 정확한 수행보다는 빠른 수행으로 편파시키는 경향이 있다.

정답 | ③

55
심리적 측면에서 분류한 휴먼에러의 분류에 속하는 것은?

① 입력오류
② 정보처리오류
③ 생략오류
④ 의사결정오류

해설 휴먼에러의 분류(Swain의 심리적 분류)
- Omission Error(생략/부작위에러): 필요한 작업, 절차를 수행하지 않는 오류
- Time Error(시간에러): 필요한 작업과 절차의 수행지연으로 인한 오류
- Commission Error(수행/작위에러): 필요한 작업과 절차를 잘못 수행하는 오류
- Sequential Error(순서에러): 필요한 작업 또는 절차의 순서 착오로 인한 오류
- Quantitative Error(양적에러): 너무 적거나 많은 작업을 수행하는 오류
- Extraneous Error(불필요한 수행에러): 작업과 관계없는 행동을 하는 오류

정답 | ③

56
리더가 구성원에 영향력을 행사하기 위한 9가지 영향 방략과 가장 거리가 먼 것은?

① 자문
② 무시
③ 제휴
④ 합리적 설득

해설
무시는 리더가 구성원에게 영향력을 행사하려는 노력과는 상반되는 방식이다.

정답 | ②

57

여러 개의 자극을 제시하고 각각의 자극에 대하여 반응을 하는 과제를 준 후, 자극이 제시되어 반응할 때까지의 시간을 무엇이라 하는가?

① 기초반응시간　　② 단순반응시간
③ 집중반응시간　　④ 선택반응시간

해설

② 단순반응시간(Simple Reaction Time): 하나의 특정자극에 대해 반응을 시작하는 시간으로 한 가지 반응만 요구되는 반응시간을 의미한다.
　예 신호등이 초록불로 바뀌면 걷는다(자극: 신호등의 색 변화, 반응: 걷기 시작).
④ 선택반응시간(Choice Reaction Time): 여러 개의 자극을 제시하고 각각의 자극에 대하여 반응을 하는 과제를 준 후, 자극이 제시되어 반응할 때까지의 시간을 의미한다.
　예 운전 중 교차로에서 신호등이 초록불, 빨간불, 노란불 중 하나로 바뀐다(반응: 초록불-출발, 빨간불-정지, 노란불-감속).

정답 ④

58

재해 예방 원칙에 대한 설명 중 틀린 것은?

① 예방 가능의 원칙 - 천재지변을 제외한 모든 인재는 예방이 가능하다.
② 손실 우연의 원칙 - 재해손실은 우연한 사고원인에 따라 발생한다.
③ 원인 연계의 원칙 - 사고에는 반드시 원인이 있고 원인은 대부분 복합적 연계 원인이 있다.
④ 대책 선정의 원칙 - 사고의 원인이나 불안전요소가 발견되면 반드시 대책을 선정하여 실시하여야 한다.

해설 재해예방의 4원칙

- 예방 가능의 원칙: 천재지변을 제외한 모든 인재는 예방이 가능하다.
- 손실 우연의 원칙: 사고 원인으로 발생한 결과의 유무 또는 크기는 우연에 의해 결정된다.
- 원인 연계의 원칙: 사고에는 반드시 원인이 있고 원인은 대부분 복합적 연계 원인이 있다.
- 대책 선정의 원칙: 사고의 원인이나 불안전요소가 발견되면 반드시 대책을 선정하여 실시하여야 한다.

정답 ②

59

휴먼에러 확률에 대한 추정기법 중 Tree구조와 비슷한 그림을 이용하며, 사건들을 일련의 2지(binary) 의사결정 분지(分枝)들로 모형화하여 직무의 올바른 수행여부를 확률적으로 부여함으로 에러율을 추정하는 기법은?

① FMEA
② THERP
③ Fool-proof Method
④ Monte Carlo Method

해설

THERP(Technique for Human Error Rate Prediction)는 트리 구조와 비슷한 의사결정 분지를 사용하여 사건들을 확률적으로 모델링하고, 이를 통해 사람의 실수 확률(에러율)을 추정하는 방법이다.
① FMEA: 시스템, 제품, 또는 프로세스에서 발생할 수 있는 잠재적인 고장 모드(Failure Modes)와 그로 인해 발생할 수 있는 영향(Effects)을 분석하여, 위험을 평가하고 우선순위를 정하는 체계적인 방법이다.
③ Fool-proof Method: 사람이 실수하지 않도록 시스템을 설계하여 실수의 가능성을 원천적으로 차단하는 방식이다.
④ Monte Carlo Method: 확률적 시뮬레이션 기법으로, 복잡한 시스템이나 문제를 해결하기 위해 랜덤 샘플링을 사용하여 결과를 예측하는 수치적 방법이다.

정답 ②

60

동기이론 중 직무환경요인을 중시하는 것은?

① 기대이론　　② 자기조절이론
③ 목표설정이론　　④ 작업설계이론

해설

작업설계이론(Job Design Theory)은 직원들이 수행하는 작업의 구조와 설계를 통해 동기 부여를 유도하는 직무환경요인을 중시하는 이론이다. 나머지 기대이론, 자기조절이론, 목표설정이론은 주로 개인의 내적 동기, 목표 설정, 보상 등 개인적 요인에 초점을 둔다.

정답 ④

SUBJECT 04 | 근골격계질환 예방을 위한 작업관리

61
근골격계질환 예방·관리 프로그램에서 추진팀의 구성원이 아닌 것은?

① 관리자 ② 근로자대표
③ 사용자대표 ④ 보건담당자

해설
사용자대표는 사업주나 고용자를 의미하며, 직접적인 프로그램 추진팀의 구성원은 아니다.

정답 | ③

62
단위작업 장소 내에 4개, 8개의 동일작업으로 이루어진 부담 작업이 있다. 이러한 작업장에 대한 유해요인 조사 시 표본 작업 수는 각각 얼마 이상인가?

① 2, 2 ② 2, 3
③ 2, 4 ④ 4, 8

해설
한 단위작업 내 동일 작업이 10개 이하인 경우, 작업강도가 가장 높은 2개 이상의 작업을 표본으로 선정한다.

정답 | ①

63
작업관리의 문제분석 도구로서, 가로축에 항목, 세로축에 항목별 점유비율과 누적비율로 막대-꺾은선 혼합 그래프를 사용하는 것은?

① 파레토차트 ② 간트차트
③ 특성요인도 ④ PERT 차트

해설 파레토차트(Pareto Chart)
파레토차트는 가로축에 항목을, 세로축에는 각 항목의 점유비율을 나타내는 막대그래프를 그리고, 누적비율을 나타내는 꺾은 선을 추가하는 그래프이다. 이 차트는 문제의 주요 원인을 파악하거나, 가장 중요한 항목을 찾는 데 유용하게 사용된다. 일반적으로 80:20 법칙(Pareto Principle)을 적용하여, 문제 해결에서 중요한 상위 20%의 항목을 식별하는 데 사용된다.

정답 | ①

64
근골격계질환을 예방하기 위한 대책으로 적절하지 않은 것은?

① 단순 반복 작업은 기계를 사용한다.
② 작업방법과 작업공간을 재설계한다.
③ 작업순환(Job Rotation)을 실시한다.
④ 작업속도와 작업강도를 점진적으로 강화한다.

해설
작업속도와 작업강도를 점진적으로 강화하는 것은 오히려 근골격계질환의 위험을 증가시킬 수 있다. 과도한 작업강도나 속도는 근육과 관절에 과중한 부담을 주고, 장기적으로 근골격계질환을 유발할 수 있다.

정답 | ④

65
작업분석에 사용되는 공정도나 차트가 아닌 것은?

① 유통선도(Flow Diagram)
② 활동분석표(Activity Chart)
③ 간접노동분석표(Indirect Labor Chart)
④ 복수작업자분석표(Gang Process Chart)

해설
① 유통선도(Flow Diagram): 공정 중에 발생하는 모든 작업, 검사, 운반, 저장, 정체 등을 자재나 작업자의 관점에서 흘러가는 순서에 따라 표현한 도표로 소요시간, 운반, 거리 등의 정보를 나타낸다.
② 활동분석표(Activity Chart): 특정 작업에 대한 활동을 시간 순으로 기록하여 작업의 흐름과 효율성을 분석하는 데 사용된다.
④ 복수작업자분석표(Gang Process Chart): 여러 작업자가 동시에 수행하는 작업을 분석하기 위한 도구로, 다수의 작업자가 어떻게 협력하여 작업을 수행하는지 시각적으로 나타낸다. 작업 간의 중복, 비효율성, 작업분배의 최적화 등을 분석하는 데 유용하다.

정답 | ③

66
요소작업이 여러 개인 경우의 관측횟수를 결정하고자 한다. 표본의 표준편차는 0.6이고, 신뢰도 계수는 2인 추정의 오차범위 ±5%를 만족시키는 관측횟수(N)는 몇 번인가?

① 24번　　② 66번
③ 144번　④ 576번

해설 관측횟수(N) 계산

$$관측횟수(N) = \left(\frac{Z \cdot S}{E}\right)^2$$

- Z: 신뢰도 계수
- S: 표준편차
- E: 오차범위

$$관측횟수(N) = \left(\frac{2 \times 0.6}{0.05}\right)^2 = 576번$$

정답 | ④

67
개정된 NIOSH 들기 작업 지침에 따라 권장 무게 한계(RWL)를 산출하고자 할 때, RWL이 최적이 되는 조건과 거리가 먼 것은?

① 정면에서 중량물 중심까지의 비틀림이 없을 때
② 작업자와 물체의 수평거리가 25cm보다 작을 때
③ 물체를 이동시킨 수직거리가 75cm보다 작을 때
④ 수직높이가 팔을 편안히 늘어뜨린 상태의 손 높이일 때

해설
RWL이 최적이 되는 조건과 거리가 먼 것은 물체를 이동시킨 수직거리가 75cm보다 작을 때로, 거리계수(DM)가 최적값(1.0)이 되기 위한 최적조건(25cm)을 만족하지 못하기 때문이다.

정답 | ③

68
셀(Cell) 생산방식에 가장 적합한 제품은?

① 의류　　② 가구
③ 신발　　④ 컴퓨터

해설
셀 생산방식은 필요한 제품을 필요한 시기에 필요한 만큼 생산하는 시스템으로 처음 공정에서 최종 공정까지를 한 사람의 작업자가 담당하여 완제품을 만들어내는 자기완결형 생산방식이다.
다양한 모델과 사양 조합의 다품종 소량 생산이 특징인 컴퓨터는 고객 맞춤 조립과 잦은 기술 변화로 유연한 생산라인이 필수적이기에 셀 생산 방식이 가장 적합하다.

정답 | ④

69
근골격계질환 관련 위험작업에 대한 관리적 개선으로 볼 수 없는 것은?

① 작업의 다양성 제공
② 스트레칭 체조의 활성화
③ 작업도구나 설비의 개선
④ 작업일정 및 작업속도 조절

해설
작업도구나 설비의 개선은 기계적 개선과 설비적 개선으로 분류된다.

정답 ③

70
근골격계질환의 요인에 있어 작업 관련 요인에 해당하는 것은?

① 매장 경력
② 작업 만족도
③ 휴식시간 부족
④ 작업의 자율적 조절

해설 근골격계질환 발생원인
- 작업자 요인(개인적 특성): 성별, 나이, 신체조건, 작업습관, 작업방법 및 기술 수준, 직무만족도, 병력 등
- 작업 요인: 작업 자세, 작업의 반복성, 작업강도, 작업속도, 휴식시간 부족 등
- 작업장 요인: 공구, 설비, 공간, 작업대와 작업의자 등
- 환경 요인: 진동, 조명, 온도, 습도, 소음, 공기 질 등
- 사회·심리적 요인: 작업 만족도, 근무조건 만족도, 업무스트레스, 상사 및 동료들과의 인간관계, 작업과 업무의 자율적인 조절 등

정답 ③

71
간헐적으로 랜덤한 시점에서 연구대상을 순간적으로 관측하여 대상이 처한 상황을 파악하고 이를 토대로 관측시간 동안에 나타난 항목별로 차지하는 비율을 추정하는 방법은?

① PTS법
② 워크샘플링
③ 웨스팅하우스법
④ 스톱워치를 이용한 시간연구

해설
① PTS법(Predetermined Time Standard System): 작업을 인간의 기본 동작으로 분류하고 각 기본 동작들은 그 동작의 조건에 따라 미리 정해진 기준 시간치를 적용하여 전체 작업의 정미시간(작업자가 정상적인 속도로 작업을 수행할 때 소요되는 시간)을 구하는 방법이다.
WF(PWF 1/10,000분, RWF 1/1,000분), MTM 10^{-5}hr
③ 웨스팅하우스법: 직업 분석이나 시간 연구에서 사용되는 방법으로, 작업에 대한 표준시간을 설정하는 방법이며 개개인의 요소작업보다는 전체 작업을 평가할 때 주로 사용한다.

$$R = 1 + (노력 + 숙련도 + 작업환경 + 일관성)$$

④ 스톱워치를 이용한 시간연구: 작업을 진행하는 동안 스톱워치를 사용해 각 작업의 소요시간을 측정하는 방법으로, 특정 시점에서의 관측보다는 전체 시간을 측정한다.

정답 ②

72
1TMU(Time Measurement Unit)를 초단위로 환산한 것은?

① 0.0036초
② 0.036초
③ 0.36초
④ 1.667초

해설 TMU(Time Measurement Unit)
작업 측정의 단위로, 1TMU는 0.00001시간에 해당하며 초단위로 환산하면 아래와 같다.
1시간=60분, 1분=60초, 1시간=3,600초
1TMU=0.00001시간×3,600초=0.036초

정답 ②

73
동작경제원칙 중 신체의 사용에 관한 원칙이 아닌 것은?

① 두 손은 동시에 시작하고, 동시에 끝나도록 한다.
② 두 팔은 서로 반대 방향으로 대칭적으로 움직이도록 한다.
③ 가능하다면 쉽고 자연스러운 리듬이 생기도록 동작을 배치한다.
④ 타자 칠 때와 같이 각 손가락이 서로 다른 작업을 할 때에는 작업량을 각 손가락의 능력에 맞게 배분해야 한다.

해설
④는 공구 및 설비의 설계에 관한 원칙에 해당된다. 동작경제의 원칙 활용 이유는 작업장과 작업방법을 개선하여 경제적인 동작으로 작업을 수행함으로써 작업자 피로감소 및 작업능률 향상을 도모하기 위함이다.

정답 | ④

74
설비의 배치 방법 중 제품별 배치의 특성에 대한 설명 중 틀린 것은?

① 재고와 재공품이 적어 저장면적이 작다.
② 운반거리가 짧고 가공물의 흐름이 빠르다.
③ 작업 기능이 단순화되며 작업자의 작업 지도가 용이하다.
④ 설비의 보전이 용이하고 가동률이 높기 때문에 자본투자가 적다.

해설
제품별 배치에서는 특정 제품을 위한 설비가 고정되므로, 초기 자본 투자가 많을 수 있다.

정답 | ④

75
작업분석의 활용 및 적용에 관한 사항 중 틀린 것은?

① 조업정지의 손실이 큰 작업부터 대상으로 한다.
② 주기기간이 짧은 작업의 동작분석은 서블릭 분석법을 이용한다.
③ 사람의 동작이 많은 작업을 개선하려는 경우에 적용하는 것이 바람직하다.
④ 반복 작업이 많은 작업의 동작개선은 미세한 동작개선을 중심으로 한다.

해설
서블릭 분석법은 대상작업의 주기시간이 길거나, 생산량이 적은 수작업 경우에 적합하다.

정답 | ②

76
A작업의 관측평균시간이 25DM이고, 제 1평가에 의한 속도평가계수는 120%이며, 제 2평가에 의한 2차 조정계수가 10%일 때 객관적 평가법에 의한 정미시간은 몇 초인가? (단, 1DM=0.6초이다.)

① 19.8
② 23.8
③ 26.1
④ 28.8

해설 정미시간 계산

> 정미시간=관측평균시간×속도평가계수×(1+2차 조정계수)

정미시간=(25DM×0.6초/DM)×1.2×(1+0.1)
　　　　=19.8초

정답 | ①

77

보다 많은 아이디어를 창출하기 위하여 가능한 모든 의견을 비판 없이 받아들이고 수정 발언을 허용하며 대량 발언을 유도하는 방법은?

① Brainstorming
② SEARCH
③ Mind Mapping
④ ECRS 원칙

해설

① 브레인스토밍(Brainstorming): 아이디어를 자유롭게 발산하는 기법으로, 문제 해결을 위한 창의적인 아이디어를 다수 모으는 데 사용된다.
② SEARCH: 문제 해결을 위한 방법으로, 주로 작업 과정이나 문제를 개선하는 데 사용되는 기법이다.
③ Mind Mapping: 아이디어나 개념을 시각적으로 구조화하여 문제를 해결하거나 정보를 정리하는 데 유용한 기법이다.
④ ECRS 원칙: 작업의 효율성을 높이기 위한 4가지 기본 원칙으로 제거(Eliminate), 결합(Combine), 재배치(Rearrange), 단순화(Simplify)가 있다.

정답 | ①

78

작업관리의 목적에 부합하지 않는 것은?

① 안전하게 작업을 실시하도록 한다.
② 작업의 효율성을 높여 재고량을 확보한다.
③ 생산 작업을 합리적이고 효율적으로 개선한다.
④ 표준화된 작업의 실시과정에서 그 표준이 유지되도록 한다.

해설

재고량 확보는 생산관리와 관련이 있다.

정답 | ②

79

어느 병원의 간호사에 대한 근골격계질환의 위험을 평가하기 위하여 인강공학분야에서 많이 사용되는 유해요인 평가도구 중 하나인 RULA(Rapid Upper Limb Assessment)를 적용하여 작업을 평가한 결과, 최종 점수가 4점으로 평가되었다. 평가 결과에 대한 해석으로 맞는 것은?

① 수용가능한 안전한 작업으로 평가됨
② 계속적 추가관찰을 요하는 작업으로 평가됨
③ 빠른 작업개선과 작업위험요인의 분석이 요구됨
④ 즉각적인 개선과 작업위험요인의 정밀조사가 요구됨

해설 RULA 평가점수

범주	총점수	개선 필요 여부
1	1~2	(작업이 오랫동안 지속, 반복이 안 된다면) 안전한 공정
2	3~4	(추가적인 관찰 필요) 부분적 개선과 추후조사가 필요한 공정
3	5~6	(계속적 관찰 필요) 빠른 작업개선과 작업위험요인의 분석 필요
4	7	(정밀조사 필요) 즉각적인 작업환경과 자세 개선 필요

정답 | ②

80

근골격계질환에 관한 설명으로 틀린 것은?

① 신체의 기능적 장해를 유발할 수 있다.
② 사전조사에 의하여 완전 예방이 가능하다.
③ 초기에 치료하지 않으면 심각해질 수 있다.
④ 미세한 근육이나 조직의 손상으로 시작된다.

해설

사전조사에 의하여 예방은 가능하지만, 근골격계질환은 다양한 원인으로 발생할 수 있기 때문에 완전한 예방은 불가능하다. 작업 환경, 작업자 개인의 신체적 특성, 반복적인 움직임 등 여러 요인이 복합적으로 작용하기 때문에 예방하기 위해서는 체계적인 작업 환경 개선과 개인별 관리가 필요하다.

정답 | ②

2019년 3회 기출문제

SUBJECT 01 | 인간공학개론

01

음량의 측정과 관련된 사항으로 적절하지 않은 것은?

① 물리적 소리강도는 지각되는 음의 강도와 비례한다.
② 소리의 세기에 대한 물리적 측정 단위는 데시벨(dB)이다.
③ 손(sone)과 폰(phon)은 지각된 음의 강약을 측정하는 단위다.
④ 손(sone)의 값 1은 주파수가 1,000Hz이고, 강도가 40dB인 음이 지각되는 소리의 크기이다.

해설
지각된 음량은 물리적 소리 강도와 로그 관계에 있으므로, 이를 구분하여 표현하기 위해 Sone 단위를 사용한다.

정답 | ①

02

산업현장에서 필요한 인체치수와 같이 움직이는 자세에서 측정한 인체치수는?

① 기능적 인체치수   ② 정적 인체치수
③ 구조적 인체치수   ④ 고정 인체치수

해설 기능적 치수
활동 중인 신체 움직임을 반영하여 측정한 신체치수이다.

관련개념 구조적 치수
표준자세, 즉 움직이지 않는 상태에서 측정한 신체치수이다.

정답 | ①

03

부품배치의 원칙이 아닌 것은?

① 중요성의 원칙   ② 사용 빈도의 원칙
③ 사용 순서의 원칙   ④ 크기별 배치의 원칙

해설
크기별 배치의 원칙은 부품배치의 원칙에 해당되지 않는다.

관련개념 부품배치의 원칙
- 중요도의 원칙: 각 부품 및 작업 요소의 기여도를 고려하여 우선순위를 결정한다.
- 사용빈도의 원칙: 자주 사용하는 부품이나 도구를 작업자 손 가까이에 배치해 이동을 최소화한다.
- 사용순서의 원칙: 작업 순서를 반영해 부품이나 도구를 순차적으로 배치하여 효율적 흐름을 유지한다.
- 기능별 배치의 원칙: 기능적으로 연관된 부품이나 도구를 한 곳에 모아 배치해 연속성과 효율을 높인다.

정답 | ④

04

청각적 표시장치에 적용되는 지침으로 적절하지 않은 것은?

① 신호음은 배경 소음과 다른 주파수를 사용한다.
② 신호음은 최소한 0.5~1초 동안 지속시킨다.
③ 300m 이상 멀리 보내는 신호음은 1,000Hz 이하의 주파수가 좋다.
④ 주변 소음은 주로 고주파이므로 은폐효과를 막기 위해 200Hz 이하의 신호음을 사용하는 것이 좋다.

해설
주변 소음은 주로 저주파이기 때문에 은폐효과를 막기 위해 500~1,000Hz의 신호음을 사용하는 것이 좋다. 200Hz 이하의 저주파 신호음은 배경 소음에 묻힐 가능성이 높아 신호 전달이 어려울 수 있다.

정답 | ④

05

인간과 기계의 역할분담에 이어 인간은 시스템 설치와 보수, 유지 및 감시 등의 역할만 담당하게 되는 시스템은?

① 수동시스템 ② 기계시스템
③ 자동시스템 ④ 반자동시스템

해설

자동시스템에서는 기계가 대부분의 작업을 자동으로 수행하고 인간은 설치, 유지보수, 감시 등의 역할만 수행한다.
예 무인공장, 자율주행차

정답 ③

06

연구조사에서 사용되는 기준척도의 요건에 대한 설명으로 옳은 것은?

① 타당성: 반복 실험 시 재현성이 있어야 한다.
② 민감도: 동일단위로 환산 가능한 척도여야 한다.
③ 신뢰성: 기준이 의도한 목적에 부합하여야 한다.
④ 무오염성: 기준 척도는 측정하고자 하는 변수 이외에 다른 변수의 영향을 받아서는 안 된다.

해설

타당성은 목적 부합, 민감도는 작은 변화 감지, 신뢰성은 일관성, 무오염성은 외부 영향 배제를 의미한다.

관련개념 촉각 표시장치의 특징

적절성	평가척도가 시스템의 목표와 목적을 반영한다.
민감성	작은 시스템 성능 변화도 정확하게 감지한다.
무오염성	평가척도가 외부요인에 의해 왜곡되지 않고, 측정하고자 하는 요소만을 반영한다.
신뢰성	동일조건에서 반복적으로 측정 시 유사한 결과를 보장한다.
타당성	평가척도가 측정하고자 하는 시스템 성능을 정확하게 측정한다.

정답 ④

07

인간의 감각기관 중 작업자가 가장 많이 사용하는 감각은?

① 시각 ② 청각
③ 촉각 ④ 미각

해설

작업자는 전체 정보의 약 80~90%를 시각을 통해 얻는다.

정답 ①

08

시각적 암호화(Coding) 설계 시 고려사항이 아닌 것은?

① 코딩 방법의 분산화
② 사용될 정보의 종류
③ 수행될 과제의 성격과 수행조건
④ 코딩의 중복 또는 결합에 대한 필요성

해설

코딩방식이 분산되면 사용자가 혼란을 겪을 가능성이 커진다. 따라서 코딩 설계 시 통일성과 일관성이 중요하다.

정답 ①

09

시식별에 영향을 주는 인자에 대한 설명으로 옳은 것은?

① 휘도의 척도로는 foot-candle과 lx가 흔히 쓰인다.
② 어떤 물체나 표면에 도달하는 광의 밀도를 휘도라고 한다.
③ 과녁이나 관측자(또는 양자)가 움직일 경우에는 시력이 감소한다.
④ 일반적으로 조도가 큰 조건에서는 노출시간이 작을수록 식별력이 커진다.

해설

휘도의 단위는 cd/m^2가 일반적이며, 물체나 표면에 도달하는 광의 밀도를 조도라고 한다. 조도가 크더라도 노출 시간이 짧으면 식별력이 떨어질 수 있다.

정답 ③

10
인체측정치의 응용원칙으로 적합한 것은?

① 침대의 길이는 5퍼센타일 치수를 적용한다.
② 비상 버튼까지의 거리는 5퍼센타일 치수를 적용한다.
③ 의자의 좌판 깊이는 95퍼센타일 치수를 적용한다.
④ 지하철의 손잡이 높이는 95퍼센타일 치수를 적용한다.

해설
비상 버튼은 키가 작은 사람도 쉽게 누를 수 있어야 하므로 5퍼센타일(5%tile) 치수를 적용하는 것이 일반적이다.

관련개념 인체측정지수 설계 종류 및 예시
- 최대극단치 설계(95%tile): 침대의 길이, 출입문 크기
- 최소극단치 설계(5%tile): 의자의 좌판 깊이, 지하철 손잡이 높이, 비상 버튼까지의 거리
- 조절식 설계: 의자의 좌판 높이
- 평균치 설계: ATM 높이, 공공장소 세면대, 은행 계산대

정답 | ②

11
인간공학의 목적에 관한 내용으로 틀린 것은?

① 사용편의성의 증대, 오류감소, 생산성 향상 등을 목적으로 둔다.
② 인간공학은 일과 활동을 수행하는 효능과 효율을 향상시키는 것이다.
③ 안전성 개선, 피로와 스트레스 감소, 사용자 수용성 향상, 작업 만족도 증대를 목적으로 한다.
④ Chapanis는 목적달성을 위해 구체적 응용에서 가장 중요한 목표는 몇 가지뿐이며, 그들의 서로 상호연관성은 없다고 했다.

해설
Chapanis는 인간공학의 목표가 독립적이지 않으며, 안전성, 생산성, 편의성 등이 서로 영향을 주는 상호 연관된 요소라고 주장했다.

정답 | ④

12
제품의 행동 유도성에 대한 설명으로 적절하지 않은 것은?

① 사용자의 행동에 단서를 제공한다.
② 행동에 제약을 주지 않는 설계를 해야 한다.
③ 제품에 물리적 또는 의미적 특성을 부여함으로써 달성이 가능하다.
④ 사용 설명서를 별도로 읽지 않아도 사용자가 무엇을 해야 할지 알게 설계해야 한다.

해설
행동 유도성은 적절한 제약을 설정하여 사용자가 바람직한 방향으로 행동하도록 유도하는 것을 뜻한다.

정답 | ②

13
신호검출이론(SDT)에 관한 설명으로 틀린 것은? (단, β는 응답편견척도(response bias)이고, d는 감도척도(sensitivity)이다.)

① β값이 클수록 '보수적인 판단자'라고 한다.
② d값은 정규분포를 이용하여 구할 수 있다.
③ 민감도는 신호와 잡음 평균 간의 거리로 표현한다.
④ 잡음이 많을수록, 신호가 약하거나 분명하지 않을수록 d값은 커진다.

해설
잡음이 많을수록, 신호가 약하거나 분명하지 않을수록 신호와 잡음이 구별이 어려워져 d값이 작아진다.

정답 | ④

14

Fitts의 법칙과 관련이 없는 것은?

① 표적의 폭
② 표적의 개수
③ 이동 소요시간
④ 표적 중심선까지의 이동거리

해설
Fitts의 법칙은 단일 표적을 향한 이동시간을 다루므로 표적 개수는 공식에 포함되지 않는다.

관련개념 Fitts의 법칙 공식

$$\text{동작시간(MT)} = a + b \log_2 \frac{2A}{W}$$

- A : 움직인 거리
- W : 목표물의 너비
- a : 단순반응시간
- b : 정보처리 비례상수

정답 | ②

15

시식별 요소에 대한 설명으로 옳지 않은 것은?

① 표면으로부터 반사되는 비율을 반사율이라 한다.
② 단위면적당 표면에서 반사되는 광량을 광도라 한다.
③ 광원으로부터 나오는 빛 에너지의 양을 휘도라 한다.
④ 어떤 물체나 표면에 도달하는 빛의 단위면적당 밀도를 조도라 한다.

해설
광원에서 방출되는 빛의 에너지 총량을 광속이라 하며, 휘도는 빛이 물체에서 반사되거나 자체적으로 방출되어 인간의 눈에 감지되는 밝기의 정도를 나타낸다.

정답 | ③

16

배경 소음하에서 신호의 발생 유무를 판정하는 경우 4가지 반응 결과에 대한 설명으로 틀린 것은?

① 허위경보(False Alarm) : 신호가 없을 때 신호가 있다고 판단한다.
② 신호의 정확한 판정(Hit) : 신호가 있을 때 신호가 있다고 판단한다.
③ 신호검출실패(Miss) : 정보의 부족으로 신호의 유무를 판단할 수 없다.
④ 잡음을 제대로 판정(Correct Rejection) : 신호가 없을 때 신호가 없다고 판단한다.

해설
신호검출실패는 신호가 있을 때 신호가 없다고 판단하는 것이다.

관련개념 신호검출이론의 4가지 판정 결과

긍정(Hit)	신호를 신호라고 판정
허위(False Alarm)	잡음(신호 없음)을 신호로 판정
누락(Miss)	신호를 잡음(신호 없음)으로 판정
부정(Correct Rejection)	잡음(신호 없음)을 잡음(신호 없음)으로 판정

정답 | ③

17

하나의 소리가 다른 소리의 청각 감지를 방해하는 현상을 무엇이라 하는가?

① 기피(avoid) 효과
② 은폐(masking) 효과
③ 제거(exclusion) 효과
④ 차단(interception) 효과

해설 은폐효과(차폐효과, Masking Effect)
한 음(소리)이 다른 음(소리)에 의해 들리지 않거나 가청 역치가 높아지는 현상을 말한다.
예 소음이 큰 환경에서 대화를 듣기 어렵게 되는 경우

정답 | ②

18
회전운동을 하는 조종장치의 레버를 30° 움직였을 때 표시장치의 커서는 2cm 이동하였다. 레버의 길이가 15cm일 때 이 조종장치의 C/R비는 약 얼마인가?

① 2.62
② 3.93
③ 5.24
④ 8.33

해설 C/R비 계산

$$C/R비 = \frac{\frac{조종장치의\ 움직인\ 각도}{360°} \times 2\pi L}{표시장치의\ 이동거리}$$

$$C/R비 = \frac{\frac{30°}{360°} \times 2 \times \pi \times 15cm}{2cm} = 3.93$$

정답 | ②

19
기계화 시스템에 대한 설명으로 적절하지 않은 것은?

① 동력은 기계가 제공한다.
② 반자동화 시스템이라고도 부른다.
③ 인간은 조종장치를 통해 체계를 제어한다.
④ 무인공장의 기계화 시스템이 대표적 예이다.

해설
무인공장은 완전 자동시스템에 해당한다. 기계화 시스템은 기계가 물리적 작업수행을 하지만 인간이 직접 조작하는 시스템이다.
예 공장 컨베이어 벨트, 자동차 조립 라인

정답 | ④

20
계기판에 등이 4개가 있고, 그중 하나에만 불이 켜지는 경우, 얻을 수 있는 정보량은 얼마인가?

① 2bits
② 3bits
③ 4bits
④ 5bits

해설 정보량 계산

$H = \log_2 N = \log_2 4 = 2bits$

정답 | ①

SUBJECT 02 | 작업생리학

21
산업안전보건법령상 작업환경측정에 사용되는 단위로서 고열환경을 종합적으로 평가할 수 있는 지수는?

① 실효온도(ET)
② 열스트레스지수(HSI)
③ 습구흑구온도지수(WBGT)
④ 옥스퍼드지수(Oxford Index)

해설
습구흑구온도지수(WBGT)는 고열환경에서 작업자의 열 스트레스 위험도를 평가하는 대표적인 지수이다.

정답 | ③

22
신체동작 유형 중 관절의 각도가 감소하는 동작에 해당하는 것은?

① 굽힘(flexion)
② 내선(medial rotation)
③ 폄(extension)
④ 벌림(abduction)

해설
굽힘은 관절의 각도가 감소하는 신체동작에 해당한다.

관련개념 신체동작 유형

동작	설명	예시
굴곡 (굽힘)	관절의 각도를 줄인다.	무릎을 구부리는 동작
신전 (폄)	관절의 각도를 증가시킨다.	무릎을 펴는 동작
내전	신체 부위를 몸의 중심선으로 가까워지게 한다.	다리를 모으는 동작
내선	신체 부위가 축을 중심으로 안쪽으로 회전한다.	어깨를 사용해 팔을 안으로 회전하는 동작
외전 (벌림)	신체 부위를 몸의 중심선에서 멀어지게 한다.	다리를 옆으로 벌리는 동작

정답 | ①

23
교대작업 근로자를 위한 교대제 지침으로 옳지 않은 것은?

① 4조 3교대보다 2조 2교대가 바람직하다.
② 작업을 최소화한다.
③ 연속적인 야간교대작업은 줄인다.
④ 근무시간 종료 후 11시간 이상의 휴식시간을 둔다.

해설
2조 2교대는 근무시간이 길어 피로도가 높고, 생체리듬 유지가 어려워 바람직하지 않다.

정답 | ①

24
지면으로부터 가벼운 금속조각을 줍는 일에 대하여 취하는 다음의 자세 중 에너지 소비량(kcal/min)이 가장 낮은 것은?

① 한 팔을 대퇴부에 지지하는 등 구부린 자세
② 두 팔의 지지가 없는 등 구부린 자세
③ 손을 지면에 지지하면서 무릎을 구부린 자세
④ 두 손을 지면에 지지하지 않은 무릎을 구부린 자세

해설
손을 지면에 대고 무릎을 구부리면 근육 사용이 줄어 에너지 소비량이 낮아진다.

관련개념 에너지 소비량에 영향을 미치는 요인
• 신체 지지 여부: 신체 일부를 지지할수록 근육 사용이 줄어 에너지 소비가 감소한다.
• 균형 유지: 균형을 잡기 위한 근육 사용이 많을수록 에너지 소비가 증가한다.
• 허리 부담: 허리를 많이 구부릴수록 척추기립근 부담이 증가하여 에너지 소비가 증가한다.

정답 | ③

25
다음 중 객관적으로 육체적 활동을 측정할 수 있는 생리학적 측정방법으로 옳지 않은 것은?

① EMG
② 에너지 대사량
③ RPE 척도
④ 심박수

해설
RPE 척도는 신체적 작업 부하를 주관적으로 평가하는 척도이다.

정답 | ③

26
산업안전보건법령상 영상표시 단말기(VDT) 취급 근로자의 건강장해를 예방하기 위한 방법으로 옳지 않은 것은?

① 작업물을 보기 쉽도록 주위 조명 수준을 1,000lux 이상으로 높인다.
② 저휘도형 조명기구를 사용한다.
③ 빛이 작업화면에 도달하는 각도는 화면으로부터 45° 이내로 한다.
④ 화면상의 문자와 배경과의 휘도비를 낮춘다.

해설 영상표시단말기(VDT) 취급 사업장의 조명
• 화면 바탕색이 검정색 계통인 경우: 300~500lux
• 화면 바탕색이 흰색 계통인 경우: 500~700lux

정답 | ①

27
순환계의 기능 및 특성에 관한 설명으로 옳지 않은 것은?

① 심장으로부터 말초로 혈액을 운반하는 혈관을 정맥이라고 한다.
② 모세혈관은 소동맥과 소정맥을 연결하는 혈관이다.
③ 동맥은 혈액을 심장으로부터 직접 받아들이고 맥관계에서 가장 높은 압력을 유지한다.
④ 폐순환은 우심실, 폐동맥, 폐, 폐정맥, 좌심방순의 경로로 혈액이 흐르는 것을 말한다.

해설
심장으로부터 말초로 혈액을 운반하는 혈관을 동맥이라고 한다.

정답 | ①

28
다음 중 근육의 대사(metabolism)에 관한 설명으로 적절하지 않은 것은?

① 대사과정에 있어 산소의 공급이 충분하면 젖산이 축적된다.
② 산소를 이용하는 유기성과 산소를 이용하지 않는 무기성 대사로 나눌 수 있다.
③ 음식물을 섭취하여 기계적인 일과 열로 전환하는 화학적 과정이다.
④ 활동수준이 평상시에 공급되는 산소 이상을 필요로 하는 경우, 순환계통은 이에 맞추어 호흡수와 맥박수를 증가시킨다.

해설
산소공급이 충분하면 젖산이 축적되지 않는다.

정답 | ①

29
다음 중 모멘트(moment)에 관한 설명으로 옳지 않은 것은?

① 모멘트는 특정한 축에 관하여 회전을 일으키는 힘의 경향이다.
② 모멘트의 크기는 힘의 크기와 회전축으로부터 힘의 작용선까지의 거리에 의해 결정된다.
③ 모멘트의 단위는 $N \cdot m$이다.
④ 힘의 방향과 관계없이 모멘트의 방향은 항상 일정하다.

해설
모멘트의 방향은 힘의 방향과 회전 방향에 따라 달라진다.

정답 | ④

30
다음 중 인간의 근육에 관한 설명으로 옳지 않은 것은?

① 근조직은 형태와 기능에 따라 골격근, 평활근, 심근으로 분류된다.
② 골격근의 수축은 운동신경의 지배를 받으며 수의적 조절에 따라 일어난다.
③ 평활근의 수축은 자율신경계, 호르몬, 화학신호의 지배를 받으며, 불수의적 조절에 따라 일어난다.
④ 적근은 체표면 가까이에 존재하며 주로 급속한 동작을 하기 때문에 쉽게 피로해진다.

해설
적근은 느리게 수축하며 지구력이 높고 쉽게 피로해지지 않으며, 주로 깊은 근육에 존재한다. 빠르게 수축하지만 쉽게 피로해지는 것은 백근이다.

정답 | ④

31

다음 중 진동이 인체에 미치는 영향에 대한 설명으로 적절하지 않은 것은?

① 진동은 시력, 추적 능력 등의 손상을 초래한다.
② 시간이 경과함에 따라 영구 청력손실을 가져온다.
③ 레이노 증후군(Raynaud's phenomenon)은 진동으로 인한 말초혈관운동의 장해로 발생한다.
④ 정확한 근육조절을 요구하는 작업의 경우 그 효율이 저하된다.

해설

청력 손실은 대부분 지속적인 소음 노출로 인해 발생하며, 진동 자체는 청력에 직접적인 영구적 손상을 주지 않는다.

정답 | ②

32

작업장의 소음 노출정도를 측정한 결과가 다음과 같다면 이 작업장 근로자의 소음노출지수는 얼마인가?

소음수준 [dB(A)]	노출시간 [h]	허용시간 [h]
80	3	64
90	4	8
100	1	2

① 1.00
② 1.05
③ 1.10
④ 1.15

해설 소음노출지수 계산

$$D = \left(\frac{C_1}{T_1} + \frac{C_2}{T_2} + \cdots + \frac{C_n}{T_n}\right) \times 100$$

- C_n: n번째 소음구간에 실제 노출된 시간
- T_n: n번째 소음 구간에서 허용되는 최대 노출시간
- n: 소음 구간의 수

※ 소음노출지수는 보통 비율로 나타낸다. 백분율(%)로 표현할 때만 100을 곱하며, 해당 문제에서는 곱하지 않아야 한다.

$D = \frac{3}{64} + \frac{4}{8} + \frac{1}{2} = 0.046 + 0.5 + 0.5 = 1.046 ≈ 1.05$

정답 | ②

33

다음 인체해부학의 용어 중 몸을 전후로 나누는 가상의 면(plane)을 뜻하는 것은?

① 정중면(Medial plane)
② 시상면(Sagittal plane)
③ 관상면(Coronal plane)
④ 횡단면(Transverse plane)

해설

관상면은 인체를 앞(전)과 뒤(후)로 나누는 가상의 면이다.

관련개념 인체의 운동면

시상면	신체를 좌우로 나누는 면으로, 굴곡과 신전 동작이 발생한다. ◉ 스쿼트
정중면	신체의 한가운데를 통과하는 시상면으로, 좌우 대칭을 유지하며 동작이 발생한다. ◉ 양발을 모은 채 점프
관상면 (전두면)	신체를 앞뒤로 나누는 면으로, 외전과 내전 동작이 발생한다. ◉ 사이드 런지
횡단면	신체를 상하로 나누는 면으로, 회전 동작이 발생한다. ◉ 골프 스윙

정답 | ③

34

일반적으로 눈을 감고 편안한 자세로 조용히 앉아 있는 사람에게 나타나며 안정파라고 불리는 뇌파 형태에 해당하는 것은?

① α파
② β파
③ θ파
④ δ파

해설

α(알파)파는 눈을 감고 편안히 있을 때 주로 나타나는 뇌파이며, 안정파라고도 불린다.

관련개념 뇌파 유형 및 특징

뇌파 유형	특징
α(알파)파	눈을 감고 편안한 휴식상태
β(베타)파	각성, 집중 상태
θ(세타)파	졸음, 얕은 수면 상태
δ(델타)파	깊은 수면, 의식 없음

정답 | ①

35
근 수축 활동에 관한 설명으로 옳지 않은 것은?

① 근 수축은 액틴과 미오신 필라멘트의 미끄러짐 작용에 의해 이루어진다.
② 액틴과 미오신 필라멘트는 미끄러짐 작용을 통해 길이 자체가 짧아진다.
③ ATP의 분해 시 유리된 에너지가 근육에 이용된다.
④ 운동 시 부족했던 산소를 운동이 끝나고 휴식시간에 보충하는 것을 산소부채라 한다.

해설
액틴 필라멘트와 미오신 필라멘트의 길이는 변하지 않으며, 근육이 수축하면서 H대(H-zone)가 짧아진다.

정답 | ②

36
조도(Illuminance)의 단위로 옳은 것은?

① m
② lumen
③ lux
④ candela

해설
조도의 단위는 lux(lx), lumen/m²(lm/m²)을 사용한다.

정답 | ③

37
작업자 A의 작업 중 평균 흡기량은 50L/min, 배기량은 40L/min이며 배기량 중 산소의 함량이 17%일 때 산소소비량은 얼마인가? (단, 공기 중 산소 함량은 21%이다.)

① 2.7L/min
② 3.7L/min
③ 4.7L/min
④ 5.7L/min

해설 산소소비량 계산

산소소비량 = (평균 공기 흡기량 × 흡입 산소량)
         - (공기 배기량 × 배기 산소량)

산소소비량 = (50L/min × 0.21) - (40L/min × 0.17)
         = 3.7L/min

정답 | ②

38
다음 중 작업부하 및 휴식시간 결정에 관한 설명으로 옳은 것은?

① 작업부하는 작업자 개인의 능력과 관계없이 산출된다.
② 정신적인 권태감은 주관적인 요소이므로 휴식시간 산정 시 고려할 필요가 없다.
③ 작업방법이나 설비를 재설계하는 공학적 대책으로는 작업부하를 감소시킬 수 없다.
④ 장기적인 전신피로는 직무 만족감을 낮추고, 건강상의 위험을 증가시킬 수 있다.

해설
작업부하는 개인 능력과 관련되며, 반복 작업의 정신적 피로는 휴식시간 산정에 고려해야 한다. 또한, 작업환경 개선으로 작업부하를 줄일 수 있으며, 장기적 작업부하는 직무 만족도 저하와 건강상 위험을 초래한다.

정답 | ④

39
다음의 산업안전보건법령상 "강렬한 소음작업"의 정의에서 ( )에 적합한 수치는?

( ) 데시벨 이상의 소음이 1일 30분 이상 발생하는 작업

① 80
② 90
③ 100
④ 110

해설 강렬한 소음작업

소음강도 dB(A)	1일 발생시간
90	8시간 이상
95	4시간 이상
100	2시간 이상
105	1시간 이상
110	30분 이상
115	15분 이상

정답 | ④

40
근육의 정적상태의 근력을 나타내는 용어는?

① 등속성 근력(Isokinetic strength)
② 등장성 근력(Isotonic strength)
③ 등관성 근력(Isoinertia strength)
④ 등척성 근력(Isometric strength)

해설
등척성 근력은 신체를 움직이지 않고(정적상태) 고정된 물체에 힘을 가하는 근력이다.

정답 | ④

SUBJECT 03 | 산업심리학 및 관련법규

41
산업안전보건법령상 유해요인조사 및 개선 등에 관한 내용으로 옳지 않은 것은?

① 법에 의한 임시건강진단 등에서 근골격계질환자가 발생한 경우에는 지체 없이 유해요인 조사를 하여야 한다.
② 근골격계 부담작업에 근로자를 종사하도록 하는 신설 사업장의 경우에는 지체 없이 유해요인 조사를 하여야 한다.
③ 근골격계 부담작업에 해당하는 새로운 작업, 설비를 도입한 경우에는 지체 없이 유해요인 조사를 하여야 한다.
④ 근골격계 부담작업에 해당하는 업무의 양과 작업공정 등 작업환경을 변경한 경우에는 지체 없이 유해요인 조사를 하여야 한다.

해설
산업안전보건법령에 따르면, 근골격계 부담작업에 대한 유해요인 조사는 주로 기존 작업이나 기존 설비에 변화를 줄 때 필요하다. 신설 사업장에서 근로자를 종사시키기 전에 반드시 유해요인 조사를 해야 한다는 규정은 명시되어 있지 않다.

정답 | ②

42
조직차원에서의 스트레스 관리방안과 가장 거리가 먼 것은?

① 직무 재설계
② 긴장완화훈련
③ 우호적인 직장 분위기 조성
④ 경력 계획과 개발 과정의 수립 및 상담 제공

해설 직무스트레스 관리 대책
- 개인적 대책: 긴장 이완법, 시간관리, 취미 생활, 사회적 지원 활용, 건강관리
- 조직적 대책: 직무 재설계, 경력 계획 및 개발, 유연 근무제 도입, 스트레스 관리 교육, 협력 관계 증진, 작업 환경 개선

정답 | ②

43
개인의 성격을 건강과 관련하여 연구하는 성격 유형 중 아래와 같은 행동 양식을 가지는 유형으로 옳은 것은?

- 항상 분주하고, 시간에 강박관념을 가진다.
- 동시에 많은 일을 하려고 한다.
- 공격적이고 경쟁적이다.
- 양적인 면으로 성공을 측정한다.

① A형 행동양식　② B형 행동양식
③ C형 행동양식　④ D형 행동양식

해설
① A형 행동양식: 완벽주의 성향에 강한 경쟁심과 조급함. 성취욕을 가지고 있다. 스트레스가 많고 늘 긴장하며 고혈압, 심장병과 같은 심혈관계 질환의 질병에 취약하다.
② B형 행동양식: 성취욕이 적으며 꼼꼼하지 않은 성격이지만 성격이 좋고 느긋하고 화를 잘 내지 않는다. 비만, 당뇨와 같은 질환에 취약하다.
③ C형 행동양식: 솔선수범하고 협조적이지만 결단력이 약하다. 스트레스가 많고 화를 많이 참는 편이라 암, 심장질환에 취약하다.
④ D형 행동양식: 의심이 많고 매사에 부정적이다. 화가 많고 불안이 높아 스트레스에 취약한 경향이 있어 우울증, 당뇨병, 심장병 등의 질환에 걸리기 쉽다.

정답 | ①

44
부주의에 의한 사고방지를 위한 정신적 측면의 대책으로 옳지 않은 것은?

① 작업의욕의 고취
② 작업환경의 개선
③ 안전의식의 제고
④ 스트레스 해소 방안 마련

해설
작업환경의 개선은 설비 및 작업환경 요인에 대한 대책에 속한다.

정답 | ②

45
산업안전보건법령상 산업재해조사에 관한 설명으로 옳은 것은?

① 재해 조사의 목적은 인적, 물적 피해 상황을 알아내고 사고의 책임자를 밝히는 데 있다.
② 재해 발생 시, 가장 먼저 조치할 사항은 직접 원인, 간접 원인 등의 재해원인을 조사하는 것이다.
③ 3개월 이상의 요양이 필요한 부상자가 동시에 2인 이상 발생했을 때 중대재해로 분류한다.
④ 사업주는 사망자가 발생했을 때에는 재해가 발생한 날로부터 10일 이내에 산업재해 조사표를 작성하여 관할 지방노동관서의 장에게 제출해야 한다.

해설
① 재해 조사의 목적은 인적, 물적 피해 상황을 알아내고, 재해원인을 규명하여 동종 및 유사재해 예방에 있다.
② 재해 발생 시, 가장 먼저 조치할 사항은 긴급조치인 기계정지를 먼저하고 피해자를 구출해야 한다.
④ 사업주는 사망자가 발생했을 때는 재해가 발생한 날로부터 1개월 이내에 산업재해 조사표를 작성하여 관할 지방노동관서의 장에게 제출해야 한다.

정답 | ③

46
인적 요인 개선을 통한 휴먼에러 방지 대책으로 적합한 것은?

① 작업자의 특성과 작업설비의 적합성 점검·개선
② 인간공학적 설계 및 적합화
③ 모의훈련으로 시나리오에 따른 리허설
④ 안전 설계(fail-safe design)

해설
인적 요인 개선을 통한 휴먼에러 방지 대책은 주로 사람의 행동과 의사결정에 영향을 미치는 요소들을 개선하려는 노력이며 보기에 있는 ①, ②, ④는 작업환경의 개선에 해당이 된다.

정답 | ③

47
작업자의 휴먼에러 발생확률은 매 시간마다 0.05로 일정하고 다른 작업과 독립적으로 실수를 한다고 가정할 때, 8시간 동안 에러의 발생 없이 작업을 수행할 신뢰도는 얼마인가?

① 0.60
② 0.67
③ 0.86
④ 0.95

해설 작업 신뢰도

$$R(t) = e^{-\lambda t}$$
- λ: 시간당 휴먼에러 발생 확률
- t: 총 작업 시간

$R(t) = e^{-0.05 \times 8} = 0.67$

정답 | ②

48
민주적 리더십에 관한 내용으로 옳은 것은?

① 리더에 의한 모든 정책의 결정
② 리더의 지원에 의한 집단 토론식 결정
③ 리더의 과업 및 과업 수행 구성원 지정
④ 리더의 최소 개입 또는 개인적인 결정의 완전한 자유

해설
①은 권위적 리더십, ③은 전제적 리더십, ④는 자유방임적 리더십에 관한 내용이다.

관련개념 헤드십과 리더십의 차이

구분	헤드십 (Headship)	리더십 (Leadership)
집단 목표 설정	조직의 장이 설정	구성원들이 함께 설정
권한 행사 방식	임명된 헤드(직책)	선출된 리더 (신뢰 기반)
권한 부여 출처	위에서 위임	아래로부터의 동의
권한의 근거	법적·공식적 권위	개인 능력·신뢰
권한 귀속 방식	공식화된 규정에 의함	집단 기여에 대한 인정
책임 귀속 대상	상사에게 집중	상사와 부하 모두 공유
지위 형태	권위주의적	민주주의적
의사결정 방식	지시 중심(일방향)	토론 중심(쌍방향)
부하와의 사회적 간격	넓음(거리감 존재)	좁음(친밀감 존재)
상관과 부하의 관계	지배적 관계	개인적 영향 기반 관계
부작용	반감, 소외, 창의성 억제	책임 분산 우려

정답 | ②

49
반응시간(reaction time)에 관한 설명으로 옳은 것은?

① 자극이 요구하는 반응을 행하는 데 걸리는 시간을 의미한다.
② 반응해야 할 신호가 발생한 때부터 반응이 종료될 때까지의 시간을 의미한다.
③ 단순반응시간에 영향을 미치는 변수로는 자극 양식, 자극의 특성, 자극 위치, 연령 등이 있다.
④ 여러 개의 자극을 제시하고, 각각에 대한 서로 다른 반응을 할 과제를 준 후에 자극이 제시되어 반응할 때까지의 시간을 단순반응시간이라 한다.

해설
① 자극이 요구하는 반응을 시작하는 데 걸리는 시간을 의미한다.
② 반응해야 할 신호가 발생한 때부터 그에 대해 반응을 시작하는 데 걸리는 시간을 의미한다.
④ 여러 개의 자극을 제시하고, 각각에 대한 서로 다른 반응을 할 과제를 준 후에 자극이 제시되어 반응할 때까지의 시간을 선택반응시간이라 한다.

정답 ③

50
어느 사업장의 도수율은 40이고, 강도율은 4이다. 이 사업장의 재해 1건당 근로손실일수는 얼마인가?

① 1
② 10
③ 50
④ 100

해설 근로손실일수 계산

$$\text{재해 1건당 근로손실일수} = \frac{\text{강도율}}{\text{도수율}} \times 1,000$$

재해 1건당 근로손실일수 $= \frac{4}{40} \times 1,000 = 100$

정답 | ④

51
교육 프로그램에 대한 평가 준거 중 교육 프로그램이 회사에 주는 경제적 가치와 가장 밀접한 관련이 있는 것은?

① 반응 준거 ② 학습 준거
③ 행동 준거 ④ 결과 준거

해설
준거(Criteria)는 특정 목표나 기준을 평가하기 위해 사용하는 기준이나 척도를 의미한다. 즉, 어떤 대상을 평가하거나 판단할 때 사용하는 기준점이나 기준이 되는 요소를 말하며 평가나 측정을 할 때, 무엇을 기준으로 삼을지를 정의한다.
① 반응 준거: 참가자의 만족도를 평가한다.
② 학습 준거: 교육을 통해 습득한 지식과 기술을 평가한다.
③ 행동 준거: 교육 후 실제 업무에서의 적용 정도를 평가한다.
④ 결과 준거: 교육이 조직에 미친 경제적 효과를 평가한다.

정답 | ④

52
다음 중 산업재해방지를 위한 대책으로 적절하지 않은 것은?

① 산업재해 감소를 위하여 안전관리체계를 자율화하고 안전관리자의 직무권한을 최소화하여야 한다.
② 재해와 원인 사이에는 인과관계가 있으므로 재해의 원인분석을 통한 방지대책이 필요하다.
③ 재해방지를 위해서는 손실의 유무와 관계없는 아차사고(near accident)를 예방하는 것이 중요하다.
④ 불안전한 행동의 방지를 위해서는 심리적 대책과 공학적 대책이 동시에 필요하다.

해설
산업재해 감소를 위하여 안전관리체계가 체계적이고 철저하게 운영되어야 하며 안전관리자의 직무권한을 넓혀야 한다.

정답 | ①

53
호손(Hawthorne) 실험의 결과에 따라 작업자의 작업 능률에 영향을 미치는 주요 요인은?

① 작업장의 온도 ② 물리적 작업조건
③ 작업장의 습도 ④ 작업자의 인간관계

해설 호손(Hawthorne) 실험
하버드 대학교의 심리학자 메이요(George Elton Mayo)와 경영학자 뢰슬리스버거(Fritz Jules Roethlisberger)가 미국의 웨스턴 전기 회사의 호손 공장(Hawthorne Works)에서 8년 동안 4단계에 걸쳐 진행한 일련의 심리학적 실험연구이다. 프레데릭 테일러의 과학적 관리론에 따라, 노동자에 대한 물질적 보상 방법의 변화가 정말로 생산성을 증대시키는지에 대한 검증을 진행하였으며, 실험결과, 물리적 작업 조건보다 작업자의 사회적 상호작용과 인간관계가 작업 능률에 훨씬 더 큰 영향을 미친다는 사실이 밝혀졌다.

정답 | ④

54
뇌파의 유형에 따라 인간의 의식수준을 단계별로 분류할 때, 의식이 명료하여 가장 적극적인 활동이 이루어지고 실수의 확률이 가장 낮은 단계는?

① Ⅰ단계 ② Ⅱ단계
③ Ⅲ단계 ④ Ⅳ단계

해설 인간의 의식 Level의 단계별 의식수준

단계	의식의 수준	생리적 상태
Phase 0	무의식, 실신	수면, 뇌가 발작
Phase Ⅰ	의식의 둔화	피로, 단조로움, 술에 취함
Phase Ⅱ	이완상태	안정기, 휴식할 때, 정상 작업할 때
Phase Ⅲ	명료한 상태	적극적인 활동, 에러 가능성 낮음
Phase Ⅳ	과긴장 상태	긴급 방어반응, 패닉

정답 | ③

55

스웨인(Swain)의 휴먼에러 분류 중 다음 사례에서 재해의 원인이 된 동료작업자 B의 휴먼에러로 적합한 것은?

> 컨베이어 벨트 위에 앉아 있는 작업자 A가 동료 작업자 B에게 작동 버튼을 살짝 눌러서 벨트가 조금만 움직이다가 멈추게 하라고 요청했다. 동료작업자 B는 버튼을 누르던 중 균형을 잃고 버튼을 과도하게 눌러서 벨트가 전속력으로 움직여 작업자 A가 전도되는 재해가 발생하였다.

① Time Error
② Sequential Error
③ Omission Error
④ Commission Error

해설
작업자 B는 A의 요청대로 필요한 작업을 하려 했지만 잘못 수행하게 되어 재해가 발생하였으므로 Commission Error(수행/작위에러)에 해당한다.

관련개념 휴먼에러의 분류(Swain의 심리적 분류)
- Omission Error(생략/부작위에러): 필요한 작업, 절차를 수행하지 않는 오류
- Time Error(시간에러): 필요한 작업과 절차의 수행지연으로 인한 오류
- Commission Error(수행/작위에러): 필요한 작업과 절차를 잘못 수행하는 오류
- Sequential Error(순서에러): 필요한 작업 또는 절차의 순서 착오로 인한 오류
- Quantitative Error(양적에러): 너무 적거나 많은 작업을 수행하는 오류
- Extraneous Error(불필요한 수행에러): 작업과 관계없는 행동을 하는 오류

정답 | ④

56

FTA(Fault Tree Analysis)에 관한 설명으로 옳은 것은?

① 연역적이며 톱다운(top-down) 접근방식이다.
② 귀납적이고, 위험 그 자체와 영향을 강조하고 있다.
③ 시스템 구상에 있어 가장 먼저 하는 분석으로 위험요소가 어떤 상태에 있는지를 정성적으로 평가하는 데 적합하다.
④ 한 사건에 대하여 실패와 성공으로 분개하고, 동일한 방법으로 분개된 각각의 가지에 대하여 실패 또는 성공의 확률을 구하는 것이다.

해설 FTA(결함나무 분석, Fault Tree Analysis)
사건의 결과(사고)로부터 시작해 원인이나 조건을 찾아 나가는 순서로 분석이 이루어지며 연역적, 정량적, 톱다운(top-down) 접근방식이다.

정답 | ①

57

직무스트레스 요인 중 역할 관련 스트레스 요인의 설명으로 옳지 않은 것은?

① 역할 모호성이 클수록 스트레스가 크다.
② 역할 부하가 적을수록 스트레스가 적다.
③ 조직의 중간에 위치하는 중간관리자 등은 역할갈등에 노출되기 쉽다.
④ 역할 과부하는 직무요구가 능력을 초과하는 경우의 스트레스 요인이다.

해설
역할 부하는 주어진 역할에 부여된 업무량을 의미하는데, 너무 적은 업무량은 지루함이나 무력감을 유발할 수 있으며, 이는 직무의 의미 상실이나 동기 부족으로 이어져 스트레스를 유발할 수 있다.

정답 | ②

58
안전대책의 중심적인 내용이라 할 수 있는 3E에 포함되지 않는 것은?

① Education　② Engineering
③ Environment　④ Enforcement

해설 안전의 3요소(3E)
- Education(교육): 안전에 대한 지식과 인식을 높이는 교육 및 훈련을 제공한다.
- Enforcement(규제): 규칙과 규정을 준수하도록 관리하고 감독한다.
- Engineering(기술적 조치): 설계 및 기술적 개선을 통해 불안전 요소를 제거하거나 최소화한다.

정답 | ③

59
매슬로우(Maslow)의 욕구위계설에서 제시한 인간 욕구들을 낮은 단계부터 높은 단계의 순서로 바르게 나열한 것은?

① 생리적 욕구 → 안전 욕구 → 사회적 욕구 → 존경 욕구 → 자아실현의 욕구
② 안전 욕구 → 생리적 욕구 → 사회적 욕구 → 존경 욕구 → 자아실현의 욕구
③ 생리적 욕구 → 사회적 욕구 → 존경 욕구 → 자아실현의 욕구 → 안전 욕구
④ 생리적 욕구 → 사회적 욕구 → 안전 욕구 → 존경 욕구 → 자아실현의 욕구

해설 매슬로우의 욕구단계이론
(Maslow's Hierarchy of Needs)

정답 | ①

60
리더십의 이론 중, 경로-목표이론(path-goal theory)에서 리더 행동에 따른 4가지 범주의 설명으로 옳은 것은?

① 후원적 리더는 부하들의 욕구, 복지문제 및 안정, 온정에 관심을 기울이고, 친밀한 집단 분위기를 조성한다.
② 성취지향적 리더는 부하들과 정보자료를 많이 활용하여 부하들의 의견을 존중하여 의사결정에 반영한다.
③ 주도적 리더는 도전적 목표를 설정하고, 높은 수준의 수행을 강조하여 부하들이 그러한 목표를 달성할 수 있다는 자신감을 갖게 한다.
④ 참여적 리더는 부하들의 작업을 계획하고 조정하며 그들에게 기대하는 바가 무엇인지 알려주고 구체적인 작업지시를 하며 규칙과 절차를 따르도록 요구한다.

해설
② 성취지향적 리더는 도전적 목표를 설정하고, 높은 수준의 수행을 강조하여 부하들이 그러한 목표를 달성할 수 있다는 자신감을 갖게 한다.
③ 주도적 리더는 부하들의 작업을 계획하고 조정하며 그들에게 기대하는 바가 무엇인지 알려주고 구체적인 작업지시를 하며 규칙과 절차를 따르도록 요구한다.
④ 참여적 리더는 부하들과 정보자료를 많이 활용하여 부하들의 의견을 존중하여 의사결정에 반영한다.

정답 | ①

SUBJECT 04 | 근골격계질환 예방을 위한 작업관리

61
위험작업의 관리적 개선에 속하지 않는 것은?

① 위험표지 부착
② 작업자의 교육 및 훈련
③ 작업자의 작업속도 조절
④ 작업자의 신체에 맞는 작업장 개선

해설
작업자의 신체에 맞는 작업장 개선은 공학적 개선 대책에 해당된다.

정답 | ④

62
작업관리에서 결과에 대한 원인을 파악할 목적의 문제분석 도구는?

① 브레인스토밍
② 공정도(Process Chart)
③ 마인트 맵핑(Mind Mapping)
④ 특성요인도

해설
① 브레인스토밍: 문제 해결을 위해 다양한 아이디어를 자유롭게 제시하는 방법으로, 원인 파악보다는 창의적 아이디어를 도출하는 기법이다.
② 공정도(process chart): 작업 흐름을 시각적으로 나타내는 도구로 작업절차나 단계를 나타내는 데 사용된다.
③ 마인트 맵핑(Mind mapping): 생각을 시각적으로 정리하여 아이디어나 정보를 구조화하는 도구이며 개념이나 아이디어를 연결하고 구조화하는 데 활용한다.

정답 | ④

63
NIOSH의 들기작업지침에 따른 중량물 취급작업에서 권장무게한계를 산정하는 데 고려해야 할 변수로 옳지 않은 것은?

① 상체의 비틀림 각도
② 작업자의 평균보폭거리
③ 물체를 이동시킨 수직이동거리
④ 작업자의 손과 물체 사이의 수직거리

해설 권장무게한계
(RWL, Recommended Weight Limit)
①은 수직계수(VM), ③은 거리계수(DM), ④는 수직계수(VM)로, 권장무게한계(RWL) 산정에 포함되는 계수이다.

관련개념 권장무게한계(RWL)

$$RWL = LC \times HM \times VM \times DM \times AM \times FM \times CM$$
- LC: 부하상수(23kg)
- HM: 수평계수
- VM: 수직계수
- DM: 거리계수
- AM: 비대칭계수
- FM: 빈도계수
- CM: 결합계수

정답 | ②

64
손가락을 구부릴 때 힘줄의 굴곡운동에 장애를 주는 근골격계질환의 명칭으로 옳은 것은?

① 회전근개 긴염
② 외상과염
③ 방아쇠 수지
④ 내상과염

해설
① 회전근개 건염: 어깨의 회전근개 힘줄에 염증이 생기는 질환이다.
② 외상과염: 외상 후 염증이 발생하는 것으로, 손목, 팔꿈치, 무릎 등에서 발생한다.
④ 내상과염: 관절 내의 염증성 질환을 의미한다.

정답 | ③

65
근골격계질환 발생단계 가운데 2단계에 해당하는 것은?

① 작업 수행이 불가능함
② 휴식시간에도 통증을 호소함
③ 통증이 하룻밤 지나면 없어짐
④ 작업을 수행하는 능력이 저하됨

해설 근골격계질환 발생 3단계

1단계	• 작업을 하는 중에는 피로와 통증을 느끼지만 하루 후에는 증상이 사라진다. • 작업능력에는 영향이 없지만, 며칠 동안 증상이 지속되다가 악화와 회복이 반복되는 양상을 보인다.
2단계	• 작업을 시작하는 초기부터 통증이 발생하며 하루가 지나도 통증은 계속된다. • 통증으로 잠을 설칠 정도의 불편함을 겪고 작업능력이 감소한다. • 이러한 증상은 몇 주에서 몇 달 동안 지속되며 악화와 회복이 반복되는 양상을 보인다.
3단계	• 하루 종일 지속되는 통증으로 어려움을 겪으며, 통증으로 인한 불면을 경험한다. • 작업을 수행하기 어려울 정도의 고통이 계속된다.

정답 ④

66
워크샘플링에 대한 장·단점으로 적합하지 않은 것은?

① 시간연구법보다 더 자세하다.
② 특별한 측정 장치가 필요 없다.
③ 관측이 순간적으로 이루어져 작업에 방해가 적다.
④ 자료수집이나 분석에 필요한 순수시간이 다른 시간연구방법에 비하여 짧다.

해설
시간연구법이 더 세부적이고 정확한 분석을 제공한다.

정답 ①

67
3시간 동안 작업 수행과정을 촬영하여 워크샘플링 방법으로 200회를 샘플링한 결과 30번의 손목꺾임이 확인되었다. 이 작업의 시간당 손목꺾임 시간은?

① 6분 ② 9분
③ 18분 ④ 30분

해설 워크샘플링 시간 계산

• 손목꺾임 비율 계산

$$\text{손목꺾임 비율} = \frac{\text{관찰횟수}}{\text{총샘플링횟수}}$$

$$\text{손목꺾임 비율} = \frac{30}{200} = 0.15$$

• 총 작업시간 중 손목꺾임 시간

$$\text{1시간당 손목꺾임 시간} = \text{손목꺾임 비율} \times 60\text{분}$$

1시간당 손목꺾임 시간 $= 0.15 \times 60$분 $= 9$분

정답 ②

68
근골격계질환을 예방하기 위한 대책으로 적절하지 않은 것은?

① 작업방법과 작업공간을 재설계한다.
② 작업 순환(Job Rotation)을 실시한다.
③ 단순 반복적인 작업은 기계를 사용한다.
④ 작업속도와 작업강도를 점진적으로 강화한다.

해설
작업속도와 작업강도를 점진적으로 강화하는 것은 오히려 근골격계질환의 위험을 증가시킬 수 있다. 과도한 작업 강도나 속도는 근육과 관절에 과중한 부담을 주고, 장기적으로 근골격계질환을 유발할 수 있다.

정답 ④

69
동작경제의 원칙에 해당되지 않는 것은?

① 신체 사용에 관한 원칙
② 작업장의 배치에 관한 원칙
③ 제품과 공정별 배치에 관한 원칙
④ 공구 및 설비 디자인에 관한 원칙

해설 동작경제의 원칙 3가지
- 신체의 사용에 관한 원칙
- 작업장의 배치에 관한 원칙
- 공구 및 설비의 디자인에 관한 원칙

정답 ③

70
다음의 동작 중 주머니로 운반, 다시잡기, 볼펜회전은 동시에 수행되는 결합동작이다. 주머니로 운반의 시간은 15.2TMU, 다시잡기는 5.6TMU, 볼펜회전은 4.1TMU일 때 다음의 왼손작업 정미시간(Normal time)은 얼마인가?

왼손작업	동작	TMU	동작	오른손작업
볼펜잡기	G3	5.6	RL1	
주머니로 운반	M12C	15.2		
다시잡기	G2	5.6		볼펜놓기
볼펜회전	T6-S	4.1		
주머니에 넣기	PISE	5.6		

① 11.2TMU ② 26.4TMU
③ 32.0TMU ④ 36.1TMU

해설 정미시간 계산

$$정미시간 = 단일동작1 + \cdots + 단일동작n + 결합동작$$

왼손작업 동작은 '볼펜잡기 → 결합동작 → 주머니에 넣기' 순서로 진행되며, 결합동작 중 가장 긴 시간이 정미시간이 된다.
정미시간 = 5.6TMU + 15.2TMU + 5.6TMU = 26.4TMU

정답 ②

71
어느 작업시간의 관측 평균시간이 1.2분, 레이팅 계수가 110%, 여유율이 25%일 때 외경법에 의한 개당 표준시간은 얼마인가?

① 1.32분 ② 1.50분
③ 1.53분 ④ 1.65분

해설 외경법에 의한 표준시간 계산
- 정미시간 계산

$$정미시간 = 관측\ 평균시간 \times \left(\frac{레이팅계수}{100}\right)$$

정미시간 = $1.2분 \times \frac{110}{100} = 1.32분$

- 표준시간 계산(외경법)

$$표준시간 = 정미시간 \times (1 + 여유율)$$

표준시간 = $1.32 \times (1 + 0.25) = 1.65분$

정답 ④

72
설비의 배치 방법 중 공정별 배치의 특성에 대한 설명으로 틀린 것은?

① 작업 할당에 융통성이 있다.
② 운반거리가 직선적이며 짧아진다.
③ 작업자가 다루는 품목의 종류가 다양하다.
④ 설비의 보전이 용이하고 가동률이 높기 때문에 자본투자가 적다.

해설
공정별 배치에서는 작업자들이 서로 다른 공정을 이동해야 하므로 운반거리가 길어지고 복잡해질 수 있으며 공정별 배치의 단점 중 하나이다.

정답 ②

73
작업구분을 큰 것에서부터 작은 것 순으로 나열한 것은?

① 공정 → 단위작업 → 요소작업 → 동작요소 → 서블릭
② 공정 → 요소작업 → 단위작업 → 서블릭 → 동작요소
③ 공정 → 단위작업 → 동작요소 → 요소작업 → 서블릭
④ 공정 → 단위작업 → 요소작업 → 서블릭 → 동작요소

해설 일반적인 작업구분 순서(큰 것 → 작은 것)
공정 → 단위작업 → 요소작업 → 동작요소 → 서블릭

정답 ①

74
시계 조립과 같이 정밀한 작업을 위한 작업대의 높이로 가장 적절한 것은?

① 팔꿈치 높이로 한다.
② 팔꿈치 높이보다 5~15cm 낮게 한다.
③ 팔꿈치 높이보다 5~15cm 높게 한다.
④ 작업면과 눈의 거리가 30cm 정도 되도록 한다.

해설
정밀작업(세밀한 작업) 작업대의 높이는 팔꿈치보다 5~15cm 높아야 한다.

정답 ③

75
유해요인 조사 방법 중 OWAS(Ovako Working Posture Analysis System)에 관한 설명으로 옳지 않은 것은?

① OWAS의 작업자세 수준은 4단계로 분류된다.
② OWAS는 작업자세로 인한 부하를 평가하는 데 초점이 맞추어져 있다.
③ OWAS는 신체 부위의 자세뿐만 아니라 중량물의 사용도 고려하여 평가한다.
④ OWAS는 작업자세를 허리, 팔, 손목으로 구분하여 각 부위의 자세를 코드로 표현한다.

해설
④ OWAS는 작업자세를 허리, 상지, 하지, 무게로 구분하여 각 부위의 자세를 코드로 표현한다.

정답 ④

76
산업안전보건법령상 근로자가 근골격계 부담작업을 하는 경우 유해요인조사의 실시주기는? (단, 신설되는 사업장은 제외한다.)

① 6개월
② 1년
③ 2년
④ 3년

해설
산업안전보건법령상 근로자가 근골격계 부담작업을 하는 경우 유해요인조사의 실시 주기는 3년이다. 다만, 신설되는 사업장은 신설일로부터 1년 이내에 최초의 유해요인조사를 실시하여야 한다.

정답 ④

77
다음의 설명에 적합한 서블릭 용어는?

> 다음에 진행할 동작을 위하여 대상물을 정해진 장소에 놓는 동작

① 바로 놓기　　② 놓기
③ 미리 놓기　　④ 운반

해설
다음에 진행할 동작을 위하여 대상물을 정해진 장소에 놓는 동작은 미리놓기(Pre-positioning)이다.

정답 ③

78
표준시간의 산정 방법과 구체적인 측정기법의 연결이 옳지 않은 것은?

① 시간연구법 - 스톱워치법
② PTS법 - MTM법, Work factor법
③ 워크 샘플링법 - 직접 관찰법
④ 실적자료법 - 전자식 자료 집적기

해설
실적자료법은 전자식 자료 집적기와 연결되는 것이 아니라 실적 기록법에 적합하다.

정답 ④

79
상세한 작업 분석의 도구로 적합하지 않은 것은?

① 서블릭(Therblig)
② 파레토차트
③ 다중활동분석표
④ 작업자 공정도

해설
파레토차트는 문제를 분석하고 우선순위를 매기기 위해 사용되는 도구로, 작업 분석의 세부적인 내용을 다루기보다는 문제를 해결하는 데 중점을 두며 상세한 작업 분석에는 적합하지 않다.

정답 ②

80
공정도에 관한 설명으로 옳지 않은 것은?

① 작업을 기본적인 동작요소로 나눈다.
② 부품의 이동을 확인할 수 있다.
③ 역류 현상을 점검할 수 있다.
④ 작업과 검사 과정을 표시할 수 있다.

해설
작업을 기본적인 동작요소로 나누는 것은 서블릭(Therblig) 동작 연구와 관련된 분석 방법이다.

정답 ①

2018년 1회 기출문제

SUBJECT 01 | 인간공학개론

01
청각의 특성 중 2개음 사이의 진동수 차이가 얼마 이상이 되면 울림(beat)이 들리지 않고 각각 다른 두 개의 음으로 들리는가?

① 5Hz
② 11Hz
③ 22Hz
④ 33Hz

해설
33Hz 이상에서는 두 개의 독립된 음으로 인식된다.

관련개념 청각의 특성

구분	특성
33Hz 미만	두 개의 음이 하나의 울림(beat)으로 들린다.
33Hz 이상	두 개의 독립된 음으로 인식된다.
50Hz 이상	두 개의 음이 더욱 뚜렷하게 구별되어 들린다.

정답 | ④

02
작업대 공간의 배치 원리와 가장 거리가 먼 것은?

① 기능성의 원리
② 사용 순서의 원리
③ 중요도의 원리
④ 오류 방지의 원리

해설
오류 방지의 원리는 작업대 공간의 배치 원리가 아니다.

관련개념 작업대 공간 구성요소의 배치
- 중요도의 원칙: 각 부품 및 작업 요소의 기여도를 고려하여 우선순위를 결정한다.
- 사용빈도의 원칙: 자주 사용하는 부품이나 도구를 작업자 손 가까이에 배치해 이동을 최소화한다.
- 사용순서의 원칙: 작업 순서를 반영해 부품이나 도구를 순차적으로 배치하여 효율적 흐름을 유지한다.
- 기능별 배치의 원칙: 기능적으로 연관된 부품이나 도구를 한 곳에 모아 배치해 연속성과 효율을 높인다.

정답 | ④

03
사용자의 기억단계에 대한 설명으로 맞는 것은?

① 잔상은 단기기억(short-term memory)의 일종이다.
② 인간의 단기기억(short-term memory) 용량은 유한하다.
③ 장기 기억을 작업기억(working memory)이라고도 한다.
④ 정보를 수 초 동안 기억하는 것을 장기기억(long-term memory)이라 한다.

해설
잔상은 감각기억이며, 작업기억은 단기기억의 일부로 정보를 처리한다. 단기기억은 용량이 유한하고 수 초 동안만 유지된다.

관련개념 사용자의 기억단계

구분	내용
감각기억	감각기관(시각, 청각, 촉각 등)에서 받은 정보를 매우 짧은 시간 동안 유지하는 기억이다.
단기기억	정보 용량이 제한적이며, 조지 밀러(George A. Miller)의 'Magic Number 7 ± 2 법칙'에 따르면 5~9개 정도의 정보를 저장할 수 있다.
작업기억	단기기억의 확장된 개념으로 정보를 일시적으로 저장하면서 동시에 처리하는 기능을 가진다.
장기기억	정보가 장기간 저장되는 기억으로 정보 용량에 제한이 없으며, 평생 지속될 수 있다.

정답 | ②

04

시스템의 성능 평가척도의 설명으로 맞는 것은?

① 적절성 — 평가척도가 시스템의 목표를 잘 반영해야 한다.
② 실제성 — 기대되는 차이에 적합한 단위로 측정할 수 있어야 한다.
③ 무오염성 — 비슷한 환경에서 평가를 반복할 경우에 일정한 결과를 나타낸다.
④ 신뢰성 — 측정하려는 변수 이외의 다른 변수들의 영향을 받지 않아야 한다.

해설
적절성은 평가척도가 시스템의 목표 및 목적을 잘 반영해야 함을 의미한다.

관련개념 시스템 성능 평가 척도
- 적절성: 평가척도가 시스템의 목표와 목적을 반영한다.
- 민감성: 작은 시스템 성능 변화도 정확하게 감지한다.
- 무오염성: 평가척도가 외부요인에 의해 왜곡되지 않고, 측정하고자 하는 요소만을 반영한다.
- 신뢰성: 동일조건에서 반복적으로 측정 시 유사한 결과를 보장한다.
- 타당성: 평가척도가 측정하고자 하는 시스템의 성능을 정확하게 반영하는 정도이다.

정답 | ①

05

최소치를 이용한 인체 측정치 원리를 적용해야 할 것은?

① 문의 높이
② 안전대의 하중강도
③ 비상탈출구의 크기
④ 기구조작에 필요한 힘

해설
기구 조작에 필요한 힘은 가장 약한 사용자를 기준으로 설계하여야 한다.

정답 | ④

06

그림은 인간-기계 통합 체계의 인간 또는 기계에 의해서 수행되는 기본 기능의 유형이다. 그림의 A 부분에 가장 적합한 내용은?

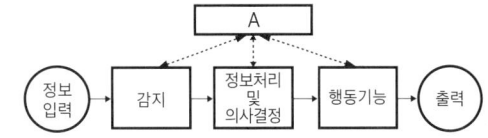

① 통신
② 정보수용
③ 정보보관
④ 신체제어

해설
감지된 정보는 즉시 처리되지 않을 수도 있어 단기기억 또는 장기기억에 저장되었다가, 필요 시 정보처리 및 의사결정 과정에서 활용된다.

관련개념 인간-기계 통합 체계의 정보 처리 순서

감지	• 인간: 눈, 귀, 촉각 등을 이용하여 정보수집 • 기계: 카메라, 마이크, 센서 등을 통해 입력 데이터 수집
정보보관	• 인간: 단기기억, 장기기억을 통해 정보저장 • 기계: 데이터베이스, 메모리(RAM, HDD 등)를 이용하여 정보저장
정보처리 및 의사결정	• 인간: 뇌에서 정보를 분석하고 판단 • 기계: 알고리즘, AI, 소프트웨어 등을 통해 연산 및 분석
행동기능	• 인간: 근육과 신체를 활용하여 행동 수행 • 기계: 모터, 로봇 팔 등을 통해 물리적 움직임 수행

정답 | ③

07

동적 표시장치에 해당하는 것은?

① 도표
② 지도
③ 속도계
④ 도로표지판

해설
동적 표시장치는 시간에 따라 변하는 정보를 실시간으로 제공한다.

관련개념 정적 표시장치
고정된 정보를 전달하며, 시간이 지나도 내용이 변하지 않는다.
예) 도표, 지도, 도로표지판, 간판 등

정답 | ③

08

조종장치에 대한 설명으로 맞는 것은?

① C/R비가 크면 민감한 장치이다.
② C/R비가 작은 경우에는 조종장치의 조종시간이 적게 필요하다.
③ C/R비가 감소함에 따라 이동시간은 감소하고, 조종시간은 증가한다.
④ C/R비가 반응장치의 움직인 거리를 조종장치의 움직인 거리로 나눈 값이다.

해설

C/R비는 조종장치의 움직인 거리를 반응장치의 움직인 거리로 나눈 값으로, C/R비가 작으면 조종장치가 민감하여 이동시간은 감소할 수 있지만, 조정의 정밀성이 떨어져 조종시간은 증가할 수 있다.

관련개념 C/R비와 이동·조종시간 상관 관계

C/R비 크기	이동시간 (반응속도)	조종시간	조종장치 특징
작다	감소	증가	민감함
크다	증가	감소	정밀함

정답 | ③

09

빛이 어떤 물체에 반사되어 나온 양을 지칭하는 용어는?

① 휘도(Luminance)
② 조도(Illumination)
③ 반사율(Reflectance)
④ 광량(Luminous intensity)

해설

휘도(Luminance)는 빛이 물체에서 반사되거나 자체적으로 방출되어 인간의 눈에 감지되는 밝기의 정도를 나타내며, 단위는 cd/m^2 또는 nit이다.

정답 | ①

10

음압수준이 100dB인 1,000Hz 순음이 sone 값은 얼마인가?

① 32 ② 64
③ 128 ④ 256

해설 sone 계산

sone이란 인간이 주관적으로 느끼는 소리의 크기를 나타내는 단위이며 다음 공식을 사용하여 계산한다.

$$S = 2^{(phon-40)/10}$$

- S: sone 값
- phon: 음압수준(dB)

음압 수준 100dB, 1,000Hz일 때 sone 값을 계산하면,
$S = 2^{(100-40)/10} = 64$

정답 | ②

11

출입문, 탈출구, 통로의 공간, 줄사다리의 강도 등은 어떤 설계기준을 적용하는 것이 바람직한가?

① 조절식 원칙 ② 최소치수의 원칙
③ 평균치수의 원칙 ④ 최대치수의 원칙

해설

출입문, 탈출구, 통로의 공간, 줄사다리의 강도는 최대 신체 치수를 가진 사용자나 극한 조건을 고려하여 설계하여야 한다. 따라서 최대치수의 원칙을 적용한다.

정답 | ④

12

인간공학과 관련된 용어로 사용되는 것이 아닌 것은?

① Ergonomics
② Just In Time
③ Human Factors
④ User Interface Design

해설

Just In Time(JIT)는 생산 및 공급망관리(SCM)에서 사용하는 용어이다.

정답 | ②

13
양립성에 관한 설명으로 틀린 것은?

① 직무에 알맞은 자극과 응답방식에 대한 것을 직무 양립성이라고 한다.
② 표시장치와 제어장치의 움직임에 관련된 것을 운동 양립성이라고 한다.
③ 코드와 기호를 인간들의 사고에 일치시키는 것을 개념적 양립성이라고 한다.
④ 제어장치와 표시장치의 물리적 배열이 사용자 기대와 일치하도록 하는 것을 공간적 양립성이라고 한다.

해설

양립성은 사용자의 기대와 시스템의 작동방식이 일치하는 정도를 의미하며, 직무 양립성이라는 개념은 인간공학에서 일반적으로 사용되지 않는다.

정답 | ①

14
반응시간이 가장 빠른 감각은?

① 미각 ② 후각
③ 시각 ④ 청각

해설

청각신경은 직접적으로 뇌의 청각 피질로 연결되어 신호 경로가 짧아 반응속도가 빠르다.

정답 | ④

15
시스템의 평가척도 유형으로 볼 수 없는 것은?

① 인간 기준(Human Criteria)
② 관리 기준(Management Criteria)
③ 시스템 기준(System-Descriptive Criteria)
④ 작업성능 기준(Task Performance Criteria)

해설

관리 기준은 시스템평가와는 직접적인 관련이 없다.

관련개념 시스템 평가척도 유형

시스템 평가척도는 얼마나 효율적으로 목표가 수행되는가를 평가하기 위한 기준이며, 다음의 3가지 유형으로 분류된다.

척도유형	설명	예시
인간 기준	사용자의 신체·인지·심리적 특성과 시스템의 적합성을 평가한다.	피로도, 인지부하, 스트레스 수준 등
작업 성능 기준	사용자가 시스템을 사용하여 작업을 수행하는 정확성과 효율성을 평가한다.	오류율, 생산성, 반응시간 등
시스템 기준	시스템 자체의 성능과 속성을 평가한다.	처리속도, 신뢰성, 유지보수성 등

정답 | ②

16
시각장치를 사용하는 경우보다 청각장치가 더 유리한 경우는?

① 전언이 복잡할 때
② 전언이 후에 재참조 될 때
③ 전언이 즉각적인 행동을 요구할 때
④ 직무상 수신자가 한곳에 머무를 때

해설

청각 정보는 공간의 제약 없이 널리 퍼지고, 수신자가 즉시 인식할 수 있어 빠르게 전달된다. 따라서 신속한 대응이 필요한 상황에서는 경보음이나 긴급 방송과 같은 청각장치가 더 효과적이다.

정답 | ③

17
표시장치를 사용할 때 자극 전체를 직접 나타내거나 재생시키는 대신, 정보나 자극을 암호화하는 경우가 흔하다. 이와 같이 정보를 암호화하는 데 있어서 지켜야 할 일반적 지침으로 볼 수 없는 것은?

① 암호의 민감성
② 암호의 양립성
③ 암호의 변별성
④ 암호의 검출성

해설
암호의 민감성은 암호체계의 일반적 지침과 관련이 없다.

관련개념 암호체계의 일반적 지침

변별성	암호 표시가 다른 암호와 혼동되지 않고 명확히 구분될 수 있어야 한다.
검출성	암호화된 자극이 사용자에게 충분히 감지될 수 있어야 한다.
양립성	자극과 반응 간의 관계가 사용자의 기대와 모순되지 않아야 한다.
다차원의 암호사용	여러 암호 차원을 조합하여 정보 전달의 신뢰성과 효율성을 높인다. ⑩ 경고 소리와 빛을 동시 제공

정답 | ①

18
암순응에 대한 설명으로 맞는 것은?

① 암순응 때에 원추세포는 감수성을 갖게 된다.
② 어두운 곳에서는 주로 간상세포에 의해 보게 된다.
③ 어두운 곳에서 밝은 곳으로 들어갈 때 발생한다.
④ 완전 암순응에는 일반적으로 5~10분 정도 소요된다.

해설
암순응은 밝은 환경에서 어두운 환경으로 이동할 때 눈이 점차 적응하는 과정으로, 주로 간상세포가 활성화되어 어둠 속에서 명암을 감지하게 된다. 완전한 암순응에는 일반적으로 30~40분 정도의 시간이 필요하다.

정답 | ②

19
신호 검출이론에 의하면 시그널(Signal)에 대한 인간의 판정결과는 4가지로 구분되는데 이 중 시그널을 노이즈(Noise)로 판단한 결과를 지칭하는 용어는 무엇인가?

① 긍정(Hit)
② 누락(Miss)
③ 허위(False Alarm)
④ 부정(Correct Rejection)

해설
시그널(Signal)을 노이즈(Noise)로 판단하는 것은 누락(Miss)이다.

정답 | ②

20
발생확률이 0.1과 0.9로 다른 2개의 이벤트의 정보량은 발생확률이 0.5로 같은 2개의 이벤트의 정보량에 비해 어느 정도 감소되는가?

① 51%
② 52%
③ 53%
④ 54%

해설 정보량 감소율 계산
• 평균 정보량 계산

$$H = -\sum_{i=1}^{N} p_i \log_2(p_i)$$

• H: 평균 정보량
• p_i: 발생확률

확률이 0.5와 0.5인 이벤트 평균 정보량
$H_1 = -2\{0.5 \times \log_2(0.5)\} = 1$
확률이 0.1과 0.9인 이벤트 평균 정보량
$H_2 = -\{0.1 \times \log_2(0.1)\} - \{0.9 \times \log_2(0.9)\} = 0.467$

• 정보량 감소율 계산

$$감소율 = \frac{H_1 - H_2}{H_1} \times 100$$

$감소율 = \left(\frac{1 - 0.467}{1}\right) \times 100 = 53\%$

정답 | ③

SUBJECT 02 | 작업생리학

21
주파수가 가청영역 이하인 소음을 무엇이라고 하는가?

① 충격 소음 ② 초음파 소음
③ 간헐 소음 ④ 초저주파 소음

해설
초저주파 소음은 인간이 들을 수 없는 20Hz 미만인 저주파 소음을 의미한다.

정답 ④

22
한랭대책으로써 개인위생에 해당되지 않는 사항은?

① 과음을 피할 것
② 식염을 많이 섭취할 것
③ 더운 물과 더운 음식을 섭취할 것
④ 얼음 위에서 오랫동안 작업하지 말 것

해설
식염 섭취는 체온 유지와 직접적인 관련이 없으며, 땀을 흘리는 고온환경에서의 적절한 대책이다.

정답 ②

23
최대산소소비능력(Maximum Aerobic Power, MAP)에 대한 설명으로 틀린 것은?

① 근육과 혈액 중에 축적되는 젖산의 양이 감소
② 이 수준에서는 주로 혐기성 에너지 대사가 발생
③ 20세 전후로 최고가 되었다가 나이가 들수록 점차로 줄어듦
④ 산소섭취량이 일정 수준에 도달하면 더 이상 증가하지 않는 수준

해설
최대산소소비능력 수준에서는 산소 공급이 최대로 이루어지는 동시에 혐기성 대사도 증가하여 젖산이 축적된다.

정답 ①

24
정적 작업과 국소 근육피로에 대한 설명으로 적절하지 않은 것은?

① 근육이 발휘할 수 있는 힘의 최대치를 MVC라 한다.
② 국소 근육피로를 측정하기 위하여 산소소비량이 측정된다.
③ 국소 근육피로는 정적인 근육수축을 요구하는 직무들에서 자주 관찰된다.
④ MVC의 10퍼센트 미만인 경우에만 정적 수축이 거의 무한하게 유지될 수 있다.

해설
국소 근육피로를 평가하기 위해 근전도(EMG), 근력감소평가(MVC)를 주로 사용한다.

정답 ②

25
장기간 침상 생활을 하던 환자의 뼈가 정상인의 뼈보다 쉽게 골절이 일어나는 이유는 뼈의 어떤 기능에 의해 설명되는가?

① 재형성 기능 ② 조혈 기능
③ 지렛대 기능 ④ 지지 기능

해설
장기간 침상 생활을 하면, 뼈에 가해지는 물리적인 힘이 감소하면서 뼈의 재형성이 원활하게 이루어지지 않아 골밀도가 감소하고 골절 위험이 증가한다.

정답 ①

26
연축(twitch)이 일어나는 일련의 과정이 맞는 것은?

① 근섬유의 자극 → 활동전압 → 흥분수축연결 → 근원섬유의 수축
② 활동전압 → 근섬유의 자극 → 흥분수축연결 → 근원섬유의 수축
③ 흥분수축연결 → 활동전압 → 근섬유의 자극 → 근원섬유의 수축
④ 근원섬유의 수축 → 근섬유의 자극 → 활동전압 → 흥분수축연결

해설

연축은 다음과 같은 순서로 일어난다.
- 근섬유의 자극: 운동신경에서 아세틸콜린을 분비한다.
- 활동전압: 아세틸콜린이 수용체에 결합하여 근섬유막을 탈분극하고 활동전압을 생성한다.
- 흥분–수축 연결: 활동전압이 근섬유 내부로 전달되며 칼슘이온(Ca^{2+})을 방출한다.
- 근원섬유의 수축: 칼슘이온(Ca^{2+})이 트로포닌과 결합하게 되면서 액틴과 미오신 상호작용을 촉진하여 근수축을 발생시킨다.

정답 | ①

27
허리부위의 요추는 몇 개의 뼈로 구성되어 있는 있는가?

① 4개 ② 5개
③ 6개 ④ 7개

해설

요추는 5개로 구성되어 있다.

정답 | ②

28
근력에 관한 설명으로 틀린 것은?

① 근력이란 수의적인 노력으로 근육이 등장성으로 낼 수 있는 힘의 최대치이다.
② 정적 근력의 측정은 피검자가 고정 물체에 대하여 최대 힘을 내도록 하여 측정한다.
③ 동적 근력은 가속과 관절 각도변화가 힘의 발휘에 영향을 미치므로 측정에 어려움이 있다.
④ 근력의 측정은 자세, 관절각도, 동기 등의 인자가 영향을 미치므로 반복 측정이 필요하다.

해설

근력은 수축 형태(정적, 등장성, 등속성 등)에 관계없이 근육이 수의적으로 발휘할 수 있는 최대의 힘이다.

정답 | ①

29
힘에 대한 설명으로 틀린 것은?

① 능동적 힘은 근수축에 의하여 생성된다.
② 힘은 근골격계를 움직이거나 안정시키는 데 작용한다.
③ 수동적 힘은 관절 주변의 결합조직에 의하여 생성된다.
④ 능동적 힘과 수동적 힘은 근절의 안정길이에서 발생한다.

해설

능동적인 힘과 수동적인 힘은 근절의 안정길이에서 발생하는 것이 아니라, 근육 길이 변화에 따라 다르게 발생한다.
- 능동적인 힘: 안정길이에서 시작하여, 길이가 100~130% 정도로 늘어날 때 최대치에 도달한다.
- 수동적인 힘: 안정길이 초과 시 발생하여, 길이가 증가할수록 힘도 증가한다.

정답 | ④

30
전신진동의 영향에 대한 설명으로 틀린 것은?

① 10~25Hz에서 시성능이 가장 저하된다.
② 5Hz 이하의 낮은 진동수에서 운동성능이 가장 저하된다.
③ 머리와 어깨 부위의 공명주파수는 20~30Hz 이다.
④ 등이나 허리뼈에 가장 위험한 주파수는 60~90Hz 이다.

해설 전신진동 주파수별 인체 영향 부위

주파(Hz)	인체 부위	영향
4~8Hz	허리(요추), 등	허리통증. 디스크 손상 위험
5Hz 이하	전신	균형감각 저하, 운동성능 저하
10~25Hz	안구	시력 저하
20~30Hz	머리, 어깨	공명현상 발생, 불쾌감 유발
60~90Hz	손, 손목, 안구	손 저림, 혈류감소, 안구공명

정답 ④

31
자율신경계의 교감, 부교감 신경에 대한 설명 중 틀린 것은?

① 교감 신경은 동공을 축소시키고, 부교감 신경은 동공을 확대시킨다.
② 교감 신경은 동공을 확대시키고, 부교감 신경은 동공을 축소시킨다.
③ 교감 신경은 심장 박동을 촉진시키고, 부교감 신경을 심장 박동을 억제시킨다.
④ 교감 신경은 소화 운동을 억제시키고, 부교감 신경은 소화 운동을 촉진시킨다.

해설
교감 신경은 동공을 확대시키고, 부교감 신경은 동공을 축소시킨다.

정답 ①

32
남성 작업자의 육체작업에 대한 에너지가를 평가한 결과 산소소모량이 1.5L/min이 나왔다. 작업자의 4시간에 대한 휴식시간은 약 몇 분 정도인가? (단, Murrell의 공식을 이용한다.)

① 75분 ② 100분
③ 125분 ④ 150분

해설 Murrell의 식을 이용한 휴식시간 계산

$$R = T \times \frac{E-S}{E-M}$$

- R: 휴식시간(분)
- T: 총 작업 시간(분)
- E: 작업 중 평균 에너지 소비량(kcal/min)
- S: 권장 평균 에너지 소비량(kcal/min), 일반적으로 5kcal/min
- M: 휴식 중 평균 에너지 소비량(kcal/min), 일반적으로 1.5kcal/min

작업에너지 소비량(E) = 1.5L/min × 5kcal/L
= 7.5kcal/min

휴식시간(R) = $240 \times \frac{7.5-5}{7.5-1.5}$ = 100분

정답 ②

33
근육이 수축할 때 생성 및 소모되는 물질(에너지원)이 아닌 것은?

① 글리코겐(glycogn)
② CP(creatine phosphate)
③ 글리콜리시스(glycolysis)
④ ATP(adenosine triphosphate)

해설
글리콜리시스는 포도당을 분해하여 ATP를 생성하는 대사 과정을 말한다.

정답 ③

34
인간이 휴식을 취하고 있을 때 혈액이 가장 많이 분포하는 신체부위는?

① 뇌 ② 심장근육
③ 근육 ④ 소화기관

해설
휴식을 취하고 있을 때 소화기관에 25~30%의 혈액이 분포한다.

관련개념 안정상태에서의 혈액 분배 비율

구분	혈액 분배 비율(%)
소화기계	25~30
신장	20~25
근육	15~20
뇌	15
심장	5

정답 | ④

35
일반적으로 소음계는 주파수에 따른 사람의 느낌을 감안하여 A, B, C 세 가지 특성에서 음압을 측정할 수 있도록 보정되어 있는데, A 특성치란 몇 phon의 등음량곡선과 비슷하게 주파수에 따른 반응을 보정하여 측정한 음압수준을 말하는가?

① 20 ② 40
③ 70 ④ 100

해설
A 특성치는 일반적인 환경 소음에서 인간의 청각 특성을 반영한 것으로 40phon 등음량곡선과 유사하게 보정한 음압수준이다.

정답 | ②

36
공기정화시설을 갖춘 사무실에서의 환기기준으로 맞는 것은?

① 환기횟수는 시간당 2회 이상으로 한다.
② 환기횟수는 시간당 3회 이상으로 한다.
③ 환기횟수는 시간당 4회 이상으로 한다.
④ 환기횟수는 시간당 6회 이상으로 한다.

해설
고용노동부고시 「사무실 공기관리 지침」 제3조에 따라, 공기정화시설이 있는 사무실의 최소 외기량은 $0.57m^3/min$, 환기횟수는 시간당 4회 이상이어야 한다.

정답 | ③

37
실내표면에서 추천 반사율이 낮은 것부터 높은 순서대로 나열한 것은?

① 벽<가구<천장<바닥
② 천장<벽<가구<바닥
③ 가구<바닥<벽<천장
④ 바닥<가구<벽<천장

해설
실내 표면의 추천 반사율은 바닥에서 천장으로 갈수록 높아진다.

관련개념 실내 표면 추천 반사율

구분	IES 기준 추천반사율(%)
천장	80~90
벽	40~60
창문발(Blind)	40~60
책상면	25~40
바닥	20~40

정답 | ④

38
일반적인 성인 남성 작업자의 산소 소비량이 2.5L/min일 때, 에너지 소비량은 약 얼마인가?

① 7.5kcal/min ② 10.0kcal/min
③ 12.5kcal/min ④ 15.0kcal/min

해설 에너지 소비량 계산

일반적으로 산소 소비량 1L당 에너지 소비량은 5kcal이므로, 에너지 소비량을 계산하면 다음과 같다.
5kcal/L × 2.5L/min = 12.5kcal/min

정답 | ③

39
신체의 작업부하에 대하여 작업자들이 주관적으로 지각한 신체적 노력의 정도를 6~20의 값으로 평가한 척도는 무엇인가?

① 부정맥지수
② 점멸융합주파수(VFF)
③ 운동자각도(Borg's RPE)
④ 최대산소소비능력(maximum aerovic power)

해설

운동자각도(Borg's RPE)는 작업자들이 자신의 신체적 작업부하를 주관적으로 평가하는 척도이다.

관련개념 Borg의 RPE(Rating of Perceived Exertion) 척도
- 작업자들이 주관적으로 느끼는 육체적 작업부하를 평가하는 척도이다.
- 작업 중 느끼는 피로감과 심박 수 간의 관계를 기반으로 개발되었다.
- 척도의 양끝(6~20)은 최소 및 최대 심박수를 반영한다.
  - 예 6 = 전혀 힘들지 않음(~60bpm),
    20 = 최대 노력(~200bpm)

정답 | ③

40
빛의 측정치를 나타내는 단위의 관계가 틀린 것은?

① 1fc = 10lux
② 반사율 = 휘도/조도
③ 1candela = 10lumen
④ 조도 = 광도/거리²

해설

1candela는 1steradian(sr) 방향으로 방출되는 광속(lumen)을 의미한다. 따라서 1candela = 1lumen/sr이다.

정답 | ③

SUBJECT 03 | 산업심리학 및 관련법규

41
제조물책임법상 제조업자가 제조물에 대하여 제조·가공상의 주의의무를 이행하였는지에 관계없이 제조물이 원래 의도한 설계와 다르게 제조·가공됨으로써 안전하지 못하게 된 경우에 해당되는 결함은?

① 제조상의 결함 ② 설계상의 결함
③ 표시상의 결함 ④ 기타 유형의 결함

해설 결함(「제조물 책임법」 제2조)

"결함"이란 해당 제조물에 다음의 어느 하나에 해당하는 제조상·설계상 또는 표시상의 결함이 있거나 그 밖에 통상적으로 기대할 수 있는 안전성이 결여되어 있는 것을 말한다.
- 제조상의 결함: 제조업자가 제조물에 대하여 제조상·가공상의 주의의무를 이행하였는지에 관계없이 제조물이 원래 의도한 설계와 다르게 제조·가공됨으로써 안전하지 못하게 된 경우를 말한다.
- 설계상의 결함: 제조업자가 합리적인 대체설계(代替設計)를 채용하였더라면 피해나 위험을 줄이거나 피할 수 있었음에도 대체설계를 채용하지 아니하여 해당 제조물이 안전하지 못하게 된 경우를 말한다.
- 표시상의 결함: 제조업자가 합리적인 설명·지시·경고 또는 그 밖의 표시를 하였더라면 해당 제조물에 의하여 발생할 수 있는 피해나 위험을 줄이거나 피할 수 있었음에도 이를 하지 아니한 경우를 말한다.

정답 | ①

42

사고의 유형, 기인물 등 분류항목을 큰 순서대로 분류하여 사고방지를 위해 사용하는 통계적 원인분석 도구는?

① 관리도(Control Chart)
② 크로스도(Cross Diagram)
③ 파레토도(Pareto Diagram)
④ 특성요인도(Cause and Effect Diagram)

해설 파레토차트(Pareto Chart)

가로축에 항목을, 세로축에는 각 항목의 점유비율을 나타내는 막대그래프를 그리고, 누적비율을 나타내는 꺾은 선을 추가한 그래프이다. 재해 원인 분석에 주로 활용되며, 원인을 유형별로 분석하여 큰 순서대로 정렬하여 도표화한 것이다. 80-20 법칙을 기반으로 하여, 문제의 주요 원인 20%가 결과의 80%를 차지한다는 것을 나타내는 도구이다.

정답 | ③

43

리더십 이론 중 관리격자이론에서 인간에 대한 관심이 낮은 유형은?

① 타협형
② 인기형
③ 이상형
④ 무관심형

해설 관리격자이론의 리더십 스타일

- 이상형: 생산과 인간에 대한 관심이 모두 높다.
- 인기형: 생산에 대한 관심은 낮으나 인간에 대한 관심은 높다.
- 타협형: 생산과 인간에 대한 관심이 모두 중간 수준이다.
- 과업형: 생산에 대한 관심은 높으나 인간에 대한 관심이 낮다.
- 무관심형: 생산과 인간에 대한 관심이 모두 낮은 유형이다.

정답 | ④

44

알더퍼(P.Alderfer)의 ERG 이론에서 3단계로 나눈 욕구 유형에 속하지 않은 것은?

① 성취욕구
② 성장욕구
③ 존재욕구
④ 관계욕구

해설 알더퍼(P.Alderfer)의 ERG 이론

존재(Existence), 관계(Relatedness), 성장(Growth) 세 가지 범주로 나누어 욕구에 대한 동기부여를 설명한다. 첫 글자의 영문을 붙여서 'ERG' 이론이라고 한다.

정답 | ①

45

레빈(Lewin)의 인간행동에 관한 공식은?

① $B=f(P \cdot E)$
② $B=f(P \cdot B)$
③ $B=E(P \cdot f)$
④ $B=f(B \cdot E)$

해설 레빈의 인간행동 법칙

독일에서 출생하여 미국에서 활동한 심리학자 레빈(Lewin. K)은 인간의 행동(B)은 그 자신이 가진 자질, 즉, 개체(P)와 환경(E)과의 상호관계에 있다고 말하였으며 인간의 행동은 주변 환경의 자극에 의해서 일어나며, 항상 환경과의 상호작용의 관계에서 전개된다는 이론이다.

$$B=f(P \cdot E)$$

- B(Behavior, 인간의 행동)
- f(function, 함수관계): P와 E에 영향을 미칠 조건
- P(Person, 인적요인): 지능, 시각기능, 성격, 연령, 심신 상태인 피로도 등
- E(Environment, 외적요인): 가정 내 불화나 대인 관계 등 인간관계와 작업환경요인인 소음, 온도, 습도, 먼지, 청소 등

정답 | ①

46

Max Weber가 제시한 관료주의 조직을 움직이는 4가지 기본원칙으로 틀린 것은?

① 구조
② 노동의 분업
③ 권한의 통제
④ 통제의 범위

해설
Max Weber가 제시한 관료주의 4원칙은 권한의 통제가 아닌 권한의 위임이다.

정답 | ③

47

집단역학에 있어 구성원 상호 간의 선호도를 기초로 집단 내부에서 발생하는 상호관계를 분석하는 기법을 무엇이라 하는가?

① 갈등 관리
② 소시오메트리
③ 시너지 효과
④ 집단의 응집력

해설
소시오메트리는 구성원 상호 간의 감정상태, 즉 좋아하고 싫어하는 것을 기초로 하여 집단 내부의 동태적 상호관계를 분석하여 집단행동을 진단하는 기법이다.
① 갈등 관리: 갈등 관리란 조직의 성취도를 향상시키기 위해 갈등을 예방하거나 억제하는 것뿐만 아니라 때로는 이를 격려하고 허용하여 문제 해결의 효과적 방법으로 이용하는 것이다.
③ 시너지 효과: 집단 구성원 간의 상호작용과 협력을 통해 부분의 합보다 큰 전체를 만들어내는 효과이다.
④ 집단의 응집력: 한 집단의 구성원들이 서로를 신뢰하고, 집단의 일원으로 자부심을 느끼며, 집단의 일원으로 계속적으로 존재하고 싶어하는 정도를 의미한다.

정답 | ②

48

인간의 불안전행동을 예방하기 위해 Harvey에 의해 제안된 안전대책의 3E에 해당하지 않는 것은?

① Education
② Enforcement
③ Engineering
④ Environment

해설 Harvey의 3E 안전대책
- Education(교육): 안전에 대한 지식과 인식을 높이는 교육 및 훈련을 제공한다.
- Enforcement(규제): 규칙과 규정을 준수하도록 관리하고 감독한다.
- Engineering(기술적 조치): 설계 및 기술적 개선을 통해 불안전 요소를 제거하거나 최소화한다.

정답 | ④

49

재해 발생에 관한 하인리히(H.W. Heinrich)의 도미노 이론에서 제시된 5가지 요인에 해당하지 않는 것은?

① 제어의 부족
② 개인적 결함
③ 불안전한 행동 및 상태
④ 유전 및 사회 환경적 요인

해설 하인리히(H.W. Heinrich) 도미노 이론

단계	이론	예시
1단계	유전 및 사회 환경적 요인	선천적 요인, 가정과 사회 결함
2단계	개인적 결함	신상상태, 시식부족, 훈련 부족 등
3단계	불안전한 행동 및 상태	• 불안전한 행동(인적요인): 안전장치 미사용 등 • 불안전한 상태(물적요인): 안전장치의 고장 등
4단계	사고	추락, 전도, 충돌, 낙하, 비래, 붕괴, 협착, 감전, 폭발, 파열 등
5단계	상해(재해)	골절, 화상, 중상, 절단, 중독, 창상, 청각장애, 시각장애, 사망 등

정답 | ①

50

휴먼에러로 이어지는 배경원인이 아닌 것은?

① 인간(Man)
② 매체(Media)
③ 관리(Management)
④ 재료(Material)

해설

휴먼에러로 이어지는 배경원인인 4M에는 재료(Material)가 아닌 기계(Machine)가 해당된다.

정답 | ④

51

연평균 근로자수가 2,000명인 회사에서 1년에 중상해 1명과 경상해 1명이 발생하였다. 연천인율은 얼마인가?

① 0.5   ② 1
③ 2   ④ 4

해설 연천인율

근로자 1,000명 중 1년을 기준으로 발생하는 사상자 수를 의미한다.

$$연천인율 = \frac{연간\ 사상자\ 수}{연평균\ 근로자\ 수} \times 1,000$$

연천인율 $= \frac{2}{2,000} \times 1,000 = 1$

정답 | ②

52

선택반응시간(Hick의 법칙)과 동작시간(Fitts의 법칙)의 공식에 대한 설명으로 맞는 것은?

- 선택반응시간 $= a + b\log_2 N$
- 동작시간 $= a + b\log_2 \frac{2A}{W}$

① N은 자극과 반응의 수, A는 목표물의 너비, W는 움직인 거리를 나타낸다.
② N은 감각기관의 수, A는 목표물의 너비, W는 움직인 거리를 나타낸다.
③ N은 자극과 반응의 수, A는 움직인 거리, W는 목표물의 너비를 나타낸다.
④ N은 감각기관의 수, A는 움직인 거리, W는 목표물의 너비를 나타낸다.

해설

- Hick의 법칙
  선택반응시간은 자극(대안)의 수(N)에 따라 증가한다.

  $$선택반응시간(RT) = a + b\log_2 N$$
  - N: 자극(대안)의 개수
  - a: 단순반응시간
  - b: 정보처리 비례상수

- Fitts의 법칙
  동작시간은 움직인 거리(A)와 목표물의 너비(W)의 관계로 결정된다.

  $$동작시간(MT) = a + b\log_2 \frac{2A}{W}$$
  - A: 움직인 거리
  - W: 목표물의 너비
  - a: 단순반응시간
  - b: 정보처리 비례상수

정답 | ③

53
작업수행에 의해 발생하는 피로를 방지, 경감시키고 효율적으로 회복시키는 방법으로 틀린 것은?

① 동일한 작업을 될 수 있는 한 적은 에너지로 수행할 수 있도록 한다.
② 정적 근작업을 하도록 하여 작업자의 에너지소비를 될 수 있는 한 줄인다.
③ 작업속도나 작업의 정확도가 작업자에게 너무 과중하게 되지 않도록 한다.
④ 작업방법을 개선하여 무리한 자세로 작업이 진행되지 않도록 하고 특히 정적 근작업을 배제한다.

해설
지속적인 정적 자세는 근육들이 계속해서 긴장상태에 놓이게 되어 근육이 피로해지고 불편함과 통증이 생길 수 있다. 또한, 혈액순환 저하로 신체에 부종이나 저림을 유발하고, 특정 관절이 부담되기 때문에 주기적으로 스트레칭을 하거나 자세를 바꿔주는 것이 작업수행에 의해 발생하는 피로를 방지, 경감시키고 효율적으로 회복시키는 방법이다.

정답 ②

54
리더십의 유형에 따라 나타나는 특징에 대한 설명으로 틀린 것은?

① 권위주의적 리더십 – 리더에 의해 모든 정책이 결정된다.
② 권위주의적 리더십 – 각 구성원의 업적을 평가할 때 주관적이기 쉽다.
③ 민주적 리더십 – 모든 정책은 리더에 의해 지원을 받는 집단토론식으로 결정된다.
④ 민주적 리더십 – 리더는 보통 과업과 그 과업을 함께 수행할 구성원을 지정해 준다.

해설
보통 과업과 그 과업을 함께 수행할 구성원을 지정해 주는 것은 권위주의적 리더십의 특징이다.

정답 ④

55
인간오류확률 추정 기법 중 초기 사건을 이원적(binary) 의사결정(성공 또는 실패) 가지들로 모형화하고, 이 이후 사건들의 확률은 모두 선행 사건에 대한 조건부 확률을 부여하여 이원적 의사결정 가지들로 분지해 나가는 방법은?

① 결함 나무 분석(Fault Tree Analysis)
② 조작자 행동 나무(Operator Action Tree)
③ 인간 오류 시뮬레이터(Human Action Tree)
④ 인간실수율 예측기법(Technique for Human Error Rate Prediction)

해설
문제는 인간실수율 예측기법(Technique for Human Error Rate Prediction)에 대한 설명이다.
① 결함 나무 분석(Fault Tree Analysis): 시스템 고장을 유발하는 원인 간의 관계를 논리적으로 분석하여 나뭇가지 모양의 그림(Tree)으로 나타낸 FT(Fault Tree)를 만들고 이를 통해 시스템의 고장확률을 구함으로써 취약 부분을 찾아내어 시스템의 신뢰도를 개선하는 정량적 고장해석 및 신뢰성 평가 방법이다.
② 조작자 행동 나무(Operator Action Tree): 위급한 직무 순서를 중심으로 조작자의 행동을 분석하는 기법이며 나무 모양의 다이어그램으로 표현된다. 사건의 위급경로에서 조작자의 역할을 파악하는 데 사용한다.
③ 인간 오류 시뮬레이터(Human Action Tree): 인간의 오류를 시뮬레이션하여 인간오류 확률을 추정하는 방법이다.

정답 ④

56
오류를 범할 수 없도록 사물을 설계하는 기법은?

① Fail-Safe 설계　② Interlock 설계
③ Exclusion 설계　④ Prevention 설계

해설 Exclusion 설계
오류 발생 가능성이 있는 요소를 시스템에서 제거하여 오류 발생 가능성을 줄이는 기법이다.

정답 ③

57
인간신뢰도에 대한 설명으로 맞는 것은?

① 반복되는 이산적 직무에서 인간실수확률은 단위 시간당 실패 수로 표현한다.
② 인간신뢰도는 인간의 성능이 특정한 기간 동안 실수를 범하지 않을 확률로 정의된다.
③ THERP는 완전 독립에서 완전 정(正)종속까지의 비연속을 종속정도에 따라 3수준으로 분류하여 직무의 종속성을 고려한다.
④ 연속적 직무에서 인간의 실수율이 불변(stationary)이고, 실수과정이 과거와 무관(independent)하다면 실수과정은 베르누이 과정으로 묘사된다.

해설
③ THERP는 완전 독립에서 완전 종속까지의 연속적인 스펙트럼을 고려하며, 종속성을 확률적으로 반영하는 기법이다.
④ 연속적 직무에서 인간의 실수율이 불변(stationary)이고 실수과정이 과거와 무관(independent)하다면 실수과정은 포아송 과정으로 묘사된다.

관련개념 인간신뢰도
반복되는 이산적 직무에서 인간실수확률(HEP)은 특정 작업 수행 중 실수를 범할 확률이다. 이때 인간신뢰도는 특정 작업 수행 시 실수를 범하지 않고 성공할 확률(1−HEP)로 정의된다.

정답 | ②

58
스트레스에 관한 설명으로 틀린 것은?

① 위협적인 환경특성에 대한 개인의 반응이라고 볼 수 있다.
② 스트레스 수준은 작업 성과와 정비례의 관계에 있다.
③ 적정수준의 스트레스는 작업성과에 긍정적으로 작용할 수 있다.
④ 지나친 스트레스를 지속적으로 받으면 인체는 자기조절능력을 상실할 수 있다.

해설
스트레스 수준이 증가하면 작업 성과가 일정 수준까지 증가하며, 그 후로는 작업 성과가 감소하기 시작한다.

정답 | ②

59
인간이 장시간 주의를 집중하지 못하는 것은 주의의 어떤 특성 때문인가?

① 선택성　　② 방향성
③ 변동성　　④ 배칭성

해설 주의의 특성

종류	정의	예시
선택성	사람은 한 번에 많은 종류의 자극을 지각하거나 수용하기 어렵고 소수의 특정한 것에 한정하여 선택하여 반응한다.	인간의 시야각은 120°이며 모든 것을 한 번에 인지할 수가 없다.
방향성	시선과 초점에 맞춘 곳은 잘 인지가 되지만, 시선에서 벗어난 부분은 무시되는 경향이 있다.	앞을 바라보고 운전을 하다가 전화가 울리면 옆에 있는 전화로 시선이 집중되어, 차 사고가 날 수 있다.
변동성	주의는 리듬이 있어서 항상 일정한 수준을 유지하지 못하므로 본인이 주의하려고 노력해도 실제로는 의식하지 못하는 순간이 존재한다.	수면이 부족하여 졸리면 집중력(의식수준)이 저하되어 사고가 일어날 수 있다.
1점 집중성	긴급한 비상사태에 부딪히면 다른 곳에 집중하지 못하고 그곳에만 집중한다.	폭발이나 화재 등 긴급한 상황에서 비상벨을 눌러야 모든 사람이 빠져나갈 수 있는데, 비상벨을 누르지 못하고 혼자만 빠져나간다.

정답 | ③

60
미국의 산업안전보건연구원(NIOSH)에서 직무 스트레스 요인에 해당하지 않는 것은?

① 성능요인　　② 환경요인
③ 작업요인　　④ 조직요인

해설 직무스트레스 요인
스트레스의 원인이 되는 직무 관련 환경적, 작업적, 조직적 요소들을 말한다.
- 환경요인: 소음, 온도, 조명, 환기불량 등
- 작업요인: 작업부하, 교대근무, 작업속도
- 조직요인: 역할갈등, 고용의 불확실성, 의사결정 참여 여부 등

정답 | ①

SUBJECT 04 | 근골격계질환 예방을 위한 작업관리

61
파레토 차트에 관한 설명으로 틀린 것은?

① 재고관리에서는 ABC곡선으로 부르기도 한다.
② 20% 정도에 해당하는 중요한 항목을 찾아내는 것이 목적이다.
③ 불량이나 사고의 원인이 되는 중요한 항목을 찾아 관리하기 위함이다.
④ 작성 방법은 빈도수가 낮은 항목부터 큰 항목 순으로 차례대로 나열하고, 항목별 점유비율과 누적비율을 구한다.

해설
파레토도를 작성할 때에는 빈도수가 높은 항목부터 낮은 항목 순으로 차례대로 나열하고, 항목별 점유비율과 누적비율을 구한다.

정답 | ④

62
유해요인조사도구 중 JSI(Job Strain Index)의 평가 항목에 해당하지 않는 것은?

① 손/손목의 자세
② 1일 작업의 생산량
③ 힘을 발휘하는 강도
④ 힘을 발휘하는 지속시간

해설 JSI 평가에서 사용되는 6항목
- 힘을 발휘하는 강도
- 힘을 발휘하는 지속시간
- 분당 힘을 쓰는 횟수
- 손/손목의 자세
- 작업속도
- 1일 작업의 지속시간

정답 | ②

63
근골격계질환 예방을 위한 바람직한 관리적 개선 방안으로 볼 수 없는 것은?

① 규칙적이고 적절한 휴식을 통하여 피로의 누적을 예방한다.
② 작업 확대를 통하여 한 작업자가 할 수 있는 일의 다양성을 넓힌다.
③ 전문적인 스트레칭과 체조 등을 교육하고 작업 중 수시로 실시하도록 유도한다.
④ 중량물 운반 등 특정 작업에 적합한 작업자를 선별하여 상대적 위험도를 경감시킨다.

해설
근골격계질환 예방을 위해서는 특정 작업에 적합한 작업자를 선발하는 게 아니라 작업환경과 작업방법을 개선하여야 한다. 또한, 전자동화나 기계와 기구를 활용하여 옮기는 등의 방법으로 위험도를 경감시켜야 한다.

정답 | ④

64
적절한 입식작업대 높이에 대한 설명으로 맞는 것은?

① 일반적으로 어깨 높이를 기준으로 한다.
② 작업자의 체격에 따라 작업대의 높이가 조정 가능하도록 하는 것이 좋다.
③ 미세부품 조립과 같은 섬세한 작업일수록 작업대의 높이는 낮아야 한다.
④ 일반적인 조립라인이나 기계 작업 시에는 팔꿈치 높이보다 5~10cm 높아야 한다.

해설
① 입식작업대의 높이는 일반적으로 허리가슴 높이를 기준으로 한다.
③ 미세부품 조립과 같은 섬세한 작업일수록 작업대의 높이는 높아야 한다.
④ 일반적인 조립라인이나 기계 작업 시에는 팔꿈치 높이보다 5~10cm 낮아야 한다.

정답 | ②

65
동작경제의 원칙 3가지 범주에 들어가지 않은 것은?

① 작업개선의 원칙
② 신체의 사용에 관한 원칙
③ 작업장의 배치에 관한 원칙
④ 공구 및 설비의 디자인에 관한 원칙

해설 동작경제의 원칙 3가지
- 신체의 사용에 관한 원칙
- 작업장의 배치에 관한 원칙
- 공구 및 설비의 디자인에 관한 원칙

관련개념 동작경제의 원칙의 활용 이유
작업장과 작업방법을 개선하여 경제적인 동작으로 작업을 수행함으로써 작업자 피로감소 및 작업능률 향상을 도모한다.

정답 | ①

66
손동작(manual operation)을 목적에 따라 효율적과 비효율적인 기본 동작으로 구분한 것은?

① task
② motion
③ process
④ therblig

해설 서블릭 분석(Therblig Analysis)
작업장의 동작을 요소 동작으로 나누어 관측용지(SIMO Chart)에 17종류의 서블릭 기호로 기록하고 분석하는 방법으로, 목시 동작 분석이라고도 한다.

정답 | ④

67
SEARCH 원칙에 대한 내용으로 틀린 것은?

① Composition: 구성
② How often: 얼마나 자주
③ Alter sequence: 순서의 변경
④ Simplify operations: 작업의 단순화

해설 개선의 SEARCH 원칙

구분	의미	내용
S	Simplify operations	작업의 단순화
E	Eliminate unnecessary work and material	불필요한 작업이나 자재의 제거
A	Alter sequence	순서변경
R	Requirement	요구조건
C	Combine operations	작업의 결합
H	How often	얼마나 자주, 몇 번인가?

정답 | ①

68
작업관리에 관한 설명으로 틀린 것은?

① Gilbreth 부부는 적은 노력으로 최대의 성과를 짧은 시간에 이룰 수 있는 작업방법을 연구한 동작연구(Motion Study)의 창시자로 알려져 있다.
② Taylor(Frederick W. Taylor)는 벽돌 쌓기 작업을 대상으로 작업방법과 작업도구를 개선하였으며 이를 발전시켜 과학적 관리법을 주장하였다.
③ 작업관리는 생산성 향상을 목적으로 경제적인 작업방법을 연구하는 작업연구와 표준작업시간을 결정하기 위한 작업측정으로 구분할 수 있다.
④ Hawthorn의 실험결과는 작업장의 물리적 조건보다는 인간관계와 같은 사회적 조건이 생산성에 더 큰 영향을 준다는 사실에 관심을 갖도록 한 시발점이 되었다.

해설
Taylor(Frederick W. Taylor)는 선철, 운반작업과 삽질 작업을 대상으로 작업방법과 작업도구를 개선하였으며 이를 발전시켜 과학적 관리법을 주장하였다.

정답 | ②

69

워크샘플링 조사에서 초기 idle rate가 0.05라면, 99% 신뢰도를 위한 워크샘플링 횟수는 약 몇 회인가? (단, $u_{0.995}$는 2.58이다.)

① 1,232 ② 2,557
③ 3,060 ④ 3,162

해설 워크샘플링 횟수

$$\text{워크샘플링 횟수}(n) = \left(\frac{u}{e}\right)^2 \times p(1-p)$$

- u: 표준정규분포값
- p: 초기 유휴율(idle rate)
- e: 허용오차

허용오차에 대한 별도의 조건이 주어지지 않으면 1%로 가정한다.

$$n = \left(\frac{2.58}{0.01}\right)^2 \times 0.05(1-0.05) = 3,162$$

정답 | ④

70

A공장의 한 컨베이어 라인에는 5개의 작업공정으로 이루어져 있다. 각 작업공정의 작업시간이 다음과 같을 때 이 공정의 균형효율은 약 얼마인가? (단, 작업은 작업자 1명이 맡고 있다.)

㉠ → ㉡ → ㉢ → ㉣ → ㉤
5분 7분 6분 6분 3분

① 21.86% ② 22.86%
③ 78.14% ④ 77.14%

해설 균형효율

$$\text{균형효율}(E_b) = \frac{\sum t_i}{n \times CT}$$

- $\sum t_i$: 총 작업시간
- n: 작업(공정)의 수
- CT: 주기시간(Cycle time)

주기시간(CT)은 가장 긴 작업시간과 같으므로 7분이다.

$\sum t_i = 5+7+6+6+3 = 27$분

$$E_b = \frac{27}{5 \times 7} = 0.7714 = 77.14\%$$

정답 | ④

71

공정도에 사용되는 공정도 기호인 "○"으로 표시하기에 가장 적합한 것은?

① 작업 대상물을 다른 장소로 옮길 때
② 작업 대상물이 분해되거나 조립할 때
③ 작업 대상물을 지정된 장소에 보관할 때
④ 작업 대상물이 올바르게 시행되었는지를 확인할 때

해설 공정도 기호

"○"는 재료, 부품 또는 제품의 성질과 형태에 변화를 주는 과정을 나타낸다. 가공, 분해, 조립 등을 표시하는 기호이다.

정답 | ②

72

관측 평균시간이 5분, 레이팅 계수가 120%, 여유시간이 0.4분인 작업에서 제품의 개당 표준시간과 여유율(%)을 내경법에 의하여 구하면 각각 얼마인가?

① 4.5분, 2.20% ② 6.4분, 6.25%
③ 8.5분, 7.25% ④ 9.7분, 10.25%

해설 표준시간 및 여유율(내경법)

- 정미시간 계산

$$\text{정미시간} = \text{관측 평균시간} \times \left(\frac{\text{레이팅계수}}{100}\right)$$

정미시간 $= 5 \times \frac{120}{100} = 6$분

- 여유율 계산

$$\text{여유율} = \frac{\text{여유시간}}{\text{정미시간} + \text{여유시간}}$$

여유율 $= \frac{0.4}{6+0.4} = 0.0625 (6.25\%)$

- 표준시간 계산

$$\text{표준시간} = \frac{\text{정미시간}}{1 - \text{여유율}}$$

표준시간 $= \frac{6}{1-0.0625} = 6.4$분

정답 | ②

73
근골격계질환 예방관리 프로그램의 기본 원칙에 속하지 않는 것은?

① 인식의 원칙
② 시스템 접근의 원칙
③ 일시적인 문제 해결의 원칙
④ 사업장 내 자율적 해결 원칙

해설
근골격계질환 예방관리 프로그램의 기본원칙은 일시적인 문제 해결이 아니라 지속적인 문제 해결이다.

정답 | ③

74
사람이 행하는 작업을 기본 동작으로 분류하고, 각 기본 동작들을 동작의 성질과 조건에 따라 이미 정해진 기준 시간을 적용하여 전체 작업의 정미시간을 구하는 방법은?

① PTS법
② Rating법
③ Therblig 분석
④ Work Sampling법

해설 PTS법
- 사람이 수행하는 작업은 한정된 수의 기본 동작으로 구성되어 있다.
- 각 기본 동작의 소요 시간은 몇 가지 시간 변동 요인에 의해 결정된다. 변동 요인만 같으면 누가, 언제, 어디서 행하든 소요 시간은 미리 정해진 기준 시간과 같다.
- 작업의 소요 시간은 그 동작을 구성하고 있는 각 기본 동작의 기준 시간치의 합과 동일하다.
- PTS 시간 자료는 PTS 시스템의 종류에 따라 다르며, 대부분의 PTS 시간 자료에는 여유시간이 포함되어 있지 않아 표준 시간 설정 시 여유시간을 따로 고려해야 한다.

정답 | ①

75
상완, 전완, 손목을 그룹 A로, 목, 상체, 다리를 그룹 B로 나누어 측정, 평가하는 유해요인의 평가방법은?

① RULA(Rapid Upper Limb Assessment)
② REBA(Rapid Entire Body Assessment)
③ OWAS(Ovako Working Posture Analysis System)
④ NIOSH 들기작업지침(Revised NIOSH lifting equation)

해설 RULA(Rapid Upper Limb Assessment)
- 주로 상지부위인 팔, 어깨, 손목 등 상반신의 작업 자세를 평가할 목적으로 개발된 유해요인 조사방법이다.
- 전완자세, 몸통자세, 손목각도(어깨, 팔목, 손목, 목 등 상지)에 초점을 맞추어 작업자세로 인한 작업부하를 빠르고 상세하게 분석할 수 있는 근골격계질환의 위험평가기법이다.
- 각 작업 자세는 신체 부위별로 A와 B그룹으로 나누어지며, 상완, 전완, 손목을 그룹 A로, 목, 상체, 다리를 그룹 B로 나누어 측정, 평가한다

정답 | ①

76
NIOSH Lifting Equation(NLE) 평가에서 권장무게한계(Recommended Weight Limit)가 20kg이고 현재 작업물의 무게가 23kg일 때, 들기 지수(Lifting Index)의 값과 이에 대한 평가가 맞는 것은?

① 0.87, 요통의 발생위험이 낮다.
② 0.87, 작업을 재설계할 필요가 있다.
③ 1.15, 요통의 발생위험이 높다.
④ 1.15, 작업을 재설계할 필요가 없다.

해설 들기지수(LI) 계산 및 평가
- 들기지수(LI) 계산

$$LI = \frac{\text{작업물 무게(L)}}{\text{권장무게한계(RWL)}}$$

$LI = \frac{23}{20} = 1.15$

- 들기지수(LI) 평가
LI≥1인 경우, 요통 발생 위험이 높기 때문에 들기지수가 1 이하가 되도록 작업을 재설계하여야 한다.

정답 | ③

77
근골격계질환의 예방에서 단기적 관리방안으로 볼 수 없는 것은?

① 안전한 작업방법의 교육
② 작업자의 대한 휴식시간의 배려
③ 근골격계질환 예방·관리 프로그램의 도입
④ 휴게실, 운동시설 등 기타 관리시설의 확충

해설
근골격계질환 예방·관리 프로그램의 도입은 장기적 관리방안이다.

정답 | ③

78
근골격계질환 중 어깨 부위 질환이 아닌 것은?

① 외상과염(lateral epicondlitis)
② 극상근 건염(supraspinatus tendinitis)
③ 견봉하 점액낭염(subacromial bursitis)
④ 상완이두 건막염(biciptal tenosynovitis)

해설
외상과염(테니스엘보)은 팔꿈치에서 손목으로 이어진 뼈를 둘러싼 인대가 부분적으로 파열되거나 염증이 생기면서 발생한다.

정답 | ①

79
근골격계질환을 유발시킬 수 있는 주요부담작업에 대한 설명으로 맞는 것은?

① 충격 작업의 경우 분당 2회를 기준으로 한다.
② 단순 반복 작업은 대개 4시간을 기준으로 한다.
③ 들기 작업의 경우 10kg, 25kg이 기준무게로 사용된다.
④ 쥐기(grip)작업의 경우 쥐는 힘과 1kg과 4.5kg을 기준으로 사용한다.

해설
① 충격 작업의 경우 2시간당 10회를 기준으로 한다.
② 단순 반복 작업은 대개 2시간을 기준으로 한다.
④ 쥐기(grip)작업의 경우 쥐는 힘과 1kg과 2kg을 기준으로 사용한다.

정답 | ③

80
다음 설명은 수행도 평가의 어느 방법을 설명한 것인가?

> • 작업을 요소작업으로 구분한 후, 시간 연구를 통해 개별시간을 구한다.
> • 요소작업 중 임의로 작업자 조절이 가능한 요소를 정한다.
> • 선정된 작업에서 PTS 시스템 중 한 개를 적용하여 대응되는 시간치를 구한다.
> • PTS법에 의한 시간치와 관측시간 간의 비율을 구하여 레이팅계수를 구한다.

① 속도평가법
② 객관적평가법
③ 합성평가법
④ 웨스팅하우스법

해설
① 속도평가법(Speed Rating): 오직 작업의 속도를 기준으로 수행도를 평가하는 기법이며 속도라는 한 가지 요소만 평가하기 때문에 간단하다.
② 객관적평가법(Objective Rating): 동작의 속도만을 고려하여 표준시간을 정한 다음, 작업의 난이도나 특성은 고려하지 않고 실제 동작의 속도와 표준속도를 비교하여 평가하는 방법이다. 이 작업이 1차 평가이며, 추정된 비율을 속도평가계수 또는 1차 조정계수라고 한다.
④ 웨스팅하우스법(Westinghouse): 작업자의 수행도를 숙련도, 노력, 작업환경, 일관성 등 4가지 측면으로 평가하여, 각 평가에 해당하는 레벨 점수를 합산하여 레이팅계수를 구한다. 개개의 요소작업보다는 전체 작업을 평가할 때 주로 사용한다.

관련개념 합성평가법(Synthetic Rating)
레이팅 시 관측자의 주관적 판단의 결함을 보정하고 일관성을 높이기 위해 제안된다.

$$레이팅계수(R) = \frac{PTS를\ 적용해\ 산정한\ 시간치}{실제\ 관측\ 평균치}$$

정답 | ③

2018년 3회 기출문제

SUBJECT 01 | 인간공학개론

01
시스템 평가 척도의 요건에 대한 설명으로 적절하지 않은 것은?

① 신뢰성: 평가를 반복할 경우 일정한 결과를 얻을 수 있다.
② 실제성: 현실성을 가지며, 실질적으로 이용하기 쉽다.
③ 타당성: 측정하고자 하는 평가 척도가 시스템의 목표를 반영한다.
④ 무오염성: 측정하고자 하는 변수 이외의 외적 변수에 영향을 받는다.

해설
무오염성은 평가 척도가 외부요인에 의해 왜곡되지 않고, 측정하고자 하는 요소만을 반영하는 것을 의미한다.

정답 | ④

02
광도(luminous intensity)를 측정하는 단위는?

① lux
② candela
③ lumen
④ lambert

해설
광도는 특정방향으로 방출되는 빛의 강도를 나타내며 단위는 candela이다.

관련개념 조명 용어 및 단위

용어	정의	단위
조도	표면에 도달하는 빛의 밀도	lux, lm/m²
반사율	입사된 빛 대비 반사된 빛의 비율	%
광도(광량)	광원이 특정 방향으로 방출하는 빛의 강도	cd(칸델라)
광속	광원이 방출하는 총 빛의 양	lm(루멘)

정답 | ②

03
정신 작업 부하를 측정하는 척도로 적합하지 않은 것은?

① 심박수
② Cooper-Harper 축척(scale)
③ 주임무(primary task) 수행에 소요된 시간
④ 부임무(secondary task) 수행에 소요된 시간

해설
심박수는 신체적 작업 부하를 평가하는 생리적 척도이다.

관련개념 정신 작업 부하 및 신체적 작업 부하 평가 척도 비교

구분	정신 작업 부하	신체적 작업 부하
주관적 평가법	Cooper-Harper Scale, NASA-TLX 등	Borg RPE 척도, OMNI Scale 등
작업 성능 평가법	Primary/Secondary Task Performance (주/부임무 수행능력 평가)	중량물 취급 테스트, 작업속도 평가 등
생리적 측정법	EEG(뇌전도), EOG(안전도) 등	EMG(근전도), 산소소모량, 심박수 등

정답 | ①

04
버스의 의자 앞뒤 사이의 간격을 설계할 때 적용하는 인체치수 적용원리로 가장 적절한 것은?

① 평균치 원리
② 최대치 원리
③ 최소치 원리
④ 조절식 원리

해설
다양한 체형의 승객을 고려하여, 가장 큰 체형의 승객도 불편 없이 착석할 수 있도록 설계해야 한다.

정답 | ②

05

기계가 인간보다 더 우수한 기능이 아닌 것은? (단, 인공지능은 제외한다.)

① 자극에 대하여 연역적으로 추리한다.
② 이상하거나 예기치 못한 사건들을 감지한다.
③ 장시간에 걸쳐 신뢰성 있는 작업을 수행한다.
④ 암호화된 정보를 신속하고, 정확하게 회수한다.

해설
기계는 프로그래밍 되지 않은 예외적인 상황을 감지하기 어렵다.

정답 | ②

06

촉각적 표시장치에 대한 설명으로 맞는 것은?

① 시각 및 청각 표시장치를 대체하는 장치로 사용할 수 없다.
② 3점 문턱값(Three-Point Threshold)을 척도로 사용한다.
③ 세밀한 식별이 필요한 경우 손가락보다 손바닥 사용을 유도해야 한다.
④ 촉감은 피부 온도가 낮아지면 나빠지므로, 저온 환경에서 촉감 표시장치를 사용할 때는 아주 주의하여야 한다.

해설
저온 환경에서는 피부 감각이 둔화되어 촉각 표시장치의 인식이 어려워진다.

관련개념 촉각 표시장치의 특징
- 촉각 표시장치는 시각·청각 장애인을 위한 보조 수단으로 활용 가능하다.
- 촉각의 민감도를 평가할 때 사용하는 척도는 2점 문턱값(Two-Point Threshold)을 사용한다.
- 손가락이 손바닥보다 촉각 민감도가 높아서, 세밀한 식별이 필요할 경우 손가락 사용을 유도한다.
- 저온 환경에서는 피부 감각이 둔화되어 촉감 인지가 어려워진다.

정답 | ④

07

제어장치와 표시장치의 일반적인 설계원칙이 아닌 것은?

① 눈금이 움직이는 동침형 표시장치를 우선 적용한다.
② 눈금을 조절 노브와 같은 방향으로 회전시킨다.
③ 눈금 수치는 왼쪽에서 오른쪽으로 돌릴 때 증가하도록 한다.
④ 증가량을 설정할 때 제어장치를 시계방향으로 돌리도록 한다.

해설
일반적으로 눈금이 고정되어 있고, 지시침(바늘)이 움직이는 방식의 정목동침형 표시장치를 우선 적용시킨다.

정답 | ①

08

소리의 차폐효과(Masking)에 관한 설명으로 맞는 것은?

① 주파수별로 같은 소리의 크기를 표시한 개념
② 하나의 소리가 다른 소리의 판별에 방해를 주는 현상
③ 내이(inner ear)의 달팽이관(Cochlea) 안에 있는 섬모(fiber)가 소리의 주파수에 따라 민감하게 반응하는 현상
④ 하나의 소리의 크기가 다른 소리에 비해 몇 배나 크게(또는 작게) 느껴지는지를 기준으로 소리의 크기를 표시하는 개념

해설
차폐효과란 한소리가 다른 소리(signal)를 들을 수 없게 하거나 인지하기 어렵게 만드는 현상을 말한다.
예 공장의 기계 소음으로 인해 작업자들 간의 대화가 어려운 경우

정답 | ②

09

정상 조명하에서 100m 거리에서 볼 수 있는 원형 시계탑을 설계하고자 한다. 시계의 눈금단위를 1분 간격으로 표시하고자 할 때 원형문자판의 직경은 약 몇 cm인가?

① 250
② 300
③ 350
④ 400

해설 표시장치의 눈금 표시 설계

- 표시장치의 눈금 중심 간 최소 간격(판독 거리 0.71m 기준)
  - 정상 조명: 1.3mm
  - 낮은 조명: 1.8mm
- 정상 조명 시 시계 원형문자판의 눈금 간격 계산

$$\frac{71cm}{1.3mm} = \frac{10,000cm}{x\,mm}$$

$$x = \frac{10,000 \times 1.3}{71} = 183mm$$

- 원형 시계판 직경(D) 계산
  시계판 위에 60개의 눈금이 배치되므로 시계판의 원둘레(y)는
  $y = 60 \times 183 = 10,980mm$이다.
  시계판의 원둘레는 πD이므로, $\pi D = 10,980mm$이다.

$$D = \frac{10,980mm}{\pi} \approx 350cm$$

정답 | ③

10

작업환경 측정법이나 소음 규제법에서 사용되는 음의 강도의 척도는?

① dB(A)
② dB(B)
③ Sone
④ Phon

해설

dB(A)는 A-가중치 필터를 사용하여 사람이 느끼는 소음의 크기를 보다 정확하게 나타내며, 작업환경 측정법이나 소음 규제법에 사용된다.

정답 | ①

11

시각의 기능에 대한 설명으로 틀린 것은?

① 밤에는 빨강색 보다는 초록색이나 파란색이 잘 보인다.
② 눈이 초점을 맞출 수 있는 가장 가까운 거리를 근점이라 한다.
③ 근시인 사람은 수정체가 얇아져 가까운 물체를 제대로 볼 수 없다.
④ 간상체나 원추체가 빛을 흡수하면 화학반응이 일어나 뇌로 전달된다.

해설

근시는 안구의 길이가 정상보다 길어지거나, 각막이나 수정체의 굴절력이 비정상적으로 높아져 빛의 초점이 망막 앞쪽에 맺히는 상태를 말한다. 이로 인해 먼 곳의 사물이 흐리게 보이며, 가까운 물체는 잘 보이는 특징이 있다.

정답 | ③

12

구성요소 배치의 원칙에 관한 기술 중 틀린 것은?

① 사용빈도를 고려하여 배치한다.
② 작업공간의 활용을 고려하여 배치한다.
③ 기능적으로 관련된 구성요소들을 한데 모아서 배치한다.
④ 시스템의 목적을 달성하는 데 중요한 정도를 고려하여 배치한다.

해설

작업공간의 효율적 활용만으로 배치를 결정하면 작업자의 편의성과 기능성이 저하될 수 있으므로, 공간 활용보다 사용성, 편의성, 기능성을 우선적으로 고려해야 한다.

관련개념 작업대 공간 구성요소의 배치

- 중요도의 원칙: 각 부품 및 작업 요소의 기여도를 고려하여 우선순위를 결정한다.
- 사용빈도의 원칙: 자주 사용하는 부품이나 도구를 작업자 손 가까이에 배치해 이동을 최소화한다.
- 사용순서의 원칙: 작업 순서를 반영해 부품이나 도구를 순차적으로 배치하여 효율적 흐름을 유지한다.
- 기능별 배치의 원칙: 기능적으로 연관된 부품이나 도구를 한 곳에 모아 배치해 연속성과 효율을 높인다.

정답 | ②

13
정보이론의 응용과 가장 거리가 먼 것은?

① 정보이론에 따르면 자극의 수와 반응시간은 비례한다.
② 주의를 번갈아가며 두 가지 이상의 일을 돌보아야 하는 것을 시배분이라 한다.
③ 단일 차원의 자극에서 확인할 수 있는 범위는 Magic number 7±2로 제시되었다.
④ 선택반응시간은 자극 정보량의 선형함수임을 나타내는 것이 Hick−Hyman 법칙이다.

해설
시배분은 주의를 한 번에 하나의 일에 집중시키고 시간 간격을 두고 번갈아 처리하는 것을 말한다.

정답 | ②

14
회전운동을 하는 조종장치의 레버를 25° 움직였을 때 표시장치의 커서는 1.5cm 이동하였다. 레버의 길이가 15cm일 때 이 조종장치의 C/R비는 약 얼마인가?

① 2.09
② 3.49
③ 4.36
④ 5.23

해설 C/R비 계산

$$C/R비 = \frac{\frac{조종장치의\ 움직인\ 각도}{360°} \times 2\pi L}{표시장치의\ 이동거리}$$

$$C/R비 = \frac{\frac{25°}{360°} \times 2 \times \pi \times 15cm}{1.5cm} = 4.36$$

정답 | ③

15
인체측정에 관한 설명으로 틀린 것은?

① 활동 중인 신체의 자세를 측정한 것을 기능적 치수라 한다.
② 일반적으로 구조적 치수는 나이, 성별, 인종에 따라 다르게 나타난다.
③ 인간−기계 시스템의 설계에서는 구조적 치수만을 활용하여야 한다.
④ 표준자세에서 움직이지 않는 상태를 인체측정기로 측정한 측정치를 구조적 치수라 한다.

해설
인간−기계 시스템 설계에서는 구조적 치수와 기능적 치수를 모두 고려해야 한다.

정답 | ③

16
Wickens의 인간의 정보처리체계(human information processing) 모형에 의하면 외부자극으로 인한 정보가 처리될 때, 인간의 주의집중(attention resources)이 관여하지 않는 것은?

① 인식(perception)
② 감각저장(sensory storage)
③ 작업기억(working memory)
④ 장기기억(long−term memory)

해설 Wickens의 인간 정보처리모델

정보처리 순서	주의집중
감각기억	관여하지 않음
↓	
지각(인식)	관여
↓	
작업기억(단기기억)	관여
↓	
장기기억	관여

정답 | ②

17
인간공학의 정보이론에 있어 1bit에 관한 설명으로 가장 적절한 것은?

① 초당 최대 정보 기억 용량이다.
② 정보 저장 및 회송(recall)에 필요한 시간이다.
③ 2개의 대안 중 하나가 명시되었을 때 얻어지는 정보량이다.
④ 일시에 보낼 수 있는 정보전달 용량의 크기로서 통신 채널의 Capacity를 의미한다.

해설
1bit는 동일한 확률을 갖는 두 가지 신호 중 하나가 결정될 때 얻는 정보량이다.

정답 | ③

18
인간공학의 목적과 가장 거리가 먼 것은?

① 생산성 향상
② 안전성 향상
③ 사용성 향상
④ 인간기능 향상

해설
인간공학의 목적은 작업환경과 도구를 인간의 특성에 맞춰 생산성, 안전성, 사용성을 향상시키는 것이다. 즉, 인간의 기능을 직접 개선하기보다 최적의 성능을 발휘할 수 있는 환경을 조성하는 데 중점을 둔다.

정답 | ④

19
신호 및 정보 등의 경우 빛의 검출성에 따라서 신호, 경보 효과가 달라지는데, 빛의 검출성에 영향을 주는 인자에 해당되지 않는 것은?

① 색광
② 배경광
③ 점멸속도
④ 신호등 유리의 재질

해설
신호등 유리의 재질은 빛의 검출성을 결정하는 주요 요인이 아니다.

정답 | ④

20
인간-기계 시스템의 설계원칙으로 적절하지 않은 것은?

① 인체의 특성에 적합하여야 한다.
② 인간의 기계적 성능에 적합하여야 한다.
③ 시스템의 동작은 인간의 예상과 일치되어야 한다.
④ 단독의 기계를 배치하는 경우 기계의 성능을 우선적으로 고려하여야 한다.

해설
기계가 단독으로 작동하더라도 인간이 이를 조작하거나 유지·보수해야 하므로, 성능보다 인간과의 상호작용을 우선적으로 고려해야 한다.

정답 | ④

SUBJECT 02 | 작업생리학

21
신체부위를 움직이지 않으면서 고정된 물체에 힘을 가하는 상태의 근력을 의미하는 용어는?

① 등장성 근력(isotonie strength)
② 등척성 근력(isometric strength)
③ 등속성 근력(isokinetic strength)
④ 등관성 근력(isoinertial strength)

해설
등척성 근력은 신체를 움직이지 않고 고정된 물체에 힘을 가하는 근력이다.

정답 | ②

22
휴식을 취할 때나 힘든 작업을 수행할 때 혈류량의 변화가 없는 기관은?

① 뼈
② 근육
③ 소화기계
④ 심장

해설
운동 시 근육 등의 혈류량은 증가하고 소화기계 등은 감소한다. 하지만 심장은 운동 여부와 관계없이 혈류량이 일정하게 유지된다.

정답 | ④

23
근육이 피로해질수록 근전도(EMG) 신호의 변화로 맞는 것은?

① 저주파 영역이 증가하고 진폭도 커진다.
② 저주파 영역이 감소하나 진폭은 커진다.
③ 저주파 영역이 증가하나 증폭은 작아진다.
④ 저주파 영역이 감소하고 진폭도 작아진다.

해설
근육이 피로해질수록 고주파 영역(빠른 신경 신호)이 감소하고, 저주파 영역(느린 신호)이 증가한다. 피로한 근육은 더 많은 운동 단위를 동원하여 근력을 유지하며, 그 결과 근전도 진폭이 커진다.

정답 | ①

24
척추를 구성하고 있는 뼈 가운데 요추의 수는 몇 개인가?

① 5개
② 6개
③ 7개
④ 8개

해설 성인 척추의 구성과 개수

부위	개수
경추(목뼈)	7개
흉추(등뼈)	12개
요추(허리뼈)	5개
천추(엉치뼈)	1개
미추	1개

정답 | ①

25
어떤 들기 작업을 한 후 작업자의 배기를 3분간 수집한 후 60리터(liter)의 가스를 가스 분석기로 성분을 조사하였더니, 산소는 16%, 이산화탄소는 4%이었다. 분당 산소 소비량과 에너지가(價)를 구한 것으로 맞는 것은? (단, 공기 중 산소는 21%, 질소는 79%를 차지하고 있다.)

① 1.053L/min, 5.265kcal/min
② 1.053L/min, 10.525kcal/min
③ 2.105L/min, 5.265kcal/min
④ 2.105L/min, 10.525kcal/min

해설 분당 산소소비량과 에너지가의 계산

- 분당 흡기량 계산

$$\text{분당 흡기량} = \text{분당 배기량} \times \left(\frac{100 - \text{배출된 } O_2 - \text{배출된 } CO_2}{\text{공기중 } N_2} \right) \times \text{실제 환기량}$$

$$\text{분당 흡기량} = \frac{60}{3} \times \left(\frac{100 - 16 - 4}{79} \right) = 20.253 \text{L/min}$$

- 분당 산소소비량 계산

$$\text{분당 산소소비량} = (\text{분당 흡기량} \times \text{흡입 } O_2 \text{ 비율}) - (\text{분당 배기량} \times \text{배출 } O_2 \text{ 비율})$$

※ 산소소비량은 흡기량과 배기량이 같다고 가정하면 [총 배기량×(흡입 산소 비율−배출 산소 비율)]로 단순 계산할 수 있지만, 흡기량과 배기량이 다를 경우 [(분당 흡기량×흡입 산소 비율)−(분당 배기량×배출 산소 비율)] 공식을 사용해야 한다.

$$\text{분당 산소소비량} = (20.253 \times 0.21) - \left(\frac{60}{3} \times 0.16 \right)$$
$$= 1.053 \text{L/min}$$

- 에너지가 계산
일반적으로 산소 1L당 5kcal의 에너지가 소비된다.

$$\text{에너지가} = \text{분당 산소소비량} \times 5\text{kcal/L}$$

에너지가 = 1.053 × 5 = 5.265kcal/min

정답 | ①

26
진동방지 대책으로 적합하지 않은 것은?

① 진동의 강도를 일정하게 유지한다.
② 작업자는 방진 장갑을 착용하도록 한다.
③ 공장의 진동 발생원을 기계적으로 격리한다.
④ 진동 발생원을 작동시키기 위하여 원격제어를 사용한다.

해설
진동 강도를 일정하게 유지하는 것은 진동을 줄이는 대책이 아니다.

정답 | ①

27
정신적 부하 측정치로 가장 거리가 먼 것은?

① 뇌전도
② 부정맥지수
③ 근전도
④ 점멸융합주파수

해설
근전도는 신체적 부하 측정에 사용된다.

관련개념 정신작업 부하평가

부정맥지수	정신적 부하가 증가하면 부정맥지수가 감소한다.
점멸융합주파수 (CFF/VFF)	피로하거나 수면 부족 시 감소하고, 집중 상태나 각성도가 높을 때 증가한다.
뇌전도(EEG)	정신적 부하가 클 때 베타파(β)와 감마파(γ)는 증가하고 알파파(α)는 감소한다.

정답 | ③

28
환경요소와 관련한 복합지수 중 열과 관련된 것이 아닌 것은?

① 긴장지수(strain index)
② 습건지수(oxford index)
③ 열압박지수(heat stress index)
④ 유효온도(effective temperature)

해설
긴장지수는 근골격계 부담을 평가할 때 사용하는 지수이다.

정답 | ①

29
육체적인 작업을 수행할 때 생리적 변화에 대한 설명으로 틀린 것은?

① 작업부하가 지속적으로 커지면 산소 흡입량이 증가할 수 있다.
② 정적인 작업의 부하가 커지면 심박출량과 심박수가 감소한다.
③ 교대작업을 하는 작업자는 수면 부족, 식욕 부진 등을 일으킬 수 있다.
④ 서서 하는 작업이 앉아서 하는 작업보다 심혈관계의 순환이 활발해질 수 있다.

해설
정적인 작업이 길어지면 근육이 계속 긴장하면서 혈관이 압박되어 혈류 저항이 증가한다. 이에 따라 심박 수와 심박출량이 증가하게 된다. 예 정자세로 오래 서 있는 작업

정답 | ②

30
기초대사량(BMR)에 관한 설명으로 틀린 것은?

① 기초대사량은 개인차가 심하여 나이에 따라 달라진다.
② 일상생활을 하는 데 필요한 단위 시간당 에너지양이다.
③ 일반적으로 체격이 크고 젊은 남성의 기초대사량이 크다.
④ 공복 상태로 쾌적한 온도에서 신체적 휴식을 취하는 엄격한 조건에서 측정한다.

해설
기초대사량은 일상생활에서 사용하는 에너지가 아니라, 생명 유지를 위해 최소한으로 필요한 에너지량을 의미한다.

정답 | ②

31
신체의 지지와 보호 및 조혈 기능을 담당하는 것은?

① 근육계　　② 순환계
③ 신경계　　④ 골격계

해설
골격계는 신체 지지, 장기보호, 조혈기능(골수에서 혈액 세포 생성), 칼슘 및 무기질 저장을 담당한다.

정답 | ④

32
진동에 의한 영향으로 틀린 것은?

① 심박수가 감소한다.
② 약간의 과도(過度) 호흡이 일어난다.
③ 장시간 노출 시 근육 긴장을 증가시킨다.
④ 혈액이나 내분비의 화학적 성질이 변하지 않는다.

해설
진동은 신체에 스트레스로 작용하여 교감신경계를 자극하게 되고, 심박수를 증가시킨다.

정답 | ①

33
실내표면의 추천 반사율이 높은 곳에서 낮은 순으로 맞게 나열된 것은?

① 창문 발(blind) – 사무실 천장 – 사무용 기기 – 사무실 바닥
② 사무실 바닥 – 사무실 천장 – 창문 발(blind) – 사무실 바닥
③ 사무실 천장 – 창문 발(blind) – 사무용 기기 – 사무실 바닥
④ 사무용 기기 – 사무실 바닥 – 사무실 천장 – 창문 발(blind)

해설
실내 표면의 추천 반사율은 바닥에서 천장으로 갈수록 높아진다.

정답 | ③

34
육체적 작업을 위하여 휴식시간을 산정할 때 가장 관련이 깊은 척도는?

① 눈 깜빡임 수(Blink Rate)
② 점멸 융합 주파수(Flicker Test)
③ 부정맥 지수(Cardiac Arrhythmia)
④ 에너지 대사율(Relative Metabolic Rate)

해설
휴식시간은 작업 강도에 따른 에너지 소비량을 고려하여 결정되므로, 기초대사량 대비 에너지 소비율을 나타내는 에너지 대사율(RMR)이 가장 관련이 깊다.

정답 | ④

35

작업장에서 8시간 동안 85dB(A)로 2시간, 90dB(A)로 3시간, 95dB(A)로 3시간 소음에 노출되었을 경우 소음노출지수는? (단, 국내의 관련 규정을 따른다.)

① 0.975　　② 1.125
③ 1.25　　　④ 1.5

해설　소음노출지수(D) 계산

$$D = \left(\frac{C_1}{T_1} + \frac{C_2}{T_2} + \cdots + \frac{C_n}{T_n}\right) \times 100$$

소음수준	노출기준시간(T_n)	실제노출시간(C_n)
90dB(A)	8시간	3시간
95dB(A)	4시간	3시간

※ 「화학물질 및 물리적 인자의 노출기준」[별표 2의1] 소음의 노출기준

$$D = \left(\frac{3}{8} + \frac{3}{4}\right) \times 100 = 1.125$$

정답 | ②

36

음식물을 섭취하여 기계적인 일과 열로 전환하는 화학적인 과정을 무엇이라 하는가?

① 에너지가　　② 산소 부채
③ 신진대사　　④ 에너지 소비량

해설
음식물에서 에너지를 얻어 기계적인 일과 열로 전환하는 과정을 신진대사라고 한다.

정답 | ③

37

눈으로 볼 수 있는 빛의 가시광선 파장에 속하는 것은?

① 250nm　　② 600nm
③ 1,000nm　　④ 1,200nm

해설
가시광선의 파장범위는 약 380~780nm이다.

정답 | ②

38

근육의 수축에 대한 설명으로 틀린 것은?

① 근육이 최대로 수축할 때 Z선이 A대에 맞닿는다.
② 근섬유(muscle fiber)가 수축하면 I대 및 H대가 짧아진다.
③ 근육이 수축할 때 근세사(myofilament)의 원래 길이는 변하지 않는다.
④ 근육이 수축하면 굵은 근세사(myofilament)가 가는 근세사 사이로 미끄러져 들어간다.

해설
근육 수축 시 액틴(가는 근세사)이 미오신(굵은 근세사) 사이로 미끄러져 들어가면서 수축이 발생한다.

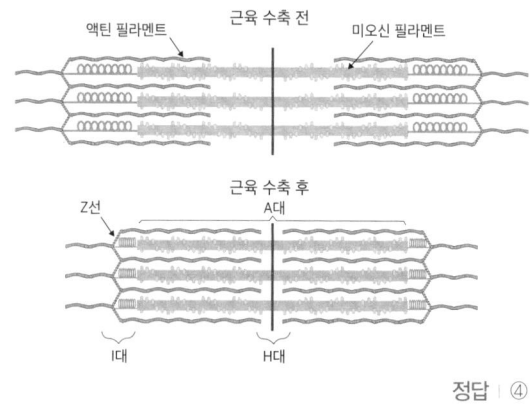

정답 | ④

39

교대작업에 대한 설명으로 틀린 것은?

① 일반적으로 야간 근무자의 사고 발생률이 높다.
② 교대작업은 생산설비의 가동률을 높이고자 하는 제도 중의 하나이다.
③ 교대작업 주기를 자주 바꿔주는 것이 근무자의 건강에 도움이 된다.
④ 상대적으로 가벼운 작업을 야간 근무조에 배치하고 업무 내용을 탄력적으로 조정한다.

해설
교대작업 주기를 자주 변경하면 생체 리듬이 불안정해지고 피로가 누적된다.

정답 | ③

40

생체역학 용어에 대한 설명으로 틀린 것은?

① 힘의 3요소는 크기, 방향, 작용점이다.
② 벡터(vector)는 크기와 방향을 갖는 양이다.
③ 스칼라(scalar)는 벡터량과 유사하나 방향이 다르다.
④ 모멘트(moment)란 변형시킬 수 있거나 회전시킬 수 있는 관절에 가해지는 힘이다.

해설
스칼라(Scalar)는 크기만 있는 물리량인 반면, 벡터(Vector)는 크기와 방향이 있는 물리량이다.
예) 스칼라 – 질량, 길이, 온도
    벡터 – 속도, 힘

정답 ③

SUBJECT 03 | 산업심리학 및 관련법규

41

재해예방의 4원칙에 해당되지 않는 것은?

① 예방 가능의 원칙 ② 손실 우연의 원칙
③ 보상 분배의 원칙 ④ 대책 선정의 원칙

해설 재해예방의 4원칙
- 예방 가능의 원칙: 천재지변을 제외한 모든 인재는 예방이 가능하다.
- 손실 우연의 원칙: 사고 원인으로 발생한 결과의 유무 또는 크기는 우연에 의해 결정된다.
- 원인 연계의 원칙: 사고에는 반드시 원인이 있고 원인은 대부분 복합적 연계 원인이 있다.
- 대책 선정의 원칙: 사고의 원인이나 불안전요소가 발견되면 반드시 대책을 선정하여 실시하여야 한다.

정답 ③

42

원자력발전소 주제어실의 직무는 4명의 운전원으로 구성된 근무조에 의해 수행되고, 이들의 직무 간에는 서로 영향을 끼치게 된다. 근무조원 중 1차 계통의 운전원 A와 2차 계통의 운전원 B간의 직무는 중간 정도의 의존성(15%)이 있다. 그리고 운전원 A의 기초 인간실수확률 HEP Prob(A)=0.001일 때, 운전원 B의 직무실패를 조건으로 한 운전원 A의 직무실패 확률은? (단, THERP 분석법을 사용한다.)

① 0.151 ② 0.161
③ 0.171 ④ 0.181

해설 THERP 분석법을 통한 직무실패 확률

$$Prob(A|B) = Prob(A) + DF \times (1 - Prob(A))$$

- Prob(A): 운전원 A의 기초 인간실수확률
- DF: 운전원 A와 B 간의 직무 의존도

$Prob(A|B) = 0.001 + 0.15 \times (1 - 0.001) = 0.15085 \approx 0.151$

정답 ①

43

작업자의 인지과정을 고려한 휴먼에러의 정성적 분석방법이 아닌 것은?

① 연쇄적 오류모형
② GEMS(Generic Error Modeling System)
③ PHECA(Potential Human Error Cause Analysis)
④ CREMA(Cognitive Reliability Error Analysis Method)

해설
PHECA는 작업 절차적 오류를 식별하는 정량적 분석기법이다.

관련개념 휴먼에러의 정성적 분석방법
- 연쇄적 오류모형: 인간 오류를 연속적인 원인 – 결과 관계로 분석한다.
- GEMS: 숙련 수준에 따른 오류를 분석한다.
- CREMA: 작업자의 인지적 오류를 식별하고 분석한다.

정답 ③

44
손과 발 등의 동작시간과 이동시간이 표적의 크기와 표적까지의 거리에 따라 결정된다는 법칙은?

① Fitts의 법칙
② Alderfer의 법칙
③ Rasmussen의 법칙
④ Hicks-Hyman의 법칙

해설
② Alderfer의 법칙: ERG 이론(ERG Theory ; Existence-Relatedness-Growth Theory)은 인간의 욕구를 E(존재 욕구), R(관계 욕구), G(성장 욕구)의 3단계로 구분한 이론이다.
③ Rasmussen의 법칙: 라스무센의 인간행동 3단계 모델은 인간행동 및 휴먼에러를 숙련(Skill), 규칙(Rule), 지식(Knowledge) 3가지를 기반으로 분류한 이론이다.
④ Hicks-Hyman의 법칙: 힉의 법칙(Hick's Law) 또는 힉-하이먼 법칙(Hick-Hyman law)은 인지심리학 및 인터랙션 디자인 분야에서 사용자에게 주어진 선택 가능한 선택지의 숫자에 따라 사용자가 결정하는 데 소요되는 시간이 결정된다고 보는 이론이다.

정답 | ①

45
안전수단을 생략하는 원인으로 적합하지 않은 것은?

① 감정   ② 의식과잉
③ 피로   ④ 주변의 영향

해설
감정은 안전수단을 생략하는 직접적인 원인과는 거리가 멀다.

정답 | ①

46
많은 동작들이 바뀌는 신호등이나 청각적 경계적 신호와 같은 외부자극을 계기로 하여 시작되는 것으로 자극이 있은 후 동작을 개시할 때까지 걸리는 시간은 무엇이라 하는가?

① 동작시간   ② 반응시간
③ 감지시간   ④ 정보처리 시간

해설
① 동작시간: 반응시간 후 실제 동작 수행에 걸리는 시간을 의미한다.
③ 감지시간: 자극을 인지(감지)하는 순간부터 정보처리 시작까지 걸리는 시간이다.
④ 정보처리 시간: 자극 감지 후 반응 시작까지 걸리는 시간을 뜻한다.

정답 | ②

47
피로의 생리학적(physiological) 측정방법과 거리가 먼 것은?

① 뇌파 측정(EEG)
② 심전도 측정(ECG)
③ 근전도 측정(EMG)
④ 변별역치 측정(촉각계)

해설
① 뇌파 측정(EEG, Electroencephalogram): 뇌파는 전극을 통해 뇌의 전기적 활동 측정하여 피로 및 각성상태를 평가하고 기록하는 전기생리학적 측정 방법이다.
② 심전도 측정(ECG): 심장의 전기적 신호를 측정하여 피로 및 스트레스를 측정하는 방법이다.
③ 근전도 측정(EMG, Electromyography): 근육의 전기적 활동을 기록하여 근육질환과 말초신경 질환, 근육 피로도를 측정하는 방법이다.
④ 변별역치 측정(촉각계): 피부감각(촉각)을 통해 느낄 수 있는 물리적 자극(압력, 진동, 온도 등)의 최소 차이를 측정하는 것으로, 신경계의 감각 민감도를 평가하는 방법이다.

정답 | ④

48
통제적 집단행동 요소가 아닌 것은?

① 관습 ② 유행
③ 군중 ④ 제도적 행동

해설
군중은 비통제적 집단행동이며 감정적이고 즉흥적으로 발생한다. 예를 들면 폭동, 콘서트에서의 광란적 행동이 이에 포함된다.
① 관습: 오랜 시간에 걸쳐서 사회적으로 정착된 행동방식으로 경조사 문화, 명절의 가족과 친척 모임 등이 있다.
② 유행: 어떤 시기에 사람이 많이 따르는 행동이나 스타일로, SNS 챌린지, 패션스타일 등이 해당한다.
④ 제도적 행동: 사회적으로 제도화된 행동 양식이며 일정한 규칙과 절차를 말한다. 예시로는 선거 참여 등이 있다.

정답 | ③

49
A상업장의 도수율이 2로 계산되었다면, 이에 대한 해석으로 가장 적절한 것은?

① 근로자 1,000명당 1년 동안 발생한 재해자 수가 2명이다.
② 근로자 1,000명당 1년간 발생한 사망자자 수가 2명이다.
③ 연 근로시간 1,000시간당 발생한 근로 손실일수가 2일이다.
④ 연 근로시간 합계 100만 인시(man-hour)당 2건의 재해가 발생하였다.

해설 도수율(FR)
산업재해 발생 빈도를 나타내는 지표로, 연 근로시간 100만 인시당 재해 발생 건수를 의미한다.

정답 | ④

50
제조물책임법에서 동일한 손해에 대하여 배상할 책임이 있는 사람이 최소한 몇 명 이상이어야 연대하여 그 손해를 배상할 책임이 있는가?

① 2인 이상 ② 4인 이상
③ 6인 이상 ④ 8인 이상

해설 제조물배상 책임자
- 제조물의 제조·가공 또는 수입을 업으로 하는 자
- 제품에 성명, 상호, 상표 등을 표시한 자
- 제조업자를 알 수 없는 경우 판매자(2차적 책임): 동일한 손해에 대하여 배상할 책임이 있는 자가 2인 이상인 경우 연대 배상 책임을 진다.

정답 | ①

51
재해 발생원인 중 불안전한 상태에 해당하는 것은?

① 보호구의 결함
② 불안전한 조장
③ 안전장치 기능의 제거
④ 불안전한 자세 및 위치

해설 불안전한 행동과 불안전한 상태의 구분

구분	불안전한 행동(인적요인)	불안전한 상태(물적요인)
정의	작업자의 부주의나 규칙 위반으로 인한 위험요인	작업환경, 설비, 장비 등의 물리적 위험요인
예시	• 보호구 미착용, 안전장치 기능의 제거 • 부주의한 조직, 불안전한 자세 및 위치 • 안전 규정 미준수, 불안전한 조장	• 보호구, 안전장치의 결함 • 미끄러운 바닥 • 조명 부족
예방 방법	교육 및 훈련, 감독 및 관리, 안전동기부여	장비 점검 및 유지보수, 환경개선
이론적 배경	Heinrich의 도미노 이론에서 주요 원인으로 지목	Bird와 Germain의 사고 삼각형 이론에서 중요한 위험 요소로 언급

정답 | ①

52
동기를 부여하는 방법이 아닌 것은?

① 상과 벌을 준다.
② 경쟁을 자제하게 한다.
③ 근본이념을 인식시킨다.
④ 동기부여의 최적수준을 유지한다.

해설

동기부여는 개인이 목표를 달성하도록 유도하는 심리적 과정이며 적절한 경쟁은 동기를 부여하는 중요한 요소이다.

정답 | ②

53
전술적(tactical) 에러, 전략적(operational) 에러, 그리고 관리구조(organizational) 결함 등의 용어를 사용하여 사고연쇄반응에 대한 이론을 제안한 사람은?

① 버드(Bird)
② 아담스(Adams)
③ 웨버(Weaver)
④ 하인리히(Heinrich)

해설 사고연쇄반응 이론

구분	하인리히 도미노 이론	버드의 신도미노 이론	아담스의 연쇄 이론	웨버의 도미노 이론
1단계	사회적환경 및 유전적인 요인	통제부족 (관리)	관리구조	유전과 환경
2단계	개인의 결함	기본원인 (기원)	작전적 에러	인간의 실수
3단계	불안전한 행동 및 불안전한 상태	직접원인 (징후)	전술적 에러	불안전한 행동 및 불안전한 상태
4단계	사고	사고	사고 (물적사고)	사고
5단계	상해(재해)	상해(손해, 손실)	상해 또는 손해	상해

정답 | ②

54
정서노동(Emotional Labor)의 정의를 가장 적절하게 설명한 것은?

① 스트레스가 심한 사람을 상대하는 노동
② 정서적으로 우울 성향이 높은 사람을 상대하는 노동
③ 조직에 부정적 정서를 갖고 있는 종업원들의 노동
④ 자신이 느끼는 원래 정서와는 다른 정서를 고객에게 의무적으로 표현해야 하는 노동

해설

정서노동(Emotional Labor)이란 근로자가 자신의 실제 감정과는 다른 감정을 조직의 요구에 맞게 조절하여 표현해야 하는 노동을 의미한다. 주로 고객 서비스, 의료, 교육, 항공 승무원 등 대인 서비스 직종에서 강조된다.

정답 | ④

55
호손(Hawthorne) 연구의 내용으로 맞는 것은?

① 종업원의 이직률을 결정하는 중요한 요인은 임금수준이다.
② 호손 연구의 결과는 맥그리거(McGreger)의 XY 이론 중 X 이론을 지지한다.
③ 작업자의 작업능률은 물리적인 작업조건보다는 인간관계의 영향을 더 많이 받는다.
④ 종업원의 높은 임금 수준이나 좋은 작업조건 등은 개인의 직무에 대한 불만족을 방지하고 직무 동기 수준을 높인다.

해설 호손(Hawthorne) 실험

하버드 대학교의 심리학자 메이요(George Elton Mayo)와 경영학자 뢰슬리스버거(Fritz Jules Roethlisberger)가 미국의 웨스턴 전기 회사의 호손 공장(Hawthorne Works)에서 8년 동안 4단계에 걸쳐 진행한 일련의 심리학적 실험연구이다. 프레데릭 테일러의 과학적 관리론에 따라, 노동자에 대한 물질적 보상 방법의 변화가 정말로 생산성을 증대시키는지에 대한 검증을 진행하였으며, 실험결과, 물리적 작업 조건보다 작업자의 사회적 상호작용과 인간관계가 작업 능률에 훨씬 더 큰 영향을 미친다는 사실이 밝혀졌다.

정답 | ③

56

다음은 인적 오류가 발생한 사례이다. Swain Guttman이 사용한 개별적 독립행동에 의한 오류 중 어느 것에 해당하는가?

> 컨베이어 벨트 수리공이 작업을 시작하면서 동료에게 컨베이어 벨트의 작동버튼을 살짝 눌러서 벨트를 조금만 움직이라고 이른 뒤 수리작업을 시작하였다. 그러나 작동버튼 옆에서 서성이던 동료가 순간적으로 중심을 잃으면서 작동 버튼을 힘껏 눌러 컨베이어벨트가 전속력으로 움직이며 수리공의 신체 일부가 끼이는 사고가 발생하였다.

① 시간오류(Timing Error)
② 순서오류(Sequence Error)
③ 부작위오류(Omission Error)
④ 작위 오류(Commission Error)

해설 휴먼에러(Human error)의 분류
- Omission Error(생략/부작위에러): 필요한 작업, 절차를 수행하지 않는 오류
- Time Error(시간에러): 필요한 작업과 절차의 수행지연으로 인한 오류
- Commission Error(수행/작위에러): 필요한 작업과 절차를 잘못 수행하는 오류
- Sequential Error(순서에러): 필요한 작업 또는 절차의 순서 착오로 인한 오류
- Quantitative Error(양적에러): 너무 적거나 많은 작업을 수행하는 오류
- Extraneous Error(불필요한 수행에러): 작업과 관계없는 행동을 하는 오류

정답 ④

57

스트레스 수준과 수행(성능) 사이의 일반적 관계는?

① W형
② 뒤집힌 U형
③ U자형
④ 증가하는 직선형

해설 Yerkes-Dodson 법칙
- 적당한 수준의 스트레스는 성과를 향상시킬 수 있지만, 지나치게 높은 스트레스는 성과를 저하시킬 수 있다는 이론이다. 스트레스가 적당할 때는 성과가 높지만, 스트레스가 너무 많거나 적을 때는 성과가 낮아지는 형태이다.

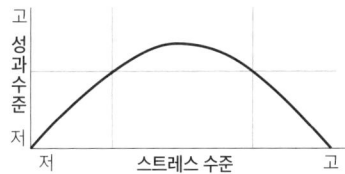

- 낮은 스트레스: 스트레스가 부족하면 무기력해지고 집중력 저하로 업무수행도 저하된다.
- 적절한 스트레스: 적당한 스트레스는 각성과 집중력을 높여 업무수행이 향상된다.
- 높은 스트레스: 과도한 스트레스는 불안감, 초조함, 인지능력 저하 등을 유발하여 업무수행을 저하시킨다.

정답 ②

58

미사일을 탐지하는 경보 시스템이 있다. 조작자는 한 시간마다 일련의 스위치를 작동해야 하는 데 휴먼에러 확률(HEP)은 0.01이다. 2시간에서 5시간까지의 인간신뢰도는 약 얼마인가?

① 0.9412
② 0.9510
③ 0.9606
④ 0.9703

해설 인간신뢰도 계산

$$HR = (1-HEP)^t$$

- HEP: 인간 실수 확률
- t: 총 수행 횟수(시간)

$HR = (1-0.01)^{(5-2)} = 0.9703$

정답 ④

59

리더쉽 이론 중 관리 그리드 이론에서 인간에 대한 관심이 높은 유형으로만 나열된 것은?

① 인기형, 타협형
② 인기형, 이상형
③ 이상형, 타협형
④ 이상형, 과업형

해설 관리격자이론의 리더십 스타일

유형	구분	생산에 대한 관심	인간 관계에 대한 관심	특징
타협형 (중간형)	(5, 5)	중간 수준	중간 수준	균형 잡힌 접근. 평균적인 성과
인기형 (컨트리 클럽형)	(1, 9)	낮음	높음	인간관계 중심. 업무 성과 저하 가능
이상형	(9, 9)	높음	높음	최적의 리더십. 높은 성과와 인간관계 유지
과업형	(9, 1)	높음	낮음	목표 달성을 최우선. 권위적 스타일
무관심형	(1, 1)	낮음	낮음	책임 회피. 소극적 태도

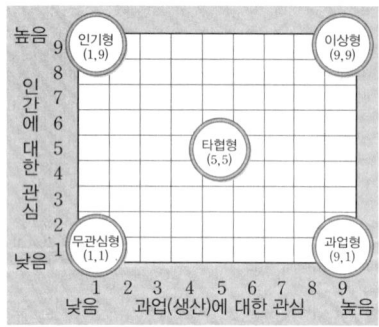

정답 | ②

60

게슈탈트 지각원리에 해당하지 않은 것은?

① 근접성의 원리
② 유사성의 원리
③ 부분우세의 원리
④ 대칭성 원리

해설 게슈탈트 법칙(Gestalt Laws)

인간이 정보를 단순한 자극의 집합이 아닌, 전체적으로 통합된 의미 있는 형태나 패턴으로 지각한다는 심리학 이론이다. '게슈탈트'는 학자 이름이 아닌 독일어로 형상이나 구성을 뜻한다.

법칙	내용
근접성의 법칙	가까운 자극은 함께 묶여 하나의 그룹으로 인식된다.
유사성의 법칙	모양이나 색 등 비슷한 자극은 함께 묶여 하나의 그룹으로 인식된다.
폐쇄성의 법칙	불완전한 형태도 완전한 것으로 보려는 경향이 있다.
연속성의 법칙	자극은 가능한 한 부드럽고 연속적인 패턴을 이루고 있다고 인식하는 경향이 있다.
공통 운명의 법칙	같은 방향으로 움직이는 자극은 하나의 집단으로 인식된다.
대칭성의 법칙	대칭을 이루면 연결되지 않아도 하나로 인식된다.
간결성의 법칙	복잡한 대상도 최대한 단순하고 명료하게 인식된다.

정답 | ③

SUBJECT 04 | 근골격계질환 예방을 위한 작업관리

61
어느 회사의 컨베이어 라인에서 작업순서가 다음 표의 번호와 같이 구성되어 있을 때, 설명 중 맞는 것은?

작업	1. 조립	2. 납땜	3. 검사	4. 포장
시간(초)	10초	9초	8초	7초

① 공정 손실은 15%이다.
② 애로 작업은 검사작업이다.
③ 라인의 주기 시간은 7초이다.
④ 라인의 시간당 생산량은 6개이다.

해설
① 공정손실은 15%이다.

$$공정손실률 = 1 - \left(\frac{총 작업시간}{작업(공정) 개수 \times 주기 시간}\right)$$

$$공정손실률 = 1 - \left(\frac{10+9+8+7}{4 \times 10}\right) = 1 - 0.85 = 0.15 = 15\%$$

② 전체 생산 공정에서 가장 시간이 긴 것을 애로 작업이라 하는데, 여기서 애로 작업은 조립작업이다.
③ 라인의 주기 시간은 10초이다. 주기는 한 개의 제품이 완성되기까지 걸리는 시간이며, 가장 긴 작업이 기준으로 결정된다.
④ 라인의 시간당 생산량은 360개이다. 시간당 생산량은 60분(3,600초)을 주기 시간으로 나누어 계산한다.
 • 주기 시간 = 10초(가장 긴 작업 시간)
 • 시간당 생산량 = 3,600초 ÷ 10초 = 360개

정답 | ①

62
1시간을 TMU(Time Measurement Unit)로 환산한 것은?

① 0.036 TMU
② 27.8 TMU
③ 1,667 TMU
④ 100,000 TMU

해설 TMU(Time Measurement Unit)
작업 측정의 단위로, 1TMU는 0.00001시간에 해당하며 1시간을 TMU로 환산하는 방법은 다음과 같다.

• 1시간 = 60분, 1분 = 60초, 1시간 = 3,600초
• 1TMU = 0.00001시간
 (즉, 1TMU = 0.00001 × 3,600초 = 0.036초)

따라서 1시간은 다음과 같이 계산된다.

$$1시간 = \frac{3,600초}{0.036초/TMU} = 100,000 TMU$$

정답 | ④

63
들기 작업의 안전작업 범위 중 주의 작업 범위에 해당하는 것은?

① 팔을 몸체에 붙이고 손목만 위, 아래로 움직일 수 있는 범위
② 팔은 완전히 뻗쳐서 손을 어깨까지 올리고 허벅지까지 내리는 범위
③ 물체를 놓치기 쉽거나 허리가 안전하게 그 무게를 지탱할 수 있는 범위
④ 팔꿈치를 몸의 측면에 붙이고 손이 어깨높이에서 허벅지 부위까지 닿을 수 있는 범위

해설 들기 작업의 안전작업 범위
• 가장 안전작업 범위(Safest Zone) : 팔을 몸체부에 붙이고 손목만 위, 아래로 움직일 수 있는 범위
• 주의 작업 범위(Caution Zone) : 팔을 완전히 뻗쳐서 손을 어깨까지 들어 올리고 허벅지까지 내리는 범위
• 안전작업범위(Safety Zone) : 팔꿈치를 몸의 측면에 붙이고 손을 어깨높이에서 허벅지 부위까지 오르내릴 수 있는 범위
• 위험작업 범위(Danger Zone) : 허리 굽힘과 함께 팔을 뻗어야 하는 범위

정답 | ②

64
근골격계질환의 예방원리에 관한 설명으로 가장 적절한 것은?

① 예방이 최선의 정책이다.
② 작업자의 정신적 특징 등을 고려하여 작업장을 설계한다.
③ 공학적 개선을 통해 해결하기 어려운 경우에는 그 공정을 중단한다.
④ 사업장 근골격계질환의 예방정책에 노사가 협의하면 작업자의 참여는 중요하지 않다.

해설
근골격계질환은 예방이 최선의 정책이다. OSHA의 연구에 따르면, 근골격계질환 예방 프로그램을 도입한 기업에서는 병가와 의료비가 50% 이상 감소하는 경향을 보였으며 영국 HSE(Health and Safety Executive) 보고서에서는 근골격계질환 예방을 위한 투자로 의료비와 재활 비용이 약 30% 감소했다고 보고한 사례가 있다.

정답 | ①

65
작업관리의 궁극적인 목적인 생산성 향상을 위한 대상 항목이 아닌 것은?

① 노동   ② 기계
③ 재료   ④ 세금

해설
세금은 비용측면에서 영향을 미치며, 생산성 향상과 직접적인 관계가 없다.

정답 | ④

66
NIOSH의 들기작업 지침에서 들기지수 값이 1이 되는 경우 대상 중량물의 무게는 얼마인가?

① 18kg   ② 21kg
③ 23kg   ④ 25kg

해설
들기지수 값이 1이면 작업자가 안전하게 들어 올릴 수 있는 중량이 기준 중량과 같다는 것을 의미하며 NIOSH의 들기 작업 지침에서 기준 중량(Recommended Weight Limit, RWL)은 23kg이다.
따라서 들기지수 값이 1일 때의 중량은 23kg이다.

정답 | ③

67
작업연구의 내용과 가장 관계가 먼 것은?

① 재고량 관리
② 표준시간의 산정
③ 최선의 작업방법 개발과 표준화
④ 최적 작업방법에 의한 작업자 훈련

해설
재고량 관리는 생산관리와 관련이 있다.

정답 | ①

68
배치설비를 분석하는 데 있어 가장 필요한 것은?

① 서블릭   ② 유통선도
③ 관리도   ④ 간트차트

해설
유통선도는 시설재배치, 기자재 혼잡지역파악, 공정과정 중 역류현상 점검 등을 작성하고 배치설비를 분석하는 데 사용한다.

정답 | ②

69
다음 중 작업 대상물의 품질 확인이나 수량의 조사, 검사 등에 사용되는 공정도 기호에 해당하는 것은?

① ○
② □
③ ▽
④ ⇨

해설 공정도 기호

기호	명칭	의미
○	작업 혹은 가공	작업 혹은 가공 재료의 변화나 조립 등의 과정을 의미한다.
⇨	운반	제품을 이동시킨다.
⊃	정체	다음 작업을 즉시 수행하는 것이 불가능한 대기 상태를 의미한다.
▽	저장	제품을 일정 기간 저장한다.
□	검사(수량)	제품의 수량을 검사한다.
◇	검사(품질)	제품의 품질을 검사한다.

정답 ②

70
작업개선에 따른 대안을 도출하기 위한 사항과 가장 거리가 먼 것은?

① 다른 사람에게 열심히 탐문한다.
② 유사한 문제로부터 아이디어를 얻도록 한다.
③ 현재의 작업방법을 완전히 잊어버리도록 한다.
④ 대안 탐색 시에는 양보다 질에 우선순위를 둔다.

해설
현재의 작업방법을 완전히 잊어버리면 작업방법을 이해하지 못할 수 있다. 기존의 방법을 분석하고 개선하는 것이 더 효과적이기 때문에 현재의 작업방법을 완전히 잊어버리도록 하는 것은 작업개선에 따른 대안의 도출하기 위한 사항과 거리가 멀다.

정답 ③

71
근골격계질환 중 손과 손목에 관련된 질환으로 분류되지 않는 것은?

① 결절종(Ganglion)
② 수근관증후군(Carpal Tunnel Syndrome)
③ 회전근개증후군(Rotator Cuff Syndrome)
④ 드퀘르뱅건초염(Dequervain's Syndrome)

해설
① 결절종(Ganglion): 손목이나 손에 생기는 주머니처럼 부풀어 오른 양성 종양을 말한다.
② 수근관증후군(Carpal Tunnel Syndrome): 손목에 있는 수근관이 압박되어 발생하는 질환이다.
③ 회전근개증후군(Rotator Cuff Syndrome): 어깨에 있는 회전근개의 문제로, 어깨 부위의 질환이다.
④ 드퀘르뱅건초염(Dequervain's Syndrome): 손목의 힘줄에 염증이 생기는 질환이다.

정답 ③

72
근골격계질환 발생의 주요한 작업 위험 요인으로 분류하기에 적절하지 않은 것은?

① 부적절한 휴식
② 과도한 반복 작업
③ 작업 중 과도한 힘의 사용
④ 작업 중 적절한 스트레칭의 부족

해설 근골격계질환 발생 작업위험 요인
- 비휴식
- 과도한 반복작업
- 작업 중 과도한 힘의 사용
- 부자연스럽거나 취하기 어려운 자세
- 접촉 스트레스
- 진동, 온도, 조명 등 환경요인

정답 ④

73
근골격계질환 예방·관리 프로그램의 실행을 위한 보건관리자의 역할과 가장 밀접한 관계가 있는 것은?

① 기본 정책을 수립하여 근로자에게 알려야 한다.
② 예방·관리 프로그램의 수립 및 수정에 관한 사항을 결정한다.
③ 예방·관리 프로그램의 개발·평가에 적극적으로 참여하고 준수한다.
④ 주기적인 근로자 면담 등을 통하여 근골격계질환 증상 호소자를 조기에 발견하는 일을 한다.

해설
① 기본 정책을 수립하여 근로자에게 알려야 한다. → 사업주의 역할
② 예방·관리 프로그램의 수립 및 수정에 관한 사항을 결정한다. → 경영진과 안전보건팀의 역할
③ 예방·관리 프로그램의 개발·평가에 적극적으로 참여하고 준수한다. → 근로자의 역할

정답 | ④

74
유해요인의 공학적 개선사례로 볼 수 없는 것은?

① 로봇을 도입하여 수작업을 자동화하였다.
② 중량물 작업 개선을 위하여 호이스트를 도입하였다.
③ 작업량 조정을 위하여 컨베이어의 속도를 재설정하였다.
④ 작업피로감소를 위하여 바닥을 부드러운 재질로 교체하였다.

해설
공학적 개선(Engineering Control)은 작업환경이나 장비를 물리적으로 변경하여 유해요인을 줄이는 방법을 의미한다. ③은 관리적인 개선사례에 속한다.
① 로봇 도입 → 수작업을 자동화하여 근골격계 부담 감소
② 호이스트 도입 → 중량물 취급을 기계로 전환하여 신체 부담 감소
④ 바닥재 변경 → 신체의 피로 및 진동 저감 효과

정답 | ③

75
신체 사용에 관한 동작경제 원칙으로 틀린 것은?

① 두 손은 순차적으로 동작하도록 한다.
② 두 팔의 동작은 서로 반대방향에서 대칭적으로 움직이도록 한다.
③ 손과 신체의 동작은 작업을 원만하게 처리할 수 있는 범위 내에서 가장 낮은 동작등급을 사용한다.
④ 가능한 관성을 이용하여 작업을 하되, 작업자가 관성을 억제해야 하는 경우에는 발생하는 관성을 최소한으로 줄인다.

해설
두 손은 동시에 동작을 시작하고 동시에 끝마쳐야 한다.

정답 | ①

76
정미시간이 0.177분인 작업을 여유율 10%에서 외경법으로 계산하면 표준시간이 0.195분이 된다. 이를 8시간 기준으로 계산하면 여유시간은 총 44분이 된다. 같은 작업을 내경법으로 계산할 경우 8시간 기준으로 총 여유시간은 약 몇 분이 되겠는가? (단, 여유율은 외경법과 동일하다.)

① 12분 ② 24분
③ 48분 ④ 60분

해설 총 여유시간 계산(내경법)

총 여유시간 = 총 작업시간 × 여유율

총 여유시간 = 480분 × 0.1 = 48분

정답 | ③

77
작업측정에 관한 설명으로 틀린 내용은?

① 정미시간은 반복생산에 요구되는 여유시간을 포함한다.
② 인적 여유는 생리적 욕구에 의해 작업이 지연되는 시간을 포함한다.
③ 레이팅은 측정 작업 시간을 정상작업 시간으로 보정하는 과정이다.
④ TV조립공정과 같이 짧은 주기의 작업은 비디오 촬영에 의한 시간연구법이 좋다.

해설
정미시간(Pure Time, Normal Time)은 작업자가 평균적인 속도로 수행하는 데 걸리는 순수한 작업시간으로, 여유시간을 포함하지 않는다. 여유시간에 포함이 되는 것은 '표준시간'이다.

정답 ①

78
워크샘플링 방법 중 관측을 등간격 시점마다 행하는 것은?

① 랜덤 샘플링
② 층별 비례 샘플링
③ 체계적 워크샘플링
④ 퍼포먼스 워크샘플링

해설
① 랜덤 샘플링(Random Sampling): 무작위로 관측하여 작업 상태를 기록하는 방법이다. 예를 들면 하루 8시간 근무 중 10시 30분, 2시 40분 등 랜덤으로 작업자의 상태를 관찰하여 분석하는 방법이다.
② 층별 비례 샘플링(Stratified Proportional Sampling): 각 작업의 활동이 현저히 다른 경우 각 층에서 비례적으로 샘플을 추출하는 방식이다. 예를 들어, 작업 현장에서 기계 작업이 70%, 수작업이 30% 비율이라면, 관측도 동일한 비율(70% vs. 30%)로 수행한다.
④ 퍼포먼스 워크샘플링(Performance Work Sampling): 작업자의 수행 능력(Performance)과 효율성을 평가하는 샘플링 기법으로, 작업자가 일정 시간 동안 어느 정도의 생산성을 보이는지 측정하는 방식이다.

정답 ③

79
OWAS에 대한 설명이 아닌 것은?

① 핀란드에서 개발되었다.
② 중량물의 취급은 포함하지 않는다.
③ 정밀한 작업자세 분석은 포함하지 않는다.
④ 작업자세를 평가 또는 분석하는 Checklist이다.

해설
OWAS는 중량물 취급 여부를 중요한 위험요인으로 고려한다.

정답 ②

80
문제분석을 위한 기법 중 원과 직선을 이용하여 아이디어 문제, 개념 등을 개괄적으로 빠르게 설정할 수 있도록 도와주는 연역적 추론 기법에 해당하는 것은?

① 공정도(Process Chart)
② 마인드 맵핑(Mind Mapping)
③ 파레토 차트(Pareto Chart)
④ 특성요인도(Cause and Effect Diagram)

해설 마인드 맵핑(Mind Mapping)
마인드 맵핑은 중심 주제를 중심으로 관련된 아이디어나 개념을 원과 선을 이용해 분기 형태로 빠르게 시각화하는 기법이다. 이 기법은 "원과 직선"을 이용하여 아이디어를 개괄적으로 빠르게 설정할 수 있도록 도와주는 기법에 해당한다.

정답 ②

**에듀윌이
너를
지**지할게

ENERGY

삶의 순간순간이
아름다운 마무리이며
새로운 시작이어야 한다.

– 법정 스님

여러분의 작은 소리
에듀윌은 크게 듣겠습니다.

본 교재에 대한 여러분의 목소리를 들려주세요.
공부하시면서 어려웠던 점, 궁금한 점,
칭찬하고 싶은 점, 개선할 점, 어떤 것이라도 좋습니다.
에듀윌은 여러분께서 나누어 주신 의견을
통해 끊임없이 발전하고 있습니다.

에듀윌 도서몰 book.eduwill.net
- 부가학습자료 및 정오표: 에듀윌 도서몰 → 도서자료실
- 교재 문의: 에듀윌 도서몰 → 문의하기 → 교재(내용, 출간) / 주문 및 배송

2026 에듀윌 인간공학기사 필기 한권끝장

발 행 일	2025년 7월 24일 초판
편 저 자	권윤아, 윤예림
펴 낸 이	양형남
개발책임	목진재
개 발	윤세은
I S B N	979-11-360-3806-7
펴 낸 곳	(주)에듀윌
등록번호	제25100-2002-000052호
주 소	08378 서울특별시 구로구 디지털로34길 55 코오롱싸이언스밸리 2차 3층

* 이 책의 무단 인용·전재·복제를 금합니다.

www.eduwill.net
대표전화 1600-6700

여러분의 작은 소리
에듀윌은 크게 듣겠습니다.

본 교재에 대한 여러분의 목소리를 들려주세요.
공부하시면서 어려웠던 점, 궁금한 점,
칭찬하고 싶은 점, 개선할 점, 어떤 것이라도 좋습니다.
에듀윌은 여러분께서 나누어 주신 의견을
통해 끊임없이 발전하고 있습니다.

에듀윌 도서몰 book.eduwill.net
- 부가학습자료 및 정오표: 에듀윌 도서몰 → 도서자료실
- 교재 문의: 에듀윌 도서몰 → 문의하기 → 교재(내용, 출간) / 주문 및 배송

2026 에듀윌 인간공학기사 필기 한권끝장

발 행 일	2025년 7월 24일 초판
편 저 자	권윤아, 윤예림
펴 낸 이	양형남
개발책임	목진재
개 발	윤세은
I S B N	979-11-360-3806-7
펴 낸 곳	(주)에듀윌
등록번호	제25100-2002-000052호
주 소	08378 서울특별시 구로구 디지털로34길 55 코오롱싸이언스밸리 2차 3층

* 이 책의 무단 인용 · 전재 · 복제를 금합니다.

www.eduwill.net
대표전화 1600-6700